Entwurf und Bau von Schaltanlagen für Drehstrom-Kraftwerke

Entwurf und Bau von Schaltanlagen für Drehstrom-Kraftwerke

Von

Johann Waltjen
Oberingenieur der Siemens-Schuckert-Werke A.-G.

Mit 373 Abbildungen im Text

Berlin
Verlag von Julius Springer
1929

ISBN-13:978-3-642-90522-3 e-ISBN-13:978-3-642-92379-1
DOI: 10.1007/978-3-642-92379-1

Softcover reprint of the hardcover 1st edition 1929

Vorwort.

Der Bau von Schaltanlagen hat sich in den letzten Jahrzehnten zu einem umfangreichen Sondergebiet der Starkstromtechnik entwickelt und verlangt von dem Ingenieur ein hohes Maß von Wissen und Können. Der Spezialingenieur für Schaltanlagen muß eine gründliche Kenntnis der Schaltgeräte und ihrer Antriebsorgane, der Meßwandler und Meßgeräte, des Verhaltens der Schaltgeräte bei Überströmen und ferner des Überstrom- und Überspannungs-Schutzes haben. Gleichzeitig muß er über einen guten Raumsinn verfügen, mit der Einbauweise der Schaltgeräte, mit den Aufbaumöglichkeiten der Schaltanlagen, sowie mit den technischen und baulichen Anforderungen der verschiedenen Kraft- und Unterwerke vertraut sein.

Diese Unterlagen für den Entwurf und Bau von Schaltanlagen will das vorliegende Buch dem Studierenden sowie dem in der Praxis stehenden Ingenieur vermitteln. Es handelt ausschließlich von Schaltanlagen für Drehstrom-Kraftwerke und folgt in seiner Einteilung und Stoffgliederung den Anforderungen der Praxis, aus der es entstanden ist.

Der erste Teil zeigt den Entwurf von Schaltbildern und welche Geräte für die einzelnen Stromkreise erforderlich sind. Dazu wird eine einfache Kurzschlußberechnung aufgestellt und ferner der Überstrom-, Kurzschluß- und Überspannungsschutz besprochen.

Der zweite Teil beschäftigt sich mit der Auswahl der Schalt- und Meßgeräte, die nicht nur ihren Betriebs-Spannungen und -Strömen gemäß erfolgt, sondern auch die an dem Verwendungsort der Geräte möglichen Kurzschlußströme berücksichtigen muß, und vermittelt die Kenntnis der Geräte und ihres Verwendungszweckes.

Der dritte Teil befaßt sich mit dem Aufbau der Schaltanlagen, beginnend mit den einfachsten Formen der Schalttafel bis zu Schaltanlagen für Großkraftwerke, und zeigt an Hand von vielen Zeichnungen die Einbauweise der Schaltgeräte und des Schaltanlagen-Zubehörs, sowie den Aufbau von Schaltanlagen, wobei auf Betriebssicherheit, Wirtschaftlichkeit und auf den baulichen Teil der Anlagen gebührend hingewiesen wird.

Damit der Umfang des Buches nicht zu stark ausfalle, wurde auf eine Beschreibung ausgeführter Anlagen, die ja häufig genug in Fachzeitschriften zu finden ist, verzichtet und desgleichen auf eine Beschreibung der Meßwerke, deren Kenntnis wohl vorausgesetzt werden darf.

Das ausführlich und übersichtlich gehaltene Inhaltsverzeichnis soll ein Sachregister, welches bei der häufigen Erwähnung der einzelnen Geräte im Gebrauch unbequem würde, ersetzen.

Für die liebenswürdige Unterstützung, die mir bei der Abfassung des Buches zuteil wurde, sei allen beteiligten Herren und Firmen der verbindlichste Dank ausgesprochen.

Spandau, im Herbst 1929.

Johann Waltjen.

Inhaltsverzeichnis.

Erster Teil.

Der Entwurf des Schaltbildes.

Dritter Teil.

Der Entwurf und Bau der Schaltanlagen.

Rechnungsbeispiele.

Nr.	Bezeichnung	Nr.	Bezeichnung
1	Kurzschlußberechnung für ein radiales Netz.	14	Auswahl der Selbstschalter auf Grund der Kurzschlußströme.
2	desgl. für ein vermaschtes Netz.	15	desgl.
3	desgl. für Ausläuferstationen.	16	Auswahl der Ölschalter für genügende Einschaltfestigkeit.
4	Berechnung von Leiterquerschnitten.	17	Berechnung der Ausschaltleistung für Ölschalter.
5	desgl. von Kabelquerschnitten.	18	Auswahl der Trennschalter auf Grund thermischer Kurzschlußfestigkeit.
6	Dynamische Wirkung des Kurzschlusses.	19	Leistungsbedarf für Stromwandler.
7	Überschlägige Kurzschlußberechnung.	20	Auswahl von Stromwandlern auf Grund dynamischer und thermischer Festigkeit.
8	Reaktanzberechnung für Dreiwicklungstransformatoren.	21	Leistungsbedarf für Spannungswandler.
9	Strombegrenzungsdrosselspule in einer Einzelleitung.	22	Kabelquerschnitt.
10	desgl. für mehrere Abzweige gemeinsam.	23	Induktiver Spannungsabfall.
11	desgl. im Zuge der Sammelschienen.	24	desgl.
12	Lastverteilung auf Transformatoren verschiedener Kurzschlußspannung.	25	Berechnung des Erdschlußstromes.
13	Geräteauswahl für Räume über 35° C.		

Zeichenerklärung.

a = Das Verhältnis der Summe von Generatorstreureaktanz (einschl. Bohrungsfeld ε_b ca. 9%) und Leitungsreaktanz bis zur Kurzschlußstelle zur Generatorstreureaktanz (lt. REH 1929) $a = \frac{\varepsilon_b + s_s}{\varepsilon_b + s_g} \cong \frac{s_s + 9}{s_g + 9}$.

a = Schlagweite.
α = Temperaturkoeffizient.
b = Breite eines rechteckigen Leiters.
c = Zahlenfaktor.
D = Mittenabstand der Leiter in cm.
d = Durchmesser eines Leiters.

dt = Zeitelement.
δ = Temperaturzunahme in °C.
E = Elastizitätsmodul in kg/cm² für Cu $= 1{,}15 \cdot 10^6$ kg/cm².
E = effektive Betriebsspannung.
E' = effektive Sternspannung.
E_L = effektive Betriebsspannung einer Leitung in Volt.
E_n = effektive Betriebsspannung eines Netzpunktes in Volt.
E_s = induktiver Spannungsabfall in Volt.
e_d% = Reaktanz einer Strombegrenzungsdrosselspule.
e_{ds}% = Reaktanz einer Strombegrenzungsdrosselspule bezogen auf die gesamte Netzleistung, $e_{ds} = \frac{N_s}{N_d} \cdot e_d$.
e_T% = Kurzschlußspannung eines Transformators.
e_{Ts}% = Reaktanz eines Transformators bezogen auf die gesamte Netzleistung, $e_{Ts} = \frac{N_s}{N_T} \cdot e_T$.
ε_b = Bohrungsstreuung in %.
f = Hertzzahl, $2 \cdot \pi \cdot f$ = Kreisfrequenz.
f_d = Kurzschlußfaktor für den Dauerkurzschlußstrom J_d.
f_k = Kurzschlußfaktor für den symmetrischen Stoß.
f_{ko} = Kurzschlußfaktor für den asymmetrischen Stoß $= 1{,}8\, f_k$.
f_t = Kurzschlußfaktor zur Zeit t in s nach Kurzschlußeintritt.
φ = Phasenwinkel.
g = Gewicht.
H = Durchhang in mm.
h = Höhe eines rechteckigen Leiters.
J = Trägheitsmoment in cm⁴.
J = effektiver Strom in A.
J_d = Dauerkurzschlußstrom in A.
J_{Kt} = effektiver Kurzschlußstrom in A zur Zeit t nach Kurzschlußeintritt.
J_{Ko} = effektiver Kurzschlußstrom in A bei Kurzschlußeintritt.
J_n = Nennstrom in A.
J_{ng} = Nennstrom eines Generators, $J_{ng} = \frac{N_g}{E\sqrt{3}} \cdot 10^3$.
J_{ns} = Gesamter Nennstrom eines Netzes, $J_{ns} = \frac{N_s}{E_n \cdot \sqrt{3}} \cdot 10^3$.
J_s = Stromspitze (Amplitudenwert) des Kurzschlußstromes $\cong J_{st} \cdot \sqrt{2} \cong J_{Ko} \cdot \sqrt{2}$.
J_{st} = effektiver Wert des Stoßkurzschlußstromes.
i = Augenblickswert des Stromes.
j = Stromdichte eines Leiters in A/mm².
j_a = absolute Stromdichte in A/mm².
j_d = Stromdichte eines Leiters in A/mm² bezogen auf den Dauerkurzschlußstrom J_d.
j_w = wirtschaftliche Stromdichte eines Leiters in A/mm².
K = Kosten des kW-Jahres in RM.
k = Materialkonstante.
$\varkappa$ = spez. Leitfähigkeit.
L = Selbstinduktionskoeffizient.
l = einfache Länge einer Leitung.
ln = natürlicher Logarithmus.
M = Montagekosten für 1 kg Leitungsmaterial in RM.
N = Leistung.
N_d = Durchgangsleistung einer Strombegrenzungsdrossel.
N_g = Nennleistung eines Generators.
N_k = Kurzschlußleistung des effektiven Wechselstromstoßes.
N_{ka} = Kurzschlußleistung = Ausschaltleistung der Schalter.
N_{kt} = Kurzschlußleistung für die Zeit t in s nach Kurzschlußeintritt.
N_L = Nennleistung einer Leitung.
N_T = Nennleistung eines Transformators.
N_s = Gesamtnennleistung eines Netzes.
n = Zahlenfaktor.
P = Stoßkraft in kg.
p% = Prozentsatz der Amortisation.
q = Querschnitt eines Leiters in mm².
q_w = wirtschaftlicher Querschnitt einer Leitung in mm².
R = induktionsfreier Widerstand (Resistanz) in Ohm.
r = Halbmesser eines runden Leiters in cm.
S = freie Spannweite eines Leiters in cm.
$s\Omega$ = induktiver Widerstand in Ohm.
s% = induktiver Widerstand in Prozenten.
s_d% = e_d% = Reaktanz einer Strombegrenzungsdrossel.
s_{ds}% = Reaktanz einer Strombegrenzungsdrossel auf die gesamte Netzleistung bezogen.
s_g% = Generator-Streureaktanz (Ständerstreuung).
s_{gs}% = Generator-Streureaktanz bezogen auf die gesamte Netzleistung.
$s_L\Omega$ = induktiver Widerstand einer Leitung in Ohm
s_L% = Reaktanz einer Leitung.
s_{Ls}% = Reaktanz einer Leitung bezogen auf die gesamte Netzleistung, $s_{Ls} = \frac{N_s}{N_L} \cdot s_L^{\Omega}$.
s_s% = Gesamtreaktanz bis zur Kurzschlußstelle $= \sum s$.
t = Zeit in Sekunden.
t_z = fiktive Zusatzzeit für die Vorbelastung durch den Kurzschlußstromstoß.
Z = Impedanz $= \sqrt{s^2 + R^2}$.
Z_L = Impedanz einer Leitung.
Z_{Ls}% = Impedanz einer Leitung bezogen auf die gesamte Netzleistung N_s.
Z_s = Impedanz des Netzes bis zur Kurzschlußstelle $= \sqrt{(\sum s)^2 + (\sum R)^2}$.

Erklärung der Schaltzeichen und Schaltbilder.

Nr.	Schaltzeichen	Schaltbild	Benennung
201			Gleichstrom
202			Wechselstrom allgemein Die beigesetzte Zahl = Frequenz (Per/s)
211			Dreiphasen-System offen
301			Kraftwerk allgemein Bemerkung: Die eingetragenen Zahlen bedeuten. oben Leistung in kW unten Spannung in V
307			Unterwerk mit umlaufenden Maschinen, Akkumulatoren oder Gleichrichtern
309			Leitung im allgemeinen und oberirdische (Freileitungen) im besonderen
401		wie Schaltzeichen	a Für stetige Regelung b für stufenweise Regelung
402			Querstriche zur Kennzeichnung von 1 poligen, 2 poligen oder 3 poligen Schaltgeräten
403			Kupplung von 2 oder mehrpoligen Schaltgeräten Beispiel für 3 poligen Hebelschalter
405		wie Schaltzeichen	Allgemeines Zeichen der Selbsttätigkeit eines Schaltgerätes
406	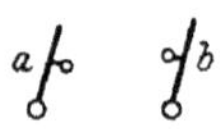	wie Schaltzeichen	Besondere Zeichen für Selbstauslösung a durch Hilfstrom b durch Nullspannung
407	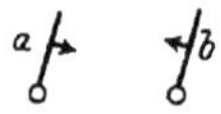	wie Schaltzeichen	Besondere Zeichen für Auslösung a durch Überstrom b durch Nullstrom
408		wie Schaltzeichen	Besonderes Zeichen für Auslösung durch Überstrom — Rückstrom
409		wie Schaltzeichen	Besonderes Zeichen für Fernschalter Ein- und Ausschalten durch Hilfstrom

Nr.	Schaltzeichen	Schaltbild	Benennung
410	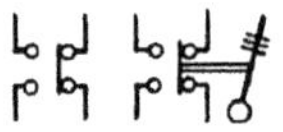	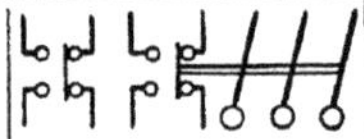	Hilfskontakte z. B. bei einem 3 poligen Hebelschalter
411	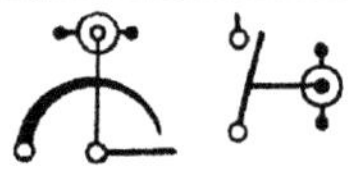	wie Schaltzeichen	Motorisch gesteuerte Scha geräte Schaltrichtung rechts od links, hier von rechts na links wiedergegeben
412		wie Schaltzeichen	Durch Druckluft gesteuert Schaltgeräte
413	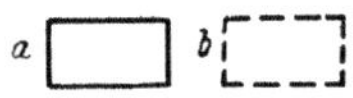	wie Schaltzeichen	Apparat a im Ölbad b gekapselt in Gußeisen
414	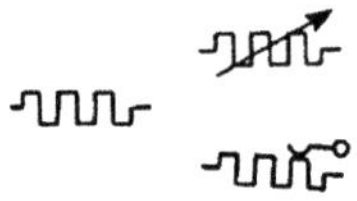	wie Schaltzeichen	„R" Ohmscher Widerstan praktisch ohne Induktivit
415	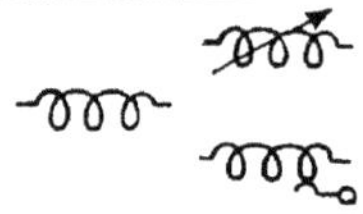	wie Schaltzeichen	„L" induktiver Widerstan praktisch ohne Ohmsche Widerstand
416	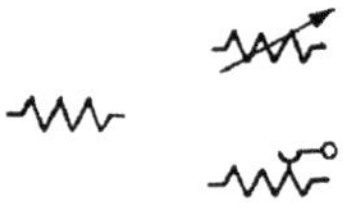	wie Schaltzeichen	„L" und „R" Ohmscher Widerstand mit Indukti tät, außerdem Wicklung
501	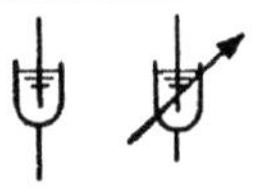	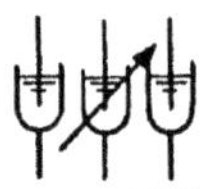	Flüssigkeitswiderstand, Anlasser und Regler
502		wie Schaltzeichen	Anlasser a für Reihenschlußmotoren b für Nebenschlußmotoren — Schal richtu recht ode links hier v recht nach links wiede gegeb
505		wie Schaltzeichen	Anlasser für Drehstrommotoren
511			Ein- und Ausschalter
512			Selbsttätiger Ausschalter
513			Selbsttätiger Ausschalter auslösend bei Überstron
514			Selbsttätiger Ausschalter auslösend bei Überstron und Nullspannung
516		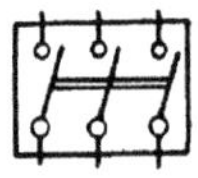	Ölschalter

Nr.	Schaltzeichen	Schaltbild	Benennung
517	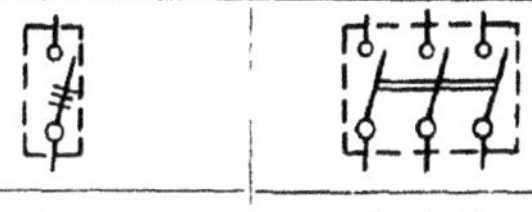		Schalter in Gußeisen gekapselt
518			Schutzschalter
519			Umschalter für 2 Wege, mit Unterbrechung
520	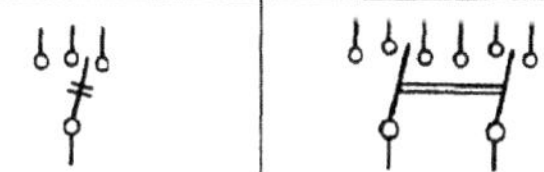		Umschalter für 3 Wege, mit Unterbrechung
521	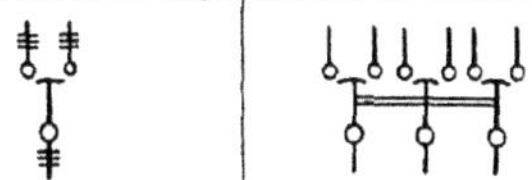		Umschalter für 2 Wege, ohne Unterbrechung
522			Magnetausschalter
523	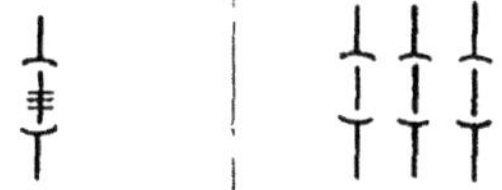		Trennstück oder Trennschalter, auch mit Kupplungsverbindung, doppelte Unterbrechung
524	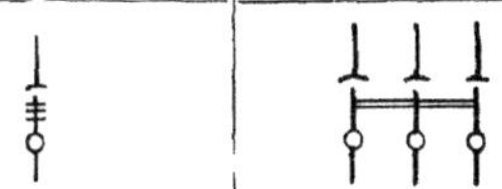		Trennschalter mit Drehpunkt, einfache Unterbrechung
525	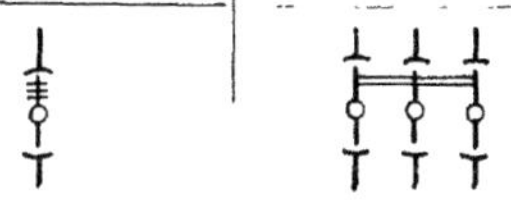		Trennschalter mit Drehpunkt, doppelte Unterbrechung
526	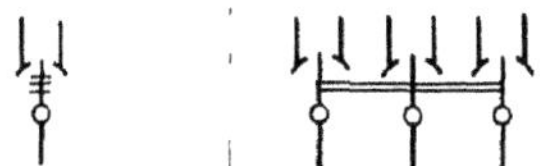		Trenn-Umschalter
527			Sicherung allgemein
535			Funkenstrecke als Überspannungschutz
538	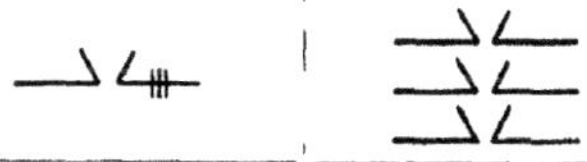		Hörner-Funkenstrecke
539		wie Schaltzeichen	Durchschlagsicherung
540		wie Schaltzeichen	Hochspannungzeichen
546	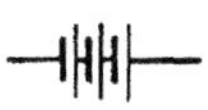	wie Schaltzeichen	Akkumulatorenbatterie allgemein

Nr.	Schaltzeichen	Schaltbild	Benennung
549		wie Schaltzeichen	Einfachzellenschalter
550	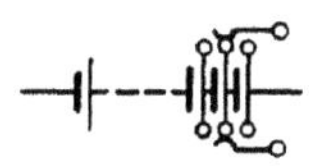	wie Schaltzeichen	Doppelzellenschalter
551	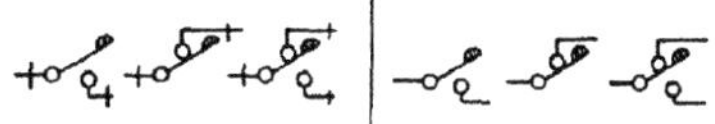		Druckknöpfe 1 polig
552	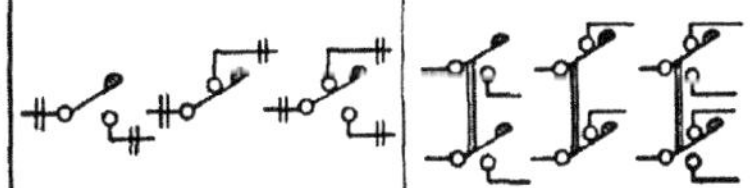		Druckknöpfe 2 polig
555			Vielfachumschalter 2 polig für Meßgeräte
557		wie Schaltzeichen	Steckvorrichtung für Meßgeräte
558	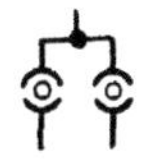	wie Schaltzeichen	Steckvorrichtung für Meßgeräte, umschaltbar
	einpolig mehrpolig		
601	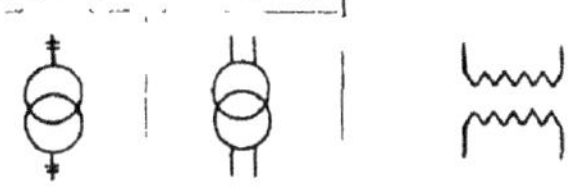		Transformatoren mit getrennten Wicklungen
606	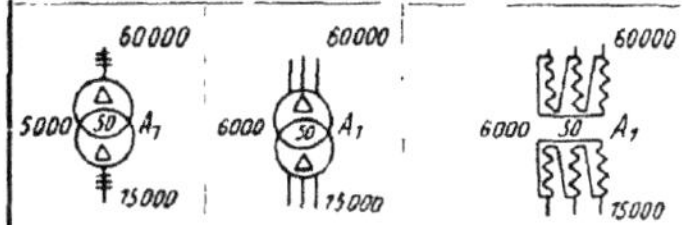		Drehstrom-Transformator Schaltgruppe A_1 6000 kVA 50 Per/s 60000/15000 V
607	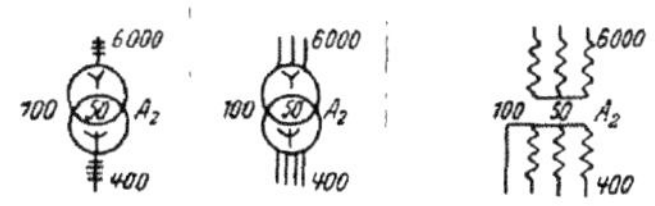		Drehstrom-Transformator Schaltgruppe A_2 mit Nullpunktklemme 100 kVA 50 Per/s 6000/400 V
608	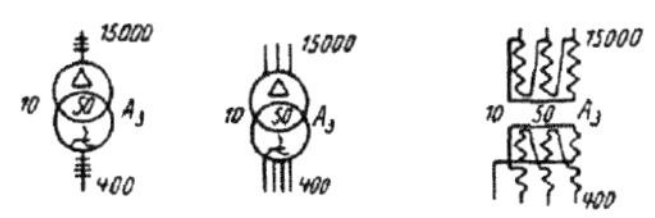		Drehstrom-Transformator Schaltgruppe A_3 mit Nullpunktklemme 10 kVA 50 Per/s 15000/400 V
609	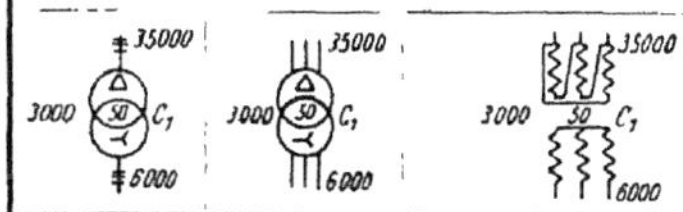		Drehstrom-Transformator Schaltgruppe C_1 3000 kVA 50 Per/s 35000/6000 V
610	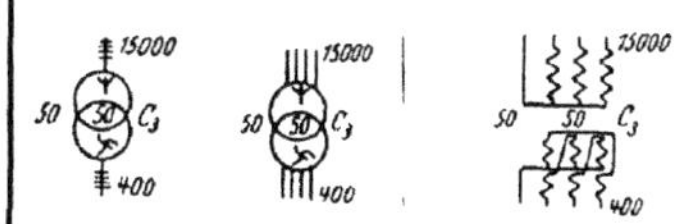		Drehstrom-Transformator Schaltgruppe C_3 mit Nullpunktklemme 50 kVA 50 Per/s 15000/400 V
611	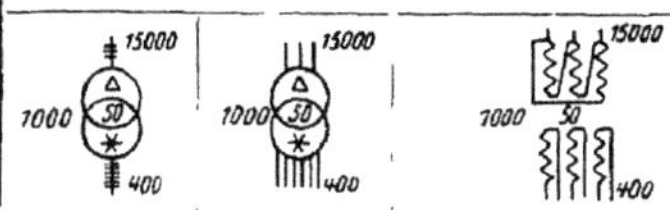		Drehstrom-Transformator Schaltung △/✱ 1000 kVA 50 Per/s 15000/400 V

Nr.	Schaltzeichen (einpolig / mehrpolig) / Schaltbild	Benennung
614	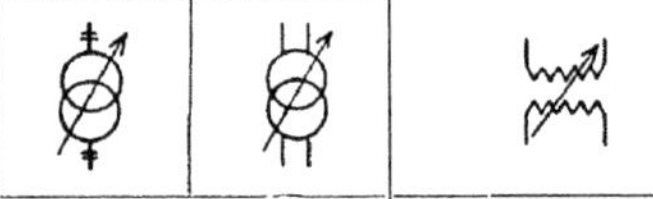	Dreh-transformator allgemein
701	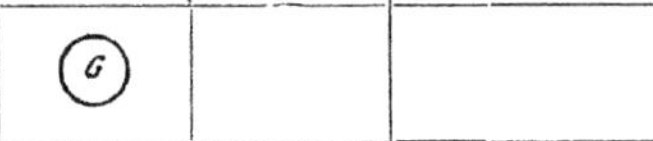	Generator allgemein
702		Motor allgemein
725		Synchron-Generator mit angebauter Erregermaschine
726	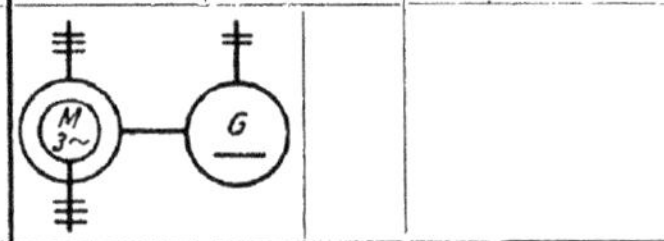	Asynchron-Motor, 3 phasig, mit Schleifringläufer, gekuppelt mit Gleichstrom-Generator
728	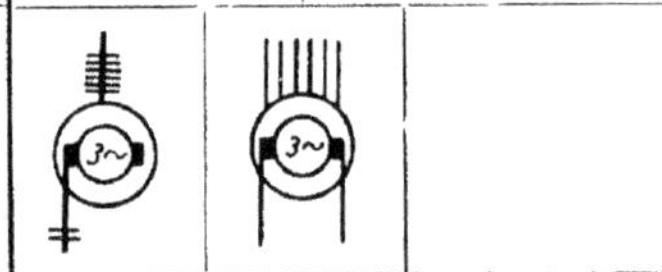	Drehstrom-Gleichstrom-Einanker-Umformer, 6 phasig
729		Gleichrichter
802	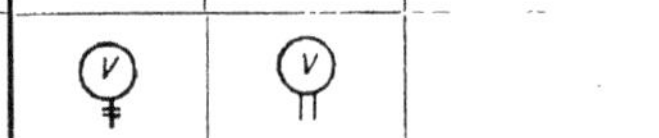	Spannungmesser
803		Elektrostatischer Spannungmesser

Nr.	Schaltzeichen (einpolig / mehrpolig) / Schaltbild	Benennung
804	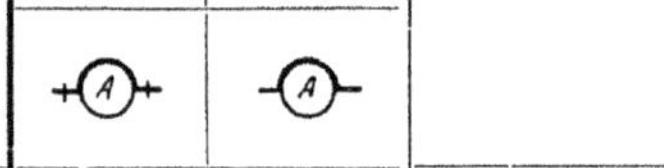	Strommesser
805	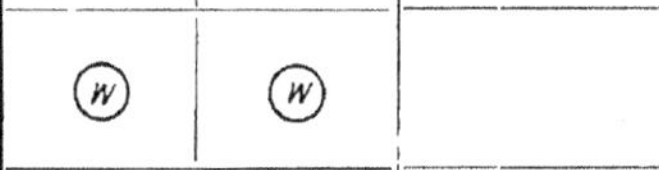	Wirkleistungsmesser allgemein
810	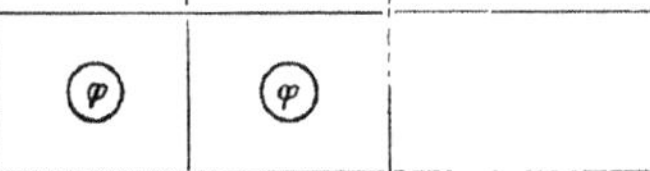	Leistungsfaktormesser allgemein
813	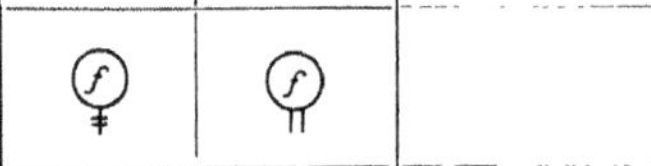	Frequenzmesser
814	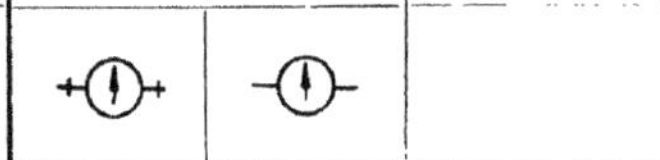	Stromrichtungzeiger
816	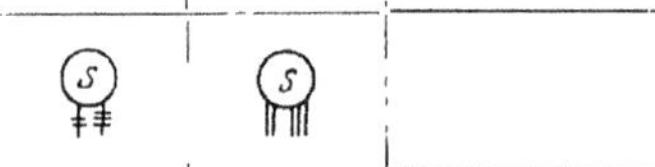	Synchronoskop
817	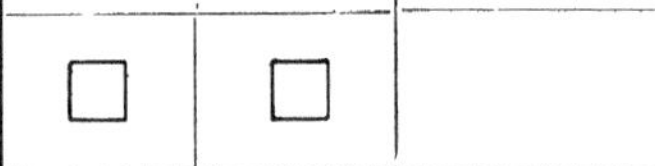	Schreibendes Meßgerät allgemein
826	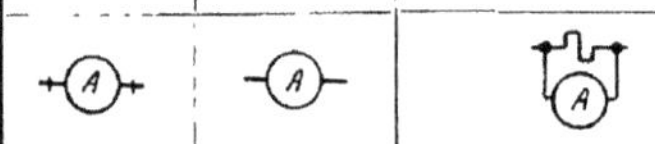	Nebenwiderstand zu Strommessern
827	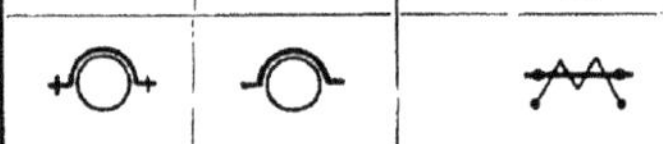	Stromwandler
831	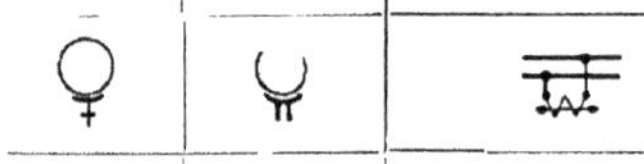	Spannungwandler
833	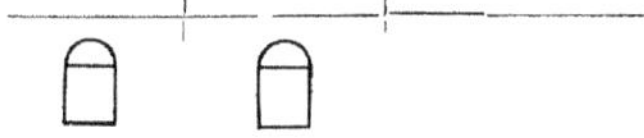	Relais allgemein

Berichtigung.

Abb. 241, S. 179, muß um 180° gedreht betrachtet werden.

I. Der Schaltplan.

1. Die Wahl der Spannung.

Der Schaltplan ist die Grundlage für den Aufbau der Schaltanlage. Er sei einfach und klar und bringe unzweideutig den gewollten Zweck zum Ausdruck. So beginnt der Bau der Schaltanlage eigentlich schon bei dem Entwurf des Verteilungsnetzes und der Wahl der Übertragungsspannung. Beides ist entscheidend für die Betriebsicherheit der Schaltanlage, entstehen doch die meisten aller Störungen im Netz selbst. Erfaßt man sie dort und macht sie unschädlich, ehe sie in der Zentrale Unheil anrichten können, so wird dies der Betriebsicherheit der gesamten Anlage sehr zugute kommen. Durch die Auswahl einer entsprechend hohen Übertragungsspannung können die Kurzschlußströme auf eine unschädliche Stärke herabgemindert werden. Bekanntlich wachsen die dynamischen und thermischen Auswirkungen eines Kurzschlusses im quadratischen Verhältnisse der Kurzschlußströme an. Zuweilen muß daher eine höhere als die auf Wirtschaftlichkeit errechnete Spannung gewählt werden, denn in der Wirtschaftlichkeitsberechnung ist der hochwichtige Faktor, die Betriebsicherheit, nicht enthalten. Ein Schaden im Kraftwerk — Ölschalterbruch, Generatorbrand und ähnliches — mit dem Ausfall der Energielieferung könnte mehr Kosten verursachen, als der einmalige Mehraufwand für die erhöhte Betriebsicherheit ausmacht.

Um einer höheren als für den Verbrauch erwünschten Spannung Rechnung zu tragen, bemühen sich die Fabrikanten, Drehstrommotoren kleiner Leistungen für hohe Spannungen herzustellen. Die geringsten Leistungen der Motoren für die verschiedenen Spannungen sind:

Spannung in kV	Geringste Leistung
1	10 kW
3	30 ,,
6	85 ,,
10	500 ,,

Sind z. B. in einem Industriewerk mit Eigenerzeugung Motoren für 50 und mehr kW angeschlossen mit einem Bedarf von 1600 kW bei $\cos\varphi = 0{,}8$, also für 2000 kVA, und würden weitere 500 kVA für kleinere Motoren und Licht benötigt, so ist es wohl zu überlegen, ob nicht 3 kV mit Rücksicht auf Erweiterungsfähigkeit eine geeignetere Spannung ist als beispielsweise 380 Volt, die bei geerdetem Nulleiter noch als Niederspannung gilt.

Als Spannungen für Neuanlagen empfiehlt der VDE die Spannungen: 0,38, 6, 10, 15, 30, 60 und 100 kV.

Die gewählte Spannung ist eine weitere Grundlage des Schaltanlagenaufbaues. Durch die festgelegten Phasenabstände ermöglichen niedrige Spannungen einen einfacheren und billigeren Aufbau der Anlage als höhere. Die niederen Spannungen dagegen erhalten bei großen Leistungen oft gewaltige Kurzschlußströme, welche durch ihre mechanischen und Wärmewirkungen eine neue und mit kostspieligeren Mitteln zu bekämpfende Gefahrenquelle im Gefolge haben.

Leistung und Spannung sind daher auch bei kleinem Versorgungsradius wegen der gewünschten Betriebsicherheit voneinander abhängig. Insbesondere sollten Industriewerke sich nicht durch Wahl einer zu niedrigen Betriebspannung der Möglichkeit späterer Erweiterung berauben.

Wählt man nach diesen Gesichtspunkten die Erzeugerspannung, so wird man erkennen, daß die Beherrschung der Kurzschlußströme so ziemlich durch 4000 bis 5000 A normaler Nennstromstärke der Gesamterzeugung erschöpft ist, und daß darüber hinaus recht kostspielige Maßnahmen für ihre Bekämpfung nötig werden. Die höchste Leistungsgrenze, die den künftigen Leistungsbedarf einschließen soll, beträgt bei den verschiedenen Spannungen:

Nennspannung in kV	Höchste Leistung etwa
6	40000 bis 50000 kVA
10	70000 „ 80000 „
15	100000 „ 125000 „
30	200000 „ 250000 „

Die Begrenzung der Zentralenleistung geschieht wegen der thermischen und dynamischen Wirkungen eines Kurzschlusses, auf die später näher eingegangen wird.

Ist die Spannung endgültig festgelegt, so wird der Schaltplan entworfen, in welchen sämtliche Erzeuger und Abzweige sowie etwaige Umspanner mit den zugehörigen Leistungen in kVA und Spannungen in kV eingezeichnet werden. An Hand dieses Schaltgerippes wird die zu erwartende Kurzschlußleistung errechnet, da ihre Höhe die Auswahl des Schaltzeuges bestimmt und gleichzeitig erkennen läßt, ob für die Betriebsicherheit der Anlage der Einbau von Kurzschlußdrosseln erforderlich ist. Für überschlägige Rechnung kann man annehmen, daß die Ausschaltleistung für Ölschalter an den Generator-Sammelschienen etwa das 3- bis 3,5fache der Zentralenleistung beträgt, vorausgesetzt, daß keine anderen Kraftwerke mit der Zentrale gekuppelt sind.

Doch noch ein weiteres sollte gleich bei dem ersten Entwurf des Schaltplanes eingehend überlegt werden, nämlich:

2. Der Eigenbedarf des Kraftwerks.

Von dem richtigen Anschluß des Eigenbedarfs hängt die Betriebsicherheit der Zentrale in großem Maße ab. Ein Fehler im Eigenbedarf kann unter Umständen das ganze Werk außer Betrieb setzen.

Die Leistung des Eigenbedarfs hängt von der Art und Größe des Kraftwerkes ab.

Am wenigsten Eigenbedarf ist für Diesel-, Gas- und Wasserkraftwerke erforderlich. Außer Beleuchtung ist Kraft für etwaige Ölschalterantriebe, für die Werkstatt und Ölreinigung, für Servomotoren, Abstellschieber u. ä. in Bereitschaft zu stellen, was am besten durch eine Akkumulatorenbatterie mit Ladeumformer oder Gleichrichterladung geschieht.

In Dampfkraftwerken ist der Eigenverbrauch bedeutend größer und beträgt 3 bis 8% der Spitzenleistung, und zwar nach Titze[1]:

für Steinkohlen	mit Rostfeuerung	etwa	3 bis 4%
„ „	„ Staubfeuerung	„	6 „ 7%
„ Braunkohlen	„ Rostfeuerung	„	4 „ 5%
„ „	„ Staubfeuerung	„	7 „ 8%

Den Hauptanteil des Eigenbedarfs hat bei Rostfeuerung das Maschinenhaus mit 50 bis 60%; das Kesselhaus gebraucht etwa 30% und die Kohlenzufuhr etwa 10%. Bei der Kohlenstaubfeuerung nimmt das Kesselhaus und die Kohlenstaub-Aufbereitungsanlage den größten Bedarf in Anspruch.

[1] Titze, Friedrich: Die elektrischen Einrichtungen für den Eigenbedarf großer Kraftwerke. Berlin: Julius Springer 1927.

Die Bereitschaftstellung des Eigenbedarfs erfordert deshalb für große Dampfkraftwerke eine eingehende Überlegung wärmetechnischer und elektrischer Art. Für Kraftwerke bis etwa 30000 oder 40000 kVA ist die Entnahme des Eigenbedarfs von den Generator-Sammelschienen die einfachste und billigste Lösung.

In Großkraftwerken dagegen wird der Hausbedarf am zweckmäßigsten von Hausgeneratoren erzeugt, die von fremden Turbinen angetrieben oder mit dem Hauptgenerator gekuppelt sein können.

Entsprechend der Wichtigkeit des Eigenbedarfs für Großkraftwerke sollte seine Lieferung stets durch voneinander unabhängige Stromquellen und Doppel-Sammelschienen sichergestellt werden. Auch kann eine Unterteilung in betriebswichtigen und in nebensächlichen Eigenbedarf eine Erhöhung der Betriebsbereitschaft bringen.

Die zweckentsprechenden Anordnungen des Eigenbedarfs werden bei der Besprechung der Hauptschaltpläne berücksichtigt werden.

3. Der Entwurf des Schaltplanes.

Bei dem Entwurf des Schaltplanes wird man vor allem nach der Bedeutung der Stromlieferung für den Werkbetrieb fragen. Läßt der Betrieb kurzfristige Pausen zu, so wird eine billige Schaltanordnung gerechtfertigt sein. Hängt andererseits die Fertigstellung einer Arbeit von einer ununterbrochenen Stromzufuhr ab, was häufig der Fall ist, so wird eine Schaltanordnung, die dem Betrieb mehr Beweglichkeit gibt, in Betracht kommen.

Die Sammelschienen vermitteln die Stromverteilung. An die Sammelschienen werden deshalb sämtliche Stromkreise, Stromerzeuger und Verteilerleitungen, angeschlossen und erhalten Leistungsschalter, damit sie nach Wahl ein- oder ausgeschaltet werden können.

Als Leistungsschalter werden fast ausschließlich Luftselbstschalter und Ölschalter verwendet.

Luftselbstschalter sind in Drehstromanlagen bis zu 500 V benutzbar, Ölschalter für alle Wechselspannungen.

Hebelschalter können nur begrenzte Leistung schalten.

Trennschalter dürfen nur im stromlosen Zustand geschaltet werden.

Vgl. Auswahl der Schaltgeräte XI. 80.

Da, wie oben bereits erwähnt, die meisten Störungen im Netz auftreten, müssen die einzelnen Netzstücke Schutz durch Sicherungen oder durch Auslöser bzw. Relais in Verbindung mit Schaltern erhalten, welche dafür sorgen, daß die Störungen örtlich beschränkt bleiben und nicht bis an die Sammelschienen gelangen, wo sie einen vollständigen Niederbruch der Stromerzeugung verursachen würden.

Auch halte der Projektierer bei dem Entwurf des Schaltplanes sich stets den Zweck des Apparates, den er in den Schaltplan einzeichnet, vor Augen und frage sich immer wieder, welches die einfachsten Mittel für die gewollte Schaltung sind. Jeder entbehrliche Apparat bringt Unsicherheit in die Anlage, denn schon ein schlecht angezogener Kontakt kann durch Spritzfeuer die Schaltanlage gefährden.

4. Einfach- oder Doppel-Sammelschienen?

Ob Einfach- oder Doppel-Sammelschienen gewählt werden, hängt von der Größe und der Art des Betriebes ab. Bei kleinen und mittleren Leistungen mit wenigen Stromkreisen wird meist dem billigen Einfach-Sammelschienen-System der Vorzug zu geben sein, vorausgesetzt daß der Betrieb kurze Pausen für das Reinigen oder das Auswechseln von Isolatoren an den Sammelschienen erlaubt.

Der schwerwiegende Nachteil der Einfach-Sammelschienen ist das Fehlen einer jeglichen Reserve bei einem Kurzschluß an den Sammelschienen. Ein zerstörter Isolator kann vollständigen Betriebstillstand zur Folge haben.

Man wird also bei der Wahl eines Einfach-Sammelschienen-Systems alles vermeiden müssen, was irgendwie seine Betriebsicherheit herabsetzen könnte.

Für Anlagen mittlerer Leistung wird bei entsprechend sicherer Anordnung der Sammelschienen und geeigneter Schalterwahl das Einfach-Sammelschienen-System trotzdem einen zufriedenstellenden Betrieb ergeben.

Abb. 1 zeigt einen Schaltplan mit einem Einfach-Sammel-System für kleine Zentralen. In diesem und den folgenden Schaltplänen sind Ölschalter dargestellt. Für Spannungen bis 500 V sind auch Luftselbstschalter und in manchen Fällen auch Hebelschalter geeignet. Trennschalter sind bei Selbstschaltern nicht unbedingt erforderlich. Vor Stromkreisen mit Hebelschaltern sind sie überflüssig.

Der Eigenbedarf wird bei Spannungen über 500 V von den 380/220 V Unterspannungs-Sammelschienen eines Transformators über Luftselbstschalter bzw. über Hebelschalter und Sicherungen entnommen. Bei größeren Eigenbedarfleistungen werden nur Lichtnetz und Motoren kleiner Leistung an einen Transformator gelegt, während die größeren

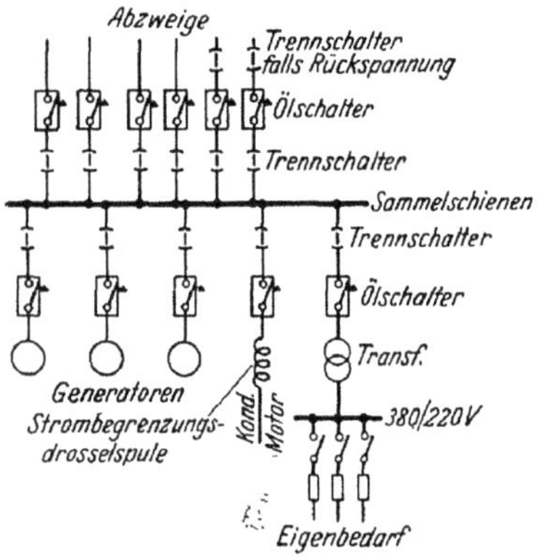

Abb. 1. Einfach-Sammelschienen-System.

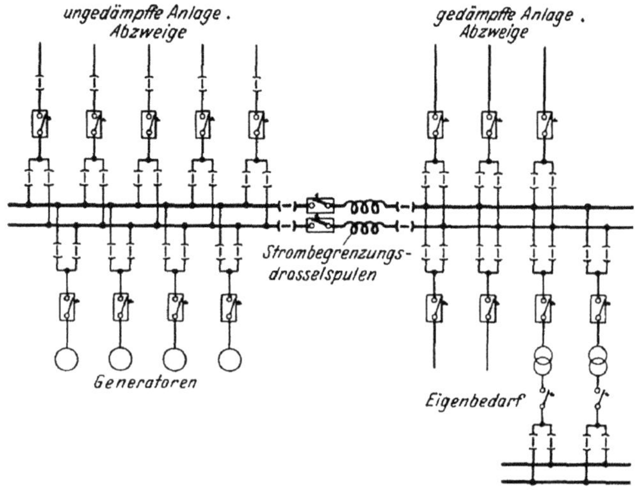

Abb. 2. Doppel-Sammelschienen-System.

Antriebsmotoren, beispielsweise für die Kondensationspumpen, unmittelbar an die Er zeuger-Sammelschienen angeschlossen werden. In Zentralen mit Strömen von etwa 500 bi 1000 A an und Spannungen über 500 V empfiehlt es sich, die Eigenbedarfskabel durc Strombegrenzungs-Drosselspulen zu schützen.

Die Nachteile einer erzwungenen Betriebspause werden durch das Doppel-Sammel schienen-System wesentlich gemildert, da der gesamte Betrieb nun rasch in einer kurze Betriebspause auf das gesunde Sammelschienen-System verlegt werden kann. Doppel Sammelschienen müssen genommen werden,

1. für Betriebe, die keine Betriebspause zulassen;
2. für Anlagen, die zwecks Spannungsreglung verschieden weit entfernter Speise punkte mit verschiedenen Spannungen arbeiten;
3. für die Stromverteilung von zwei verschiedenen Erzeugeranlagen, für die ei Parallelbetrieb nicht statthaft ist;
4. für große Kraftwerke mit vielen Abzweigen;
5. für das Inbetriebsetzen großer Motoren, die erst mit einer Teilspannung aus getrocknet werden, wie z. B. in Förderanlagen.

Abb. 2 gibt die einfachste Ausführungsform für Doppel-Sammelschienen an. Ei jeder Stromkreis hat nur einen Leistungsschalter und kann durch Trennschalter, die ein oder dreipolig sein können, an irgendeins der beiden Sammelschienen-Systeme geleg werden. Das Spannungsfreimachen eines Stromkreises durch Ziehen der Trennschalte darf natürlich erst bei ausgeschaltetem Ölschalter erfolgen. Abb. 2 zeigt auch den Anschluß von mehreren kleineren Abzweigen und des Eigenbedarfs an gemeinschaftliche Strombegrenzungs-Drosseln, durch welche die Anlage in eine mit ungedämpften und in eine mit gedämpften Sammelschienen geteilt wird.

5. Der Kupplungsschalter.

Der Vorteil des Doppel-Sammelschienen-Systems läßt sich durch Einbau eines Kuppelschalters erhöhen. Dies ist ein Leistungsschalter, durch den die beiden Sammelschienen-Systeme betriebsmäßig verbunden und getrennt werden können. Für die Umlegung des Betriebes auf das andere Sammelschienen-System müssen in Anlagen ohne Kuppelschalter nach Abb. 2 zuerst sämtliche Trennschalter an den Generatoren des zweiten Sammelschienen-Systems eingelegt werden, und erst nach Umschaltung der Abzweige können die Trennschalter an den Generatoren des ersten Sammelschienen-Systems gezogen werden. Bei eingelegtem Kuppelschalter braucht diese Schaltfolge nicht mehr ängstlich eingehalten werden, da durch den Kuppelschalter die Ausgleichströme zwischen den Sammelschienen-Systemen fließen können.

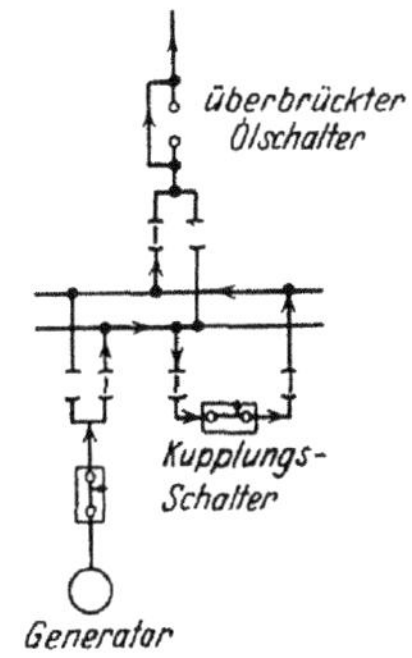

Abb. 3. Kupplungsschalter als Ersatz für Ölschalter.

Der Kuppelschalter vermag aber noch andere wertvolle Dienste zu leisten.

Er dient, wie Abb. 3 dartut, als Ersatz für einen ausgefallenen Ölschalter, dessen Klemmenanschlüsse zu diesem Zweck überbrückt werden. Die Stromversorgung dieses Abzweiges erfolgt nun von der Betrieb-Sammelschiene über den Kuppelschalter und über die Reserve-Sammelschiene.

Der erfahrene Schaltmeister wird mit dem Kuppelschalter auch den Leitungsstrang ausschalten, dessen Ölschalter bei einem schweren Kurzschluß, z. B. durch Zusammenschweißen der Kontakte, versagte.

In größeren Kraftwerken bietet der Kuppelschalter Gelegenheit, auf einfachste Art den Parallelbetrieb sämtlicher Generatoren, die zur Zeit des Spitzenbedarfs auf getrennte Sammelschienen-Systeme arbeiten, wieder herbeizuführen. Die Größe des Kuppelschalters ist meist dem größten Generatorschalter gleich.

Wie schon erwähnt, soll der Schaltplan einfach und klar sein. Mit welchen Mitteln die gute Übersicht, Betriebsicherheit und die Beweglichkeit im Betrieb erreicht werden können, sollen die folgenden Schaltpläne zeigen.

6. Schaltpläne für Einfach-Sammelschienen.

a) Verteilung bei Erzeugerspannung.

Die Einfach-Sammelschienen haben den Vorzug einer großen Übersichtlichkeit und es lassen sich Fehlschaltungen hier leichter vermeiden als bei Doppel-Sammelschienen. Ihr Nachteil, das Fehlen einer jeden Reserve bei Schäden an den Sammelschienen, läßt sich mildern durch Teilung der Sammelschienen mittels Trennschalter in Gruppen wie in Abb. 4. In einer kurzen Betriebspause wird der kranke Sammelschienenteil durch Öffnen der betreffenden Trennschalter von dem gesunden getrennt, der nun den Betrieb wieder aufnehmen kann.

Der Anschluß der Eigenbedarfs-Transformatoren muß dabei von verschiedenen Sammelschienen-Gruppen erfolgen, da sonst der Vorteil der Gruppentrennung wieder aufgehoben würde. Es ist überhaupt ein Grundsatz bei dem Entwurf von Schaltplänen, die Trennung in den Haupt-Sammelschienen systematisch an allen Sammelschienen des Werkes durchzuführen, da anderenfalls gewünschte Vorteile leicht wieder verlorengehen. Die Trennung im Eigenbedarf erfolgt in diesem Fall am einfachsten durch ein Doppel-Sammelschienen-System.

Das früher sehr beliebte Ringsystem mit Gruppentrennung bietet nur Vorteile, wenn bei Doppel-Sammelschienen die Gebäudeaufteilung zufällig zwei Sammelschienen-Reihen erfordert.

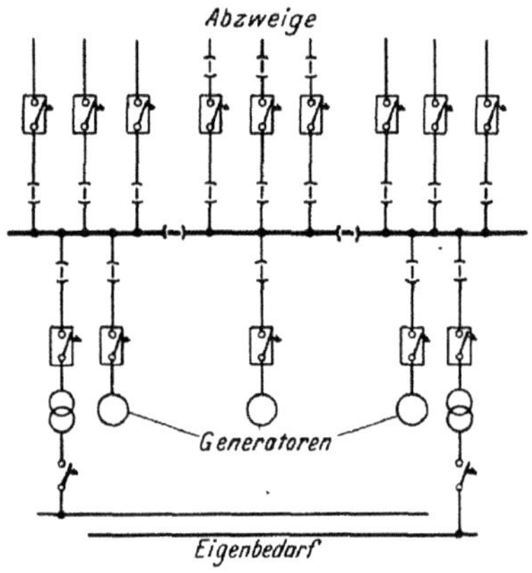

Abb. 4. Gruppentrennung in den Sammelschienen.

b) Verteilung bei höherer als Erzeugerspannung.

Eine höhere Erzeugerspannung als etwa 6 kV kommt für Einfach-Sammelschienen an den Generatoren kaum in Frage, da bisher nur große Generatoren für Spannungen bis etwa 13 kV gebaut werden und diese meist in Großkraftwerken an Doppel-Sammelschienen angeschlossen werden. Muß eine höhere Spannung als Verteilerspannung gewählt werden, so werden in der Regel die Generatoren mit ihren zugehörigen Transformatoren zu Einheiten zusammengefaßt und erhalten in dieser Verbindungsleitung keine Ölschalter. Bei kleinen Leistungen, für welche ein Einfach-Sammelschienen-System noch genügt, wird es sich dann hauptsächlich um Wasserkraftanlagen handeln, die nur wenig Eigenbedarf erfordern. Die Entnahme des Eigenbedarfs von den Verteiler-Sammelschienen wird bei Spannungen über 45 kV wegen der erforderlichen Transformatoren und Hochvoltschalter teuer. Sind durch ein oder zwei Generatoren die Wasserkräfte voll ausgenutzt, so ist die Eigenbedarfsentnahme von den Generatorklemmen mit verhältnismäßig einfachen Mitteln möglich.

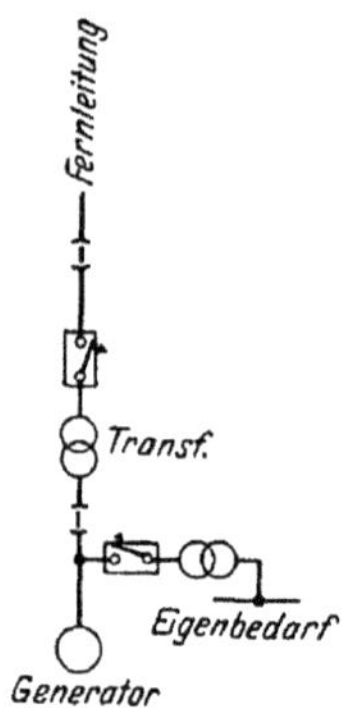

Abb. 5. Ein Generator mit Transformator als Einheit.

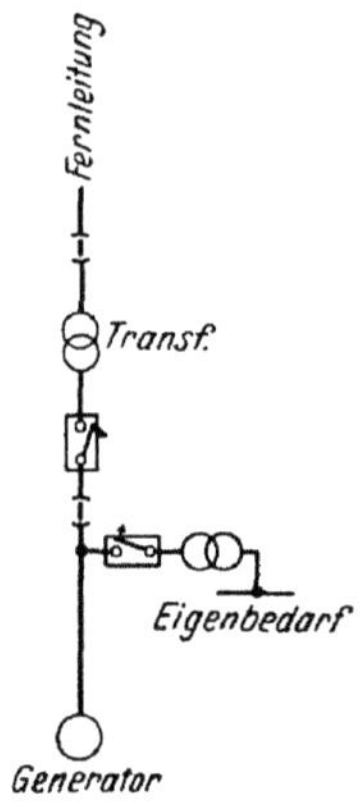

Abb. 6. Eine Fernleitung mit Transformator als Einheit.

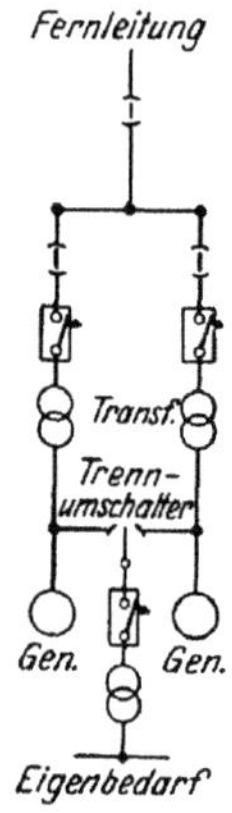

Abb. 7. Zwei Generatoren mit Transformatoren als Einheiten.

Abb. 5 gibt den Schaltplan für einen einzigen Generator mit dem Eigenbedarf an den Generatorklemmen. Hier sind Generator, Transformator und Fernleitung eins, weil bei Ausfall eines dieser Teile der Betrieb ruhen muß. Darum kann hier auch der Hochvoltölschalter durch einen Ölschalter zwischen Generator und Transformator ersetzt werden, wie in Abb. 6, falls die Zentrale nicht mit einer anderen gekuppelt ist. Diese Schaltung, welche Transformator und Fernleitung zur Einheit zusammenfaßt, empfiehlt sich nicht bei mehreren Generatoren, besonders nicht in Netzen mit großen Belastungsschwankungen, da dann die Transformatoren für den größten Netzbedarf bemessen sein müssen und bei kleiner Last mit sehr schlechtem Wirkungsgrad arbeiten. Solche Schaltung kann dort von Nutzen sein, wo alle Energie in ein einziges Unterwerk gesandt wird, in welchem Fall tatsächlich Fernleitung und Transformator eins sind; denn ist da die Fernleitung zerstört, so ist auch ihr Transformator für den Betrieb verloren. Ausgeführt wurde diese Schaltung für mehrere Generatoren bisher nicht.

In Zentralen mit zwei Generatoren läßt sich der Eigenbedarf nach Abb. 7 durch einen Trennumschalter an einen beliebigen Generator legen; auch ist hier eine Kreuzschaltung nach Abb. 8 anwendbar, welche ein Überkreuzarbeiten von einem Generator auf den Transformator des anderen Generators durch Trennschalter ermöglicht. Bei mehreren Generatoren läßt sich das Überkreuzarbeiten nur durch Umgehungsschienen erreichen (Abb. 9). Diese Anordnung wird heute nicht mehr angewendet, da sie mit den zugehörigen Trennschaltern viel Raum beansprucht und weil sie nur bei einer nicht besonders häufigen Doppelstörung in Betrieb treten kann. Fällt ein Generator aus, so ist sein Transformator auch unbenutzbar; trifft das Schicksal einen Transformator, so wird er besser in kurzer Zeit durch einen Reservetransformator ausgetauscht, der den stillgelegten Generator wieder für die Stromerzeugung brauchbar macht.

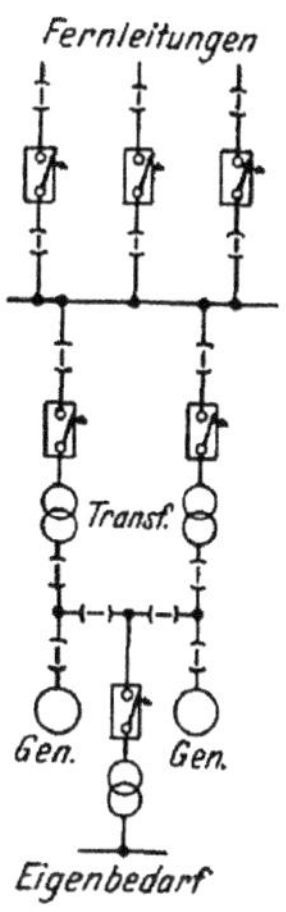

Abb. 8. Zwei Generatoren mit Transformatoren in Kreuzschaltung.

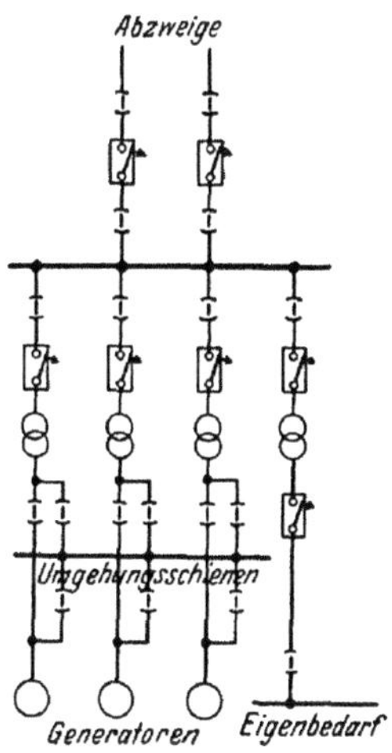

Abb. 9. Generatoren-Transformatoren als Einheiten mit Umgehungsschiene.

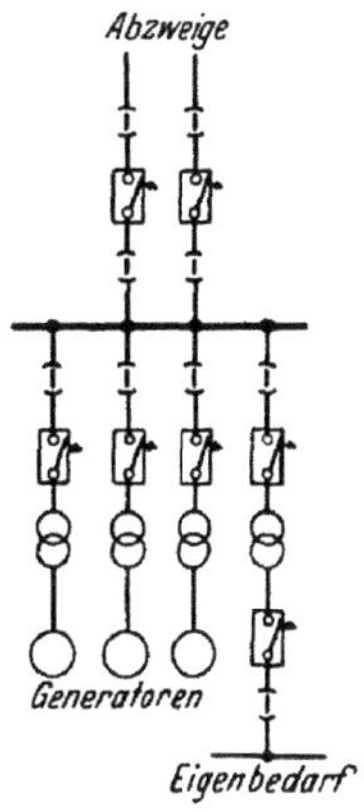

Abb. 10. Generatoren-Transformatoren als Einheiten.

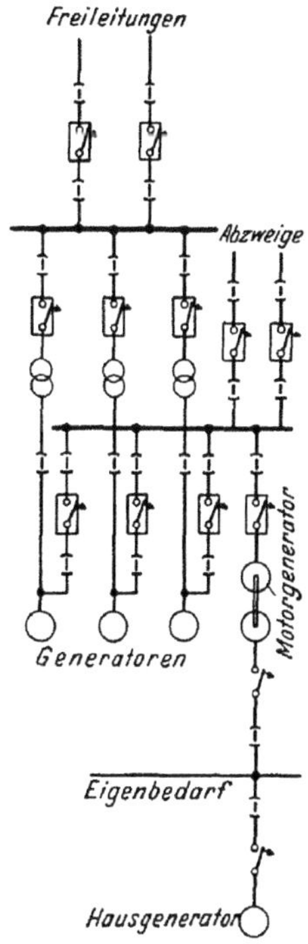

Abb. 11. Generatoren-Transformatoren als Einheiten mit unabhängigen Erzeuger-Sammelschienen.

Abb. 10 zeigt die übliche Schaltung für Generator-Transformator als Einheit.

Wird bei drei oder mehr Generatoren die Eigenbedarfsentnahme von den Hochvoltschienen nach Abb. 10 zu kostspielig, so können, falls Eigenbedarfsturbinen nicht erwünscht sind, für den Eigenbedarf besondere, an die Generatoren angeschlossene Sammelschienen nach Abb. 11 gebildet werden.

Der Generatorschutz muß hierbei sinngemäß beide zum Generator gehörigen Ölschalter erfassen, falls nicht durch Öffnen von Trennschaltern dafür gesorgt wird, daß ein Generator entweder nur auf seinen Transformator oder nur auf die Eigenbedarfs-Sammelschienen arbeitet.

c) Verteilung bei Erzeuger- und höherer Spannung.

Die Schaltung nach Abb. 11 eignet sich auch für die Verteilung bei Erzeuger- und Hochvolt-Spannung, für welche jedoch im allgemeinen der Schaltplan der Abb. 12 gewählt wird, weil Sammelschienen für beide Spannungen eine größere Bewegungsfreiheit im Betrieb erlauben. Nun sind die Transformatoren und Fernleitungen gänzlich unabhängig von den Generatoren und können ganz nach Bedarf geschaltet werden.

Daß selbst bei größeren Maschinensätzen durch Gruppentrennung in den Sammelschienen eine gute Beweglichkeit mit Einfach-Sammelschienen erreicht werden kann, zeigt Abb. 13. Die hier gewählte Schaltung mit vier Betriebsgeneratoren und einem Reservegenerator und abgehenden Leitungen für beide Spannungen gestattet sowohl ein Parallelarbeiten sämtlicher Generatoren wie auch einen getrennten Betrieb in zwei Teilen. Der Reservegenerator sowie der Eigenbedarf ist nach Belieben betriebsmäßig auf jede Sammelschienenhälfte schaltbar. Die Gruppentrennung ist sinngemäß an allen Sammelschienen durchgeführt.

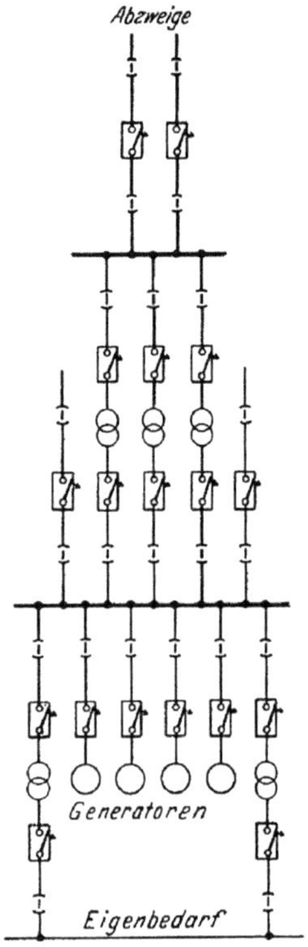

Abb. 12. Verteilung bei Erzeuger- und höherer Spannung.

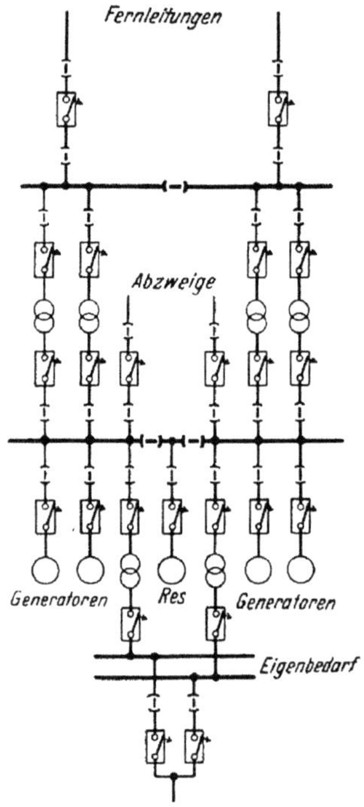

Abb. 13. Gruppentrennung in allen Sammelschienen.

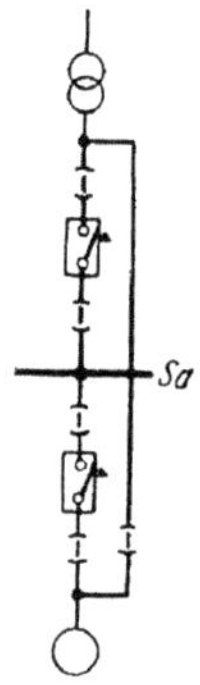

Abb. 14. Umgehungsleitung zur Bildung von Generator-Transformator-Einheit.

Die Schaltung läßt sich nach Abb. 14 durch eine Leitung verbessern, welche den Generator mit seinem Transformator kuppelt. Diese Verbindung gestattet, die betreffenden Ölschalter während des Betriebes spannungsfreizumachen und nachzusehen.

d) Verteilung bei zwei Oberspannungen.

Soll die Stromverteilung bei zwei Oberspannungen und der Erzeugerspannung erfolgen, so ist es das einfachste, für die Generatoren Sammelschienen vorzusehen und daran die Transformatoren anzuschließen (Abb. 15). Ist die Transformatorenbelastung einigermaßen mit der Generatorbelastung gleich, so kann wieder die Verbindungsleitung, die wir in Abb. 14 kennengelernt haben, von Vorteil sein, wie Abb. 16 zeigt. Wollte man bei einer Verteilung für zwei Oberspannungen die Transformatoren mit ihren Generatoren durchweg zu Einheiten zusammenfassen, so erhielte man zwei getrennte Kraftwerke, die nur noch durch das gemeinschaftliche Kesselhaus verbunden sind.

Für die Verteilung bei zwei Oberspannungen sind Dreiwicklungs-Transformatoren besonders gut geeignet, da sie es ermöglichen, die gesamte Transformatorleistung beider

Oberspannungs-Wicklungen gleich der Generatorleistung zu machen und so aus Generator und zugehörigem Transformator eine Einheit zu schaffen, wie es im Schaltplan der Abb. 17 dargestellt ist.

Dienen die beiden Oberspannungen für reine Verteilungsnetze, welche nicht mit anderen Kraftwerken gekuppelt sind, so sind Ölschalter an den Generatorklemmen nicht unbedingt erforderlich.

Ist eine der Oberspannungen mit einem anderen Kraftwerk für Stromlieferung und Strombezug verbunden, so kann die Summe der Leistungen beider Oberspannungs-Wicklungen auch größer als die Generatorleistung sein, beispielsweise das Doppelte betragen, wenn bei Ausfall eines Generators das angeschlossene Überlandwerk die ausgefallene Leistung decken soll. In diesem Fall müssen für Parallelschalten und Generatorschutz zwischen Generatoren und Transformatoren Ölschalter vorgesehen werden.

Aber auch bei Verteilung mit nur einer Oberspannung, welche die Hauptlast aufnimmt, und geringer Leistungsentnahme bei Erzeugerspannung können in größeren Kraft-

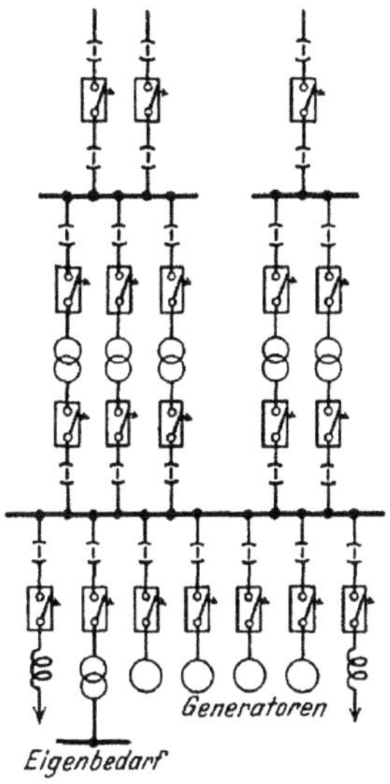

Abb. 15. Verteilung bei drei Spannungen.

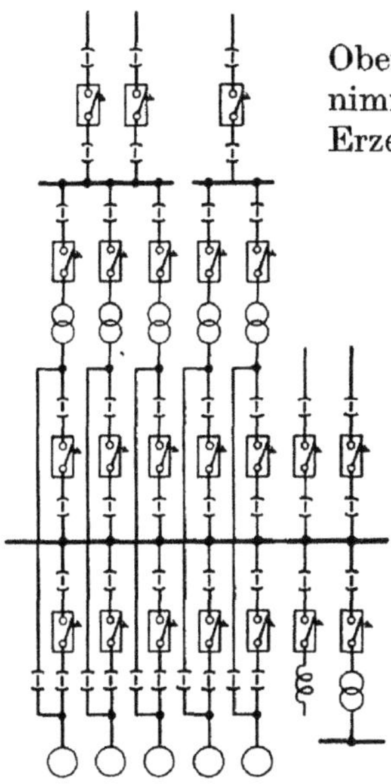

Abb. 16. Verteilung bei drei Spannungen mit Umgehungsleitungen.

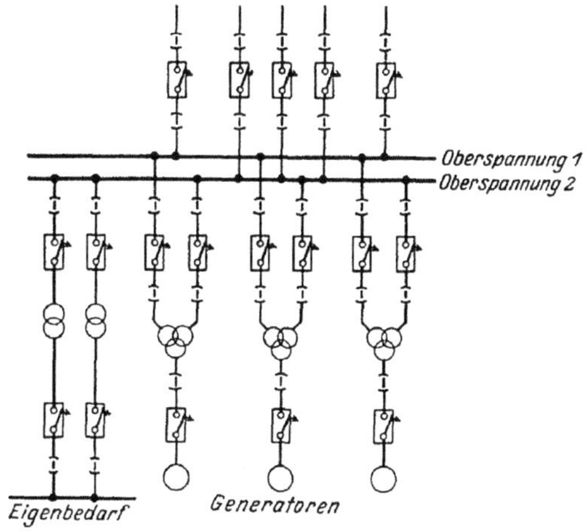

Abb. 17. Verteilung bei zwei Oberspannungen; Umspannung durch Dreiwicklungs-Transformatoren.

werken Dreiwicklungs-Transformatoren gute Dienste tun, um die Kurzschlußströme an der Erzeuger-Sammelschiene kleinzuhalten. Die Schaltung ist genau wie in Abb. 17, jedoch führt nur das eine Sammelschienen-System Oberspannung, während das andere Erzeugerspannung hat. Die an ihr liegenden Wicklungen haben kleine, dem Bedarf entsprechende Leistung mit Übersetzung 1/1. Beträgt diese Leistung beispielsweise 10% der Generatorleistung und hat die Transformator-Wicklung 8% Kurzschlußspannung, so ist die Wirkung bei Kurzschluß, als ob in den Generator-Stromkreis eine 80proz. Reaktanz eingeschaltet wäre.

Die Entnahme des Eigenbedarfs erfolgt bei zwei Oberspannungen häufig von der niederen Oberspannung, wenn diese nicht 45 kV übersteigt. Bei höherer Spannung ist Nachrechnung erforderlich, ob Hausgeneratoren wirtschaftlicher sind.

7. Schaltpläne für Doppel-Sammelschienen.

Wie eingangs schon angedeutet, läßt es sich theoretisch nicht bestimmen, ob Einfach- oder ob Doppel-Sammelschienen zu wählen sind. Es werden u. U. eine Reihe von den oben angegebenen Schaltplänen für manche Betriebe das Doppel-Sammelschienen-System erfordern. Da aber die Umgestaltung auf Doppel-Sammelschienen sehr einfach ist und das Wesentliche der besprochenen Schaltpläne nicht ändert, sind diese Schaltpläne nur mit Einfach-Sammelschienen dargestellt.

Das Doppel-Sammelschienen-System, wie wir es in Abb. 2 kennengelernt haben, wird häufig angewendet. Selbst in kleineren Industriewerken ist es oft unvermeidlich, nämlich dort, wo die Betriebsreserve für die Eigenerzeugung durch Anschluß an ein Überlandnetz gewonnen wird und wegen der ungeschulten Schalttafelwärter dieser kleinen Industriezentralen von seiten des Überlandwerkes ein Parallelbetrieb verboten wird. Ihn verhindert ein Schaltplan nach Abb. 18. An das eine Sammelschienen-System wird die Eigenerzeugung angeschlossen, an das andere das Überlandnetz. Die Verbraucher können durch Trennumschalter nach Wahl an die Eigenerzeuger-Sammelschienen oder an die Überlandnetz-Sammelschienen gelegt werden. Es ist jedoch peinlich darauf zu achten, daß die beiden Sammelschienen-Systeme nicht an einer Unterverteilungs-Sammelschiene gekuppelt werden können. Aus diesem Grunde empfiehlt es sich, falls mehrere

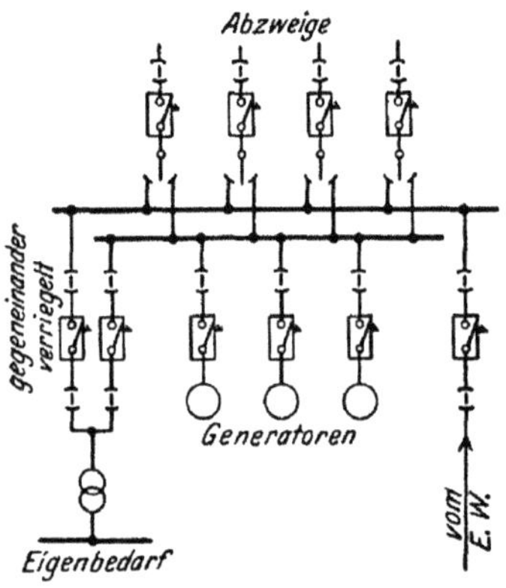

Abb. 18. Doppel-Sammelschienen; Parallelbetrieb verboten!

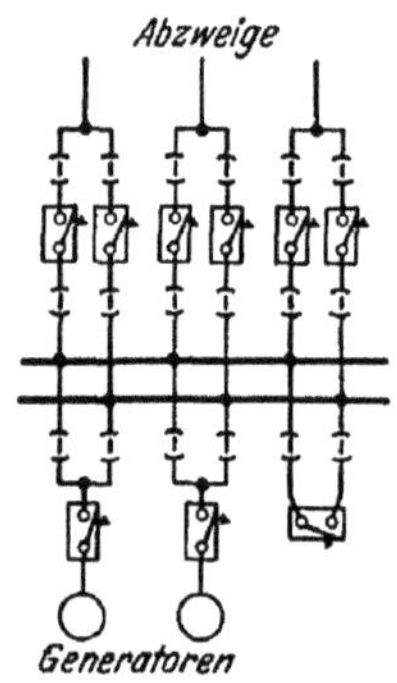

Abb. 19. Doppel-Sammelschienen mit 2 Ölschaltern für jeden Abzweig.

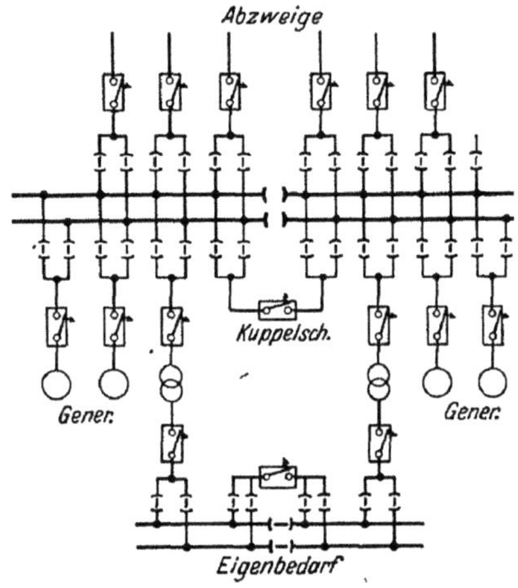

Abb. 20. Doppel-Sammelschienen mit Gruppentrennung.

Abzweige an eine gemeinsame Unterverteilung führen, sie miteinander derart zu verriegeln, daß sie alle nur auf das gleiche Sammelschienen-System schaltbar sind.

Die Trennschalter dürfen bekanntlich nur in stromlosem Zustand geschaltet werden. Deshalb ist eine kurze Betriebspause für das Umschalten unerläßlich. Wird hierdurch das Arbeitsgut vernichtet, was bei einigen Industrien, z. B. in der Kunstseidefabrikation, der Fall ist, so kann die Umschaltung derart betriebswichtiger Stromkreise durch je zwei Leistungsschalter erfolgen, die automatisch sich wahlweise einschalten. Eine derartige Schaltung mit zwei Ölschaltern für jeden Abzweig nach Abb. 19 kann überall dort von Vorteil sein, wo oft und schnell umgeschaltet werden muß. Für gewöhnlich werden jedoch nicht zwei Ölschalter verwendet, da diese Anordnung auch wegen ihres Raumbedarfs teuer ist. Die Elektrizitätswerke begnügen sich im allgemeinen mit der Reserve der Doppel-Sammelschienen in Verbindung mit dem Kupplungsschalter.

Für größere Zentralen kann der Kuppelschalter auch so geschaltet sein, daß durch ihn die Zentrale in zwei Hälften zerlegt wird, wie in Abb. 20 dargestellt ist, um durch Gruppenteilung der Sammelschienen die Beweglichkeit des Betriebes zu verbessern. Nach Belieben kann nun irgendein Sammelschienenteil ohne Betriebsunterbrechung für Versuche oder Reinigung freigemacht werden. Die Gruppentrennung ist auch hier wieder an den Eigenbedarfs-Sammelschienen durchgeführt.

Erfolgt die Stromverteilung bei einer höheren als der Erzeugerspannung oder bei mehreren Spannungen, so wird man in größeren Zentralen auch dafür gern die Vorteile der Doppel-Sammelschienen ausnutzen, die nun je nach Wichtigkeit bloß für eine oder mehrere Spannungen gewählt werden.

Der Schaltplan nach Abb. 10, jedoch mit Doppel-Sammelschienen ausgebildet, ist ebensogut für Nah- wie für Fernkraftwerke geeignet bei Spannungen von 15 kV aufwärts. In Abb. 11 kommen Doppel-Sammelschienen an der Oberspannung für ein Fernkraftwerk, an beiden Spannungen für ein Nahkraftwerk mit höchstens 45 kV Oberspannung in Betracht.

Der Schaltplan der Abb. 12 mit Doppel-Sammelschienen für beide oder nur für die Erzeugerspannung ist für ein Industriewerk mit Anschluß (Stromlieferung und Strombezug) an ein Überlandnetz anwendbar, desgleichen Abb. 13 mit Doppel-Sammelschienen für beide Spannungen oder für die Generatorspannung allein. Mit Doppel-Sammelschienen nur an den Fernleitungen eignen sich Abb. 13 und 14 für Fernkraftwerke, die nur wenig Kraftverteilung mit Erzeugerspannung haben. Für den Schaltplan nach Abb. 15 würden wohl stets an den Generatoren Doppel-Sammelschienen gewählt werden, während sie für Abb. 16 bei nur wenigen Abzweigen mit Erzeugerspannung nicht unbedingt erforderlich erscheinen. Die Oberspannungs-Sammelschienen werden hier je nach Art ihrer Wichtigkeit als Einfach- oder Doppel-Sammelschienen ausgebildet, ebenso wie im Schaltplan der Abb. 17.

Es ist aber jedesmal reiflich zu überlegen, ob tatsächlich Doppel-Sammelschienen erforderlich sind. Denn abgesehen von den Mehrkosten gegenüber Einfach-Sammelschienen, benötigen sie mehr Raum für ihren Einbau und ermöglichen leichter Fehlschaltungen als Einfach-Sammelschienen.

Ist, wie z. B. in Abb. 15 und 16 dargestellt, nur eine einzige Fernleitung vorhanden, so lassen Doppel-Sammelschienen selbst bei mehr als zwei Transformatoren sich nur schlecht rechtfertigen. Bildet außerdem von den zwei eingezeichneten Transformatoren der eine Reserve, so können die Ölschalter für die Transformatoren oder der für die Freileitung fortgelassen werden, da sonst in normalem Betrieb zwei Ölschalter für ein und denselben Stromkreis in Reihe geschaltet sind.

8. Schaltpläne für Großkraftwerke.

Die größten Schwierigkeiten bei dem Entwurf von Schaltplänen für Großkraftwerke bildet die Beherrschung der Kurzschlußströme und die Sicherstellung des Eigenbedarfs. Man wird dementsprechend bei Großkraftwerken, wo häufig ein Generator oder Generatorsatz allein schon an die Grenzleistung eines Kraftwerkes herankommt, alle möglichen Mittel aufwenden, um einen Kurzschluß nach Möglichkeit einzudämmen. Ein geeignetes Mittel hierzu sind Strombegrenzungs-Drosselspulen in den Sammelschienen, wenn sie so bemessen sind, daß sie bei etwa 8 bis 10% Reaktanz normalerweise nur einen Bruchteil der Generatorleistung durchlassen. Wären sie für den vollen Durchlaß der Generatorleistung berechnet, so würde ihre Wirkung so gering sein, daß ihr Einbau nicht verlohnte. Die Abzweige müssen daher so geordnet werden, daß jedem Generator seine Verteilergruppe zugeteilt ist, die normalerweise seine volle Leistung benötigt. Den Prinzipschaltplan hierfür gibt Abb. 21 wieder. Jeder Generator hat Doppel-Sammelschienen und arbeitet normalerweise über Sammelschienen-System I auf seine Verteilergruppe. Die Lastschwankungen werden durch die Strombegrenzungs-Drosselspulen der Nachbargruppe ausgeglichen. Bei Ausfall eines Generators wird eine zugehörige Drosselspule durch den beigeordneten Gruppenschalter kurzgeschlossen. Das Sammelschienen-System II stellt nicht nur eine Reserve dar, sondern ermöglicht auch einen größeren Leistungsteil eines Generators, für den die Drosselspule nicht bemessen ist, an eine Nachbargruppe abzugeben. Um die Beweglichkeit des Betriebes zu erhöhen, erhält jede Verbrauchergruppe ihren besonderen Kuppelschalter. Durch geeignete Trennschalteranordnung läßt sich der Gruppenschalter, wie Abb. 22 zeigt, auch als Kuppelschalter verwenden. Da eine solche Schaltung aber, wie Abb. 22 erkennen läßt, einigermaßen unübersichtlich ausfällt, ist sie bisher nicht angewendet worden.

Besteht ein Maschinensatz aus einer Hochdruckstufe und aus ein oder zwei Niederdruckmaschinen, so ist es bei Sammelschienen mit Generatorspannung zweckmäßig, jedem einzelnen Generator seine Verteilergruppe beizugeben und sie durch Strombegrenzung-Drosselspulen von der Nachbargruppe zu begrenzen (Abb. 23), wenn dies der dampftechnische Teil der Turbinen zuläßt.

Ist die Verteilerspannung höher als Erzeugerspannung, so wird man zur Dämpfung der Kurzschlußströme in Nahkraftwerken jeder einzelnen Druckstufe, wenn dampf-

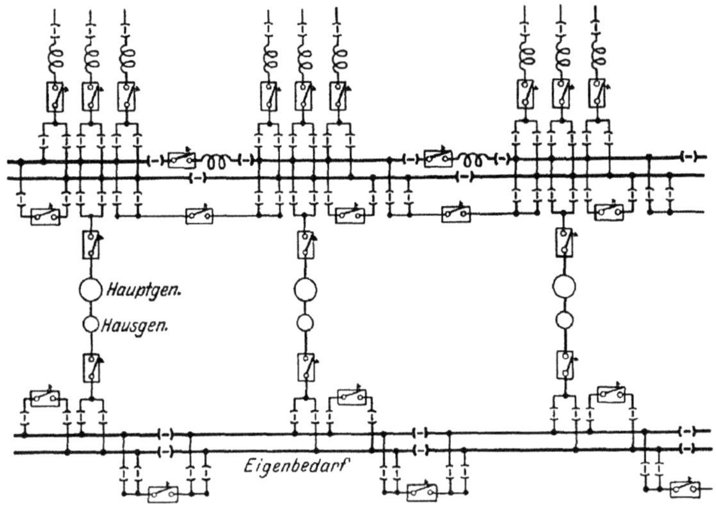

Abb. 21. Nah-Großkraftwerk ohne Außenbezirke.

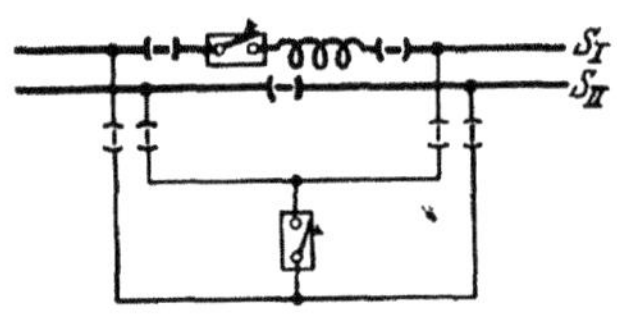

Abb. 22. Kupplungsschalter als Gruppenschalter.

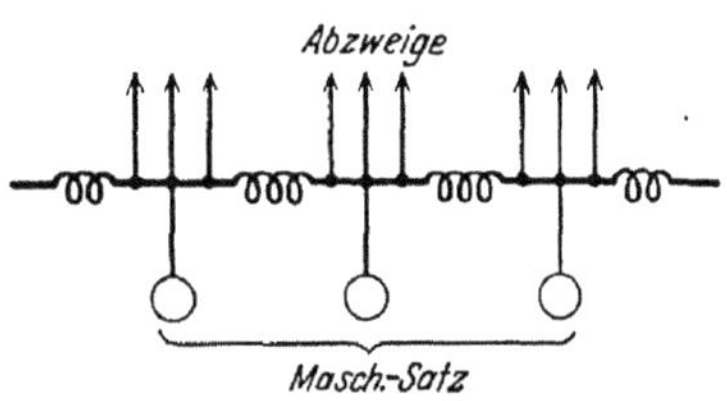

Abb. 23. Schaltung eines Maschinensatzes mit 2 oder 3 Druckstufen an Erzeuger-Sammelschienen.

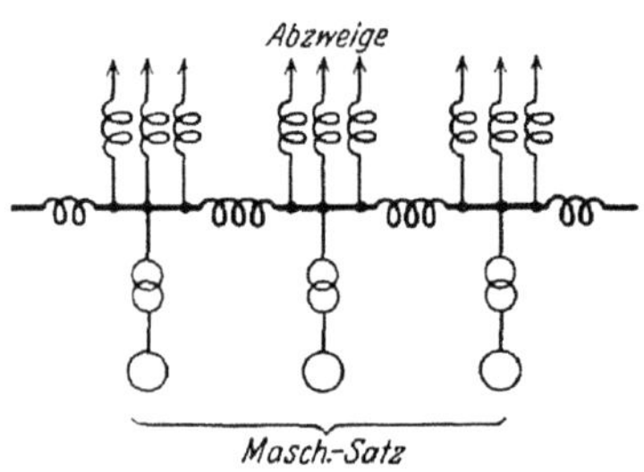

Abb. 24. Schaltung eines Maschinensatzes mit 2 oder 3 Druckstufen für Verteilungsspannungen bis 45 kV.

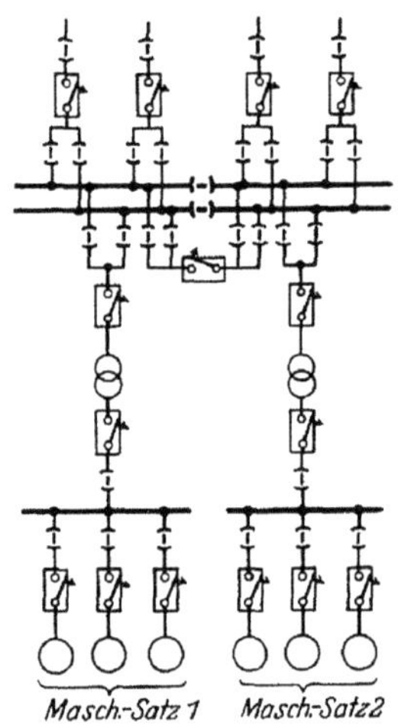

Abb. 25. Fernkraftwerk mit mehrstufigen Maschinensätzen.

technisch angängig, gern seinen besonderen Transformator nach Abb. 24 geben. Bei höheren Oberspannungen für Fernkraftwerke erscheint es dagegen zuweilen zweckmäßiger, die Leistung des gesamten Maschinensatzes durch einen einzigen Transformator umzuspannen, da eine große Einheit billiger ist als mehrere kleinere. Sehr große Drehstrom-Transformatoren werden in solchen Fällen, um den Transport zu erleichtern und eine billige Reserve zu haben, manchmal als drei Einphasen-Transformatoren ausgeführt.

Die Schaltung eines Generatorsatzes mit Einfach-Sammelschienen zeigt Abb. 25. Doppel-Sammelschienen an den Generatoren würden auch hier unter Umständen gute Dienste leisten.

Die Erzeugung des Eigenbedarfs und seine Sicherstellung in Großkraftwerken ist für jedes neue Großkraftwerk ein neues Problem, das gründliche Ingenieurarbeit erfordert.

Die verschiedenen Antriebsmöglichkeiten der Hilfsbetriebe,
1. durch Dampf in Gruppen oder einzeln,
2. elektrisch von den Hauptgeneratoren, den Haupt-Sammelschienen oder von den Sammelschienen des Hausgenerators,

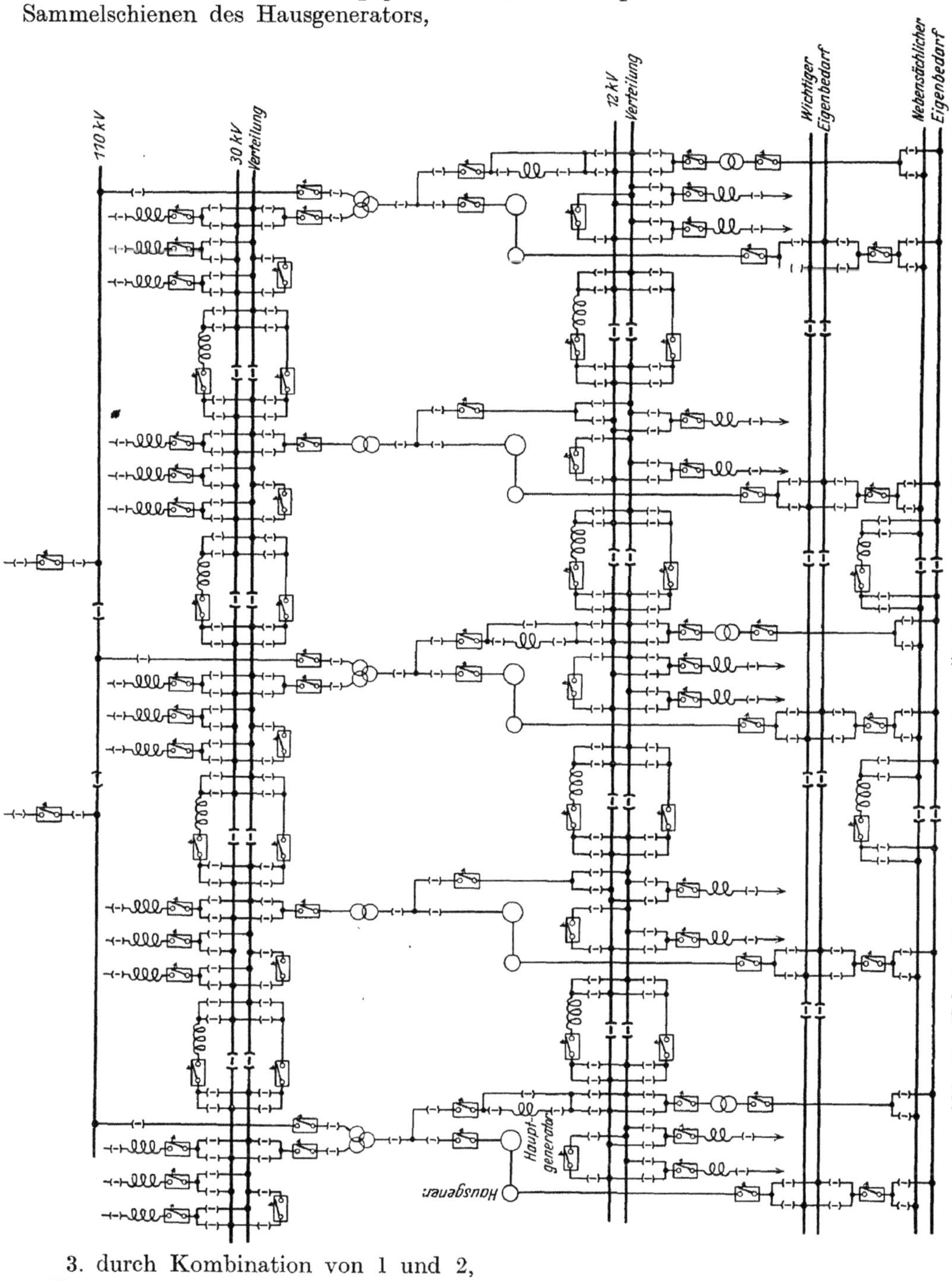

Abb. 26. Nah-Großkraftwerk mit Anschluß an Überlandnetz 110 kV, Verteilung bei 12 kV und 30 kV.

3. durch Kombination von 1 und 2,
in Verbindung mit den Antriebsmöglichkeiten der Hausgeneratoren ergeben eine derartige Fülle von einzelnen Fragen und Überlegungen, daß es weit über den Rahmen dieses Buches hinausführen würde, auch nur einigermaßen eingehend den Eigenbedarf für die verschiedenen Antriebsmaschinen und Feuerungsarten zu behandeln. Hier sollten

nur Anregungen gegeben werden, um die Wichtigkeit des Eigenbedarfs zu betonen. Zum weiteren Studium sei das schon erwähnte Buch von Titze empfohlen.

Zum Schluß sei noch in Abb. 26 ein Schaltplan für ein städtisches Kraftwerk aufgezogen, das durch seine günstige Lage im Zentrum der Stadt einen großen Teil seines Netzes mit Erzeugerspannung von 12 kV versorgen kann, während der Randbezirk ein 30 kV-Verteilungsnetz erhält. Durch ein entferntes Wasserkraftwerk, das gleichzeitig als Speicherwerk ausgebildet ist, kann der Spitzenbedarf über 110 kV-Fernleitungen gedeckt werden.

Die fünf Hauptgeneratoren, von denen einer Reserve ist, können beliebig auf die 12 kV- oder die 30 kV-Sammelschienen geschaltet werden. Durch Dreiwicklungs-Transformatoren besteht außerdem die Möglichkeit, drei Generatoren auf das 110 kV-Netz zu schalten, das umgekehrt auch die 30 kV- wie die 12 kV-Sammelschienen speisen kann. Die Sammelschienen 12 kV und 30 kV sind durch Kurzschlußdrosseln in Gruppen geteilt. An den 110 kV-Einfach-Sammelschienen ist durch Gruppentrennung die erforderliche Beweglichkeit erzielt. Mit jedem Generator kann ein Hausgenerator gekuppelt werden, der dann auf die betriebswichtigen Sammelschienen des Eigenbedarfs arbeitet. Die nebensächlichen Eigenbedarfs-Sammelschienen erhalten über Transformatoren Energie von den Generator-Sammelschienen. Falls erforderlich, können aber auch die Eigenbedarfs-Sammelschienen gekuppelt werden.

II. Die Kurzschlüsse.

9. Die Ursache von Kurzschlüssen und ihre Gefahren.

Die in der Schaltanlage auftretenden Störungen entstehen infolge fehlerhafter Bedienung der Schaltgeräte oder durch Isolationsfehler.

Je nachdem, ob der Fehler nur an einem Pol, an mehreren Polen derselben Stelle oder an zwei Polen räumlich getrennter Stellen auftritt, leitet er einen Erdschluß, einen Kurzschluß oder einen Gesellschaftsschluß ein. Die meisten aller Kurzschlüsse entwickeln sich aus Erdschlüssen.

Der Kurzschluß kann zwischen allen drei Leitern eines Netzes, zwischen zwei Leitern und bei sterngeschalteten Generatoren zwischen einem Leiter und dem Nullpunkt des Generators auftreten. Man unterscheidet demgemäß den dreipoligen, den zweipoligen und den einpoligen Kurzschluß.

Die Kurzschlußströme richten unter Umständen Schäden schlimmster Art an, Leitungen und Sammelschienen werden auseinandergerissen, Wicklungen in Transformatoren, an Generatoren und Stromwandlern fliegen auseinander, Trennschalter springen auf, schlecht angezogene Leitungskontakte erwärmen sich zu Spritzfeuer, ungenügend dimensionierte Ölschalterkontakte schmelzen zusammen, schwache Ölschalter zerplatzen, Wicklungen in Relais und in Strommessern verbrennen, Strombegrenzungs-Drosselspulen verdampfen, Kabel brennen aus u. dgl. m. In besonders krassen Fällen ist durch die Kurzschlußwirkung das ganze Schalthaus gesprengt worden.

10. Der Kurzschlußverlauf.

Um geeignete Maßnahmen gegen die Kurzschlußwirkungen treffen zu können, muß man die Kurzschlußkräfte und die Vorgänge, die sich während des Kurzschlusses abspielen, kennen. Im Augenblick des Kurzschlusses ist die Spannung an der Fehlerstelle gleich Null, und alle Energie fließt zu ihr hin. Die angeschlossenen Motoren erhalten keinen Strom mehr und bleiben allmählich stehen, falls sie reine Antriebsmotoren sind; sind sie Synchronmotor-Generatoren oder Umformer, die von der anderen Seite Strom erhalten können, so arbeiten sie als Stromerzeuger auf die Kurzschlußstelle.

Die Generatoren erzeugen einen Stoßkurzschlußstrom, dessen Wechselstromanteil bei Drehstrom-Synchrongeneratoren moderner Bauart etwa das 6- bis 8,5-fache des Nennstromes beträgt. Den reziproken Wert dieses Kurzschlußfaktors nennt man Generatorstreureaktanz (Ständerstreuung).

Diese einfache Beziehung der symmetrischen Stoßkurzschlußleistung zur Nennleistung und des symmetrischen Stoßstromes zum Nennstrom drücken die Formeln (1) und (2) aus.

Für die Leistung
$$N_k = N_n \frac{100}{s_g}, \tag{1}$$
für den Strom
$$J_k = J_n \frac{100}{s_g}. \tag{2}$$
N_k = Kurzschlußleistung,
N_n = Nennleistung,
J_k = Kurzschlußstrom,
J_n = Nennstrom,
s_g = Generatorreaktanz in Proz. (Ständerstreuung).

Die Streureaktanz moderner Generatoren soll lt. VDE-Vorschrift mindestens 12% betragen. Hierbei ist der symmetrische Stoßkurzschlußfaktor
$$f_k = \frac{100}{12} = 8{,}3.$$

Aber noch ein anderes kann mitbestimmend für die Größe des Stromstoßes werden. Geht die Spannung beim Kurzschlußeintritt gerade durch Null, so sind jetzt die Voraussetzungen des Lenzschen Induktionsgesetzes gegeben, weil der Strom in einem aus überwiegend induktivem Widerstand bestehenden Stromkreis um nahezu 90° gegen die Spannung nacheilt und so dem Spannungsdurchgang durch Null ein Stromspitzenwert $J_k \cdot \sqrt{2}$ entspricht. Dieser plötzlich einsetzenwollende Stromstoß erzeugt einen Gegenstrom, der im Augenblick des Kurzschlußeintrittes dem Wechselstrom-Richtwert entgegengesetzt ist. Beide Ströme heben sich anfangs in ihrer Wirkung auf, kurze Zeit hernach addieren sie sich, so daß nach Verlauf einer halben Periode ein hoher Spitzenstromstoß J_s entsteht, welcher bei Generatoren mit 12% Generatorstreureaktanz etwa das 22- bis 25fache des effektiven Nennstromes ausmacht. Abb. 27 veranschaulicht den Kurzschlußeintritt für einen Generator bei Vollast und $\cos\varphi = 0{,}8$ in dem Augenblick, da die Spannung durch Null geht.

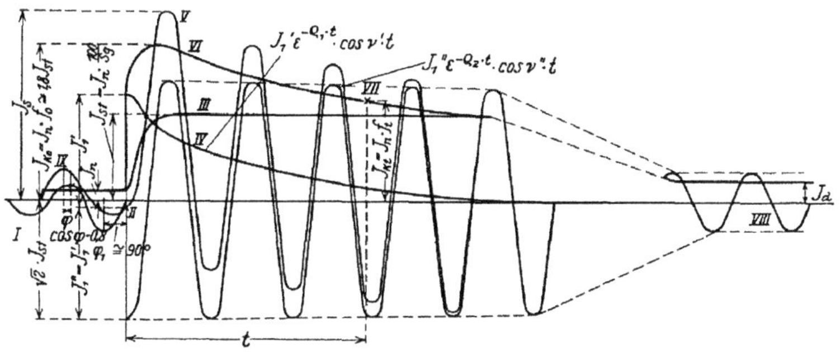

Abb. 27. Kurzschlußeintritt und Kurzschlußverlauf.

Der effektive Wechselstromstoß beginnt stets mit dem Produkt aus dem reziproken Wert der Generatorstreureaktanz und dem Nennstrom, während der übergelagerte Gleichstrom Werte bis zu dem 0,8fachen des Wechselstromstoßes annehmen kann. Der Spitzenstromstoß J_s beträgt dann
$$J_s = \sqrt{2} \cdot 1{,}8 \cdot J_n \cdot \frac{100}{s_g}. \tag{3}$$

Nur wenn die Selbstinduktion im Stromkreis gleich Null ist, entsteht kein Gegenstrom, weil nun der Strom sofort den Wert annehmen kann, der ihm nach dem Ohmschen

Gesetz zukommt. Da Selbstinduktion in Wirklichkeit stets vorhanden ist, rechnet man als Spitzenstrom auch bei Kurzschlüssen in großer Entfernung vom Kraftwerk

$$J_s = \sqrt{2} \cdot 1{,}8 \cdot J_{k_0}. \tag{4}$$

Der Stromstoß ist bei allen drei Kurzschlußarten nahezu gleich groß. Dagegen verhalten sich die Dauerströme bei drei-, zwei- und einpoligem Kurzschluß etwa wie 1 : 1,5: 2,5.

Zu dem Stromstoß liefern Strom:

1. alle Synchrongeneratoren,
2. alle Synchronmotoren,
3. alle Einankerumformer,
4. die Asynchronmaschinen über 1000 kW.

An dem Dauerkurzschlußstrom beteiligen sich außer Gruppe 1 die Gruppen 2 und 3, sofern sie weiter angetrieben werden. Die Asynchronmaschinen liefern keinen Dauerkurzschlußstrom, da sie sich selbst entregen.

11. Die Berechnungsarten der Kurzschlußströme.

Die Kurzschlußwerte, die in einer Schaltanlage auftreten können, bestimmen die Auswahl der Schalter und Stromwandler, der Auslöser und Relais, die Leitungsquerschnitte, die Umbruchfestigkeit der Stützer; ferner sind sie maßgebend für die vorbeugenden Schutzmaßnahmen, wie beispielsweise Einbau von Strombegrenzungs-Drosselspulen oder Gruppenunterteilung des Großkraftwerkes.

Die Berechnung der Kurzschlußströme kann auf dreierlei Art erfolgen.

1. Rein mathematisch. Diese Methode ist nur für einfache Netze durchführbar, da der Kurzschlußverlauf einer Synchronmaschine infolge ihrer veränderlichen Reaktanz während des Kurzschlusses einer sehr umständlichen Formel folgt. Einfache graphische Lösungen dafür haben R. Rüdenberg und A. Schwaiger angegeben[1].

2. Analytisch. Diese Rechnungsart ersetzt die vermaschten Stromkreise des Netzes durch gleichwertige einfache und ergänzt die errechneten Kurzschlußwerte des symmetrischen Wechselstromstoßes durch Kurzschlußfaktoren für die einzelnen Zeiten nach Kurzschlußeintritt.

3. Empirisch. Hierbei wird die Lösung durch ein natürliches Netzmodell, in dem sämtliche Reaktanzen durch gleichwertige Ohmsche Widerstände dargestellt sind und das nun unter Spannung gesetzt wird, erzielt.

Nachfolgend ist eine analytische Lösung dargestellt.

12. Die analytische Berechnung der Kurzschlußströme.

Angenommen, die Aufgabe sei gelöst und Z_s die gesamte Netzimpedanz bei der Betriebspannung E in Volt, dann ist der effektive symmetrische Wechselstromstoß:

$$J_k = \frac{E}{\sqrt{3}} \cdot \frac{1}{Z_s}. \tag{5}$$

Der so errechnete Effektivwert des Wechselstromstoßes stellt den Wert dar, der bei unveränderlicher Netzimpedanz fließen würde.

Der in die Gleichung (5) eingesetzte Impedanzwert Z_s bleibt aber während des Kurzschlusses nicht konstant. Er ist von den synchronen Maschinen des Netzes abhängig wie aus Oszillogrammen des Kurzschlußverlaufes bekannt, und ist nach wenigen Perioden nach Kurzschlußeintritt ganz anders als der eingesetzte Wert. Wollte man die Kurzschlußströme zu irgendeiner Zeit nach Kurzschlußeintritt genau berechnen, so müßte man die für diese Zeit gültigen Impedanzen der Synchronmaschinen einsetzen. Dies würde eine sehr umständliche und schwierige Rechnerei ergeben. Für die Praxis genügt

[1] Rüdenberg, R.: Kurzschlußströme beim Betrieb großer Kraftwerke. Berlin: Julius Springer 1925. Schwaiger, A.: Ermittlung der Kurzschlußströme in Netzen. ETZ 1929. S. 1145ff.

meist eine Annäherungsmethode, bei welcher die veränderlichen Impedanzen der umlaufenden Maschinen durch Kurzschlußfaktoren berücksichtigt werden.

Die nachstehend beschriebene Methode ist auf prozentuale Netzimpedanzen aufgebaut und benutzt Kurzschlußfaktoren, die in den Kurven der Abb. 28 und 29 und in den Zahlentafeln 1 und 2 angegeben sind.

Man beachte in den Kurven, daß die Anfangswerte bei gleichen Netzimpedanzen für beide Kurzschlußarten gleich sind, der Dauerkurzschlußstrom bei dem zweipoligen Kurzschluß dagegen etwa um 50% höher liegt als bei dem dreipoligen. Dies entspricht der Tatsache, daß bei dem zweipoligen Kurzschluß der Kurzschlußstrom nur in $^2/_3$ der

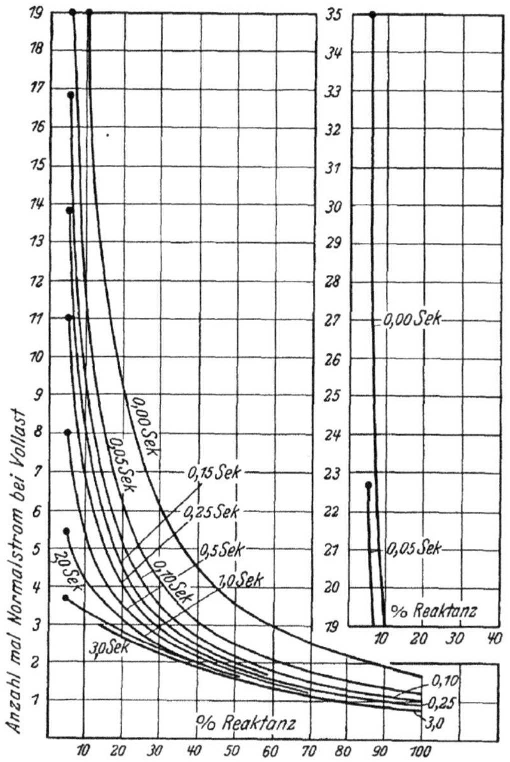

Abb. 28. Kurzschlußfaktoren f_t für den unsymmetrischen zweipoligen Kurzschluß in Drehstromnetzen.

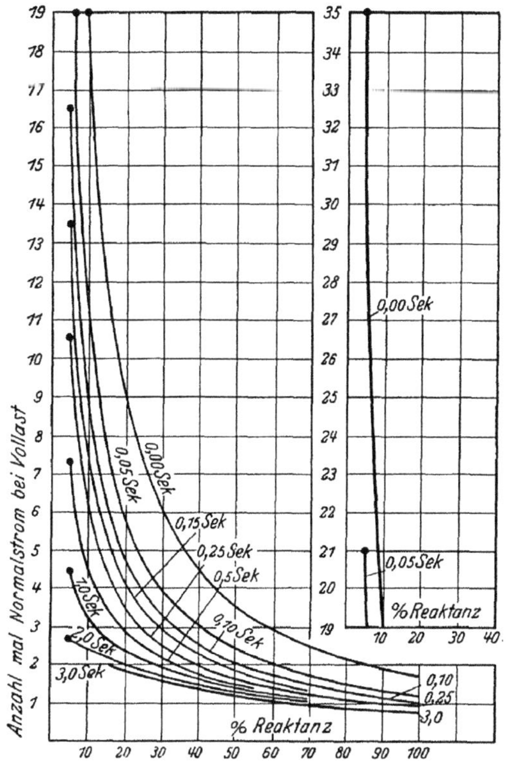

Abb. 29. Kurzschlußfaktoren f_t für den unsymmetrischen dreipoligen Kurzschluß in Drehstromnetzen.

Ständerwicklungen fließt und dadurch die Entmagnetisierungswirkung des Generatorfeldes hintenan hält.

Die angegebenen Kurzschlußfaktoren stellen Durchschnittswerte dar, damit sie für die verschiedensten Aufgaben benutzbar sind. Sie wurden durch eine große Reihe von Kurzschlußversuchen an Generatoren moderner Bauart von der Westinghouse[1] ermittelt. Bei diesen Versuchen sind folgende Voraussetzungen gemacht:

1. Der Kurzschlußverlauf entspricht dem moderner Synchrongeneratoren.
2. Die Wirkung der Ohmschen und kapazitiven Widerstände ist vernachlässigt.
3. Die Kontaktimpedanz im Kurzschlußkreis ist gleich Null gesetzt.
4. Die Generatorerregung ist auf Vollast für $\cos\varphi = 0,8$ eingestellt.
5. Der Kurzschluß erfolgt bei dem Durchgang der Spannung durch Null, was dem höchsten Stromstoß entspricht.

[1] Travers. Switching Equipment for alternating-current Power Stations. Westinghouse.

6. Schnellregler sind nicht angeschlossen.
7. Impedanzen bis 15% liegen im Generator, die darüber hinaus im Netz.

Der ungünstigste Kurzschlußfall ist der zweipolige. Seine Größen werden in manchen Fällen für die Schalterauswahl bestimmend sein. Für die Relais- und Stromwandler-

Zahlentafel Nr. 1. Kurzschlußfaktoren f_t für zweipolige Kurzschlüsse.

Zeit in Sekunden nach Kurzschlußeintritt	Kurzschlußfaktoren für die verschiedenen Netzreaktanzen in %.											
	5%	8%	10%	12%	15%	20%	30%	40%	50%	60%	75%	100%
0,00	35,00	22,02	17,82	14,88	12,00	9,01	6,00	4,52	3,54	2,95	2,36	1,74
0,05	21,80	14,00	11,46	9,69	7,95	6,07	4,12	3,15	2,49	2,08	1,67	1,23
0,08	18,53	12,02	9,90	8,43	7,01	5,38	3,69	2,84	2,25	1,90	1,51	1,11
0,10	16,93	11,10	9,18	7,85	6,56	5,07	3,50	2,70	2,16	1,80	1,44	1,06
0,15	13,92	9,32	7,80	6,75	5,87	4,50	3,16	2,47	1,99	1,67	1,35	0,98
0,20	12,30	8,36	7,09	6,19	5,31	4,21	3,00	2,36	1,90	1,60	1,29	0,94
0,25	11,08	7,66	6,55	5,76	5,00	4,00	2,89	2,29	1,86	1,56	1,26	0,92
0,30	10,18	7,15	6,15	5,45	4,79	3,86	2,82	2,25	1,82	1,54	1,24	0,90
0,40	8,96	6,45	5,62	5,04	4,48	3,67	2,73	2,19	1,79	1,50	1,21	0,89
0,50	8,01	5,89	5,20	4,71	4,24	3,51	2,66	2,15	1,77	1,49	1,20	0,87
0,70	6,73	5,15	4,63	4,27	3,92	3,31	2,57	2,10	1,73	1,47	1,18	0,86
1,00	5,40	4,42	4,08	3,84	3,61	3,12	2,48	2,05	1,70	1,45	1,16	0,84
1,50	4,41	3,81	3,62	3,48	3,35	2,95	2,40	2,01	1,68	1,43	1,15	0,83
2,00	3,69	3,40	3,30	3,23	3,17	2,84	2,35	1,98	1,66	1,41	1,14	0,82
3,00	3,00	3,00	3,00	3,00	3,00	2,73	2,30	1,95	1,64	1,40	1,13	0,81

auswahl pflegt man den dreipoligen Kurzschluß zugrunde zu legen, da jeder Kurzschluß sich nach kurzer Zeit in einen dreipoligen auswirkt.

Die Zahlentafeln und Kurven stellen den größten effektiven Wert dar, der in irgend einem Drehstromgenerator moderner Bauart erzeugt wird. Dabei ist berücksichtigt

Zahlentafel Nr. 2. Kurzschlußfaktoren f_t für dreipolige Kurzschlüsse.

Zeit in Sekunden nach Kurzschlußeintritt	Kurzschlußfaktoren für die verschiedenen Netzreaktanzen in %.											
	5%	8%	10%	12%	15%	20%	30%	40%	50%	60%	75%	100%
0,00	35,00	22,00	17,75	14,90	12,00	9,01	6,00	4,52	3,55	2,94	2,36	1,74
0,05	21,18	13,60	11,10	9,40	7,74	5,89	3,98	3,04	2,41	2,03	1,64	1,23
0,08	18,15	11,65	9,50	8,15	6,72	5,14	3,50	2,89	2,15	1,81	1,47	1,11
0,10	16,50	10,70	8,81	7,52	6,22	4,79	3,28	2,54	2,03	1,72	1,40	1,06
0,15	13,48	8,85	7,36	6,32	5,30	4,13	2,87	2,25	1,83	1,56	1,28	0,981
0,20	11,90	7,86	6,56	5,66	4,82	3,74	2,67	2,11	1,72	1,48	1,22	0,943
0,25	10,54	7,10	6,00	5,20	4,45	3,53	2,52	2,01	1,66	1,42	1,18	0,919
0,30	9,56	6,50	5,55	4,85	4,19	3,35	2,42	1,94	1,61	1,39	1,16	0,904
0,40	8,33	5,80	4,96	4,38	3,83	3,10	2,28	1,86	1,55	1,35	1,13	0,888
0,50	7,30	5,15	4,48	3,99	3,52	2,91	2,18	1,79	1,51	1,32	1,11	0,877
0,70	5,94	4,35	3,84	3,48	3,13	2,64	2,04	1,70	1,45	1,27	1,08	0,862
1,00	4,60	3,55	3,24	2,98	2,75	2,38	1,90	1,61	1,39	1,23	1,05	0,843
1,50	3,42	2,90	2,70	2,56	2,43	2,17	1,78	1,54	1,34	1,19	1,03	0,836
2,00	2,72	2,43	2,34	2,27	2,21	2,02	1,71	1,49	1,31	1,17	1,02	0,828
3,00	2,00	2,00	2,00	2,00	2,00	1,88	1,63	1,44	1,28	1,15	1,00	0,820

daß Schnelläufer eine andere Kurzschlußcharakteristik haben als Schenkelpolläufer. Allein, wollte man all diese verschiedenen Charakteristiken der Rechnung zugrunde legen, so würde man zugunsten einer nur wenig größeren Genauigkeit eine viel umständlichere Rechnung haben.

13. Der Rechnungsgang.

In ein einpoliges Schaltnetz werden die Netzreaktanzen eingezeichnet und ihre auf die Gesamtleistung bezogenen Werte eingetragen.

Die Nennleistungen und Kurzschlußdaten der Maschinen und Transformatoren können von ihren Herstellern erfragt werden.

Der induktive Widerstand für Freileitungen beträgt angenähert 0,4 Ω/km pro Phase oder 0,7 Ω/km für Drehstromleitungen bei 50 Per/s für alle praktisch vorkommenden Spannungen und Leitungsabstände.

Der induktive Widerstand für Kabel ist der Zahlentafel Nr. 3 zu entnehmen:

Zahlentafel Nr. 3. Durchschnittswerte des induktiven Widerstandes für Kabel.

Betriebsspannung der Kabel in V	Induktiver Widerstand s in Ω/km
6000	0,072
10000	0,077
12000	0,080
15000	0,084
20000	0,087
25000	0,097
30000	0,100
35000	0,105

Die Ohmschen und kapazitiven Widerstände betragen in den meisten Fällen nur wenige Prozente der induktiven Widerstände und werden, da sie die ohne sie errechnete Kurzschlußleistung nur wenig herabdrücken, vernachlässigt. Eine Ausnahme hiervon bilden Ausläuferleitungen mit kleinem Querschnitt.

Die einzelnen Reaktanzen in Prozenten müssen in gleichwertige auf die Gesamtleistung N_s bezogene Reaktanzen umgerechnet werden nach der Formel:

$$s_s\,\% = \frac{N_s}{N_n}\, s_n\,\%, \qquad (6)$$

darin bedeutet:

$s_s\,\%$ die auf die Gesamtleistung N_s bezogene Reaktanz in %,

$s_n\,\%$ die Reaktanz in % des betreffenden Leiterstückes mit der Nennleistung N_n.

Für Freileitungen und Kabel errechnen sich die prozentigen Reaktanzen aus dem prozentualen Spannungsabfall, der in ihnen durch den Vollaststrom der Gesamtleistung erzeugt werden würde. Es wird also:

$$s_{L_s} = \frac{E'}{E}\, 100\,\%,$$

darin ist:

E' der verkettete Spannungsabfall in Volt,

E die Betriebsspannung in Volt.

Da nun $E' = J_{n_s} \cdot s_L^{\Omega} \cdot \sqrt{3}$ ist, d. h. gleich dem Produkt aus dem Vollaststrom J_{n_s} der Gesamtleistung N_s und dem induktiven Widerstand $s_L \sqrt{3}$ in Ohm für Drehstromleitungen, und da der Vollaststrom

$$J_{n_s} = \frac{N_s}{E\sqrt{3}} \cdot 1000$$

ist, so wird:

$$s_{L_s} = \frac{N_s}{E^2} \cdot s_L^{\Omega} \cdot 10^5\,\% \qquad (7)$$

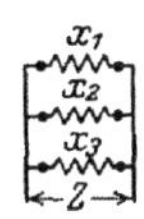

Abb. 30. Widerstände in Parallelschaltung.

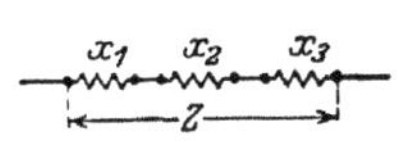

Abb. 31. Widerstände in Reihenschaltung.

Nachdem sämtliche Reaktanzen auf die Gesamtleistung N_s bezogen sind, wird das Schaltnetz vereinfacht. Dabei werden parallelgeschaltete Widerstände (Abb. 30) mit ihrem reziproken Wert, und in Serie geschaltete Widerstände (Abb. 31) mit ihrem Nennwert addiert. Parallel geschaltet:

$$\frac{1}{Z} = \frac{1}{x_1} + \frac{1}{x_2} + \frac{1}{x_3}, \quad \text{bzw.} \quad \frac{1}{s} = \frac{1}{s_1} + \frac{1}{s_2} + \frac{1}{s_3}, \qquad (8)$$

in Serie geschaltet: $Z = x_1 + x_2 + x_3$, bzw. $s = s_1 + s_2 + s_3$. (9)

Ist die Summe aller Reaktanzen errechnet, die $s_s\%$ betragen möge, so wird die effektive symmetrische Stoßkurzschlußleistung

$$N_k = N_s \cdot \frac{100}{s_s\%} \tag{10}$$

und der entsprechende effektive Stromwert

$$J_k = \frac{N_s}{E \cdot \sqrt{3}} \cdot \frac{10^5}{s_s\%} = J_{n_s} \cdot \frac{100}{s_s\%}\,. \tag{11}$$

Um den für die Zeit t nach Eintritt des Kurzschlusses gültigen Kurzschlußwert zu erhalten, entnimmt man der für die Zeit t bestimmten Kurve bei der Reaktanz $s_s\%$ den Kurzschlußfaktor f_t.

Dann wird zur Zeit t die Kurzschlußleistung, falls die Spannung nicht zusammenbricht,

$$N_{K_t} = f_t \cdot N_s \tag{12}$$

und der Kurzschlußstrom

$$J_{K_t} = f_t \cdot J_{n_s}\,. \tag{13}$$

Der Scheitelwert des Stromstoßes, zur Zeit $t = 0$,

$$J_s = J_{K_0} \cdot \sqrt{2} = f_0 \cdot J_{n_s} \cdot \sqrt{2} \tag{14}$$

ist für die mechanische Beanspruchung der Leitungsstützer und für die Einschaltfestigkeit der Schalter von Wichtigkeit. Ebenso bestimmend ist er für Kabelquerschnitte, für Relais und Stromwandler, die er thermisch und dynamisch stark belastet. Für die Ausschaltleistung der Ölschalter kommt er nicht in Frage, da der Gleichstromstoß nach drei bis fünf Perioden abgeklungen ist und somit früher beendet ist als der Schaltverzug des Ölschalters,

Der Schaltverzug ist die Zeitspanne von Kurzschlußeintritt bis zur Trennung der Schaltstücke im Schalter und setzt sich zusammen aus der Auslösezeit des Auslösers bzw. des Relais und der Eigenzeit des Schalters.

Der unverzögerte Schaltverzug beträgt bei direkter Überstromauslösung etwa 0,1 s, bei Auslösung über Sekundär-Relais max. 0,25 s.

In vermaschten Netzen wird man häufig zur einfacheren Rechnung eine in Dreieck geschaltete Netzverbindung in eine gleichwertige Sternverbindung umzurechnen haben (Abb. 32), was mit Hilfe folgender Formeln geschehen kann:

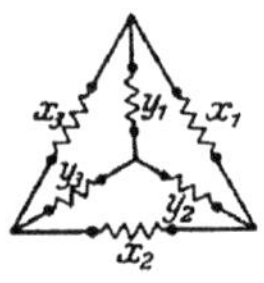

Abb. 32. Gleichwertige Widerstände in Stern- und in Dreiecksverbindung.

$$\left.\begin{aligned} y_1 &= \frac{x_1 \cdot x_3}{x_1 + x_2 + x_3}\,, \\ y_2 &= \frac{x_2 \cdot x_1}{x_1 + x_2 + x_3}\,, \\ y_3 &= \frac{x_3 \cdot x_2}{x_1 + x_2 + x_3}\,. \end{aligned}\right\} \tag{15}$$

Diese Formeln besagen:

Die Sternverbindung ist gleich dem Produkt der anliegenden Dreiecksverbindungen dividiert durch die Dreieckssumme.

Um eine Sternschaltung in eine Dreieckschaltung zu verwandeln, sind folgende Formeln anzuwenden:

$$\left.\begin{aligned} x_1 &= \frac{y_1 \cdot y_2 + y_1 \cdot y_3 + y_2 \cdot y_3}{y_3}\,, \\ x_2 &= \frac{y_1 \cdot y_2 + y_1 \cdot y_3 + y_2 \cdot y_3}{y_1}\,, \\ x_3 &= \frac{y_1 \cdot y_2 + y_1 \cdot y_3 + y_2 \cdot y_3}{y_2}\,, \end{aligned}\right\} \tag{16}$$

oder in Worten: eine Dreieckseite ist gleich der Summe der drei Produkte aus je zwei Sternarmen dividiert durch den der betreffenden Seite gegenüberliegenden Sternarm

In den Fällen eines sehr vermaschten Netzes wird man zuweilen besser mit Impedanzen in Ohmschen Werten rechnen[1]. Dabei sind alle Impedanzen bzw. Reaktanzen auf gleiche Spannung zu beziehen. Die Impedanz Z_1^Ω eines gegebenen Stromkreises mit der Spannung E_1 erhält bezogen auf E_2 den Wert

$$Z_2^\Omega = Z_1^\Omega \frac{E_2^2}{E_1^2}. \tag{17}$$

Ist die gesamte Impedanz in Ohm des Netzes mit Z_s^Ω bestimmt, so wird der symmetrische effektive Kurzschlußstromstoß

$$J_k = \frac{E}{\sqrt{3} \cdot Z_s^\Omega}. \tag{18}$$

Um die Kurzschlußfaktoren benutzen zu können, muß die Ohmsche Impedanz Z_s^Ω in eine in % ausgedrückte Impedanz $Z_s\%$ umgerechnet werden. Die Formel dafür haben wir schon bei der Berechnung der Leitungsreaktanz kennengelernt. Sie lautet:

$$Z_s\% = \frac{N_s}{E^2} Z_s^\Omega \cdot 10^5. \tag{19}$$

Für die einzelnen Kurzschlußzeiten können dann die Zahlentafeln oder Kurven wie angegeben benutzt werden.

In Ausläuferleitungen, die nur wenige Prozente der Gesamtleistung zu übertragen haben, ergibt der Ohmsche Widerstand häufig Werte, die für die Kurzschlüsse am Ende dieser Leitungen bestimmend sind. Der Ohmsche Widerstand pro Phase beträgt:

$$R = \frac{r_s}{q} \cdot L\,\Omega, \tag{20}$$

darin bedeutet:

q = Querschnitt der Leitung in mm²,
L = die Streckenlänge in km,
r_s = der spezifische Widerstand;

er ist bei 15° C

für Kupfer $= 17{,}5 \frac{\text{mm}^2}{\text{km}}$,

für Aluminium $= 30 \frac{\text{mm}^2}{\text{km}}$.

Die Impedanz Z_L^Ω wird hier

$$Z_L^\Omega = \sqrt{R^2 + s_s^{2\,\Omega}}. \tag{21}$$

Bei einer unendlich großen Netzleistung wird der Kurzschlußstrom dann:

$$J_k = \frac{E}{\sqrt{3} \cdot Z_L^\Omega} \tag{22}$$

und die Kurzschlußleistung

$$N_k = \frac{E^2}{Z_L^\Omega \cdot 1000}. \tag{23}$$

Da in diesen Fällen der in % ausgedrückte, auf die Gesamtleistung bezogene Impedanzwert der Leitung mehrere hundert Prozente beträgt, ist der Wechselstromstoß

$$J_k = \frac{E}{\sqrt{3} \cdot Z_L^\Omega}$$

zugleich der Dauerkurzschlußstrom, also

$$J_d = J_k.$$

Eine Zusammenstellung der Formeln in einer Zahlentafel Nr. 4 wird den Rechnungsgang wesentlich erleichtern.

[1] Vgl. Th. Panzerbieter: Kurzschlußströme in Drehstromnetzen und ihr Einfluß auf das Schaltbild, die Apparate und Leitungen. Siemens-Z. 1922, Heft 9—11.

Zahlentafel Nr. 4. Zusammenstellung der Formeln für Kurzschlußberechnungen.

Netzstück	Nenn-leistung	Reaktanz- bzw. Impedanzwerte der Netzstücke		
		Werte in Ohm (bezogen auf die Nennleistung)	Werte in % (bezogen auf die Nennleistung)	Werte in % bezogen auf die Gesamtleistung N_s
Generator	N_g	$s_g^{\Omega} = \frac{E^2}{N_g} s_g\% \cdot 10^{-5}$	$s_g\% =$ Generatorstreu-reaktanz	$s_{gs}\% = \frac{N_s}{N_g} \cdot s_g\%$
Transfor-mator	N_T	$s_T^{\Omega} = \frac{E^2}{N_T} e_K \cdot 10^{-5}$	$s_T\% = e_K =$ Kurzschluß-spannung in %	$s_{Ts}\% = \frac{N_s}{N_T} \cdot e_K\%$
Strombegren-zungsdrossel	N_D	$s_D^{\Omega} = \frac{E^2}{N_D} \cdot e_D \cdot 10^{-5}$	$s_D\% = e_D =$ Reaktanz in %	$s_{Ds}\% = \frac{N_s}{N_D} \cdot e_D\%$
Leitung	N_L	$Z_L^{\Omega} = \sqrt{R^2 + s^2}$	$Z_L\% = \frac{N_L}{E^2} \cdot Z_L^{\Omega} \cdot 10^5$	$Z_{Ls}\% = \frac{N_s}{N_L} \cdot Z_L\%$
		$R\Omega = \frac{r_s}{q} \cdot L$		$= \frac{N_s}{E^2} \cdot Z_L^{\Omega} \cdot 10^5\%$
$\sum$ aller Netzstücke	N_s	$Z_s^{\Omega} = \sqrt{\sum R^2 + \sum s^2}$	$Z_s\% = \sqrt{\sum r\%^2 + \sum s\%^2}$	$Z_s\% = \frac{N_s}{E^2} \cdot Z_s^{\Omega} \cdot 10^5\%$

Die Effektivwerte des symmetrischen dreipoligen Kurzschlusses betragen:

$$\text{Kurzschlußleistung} \quad N_k = N_s \cdot \frac{100}{Z_s\%} = \frac{E^2}{Z_s^{\Omega}} \cdot 10^{-3}.$$

$$\text{Kurzschlußstrom} \quad J_k = \frac{N_k}{E\sqrt{3}} \cdot 10^3 = \frac{E}{Z_s^{\Omega} \cdot \sqrt{3}}.$$

Zur Zeit t nach Kurzschlußeintritt betragen die Kurzschlußwerte unter Benutzung der Kurzschluß faktoren f_t aus den Zahlentafeln Nr. 1 und 2 und den Kurven Abb. 28 und 29:

$$\text{Kurzschlußleistung} \quad N_{kt} \cong f_t \cdot N_s.$$

$$\text{Kurzschlußstrom} \quad J_{kt} = f_t \cdot J_{n_s} = f_t \cdot \frac{N_s}{E \cdot \sqrt{3}} \cdot 10^3.$$

$$\text{Der Stoßstrom} \quad J_s = J_{k_0} \cdot \sqrt{2} = \sqrt{2} \cdot f_0 \cdot J_{n_s}.$$

r_s ist für Cu $= 17{,}5\ \Omega$, für Al $= 30\ \Omega$.
s ist für Freileitungen $= 0{,}4\ \Omega$/km, für Kabel nach Zahlentafel Nr. 3.

14. Drei Rechnungsbeispiele.

Rechnungsbeispiel Nr. 1. Fünf Generatoren eines Drehstrom-Kraftwerkes mit insgesamt 18000 kVA Leistung speisen über zwei Freileitungen von 35 kV ein 60 km entferntes Umspannwerk (Abb. 33). Wie groß sind die Kurzschlußströme an den 6 kV-Sammelschienen der Zentrale und des Umspannwerkes für zweipolige und dreipolige Kurzschlüsse, und zwar bei Kurzschlußeintritt, und nach 0,05, 0,1, 0,25, 0,5, 1 und 3 s?

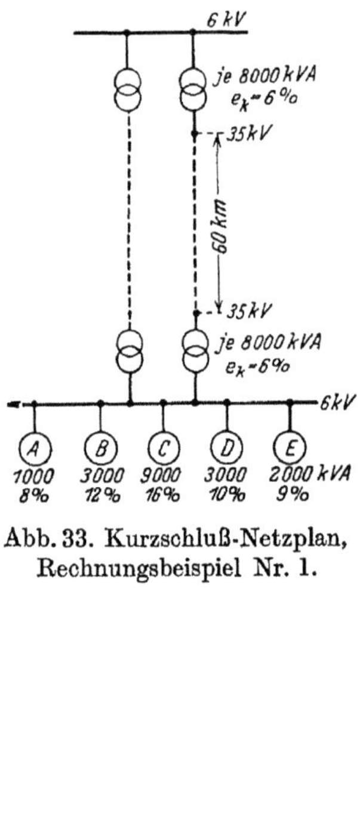

Abb. 33. Kurzschluß-Netzplan, Rechnungsbeispiel Nr. 1.

Die Nennleistungen und Streureaktanzen der Generatoren sind

Generator	Leistung in kVA	Streureaktanz
A	1000	8%
B	3000	12%
C	9000	15%
D	3000	10%
E	2000	9%

Die vier Transformatoren haben gleiche Leistungen und Kurzschlußspannungen, nämlich 8000 kVA und 6%. Die Kurzschlußleistungen des plötzlichen symmetrischen Kurzschlusses der einzelnen Generatoren betragen nach der Formel $N_k = N_n \cdot \frac{100}{s_g\%}$

für Generator A	$N_k = 1000 \frac{100}{8} =$	12500 kVA
„ „ B	$N_k = 3000 \frac{100}{12} =$	25000 „
„ „ C	$N_k = 9000 \frac{100}{15} =$	60000 „
„ „ D	$N_k = 3000 \frac{100}{10} =$	30000 „
„ „ E	$N_k = 2000 \frac{100}{9} =$	22200 „
	für die Zentrale insgesamt $N_k =$	149700 kVA.

Die verkettete Reaktanz des Kraftwerks ist also bezogen auf die Gesamtleistung von 18000 kVA

$$s_s\% = \frac{N_s}{N_k} \cdot 100\,,$$

$$s_s\% = \frac{18000}{149700} \cdot 100 = \mathbf{12\,\%}\,.$$

Der Zentralenstrom beträgt

$$J_{n_s} = \frac{18000}{6\sqrt{3}} = 1730\ \text{A}\,,$$

der symmetrische effektive Stromstoß wird

$$J_{k_0} = 1730 \cdot \frac{100}{12} = \mathbf{14400\ A}$$

und seine Leistung

$$N_k = 18000 \cdot \frac{100}{12} = 150000\ \text{kVA}.$$

Aus den Zahlentafeln bzw. den Kurven entnehmen wir die Kurzschlußfaktoren für 12% Reaktanz zu den verschiedenen Zeiten und erhalten so folgende Zahlentafel Nr. 5.

Zahlentafel Nr. 5. Kurzschlußströme in der Zentrale des Rechnungsbeispiels Nr. 1.

	Zweipoliger Kurzschluß		Dreipoliger Kurzschluß	
Zeit Sekunden	Faktor	Strom A	Faktor	Strom A
0,00	14,9	25800	14,9	25800
0,05	9,7	16800	9,4	16200
0,1	7,9	13700	7,5	13000
0,25	5,8	10000	5,2	9000
0,5	4,7	8100	4,0	6900
1,0	3,8	6600	3,0	5200
3,0	3,0	5200	2,0	3450

Verfolgen wir den Kurzschlußverlauf bis in das Umspannwerk, so haben wir die Reaktanzen der Transformatoren und der Freileitungen in die Rechnung einzubeziehen. Die auf die Gesamtleistung von 18000 kVA bezogene Reaktanz eines Transformators beträgt in %

$$s_T\% = \frac{18000}{8000} \cdot 6\,\% = 13{,}5\%\,.$$

Der Wert der Leitungsinduktanz ist 0,4 Ω/km bei 60 km, also

$$s_L^{\Omega} = 0{,}4 \cdot 60 = 24\ \Omega\,.$$

Daraus errechnet sich die auf 18000 kVA bezogene Leitungsreaktanz in % nach der Formel (7)

$$s_{L_s}\% = \frac{s_L^{\Omega} \cdot N_s}{E^2} \cdot 10^5$$

zu

$$s_{L_s} = \frac{24 \cdot 18000}{35000^2} \cdot 10^5 = 35{,}3\%\,.$$

Die gesamte Reaktanz der zwei parallelen Freileitungen einschließlich der Umspanner, gemäß Abb. 34, wird

$$s\% = \frac{2 \cdot 13{,}5 + 35{,}3}{2} = 31{,}2\%\,,$$

und die Gesamtreaktanz von der Zentrale bis zu den Umspannwerk-Sammelschienen, gemäß Abb. 35,

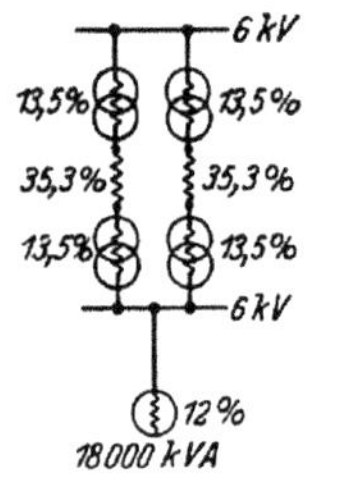

Abb. 34. Reaktanz-Netzplan, Rechnungsbeispiel Nr. 1.

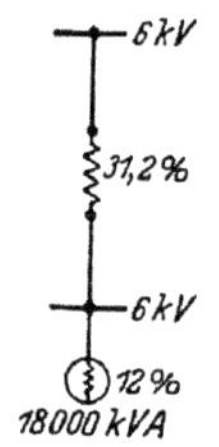

Abb. 35. Vereinfachter Reaktanz-Netzplan, Rechnungsbeispiel Nr. 1.

$$s_s\% = 12 + 31{,}2 = 43{,}2\%\,.$$

Der Faktor f_k für den symmetrischen dreipoligen Stoßkurzschluß ist

$$f_k = \frac{100}{43{,}2} = 2{,}3\,,$$

die entsprechende Kurzschlußleistung

$$N_k = 18000 \cdot 2{,}3 = 42000\,\text{kVA}$$

und der entsprechende effektive Stromstoß

$$J_k = 1730 \cdot 2{,}3 = 4000\,\text{A}\,.$$

Die weiteren Kurzschlußdaten werden nach den Faktoren der Kurven errechnet. Wir notieren sie uns wieder und erhalten so die Zahlentafel Nr. 6.

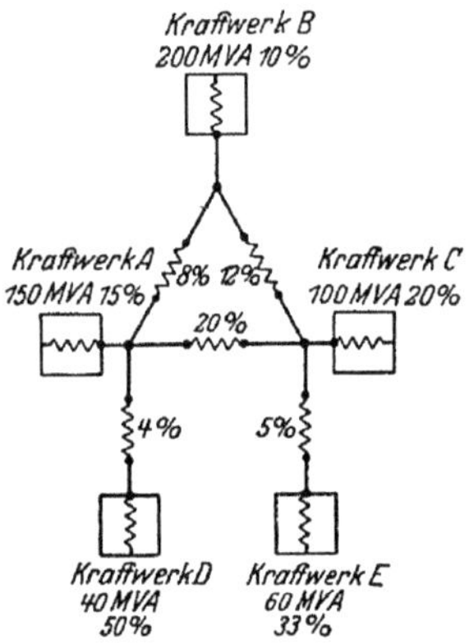

Abb. 36. Reaktanz-Netzplan, Rechnungsbeispiel Nr. 2.

Zahlentafel Nr. 6. Kurzschlußströme in dem Umspannwerk des Rechnungsbeispiels Nr. 1.

Zeit Sekunden	Zweipoliger Kurzschluß Faktor	Zweipoliger Kurzschluß Strom A	Dreipoliger Kurzschluß Faktor	Dreipoliger Kurzschluß Strom A
0,00	4,2	7300	4,2	7300
0,05	2,8	4900	2,8	4900
0,1	2,5	4300	2,3	4000
0,25	2,2	3800	1,8	3100
0,5	2,0	3500	1,7	3000
1,0	1,9	3300	1,6	2800
3,0	1,8	3100	1,4	2400

Wie wenig Einfluß die Ohmschen Widerstände (Resistanzen) im allgemeinen auf das Ergebnis haben, mag an einem Beispiel gezeigt werden, das die Widerstände der Freileitungen (3mal 50 mm²) in die Rechnung einbezieht. Nach Formel (20) ist

$$R = \frac{17{,}5}{50} \cdot 60 = 21\,\Omega\,,$$

das sind auf die Gesamtleistung von 18000 kVA, bezogen nach Formel (7)

$$r = \frac{21 \cdot 18000}{35000^2} \cdot 10^5 = 30{,}8\%\,.$$

Da zwei Leitungen parallel geschaltet sind, wird

$$r\% = 15{,}4\%\,,$$

die Impedanz wird

$$Z\% = \sqrt{r^2 + s^2} = \sqrt{15{,}4^2 + 43{,}4^2} = 46\%$$

statt 43,4% und N_k wird $18000 \cdot \frac{100}{46} = 38000$ kVA an Stelle von 42000 kVA ohne Berücksichtigung dieser Resistanzen.

Rechnungsbeispiel Nr. 2. Fünf Kraftwerke sind nach obigem Netzplan (Abb. 36) miteinander gekuppelt. Wie groß sind die Kurzschlußströme an den 10 kV-Sammelschienen des Kraftwerks D und welchen Anteil haben daran die einzelnen Kraftwerke?

Die einzelnen Kraftwerke haben folgende Leistungen und Streureaktanzen in %, bezogen auf 100 mVA:

Kraftwerk	A	150 mVA	15%
„	B	200 „	10%
„	C	100 „	20%
„	D	40 „	50%
„	E	60 „	33%

Die eingetragenen Netzreaktanzen sind ebenfalls auf 100 mVA bezogen. Die innere Schaltung des Kraftwerkes D zeigt das Netzbild (Abb. 37), bei dem die Dreiecksverbindungen zwischen den Zentralen A, B und C durch Sternverbindungen ersetzt sind.

Diese Umrechnung ergibt nach Formel (15)

$$\text{Arm A} = \frac{8 \cdot 20}{8 + 20 + 12} = 4\,\%\,,$$

$$\text{Arm B} = \frac{8 \cdot 12}{40} = 2{,}4\,\%\,,$$

$$\text{Arm C} = \frac{12 \cdot 20}{40} = 6\,\%\,.$$

Die verkettete Reaktanz für die Kraftwerke E und C beträgt in %

$$\frac{100}{s_1} = \frac{100}{38} + \frac{100}{20} = 2{,}62 + 5{,}0 = 7{,}62\,,$$

$$s_1 = 13{,}1\,\%\,,$$

für E, C und B wird

$$\frac{100}{s_2} = \frac{100}{19{,}1} + \frac{100}{12{,}4} = 5{,}25 + 8{,}05 = 13{,}3\,,$$

$$s_2 = 7{,}5\,\%\,,$$

für E, C, B und A wird

$$\frac{100}{s_3} = \frac{100}{11{,}5} + \frac{100}{15} = 8{,}75 + 6{,}66 = 15{,}4\,,$$

$$s_3 = 6{,}45\,\%\,,$$

für E, C, B, A und D wird

$$\frac{100}{s_4} = \frac{100}{25{,}45} + \frac{100}{35} = 3{,}95 + 2{,}85 = 6{,}8\,,$$

$$s_4 = 14{,}7\,\%\,.$$

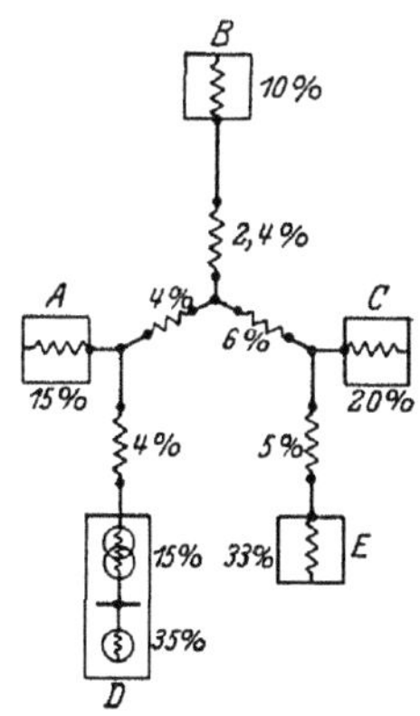

Abb. 37. Vereinfachter Reaktanz-Netzplan, Rechnungsbeispiel Nr. 2.

Die symmetrische Kurzschlußleistung an den 10 kV-Sammelschienen des Kraftwerkes D beträgt also 6,8 · 100 mVA = 680 mVA, davon liefert Kraftwerk D 2,85 · 100 = 285 mVA. Die restlichen 395 mVA entfallen auf die übrigen Kraftwerke. Von diesen 395 mVA fließt von Kraftwerk A hinzu

$$\frac{395 \cdot 6{,}66}{15{,}4} = 172\ \text{mVA}\,.$$

Von den übrigen 223 mVA liefert Kraftwerk B

$$\frac{223 \cdot 8{,}05}{13{,}3} = 135\ \text{mVA}\,.$$

Die verbleibenden 88 mVA verteilen sich mit $\frac{88 \cdot 5}{7{,}62} = 58$ mVA auf Kraftwerk C und mit $\frac{88 \cdot 2{,}62}{7{,}62} = 30$ mVA auf Kraftwerk E.

Für die Berechnung der Kurzschlußströme zu den einzelnen Zeiten nach Kurzschlußeintritt müssen natürlich die äquivalenten Reaktanzen der einzelnen Kraftwerke eingesetzt werden.

Sie sind mit den anderen Daten in Zahlentafel Nr. 7 eingetragen. Für die Kraftwerke mit über 100% Reaktanz sind keine Abklingfaktoren berücksichtigt, da anzunehmen ist, daß ihre symmetrischen Stromstöße zugleich die Dauerströme darstellen.

Zahlentafel Nr. 7. Kurzschlußwerte an den 10 kV Sammelschienen des Kraftwerks D, Rechnungsbeispiel Nr. 2.

Kraftwerk	Nennleistung in mVA	Nennstrom in A	Symmetr. eff. Stoß-Kurzschlußleistung in mVA	Netzreaktanz an Kraftwerk D in %	Kurzschlußströme in A bei den verschiedenen Schaltzeiten									
					für zweipoligen Kurzschluß					für dreipoligen Kurzschluß				
					0,00 s	0,10 s	0,25 s	1,0 s	3,0 s	0,00 s	0,10 s	0,25 s	1,0 s	3,0 s
A	150	8700	172	88	16400	10500	8700	7800	7000	16400	10400	8500	7500	6500
B	200	11600	135	148	12700	9500	8500	8000	7500	12700	9500	8500	8000	7500
C	100	5800	58	172	5100	3800	3400	3000	2800	5100	3800	3400	3000	2800
D	40	2300	285	14	29200	15800	11700	8500	6900	29200	15500	10400	6500	4600
E	60	3500	30	200	2700	2100	1900	1800	1700	2700	2100	1900	1800	1700
Summe	550	—	680	—	66100	41700	34200	29100	25900	66100	41300	32700	26800	23100

Rechnungsbeispiel Nr. 3 für Ausläuferstationen. An ein Großkraftwerknetz mit 10 kV Betriebspannung und unendlich großer Leistung sei ein 10 km langes Kabel $3 \times 50\ \mathrm{mm}^2$ angeschlossen und arbeite über Transformatoren von 2500 kVA Leistung und 8% Kurzschlußspannung auf 3 kV-Sammelschienen. Wie groß sind die Kurzschlußwerte an den 10 kV- und den 3 kV-Sammelschienen dieser Ausläuferstation?

Der Leitungswiderstand ist

$$R_L = \frac{17{,}5}{50} \cdot 10 = 3{,}5\,\Omega\,,$$

die Leitungsinduktanz ist

$$s_L = 0{,}077 \cdot 10 = 0{,}77\,\Omega\,,$$

die Transformatoreninduktanz

$$s_T = \frac{10000^2}{1000} \cdot 8 \cdot 10^{-5} = 8{,}0\,\Omega\,,$$

die Impedanz des Kabels ist

$$Z_L = \sqrt{3{,}5^2 + 0{,}77^2} = 3{,}58\,\Omega\,.$$

Die Kurzschlußleistung an den 10 kV-Sammelschienen wird

$$N_k = \frac{10000^2}{3{,}58 \cdot 1000} = 28000\,\mathrm{kVA}\,.$$

Die Impedanz von Kabel und Transformator ist

$$Z_s = \sqrt{3{,}5^2 + 8{,}77^2} = 9{,}4\,\Omega\,.$$

Der effektive symmetrische Kurzschlußstrom an den 3 kV-Sammelschienen, der zugleich der Dauerkurzschlußstrom ist, beträgt

$$J_k = \frac{10000^2}{3000 \cdot 9{,}4 \cdot \sqrt{3}} = 2050\,\mathrm{A}\,.$$

Die Stoßstromspitze wird

$$J_s = \sqrt{2} \cdot 1{,}8 \cdot 2050 = \sqrt{2} \cdot 3700\,\mathrm{A}\,.$$

III. Die Wirkungen der Kurzschlußströme.

Die bei einem Kurzschluß auftretenden hohen Stromwerte gefährden, wie wir sahen, die Schaltanlage und die Geräte sowohl durch ihre thermischen wie durch ihre dynamischen Wirkungen aufs stärkste. Damit diesen Wirkungen der Kurzschlußströme Geräte und Schaltanlage gewachsen sind, erfolgt die Auswahl der Leiter und der Geräte nicht ausschließlich nach den betriebsmäßig in den einzelnen Stromkreisen auftretenden Stromstärken, sondern berücksichtigt dabei auch die Kurzschlußströme, welche im ungünstigsten Kurzschlußfalle die Strombahn durchfließen.

15. Die Wärmewirkung der Kurzschlußströme.

Die von den plötzlich einsetzenden Kurzschlußströmen in Leitern erzeugte Wärme wird fast restlos als kinetische Wärmeenergie aufgespeichert und macht sich als mehr oder minder heftiger Wärmeanstieg im Leiter bemerkbar. Eine Wärmeabgabe nach außen kann in den wenigen Sekunden von Kurzschlußeintritt bis zur Abschaltung des Stromkreises kaum erfolgen. Damit übermäßige Erwärmung die Leiter nicht zerstört, darf sie in isolierten Leitungen, Kabeln und Spulen 150° C und in blanken Leitern 300° C nicht überschreiten.

Die Erwärmung ϑ in einem stromdurchflossenen Leiter steigt im Quadrat der Stromdichte j und proportional der Zeit t an. Sie beträgt:

$$\vartheta = k \int j^2 \cdot dt\,. \tag{24}$$

Darin ist k eine Materialkonstante, welche das spezifische Gewicht, die Wärmekapazität und die spezifische Leitfähigkeit des Leitungsmaterials berücksichtigt. Sie ist für Kupfer 0,0057, für Aluminium 0,012.

Die Stromdichte ist während des Kurzschlußverlaufs nicht konstant, sie fällt, wie Abb. 38 zeigt, von einem hohen Anfangswert bei Kurzschlußeintritt allmählich auf den konstanten Wert j_d des Dauerkurzschlußstromes. Den verschiedenen Stromdichten entsprechend steigt anfangs die Erwärmung steil an und geht erst mit dem Dauerkurzschlußstrom in eine Gerade über. Betrachtet man die Erwärmung zu irgendeiner Zeit, nach welcher der Kurzschlußstrom abgeklungen ist, so erkennt man aus der Abb. 38 ohne weiteres, daß die von dem Dauerkurzschlußstrom hervorgerufene Erwärmung durch die Gerade E—B gekennzeichnet ist. Der Temperaturanstieg O—E dagegen ist von einem dem Dauerkurzschlußstrom überlagerten Stoßkurzschlußstrom verursacht. Diese Erwärmung könnte auch von dem Dauerkurzschlußstrom erzeugt werden, wenn er bereits von dem Punkte A an, welcher in dem Schnittpunkt der Verlängerung der Geraden E—B mit der Zeitachse liegt, gewirkt hätte.

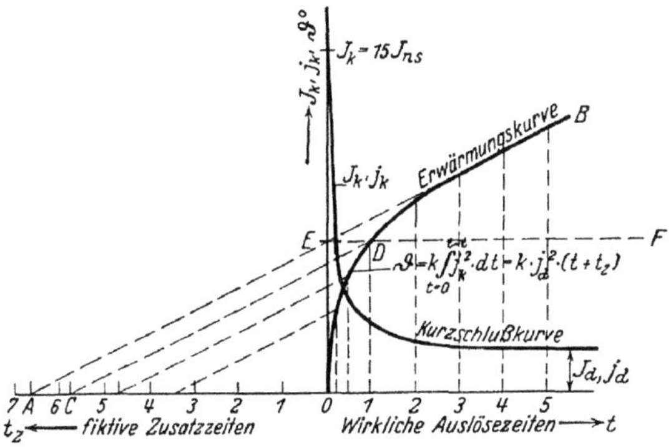

Abb. 38. Erwärmung von Leitern durch den Kurzschlußstrom bei 12% Netzreaktanz.

Bei einem Kurzschluß in der Nähe der Sammelschienen eines Kraftwerkes mit 12% Reaktanz beträgt beispielsweise diese fiktive Zusatzzeit für die Vorbelastung durch den Stoßstrom 6,63 s.

Ist der Kurzschlußstromstoß noch nicht auf den Dauerkurzschlußstrom abgeklungen, wenn die Schalterauslösung erfolgt, so läßt sich die fiktive Zusatzzeit t_z für die Vorbelastung durch den Stromstoß leicht bestimmen. Es werde beispielsweise der Stromkreis 1 s nach Kurzschlußeintritt unterbrochen, dann ist die Erwärmung durch den Punkt D auf der Erwärmungskurve und die Zusatzzeit t_z durch die Strecke O—C festgelegt, in welcher C der Schnittpunkt der durch D gelegten Parallelen zu E—B mit der Zeitachse ist. Bei 12% Netzreaktanz beträgt die Zusatzzeit 5,77 s, wie aus Abb. 38 hervorgeht.

Die Wirkung des gesamten Kurzschlußstromes während einer Zeit t läßt sich demnach gleich der Wirkung des Dauerkurzschlußstromes während einer fiktiven Zeit t' setzen. Die Erwärmung wird also:

$$\vartheta = k \cdot \int j_k^2 \cdot dt = k \cdot j_d^2 \cdot t',$$

worin j_k die veränderliche Stromdichte und j_d die Stromdichte des Dauerkurzschlußstromes ist. Hieraus errechnet sich die fiktive Zeit t' zu:

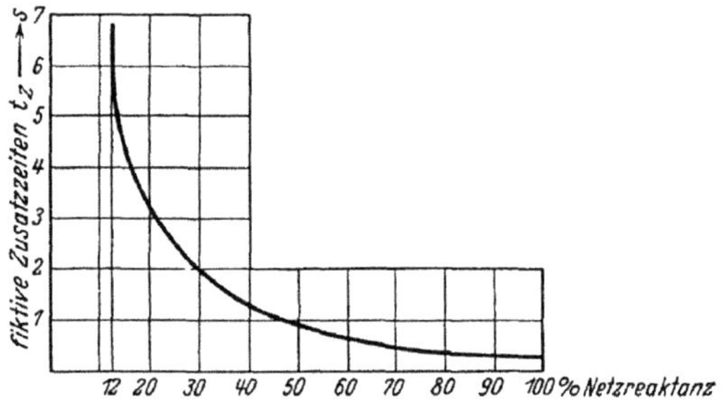

Abb. 39. Fiktive Zusatzzeiten t_z für den gesamten Anteil des Gleich- und Wechselstromstoßes bei Netzreaktanzen von 12 bis 100%.

$$t' = t + t_z = \int_0^t \left(\frac{j_k}{j_d}\right)^2 \cdot dt,$$

da

$$j_k = \frac{J_k}{q} \quad \text{und} \quad j_d = \frac{J_d}{q},$$

und da ferner

$$J_k = J_n \cdot f_t \quad \text{und} \quad J_d = J_n \cdot f_d$$

ist, so wird

$$t' = t + t_z = \int_0^t \left(\frac{f_t}{f_d}\right)^2 \cdot dt.$$

Durch Benutzung der Abklingfaktoren f_t, welche in den Kurven der Abb. 29 und in der Zahlentafel Nr. 2 für die verschiedenen Netzreaktionen festgelegt sind, läßt sich obige Formel auswerten, so daß die fiktiven Zeiten t und aus ihnen die fiktiven Zusatzzeiten t_z errechnet werden können.

In der Kurve der Abb. 39 sind die fiktiven Zusatzzeiten für die Vorbelastung durch den gesamten Kurzschlußstrom, also für Auslösezeiten über 2 bis 3 s, bei Netzreaktanzen von 12 bis 100% angegeben.

Wird die Erwärmung auf die konstante Stromdichte j_d des Dauerkurzschlußstromes bezogen, so beträgt sie unter Berücksichtigung des Wärmekoeffizienten α, der für Cu $= {}^1/_{235}$ und Al $= {}^1/_{255}$ ist:

$$\vartheta = \frac{1}{\alpha} \cdot \left(e^{\alpha \cdot k \cdot j_d^2 \cdot t'} - 1\right). \tag{25}$$

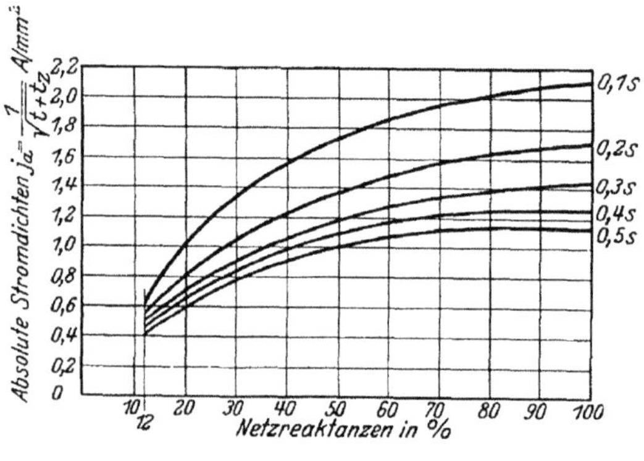

Abb. 40. Absolute Stromdichten j_a für Auslösezeiten von 0,1 bis 0,5 s und Netzreaktanzen von 12 bis 100%.

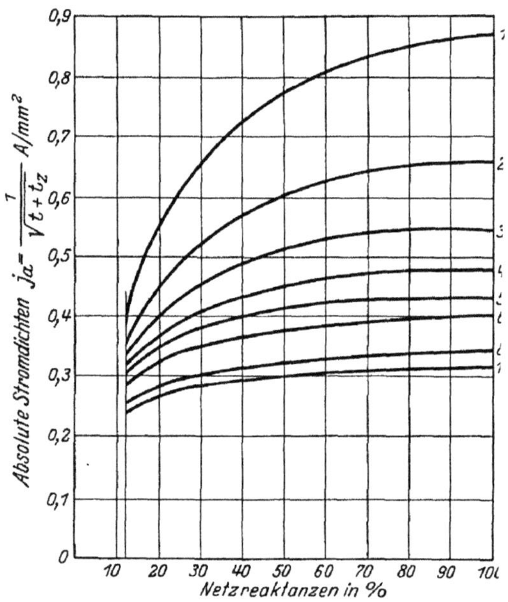

Abb. 41. Absolute Stromdichten j_a für Auslösezeiten von 1 bis 10 s bei Netzreaktanzen von 12 bis 100%.

Hieraus errechnet sich die höchst zulässige auf den Dauerkurzschlußstrom bezogene Stromdichte j_d für eine zugelassene Erwärmung von ϑ in Celsiusgraden während der fiktiven Zeit t' in Sekunden zu

$$j_d = \sqrt{\frac{\ln(1 + \alpha \cdot \vartheta)}{\alpha \cdot k \cdot t'}} = k' \cdot \sqrt{\frac{1}{t'}} = k' \cdot \sqrt{\frac{1}{t + t_z}}. \tag{26}$$

Darin ist

$$k' = \sqrt{\frac{\ln(1 + \alpha \cdot \vartheta)}{\alpha \cdot k}} \tag{27}$$

eine Material- und Erwärmungs-Konstante.

Der Faktor $\sqrt{\frac{1}{t'}}$ stellt die für eine bestimmte Zeit t und eine bestimmte Netzreaktanz absolute Stromdichte j_a dar, welche mit der Material- und Erwärmungs-Konstanten k' des Leiters multipliziert die höchstzulässige auf den Dauerkurzschlußstrom bezogene Stromdichte j_d ergibt. Es ist also:

$$j_d = j_a \cdot k'. \tag{28}$$

In den Abb. 40 und 41 sind die absoluten Stromdichten j_a für wirkliche Auslösezeiten (t) von 0,1 bis 0,5 s und von 1 bis 10 s bei Netzreaktanzen von 12 bis 100 % in Form von Kurven angegeben.

Die absolute Stromdichte j_a beträgt beispielsweise für 1 s Auslösung in einem Stromkreis mit 60 % Reaktanz 0,81 A/mm².

16. Die Berechnung der Leiter auf thermische Kurzschlußfestigkeit.

Nachdem die Vorbelastung durch den Stoßkurzschlußstrom festgelegt ist, bietet die Bestimmung des zulässigen Leiterquerschnittes keine Schwierigkeiten. Er ist

$$q = \frac{J_d}{j_d} = \frac{J_d}{k' \cdot j_a}\ \text{mm}^2. \tag{29}$$

Die Auswertung der Formel (27) ergibt folgende Werte für die Material- und Erwärmungs-Konstanten und demnach folgende Querschnittsformeln:

für Cu-Kabel . . . . . . $k' = 143$, $q = \frac{J_d}{143 \cdot j_a}$, (30)

„ Cu-blank . . . . . . $k' = 184$, $q = \frac{J_d}{184 \cdot j_a}$, (31)

„ Al-Kabel . . . . . . $k' = 99$, $q = \frac{J_d}{99 \cdot j_a}$, (32)

„ Al-blank . . . . . . $k' = 129$, $q = \frac{J_d}{129 \cdot j_a}$. (33)

Um die Rechnung zu vereinfachen, sind in den Abb. 42 und 43 die höchstzulässigen auf den Dauerkurzschlußstrom bezogenen Stromdichten j_d für Cu-Kabel in Kurven angegeben, und zwar wieder für Zeiten von 0,1 bis 0,5 s und 1 bis 10 s bei Netzreaktanzen von 12 bis 100 %. Um für andere Leiter als Cu-Kabel die höchstzulässigen Stromdichten zu erhalten, sind die Kurvenwerte mit folgenden Faktoren zu multiplizieren:

für Cu-blank mit 1,29
„ Al-Kabel „ 0,7
„ Al-blank „ 0,9.

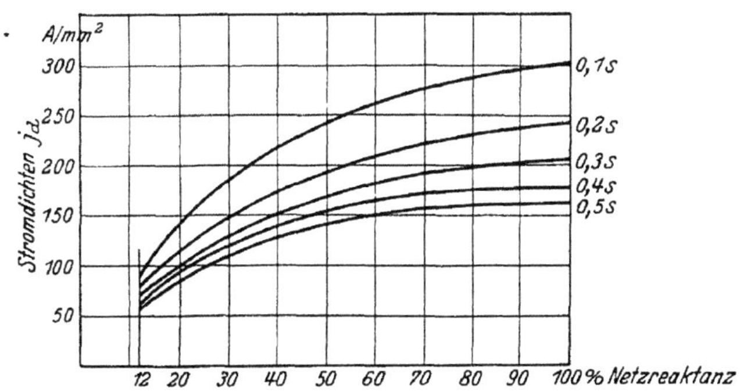

Abb. 42. Höchstzulässige auf den Dauerkurzschlußstrom J_d bezogene Stromdichten j_d für Cu-Kabel und Auslösezeiten von 0,1 bis 0,5 s bei 12 bis 100% Netzreaktanz.

Aber noch ein anderes sollte bei der Bestimmung des Leiterquerschnittes und bei der Auswahl der vom Kurzschlußstrom durchflossenen Geräte berücksichtigt werden, nämlich daß der Kurzschluß unter Umständen dreimal schnell hintereinander erfolgt, da es gebräuchlich und auch nach den REH 1929 durchaus zulässig ist, daß der betreffende Ölschalter dreimal hintereinander den Kurzschluß abschaltet.

Um den dreimaligen Kurzschlußfall in die Leiterberechnung einzubeziehen, müssen die für einmaligen Kurzschluß errechneten Leiterquerschnitte mit $\sqrt{3}$ multipliziert werden. Es wird also:

$$q = \frac{J_d}{j_d} \cdot \sqrt{3}. \tag{34}$$

Rechnungsbeispiel Nr. 4. Wie groß ist der kleinstzulässige Leiterquerschnitt für Cu-Kabel und für blanke Cu-Leiter in einem Stromkreis mit 5000 A Dauerkurzschlußstrom bei 20% Netzreaktanz:

a) für Schnellauslösung mit 0,1 s Schaltverzug,
b) für 6 s wirkliche Auslösezeit,
c) für 7 s wirkliche Auslösezeit.

a) Die 0,1 s-Kurve der Abb. 42 zeigt bei 20% Netzreaktanz als höchstzulässige Stromdichte 145 A/mm². Der kleinstzulässige Leiterquerschnitt wird also

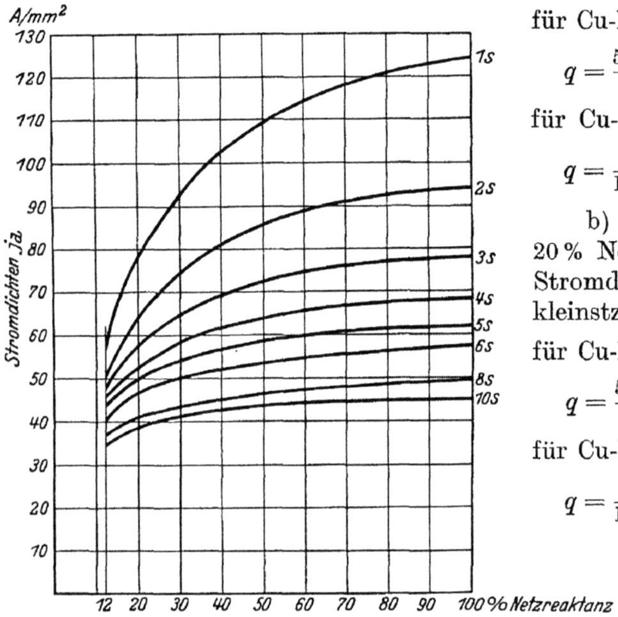

Abb. 43. Höchstzulässige auf den Dauerkurzschlußstrom J_d bezogene Stromdichten j_d für Cu-Kabel und Auslösezeiten von 1 bis 10 *s* bei 12 bis 100% Netzreaktanz.

für Cu-Kabel

$$q = \frac{5000}{145} \cdot \sqrt{3} = 60 \text{ mm}^2, \text{ also } 70 \text{ mm}^2,$$

für Cu-blank

$$q = \frac{60}{1{,}29} = 47 \text{ mm}^2, \text{ etwa } 8 \text{ mm} \varnothing.$$

b) Die 6 s-Kurve der Abb. 43 geht bei 20% Netzreaktanz auf eine höchstzulässige Stromdichte von 47 A/mm². Hier wird der kleinstzulässige Leiterquerschnitt

für Cu-Kabel

$$q = \frac{5000}{47} \cdot \sqrt{3} = 183 \text{ mm}^2, \text{ also } 185 \text{ mm}^2,$$

für Cu-blank

$$q = \frac{183}{1{,}29} = 142 \text{ mm}^2, \text{ etwa } 40 \cdot 4.$$

c) Da eine 7 s-Kurve nicht dargestellt ist, entnehmen wir aus Abb. 39 bei 20% Netzreaktanz die fiktive Zusatzzeit t_z mit 3,1 s und erhalten so als kleinstzulässigen Leiterquerschnitt

für Cu-Kabel . . . . . . $q = \frac{5000}{143} \cdot \sqrt{7 + 3{,}1} \cdot \sqrt{3} = 195 \text{ mm}^2$, also 240 mm²,

,, Cu-blank . . . . . . $q = \frac{195}{1{,}29} = 150 \text{ mm}^2$, etwa 40 · 4.

Für überschlägige Berechnungen, bei denen häufig nur der effektive Stromstoß und der Dauerkurzschlußstrom bekannt ist, mag eine Rüdenberg nachgebildete Formel gute Dienste tun, welche für die Berechnung der Zusatzzeit t_z das Verhältnis des effektiven Wechselstromstoßes $\frac{J_{k_0}}{1{,}8}$ zum Dauerkurzschlußstrom J_d benutzt. Sie lautet:

$$t_z = \left(\frac{J_{k_0}}{1{,}8 \cdot J_d}\right)^2 \cdot 0{,}4.$$

Beträgt beispielsweise der asymmetrische effektive Stromstoß in einem Netzpunkt 67000 A und der Dauerstrom 15000 A, so wird

$$t_z = \left(\frac{67000}{1{,}8 \cdot 15000}\right)^2 \cdot 0{,}4 = 3{,}2 \text{ s},$$

ein Wert, der mit 3,1 s nach Abb. 39 bei 20% Netzreaktanz, die hier vorhanden ist, recht gut übereinstimmt.

17. Die thermische Kurzschlußfestigkeit der Kabel für Spannungen bis 500 V.

Bei den Spannungen unter 1 kV wirken selbst kleinere Kabellängen durch ihre Resistanzen dämpfend auf den Kurzschlußstrom, so daß bei geeigneten Kabellängen und Auslösezeiten jedes Kabel thermisch kurzschlußfest ist.

Setzt man den Querschnitt q der Formel für thermisch kurzschlußfeste Leiter

$$q = \frac{J_d}{j_d}\sqrt{3}$$

in die Formel für die Berechnung des Kurzschlußstromes in Ausläuferkabeln

$$J_d = \frac{E \cdot 1000}{r_s \cdot l \cdot \sqrt{3}} q \qquad \begin{array}{l} r_s = 17{,}5 \text{ für Cu} \\ r_s = 30 \text{ für Al} \end{array}$$

ein, worin l die Kabellänge in m ist, so wird

$$l \cdot j_d = \varkappa E, \qquad (35) \qquad \begin{array}{l} \varkappa = 57 \text{ für Cu} \\ \varkappa = 34 \text{ für Al} \end{array}$$

d. h. jedes Cu-Kabel ist thermisch kurzschlußfest, wenn der Faktor aus der Kabellänge l in m und der höchstzulässigen Stromdichte j_d gleich oder größer als die 57-fache höchste Betriebsspannung E am Kabelanfang ist.

Da Kabel dieser Spannungen unmittelbar zu den Verbrauchern führen, erhalten sie in der Regel keinen Selektivschutz und können deshalb mit Überstromschutz versehen werden, der bei Kurzschluß unverzögert auslöst, beispielsweise durch Hochleistungssicherungen mit weniger als 0,1 s Schaltverzug oder durch Selbstschalter mit nicht verzögerter Auslösung durch den Kurzschlußstrom mit 0,1 bis 0,25 s Schaltverzug, je nach Auslöseart.

Die zulässigen Stromdichten j_d bei 100% Netzreaktanz betragen nach Abb. 42 für 0,1 s Auslösezeit 300 A/mm² und für 0,25 s Schaltverzug 220 A/mm².

Für 380 V-Verbraucher, also 420 V höchster Erzeuger-Spannung werden dann die kleinstzulässigen Cu-Kabellängen

für 0,1 s Schaltverzug 80 m,
,, 0,25 s ,, 110 m.

Bei 500 V-Verbraucher-Spannung betragen diese Längen 105 m bzw. 145 m.

Für Spannungen über 1 kV kann diese Kabelberechnung keine Anwendung finden, weil bei diesen Spannungen die erforderlichen Kabellängen so groß werden, daß sie fabrikationstechnisch nicht in einem Stück hergestellt werden können und dann bei einem Kurzschluß in einer Verbindungsmuffe das kleine Kabelstück bis zum Schalter ausbrennen könnte. Beispielsweise muß für 6 kV bei 0,25 s Schaltverzug die Kabellänge, damit jeder Querschnitt thermisch kurzschlußfest ist, mindestens 1650 m betragen. Die üblichen Fabrikationslängen der 6 kV-Kabel betragen aber bei 3× 10 mm² nur etwa 900 m und bei 3×120 mm² nur etwa 250 m; ein 6 kV-Kabel von 3×120 mm² würde also in einer Strecke von 1650 m 6 Verbindungsmuffen erhalten. Die ganze Länge könnte jedoch nach Querschnitten, wie sie die Kurzschlußfestigkeit erfordert, gestaffelt werden, so daß am Ende des Kabels ein kleinerer Querschnitt verwendet wird als am Anfang, wie folgendes Beispiel zeigt.

18. Rechnungsbeispiel Nr. 5.

Ein 5 km langes Kabel soll 100 A von einer Zentrale mit 45000 kVA Nennleistung und 6,6 kV höchster Betriebsspannung übertragen. Der betreffende Schalter erhalte 2 s Schaltverzug.

Das Kabel wird in etwa 20 Abschnitten von je 250 m Länge verlegt.

Der Zentralenstrom beträgt 3950 A, der entsprechende Dauerkurzschlußstrom 7900 A.

Die Leitungsreaktanz eines 250 m langen 6 kV-Kabels hat einen Ohmschen Wert von

$$s_L^{\Omega} = 0{,}072 \cdot 0{,}25 = 0{,}018\,\Omega\,.$$

Bei einer Zentralenleistung von 45000 kVA wird die Leitungsreaktanz in %

$$s_L\% = 0{,}018 \cdot \frac{45000}{6600^2} \cdot 10^5 = 1{,}9\,\%\,.$$

Rechnet man schätzungsweise noch 1% Reaktanz für die Verbindungsleitungen von den Generatoren zur Schaltanlage hinzu, so erhält man bis zum Endpunkt des ersten Kabelabschnittes 15% Reaktanz, für welche bei 2 s Schaltverzug die Stromdichte j_d 56 A/mm² beträgt. Der Kabelquerschnitt wird

$$q = \frac{7900}{56}\sqrt{3} = 244\ \text{mm}^2\,.$$

Für den ersten Leitungsabschnitt dürfte ein Kabel von 3mal 240 mm² gerade noch genügen.

Der Ohmsche Widerstand eines 250 m langen Kabels von 240 mm² ist pro Phase

$$r_L^{\Omega} = \frac{17{,}5}{240} \cdot 0{,}25 = 0{,}018\,\Omega\,,$$

auf die Gesamtleistung von 45000 kVA bezogen wird er

$$r_{L}\% = 1{,}9\,\%\,.$$

Da der Dauerkurzschlußstrom mit wachsender Reaktanz abnimmt und gleichzeitig die höchstzulässige Stromdichte j_d steigt, läßt sich nicht ohne weiteres die erforderliche Kabellänge errechnen, nach welcher ein kleinerer Querschnitt zulässig ist. Um umständliches Probieren zu vermeiden, werden zweckmäßig die Dauerkurzschlußströme J_d, die zugehörigen Stromdichten j_d und die erforderlichen Kabelquerschnitte für verschiedene Netzreaktanzen in einer Zahlentafel zusammengestellt, aus der man sich dann den gewünschten Querschnitt aussucht und danach die erforderliche Länge für den ersten Kabelquerschnitt errechnet.

Zahlentafel Nr. 8. Werte für das Rechnungsbeispiel Nr. 5.

Netzreaktanz in %	20	30	40	50	60	75	100
Kurzschlußfaktor f_d nach Zahlentafel 2	1,88	1,63	1,44	1,28	1,15	1,00	0,82
Dauerkurzschlußstrom J_d in A	7400	6400	5700	5050	4500	3950	3250
Höchste Stromdichte j_d in A/mm² . . .	64	74	81	86	89	91	94
Kleinster Kabelquerschnitt q in mm² .	200	150	120	102	88	75	60

Aus der Zahlentafel ersieht man, daß für Kabelquerschnitte von 150 mm² Netzreaktanzen von 30% und von 120 mm² 40% usw. erforderlich sind.

Wird als nächstkleinerer Querschnitt nach 240 mm² z. B. 120 mm² gewählt, so errechnet sich die erforderliche Länge für das 240 mm²-Kabel, die wir mit $(x - 1) \cdot 0{,}25$ km bezeichnen wollen, wie folgt:

Die erforderliche Netzreaktanz von 40% muß nach einer Länge von $x \cdot 0{,}25$ km vorhanden sein. Dann ist

$$40\,\% = \sqrt{(13 + x \cdot 1{,}9)^2 + (x \cdot 1{,}9)^2}\,,$$

und es wird

$$x = 11\,.$$

Nach einer Strecke von $10 \cdot 0{,}25 = 2{,}5$ km mit einem Querschnitt von 240 mm² kann also ein Kabel mit 120 mm² Querschnitt verlegt werden.

An der Unterstation wird dann die Gesamt-Netzimpedanz

$$z_s = \sqrt{(13 + 20 \cdot 1{,}9)^2 + (10 \cdot 1{,}9 + 10 \cdot 3{,}8)^2}\,,$$
$$z_s = 76\,\%\,.$$

Der Dauerkurzschlußstrom beträgt hier etwa 3900 A. Der Wechselstromstoß wird

$$J_{K_0} = 3900\,\frac{100}{76} = 5200\ \mathrm{A}\,.$$

Sind in der Unterstation an die 6 kV-Sammelschienen Motoren mit unverzögerter Auslösung bei Kurzschluß angeschlossen, so können hier bei einer zulässigen Stromdichte von etwa 200 A/mm² für 0,25 s Schaltverzug die Kabel einen Querschnitt von

$$q = \frac{3900}{200}\sqrt{3} = 34\ \mathrm{mm}^2,\ \text{also}\ 35\ \mathrm{mm}^2$$

erhalten.

19. Die mechanischen Wirkungen des Kurzschlußstromes.

Um zu verhüten, daß die dynamischen Wirkungen des Kurzschlußstromes Leiter, Stützer oder Geräte zerstören, müssen letztere den dynamischen Kräften gewachsen sein, d. h. sie müssen dynamisch kurzschlußfest sein.

Die dynamische Kraft P eines Stromes J_s in einer Stromschleife (s. Abb. 44) von l cm Länge und D cm Mittenabstand der Leiter ist

$$P = 2{,}04 \cdot J_s^2 \cdot \frac{l}{D} \cdot 10^{-8}\,. \qquad (36)$$

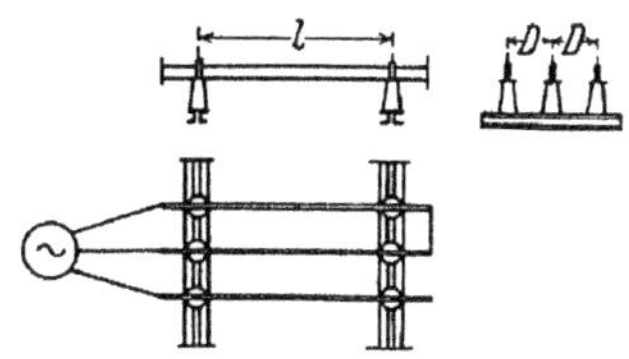

Abb. 44. Stromschleife.

Der dabei wirksame Strom J_s bei einem Kurzschluß ist die Stromspitze des ersten Stromstoßes, welcher angenähert

$$J_s = \sqrt{2} \cdot J_{K_0} = \sqrt{2} \cdot 1{,}8 \cdot J_{ns} \cdot \frac{100}{s_s}$$

ist.

Rechnungsbeispiel Nr. 6. In dem Beispiel Nr. 2 für Kurzschlußberechnungen beträgt der effektive Stoßstrom an den 10 kV-Sammelschienen des Kraftwerks D

$$J_{K_0} = 66\,100\ \mathrm{A}\,.$$

Bei einer Spannweite der Sammelschienen von 160 cm und einem Leiterabstand von 40 cm wird die dynamische Kraft des Kurzschlusses

$$P = 2{,}04 \cdot (\sqrt{2} \cdot 66\,100)^2\,\frac{160}{40} \cdot 10^{-8},$$
$$P = 730\ \mathrm{kg}\,.$$

Dieser Beanspruchung müssen Leiter und Stützer standhalten.

Die Stützer bis Reihe 45 sind von dem VDE nach ihrer Umbruchfestigkeit in Gruppen eingeteilt. Die Umbruchskraft P gemessen an dem Isolatorkopf beträgt

in der Gruppe A 375 kg, in der Gruppe B 750 kg, in der Gruppe C 1250 kg;

für unser Beispiel wären also Stützer der Gruppe B erforderlich.

Die mechanische Festigkeit der Leiter ist ebenfalls nachzuprüfen.

Bei dieser Nachrechnung ist zu beachten, daß, falls Resonanz zwischen der Eigenschwingungszahl der Leiter und der elektrischen Schwingungszahl ∾ des Systems besteht, die mechanischen Kräfte den 2- bis 3fachen Wert erreichen können[1]. Die Eigenschwingungszahl der Leiter soll deshalb nicht in der Nähe der einfachen oder doppelten Periodenzahl des Systems liegen.

Die sekundliche Eigenschwingungszahl n eines beiderseitig eingespannten Leiters ist:

$$n = 112 \cdot \sqrt{\frac{E \cdot J}{g \cdot l^4}}\,. \qquad (37)$$

[1] Biermanns, J.: Überströme in Hochspannungsanlagen. Berlin: Julius Springer 1926.

Darin ist:

g = Gewicht des Leiters in kg je cm,
E = Elastizitätsmodul des Leiters, für Cu $1{,}15 \cdot 10^6$ kg/cm^2,
J = das Trägheitsmoment des Leiterquerschnittes in cm^4,
l = die freie Länge des eingespannten Leiters in cm.

Für eine Kupferschiene von $h = 10$ cm, $b = 1$ cm und $l = 100$ cm wird $n = 37$ und kommt damit schon nahe an die übliche Periodenzahl von 50 Per/s heran. Eine solche Schiene folgt bereits den Schwankungen der Kurzschlußkraft.

Kehren wir zu unserem Rechnungsbeispiel zurück, so finden wir, daß bei 160 cm Stützerentfernung die Eigenschwingung der Schienen $100 \cdot 10$ nur noch 5,8 beträgt, also ohne Wirkung ist. Das Widerstandsmoment der Schienen beträgt

$$W = \frac{P \cdot l}{8 \cdot \sigma} = \frac{h \cdot b^2}{6}. \tag{38}$$

Daraus wird die Beanspruchung

$$\sigma = \frac{3}{4}\,\frac{P \cdot l}{h \cdot b^2} = \frac{3}{4}\,\frac{730 \cdot 160}{10 \cdot 1^2} = 8750 \text{ kg/cm}^2.$$

Da bei einer Beanspruchung von etwa 3500 kg/cm^2 Kupfer zerreißt, ist der gewählte Querschnitt nicht kurzschlußfest, wenn die Schienen hochkant nebeneinander liegen. Stehen sie hochkant übereinander, so beträgt die Beanspruchung nur noch 875 kg/cm^2. Man hat also in der Schienenanordnung ein Mittel, die Schienen mechanisch kurzschlußfest zu verlegen.

Für die dynamische Kurzschlußfestigkeit der Leistungsschalter, der Stromwandler sowie der Auslöser und Relais bestehen besondere VDE-Bestimmungen, die bei der Auswahl der betreffenden Geräte besprochen werden.

20. Oberschlägige Kurzschlußberechnungen.

Für die oberschlägige Berechnung der Kurzschlußströme, der Ausschaltleistungen sowie der dynamischen und thermischen Beanspruchung der Leitungen und Stromwandler ist es wünschenswert, kurze, handliche Formeln zu haben. Sie sind in folgender Zahlentafel Nr. 9 angegeben.

Zahlentafel Nr. 9. Formeln für oberschlägige Kurzschlußberechnungen.

A. Kurzschluß in einem Kraftwerk mit N_s Gesamtleistung, 12% Generatorstreureaktanz, Spannung E in Volt.

1. Gesamtnennstrom . . . . $J_{ns} = \frac{N_s}{E\sqrt{3}} 10^3$.
2. Effektiver Dauerkurzschlußstrom . . . $J_d = 2 J_{ns}$.
3. Effektiver Stoßkurzschlußstrom . . . $J_{st} = 15\, J_{ns}$.
4. Ausschaltleistung nach REH 1929 . . $N_k = 3{,}3\, N_s$.

B. Kurzschluß in einem Netz mit N_s Gesamtleistung aller angeschlossenen Zentralen und E_n Volt Netzspannung (Abb. 45).

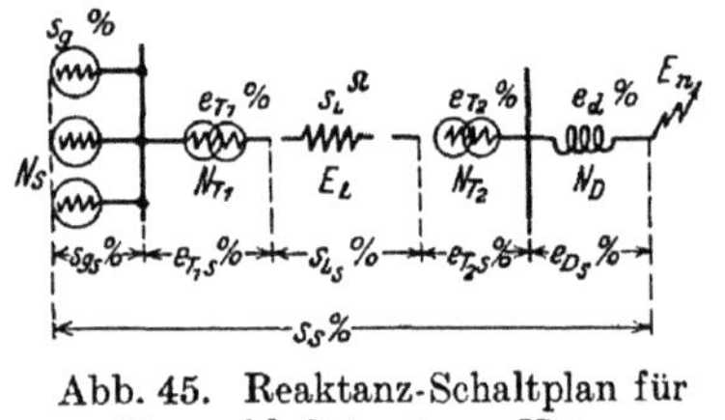

Abb. 45. Reaktanz-Schaltplan für Kurzschluß in einem Netz.

s_L^{Ω} für Kabel.

E_L in V	s_L in Ω/km	E_L in V	s_L in Ω/km
6000	0,072	20000	0,087
10000	0,077	25000	0,097
12000	0,080	30000	0,100
15000	0,084	35000	0,105

Werte für f_d.

s_s% =	12	15	20	30	40	50	60	75	100	125	150
fd =	2	2	1,9	1,6	1,4	1,3	1,2	1,0	0,8	0,7	0,65

5. Netzreaktanz . . . . $s_s\% = \sum s_{gs} + \sum e_{Ts} + \sum s_{Ls} + \sum e_{ds}$.
6. Zentralenreaktanz . . . . $s_{gs}\% = \sim 12\,\%$.

7. Transformatorreaktanz . . . . . . $e_{Ts}\% = e_T \cdot \frac{N_s}{N_T}$.

8. Leitungsreaktanz . . . . $s_{Ls}\% = s_L^\Omega \cdot \frac{N_s}{E_L^2} \cdot 10^5$,
darin s_L^Ω für Freileitungen $= 0{,}4\ \Omega/\text{km}$,
für Kabel siehe oben.

9. Drosselreaktanz . . . . $e_{ds}\% = e_d \frac{N_s}{N_d} = e_d \frac{J_{ns}}{J_{nd}}$.

10. Gesamtnennstrom . . . . $J_{ns} = \frac{N_s}{E_n\sqrt{3}} \cdot 10^3$.

11. Effektiver Dauerkurzschlußstrom . . . $J_d = f_d \cdot J_{ns}$.
Werte für f_d siehe oben.

11a. Bei $s_s\%$ über 150% . . . . $J_d = \frac{J_{st}}{1{,}8}$.

12. Effektiver Stoßkurzschlußstrom . . . . $J_{st} = 1{,}8 \cdot J_{ns} \frac{100}{s_s\%}$.

13. Ausschaltleistung nach REH 1929 . . . $N_k = 1{,}1 \frac{E}{1000} J_d \sqrt{3} \left(1 + \frac{0{,}5}{a^2}\right)$,
worin $a = \frac{s_s\% + 9}{s_{gs}\% + 9}$.

C. Kurzschluß in einem Ausläuferkabel mit E_k Betriebsspannung (Abb. 46).

14. Gesamte Netzimpedanz . . . . . $Z_s\% = \sqrt{\sum s_s\%^2 + \sum r_s\%^2}$.

15. Leitungsresistanz . . . . $r_{Ls}\% = \frac{N_s}{E_k^2} \cdot r_L \cdot 10^5$,

worin $r_L^\Omega = \frac{17{,}5}{q}\ \Omega/\text{km}$ für Cu, $r_L^\Omega = \frac{30}{q}\ \Omega/\text{km}$ für Al.
q in mm².

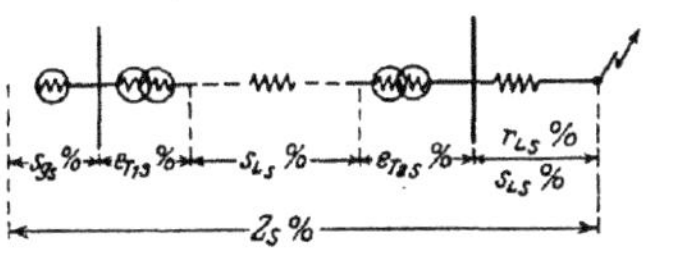

Abb. 46. Reaktanz-Schaltplan für Kurzschluß in einem Ausläuferkabel.

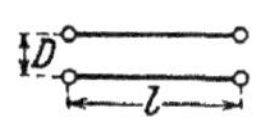

Abb. 47. Stromschleife

D. Dynamische Beanspruchung (Abb. 47).

16. Kraft auf zwei parallele Leitungen . . . $P = 4{,}08\, J_{st}^2 \cdot \frac{l}{D} \cdot 10^{-8}$,
$= 2{,}04\, J_s^2 \cdot \frac{l}{D} \cdot 10^{-8}$.

E. Thermische Beanspruchung der Kabel durch J_k in t s bei n-maligem Kurzschluß.

17. Vorbelastung durch den Stromstoß . . $t_z = \left(\frac{J_{st}}{1{,}8\, J_d}\right)^2 \cdot 0{,}4$,
in Zentralen ist $t_z = 6{,}8$ s.

18. Leiterquerschnitt . . . . $q = \frac{J_d}{k'} \sqrt{t + t_z}\, \sqrt{n}$.

Werte für k'.

Cu-Kabel 143	Al-Kabel 99	für 150° C Übertemperatur
Cu-blank 184	Al-blank 129	für 300° C Übertemperatur

F. Beanspruchung der Stromwandler.

19. Dynamische Festigkeit für Stromwandler . . . . $\text{dyn}\,x = \frac{J_{st}}{J_n}$.

20. Thermische Festigkeit für Stromwandler . . . . $\text{therm}\,x = \frac{J_d}{J_n} \sqrt{t + t_z} \cdot \sqrt{n}$.

21. Soll-Nennleistung N_n eines normalen Stromwandlers mit therm n bei erforderlichen N_x mit therm x . . . . $N_n = N_x \left(\frac{\text{therm}\,x}{\text{therm}\,n}\right)^2$.

22. Kleinster Primärleiterquerschnitt für Stromwandler (wie 18) $q = \frac{J_d}{k'} \sqrt{t + t_z} \cdot \sqrt{n}$.

Rechnungsbeispiel Nr. 7 für oberschlägige Kurzschlußberechnung (Abb. 48).

A. Kurzschlußstelle I im Kraftwerk.

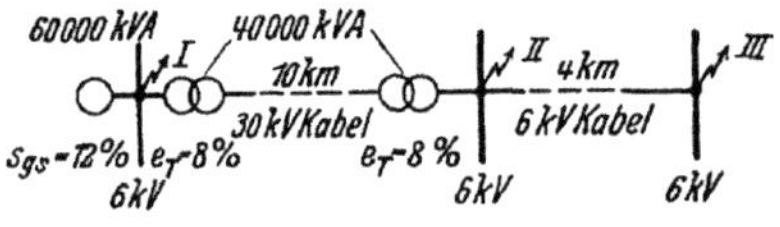

Abb. 48. Reaktanz-Schaltplan für Rechnungsbeispiel Nr. 7.

1. $J_{ns} = \frac{60000}{6\sqrt{3}} = 5800$ A.
2. $J_d = 2 \cdot 5800 = 11600$ A.
3. $J_{st} = 15 \cdot 5800 = 87000$ A.
4. $N_k = 3{,}3 \cdot 60000 = 200000$ kVA.

B. Kurzschlußstelle II im Netz.

6. $s_{gs}\% = 12\%$.

7. $e_{Ts}\% = 8\,\frac{60000}{40000} = 12\%$.

8. $s_{Ls}\% = 0{,}1 \cdot 10\,\frac{60000}{30000^2} \cdot 10^5 = 6{,}7\%$.

5. $s_s\% = 12 + 12 + 6{,}7 + 12 = 42{,}7\%$.

10. $J_{ns} = 5800$ A.

11. $J_d = 1{,}4 \cdot 5800 = 8100$ A.

12. $J_{st} = 1{,}8 \cdot 5800\,\frac{100}{42{,}7} = 25000$ A.

$$a = \frac{42{,}7 + 9}{12 + 9} = 2{,}45, \qquad a^2 = 6.$$

13. $N_k = 1{,}1\,\frac{6000}{1000} \cdot 8100\left(1 + \frac{0{,}5}{6}\right)\sqrt{3} = 100000$ kVA.

C. Kurzschlußstelle III im Ausläuferkabel 70 mm².

15. $r_{Ls}\% = \frac{60000}{6000^2} \cdot \frac{17{,}5}{70} \cdot 4 \cdot 10^5 = 167\%$.

8. $s_{Ls}\% = 0{,}072 \cdot 4\,\frac{60000}{6000^2} \cdot 10^5 = 48\%$.

14. $z_s\% = \sqrt{(42{,}7 + 48)^2 + 167^2} = 190\%$.

11. $J_d = 5800\,\frac{100}{190} = 3000$ A.

12. $J_{st} = 1{,}8\,J_d = 5500$ A.

13. $N_k = 1{,}1\,\frac{6000}{1000} \cdot 3000 \cdot \sqrt{3} = 34000$ kVA.

D. Dynamische Beanspruchung der Sammelschienenstützer in der Zentrale, Kurzschlußstelle I. $l = 1{,}2$ m, $D = 0{,}4$ m.

16. $P = 4{,}08 \cdot 87000^2\,\frac{1{,}2}{0{,}4} \cdot 10^{-8} = 910$ kg.

E. Thermische Beanspruchung im Kraftwerk. Kleinstzulässiger Cu-Leiterquerschnitt für $t = 2$ s und 3maligen Kurzschluß. $t_z = 6{,}8$ s.

18a. Cu-Kabel $q = \frac{11600}{143}\sqrt{2 + 6{,}8} \cdot \sqrt{3} = 400$ mm².

18b. Cu-blank $q = 320$ mm².

F. Beanspruchung der Stromwandler im Kraftwerk für 200 A Nennstrom $t = 2$, $n = 3$.

19. $\text{dyn}\,x = \frac{87000}{200} = \text{dyn}\,435$.

20. $\text{therm}\,x = \frac{11600}{200}\sqrt{2 + 6{,}8}\,\sqrt{3} = \text{therm}\,300$.

21. Soll-Nennleistung für therm 60 bei 8 VA für Meßgeräte $N_n = 8\left(\frac{300}{60}\right)^2 = 200$ VA.

22. Kleinstzulässiger Cu-Querschnitt des Primärleiters wie 18a, $q = 400$ mm².

IV. Der Kurzschlußschutz.

Die Schutzmaßnahmen gegen die Wirkungen der Kurzschlußströme sollen entweder die Kurzschlußströme unterdrücken oder ihre Wirkungen unschädlich machen.

Die hauptsächlichsten Hilfsmittel gegen zu hohe Kurzschlußströme sind Strombegrenzungs-Drosselspulen und Überstromregler.

Die Schutzmaßnahmen der zweiten Art bestehen in der geeigneten Auswahl kurzschlußfester Geräte, Leiter und Stützer, welche den thermischen bzw. dynamischen Wirkungen der an ihrem Verwendungsort möglichen Kurzschlußströme gewachsen sind, ferner rechnen zu ihnen die Schutzschaltungen über Relais und Auslöser, durch die der Kurzschlußstrom zeitlich begrenzt wird.

21. Der Strombegrenzungs-Schutz.

Die Größe des Kurzschlußstromes in irgendeinem Leitungsabschnitt eines Netzes ist umgekehrt proportional der Impedanz des betreffenden Leitungsabschnittes. Je größer die Impedanz, um so kleiner der Kurzschlußstrom. Die Verkleinerung des Kurzschlußstromes wirkt sich im Netz nach drei Richtungen aus:

1. durch Schwächung der mechanischen Kräfte, die im quadratischen Verhältnis des Kurzschlußstromes abnehmen,
2. durch Verkleinerung des Spannungsabfalles an den Generatorklemmen,
3. durch Herabminderung der Wärmewirkung in quadratischem Verhältnis.

Die beruhigende Wirkung großer Impedanzen bzw. Reaktanzen benutzt man in Anlagen mit großen Kurzschlußströmen.

So läßt sich z. B. bei Verteilung mit höherer als Erzeuger-Spannung die Netzreaktanz durch große Kurzschlußspannungen in den Transformatoren erhöhen. Auch besteht die Möglichkeit, durch Isoliertransformatoren mit Übersetzung 1/1 die Netzreaktanz an den Sammelschienen mit Erzeuger-Spannung zu vergrößern. Von dieser Möglichkeit wird durch Verwendung von Dreiwicklungs-Transformatoren in großen Werken Gebrauch gemacht. Ferner kann die Netzreaktanz durch Strombegrenzungs-Drosselspulen vergrößert werden.

In Netzen bis 500 V lassen sich die Kurzschlußströme durch entsprechend große Leitungswiderstände oder durch Widerstände aus Material mit großem Temperaturkoeffizienten (beispielsweise Eisen) eindämmen.

22. Der Strombegrenzungs-Schutz durch Dreiwicklungs-Transformatoren.

Dreiwicklungs-Transformatoren werden als Kurzschlußschutz mit Vorteil in Netzen mit Verteilung bei höherer als Erzeugerspannung angewendet.

Erfolgt die Verteilung bei einer Spannung, so wird durch Aufteilung der Generatorleistungen in zwei Teile dem Netz eine wirksame Zusatzreaktanz gegeben, welche sich durch Strombegrenzungs-Drosselspulen im Zuge der Sammelschienen noch vergrößern läßt. Abb. 49 zeigt die grundsätzliche Schaltung für drei Generatoren, bei welcher jede Verteilergruppe auf die Hälfte der Leistung eines Generators abgestimmt ist. Aus dem zugehörigen Reaktanz-Schaltbild Abb. 50 geht hervor, daß bei einem Kurzschluß an den Sammelschienen nicht einmal der zunächstliegende Generator voll von ihm betroffen wird, weil noch zwei Zusatzreaktanzen zwischen dem Generator und der Kurzschlußstelle liegen.

Um dies Reaktanz-Schaltbild für eine Kurzberechnung benutzen zu können, werden zuerst die Kurzschlußspannungen der einzelnen Wicklungen in eine sterngeschaltete Reaktanz umgerechnet.

Zu diesem Zweck werden, falls die Rechnung mit Prozenten der Netzreaktanz durchgeführt wird, die Reaktanzen der einzelnen Wicklungen auf gleiche Leistung oder, falls mit Ohmschen Widerständen gerechnet wird, auf gleiche Spannung bezogen. In Abb. 51

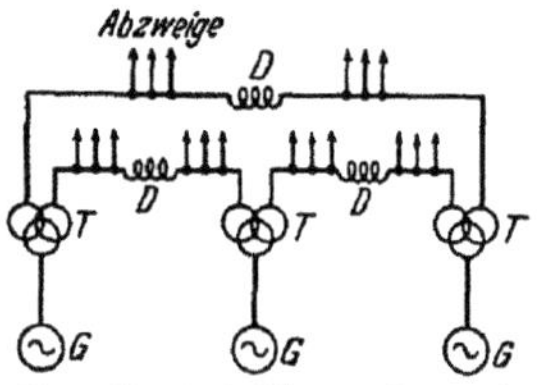

Abb. 49. Dreiwicklungs-Transformatoren in Kurzschlußschutz-Schaltung für „Nah“-Kraftwerke.

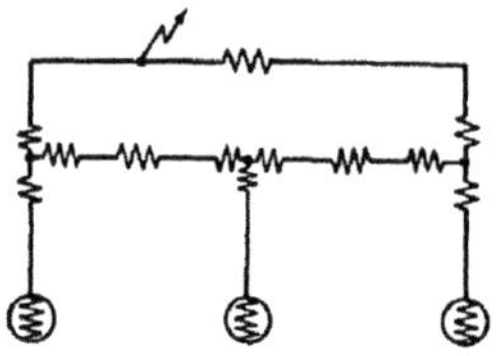

Abb. 50. Reaktanz-Schaltplan zu Abb. 49.

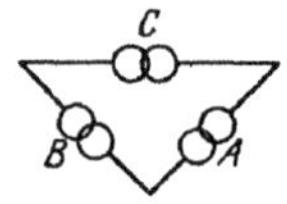

Abb. 51. Schematische Darstellung der drei Wicklungen des Transformators

sind die einzelnen Wicklungen des Transformators (nur zeichnerisch) als eine Dreiecksverbindung dargestellt. Bezeichnen a, b, c die auf gleiche Leistung bezogenen Reaktanzen, so lassen sich die Sternarme x, y, z nach Abb. 52 wie folgt errechnen:

Abb. 52. Berechnung der Reaktanzen eines Dreiwicklungs-Transformators.

$$x = \frac{a + b - c}{2}, \quad y = \frac{a + c - b}{2}, \quad z = \frac{b + c - a}{2}. \tag{39}$$

Rechnungsbeispiel Nr. 8. Hat beispielsweise ein Dreiwicklungs-Transformator folgende Größen:

A = 10 mVA mit 5 % Kurzschlußspannung
B = 20 „ „ 10 % „
C = 10 „ „ 12 % „

und ist er nach Abb. 53 an einen 30 mVA-Generator mit 15 % Kurzschlußspannung und an ein 100 kV-Netz von 70 mVA Leistung und 42 % Netzreaktanz angeschlossen, sc

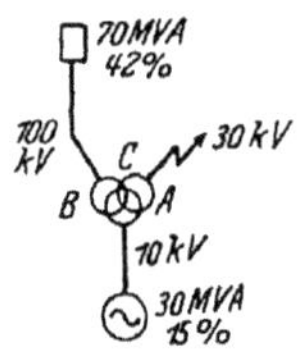

Abb. 53. Kurzschluß-Rechnungsbeispiel für Dreiwicklungs-Transformatoren.

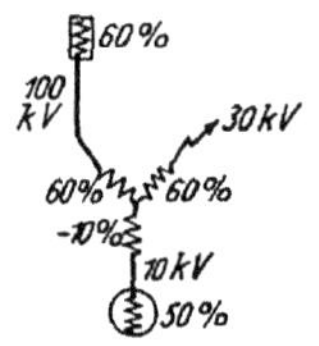

Abb. 54. Reaktanz-Schaltplan zu Abb. 53.

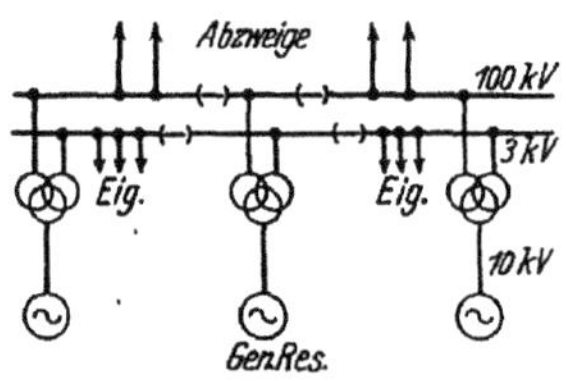

Abb. 55. Dreiwicklungs-Transfor matoren für den Eigenbedarf ir „Fern“-Kraftwerken.

werden die Reaktanzen der einzelnen Wicklungen auf die Gesamtleistung von 100 mVA bezogen und errechnen sich zu

$$a = \frac{100}{10} \cdot 5 = 50\,\%,$$

$$b = \frac{100}{20} \cdot 10 = 50\,\%,$$

$$c = \frac{100}{10} \cdot 12 = 120\,\%.$$

Der Generator hat

$$\frac{100}{30} \cdot 15 = 50\,\%$$

und das 100 kV-Netz

$$\frac{100}{70} \cdot 42 = 60\,\%.$$

Die Werte für die Sternarme werden

$$x = \frac{50 + 50 - 120}{2} = -10\%,$$

$$y = \frac{50 + 120 - 50}{2} = 60\%,$$

$$z = \frac{50 + 120 - 50}{2} = 60\%.$$

Nach Abb. 54 errechnet sich dann die Kurzschluß-Reaktanz s_s an den 30-kV-Klemmen des Transformators zu:

$$\frac{100}{120} + \frac{100}{40} = 0{,}835 + 2{,}5 = 3{,}335\,,$$

$$s_s = \frac{100}{3{,}335} + 60 = 90\%.$$

In Großkraftwerken, deren gesamte Leistung in ein Fernnetz geht, können Dreiwicklungs-Transformatoren nach Abb. 55 für die Dämpfung der Kurzschlußströme im Eigenbedarfsnetz verwendet werden. Das gleiche Schaltbild läßt sich für eine Verteilung bei zwei Spannungen anwenden.

23. Die Strombegrenzungs-Drosselspule für einzelne Abzweige.

Von allen vorbeugenden Kurzschluß-Schutzvorrichtungen werden Strombegrenzungs-Drosselspulen am häufigsten benutzt.

Es gibt dafür, wie Abb. 56 zeigt, drei Anwendungsmöglichkeiten:

1. am Generator; sie ist im allgemeinen unnötig, da Generatoren moderner Bauart genügend Streureaktanz haben,
2. in den ausgehenden Leitern,
3. in den Sammelschienen.

Die Wirkung der Kurzschlußdrosseln in ausgehenden Leitern ist nicht nur durch die Kurzschlußspannung e_d der Drossel bedingt, sondern in demselben Maße von dem Verhältnis der Gesamtleistung N_s des Netzes zur Durchgangsleistung N_d der Drossel abhängig. Die Gesamtreaktanz der Drossel s_{d_s} in Prozenten, bezogen auf die Gesamtleistung N_s des Netzes, ist:

$$s_{d_s}\% = \frac{N_s}{N_d} \cdot e_d\,.$$

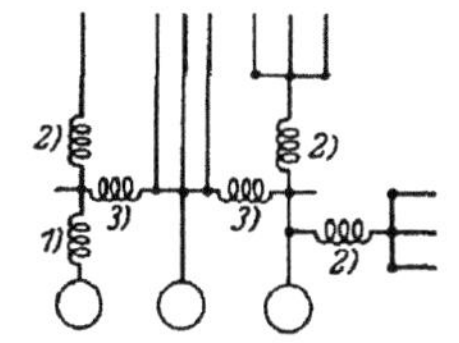

Abb. 56. Anwendungsbeispiele für Strombegrenzungs-Drosselspulen.

Bei einem Netz mit unendlich großer Leistung wird dann die Effektivleistung des Wechselstromstoßes:

$$N_k = N_d \cdot \frac{100}{e_d} = N_s \cdot \frac{100}{s_{d_s}}$$

und der Stromwert

$$J_k = J_{nd} \cdot \frac{100}{e_d} = J_{ns} \cdot \frac{100}{s_{d_s}}\,. \tag{40}$$

Bei unendlich großer Netzleistung ist dieser Wert gleichzeitig der Dauerstrom.

Die Drosseln wirken also dort vorzüglich, wo es gilt, Stromkreise kleiner Belastung gegen hohe Kurzschlußströme zu schützen.

R e c h n u n g s b e i s p i e l Nr. 9. Ein kurzes Kabel für 100 A Nennstrom soll durch eine 5%-Strombegrenzungsdrossel geschützt und an ein Netz unendlich großer Leistung angeschlossen werden. Wie groß sind der Dauerkurzschlußstrom und der Spitzenstromstoß? Der Dauerkurzschlußstrom wird

$$J_k = J_n \frac{100}{e_d} = 100 \cdot \frac{100}{5} = 2000 \text{ A}.$$

Der Spitzenstromstoß ist

$$J_s = 1{,}8 \cdot 2000 \sqrt{2} = \sqrt{2} \cdot 3600 \text{ A}.$$

24. Die für mehrere Abzweige gemeinsame Strombegrenzungs-Drosselspule.

Sind mehrere Kabel kleiner Leistung zu schützen, so wird dafür oft eine einzige Drossel genügen, vorausgesetzt, daß der Betriebsstrom aller Kabel 350 A nicht wesentlich überschreitet. Die Schaltung der Abzweige zeigt Abb. 57. Die Kabelabzweige liegen an den durch die Kurzschlußdrossel gedämpften Sammelschienen und so können im allgemeinen ihre Schalter eine kleinere Ausschaltleistung haben als der Hauptschalter vor der Kurzschlußdrossel.

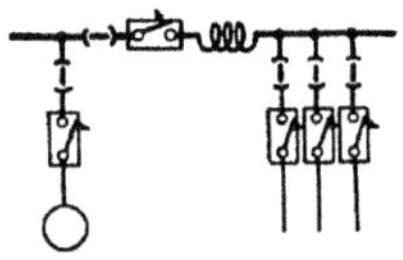

Abb. 57. Mehrere Abzweige an einer gemeinschaftlichen Strombegrenzungs-Drosselspule.

Dieser Hauptschalter soll die Drossel schützen, weil sie die Kurzschlußströme nur wenige Sekunden aushalten kann. Da immerhin mit der Möglichkeit des Versagens eines Kabelschalters oder eines Kurzschlusses an den Sammelschienen gerechnet werden muß, ist der Schalter erforderlich. Andernfalls könnte bei einem Kurzschluß die Drossel verdampfen und die Anlage auf längere Zeit stillgelegt sein. Ist die durch die Leitung oder durch parallele Leiter zu übertragende Leistung im Verhältnis zur Netzleistung groß, so ist die Wirkung der Kurzschlußdrosseln nur mäßig und steht in keinem Verhältnis zu den Kosten.

Rechnungsbeispiel Nr. 10. Eine Wasserkraftzentrale 150000 kVA, 6 kV, speise über Kabel ein nahes Stickstoffwerk. Die Zentralenreaktanz und Netzreaktanz seien zusammen 15%. Wie groß sind die Kurzschlußwerte bei Einbau von Drosseln mit 8% Reaktanz. Der Gesamtstrom der Zentrale ist

$$J_{ns} = \frac{150000}{6\sqrt{3}} = 14500 \text{ A}.$$

Die gesamte Reaktanz ist 15% + 8% = 23%. Der Effektivwert des Wechselstromstoßes wird:

$$J_k = 14500 \frac{100}{23} = 63500 \text{ A}$$

gegen

$$J_k = 14500 \frac{100}{15} = 97000 \text{ A ohne Drosseln,}$$

also nur $^2/_3$ des Wertes ohne Drossel. Die dynamische und thermische Beanspruchung beträgt entsprechend etwa nur $^4/_9$ der Beanspruchung ohne Drosseln.

In diesem Fall würde zweckmäßig die Zentrale elektrisch in zwei oder drei getrennte Betriebe aufgeteilt, die durch Strombegrenzungsdrosseln im Zuge der Sammelschienen verbunden werden können.

25. Strombegrenzungs-Drosselspulen im Zuge der Sammelschienen.

Die Verwendung von Kurzschlußdrosseln im Zuge der Sammelschienen kann naturgemäß nur dann wirksamen Schutz gegen zu hohe Kurzschlußströme bilden, wenn ihre Durchgangsleistung im Verhältnis zur Gesamtleistung klein und ihre Kurzschlußspannung groß ist.

Um dies Verhältnis kleinhalten zu können, wird man eine Schaltung wählen müssen, welche die Stromverteilung derart regelt, daß die angelieferte Energie einer Zuleitung nach Möglichkeit ganz von der ihr zugeordneten Verteilergruppe aufgenommen und nur ein Teil an die Nachbargruppe abgegeben wird.

Abb. 58 stellt die Anordnung der Stromverteilung bei Einbau von Strombegrenzungsdrosseln in die Sammelschienen einer Zentrale im Prinzip dar. Jeder Generator arbeitet auf seine Verteilergruppe und ist durch die Drosseln mit seinem Nachbargenerator verbunden. Fällt irgendein Generator aus, so wird eine zugehörige Drossel durch ihren beigeordneten Schalter überbrückt. Eine solche Überbrückung von allen Drosseln kann auch bei geringer Belastung der Zentrale stattfinden.

Wie schon erwähnt, hängt die Wirkung der Drosseln im wesentlichen von dem Verhältnis Generatorleistung zur Drosseldurchgangsleistung ab.

Bezeichnet p dies Verhältnis,

$$p = \frac{N_g}{N_d} = \frac{J_{ng}}{J_{nd}},$$

so wird die Drosselreaktanz in % auf die Leistung eines Generators bezogen

$$s_{dg}\,\% = \frac{J_{ng}}{J_{nd}} e_d = p \cdot e_d .$$

Um die Wirkung der Drosseln beurteilen zu können, muß die Gesamtreaktanz des Netzes errechnet werden.

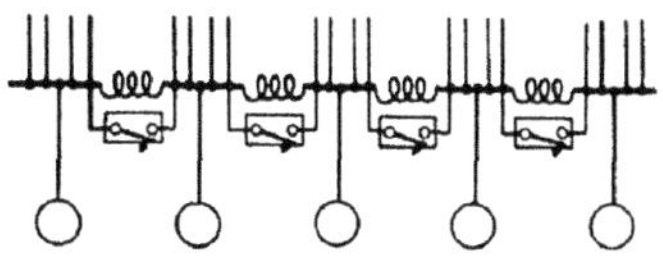

Abb. 58. Strombegrenzungs-Drosselspulen im Zuge der Sammelschienen.

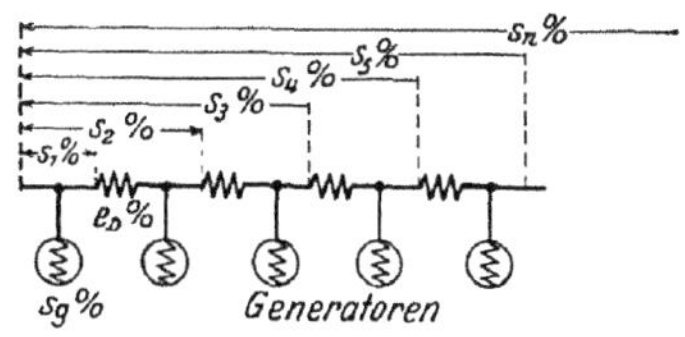

Abb. 59. Reaktanz-Schaltplan für Strombegrenzungs-Drosselspulen im Zuge der Sammelschienen.

In Abb. 59 sei die Streureaktanz eines jeden Generators s_g% (alle Generatoren sollen der Einfachheit halber gleiche Leistung haben), die Drosselreaktanz s_d% betrage das c-fache der Generatorreaktanz s_g%. Also $s_d = c \cdot s_g = p \cdot e_d$.

Der Faktor c hat also den Wert

$$c = \frac{p \cdot e_d}{s_g}. \tag{41}$$

Werden mit s_1%, s_2%, s_3% ... $s_{(n-1)}$%, s_n% die resultierenden Widerstände am Sammelschienenende bei dem Betrieb von 1, 2, 3 ... $(n-1)$, n Generatoren benannt, so wird die auf die Leistung eines Generators bezogene Gesamtreaktanz am Sammelschienenende

$$s_n\,\% = x_n \cdot s_g = \frac{x_{(n-1)} + c}{x_{(n-1)} + c + 1}\, s_g ,$$

worin x_n und $x_{(n-1)}$ Zahlenfaktoren für die betreffenden Reaktanzen s_n und $s_{(n-1)}$ bedeuten.

Dieser Bruch stellt eine konvergente Reihe dar, dessen Grenzwert bei $n = \infty$ erreicht wird. In diesem Fall wird $x_{(n-1)} = x_n = x_\infty$, und hieraus errechnet sich

$$s_\infty = x_\infty \cdot s_g = \frac{\sqrt{c^2 + 4\,c} - c}{2} \cdot s_g . \tag{42}$$

Der resultierende Widerstand in Sammelschienenmitte, wo der größte Kurzschlußwert auftritt, wird dann, bezogen auf die Leistung eines Generators,

$$s_\infty = y_\infty \cdot s_g = \frac{c}{\sqrt{c^2 + 4c}} \cdot s_g . \tag{43}$$

Für n parallele Generatoren werden die Gesamtimpedanzen s_n%, bezogen auf die Gesamtleistung:

a) am Sammelschienenende:

$$s_n\,\% = n \cdot x_n \cdot s_g , \tag{44}$$

b) in der Sammelschienenmitte:

$$s_n\,\% = n \cdot y_n \cdot s_g . \tag{45}$$

Der Effektivwert des Wechselstromstoßes wird:

a) am Sammelschienenende:

$$J_k = n \cdot J_{ng} \frac{100}{s_n} = J_{ng} \cdot \frac{100}{s_g} \cdot \frac{1}{x_n}, \tag{46}$$

b) in der Sammelschienenmitte:

$$J_k = J_{ng} \cdot \frac{100}{s_g} \cdot \frac{1}{y_n}. \tag{47}$$

Bei unendlich viel Generatoren betragen diese Werte:

a) am Sammelschienenende:

$$J_{k\max} = J_{ng} \cdot \frac{100}{s_g} \cdot \frac{2}{\sqrt{c^2 + 4c} - c}, \tag{48}$$

b) in der Sammelschienenmitte:

$$J_{k\max} = J_{ng} \frac{100}{s_g} \sqrt{1 + \frac{4}{c}}. \tag{49}$$

Diese Formeln besagen:

Bei Strombegrenzungsdrosseln im Zuge der Sammelschienen wird bei einer bestimmten Anzahl paralleler, gleich großer Generatoren ein endlicher Gesamtkurzschlußwert erreicht, der sich auch nicht erhöht, wenn die Zentrale um beliebig viele gleich große Generatoren erweitert wird.

Bei welcher Anzahl von Generatoren dieser Grenzwert $J_{k\max}$ erreicht wird, hängt lediglich von der Größe des Faktors c ab. Ist c größer als 1, so wird der Wert $J_{k\max}$ in

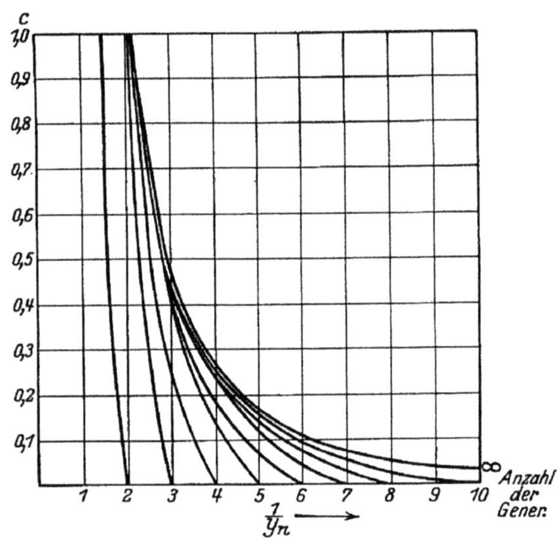

Abb. 60. Werte für $\frac{1}{y}$ bei $c < 1$ für Strombegrenzungs-Drosselspulen im Zuge der Sammelschienen.

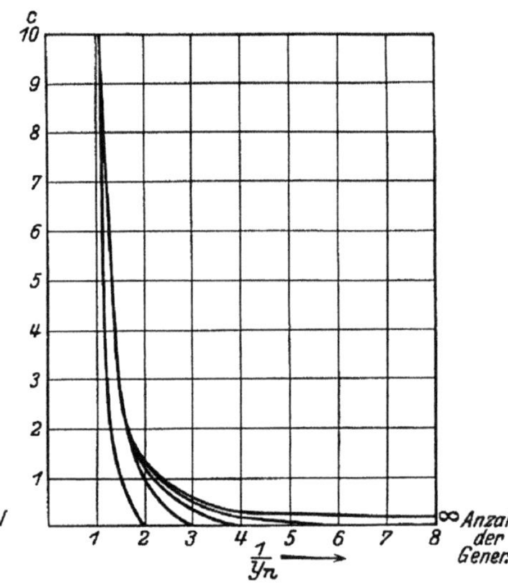

Abb. 61. Werte für $\frac{1}{y}$ bei $c > 1$ für Strombegrenzungs-Drosselspulen im Zuge der Sammelschienen.

der Sammelschienenmitte schon bei vier bis sechs Generatoren erreicht, bei c kleiner als 1 entsprechend später. Z. B. ist für $c = 0,1$ bei sechs Generatoren

$$J_{k6} = J_{ng} \frac{100}{s_g} \cdot 4,6,$$

während der Endwert

$$J_{k\max} = J_{ng} \frac{100}{s_g} \cdot 6,3$$

beträgt.

In den Abb. 60 und 61 sind die Werte für $1/y$ in Kurven dargestellt.

Die entwickelten Formeln lassen erkennen, daß Kurzschlußdrosseln im Zuge von Sammelschienen ein vorzüglicher Schutz gegen die Auswirkungen des Stromstoßes sind. Alle thermischen und mechanischen Beanspruchungen des Kurzschlusses werden daher durch sie herabgemindert. Gleichzeitig üben sie eine sehr beruhigende Wirkung aus, da nur von dem unmittelbar an der Kurzschlußstelle liegenden Generator die volle Kurzschlußleistung angefordert wird, die übrigen Generatoren aber, je weiter entfernt, um so weniger vom Kurzschluß betroffen werden, und um so vollkommener ihre Betriebspannung aufrechterhalten.

Rechnungsbeispiel Nr. 11. Zehn Generatoren mit je J_{ng} Normalstrom und 12 % Streureaktanz arbeiten auf ein gemeinschaftliches Sammelschienensystem, das durch Kurzschlußdrosseln von $\frac{1}{3}$ J_{ng} Durchlaß und 5 % Reaktanz in zehn Abschnitte zerlegt ist. Wie groß sind die Ströme des dreipoligen Kurzschlusses zu den Zeiten 0,0, 0,5, 1,0, 2,0 und 3,0 s nach Kurzschlußeintritt?

Der Faktor c errechnet sich nach der Formel (41)

$$c = \frac{p \cdot e_d}{s_g} = \frac{3 \cdot 5}{12} = 1{,}25\,.$$

Zu diesem Faktor $c = 1{,}25$ gehört bei zehn Generatoren gemäß Abb. 61 ein Wert $\frac{1}{y} = 2{,}05$.

Der Effektivwert des Wechselstromstoßes wird also

$$J_k = J_{ng} \frac{100}{12} \cdot 2{,}05 = 17\, J_{ng}\,.$$

Die Gesamtnetzreaktanz wird

$$s_s\,\% = 10 \cdot \frac{12}{2{,}05} = 59\,\%\,.$$

Für $s_s = 59\,\%$ entnehmen wir die Kurzschlußfaktoren f_t den Kurven der Abb. 29 und erhalten folgende Zahlentafel Nr. 10:

Zahlentafel Nr. 10. Kurzschlußwerte des Rechnungsbeispiels Nr. 11.

Zeit in Sek. nach Kurzschlußeintritt	Kurzschluß mit Drosseln		Kurzschluß ohne Drosseln	
	Kurzschlußfaktor	eff. Strom	Kurzschlußfaktor	eff. Strom
0	2,94	$29{,}4 \cdot J_{ng}$	14,9	$149 \cdot J_{ng}$
0,25	1,42	$14{,}2 \cdot J_{ng}$	5,2	$52 \cdot J_{ng}$
0,5	1,32	$13{,}2 \cdot J_{ng}$	3,99	$39{,}9 \cdot J_{ng}$
1,0	1,19	$11{,}9 \cdot J_{ng}$	2,98	$29{,}8 \cdot J_{ng}$
2,0	1,17	$11{,}7 \cdot J_{ng}$	2,56	$25{,}6 \cdot J_{ng}$
3,0	1,15	$11{,}5 \cdot J_{ng}$	2,00	$20{,}0 \cdot J_{ng}$

Angenommen, jeder Generator habe eine Leistung von 15000 kVA bei 13,2 kV Betriebsspannung und somit einen Nennstrom

$$J_{ng} = \frac{15000}{13{,}2 \cdot \sqrt{3}} = 660\ \text{A}\,,$$

dann wird der Stromstoß:

a) ohne Drosseln $J_s = 149 \cdot J_{ng} \cdot \sqrt{2} = 98000 \cdot \sqrt{2}$,

b) mit ,, $J_s = 29{,}4 \cdot J_{ng} \cdot \sqrt{2} = 19500 \cdot \sqrt{2}$.

Die Ölschalterausschaltleistung wird bei 0,25 s nach Kurzschlußeintritt:

a) ohne Drosseln $= 5{,}2 \cdot 10 \cdot 15000 \cdot 0{,}7 = 550000$ kVA,

b) mit ,, $= 1{,}42 \cdot 10 \cdot 15000 = 213000$,,

Der Dauerkurzschlußstrom wird:

a) ohne Drosseln $J_d = 20 \cdot J_{ngn} = 13200$ A,

b) mit ,, $J_d = 11{,}5 \cdot J_{ng} = 7500$ A.

Der kleinstzulässige Kupferkabelquerschnitt wird für 2 s Auslösung:

a) ohne Drosseln wird die zulässige Stromdichte

$$j = 143\sqrt{\frac{1}{2+6{,}5}}\cdot\sqrt{\frac{1}{3}} = 28\ \text{A/mm}^2,$$

der Kabelquerschnitt

$$q = \frac{13200}{28} = 475\,,\quad \text{also } 2\cdot 240\ \text{mm}^2;$$

b) mit Drosseln wird

$$j = \frac{143}{\sqrt{2+0{,}7\cdot\sqrt{3}}} = 50\ \text{A/mm}^2,$$

der Kabelquerschnitt

$$q = \frac{7500}{50} = 150\ \text{mm}^2.$$

Werden die Leitungen in der Schaltanlage in Abständen von 1,5 m gestützt und beträgt der Mittenabstand der Leiter voneinander 50 cm, so wird die dynamische Kraft des Stoßkurzschlusses auf die Stützer:

a) ohne Drosseln

$$P = 2{,}04\cdot(98000\cdot\sqrt{2})^2\frac{1{,}5}{0{,}5}\cdot 10^{-8} = 1170\ \text{kg},$$

b) mit Drosseln

$$P = 2{,}04\cdot(19500\cdot\sqrt{2})^2\frac{1{,}5}{0{,}5}\cdot 10^{-8} = 46\ \text{kg}.$$

Dies Beispiel zeigt deutlich, wie die Schaltanlage durch den Einbau von Kurzschlußdrosseln in die Sammelschienen geschützt wird. Die Ausschaltleistungen der Ölschalter verringern sich dabei auf $^1/_3$, die dynamischen Wirkungen der Einschaltbeanspruchung auf $^1/_{25}$, die kleinstzulässigen Kabelquerschnitte gehen auf weniger als $^1/_3$ und die Stützerbeanspruchung auf $^1/_{25}$ der Werte ohne Strombegrenzungsdrosseln zurück.

Die Erweiterungsfähigkeit der Anlage ist unbegrenzt, da für diese Schaltung die Kurzschlüsse schon bei Parallelbetrieb von zehn Generatoren ihre Höchstwerte erreichen.

Bei größeren Generatorensätzen empfiehlt es sich, die Drosselreaktanz höher zu wählen, 10% Reaktanz sind hier durchaus zulässig.

26. Strombegrenzungs-Drosselspulen in den Oberspannungs-Sammelschienen.

Bei Drosseln im Zuge der Oberspannungs-Sammelschienen in Kraftwerken, Abb. 62, die aus Generator-Transformator-Einheiten bestehen, werden die Kurzschlußwerte zum Teil durch die Transformatorenkurzschlußspannung e_T bestimmt. Da jetzt der Faktor c den Wert

$$c = \frac{p\cdot e_d}{s_g + e_T} \tag{50}$$

erhält, so wird in der Sammelschienenmitte

$$J_k = J_{ng}\cdot\frac{100}{s_g + e_T}\cdot\frac{1}{y_n}. \tag{51}$$

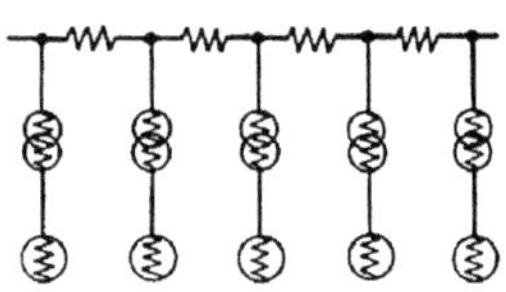

Abb. 62. Strombegrenzungs-Drosselspulen in den Hochvolt-Sammelschienen bei Generatoren-Transformatoren als Einheiten.

Diese Formeln lassen erkennen, daß hier wiederum der Faktor c von ausschlaggebender Bedeutung ist, dagegen der Einfluß der Transformatorenkurzschlußspannung nur gering ist.

27. Strombegrenzungs-Drosselspulen in Abspannwerken.

In den Unterspannungs-Sammelschienen eines Abspannwerkes können Drosseln natürlich nur dann von Wirkung sein, wenn an den verschiedenen Zuleitungen oberspannungsseitig keine Kopplung besteht. Die letzthin entwickelten Formeln können ohne weiteres benutzt werden, nur muß nun für s_g der entsprechende Wert für die gesamte Reaktanz von einem Kraftwerk bis zum Umspannwerk eingesetzt werden. Der Netzplan, Abb. 63, bietet also theoretisch die Möglichkeit, bei Kopplung vieler Kraftwerke in einem Unterwerk die Kurzschlußwerte herabzusetzen.

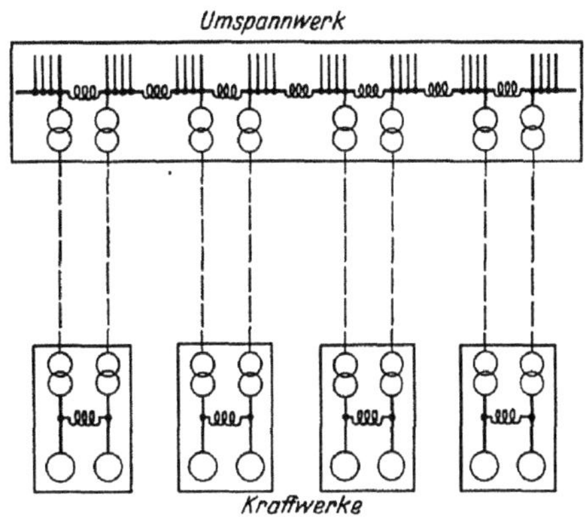

Abb. 63. Strombegrenzungs-Drosselspulen in den Unterspannungs-Sammelschienen eines Abspannwerkes.

28. Die Auswahl der Strombegrenzungs-Drosselspulen.

Die Auswahl der Strombegrenzungsdrosseln erfolgt auf Grund der Kurzschlußberechnungen des Netzes. Bekanntlich ist die Wirkung der Drossel proportional ihrer Nennspannung, welche man in Prozenten der Netzspannung angibt und auch Drosselreaktanz nennt. Die üblichen Nennspannungen sind 3%, 5%, 6% und 10%. Aus mechanischen Festigkeitsgründen sollten kleinere Reaktanzen als 5% nicht verwendet werden. Als höchste Auslösezeit werden 6 s bezeichnet.

Außer dem Nennstrom ist bei der Bestellung unbedingt der Überlaststrom anzugeben, bei welchem der einer Strombegrenzungsdrossel vorgeschaltete Ölschalter auslösen soll, beispielsweise bei unabhängig verzögerter Auslösung der 1,4-fache Nennstrom und 2 s Auslösezeit. Ferner muß festgelegt werden, wie oft kurz hintereinander ein Kurzschluß vorkommen kann. Da Ölschalter dreimal hintereinander den Kurzschluß abschalten müssen, empfiehlt es sich, für die Strombegrenzungsdrosseln, damit sie denselben Sicherheitsgrad haben, die gleichen Bedingungen zu stellen. Damit die Strombegrenzungsdrosseln fest gegen Überspannungen sind, erhalten sie isolationverstärkte Eingangswindungen und eine verstärkte Isolation gegen das Gestell.

Durch Versuche ist festgestellt, daß bei Erdschlußlichtbögen und Phasenkurzschlüssen durch Reflektion Überspannungen von der 3- bis 4fachen Netzspannung an der Drossel auftreten können. Selbst für derartige, recht harte Betriebsbedingungen, die einer Prüfspannung gleich der 4fachen Nennspannung entsprechen, sind 30 kV-Kurzschlußdrosseln gebaut worden.

Die Strombegrenzungsdrosseln werden bisher für Netzspannungen bis 30 bzw. 50 kV gebaut, und zwar je nach dem zur Verfügung stehenden Raum als Einphasen-Strombegrenzungsdrosseln oder als Dreiphasige (vgl. Abb. 266 und 267).

V. Der Überstromschutz.

29. Der Zweck des Überstrom- und Relaisschutzes.

Zweck eines jeden Überstrom- und Relaisschutzes in Schaltanlagen ist der, Störungen in den einzelnen Stromkreisen zu erfassen und sie zu begrenzen, bevor sie auf andere Stromkreise übergreifen. Der Schutz soll deshalb empfindlich gegen jede Störung des normalen Betriebszustandes sein, dabei aber gleichzeitig selektiv wirken, d. h. er soll einzig den erkrankten Stromkreis abtrennen, ohne durch diese Maßnahme die gesunden

Stromkreise zu beunruhigen. Die vorhandenen Schutzmittel wirken aber alle erst, wenn Isolationsfehler oder Überlastungen schon irgendwie in Erscheinung getreten sind, sie können also nur größere Schäden verhüten. Für die Auswahl eines passenden Schutzes muß man die in den einzelnen Netzstücken möglichen Störungen genau kennen, und man wird sich daher wohl die Fragen vorlegen:

1. Welche Fehler können auftreten?
2. Wie wirken sie sich aus?
3. Welchen Schaden verursachen sie?
4. Welcher einfache, billige und zuverlässige Schutz verbürgt Abhilfe und in welchem Wert steht er zu dem möglichen Schaden?

Die gebräuchlichsten Schutzarten sind:

1. Der Überstromschutz,
2. der Spannungrückgangs-Schutz.

30. Der Überstromschutz.

Fast alle in elektrischen Anlagen auftretenden Fehler machen sich nach einer gewissen Zeit ihres Dauerzustandes durch Überlastung oder Kurzschluß in dem betreffenden Stromkreis bemerkbar und können nun durch einen Überstromschutz von dem Netz abgeschaltet werden. Je nach Wichtigkeit und Spannung werden deshalb alle Stromkreise gegen dauernde Überlast und gegen Kurzschlüsse durch Sicherungen, Auslöser oder Relais geschützt.

31. Der Spannungrückgangs-Schutz.

Bleibt in einem Netz die Spannung aus, so fallen die angeschlossenen Motoren ab und bleiben schließlich stehen. Bei wiederkehrender Spannung erhalten sie heftige Stromstöße, die das Netz beunruhigen oder den Motor zerstören können. Damit der Motor bei wiederkehrender Spannung ordnungsgemäß angelassen wird, bekommt sein Anlaßschalter oder sein Hauptschalter Spannungrückgangs-Auslösung, die, z. B. lt. REH 1929 zwischen 60 und 35% der Nennspannung wirken soll. Reicht diese Unempfindlichkeit nicht aus, so empfiehlt sich der Einbau einer Zeitverzögerung, damit nicht bei jedem vorübergehenden Kurzschluß im Netz die Motoren abgeschaltet werden.

32. Die Sicherungen für Spannungen bis 500 V.

Die Sicherungen bilden den Überstromschutz für Stromkreise, die nicht durch selbsttätig auslösende Schalter geschützt werden.

Die Sicherungen bis 500 V sollten, wie schon gesagt, nur in Netzen von höchstens 7000 bis 10000 A Kurzschlußstrom verwendet werden.

Die Schmelzeinsätze sollen lt. den RES § 50 wie in Zahlentafel Nr. 11 angegeben wirken.

Zahlentafel Nr. 11. Schmelzzeiten für Schmelzeinsätze.

Art des Schmelzeinsatzes		Soll in einer Stunde durchschmelzen bei		Darf in einer Stunde nicht durchschmelzen bei	
Schmelzstreifen		1,8 ×	Nennstrom	1,6 ×	Nennstrom
Patronen	6 und 10 A	2,1 ×		1,5 ×	
	15 bis 25 A	1,75 ×		1,4 ×	
	35 A u. mehr	1,6 ×		1,3 ×	

Die Nennströme der Schmelzeinsätze müssen diesen Bedingungen entsprechend für die zu schützenden Leitungen und Geräte ausgewählt werden; für isolierte Leitungen soll ihre Nennstromstärke höchstens das 0,8-fache des für die Leitung zulässigen Dauerstromes betragen.

Die normalen Nennströme für Schmelzeinsätze sind in Zahlentafel Nr. 12 angeführt.

Für gummiisolierte Leitungen sind die Nennströme der Schmelzeinsätze von dem VDE normiert, s. Zahlentafel Nr. 29, Abschn. XVIII, 117.

Die bekannten Patronensicherungen mit unvertauschbaren Schmelzeinsätzen werden in Schaltanlagen für Spannungen bis zu 500 V und Nennströme bis 200 A vielfach verwendet, da sie gefahrlos ohne jegliches Gerät auswechselbar sind und für ihren Einbau nur wenig Platz benötigen.

Den Vorteil der Auswechselbarkeit in spannungsfreiem Zustande hat auch die Rohrsicherung, deren abtrennbares Zwischenstück aus Rohr, in welches der Schmelzstreifen befestigt ist, besteht. Diese Sicherungen haben eine kräftige Blaswirkung und werden deshalb in Anlagen mit großen Kurzschlußströmen bevorzugt.

Zahlentafel Nr. 12. Normale Nennströme für Schmelzeinsätze.

	Nennstrom des Sicherungskörpers in A					
	60	100	200	350	600	1000
Nennstrom des Schmelzeinsatzes	6	60	100	200	350	600
	10	80	125	225	430	700
	15	100	160	260	500	850
	20	—	200	300	600	1000
	25	—	—	350	—	—
	35	—	—	—	—	—
	60	—	—	—	—	—

Die Schmelzeinsätze gewöhnlicher Streifensicherungen sind nur im spannungsfreien Zustande der Sicherungen auswechselbar. Deshalb müssen diese Sicherungen stets hinter dem Schalter liegen, damit sie spannungsfrei gemacht werden können.

Um unzulässige Erwärmung der Sicherungskörper durch den Kurzschlußstrom zu vermeiden, empfiehlt es sich, den Nennstrom des Sicherungskörpers nach der Formel

$$J_n = \frac{J_d}{120} \tag{52}$$

zu wählen.

Beträgt beispielsweise der Kurzschlußstrom 4000 A, so sollte der Sicherungskörper für

$$J_n = \frac{4000}{120} = 34 \text{ A},$$

also 60 A bemessen sein.

33. Hochspannungs-Sicherungen.

In Hochspannungs-Anlagen haben die Ölschalter die Sicherungen fast ganz verdrängt, weil Sicherungen bei Überlast nur selten gleichzeitig in allen drei Phasen durchbrennen, sondern eine oder zwei Phasen unter Spannung belassen. Motoren können allerdings dadurch gefährdet werden, doch ist nicht recht einzusehen, weshalb Sicherungen nicht für die Verteilerkabel in Ausläuferstationen mit geringen Kurzschlußleistungen einen guten und billigen Schutz bilden können, zumal wenn eine Anzahl von Kabeln noch durch einen Gruppen-Ölschalter gesichert wird. Außerdem hat jeder an den Kabelenden angeschlossene Motor oder Transformator in der Regel noch seinen Leistungsschalter, welcher den Motor bzw. Transformator schützt.

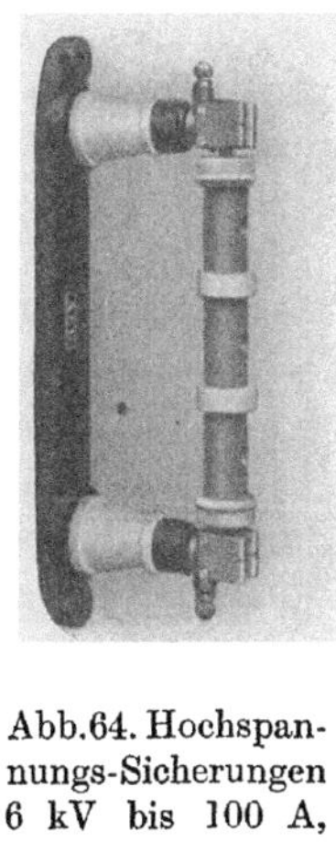

Abb. 64. Hochspannungs-Sicherungen 6 kV bis 100 A, 24 kV bis 30 A. AEG.

In Deutschland ist das Anwendungsgebiet von Hochspannungs-Sicherungen fast ausschließlich auf den Schutz kleiner Transformatoren bis 50 kVA und bis 20 kV beschränkt. Obgleich auf dem Markte Sicherungen bis 350 oder 400 A zu haben sind, gibt es einwandfreie Konstruktionen, Abb. 64, bisher wohl nur bis 100 A und 30 kV.

Die Schmelzdrähte für je 25 A pro Rohr sind in Hartpapierrohre, die in Porzellanröhren befestigt werden, eingezogen und brennen gewehrschußartig durch. Die Bedienung von Hochspannungs-Sicherungen erfolgt ausschließlich mittels Isolierzangen aus Hartholz mit Griffen aus Hartpapier.

34. Die selbsttätige Schalterauslösung und das Schaltschloß.

Soll das Abtrennen eines Fehlers durch Ausschalten eines Schalters erfolgen, so muß der Schalter für diese selbsttätige Schalterauslösung eine besondere Vorrichtung erhalten, die häufig als Freilaufkupplung, auch Schaltschloß genannt, zwischen Schalterwelle und Antrieb eingebaut wird. Sie besteht aus einer verklinkbaren Kupplung, welche durch das Auslösergestänge gelöst wird, so daß der durch Schaltfedern gespannte Schalter ausschalten kann. Das bei der Auslösung von der Schalterwelle abgekuppelte Antriebsgerät bleibt in der Einschaltstellung stehen und muß vor dem Einschalten des Schalters mechanisch in die Ausschaltstellung zurückgebracht werden, wobei die Kupplung aufs neue verklinkt wird. Erfolgt das Ausschalten von Hand, so wird die Kupplung mechanisch abgezogen, damit durch die Schaltfederkraft die erforderliche Schaltgeschwindigkeit erzielt wird.

Die Wirkungsweise eines Schaltschlosses ist aus den Abb. 65 bis 67 ersichtlich. Es besteht aus mehreren Klinken, welche eine leichte Auslösung auch bei unter starkem

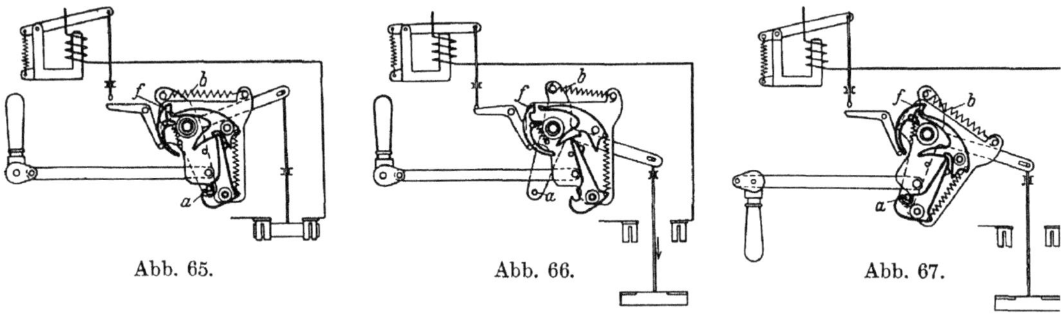

Abb. 65. Abb. 66. Abb. 67.

Abb. 65 bis 67. Wirkungsweise eines Schaltschlosses. V & H.

Federdruck stehenden Schaltern ermöglichen. Die Hauptklinke ist als Greifer ausgebildet und kuppelt die beiden in Betracht kommenden beweglichen Teile des Antriebsgestänges und der Ölschalterwelle an den Bolzen. Bei dem Einschalten des Schalters wird das Schloß durch die Feder *b* gespannt und die Klinken befinden sich in der in Abb. 65 dargestellten Lage. Wird nun von dem Auslösemagneten die letzte Klinke bei *f* abgezogen, so lösen die anderen Klinken unter dem Druck der Feder *b* sofort mit aus und die beiden bisher gekuppelten Teile werden auseinandergezogen. Wie Abb. 66 zeigt, bleibt der Antriebshebel in der Einschaltstellung stehen, erst durch die Zurückbewegung des Antriebshebels in die Ausschaltstellung wird das Schloß wieder verklinkt und dadurch das Einschalten vorbereitet, Abb. 67. Es ist somit nicht möglich, einen Schalter mit Freiauslösung durch Festhalten des Antriebsgerätes am Auslösen zu verhindern.

Die selbsttätige Schalterauslösung erfolgt entweder unmittelbar durch am Schalter aufgebaute Auslöser oder mittelbar über Relais oder andere selbsttätige Kontaktgeber deren Schaltstücke im Stromkreis eines Spannungsauslösers am Schalter liegen.

In den Abb. 68 und 69 sind einige vielbenutzte Schaltungen für Auslöser und Relais dargestellt, aus denen ohne weiteres der Unterschied zwischen Auslösern und Relais und die Unterscheidung nach Primär- und Sekundär-Auslösern und Relais hervorgeht. Die Betätigung der Auslöser erfolgt entweder durch Arbeitsstrom, *av*-Auslösung, beispielsweise durch Anziehen eines Magnetankers, oder durch Ruhestrom, *rv*-Auslösung, z. B. durch Loslassen eines Magnetankers.

Der Überstromschutz erfordert Arbeitsstrom stets bei direkten Auslösern und außerdem bei Relaisverwendung, wenn eine Spannungrückgangs-Auslösung nicht erwünscht und eine besondere, unabhängige Stromquelle vorhanden ist. Die Ruhestromschaltung wird für die Spannungrückgangs-Auslösung benutzt und außerdem für den Überstromschutz, wenn keine unabhängige Stromquelle zur Verfügung steht.

Für die Auswahl der Auslöser sind, je nachdem ob sie für Luft- oder Ölschalter benutzt werden sollen, die VDE-Bestimmungen der RES 1928 bzw. der REH 1929 zu beachten.

35. Die elektromagnetische Überstrom-Auslösung.

Wie aus den vorerwähnten Schaltbildern ersichtlich ist, kann die Überstrom-Auslösung auf viererlei Weise erfolgen:

1. Durch Primär-Überstrom-Auslöser, die von dem Hauptstrom durchflossen werden (Abb. 68 a).

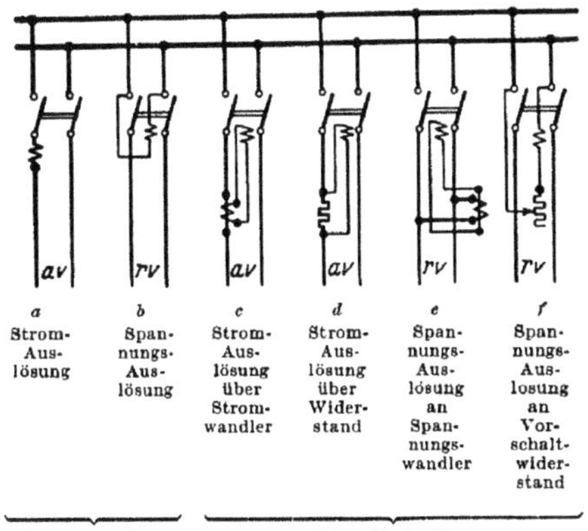

Abb. 68. Auslöser-Schaltungen.

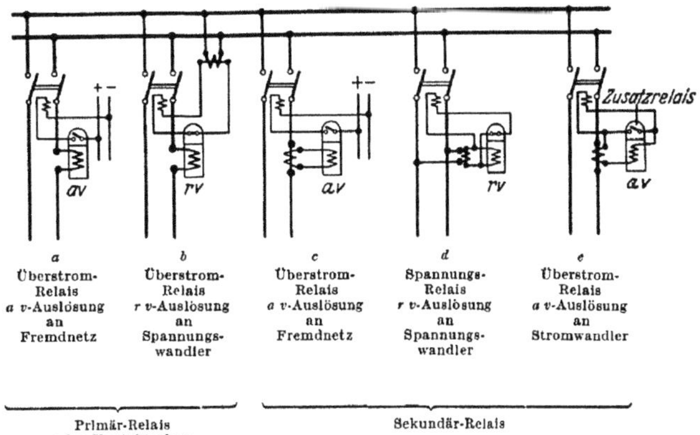

Abb. 69. Relais-Schaltungen.

2. Durch Sekundär-Spannungs-Auslöser, die ihren Arbeitsstrom von einem Stromwandler (Abb. 68 c) oder einem Widerstand (Abb. 68 d) des Hauptstromkreises erhalten.

3. Durch Primär-Relais (Abb. 69 a und b), die in dem Hauptstromkreise liegen, in Arbeits- oder Ruhestrom-Schaltung.

4. Durch Sekundär-Relais, die an die Sekundärklemmen von Stromwandlern des Hauptstromkreises (Abb. 69 c und e) angeschlossen werden.

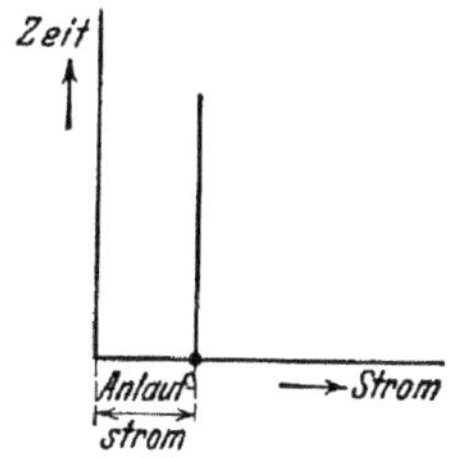

Abb. 70. Die nicht verzögerte Auslösung.

Nach der Abhängigkeit der vorher bestimmten Auslösezeit zu dem einstellbaren Auslösestrom unterscheidet man vier Auslöserarten:

1. Die nichtverzögerte Auslösung (*n*) für Luft- und Ölschalter, Abb. 70.

Sie hat keine Zeiteinstellung und ist nur von dem Augenblickswert des Stromes abhängig. Sie kann also nur dort genommen werden, wo Schnellauslösung gewünscht wird, für Hintereinanderschaltung mehrerer Relais oder Auslöser ist sie nicht geeignet, da eine Vorausbestimmung des zuerst auslösenden Schalters nicht möglich ist.

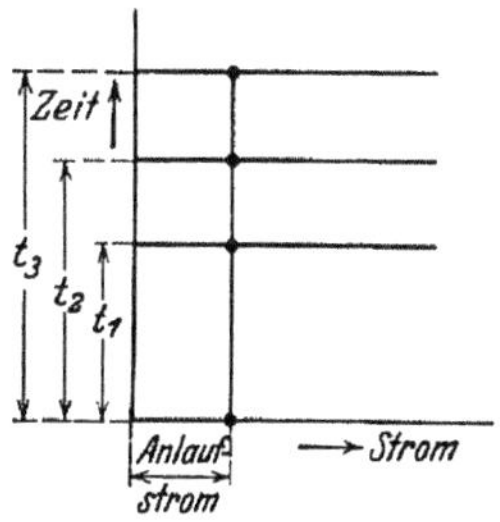

Abb. 71. Die unabhängig verzögerte Auslösung.

2. Die unabhängig verzögerte Auslösung (*u*) für Luft- und Ölschalter, Abb. 71.

Sie ist unabhängig von der Größe des Auslösestromes und spricht bei Überstrom nach Ablauf der eingestellten Zeit an. Bei einer Hintereinanderschaltung mehrerer Auslöser kann durch die Abstufung der Auslösezeiten eine Staffelung der Auslösung erzielt werden, so daß die Schalter im

Netz mit Sicherheit vor den Schaltern in der Zentrale ausschalten. Für geschlossen Netze ist keine andere Strom-Auslöse-Staffelung als durch die unabhängige Zeitauslösun erreichbar.

3. Die abhängig verzögerte Auslösung (a) für Luft- und Ölschalter, Abb. 72 Sie hat eine einstellbare Auslösezeit, die dem Auslösestrom umgekehrt proportiona ist. In einseitig gespeisten Netzen mit Querschnittsabnahme nach den Ausläufer-Statione werden in der Regel die Abzweige für eine geringere Stromstärke bemessen als die Haupt leitung. Liegen beispielsweise drei Schalter bis zur Kurzschlußstelle in Reihe mit de Auslösernennströmen von 600 A für die Speiseleitung, von 200 A in der Unterstatio und von 100 A an der Kurzschlußstelle, so wird bei dem gleichen Kurzschlußstrom i den drei Schaltern von z. B. 1800 A der 600 A-Schalter den 3fachen, der 200 A-Schalte

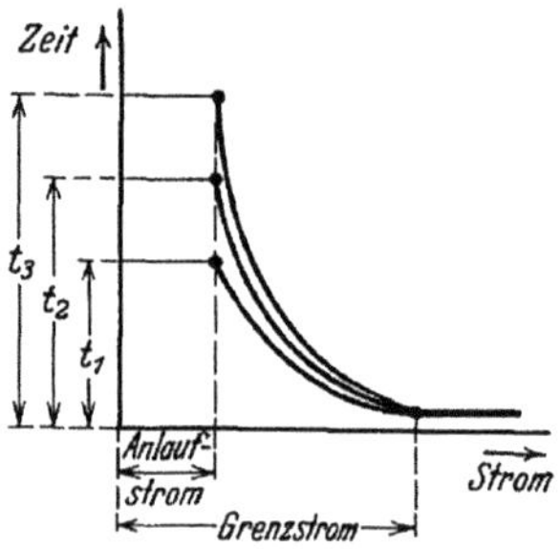

Abb. 72. Die abhängig verzögerte Auslösung.

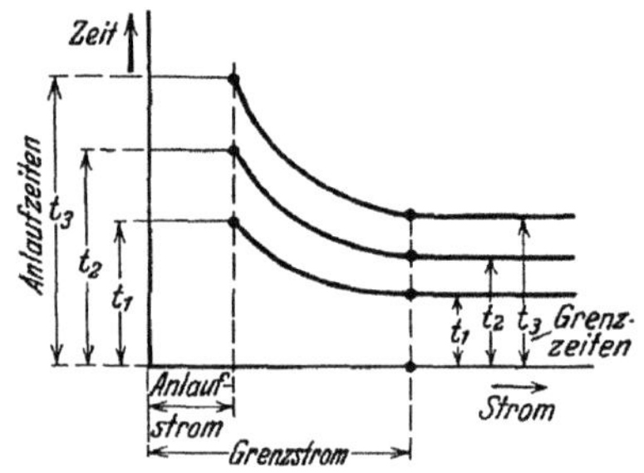

Abb. 73. Die begrenzt abhängig verzögerte Auslösung.

den 9fachen und der 100 A-Schalter den 18fachen Überstrom erhalten. Da die Auslös zeit mit wachsendem Überstrom bei sonst gleicher Einstellung abnimmt, wird zuer das Relais des letzten Schalters auslösen. Die Verhältnisse ändern sich, wenn der Übe strom sich einem Grenzwerte nähert, bei dem die Auslösung für alle hintereinande liegenden Relais gleich ist. Abb. 72 zeigt die Auslösekurven dreier Relais für gleiche Anlaufstrom und verschiedene Anlaufzeiten. Der Schnittpunkt der drei Kurven ist d Grenzstrom, bei dem alle drei Schalter gleichzeitig auslösen.

4. Die begrenzt abhängig verzögerte Auslösung für Ölschalter (b), Abb. 7

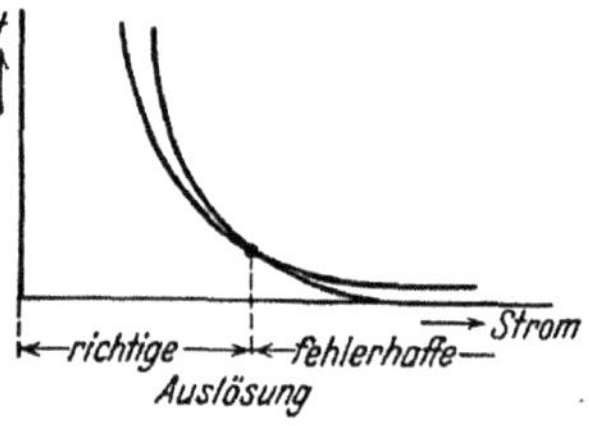

Abb. 74. Fehlerhafte Auslösung durch verschiedene Auslösercharakteristik.

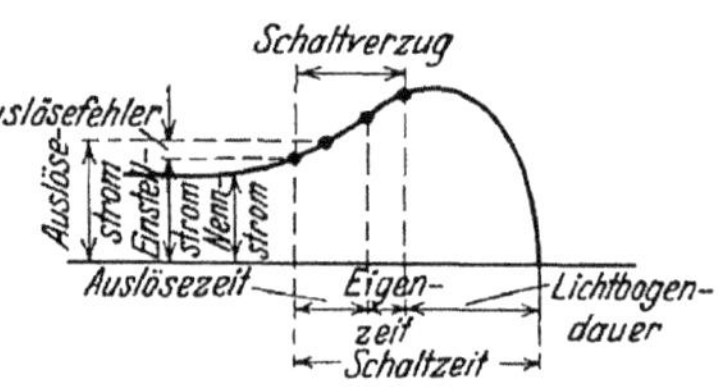

Abb. 75. Einzelheiten des Schaltverzuges.

Sie hat unterhalb einem einstellbaren Strom, dem Grenzstrom, abhängig verzöger Auslösung, darüber hinaus vom Stromwerte unabhängige Zeitauslösung.

Bei dieser Auslöserart wird also auf jeden Fall eine Staffelung erreicht, sie wi aber zweckmäßig nur für offene Leitungsnetze angewendet.

4a. Die gemischt verzögerte Auslösung für Luftschalter hat unterha einer bestimmten Stromstärke die Verzögerungsarten a oder u, darüber hina u oder n.

Werden für die Staffelung der Auslösung in einem Netz Relais oder Auslös verschiedener Bauart verwendet, so ist eine einwandfreie Staffelung nur möglic wenn die Auslösekurven der verschiedenen Auslöser sich nicht schneiden, da vo dem Stromwerte des Schnittpunktes an die umgekehrte Auslösefolge auftret würde, Abb. 74.

Die Auslösezeit eines Auslösers oder Relais rechnet von dem Augenblicke des die Auslösung verursachenden Betriebszustandes bis zur Freigabe der Sperrung des Schalters bzw. bis zur Kontaktgebung des Relais, Abb. 75.

36. Die elektromagnetischen Überstrom-Auslöser.

Die Überstrom-Auslösung kann durch elektromagnetische und thermische Wirkung erfolgen. Elektromagnetische Auslöser haben einen Magnetanker, der bei nichtverzögerter Auslösung über ein Gestänge unmittelbar auf das Schaltschloß wirkt. Für verzögerte Auslösung wird an das Gestänge eine Verzögerungsvorrichtung angebaut, z. B. ein Laufwerk mit Federhemmung, das bei Auslösern für abhängige Verzögerung nach Überschreiten des eingestellten Auslösestromes von dem Klappanker in Tätigkeit gesetzt wird und abläuft. Geht der Strom innerhalb zweier Drittel der Auslösezeit auf seinen Nennstrom zurück, so kehrt auch der Auslöser in seine Anfangsstellung zurück.

Abb. 76 erläutert die Wirkungsweise eines Überstrom-Zeitauslösers für begrenzt verzögerte Auslösung. Im Ruhezustand befindet sich der Hebel h_1 in der punktierten Stellung, der an ihm befestigte Anker a wird bei Überstrom von dem Magnetanker m angezogen. Der Hebel h_1 spannt nun die Feder f_1, welche durch die Zahnstange Z das Hemmwerk H in Tätigkeit setzt. Die hierdurch verzögerte Bewegung des Hebels h_2 wirkt, bis das Hemmwerk in der eingestellten Zeitspanne abgelaufen ist. Nun kann der Anker a seinen Weg beenden und zieht mit der Schaltstange s die Klinke des Schaltschlosses ab. Bei heftigen Überströmen wird die Feder f_1 gleich so stark gespannt, daß die Schaltstange s ungehemmt folgen kann. Durch die Spannung der Feder f_2 wird der Ansprechstrom eingestellt und durch eine Stellschraube, welche die Eingriffslänge der Zahnstange Z im Hemmwerk verändert, die Zeit. Abb. 77 zeigt den Aufbau eines Überstrom-Zeitauslösers für abhängig verzögerte Auslösung auf einen Ölschalter. Die Einstellskalen können von dem geerdeten Ölschalterdeckel aus bedient werden.

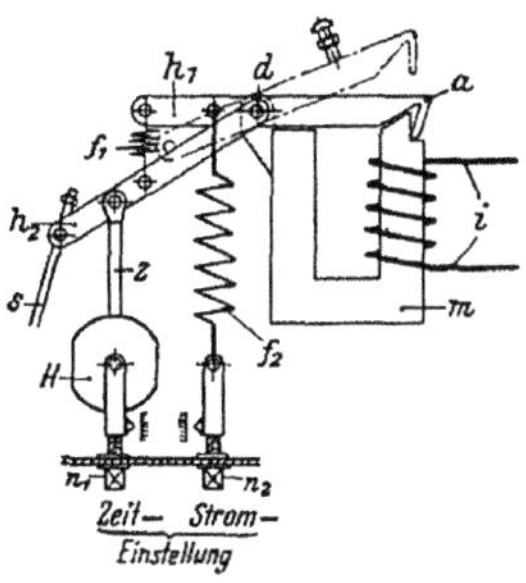

Abb. 76. Überstrom-Zeitauslöser für begrenzt verzögerte Auslösung. *B.*

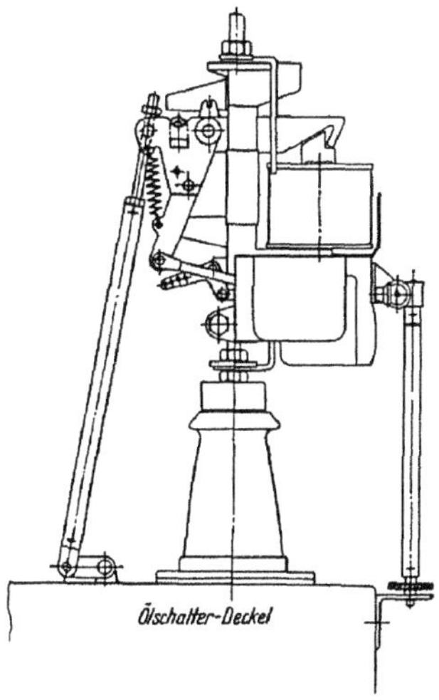

Abb. 77. Aufbau eines Überstrom-Zeitauslösers auf einen Ölschalter. *B.*

In Drehstromnetzen empfiehlt es sich, alle drei Phasen durch Überstrom-Auslöser zu schützen, obgleich im allgemeinen zwei ausreichend sind. Die Überstrom-Auslöser können bei Luftschaltern auf die Grundplatte oder auf den Rahmen, bei Ölschaltern auf die Durchführungsklemmen gesetzt werden. Sie werden von dem Betriebsstrom durchflossen und sollen für Luftschalter lt. RES bei nichtverzögerter Auslösung zwischen dem 1,0- und 2fachen Nennstrom, bei verzögerter Auslösung zwischen dem 1,2- und 2fachen Nennstrom und für Ölschalter lt. REH zwischen dem 1,4- und 2fachen Nennstrom einstellbar sein. Als normale Auslöser-Nennströme gelten:

a) Für Luftschalter:

6, 10, 15, 20, 25, 35, 60, 80, 100, 125, 200, 260, 300, 350, 430, 500, 600, 700, 850, 1000, 1500, 2000, 3000, 4000, 6000 A;

b) für Ölschalter:

6, 10, 15, 25, 35, 60, 100, 350, 600, 1000 A.

Für Ölschalter bestimmte Überstrom-Auslöser in Luft bis 350 A Nennstrom müssen lt. REH 1929 mit Überbrückungen durch Widerstände oder Kondensatoren versehen sein; bei Luftschaltern sind sie nicht erforderlich.

In Ölschalteranlagen mit hohen Kurzschlußströmen werden Primär-Auslöser selte verwendet, weil sie nur einen Dauerkurzschlußstrom aushalten, der gleich ist dem

120fachen Auslöser-Nennstrom bei unverzögerter Auslösung,

75fachen Auslöser-Nennstrom bei abhängig verzögerter Auslösung,

$\frac{60}{\sqrt{t}}$fachen Auslöser-Nennstrom bei unabhängig oder begrenzt abhängig verzögerte Auslösung, wobei t die Auslösezeit in s bedeutet.

Nimmt man den Dauerkurzschlußstrom J_d in Zentralen in der Größe des 2fache Zentralenstromes an, so ergeben sich für die einzelnen Auslöser-Nennströme höchst zulässige Zentralenströme, die in folgender Zahlentafel zusammengestellt sind. Fü Stromkreise mit Strombegrenzungsdrosseln gelten diese Werte natürlich nicht.

Zahlentafel Nr. 13. Höchstzulässige Zentralenströme für Primär-Auslöser.

Auslöser-Nennstrom	Auslösungsart						
	n	a	u und b				
			$t=1$	$t=2$	$t=3$	$t=4$	$t=9$
6	360	225	180	130	105	90	60
10	600	375	300	210	175	150	100
15	900	565	450	320	260	225	150
25	1500	930	750	530	435	375	250
35	2100	1310	1050	750	610	525	350
60	3600	2250	1800	1275	1050	900	600
100	6000	3750	3000	2100	1750	1500	1000
200	12000	7500	6000	4250	3500	3000	2000
350	21000	13100	10500	7500	6100	5250	3500

Sollen z. B. in der Zentrale des Rechnungsbeispiels Nr. 1 mit einem Zentraler strom von 1730 A für Eigenbedarfsabzweige Primärauslöser mit 9 s Auslösezeit ve wendet werden, so müssen die Auslöser-Nennströme mindestens 200 A betragen, selbs wenn der Betriebs-Nennstrom des betreffenden Stromkreises nur 10 A beträgt.

Dies Beispiel zeigt, daß in Hochspannungs-Zentralen mit über 500 bis 1000 A Nenn strom statt Auslöser- oder Primär-Relais vorteilhafter eine Auslösung über Sekundä Relais gewählt wird.

37. Die Spannungsauslösung.

In den Schaltbildern, Abb. 68 und 69, haben wir die verschiedenen Arten vo Spannungsauslösung kennengelernt.

1. Die Ruhestrom-Auslösung, die als Spannungrückgangs-Auslösung wirkt. De Ruhestrom kann bis zu Spannungen von 500 V direkt oder über einen Vorschaltwide stand bzw. einer Drossel dem Schalterstromkreis entnommen werden, über 500 V is dafür ein Spannungswandler erforderlich.

2. Die Arbeitsstrom-Auslösung durch Spannungs-Auslöser wird für sekundäre Übe strom-Auslösung und für Kontaktgebung durch Sekundär-Relais sowie für Fernauslösun durch Druckknopf benutzt; für diese letzten beiden Auslösungsarten ist der Anschlu an eine unabhängige Stromquelle vorzuziehen.

38. Die Spannungs-Auslöser.

Genau wie die Überstrom-Auslöser wirken die Spannungs-Auslöser mittels eine Magnetankers unmittelbar auf die Verklinkung des Schaltschlosses. Es ist, wenn e forderlich, ohne weiteres möglich, zwei verschiedene Spannungs-Auslöser an ein un denselben Schalter anzubringen, beispielsweise einen Auslöser für die Relais-Kontaktgebung in Arbeitsstrom- und einen anderen für die Spannungrückgangs-Auslösung in Ruhestrom-Schaltung.

Wünscht man bei Ölschaltern die Spannungs-Auslöser und die Freiauslösung in einer Anordnung, die auch während des Betriebes eine leichte und gefahrlose Zugänglichkeit erlaubt, so bedient man sich besonderer Handradantriebe, bei denen Auslösemagnet und Freiauslösung in ein gemeinschaftliches Gehäuse am Handrad eingebaut sind, wie Abb. 79 zeigt.

Werden die Ölschalter durch Kraftantriebe betätigt, so ist ein besonderer Spannungs-Auslöser entbehrlich, wenn der Kraftantrieb einen Auslösemagneten hat, der die selbsttätige Auslösung über Relais übernehmen kann. Für Rückspannungs-Auslösung ist dann ein besonderes Relais erforderlich.

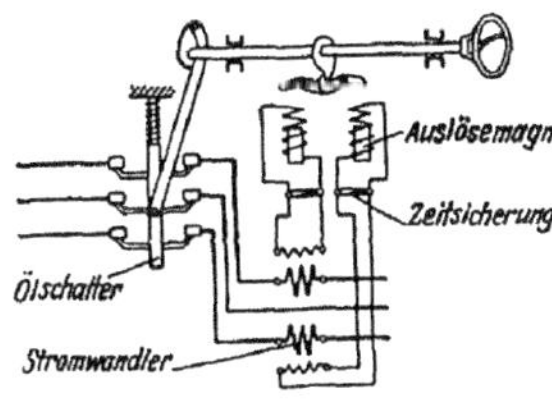

Abb. 78. Schaltung für verzögerte Überstromauslösung durch Zeitsicherungen und Spannungsauslöser an Stromwandlern. AEG.

Sitzt die Freiauslösung nicht unmittelbar am Ölschalter selbst, so müssen an Stelle von Überstrom-Auslösern Relais verwendet werden, die sich dadurch von Auslösern unterscheiden, daß sie die Sperrung des Schalters nicht unmittelbar entkuppeln, sondern mittels Schaltstücke einen Auslösestromkreis schalten.

Wie in den Schaltbildern, Abb. 68 und 69, schon gezeigt wurde, können die Überstrom-Auslöser oder Relais ganz fortgelassen werden, wenn der Spannungs-Auslöser oder Magnet durch den sekundären Überstrom eines Stromwandlers, der für etwa 35 VA bemessen sein muß, betätigt wird. Abb. 78 zeigt eine Schaltung dafür, die jedoch in Zentralen kaum benutzt wird. Bei dieser Schaltung sind in normalem Betrieb Auslöser und Stromwandler durch eine Zeitsicherung überbrückt, die durch den Überstrom des Stromwandlers schmilzt.

Abb. 79. Handradantrieb mit Auslösemagnet u. unabhängigem Zeitwerk. AEG.

An Spannungsrückgangs-Auslösern, die am Ölschalterdeckel oder am Schalterrahmen sitzen, läßt sich meist ohne Schwierigkeit eine Hemmvorrichtung für Zeitverzögerung anbringen. Bei Auslösemagneten für Ölschalter ist diese Anordnung nicht ohne weiteres möglich, sondern diese Funktion muß ein besonderes Relais oder, wie in einer AEG-Anordnung, Abb. 79, ein besonderer Nullspannungs-Zeitauslöser übernehmen. Das zugehörige Schaltbild, Abb. 80, zeigt den Anschluß des Auslösemagneten an Überstrom-Primär-Relais.

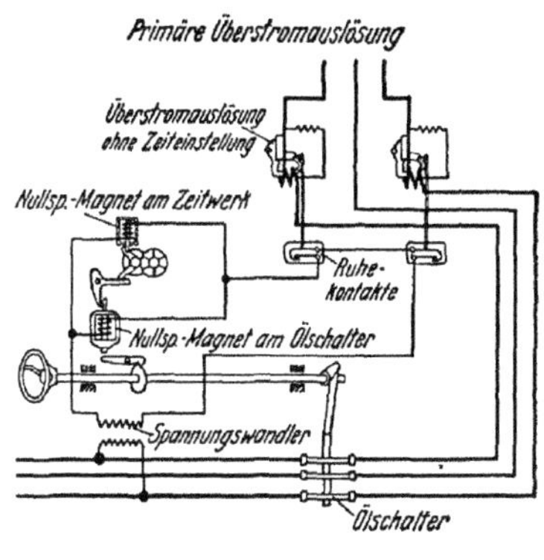

Abb. 80. Schaltbild zu Abb. 79.

Der Leistungsbedarf für Ruhestrom-Auslöser ist im Abschnitt XVI, 102 für die Leistungsbestimmung von Spannungswandlern, angegeben. Die Arbeitsstromschaltung verlangt für Gleichstrom etwa 50 bis 200 W, für Wechselstrom bei manchen Konstruktionen bedeutend mehr.

39. Die Primär-Relais.

Primär-Relais, auch Kontaktgeber genannt, werden, wie oben ausgeführt, für solch Ölschalter gewählt, bei denen die Freiauslösung nicht an dem Ölschalterdeckel ange bracht ist. Die Überstrom-Primär-Relais haben wie die Überstrom-Auslöser eine vor Hauptstrom durchflossene Auslösespule, dessen Anker einen Hilfsschalter betätigt. Si können wie die Überstrom-Auslöser auf die Ölschalterklemmen aufgeschraubt werder

Abb. 81 stellt schematisch die Wirkungsweise eines Überstrom-Kontaktgebers fü unabhängig verzögerte Auslösung dar. Bei Überstrom, dessen Wert durch die Ve änderung der Spannkraft einer Feder eingestellt wird, zieht der Magnet m den Anker an, welcher über ein Gestänge die Schaltstücke k schließt. Dadurch wird die Spannung spule eines Gleichstrom-Zeitrelais erregt. Nach Ablauf des Hemmwerkes schließen d Schaltstücke des Zeitrelais den Arbeit stromkreis für den Spannungs-Auslös am Schalter.

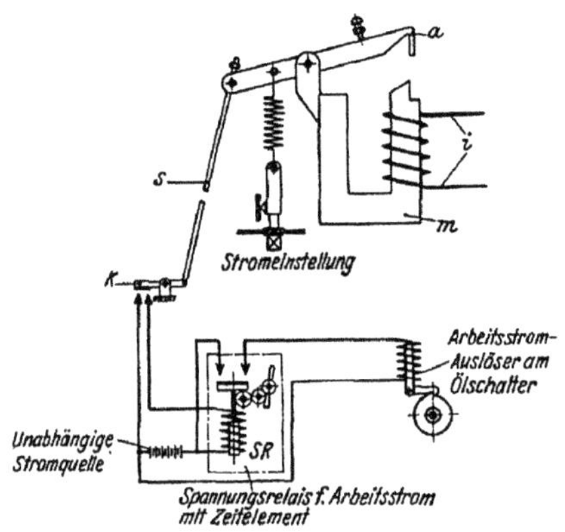

Abb. 81. Überstrom-Primär-Relais mit unabhängig verzögerter Auslösung. *B.*

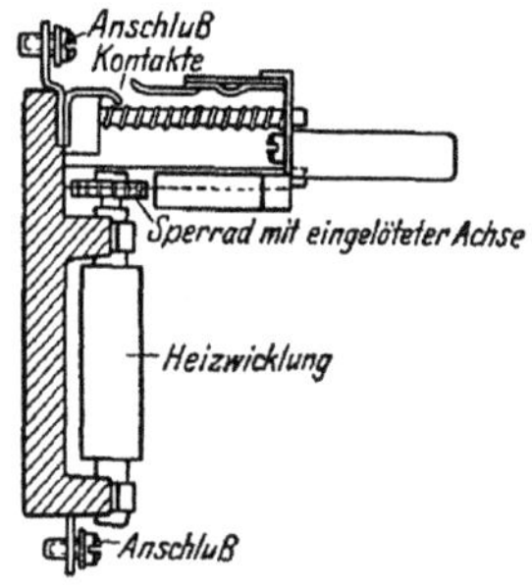

Abb. 82. Wärme-Auslöser. AEG.

40. Die Wärme-Auslöser.

Als Überstrom-Schutz für Stromkreise mit großem Einschaltstromstoß, z. B. f Kurzschlußläufer, Metallfadenlampen u. a., werden gern Wärme-Auslöser gewählt, welc ein besseres Angleichen an die kurzzeitigen Überlastungen des Einschaltstromes hab als elektromagnetische Auslöser. Die Auslösung wird durch die Dehnung eines Hit drahtes oder durch das Schmelzen einer Lötmasse bewirkt, die, um unabhängig von d Außentemperatur zu sein, durch besondere Heizwicklungen erwärmt wird. Die Wärm sicherung, Abb. 82, gibt beim Schmelzen der Lötmasse einen Schlagbolzen frei, der d Auslösung bewirkt. Die Lötmasse erstarrt schnell und hält den Schlagbolzen nach de Niederdrücken wieder fest, so daß der Wärme-Auslöser aufs neue betriebsbereit ist. D Wärme-Auslöser werden häufig in Verbindung mit elektromagnetischen Überstrom-Au lösern verwendet.

41. Die Überstrom-Relais.

In größeren Zentralen ist ein Überstrom-Schutz durch Überstrom-Auslöser weg der thermischen und dynamischen Beanspruchung durch die Kurzschlußströme nic angängig, und es werden dafür ausschließlich an Stromwandler angeschlossene Üb strom-Relais verwendet.

Überstrom-Relais haben normalerweise 5 A sekundären Auslöser-Nennstrom u müssen, lt. den REH 1929, bis zur selbsttätigen Auslösung Kurzschlußströme aushalte die einem Dauerkurzschlußstrom entsprechen, der gleich ist dem 50fachen Auslös Nennstrom bei unverzögerter Auslösung, dem 40fachen Auslöser-Nennstrom bei a hängig verzögerter Auslösung und dem $\frac{30}{\sqrt{t}}$fachen Auslöser-Nennstrom bei unabhän oder begrenzt abhängig verzögerter Auslösung, worin t die Auslösezeit in s bedeutet. Diese Werte lassen sich durch Stromwandler mit großer Dämpfung im allgemeinen leicht einhalten.

Die Auslösung der Überstrom-Relais kann unverzögert, abhängig verzögert und begrenzt verzögert sein.

Ein einfacher dreipoliger Überstrom-Schutz für unabhängige Zeitauslösung ist in Abb. 83 dargestellt.

An drei Stromwandler (*2*) für 5 A sekundär sind drei Überstrom-Relais (*3*) angeschlossen, die auf 4 bis 10 A einstellbar sind und bei Überstrom das Zeitrelais (*1*) für 0,5 bis 5 s oder für 1 bis 10 s Verzögerung betätigen. Nach Ablauf der Hemmung wird der Auslösestromkreis geschlossen und die fehlerhafte Leitung durch die Auslösespule (*6*) am Ölschalter abgeschaltet. Ein Hilfskontakt am Schalter übernimmt die Unterbrechung des Auslösestromes, damit die Kontakte am Zeitrelais geschont werden.

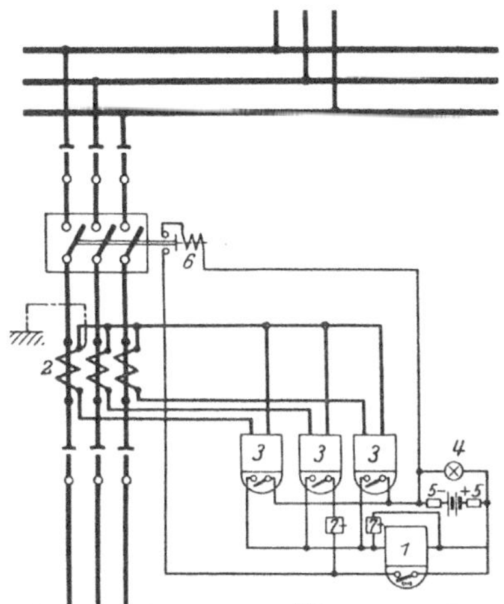

Abb. 83. Dreipoliger Überstromschutz für unabhängige Zeitauslösung.

1 Zeitrelais, *2* Stromwandler, *3* Überstrom-Relais, *4* Prüflampe, *5* Sicherungen, *6* Spannungs-Auslöser, *7* Fallklappen.

Abb. 84. Sofort wirkendes Überstrom-Relais. AEG.

Abb. 85. Zweipoliges Überstrom-Relais. BBC.

Abb. 86. Gleichstrom-Zeit-Relais. S & H.

Zwei Fallklappen (*7*) zeigen an, welche Relais auf Störungen angesprochen haben. Eine Prüflampe (*4*) soll anzeigen, ob die Stromquelle Spannung hat.

Für die sofort wirkenden Überstrom-Relais wird häufig das Dreheisen-Meßwerk benutzt, bei welchen ein Anker von Magnetschenkeln, deren Spulen an Stromwandler angeschlossen sind, angezogen wird. Bei dem in Abb. 84 dargestellten Überstrom-Relais wird der Auslösestrom durch ein an einem Balken verschiebbares Gewicht eingestellt.

Die abhängigen Überstrom-Relais sind vielfach nach dem Ferraris-Prinzip gebaut. Wie Abb. 85 zeigt, besteht ihr Triebwerk aus einem kleinen Induktionsmotor mit einer Aluminiumscheibe als Kurzschlußanker. Bei Überstrom rollt der Motor auf einer Trommel eine Schnur auf, welche einen Hebel bis zur Kontaktgebung hebt.

Für unabhängig-verzögerte Überstrom-Auslösung wird ein sofort wirkendes Überstrom-Relais auf ein Gleichstrom-Zeitrelais, wie in Abb. 83, geschaltet. Die Zeitrelais werden nach dem Klappanker- bzw. nach dem Drehanker-Prinzip hergestellt und erhalten für die Verzögerung ein Hemmwerk, das von einem Uhrwerk aufgezogen wird. Abb. 86 stellt ein Zeitrelais nach dem Drehanker-Prinzip dar, welches nach dem Ansprechen sofort wieder aufgezogen wird, so daß bei dem Ansprechen des Zeitrelais nur das Hemmwerk ablaufen muß. Die Zeitrelais werden mit einer Zeitskala von 0,5 bis 5 s und 1 bis 10 s ausgeführt.

VI. Der Relais-Schutz.

Um Schäden an großen Generatoren und Störungen in Leitungsnetzen, welche lebenswichtigen Betrieben dienen, möglichst frühzeitig bekämpfen zu können, ehe die Stromzufuhr gänzlich unterbunden wird, muß ein hoch empfindlicher Selektivschutz für die rascheste Außerbetriebsetzung des gestörten, und zwar nur des gestörten Stromkreises sorgen. Für diese Schutzschaltungen sind an Meßwandler angeschlossene Sekundär-Relais erforderlich, die außer großer Betriebssicherheit den Vorteil haben, daß sie wie die Meßgeräte außerhalb der Hochspannungszellen an geeigneter Stelle montiert und so jederzeit während des Betriebes geprüft und geeicht werden können.

Für den Auslösestrom der Ölschalter muß eine unabhängige Gleichstromquelle, welche auch die Hilfsrelais betätigt, vorhanden sein. Für die Relais genügt eine Batterie von 24 V. Sämtliche Relais gehen nach dem Ansprechen in ihre Ruhelage zurück.

Für Sekundär-Relais werden die empfindlichen Meßsysteme wie für Meßinstrumente benutzt, weil der zur Verfügung stehende Betätigungsstrom in der Regel sehr gering ist. Die Schaltstücke der Relais können für Arbeitsstrom, Ruhestrom oder für Umschaltung ausgebildet werden.

Außer Überstrom- und Spannungs-Relais werden für die Schutzschaltungen Erdschluß-, Differential-, Stromrichtungs-, Energierichtungs- und Distanz-Relais verwendet.

Als weiterer Schutz wird die Strombegrenzungs-Regelung sowie der Buchholz-Schutz für Transformatoren und der Kabelschutz durch Spezialkabel vielfach angewendet. Für die Unterdrückung von Überspannungen besonders gefährlicher Art dienen Löschtransformatoren, und für die Anzeige von Erdschlüssen verschiedene Geräte.

Eine kurze Besprechung der gebräuchlichsten Schutzsysteme soll auf die Wichtigkeit des Relais-Schutzes hinweisen.

42. Der Erdschluß-Schutz.

Die größte Mehrzahl aller Störungen beginnt mit einem Erdschluß im Netz, und es ist deshalb wichtig, einen Erdschluß rechtzeitig zu erkennen, damit, bevor er größere Schäden verursacht, der von ihm betroffene Stromkreis abgeschaltet wird.

Die einfachen Erdschluß-Anzeigevorrichtungen bestehen aus drei Spannungsmessern in Sternschaltung, denen Meldelampen und Hupe, wie in Abb. 87, beigeordnet sein können. Im normalen Betrieb zeigen die drei Spannungsmesser die Sternspannung an, und die drei Lampen leuchten gleich hell. Bei einem Erdschluß erlischt die Meldelampe in der von ihm betroffenen Phase, der betreffende Spannungsmesser geht auf Null und die Hupe ertönt. Die beiden anderen Spannungsmesser und Meldelampen erhalten dabei die 1,73fache Sternspannung.

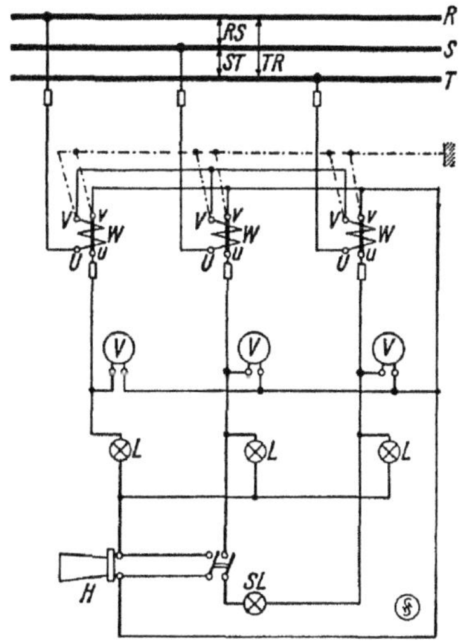

Abb. 87. Erdschlußanzeigevorrichtung. S & H.

Die Erdschluß-Anzeigevorrichtung stellt nur den Erdschluß fest, nicht aber, welcher Netzteil von ihm betroffen ist. Für die selektive Anzeige oder Abschaltung der mit Erdschluß behafteten Netzteile benutzt man wattmetrische Relais, welche bei dem Auftreten einer Nullpunkt-Spannung ansprechen.

Abb. 88 erläutert die Wirkungsweise eines Erdschluß-Relais, dessen Triebsystem ähnlich wie bei Zählern gebaut ist. Die Stromspule ist an die parallelgeschalteten Sekundärleitungen dreier Stromwandler angeschlossen, die Spannungsspule an einen Spannungswandler, welcher zwischen dem Nullpunkt eines Transformators und Erde geschaltet ist, wie Abb. 89 zeigt. Die Spannung kann auch der Sekundärwicklung einer Erdschlußspule oder einem Spannungswandler mit magnetischem Rückschluß mit viertem und fünftem Schenkel entnommen werden. Das Ansprechen des Relais wird durch eine Fallklappe, welche einen Meldestromkreis schließt, kenntlich gemacht.

Die Erdschluß-Relais werden als gerichtete wattmetrische Relais so angeschlossen, daß für Kontaktschließung die scheinbare Erdschlußenergie von den Sammelschienen nach der Leitung gerichtet ist. Bei einem zwei- oder dreipoligen Kurzschluß auf der

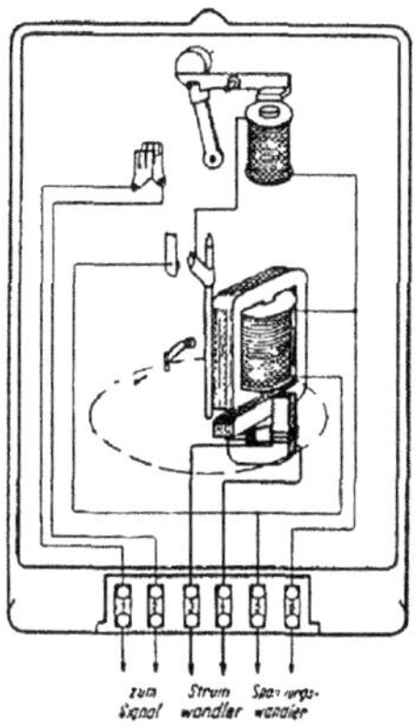
Abb. 88. Erdschluß-Relais, Wirkungsweise. AEG.

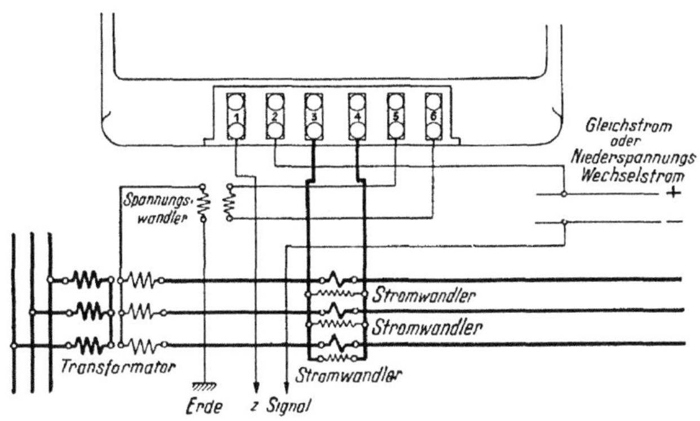

Abb. 89. Schaltbild für den Anschluß des Erdschlußrelais. AEG.

Leitung ist die Summe der drei Leiterströme stets gleich Null, so daß durch die Stromspule des Erdschluß-Relais kein Strom fließt. Bei Erdschluß ist die Summe aller Leiterströme nicht mehr Null, der sekundäre Fehlstrom gleicht sich nun über die Stromspule des Erdschluß-Relais aus, dessen Spannungsspule gleichzeitig von der Spannung am Sternpunkt erregt wird.

Für kompensierte Netze wird das Erdschluß-Relais in $\cos\varphi$-Schaltung für Wirkleistung, für nichtkompensierte in $\sin\varphi$-Schaltung für Scheinleistung gebaut.

Um kurzzeitige Überschläge an Isolatoren, sog. Wischer, welche den Dauer-Erdschlüssen in Freileitungsnetzen vorhergehen, anzuzeigen, werden Wischer-Relais benutzt.

43. Der Differential-Schutz.

Der Differential-Schutz wertet die Tatsache, daß bei einem Fehler in irgendeinem Netzstück an dessen Anfang und Ende die Stromwerte nicht mehr gleich sind, wie es bei normalem Betrieb der Fall ist. Die Differenz der Ströme wird in dem Differential-Relais verglichen, welches durch sie anspricht.

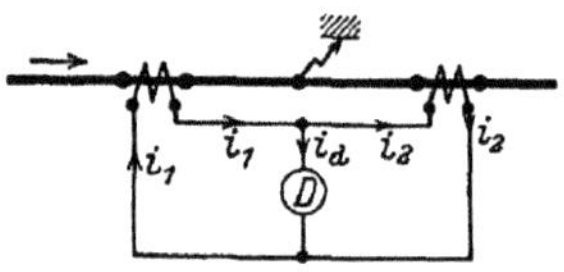

Abb. 90.
Differential-Schaltung.
normal: $i_1 = i_2$, $i_d = 0$
Störung: $i_1 > i_2$, $i_d = i_1 - i_2$

Die grundsätzliche Schaltung sei an einer einphasigen Leitung, Abb. 90, erläutert. Der Leiter hat am Anfang und am Ende Stromwandler, deren Sekundärwicklungen gegeneinander geschaltet sind, so daß sich normalerweise ihre Klemmenspannungen das Gleichgewicht halten. An den Punkten gleichen Potentials der Sekundärleitungen wird ein Differential-Relais, das ist ein hochempfindliches Strom-Relais, angeschlossen. Wird durch einen Fehler in der Leitung das Gleichgewicht in den Stromwandlern gestört, so fließt ein sekundärer Fehlstrom durch das Differential-Relais, das durch ihn anspricht.

Bei Drehstrom pflegt man in alle drei zu vergleichende Phasen Stromwandler einzubauen. Hier sind für den Differential-Schutz sechs Stromwandler erforderlich, deren Sekundärklemmen mit drei Einphasen- oder mit einem Drehstrom-Differential-Relais verbunden werden.

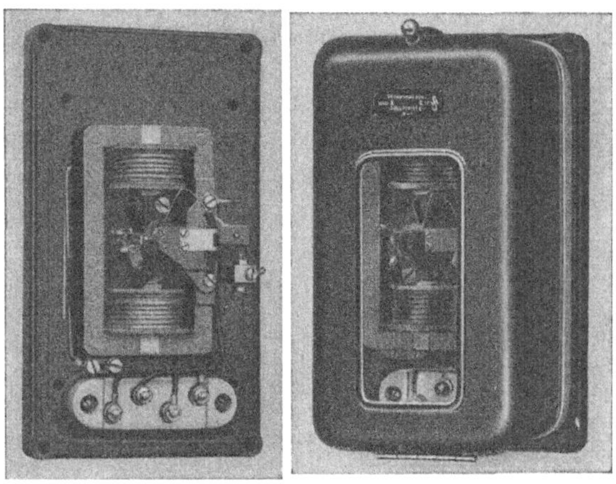

Abb. 91. Differential-Relais. S & H.

Der Differential-Schutz wird fast allgemein für das Erfassen von zwei- und dreipoligen Kurzschlüssen in größeren Generatoren benutzt, auch ist er als Schutz für Transformatoren üblich. Der Differential-Schutz ist verhältnismäßig billig.

Am Generator muß für den Differential-Schutz der Sternpunkt aufgelöst werden, damit die erforderlichen drei Stromwandler hier angeschlossen werden können.

Der für den Einbau der drei Stromwandler am Sternpunkt des Generators und für die Leitungsverlegung in dem Fundament erforderliche Platz sollte bei dem Entwurf der Fundamentzeichnungen berücksichtigt werden; dabei ist zu beachten, daß durch den Kondensator, durch die Frisch- und Abluftkanäle sowie durch die Kühlvorrichtung des Generators die Zugänglichkeit der Generatorenklemmen nicht verbaut wird (vgl. Abb. 303 und 304).

Für die Differential-Relais, Abb. 91, werden die gleichen Meßwerke wie für Überstrom-Relais benutzt.

44. Der Schutz durch Energierichtungs-Relais.

Der Selektivschutz in irgendwie verzweigten Stromkreisen soll nur das kranke Netzstück abschalten. Erhält beispielsweise eine Station von zwei verschiedenen Leitungen Strom, so soll bei einem Kurzschluß in einer Zuleitung die Station nicht vollständig abgeschaltet, sondern über die gesunde Leitung weiter gespeist werden. An einem einfachen Beispiel, Abb. 92, sei dies erläutert.

Das Unterwerk A werde von zwei Stationen B und C aus gespeist. Tritt bei a ein Kurzschluß auf, so sollen die Schalter (*1*) und (*2*) die kranke Leitung abschalten. Damit die gesunde Leitung, die jetzt den Kurzschluß speist, nicht auch mit abgeschaltet wird, erhalten alle vier Schalter Energierichtungs-Relais, welche nur die Schalter (*1*) und (*2*) freigeben, in deren Leitung der Kurzschlußstrom von den Sammelschienen wegfließt, hingegen die anderen Schalter sperren.

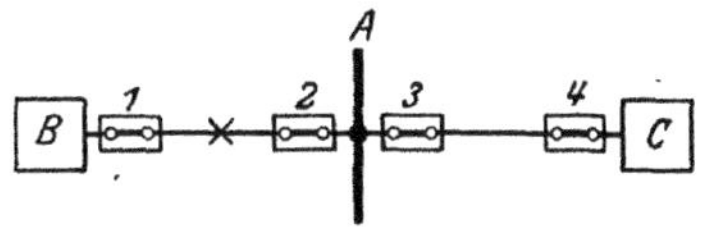

Abb. 92. Schaltbild für Energierichtungs-Schutz.

A Unterwerks-Sammelschienen, *B, C* Kraftwerke, *1, 2, 3, 4* Ölschalter, × Kurzschlußstelle.

Die Energierichtungs-Relais, Abb. 93, werden für die mannigfachsten Schutzschaltungen benutzt, so für den gegenläufig gestaffelten Schutz in Ringnetzen, für den Schutz paralleler Leitungen, für die Erfassung von Windungsschlüssen in Generatoren u. a. m.

Die grundlegende Schaltung für eine Einfachleitung mit Überstrom-Schutz in zwei Phasen zeigt Abb. 94.

Beim Ansprechen der Überstrom-Relais (*2*) läuft das Zeitrelais (*5*) ab, dessen Schließungskontakt in Reihe mit dem des Richtungs-Relais (*3*) an der Auslöserspule (*6*) liegt. Das wattmetrische Richtungs-Relais ist so geschaltet, daß es den Auslösestromkreis nur schließt, wenn die Energie von den Sammelschienen in die Leitung fließt.

Abb. 93. Dreipoliges Energierichtungs-Relais. S & H.

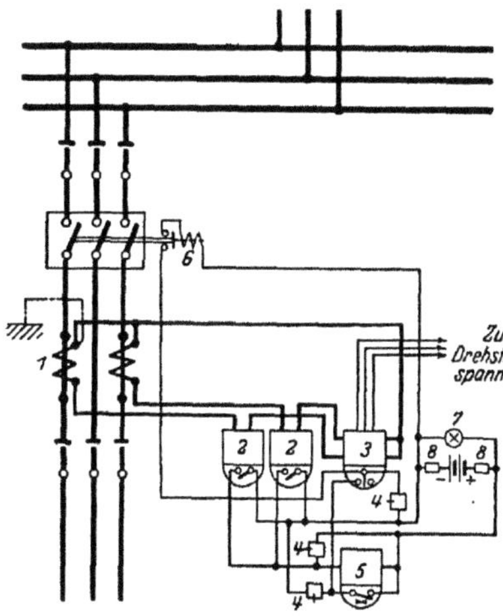

Abb. 94. Zweipoliger Überstromschutz mit von der Energierichtung abhängigen Auslösung. SSW.

1 Stromwandler, *2* Überstromrelais, *3* Richtungsrelais, *4* Fallklappen, *5* Zeitrelais, *6* Auslöser, *7* Prüflampe, *8* Sicherungen.

45. Der Schutz durch Distanz-Relais.

Die Tatsache, daß bei einem Kurzschluß der Impedanzwert (das ist der Quotient Spannung durch Strom) der Leitungen zu der Kurzschlußstelle hin abnimmt, benutzt das Distanz-Relais für den selektiven Kurzschlußschutz in vermaschten Netzen. Die Relais, welche der Fehlerquelle am nächsten liegen, haben die kürzeste Laufzeit, sie lösen daher zuerst aus und schalten dadurch den kranken Netzteil ab. Die übrigen Relais kehren dann in ihre Nullstellung zurück.

Abb. 95 zeigt ein Distanz-Relais mit einem Dreheisen-Meßwerk als Impedanzmesser, dessen Anker im Feld der feststehenden Strom- und Spannungsspule drehbar ist. Durch die Drehung des Ankers wird ein Uhrwerk, welches von Hand aufgezogen wird, eingeschaltet und läuft ab. Ein besonderes Zeiteinstellorgan am Relais, das nach dem ferrodynamometrischen Kreuzspulprinzip geschaltet ist, stellt die dem Impedanzwert entsprechende Ablaufzeit ein. Es ist dabei von der Richtung der Kurzschlußleistung abhängig.

Bei anderen nicht richtungsabhängigen Distanz-Relais müssen Energierichtungs-Relais die Sperrung der gesunden Leitungen besorgen.

Abb. 95. Distanz-Relais. BBC.

46. Die Schutzschaltungen.

Die Auswahl der Relais und Schutzapparate für Schutzschaltungen ist in den meisten Fällen eine persönliche Angelegenheit des Betriebsleiters, welcher für seinen Betrieb verantwortlich ist.

Die gewählten Relais und Schutzapparate sollen stets in einem angemessenen wirtschaftlichen Verhältnis der Kosten, welche Anschaffung und Unterhaltung verursachen, zu den möglichen Schäden und der Wahrscheinlichkeit eines solchen Schadens stehen.

Was schon bei der Auswahl der Starkstrom-Schaltgeräte gesagt wurde, gilt auch hier, jeder nicht unbedingt erforderliche Apparat bringt durch mögliche Fehler neue Beunruhigungsquellen.

Am umstrittensten in der Frage der Schutzschaltungen ist der Generatorschutz, bei dem jedoch der Differential-, der Erdschluß-, die Schnell-Entregung und der Brandschutz für große Generatoren allgemeine Anwendung finden.

Für die Transformatoren ist der Buchholz-Schutzapparat ein gebräuchlicher und zuverlässiger Schutz.

Als Netzschutz werden die Schutzschaltungen mit Energierichtungs- und Distanz-Relais vielfach benutzt, in Kabelnetzen häufig auch die einfacheren Schutzschaltungen mittels Spezialkabel.

Um die Anwendungsmöglichkeiten zu zeigen, seien einige Schutzschaltungen kurz besprochen.

47. Der Generatorschutz.

Moderne Generatoren sind kurzschlußfest gebaut, d. h. sie können einen äußeren Kurzschluß so lange aushalten, bis der betreffende Netzschalter ihn abgeschaltet hat. Gegen Störungen aus dem Netz brauchen die Generatoren dementsprechend nicht geschützt zu werden.

Dauernde Überlast von Generatoren fernzuhalten, ist Aufgabe des Schaltmeisters, der für rechtzeitige Inbetriebnahme eines Bereitschaftsgenerators zu sorgen hat.

Da aber Schäden auftreten können, z. B. durch Versagen eines Netzschalters oder durch fehlerhafte Bedienung der Trennschalter, wobei in manchen Fällen ein Kurzschluß an den Sammelschienen eingeleitet wird, wird ganz allgemein jeder Generator mit Überstromauslösung für jede Phase ausgerüstet. Die Überstrom-Auslöser oder Relais erhalten hier eine große Zeitverzögerung, um den Netzschaltern die nötige Zeit zum Auslösen zu lassen.

Für große Generatoren wird in der Regel gern etwas mehr Schutz aufgewandt, weil sie teuer sind und ihr Ausfall sowie eine etwa erforderliche Neuwicklung in der Fabrik so viel kostet, daß ein umfangreicherer Schutz völlig gerechtfertigt ist.

Wie schon gesagt, entstehen die häufigsten Schäden an Generatoren durch Gestellschluß und Wicklungsschluß. Für größere Generatoren wird zuweilen außer dem Erdschluß- und Differentialschutz auch der Windungsschlußschutz, der Strombegrenzungsschutz, der Spannungssteigerungsschutz und der Brandschutz angewendet.

48. Die Überstrom-Schutzregelung.

Um größere Generatoren vor unnötiger Abschaltung bei Kurzschlüssen im Netz oder bei kurzseitigen Überlastungen zu schützen, werden häufig Überstrombegrenzungs-Regler verwendet. Die Wirkungsweise dieser Regler ist ähnlich der von Spannungsreglern[1], nur daß die Schaltung eine andere ist und eine bei einigen Spannungsreglern erforderliche Dämpfung hier fortfällt, damit der Regler schnell anspricht.

Als Vorzüge der Überstromregulierung an Generatoren seien erwähnt:

1. Kein Abschalten der Generatoren vom Netz;
2. Einschränkung der Kurzschlußenergie nach spätestens $^1/_5$ s nach Kurzschlußeintritt;
3. selektives Abschalten der Netzschalter, weil der Generator-Ölschalter ohne Gefährdung des Generators auf hohe Zeit eingestellt werden kann.

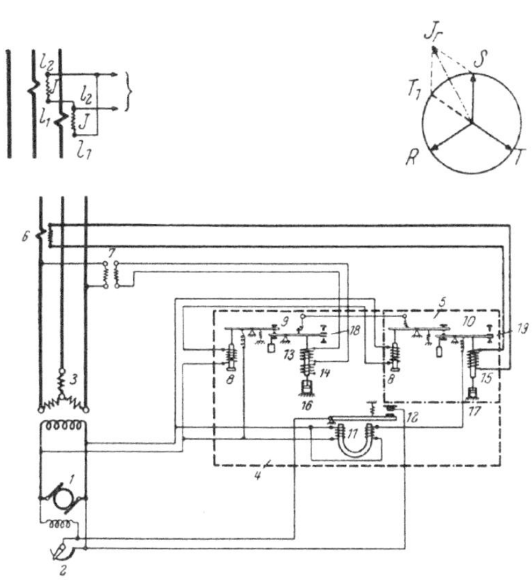

Abb. 96. Schaltung eines Strombegrenzungs- und Spannungs-Reglers mit gemeinschaftlichem Differential-Relais. AEG.

1 Erreger,
2 Nebenschlußregler,
3 Generator,
4 Spannungs-Schnellregler,
5 Strombegrenzungsregler,
6 Stromwandler,
7 Spannungswandler,
8 Gleichstrom-Magnetspulen,
9, 10 Haupt-Schaltstücke,
11 Gemeinsames Regler-Differential-Relais,
12 Relais-Schaltstücke,
13, 14 Generator- bzw. Netzspannungsspule,
15 Stromspule,
16, 17 Dämpfungen,
18, 19 Begrenzungs-Anschläge.

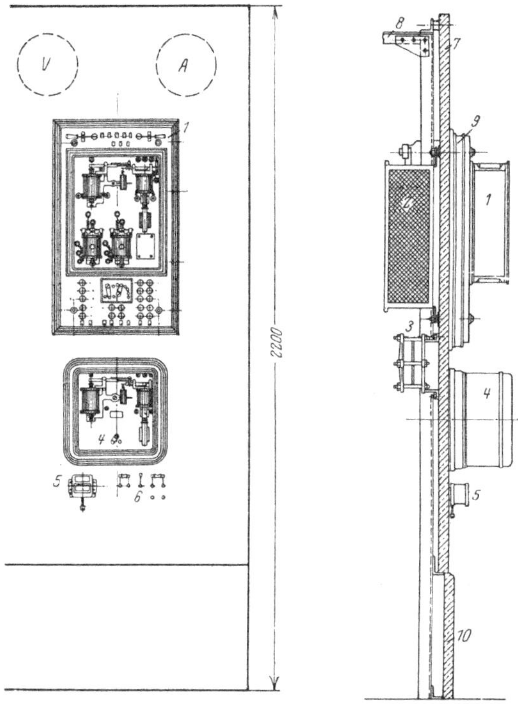

Abb. 97. Schalttafel mit Spannungs- und Strombegrenzungs-Regler nebst Zubehör. AEG.

1 Spannungs-Schnellregler,
2 Vorschaltwiderstand,
3 Kondensatoren,
4 Strombegrenzungsregler,
5 Fallklappenrelais,
6 Schalter u. Umschalter,
7 Schalttafel,
8 Schalttafelgerüst,
9 Zierrahmen,
10 Schalttafelsockel.

Der Strombegrenzungs-Regler der AEG, Abb. 97, dessen Wirkungsweise aus dem Schaltbild, Abb. 96, ersichtlich ist, arbeitet mit dem Schnellregler zusammen auf ein gemeinsames Differential-Relais (*11*), das bei Überstrom von der Stromspule (*15*) erregt wird und die Schaltstücke (*12*) öffnet, so daß nun der Nebenschlußregler mit vollem Widerstand eingeschaltet ist. Das nun folgende Schließen und Öffnen ergibt einen mittleren Erregerstrom, welcher dem eingestellten Wert des Überstromes entspricht. Nach Abschalten des schadhaften Netzteiles spricht die Spannungsspule (*14*) an und stellt durch periodisches Schließen und Öffnen der Schaltstücke (*12*) den Erregerstrom auf den Sollwert der Spannung ein.

Ein Schalttafelfeld mit eingebautem Spannungs- und Strombegrenzungs-Regler ist in Abb. 97 dargestellt.

[1] Vgl. Abschnitt VIII, 59, Seite 78ff.

Der Überstromregler der BBC, Abb. 98, ist an zwei in 60°-Schaltung verbundene Stromwandler angeschlossen und schaltet bei Überschreiten des eingestellten Wertes so viel Widerstand zu, als diesem Wert entspricht.

Für größere Ansprechgenauigkeit bauen BBC einen Dreiphasen-Überstrom-Schutzregler, Abb. 99, dessen Schaltung die Abb. 100 und 101 zeigen. Er besteht aus drei Ferraris-Drehsystemen, welche erst bei einem Überstrom in Drehung geraten und über einen Mitnehmer die Welle drehen und dadurch den Regler verstellen.

Der Überstromregler arbeitet in Verbindung mit dem Schnellregler. Ist der Überstrom beseitigt, so regeln beide Regler etwa außer Tritt gefallene Generatoren automatisch auf Synchronismus und normale Spannung.

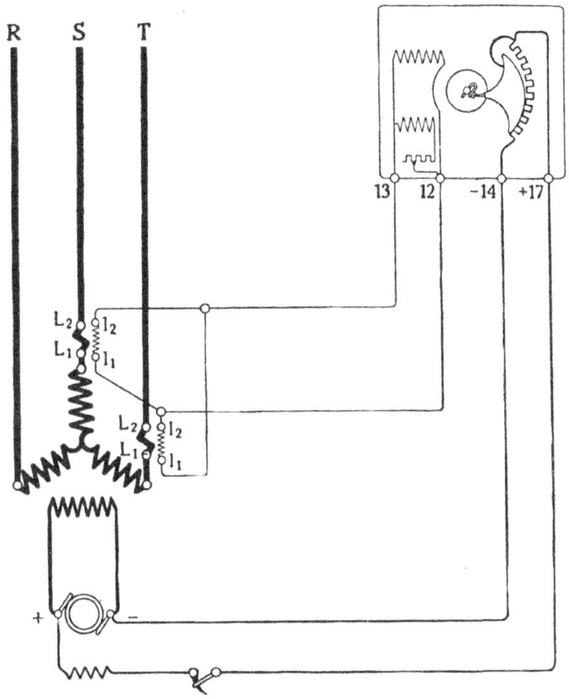

Abb. 98. Schaltung eines Einphasen-Überstrom-Schutzreglers. BBC.

Abb. 99. Dreiphasen-Überstrom-Schutzregler. BBC.

49. Schaltbilder für Generatorschutz.

Ein Beispiel eines umfangreichen Generatorschutzes möge die Anwendung und Wirkung der Relais erläutern.

Der in Abb. 102 dargestellte Generatorschutz der SSW dient für Maschinen, welche unmittelbar auf ein Netz mit großem Erdschlußstrom arbeiten. Er schaltet den Generator bei folgenden Schäden ab:

1. bei Windungsschluß;
2. bei zwei- und dreipoligem Wicklungsschluß im Generator oder bei Kurzschluß in seinen Leitungen zwischen den Stromwandlern (*1*) und (*2*);
3. bei Gestellschluß im Generator oder Erdschluß bis zu den Stromwandlern (*1*);
4. bei unzulässiger Spannungssteigerung;
5. bei Überstrom.

Die Überstromauslösung erfolgt über ein Zeitrelais (*15*), welches normalerweise auf 10 s eingestellt ist und eine Einstellzeit von 1 bis 10 s bzw. 10 bis 30 s hat. Alle anderen Schäden werden über ein kurzfristiges Relais (*14*) für normalerweise $^1/_2$ s Auslösezeit abgeschaltet unter gleichzeitiger Schnell-Entregung des Generators. Der Auslösestromkreis wird dabei zur Schonung der Relais-Schaltstücke von einem Hilfsschalter an dem Ölschalter unterbrochen.

Der Windungsschluß innerhalb ein und derselben Phasenwicklung wird durch eine Stützdrossel (*4*) erfaßt. Bei einem Windungsschluß fließt Strom von der Stützdrossel (*4*), einem Drehstrom-Transformator mit Ausgleichswicklung für die Fixierung des elektrischen Sternpunktes, nach dem Generator-Sternpunkt, welcher jetzt durch die beschädigte Phase elektrisch verlagert ist. Von diesem Strom werden zwei an einem Stromwandler (*3*) liegende Richtungs-Relais (*9*) erregt, welche über Zwischenrelais (*16*) und Zeitrelais (*14*) die Auslösung veranlassen. Das Zwischenrelais (*16*) spricht bei zweipoligen Kurzschlüssen im Netz über zwei von den drei Überstrom-Relais (*11*) an und unterbricht so die Impuls-

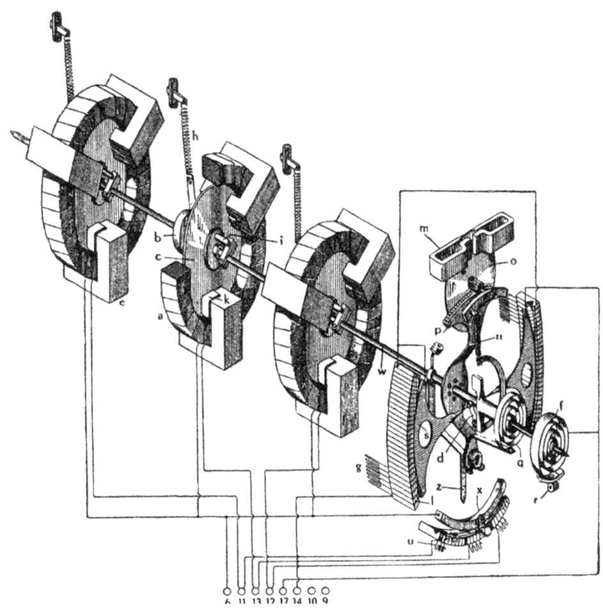

Abb. 100.
Schematische Anordnung des Drehsystems eines Dreiphasen-Überstrom-Schutzreglers der BBC.

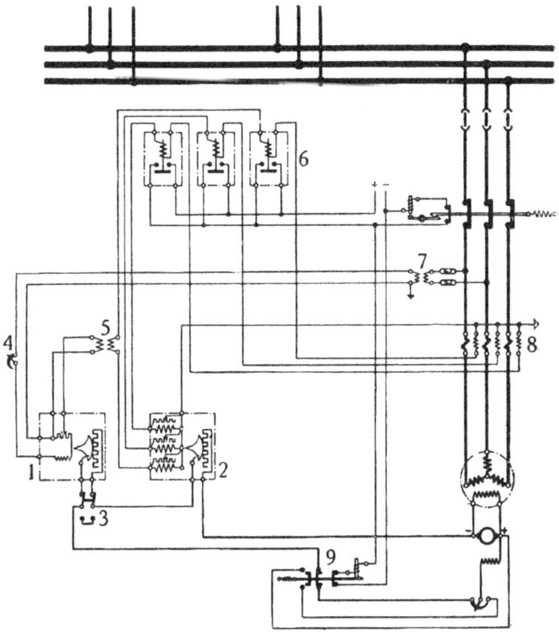

Abb. 101. Schaltbild eines Generators mit Spannungs- und Dreiphasenstrom-Begrenzungsregler. BBC.

1 Schnellregler,
2 Dreiphasenstrom-Begrenzungsregler,
3 Umschalter,
4 Einstellwiderstand,
5 Stromwandler,
6 Überstromrelais,
7 Spannungswandler,
8 Stromwandler,
9 Entregungsschalter.

leitung von den Richtungs-Relais zu dem Zeitrelais (*14*), denn die bei zweipoligem Kurzschluß auftretende einphasige Überlastung im Generator soll nicht zum kurzfristigen Abschalten über den Windungsschlußschutz führen.

Zur Prüfung der Schutzwirkung dient eine Prüftaste (*7*), deren Betätigung Störungen in der Stützdrossel vortäuscht. Bei allen Prüfschaltungen wird, ehe sie vorgenommen werden können, die Hilfsstromquelle von der Auslösespule durch einen Druckknopf (*18*) auf eine Lampe (*20*) oder eine Hupe (*19*) umgeschaltet, deren Signale das ordnungsgemäße Arbeiten des Schutzes anzeigen.

Der Wicklungsschlußschutz ist ein Differentialschutz, dessen Stromwandler mit 5 A Sekundärstrom an drei Differential-Relais (*12*) liegen, welche fest auf 1 A eingestellt sind und so erst bei einem Differenzstrom von 20% des Nennstromes ansprechen.

Für die Prüfung der Relais (*12*) sind Druckknöpfe (*18e*, *18f* und *18g*) vorgesehen, welche den Relais einen Fremdstrom aus der Stützdrossel (*4*) über Ohmsche Widerstände (*22*) aufdrücken.

Bei Gestellschluß fließt Strom von der beschädigten Windung zur Erde und über den Spannungswandler im Sternpunkt zum Generator zurück. Außerdem fließt der gesamte kapazitive Erdschlußstrom über den Gestellschluß nach Erde ab und schickt durch die Stromwandler (*1*) gleichgerichtete Ströme, welche sekundär sich nur in dem Erdschluß-Relais (*8*) ausgleichen können. Bei gleichzeitiger Erregung der Spannungsspule spricht das Erdschluß-Relais (*8*) dann an.

Ein Druckknopf (*7a*) gestattet die Prüfung des Erdschluß-Relais.

Gegen unzulässige Spannungssteigerung wird ein Spannungssteigerungs-Relais (*10*) an die Stützdrosselspannung angeschlossen. Es wird bei Schenkelpolläufern auf 150%, bei Schnelläufern auf 130% Spannungssteigerung eingestellt.

Zur Prüfung überbrückt ein Druckknopf (*18a*) einen Vorschaltwiderstand, wodurch das Relais mehr Strom als normal erhält.

Die Überstromauslösung erfolgt über drei Überstrom-Relais (*11*) für 4 bis 10 A an Stromwandler 5 A. Das langfristige Zeitrelais (*15*) soll den Netzschaltern Zeit lassen, die Ursache der Überlastung abzuschalten.

Drei Druckknöpfe (*18b*, *18c*, *18d*) gestatten eine Prüfung der Relais.

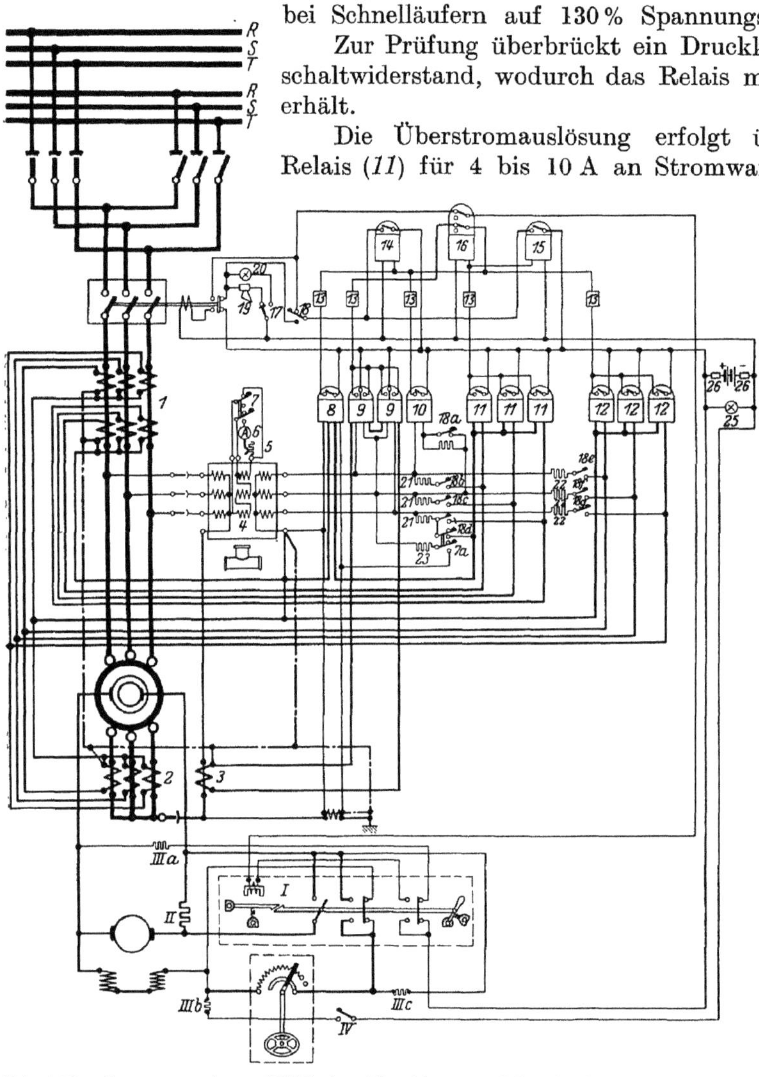

1, 2, 3 Stromwandler,
4 Stützdrossel,
5 Widerstand,
6 Strommesser,
7 Druckknöpfe,
8 Erdschlußrelais,
9 Wattmetrische Relais,
10 Spannungsteigerungsrelais,
11 Überstromrelais,
12 Differentialrelais,
13 Fehler-Anzeigevorrichtung,
14, 15 Zeitrelais,
16 Zwischenrelais,
17 Umschalter,
18 Druckknöpfe,
19 Hupe,
20 Meldelampe,
21, 22, 23 Widerstände,
24 Spannungwandler,
25 Prüflampe,
26 Sicherungen,
I Feldschwäch-Schalter,
II Feldschwäch-Widerstand,
III a, b, c Widerstandszylinder mit Anzapfungen,
IV Druckknopf.

Abb. 102. Generatorschutz SSW, für Maschinen, welche direkt auf ein Netz mit großem Erdschlußstrom arbeiten.

Wie oben schon erwähnt wurde, ist mit allen Abschaltungen des Generators eine Schnellentregung verbunden. Bei der Schnell-Entregung nach Rüdenberg wird ein Schwingungswiderstand *II* selbsttätig in den Erregerstromkreis geschaltet. Dieser Widerstand ist so bemessen, daß durch ihn eine Umpolung der Erregermaschine bewirkt wird. Dabei geraten die Ströme und Spannungen im Erregerkreis ins Pendeln und lassen das Generatorfeld sofort abklingen.

Eine ähnliche Wirkung der Entregung, jedoch mit ungleich längerer Entregungszeit, läßt sich durch das Einschalten von Feldschwächungswiderständen in den Haupt- und Nebenschlußkreis der Erregermaschine erzielen.

Zur Anzeige der Störung, welche zum Abschalten führte, sind Fallklappen (*13*) vorgesehen.

Bei kleinen Generatoren wird im allgemeinen an Stelle der Schnell-Entregung nur eine Feldschwächung angewendet, durch welche die Spannung auf einen niedrigen Betrag, beispielsweise auf 25 % der Nennspannung herabgeregelt wird.

Der in Abb. 103 dargestellte Generatorschutz der AEG ist mit Strombegrenzungs-Regelung, mit Differential-, mit Rückstrom- und mit Erdschlußschutz sowie mit Feldschwächung ausgerüstet. Die Wirkungsweise ist leicht zu verfolgen. Beachtenswert ist an diesem Schaltbild, daß es außer dem Relaissystem für den Generatorschutz auch die Meßgeräte zeigt.

Zu der vollständigen Generatorschutz-Einrichtung gehört ferner eine Temperatur-Meß-

1 Erregerdynamo,
2 Nebenschlußregler.
3 Generator
4 Magnetregler mit motorischem Antrieb,
5 Selbstschalter für Feldschwächung,
6 Feldschwächungs-Widerstand,
7 Spannungswandler,
8 Stromwandler.
9 Überstrom-Zeitrelais,
10 Tirrill-Regler,
11 Vorschaltwiderstände,
12 Einstell-Widerstand,
13 Kondensatoren,
14 Strombegrenzungs-Regler,
15 Feldschwächungs-Widerstand,
16 Fallklappen-Relais,
17 Hupe,
18, *19* Schalter und Umschalter für den Tirrill und den Strombegrenzungsregler
20 Zusatzwiderstand,
21 Zwischenrelais,
22 Ölschalter,
23 Betätigungs-Stromquelle
24, *25* Druckknöpfe für den Feldschwächeautomaten,
26 Steuerschalter,
27 Rückstromrelais,
28 Dreipol. Differential-Relais,
29 Erdschluß-Relais,
30 Erdungs-Widerstand,
31 Spannungswandler,
32 cos φ — Messer,
33 Spannungsmesser,
34 Strommesser
35 Spannungsmesser.
36 Strommesser,
37 Leistungsmesser,
38 Zähler.

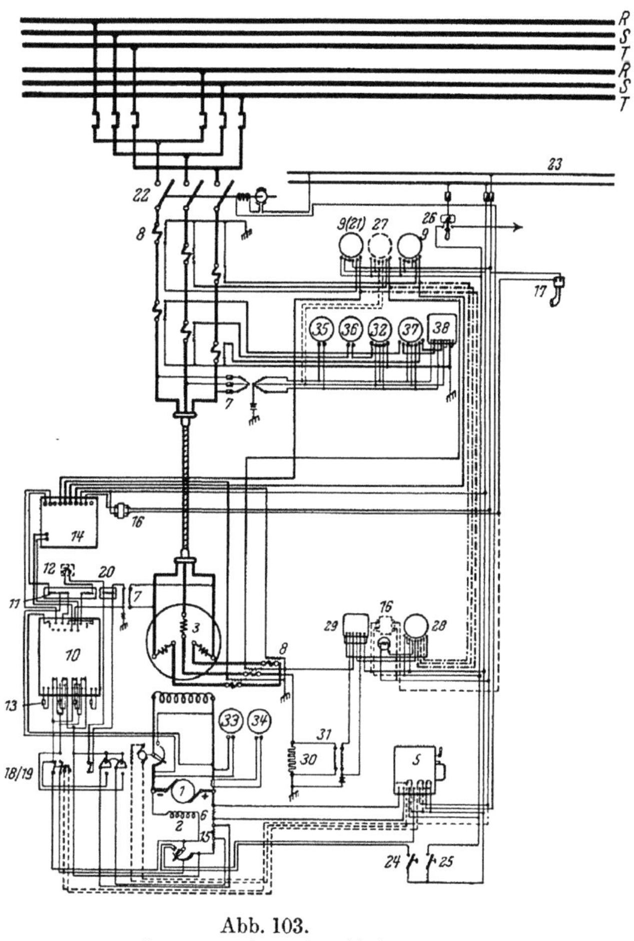

Abb. 103.
Generatorschutz der AEG.

vorrichtung und eine Brandschutz-Einrichtung. Als Feuerschutz haben sich vor allem die selbsttätig wirkenden Vorrichtungen mit Kohlensäure als Löschmittel bewährt. Je nach dem verwendeten System werden Einzellöscher oder eine zentralisierte Löscheinrichtung von Vorteil sein.

50. Der Transformatorenschutz.

Jeder Transformator wird stets mit einem zweipoligen Überstromschutz ausgerüstet, damit er nicht durch Kurzschlüsse im Netz gefährdet wird.

Zum Schutz gegen dauernde Überlastung der Transformatoren werden einpolige

Überlastrelais verwendet, welche entweder ein Signal geben oder durch selbsttätige Zuschaltung von Transformatoren die Gefahr beseitigen.

Ein viel benutzter Transformatorenschutz ist der Buchholz-Schutzapparat, welcher bei den meisten Störungen, wie Windungsschluß, Eisenbrand und Überschlägen, anspricht. Die durch Schäden im Transformator entwickelte Temperatur zersetzt das Öl oder andere Isolierstoffe, die dabei aufsteigenden Gasblasen werden in dem Buchholz-Schutzgerät, das in die Verbindungsleitung vom Transformator zum Ausdehnungsgefäß eingebaut ist, aufgefangen und betätigen Schaltstücke, welche einen Warnstromkreis oder einen Schalter-Auslösestromkreis schließen. Die Farbe des entwickelten Gases läßt einen Schluß auf die Störungsursache zu.

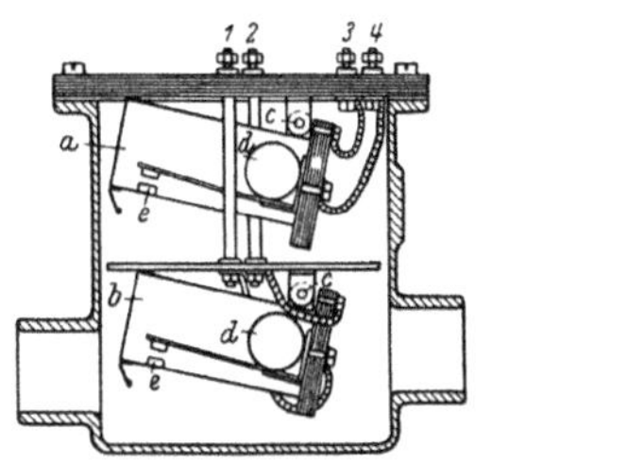

Abb. 104. Wirkungsweise des Buchholz-Schutzgerätes. AEG.

Abb. 105. Äußere Ansicht des Buchholz-Schutzgerätes. AEG.

Abb. 104 zeigt die Wirkungsweise eines Buchholz-Schutzapparates. Die aufsteigenden Gasblasen sammeln sich im oberen Gehäuse und verdrängen das dort befindliche Öl. Dadurch senkt sich der Schwimmer a, und die in ihm befindliche Glaskugel d rollt auf der Blattfeder zu den Schaltstücken e und schließt sie. Hierdurch tritt eine an die Klemmen (*3*), (*4*) angeschlossene Alarmvorrichtung in Tätigkeit.

Bei schweren Fehlern im Transformator bringt die den Gasblasen voraneilende Ölbewegung den Schwimmer b zum Kippen, dessen Schaltstücke nun über die Klemmen (*1*), (*2*) den Spannungs-Auslöser am Ölschalter einschalten.

Ein Ventil an dem Deckel des Gerätes, Abb. 105, dient zum Abblasen der angesammelten Gase. Durch ein Schauglas kann die Menge und Farbe des aufgefangenen Gases festgestellt werden.

Bei Transformatoren mit einer durch Ölumlauf beschleunigten Kühlung wird das Versagen der Kühlvorrichtung dem Schaltdiensthabenden gemeldet.

Ebenso werden häufig unzulässige Erwärmungsanstiege in den Transformatoren-Kammern, im Kühlwasser u. dgl. selbsttätig angezeigt.

In Abb. 106 ist eine umfassende Transformator-Schutzeinrichtung mit Buchholz-Schutz, Überlastungsschutz und Ölumlauf-Überwachung dargestellt.

Der Transformator A ist beiderseitig mit Ölschaltern B ausgerüstet, welche eine auf den 4fachen Nennwert eingestellte Überstromauslösung erhalten. Der Einfachheit halber sind hier Überstrom-Auslöser gezeichnet, bei größeren Transformatoren werden Überstrom-Relais an Stromwandlern erforderlich. Die Ölschalter sind mit Spannungs-Auslösern C versehen, welche ihren Arbeitsstrom der Gleichstromquelle für die elektrischen Antriebsgeräte entnehmen. In die Ölleitung D zwischen Transformator und Ausdehnungsgefäß E ist ein Buchholz-Schutzapparat F eingebaut, welcher zwei Hilfsschalter, F_1 für Alarm und F_2 für die Schalterauslösung, hat.

Spricht der Buchholz-Schutz infolge geringer Gasentwicklung im Transformator an, so schließt er den Alarmschalter F_1, welcher einen Meldestromkreis für die Warnlampe schließt und über einen Umschalter b und ein Zwischenrelais c eine Hupe d einschaltet

Durch den Umschalter *b* läßt sich die Hupe *d* löschen. Gleichzeitig wird eine Meldelampe *e* mit Aufschrift „Hupe einschalten“ aufleuchten. Brennen nun die beiden Lampen *a* und *e*, so ist dies ein Zeichen, daß die Störung im Transformator noch nicht behoben ist.

Führt die Gasentwicklung im Buchholz-Schutzgerät zur Schließung des Hilfsschalters F_2, so werden über ein Zwischenrelais *f* die Spannungs-Auslöser *C* erregt, welche das Ausschalten der beiden Ölschalter *B* bewirken.

Zum Schutz gegen geringe Überlastungen, welche die Lebensdauer von Transformatoren gefährden, ist ein Überlastrelais *G* an Stromwandler *H* und Spannungs-

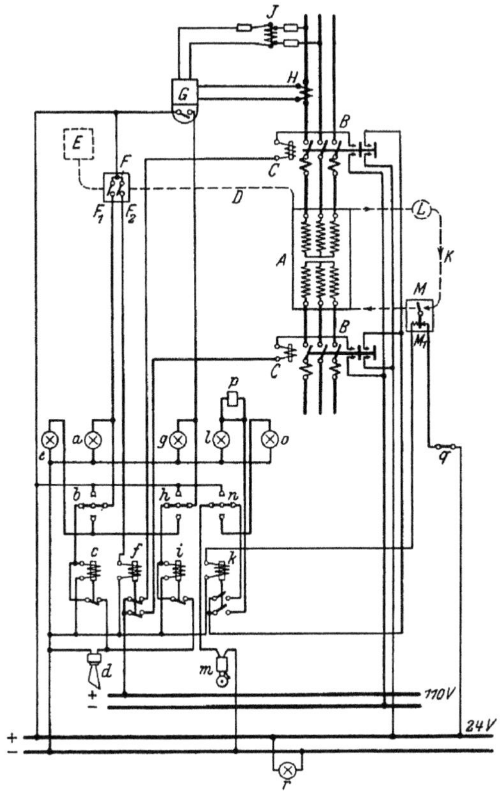

A Transformator,
B Ölschalter,
C av-Auslöser,
D Ölleitung,
E Ausdehnungsgefäß,
F Buchholz-Schutzgerät,
F_1 Alarmschalter,
F_2 Auslöseschalter,
G Überlastrelais nach Bauch,
H Stromwandler,
J Spannungswandler,
K Ölleitung,
L Ölkühler,
M Meldeeinrichtung,
a Meldelampe,
b Umschalter,
c Zwischenrelais,
d Hupe
e Meldelampe „Hupe einschalten“,
f Zwischenrelais,
g Meldelampe,
h Umschalter,
i Zwischenrelais,
k Zwischenrelais,
l Meldelampe,
m Glocke,
n Umschalter,
o Meldelampe „Glocke einschalten“,
p Fallklappe,
q Drucktaste,
r Prüflampe.

Abb. 106. Schutzeinrichtung für Öltransformatoren mit Buchholzschutz, Überlastungsschutz und Ölumlauf-Überwachung. SSW.

wandler *J* angeschlossen. Es besteht aus zwei Zählwerken, einem für Zeit und einem J^2-Zähler, welche durch ein Planetenradgetriebe miteinander verbunden sind. Hierdurch wird die Auslösezeit in Abhängigkeit von der Überarbeitung gebracht. Verträgt beispielsweise ein Transformator Überlastungen von

100% — 5 Minuten,
60% — 10 Minuten,
30% — 1 Stunde,
10% — 3 Stunden,

so läßt sich das Relais derart einstellen, daß es beispielsweise bei Überlastungen von

100% in 4,7 Minuten,
60% in 8,3 Minuten,
30% in 18 Minuten,
10% in 35 Minuten

abläuft.

Schließt das Überlastrelais *G* seine Schaltstücke, so wird genau wie durch den Alarmschalter F_1 des Buchholz-Schutzgerätes eine Meldelampe *g* sowie über einen Umschalter *h* und ein Zwischenrelais *i* die Hupe *d* in Tätigkeit gesetzt.

Zur Überwachung des Ölumlaufes ist in die Ölleitung K der Kühleinrichtung L ein Meldevorrichtung M eingebaut, welche bei Aufhören des Ölumlaufes sein Schaltstück M öffnet. Die Meldung erfolgt über ein Zwischenrelais k durch die Meldelampe l und Alarm glocke m, welche wie oben durch einen Umschalter n gelöscht wird. Gleichzeitig wir das Warnsignal einer Meldelampe o mit Aufschrift „Glocke einschalten" übertragen Zur einwandfreien Feststellung des betreffenden Transformators sind außerdem Fall klappen p vorgesehen.

Die Ölumlauf-Überwachungs-Einrichtung ist über Abstellkontakte der Ölschalte angeschlossen, damit sie bei dem vollzogenen Abschalten des Transformators und seine Kühlvorrichtung außer Tätigkeit gesetzt wird. Außerdem erfolgt so, falls bei dem Ein schalten des Transformators versehentlich die Kühlvorrichtung nicht in Betrieb ist eine sofortige Meldung. Zur Überprüfung der Meldeeinrichtung ist ein Druckknop q vorgesehen.

Sämtliche Relais und Lampen sind an 24 V angeschlossen. Eine Prüflampe r sol feststellen, ob Spannung vorhanden ist.

51. Der Motorschutz im Kraftwerk.

In großen Kraftwerken ist die ununterbrochene Stromlieferung für die Eigenbedarfs motoren, beispielsweise für Kondensationspumpen, Speisewasserpumpen, Kohlenauf bereitungsmaschinen und für die Feuerungsventilatoren sehr wichtig, weil bei ihrer Ausfall das ganze Werk stillgelegt würde. Für diese wichtigen Motoren ist manchma ein besonderer Relaisschutz von Nutzen und erforderlich, der bei anderen Motoren ent behrt werden kann.

Die inneren Fehler könnten wie bei Generatoren durch Differential-Relais in Ve bindung mit Erdschluß-Relais erfaßt werden. Der Differentialschutz verlangt aber, da alle sechs Wicklungsenden des Drehstrommotors herausgeführt werden, und ist deshal (besonders für kleine Motoren) sehr teuer. Auch erfaßt er keinen Überstrom. Für Motore bis 500 V ist eine Wärmeauslösung in Verbindung mit elektromagnetischer Auslösun sehr geeignet.

Bei Phasenbruch wird der Motor als Einphasenmotor weiter laufen und dabei ein schädliche Übertemperatur entwickeln, welche bei hoher Stromeinstellung der Übe strom-Relais sich durchaus nicht in den Wärmerelais bemerkbar zu machen brauch Dieser Fehler läßt sich durch ein Phasenbruch-Relais anzeigen.

Ein Spannungsrückgangsschutz sollte, wenn überhaupt, nur mit hoher Zei begrenzung verwendet werden und frühestens bei einem Abfall auf 50% der Nen spannung ansprechen. Noch besser ist es, ihn ganz fortzulassen, da sonst die Motore stets aufs neue angelassen werden müssen, selbst wenn die Spannung in wenigen Sekunde wiederkehrt. Keinesfalls sollte der große Strombedarf bei abgefallener Spannung b stimmend sein, die Eigenbedarfsmotoren abzuschalten.

VII. Die Überspannungen.

Die Überspannungen sind Spannungssteigerungen, welche durch ihre Höhe üb der Betriebsspannung den Betrieb und Bestand der elektrischen Anlage gefährden könne

Die Höhe der Überspannungen ist in ungeschützten Anlagen unter Umstände nur durch die Überschlagsspannung begrenzt, das ist die Spannung, welche zum Durc schlag innerhalb des Isoliermaterials führt. Zum Schutz der Schaltanlagen, in welche derart gefährliche Spannungssteigerungen zu befürchten sind, werden Überspannung Schutzgeräte verwendet, welche auftretende Überspannungen entweder unterdrück oder unschädlich machen sollen.

Die Überspannungen können aus den verschiedensten Ursachen entstehen, beispielsweise durch Schaltvorgänge, durch aussetzende Erdschlüsse und durch atmosphärische Einflüsse.

52. Die Schaltüberspannungen.

Jeder Schaltvorgang, ob er durch Zu- oder Abschalten von Maschinen, Transformatoren, Leitungen usw. absichtlich eingeleitet wurde, ob er durch Kurzschlüsse, Überschläge bzw. Durchschläge an Schaltgeräten oder sonstigen Teilen der elektrischen Anlage entstand oder durch fehlerhafte Bedienung der Schaltgeräte verursacht ist, hat eine kurzseitige Spannungssteigerung zur Folge, welche heute jedoch im allgemeinen nicht gefürchtet wird, denn der elektrische Sicherheitsgrad moderner Anlagen ist so hoch, daß Überspannungen dieser Art keine Störungen herbeiführen können.

53. Überspannungen durch aussetzende Erdschlüsse.

Die meisten aller Fehler in elektrischen Netzen beginnen mit einem mehr oder weniger vollkommenen Erdschluß, durch welchen im Grenzfall die Spannung der kranken Phase gegen Erde Null wird, während die anderen Phasen nun die volle Betriebsspannung gegen Erde annehmen. Dabei fließt der Erdschlußstrom, der von der Gesamtkapazität der Anlage gegen Erde abhängt, über die Fehlerstelle zur Erde. Die Größe des Erdschlußstromes läßt sich aus der im Abschnitt XXVII, 160 angegebenen Faustformel berechnen. Beträgt er weniger als etwa 5 bis 6 A, so kann sich ein Erdschlußlichtbogen nicht entwickeln. Je größer die Ausdehnung des Netzes und damit die Kapazität gegen Erde ist, um so größer wird der Erdschlußstrom und um so größer ist infolge der außerordentlichen Beweglichkeit des Erdschlußlichtbogens die Gefahr, daß er noch andere Störungen in Form von Phasenkurzschlüssen hervorruft.

Bei aussetzenden Erdschlüssen werden Wanderwellen im Takte der Betriebsfrequenz in das Netz geschickt. Sie bedeuten durch ihr fortgesetztes Aufprallen auf Maschinen, Transformatoren usw. eine hohe Beanspruchung dieser Anlageteile und können die Isolierung, hauptsächlich in den Eingangswindungen, zum Durchschlag bringen. Besonders zahlreich und gefürchtet sind aussetzende Erdschlüsse in Freileitungsnetzen, in denen bei Stürmen häufig das Zusammenschlagen der Leitungen, das Einschlagen von Baumzweigen u. a. m. die Entstehungsursachen sind.

Überspannungen dieser Art können von langer Dauer sein und verschwinden erst, wenn der kranke Netzteil von Hand oder selbsttätig über einen Selektivschutz abgeschaltet wird.

54. Überspannungen atmosphärischen Ursprungs.

Die Überspannungen atmosphärischen Ursprungs können sich als statische Aufladungen des Netzes oder als Wanderwellen bemerkbar machen. Sie treten natürlich nur in Freileitungen auf.

Statische Überspannungen können entstehen, wenn eine elektrisch geladene Wolke über eine Freileitung hinwegzieht, ohne daß dabei eine Entladung der Wolke durch Blitzschlag stattfindet. Die Aufladung verteilt sich, wenn die Wolke weiterzieht, über das gesamte Leitungsnetz und überlagert sich als Gleichstrom der Betriebsspannung.

Geht in der Nähe der Freileitung ein Blitzschlag nieder oder trifft er sie direkt, so erhält die Leitung eine Ladung außerordentlicher Größe, welche als Wanderwelle sofort mit Lichtgeschwindigkeit ($3 \cdot 10^5$ km/s) auf den Leitungen entlang eilt und an den Leitungsenden reflektiert wird, wobei sie auf den doppelten Spannungsbetrag hinaufschnellt. Am anderen Leitungsende angekommen, wiederholt sich das Spiel. So pendelt die Wanderwelle dauernd hin und her, und ihre Spannung könnte ständig anwachsen, wenn nicht durch die Dämpfung der Leitung (hervorgerufen durch den Ohmschen Widerstand, Isolationswiderstand usw.) ein mehr oder weniger schnelles Abklingen der Wanderwelle erfolgen würde. Auch die Leitungsverzweigungen wirken dämpfend auf Wanderwellen, weil diese im Verhältnis der Zahl der abzweigenden Leitungen geteilt werden und nun nur mit entsprechend verminderter Höhe auf den einzelnen Leitungen weitereilen.

55. Der Überspannungsschutz.

Bei der hohen elektrischen Sicherheit der nach den VDE-Vorschriften geprüften Maschinen, Transformatoren, Schaltgeräten usw. kann heute in einzelnen Fällen auf besonderen Überspannungsschutz verzichtet werden, wenn nach Lage der örtlichen und atmosphärischen Verhältnisse mit einer besonderen Gefährdung der Anlage nicht zu rechnen ist. Hauptsächlich trifft diese Voraussetzung für alle Kabelanlagen zu, die ja atmosphärischen Einflüssen vollständig entzogen sind.

Die VDE-Leitsätze für den Schutz elektrischer Anlagen gegen Überspannungen geben eine sehr gute Übersicht über alles Wissenswerte, so daß näheres Eingehen an dieser Stelle nicht erforderlich erscheint. Häufig läßt sich zwar vorher nicht mit Sicherheit übersehen, ob ohne Überspannungs-Schutzgeräte ein zufriedenstellender Betrieb möglich ist, und es empfiehlt sich dann, in der Schaltanlage den erforderlichen Platz für ihren Einbau vorzusehen.

Die Maßnahmen zur Sicherung einer Anlage gegen Überspannungen müssen dem Charakter der zu erwartenden Überspannungen angepaßt sein.

56. Vorbeugende Schutzmaßnahmen.

Um das Entstehen gefährlicher Überspannungen möglichst zu unterbinden, werden außer verstärkter Isolation (hauptsächlich in den Eingangswindungen an Maschinen und Transformatoren) für das Schalten großer induktiver oder kapazitiver Stromkreise Schutzschalter verwendet, welche die Stromkreise über einen geeigneten Widerstand schalten (vgl. Abschnitt VIII, 61).

Die Gefahren des aussetzenden Erdschlusses lassen sich durch Nullpunktserdung vermeiden. Dies hat jedoch bei direkter Erdung oder bei Erdung über niedrige Ohmsche Widerstände den Nachteil, daß jeder Erdschluß gleichzeitig ein Phasenkurzschluß ist, der zur Abschaltung und damit zur Betriebsunterbrechung führt. Aus diesem Grund ist in Deutschland nur die Nullpunktserdung über hochohmsche Widerstände, nicht aber die direkte Erdung gebräuchlich, im Gegensatz zu amerikanischen Anlagen, in denen dann die Unterbrechung des Betriebsstromkreises häufig durch kurzzeitige Aufhebung der Nullpunktserdung vermieden werden soll.

Weite Verbreitung hat in Deutschland die Erdschlußlöschung gefunden, welche die Nachteile der Nullpunktserdung vermeidet. Zur Unterdrückung des Lichtbogens wird hierbei dem kapazitiven Erdschlußstrom ein gleich großer, aber um 180° in der Phase verschobener induktiver Strom entgegengesetzt, so daß beide Ströme sich an der Fehlerstelle annähernd aufheben. Die Hauptvertreter dieses Schutzsystems sind die Erdschlußspule von Petersen (AEG) und der Löschtransformator von Bauch (SSW).

57. Schutzvorrichtungen zur Bekämpfung entstandener Überspannungen.

Die gebräuchlichen Schutzgeräte gegen Überspannungen lassen sich in zwei Gruppen unterteilen:

1. in Apparate, welche auftretenden Überspannungen den Weg in die Schaltanlage nach Möglichkeit versperren,
2. in Geräte, welche entstandene Überspannungen möglichst weitgehend vernichten.

Zu der ersten Gruppe gehören die Schutzdrosselspulen. Sie werfen bei ausreichender Induktivität den größten Teil einfallender Überspannungswellen zurück und lassen nur einen abgeflachten und dadurch ungefährlichen Teil der Wanderwelle nach dem hinter ihnen liegenden Anlageteil hindurch. Über die Höhe der Induktivität gehen die Ansichten auseinander. Bis 25 A Nennstrom sind in den VDE-Leitsätzen gegen Überspannungen bestimmte Werte vorgeschlagen, für darüber hinausgehende Stromstärken werden von verschiedenen Seiten Mindestwerte von 5 mH verlangt, von anderen weniger. Um Überschläge nach Erde hinter Drosselspulen zu vermeiden, werden ihre Wicklungen in manchen Fällen durch induktionsfreie Widerstände überbrückt, Abb. 107.

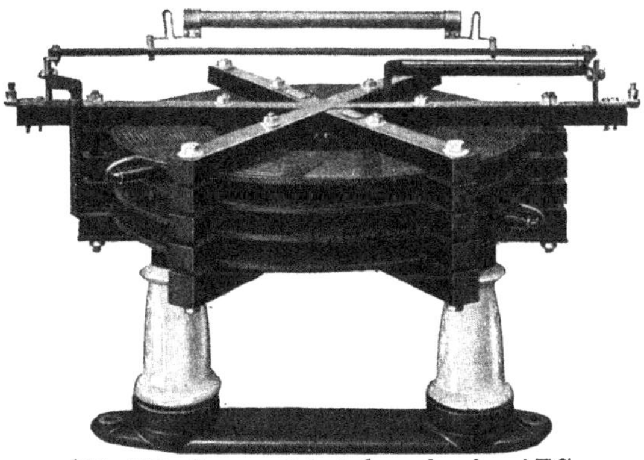

Abb. 107. Campos-Schutzdrosselspule. AEG.

An Stelle der Induktivität von Schutzdrosselspulen können auch entsprechende Kapazitäten in Form von Kondensatoren oder Schutzkabeln die Sicherung von Transformatoren oder Maschinen gegen Wanderwellenbeanspruchung übernehmen. Bedingung für ihre Anwendung ist, daß sie mindestens gleichen elektrischen Sicherheitsgrad aufweisen wie die übrigen Anlageteile. Die Abb. 108 und 109 zeigen als Beispiel an Freileitungen angeschlossene Kondensatoren.

Schutzkabel sind Drehstrom- oder Einphasen-Kabel hoher Durchschlagsfestigkeit, welche den zu schützenden Transformatoren oder Maschinen unmittelbar vorgeschaltet werden. Sie wirken durch ihre Kapazität gegen Erde wie Kondensatoren. Für eine

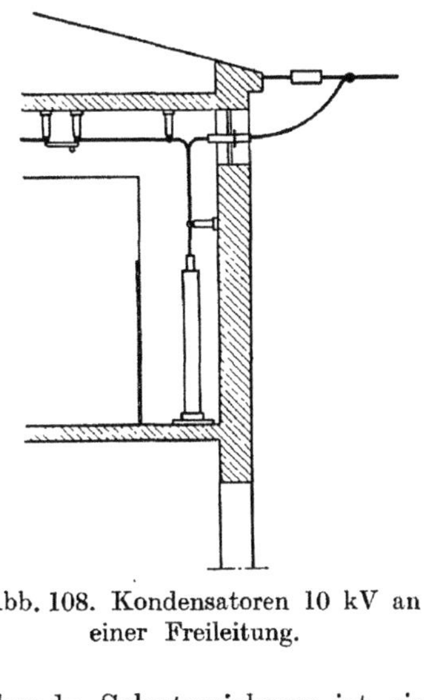

Abb. 108. Kondensatoren 10 kV an einer Freileitung.

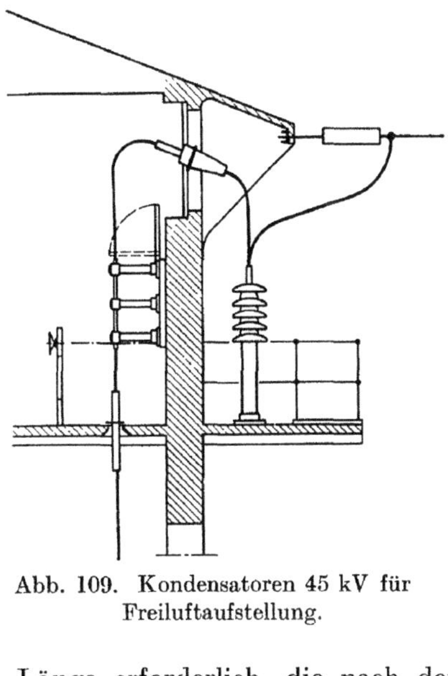

Abb. 109. Kondensatoren 45 kV für Freiluftaufstellung.

ausreichende Schutzwirkung ist eine gewisse Länge erforderlich, die nach den VDE-Leitsätzen gegen Überspannungen 10 m nicht unterschreiten darf. Je länger das Kabel, um so größer ist seine Kapazität und desto höher seine Schutzwirkung.

Zu der zweiten Gruppe: „Apparate zur Vernichtung entstandener Überspannungen" zählen in der Hauptsache die Funkenableiter mit ihren Dämpfungswiderständen. Das Wesentliche sind hierbei die Dämpfungswiderstände, in denen die Überspannungsenergie in eine für die Anlage unschädliche Energieform — in Wärme — umgesetzt wird. Die vorgeschalteten Funkenstrecken dienen nur dazu, die Dämpfungswiderstände selbsttätig beim Auftreten einer Überspannung, welche die Höhe der Ansprechspannung der einstellbaren Funkenstrecke erreicht oder überschreitet, an das Netz anzulegen und nach Verschwinden der Überspannung ebenso selbsttätig durch Erlöschen des Lichtbogens wieder abzuschalten.

Die Funkenstrecke wird im allgemeinen so eingestellt, daß sie bei etwa der 1,5- bis 2fachen Betriebsspannung anspricht.

Der Dämpfungswiderstand wirkt am günstigsten, wenn sein Ohmbetrag etwa gleich der Größenordnung des Wellenwiderstandes der angeschlossenen Leitung $= \sqrt{\frac{L}{C}}$ ist, wobei L die Induktivität und C die Kapazität der Leitung bezogen auf die Längeneinheit ist. Da die Größe des Wellenwiderstandes bei allen in der Praxis vorkommenden Betriebsspannungen und Freileitungslängen in den Grenzen von etwa 500 bis 800 Ω liegt, stößt die Einhaltung eines derart bemessenen Widerstandes mit steigender Spannung auf steigende Schwierigkeit, sowohl in der Bemessung der Widerstände selbst, weil die entwickelte Wärmemenge proportional dem Quadrat der Stromstärke steigt, als auch hinsichtlich der Abmessungen der vorgeschalteten Hörnerableiter. Die Hörner würden dabei schließlich nicht nur sehr groß ausfallen, sondern auch einen erheblichen Raum für die Lichtbogenbildung erfordern; außerdem würde sich die hohe Energieentnahme aus dem Netz beim Ansprechen des Schutzes unangenehm bemerkbar machen.

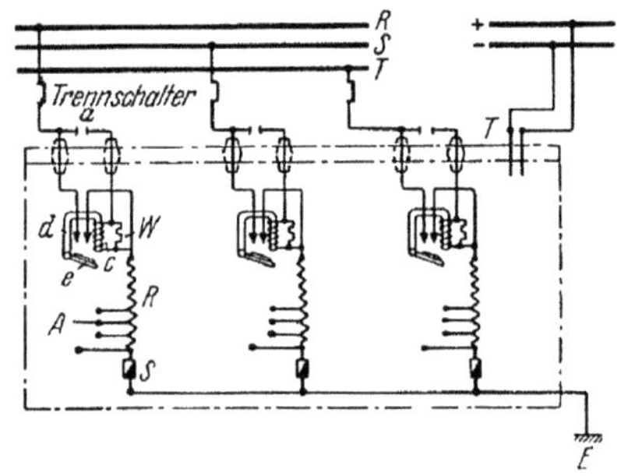

Abb. 110.
Bendmannschutz, Schaltbild. AEG.

Abb. 111.
Bendmann-Schutzgerät. Innenansicht. AEG.

Setzt man, um diesen Schwierigkeiten zu begegnen, den Ohmbetrag herauf, so verringern sich zwar die geschilderten Nachteile, aber gleichzeitig sinkt auch der Schutzwert des Gerätes. Daher sind beispielsweise Widerstände mit mehreren tausend Ohm hinsichtlich ihres Schutzwertes ziemlich wertlos.

Man versucht auf verschiedenen Wegen die geschilderten Schwierigkeiten abzustellen. Das Bendmann-System benutzt einen unter Öl eingebauten Schalter, welcher durch Kurzschließen der auf dem Deckel angebrachten Funkenstrecke die Belastungsdauer des Widerstandes abkürzen soll, so daß der Widerstand klein gehalten werden kann. Abb. 110 zeigt das Schaltbild eines Bendmann-Schutzgerätes und Abb. 111 eine Ausführung der AEG für 80 kV und Freiluftmontage. Man erkennt unterhalb der Durchführungen den Schalter und die schräg nach oben gehende Stoßstange zur Betätigung eines auf dem Deckel befindlichen Zählwerkes. Die über dem Deckel befindliche Kugel-

Funkenstrecke ist zwischen den beiden Durchführungen zu sehen. Jede Durchführung ist außerdem mit einer Schutzfunkenstrecke ausgerüstet, welche bei etwaigen Isolatorüberschlägen das Material der Durchführungen entlasten soll. Während die AEG die Haupt-Funkenstrecken als reine Kugelelektroden ausführt, hat die Emag bei ihrer Ausführung Hörnerableiter kleiner Abmessungen beibehalten.

Einen grundsätzlich anderen Weg gehen die SSW, deren zweistufiger Hörnerschutz nach dem Schaltbild, Abb. 112, ausgeführt wird. Bei diesem Gerät wird im Ruhezustand durch einen unter Öl liegenden Schalter ein Teil des Widerstandes kurzgeschlossen (Stufe 1). Wird durch eine Überspannung die Funkenstrecke überschlagen, so wird nach kurzer Zeit die Magnetspule des Schalters erregt und durch das Anziehen des Ankers die Überbrückung des Widerstandes aufgehoben (Stufe 2). Die Bekämpfung

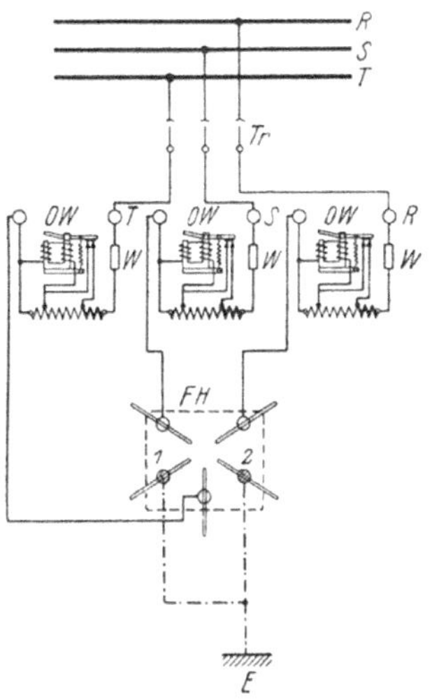

Abb. 112. Zweistufiger Fünfhörnerschutz, Schaltbild. SSW.

FH Fünfhörnerableiter (1 und 2 sind zu erden.)
OW Ölwiderstand mit Widerstandzuschaltung,
Tr Trennschalter, *W* Wärmesicherung.

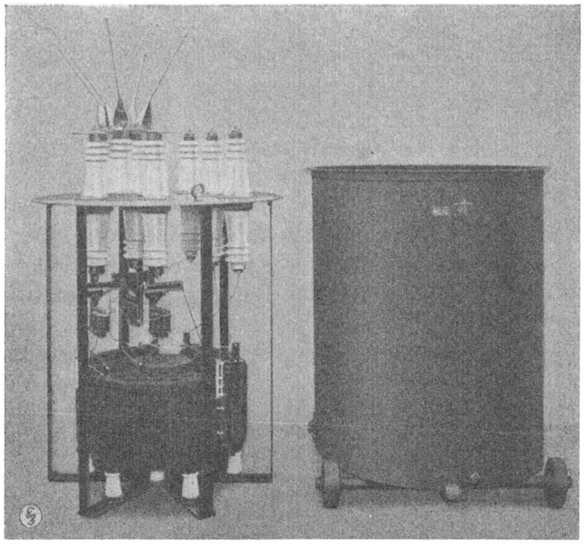

Abb. 113. Zweistufiger Fünfhörnerschutz. SSW.

der Überspannung erfolgt hier also mit dem entsprechend gewählten kleinen Widerstand der ersten Stufe, die Lichtbogenbildung an den Hörnern dagegen unter dem Einfluß des ganzen Widerstandes und wird dadurch in mäßigen Grenzen gehalten. Für Innenmontage benutzen die SSW die Sterndreieckschaltung, bei welcher Ölwiderstände und Hörnerableiter entweder zusammengebaut oder getrennt montiert werden. Abb. 113 zeigt einen zweistufigen Fünfhörnerschutz für 30 kV. Die auf dem Deckel montierten Hörnerfunkenstrecken haben Kugelschalen zum Ausgleich des jeder Funkenstrecke (insbesondere bei höheren Spannungen) anhaftenden Entladeverzuges. Im Ölkessel befinden sich die Schalter der drei Phasen und darunter die in Form von Schniewidt-Bändern ausgeführten Widerstände.

In letzter Zeit werden auch Versuche mit Schutzapparaten amerikanischen Ursprunges gemacht, beispielsweise mit den in USA vielfach eingebauten Autovalve-Ableitern, Abb. 114, bei welchen die Charakteristik der Glimmentladung sehr kleiner Luftspalten benutzt wird. Der Autovalve-Ableiter besteht in der Hauptsache, wie Abb. 115 zeigt, aus einer Reihe von übereinandergeschichteten Platten aus Widerstandsmaterial mit dazwischenliegenden Glimmerringen von etwa 0,1 mm Dicke. Beim Erreichen einer bestimmten Spannung tritt eine Glimmentladung ein, wobei die Entlade-Stromstärke u. U. bis zu mehreren tausend Ampere ansteigen kann. Unterschreitet die Überspannung eine bestimmte Spannung, so hört die Glimmentladung selbsttätig auf; der Ableiter hat also ein ventilartiges Verhalten.

Für die Ableitung von Überspannungen in Netzen mit geringer Spannung lassen sich gewöhnliche Hörner nicht verwenden, da ihre Schlagweite mindestens auf 3 bis 4 mm also verhältnismäßig unempfindlich eingestellt werden müßte, um zu vermeiden,

Abb. 114. Autovalve-Ableiter für Freiluftanlagen. Westinghouse.

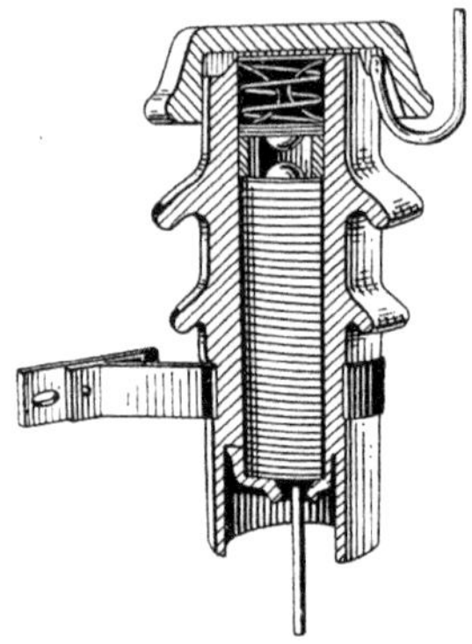

Abb. 115. Schnitt durch einen Autovalve-Ableiter. Westinghouse.

daß die Funkenstrecken von Staub, Insekten oder sonstigen Fremdkörpern überbrückt werden, was ein ungewolltes Ansprechen des Schutzes hervorruft. Für Spannungen bis 2000 V werden daher vielfach Funkenableiter mit Blasspulen zur schnellen Unterdrückung des sich bildenden Lichtbogens verwendet, die entweder ganz oder teilweise in ein Gehäuse eingebaut sind.

Abb. 116. Dreipolige Erdungs-Drosselspule. SSW.

Zur Abführung statischer Ladungen werden noch vielfach Erdungsdrosseln benutzt, welche Gleichstrom-Aufladungen hindurchlassen, dem Wechselstrom aber infolge ihres hohen induktiven Widerstandes den Durchgang versperren. Sie werden drei- und einpolig ausgeführt. Bei den dreipoligen Erdungsdrosseln für Sammelschienen- oder Pol-Erdung wird der Nullpunkt der drei in Stern geschalteten Primärwicklungen geerdet. An die ebenfalls in Stern geschalteten Sekundärwicklungen lassen sich Erdschluß-Prüfeinrichtungen sowie Betriebsspannungsmesser anschließen. Abb. 116 zeigt eine aus dem Ölkessel herausgehobene dreipolige Erdungsdrossel. Erdungsdrosseln können u. U. mit gleichem Erfolg auch durch normale Spannungswandler in entsprechender Schaltung ersetzt werden. Die einpolige Erdungsdrosselspule dient im allgemeinen für Nullpunkts-Erdung. Wird sie gemeinsam für mehrere Transformatoren benutzt, so muß jeder Transformator von der Erdungsdrosselspule abschaltbar sein. Der hierfür erforderliche Trennschalter wird zweckmäßig in der Nähe der oberspannungsseitigen Transformatoren-Trennschalter angeordnet.

58. Durchschlagssicherungen.

Der § 4 der VDE-Errichtungsvorschriften für Starkstromanlagen fordert Maßnahmen, um dem Auftreten unzulässig hoher und damit für Menschenleben gefährlich werdender Spannung in Verbraucherstromkreisen vorzubeugen. In einfachster Weise kann dieser Forderung durch direkte Erdung entweder des unterspannungsseitigen Sternpunktes oder auch einer Phase auf dieser Seite genügt werden. Ist direkte Erdung nicht durchführbar, so werden an ihrer Stelle sog. Durchschlagssicherungen eingebaut. Diese bestehen im wesentlichen aus zwei kräftigen Metallplatten, die durch eine dünne durchlochte Glimmerplatte getrennt sind. Dabei wird eine Metallplatte mit der zu schützenden Anlage, die andere mit Erde verbunden. Bei einem Übertritt der Hochspannung auf die Unterspannungsseite, sei es durch Wicklungsdurchschlag oder durch Überschlag, wird der geringe Luftspalt zwischen den beiden Metallplatten durchschlagen und durch den nachfolgenden Anlagenstrom ein Zusammenschweißen der Platten und damit eine feste Erdung der Unterspannungsseite bewirkt.

VIII. Die Schalt- und Meßgeräte für die verschiedenen Stromkreise.

Für die glatte Durchführung des Betriebes sind außer Leistungsschaltern noch eine Reihe von Schalt- und Meßgeräten erforderlich, deren Art und Zahl von der Größe des Kraftwerkes und seinem Betrieb abhängen.

Eine kleine Industriezentrale mit zwei oder drei Generatoren und mit einfachem Betrieb kommt mit sehr wenig Geräten aus, während die Anforderungen an Kraftwerke großer Städte einen Betrieb bedingen, der eine umfangreiche Apparatur rechtfertigt.

Somit können für die Auswahl der Meß- und Schaltgeräte nur Richtlinien gegeben werden. Sie muß dem Geschick des Projektierers, der sich die Erfahrungen der Betriebsleiter zunutze macht, überlassen bleiben.

Die unbedingt erforderlichen Apparate und Instrumente werden bei der Besprechung der einzelnen Stromkreise gegenüber den wahlweise erwünschten gekennzeichnet werden.

59. Der Generator.

Die Schalt- und Meßgeräte im Stromkreise eines Synchrongenerators sind im wesentlichen durch die Eigentümlichkeiten des Wechselstromes bedingt. Das Schaltbild, Abb. 117, zeigt die erforderlichen Geräte für einen großen Generator.

a) Die Erregung erfordert:

1. 1 oder 2 Antriebe für die Regler. Die Regler selbst werden als Teile des Generators vom Generatorersteller mitgeliefert. Unter Umständen muß ein Magnetausschalter den Erregerstrom abschalten.
2. 1 Strommesser.

Wahlweise:

3. 1 Schnellregler mit
   1 Spannungsmesser und zugehörigem Spannungswandler.
4. 1 Erregerumschalter.

b) Der Wechselstromkreis erfordert:

5. 1 Leistungsschalter.
6. 1 Antriebsgerät dazu.
7. 1 Satz Trennschalter bzw. 2 Satz bei Doppel-Sammelschienen.
8. Wahlweise 1 bzw. 2 Antriebsgeräte dazu.
9. Überstrom- bzw. Relais-Schutz.
10. Warnlampen für Ölschalter- und Trennschalter-Zellen.
11. 1 bzw. 3 Strommesser.
12. Wahlweise 1 Leistungsmesser.
13. Wahlweise 1 Spannungsmesser.
14. Die erforderlichen Strom- und Spannungswandler.

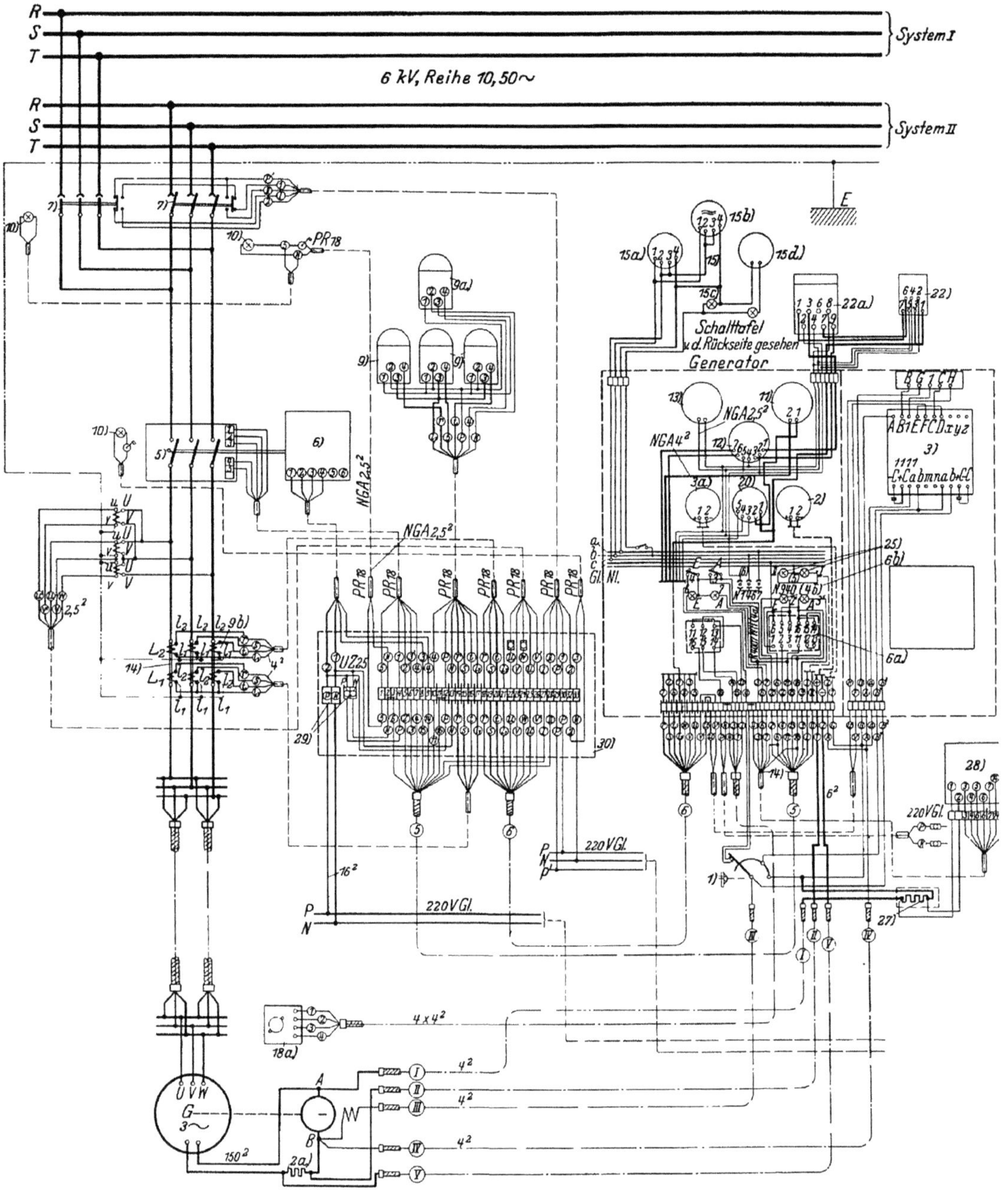

Abb. 117. Schaltbild eines 4000 kVA-Generators, 6 kV. SSW.

1	Handrad für den Nebenschlußregler,
2	Strommesser,
2 a	Shunt,
3	Schnellregler,
3 a	Spannungsmesser,
3 b	Spannungswandler,
5	Ölschalter,
6	Hubmagnet,
6 a	Steuerschalter,
6 b	Meldelampen,
7	Trennschalter,
9	Überstrom-Relais,
9 a	Zeitrelais,
9 b	Relaiskern des Stromwandler *14*,
10	Warnlampen,
11	Strommesser,
12	Leistungsmesser,
13	Spannungsmesser,
14	Stromwandler mit Relais- und Meßkern,
15	Synchronisiereinrichtung,
15 a	Doppelvoltmeter,
15 b	Doppelfrequenzmesser,
15 c	Phasenlampe,
15 d	Nullvoltmeter,
18 a	Drehzahlversteller,
22	Zähler,
22 a	Registr. Leistungszeiger,
25	Systemlampen,
27	Feldschwächwiderstand,
28	Feldschwächselbstschalter,
29	Sicherungen,
30	Klemmenkasten,

c) Der Parallelbetrieb erfordert:

15. 1 Synchronisiereinrichtung, bestehend aus:
   a) 2 Spannungsmessern oder 1 Doppelvoltmeter.
   b) 1 Doppelfrequenzmesser.
   c) 1 Phasenlampe mit etwaig erforderlichem Vorschaltwiderstand.
   d) 1 Nullvoltmeter.
   e) 1 Wählschalter oder 1 Satz Spannungsstöpsel für jeden Generator.
   f) Wahlweise: 1 Wandarm dazu.
16. Wahlweise: 1 Synchronoskop.
17. Wahlweise (an Stelle von 16): 1 automatische Parallel-Schalteinrichtung.
18. 1 Drehzahlversteller.
19. Wahlweise: 1 Blindlastmesser.

Für die Lastverteilung und Betriebsüberwachung sind erwünscht:

20. Wahlweise: 1 Leistungsfaktor-Messer.
21. Wahlweise: 1 Summen-Meßeinrichtung.
22. Wahlweise: Registrierende und zählende Instrumente.
23. Wahlweise: 1 bzw. für Doppel-Sammelschienen 2 Erdschlußprüfer.
24. Wahlweise: Sammelschienen-Spannungsmesser.
25. Wahlweise: Melde- und Kommando-Einrichtungen.

Für den Überspannungsschutz:

26. Geeignete Schutzgeräte; vgl. Abschnitt Überspannungsschutz.

a) Der Erregerstromkreis.

Der Erregerstrom für die Synchrongeneratoren kann
1. von einer fremden Gleichstromquelle[1], Abb. 118,
2. von einer eigenen Erregermaschine, Abb. 119 und 120,

geliefert werden.

Die eigene Erregermaschine, welche nach Möglichkeit direkt mit dem Generator gekuppelt ist, hat sich dank ihrer vielen Vorzüge für Turbosätze fest eingebürgert, und

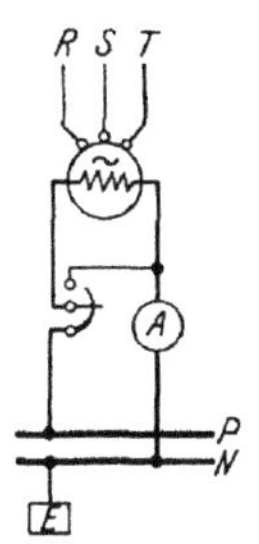

Abb. 118. Fremderregung.

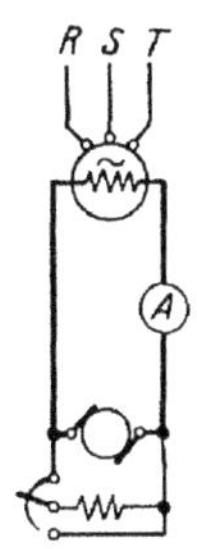

Abb. 119. Eigenerregung mit Nebenschlußregler.

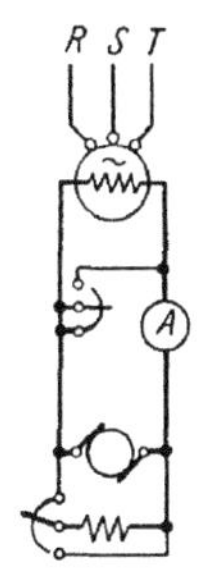

Abb. 120. Eigenerregung mit Nebenschluß- und Hauptstromregler.

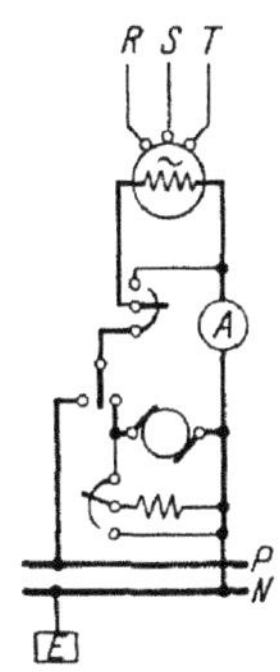

Abb. 121. Umschaltung von Eigen- auf Fremderregung.

auch für Gasdynamos und Wasserkraft-Generatoren wird sie gern verwendet. Ihr Hauptvorteil gegenüber der Fremderregung ist der Fortfall des Magnetreglers, der bei großen Maschinen gigantische Formen annimmt und viel Raum beansprucht.

Ist aus konstruktiven Gründen, z. B. in Wasserkraftanlagen bei großen, hochbauenden Schirmgeneratoren, eine direkt angebaute Erregermaschine nicht wünschens-

[1] Um besondere Schalter im Erregerstromkreis zu vermeiden, ist der N-Pol geerdet.

wert, so können die eigenen Erregermaschinen durch Hausturbinen, durch Elektromotoren, die mit den Generatoren elektrisch gekuppelt sind, oder bei großer Batterie durch Gleichstrommotoren angetrieben werden.

Die Einstellung der Regler erfolgt bei kleinen Generatoren von Hand. Große Magnetregler erhalten elektromotorischen Antrieb. Ihre Einstellung erfolgt von der Schalttafel mittels Steuerschalters, die Ausschaltung mittels eines besonderen Druckknopfes, durch welchen der Regler auf seinen Kurzschlußkontakt gebracht und ausgeschaltet wird. Die Antriebe erhalten vor dem Kurzschlußkontakt eine selbsttätige Sperrung, damit der Regler nicht aus Versehen ausgeschaltet werden kann, was besonders bei dem Parallelbetrieb mehrerer Generatoren vermieden werden muß.

An Stelle der Handregulierung können Generatoren mit eigenen Erregermaschinen auch selbsttätig wirkende Schnellregulierung erhalten.

Eine Umschaltung von Eigenerregung auf Fremderregung, Abb. 121, ist, da die Erregermaschinen den Generatoren in bezug auf Betriebssicherheit nicht nachstehen, in der Regel überflüssig. Soll ein Betrieb gegen alle Zufälligkeiten geschützt sein, so erfolgt die Fremderregung am besten durch eine besondere Maschine, Ladeumformer od. dgl., welche in ihrer Charakteristik dem Regelbereich des Reglers angepaßt ist.

Zu 2. Der Erregerstrommesser.

Ganz anderen als normalen Strommeßzwecken dient der Erregerstrommesser, denn die Belastung der Erregermaschine ist nur von relativer Bedeutung, weil eine Überlastung kaum zu befürchten ist. Die Synchronmaschinen verlangen für jede bestimmte Last und Leistungsfaktor eine ganz bestimmte Erregung. Eine unrichtig eingestellte Erregung erzeugt überflüssigen Blindstrom, der durch die Generatoren und Sammelschienen fließt. Der übererregte Generator liefert um 90° phasenverschobenen Magnetisierungsstrom an die relativ untererregten Maschinen. Die richtige Erregung läßt sich bei einem einzigen Generator durch Probieren herausfinden und ist dann vorhanden, wenn der Wechselstrommesser den kleinsten Wert anzeigt. Für die Lastverteilung parallellaufender Generatoren sind Strommesser jedoch unentbehrlich, da die Werklastverteilung nicht wie bei Gleichstrom durch die Felderregung der Antriebsmaschinen erfolgt, sondern durch den Drehzahlregler, der für jede Stellung einen entsprechenden Erregerstrom erfordert. Der überflüssige Magnetisierungsstrom, dessen wirkliche Stärke ausschließlich vom Netz bestimmt wird, erwärmt Maschinen und Leitungen unnötig und kann leicht durch richtiges Einstellen nach den Angaben des Erregerstrommessers vermieden werden.

Zu 3. Schnellregler.

Die Schnellregler sind, wie alle Spannungsregler, Teile der Generatoren und werden in der Regel von den Generatorlieferanten besorgt. Da aber außer Regelung auf konstante Spannung dieselben Reglermodelle für Regelung auf konstanten Strom, konstante Leistung, konstanten Leistungsfaktor sowie zur Steuerung von Drehtransformatoren u. a. benutzt werden, sei ihre Wirkungsweise kurz erläutert (vgl. Abschnitt VI, 48, S. 61ff.).

Alle Schnellregler arbeiten gedämpft, alle Stromregler ungedämpft.

Der Tirrill-Regler der AEG, vgl. die Abb. 96 und 97, wirkt durch periodisches Öffnen und Schließen von Schaltstücken, welche parallel zu dem mit vollem Widerstand eingeschalteten Nebenschlußregler liegen, und stellt dadurch die Erregung auf einen bestimmten Wert ein. Überwiegt während dieser periodischen Schwingungen, die von dem Hebel an der Gleichstrom-Magnetspule (*8*) in der Minute mehrere hundertmal bewirkt werden, die Schließungszeit gegenüber der Öffnungszeit, um so größer ist der Mittelwert des durch die Kurzschluß-Schaltstücke fließenden Stromes im Nebenschlußstromkreise der Erregermaschine und um so höher steigt die Erreger- und damit die Generator-Spannung.

Der genannte Hebel befindet sich bei normaler Generatorspannung, welche einstellbar ist, in jeder Lage im Gleichgewicht. Sinkt die Spannung, so fällt der Kern der Spannungsspule (*13*), und der Hebel schließt die Kurzschluß-Schaltstücke (*9*), welche über ein Differential-Relais (*11*) dessen Schaltstücke (*12*) schließen und so den Nebenschlußregler (*2*) kurzschließen. Überschreitet nun die Generatorspannung den eingestellten Wert, so wird der Kern wieder in die Spannungsspule (*13*) hochgezogen, die Schaltstücke (*9*) und (*12*) öffnen sich und der Nebenschlußregler (*2*) ist wieder eingeschaltet. Dadurch sinkt plötzlich die Spannung, und das Spiel der Schaltstücke beginnt von neuem.

Der BBC-Schnellregler wirkt wie die Handregulierung durch Verstellen des Nebenschlußwiderstandes, welcher hier statt der üblichen schleifenden Kontaktbahn Wälzsektoren hat, die sich auf der feinstufigen Kontaktbahn reibungslos und ohne Funkenbildung bewegen, vgl. die Abb. 99 und 101. Der Antrieb des Reglers erfolgt ähnlich wie bei Zählern durch einen kleinen Induktionsmotor, dessen Drehmoment und Drehrichtung von einer Spannungsspule beeinflußt wird. Durch eine Feder kann der Regler so eingestellt werden, daß er für jede gewünschte Belastung auf gleiche Spannung regelt.

Ein mögliches Pendeln des Reglers wird durch eine Dämpfungsvorrichtung verhindert.

Bei dem Schnellregler der SSW, Abb. 122, schwingt, beeinflußt von dem Spannungsrelais *s*, ein Zitterrelais *z* hin und her und schließt und öffnet die Schaltstücke *b* und *c*, welche im Rhythmus des Zitterrelais ein Zwischenrelais kurzschließen und wieder abschalten. Durch das Schließen und Öffnen

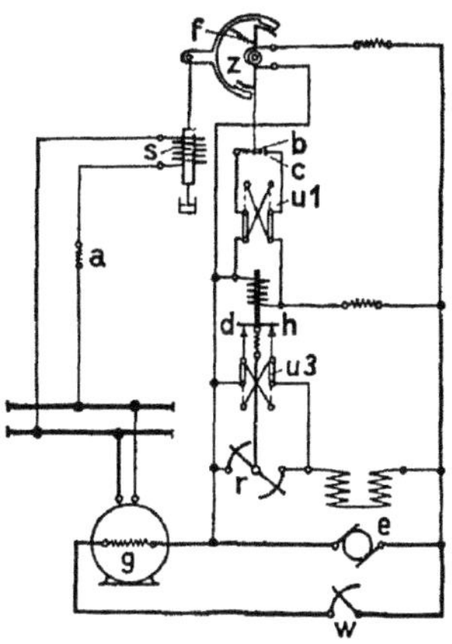

Abb. 122. Schaltung des SSW.-Schnellreglers.

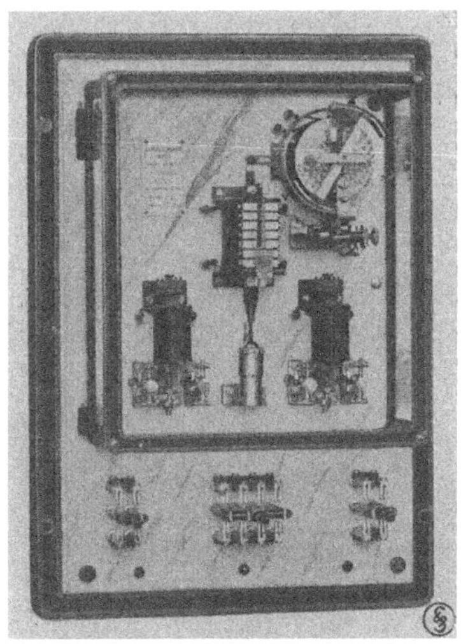

Abb. 123. Schnellregler. SSW.

der Hauptschaltstücke *d* und *h* des Zwischenrelais wird der Nebenschlußregler periodisch kurzgeschlossen und wieder eingeschaltet. Je mehr dabei die Kurzschlußdauer gegenüber der Einschaltdauer des Nebenschlußreglers überwiegt, um so höher stellt sich die Erregerspannung ein. Durch eine Feder *f* am Zitterrelais läßt sich die zu regulierende Spannung einstellen.

Abb. 123 zeigt den Schnellregler, bei welchem das Zitterrelais rechts oben angeordnet ist. Das Spannungsrelais mit einer Dämpfungspumpe ist in der Mitte des Reglers sichtbar. Zu beiden Seiten befinden sich Zwischenrelais, von denen das eine Reserve und mittels des vierpoligen Umschalters zur Arbeit herangezogen werden kann. Die beiden zweipoligen Umschalter dienen zur Umkehrung der Stromrichtung in den Schaltstücken *b*, *c* und *d*, *h*, damit sie sich nicht durch einseitige Stromrichtung einseitig abnutzen.

Der Thoma-Schnellregler arbeitet nach dem Prinzip des Servomotors. Wie aus dem Schaltbild, Abb. 124, ersichtlich ist, verstellt der Servomotor, welcher über ein Steuerventil von einer Ölpumpe betätigt wird, den Regler. Das Steuerventil wird von einem Spannungsrelais beeinflußt. Durch einfache Änderung dieses Relais kann das Steuerventil auch in Abhängigkeit von dem $\cos\varphi$, dem Strom usw. wirken.

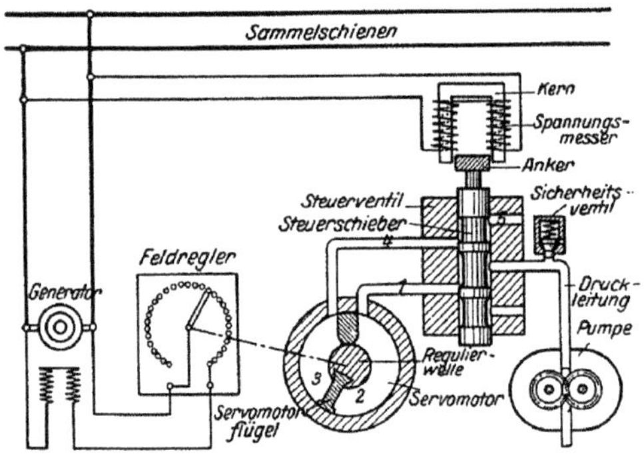

Abb. 124. Schaltung des Thoma-Schnellreglers. Neufeld & Kuhnke.

Sinkt die Spannung, so bewegt sich der Anker des Spannungsrelais und mit ihm der Steuerschieber abwärts. Nun kann das durch die Druckleitung zugeführte Öl in die Leitung (*1*) und in den Raum (*2*) des Servomotors eintreten und verschiebt den Servomotorflügel im Uhrzeigersinn und damit den mit ihm gekuppelten Regler. Aus dem Raum (*3*) fließt das Öl durch die Leitung (*4*) und den Abfluß (*5*) ins Freie. Hat die Generatorspannung ihren Sollwert erreicht, so spielen Anker und Steuerschieber wieder in die Mittelstellung ein und der Regelvorgang ist beendet.

Abb. 125 stellt eine derartige Regleranlage für zwei Wasserkraft-Generatoren dar.

Abb. 125. Regleranlage für zwei Wasserkraft-Generatoren mit Thoma-Schnellreglern. Neufeld & Kuhnke

b) Der Wechselstromkreis.

Zu 5. Leistungsschalter.

Als Leistungsschalter können bis 500 V Luftselbstschalter, für alle Wechselspannungen Ölschalter verwendet werden. S. Abschnitt XI, 80, Schalterauswahl.

Zu 6. Antriebsgeräte für Schalter.

Luftselbstschalter bis 4000 A und Reihen-Ölschalter bis 600 A für Spannungen bis 30 kV lassen sich von Hand mittels Steigbügel oder Handräder betätigen. Alle anderen Leistungsschalter bedürfen (besonders für das Parallelschalten mit der übrigen Anlage eines besonderen Antriebsgerätes, das von dem Schaltdienststand aus ferngesteuert wird

Zu 7. Trennschalter.

Trennschalter dienen zum Spannungsfreimachen von Stromkreisen, deren Leistungsschalter betriebsmäßig nachgesehen und geprüft werden müssen.

Zu 8. Antriebsgeräte für Trennschalter.

Einpolige Trennschalter werden mittels Schaltstange betätigt, dreipolige können mittels Steigbügel oder Handräder bzw. von dem Schaltdienstraum aus über ein besonderes Antriebsgerät bedient werden.

Zu 9. Überstrom- und Relaisschutz.

Für Generatoren bis etwa 5000 kVA genügt in der Regel ein normaler dreipoliger Überstromschutz durch Überstrom-Auslöser oder Relais. Größere Generatoren erhalten entsprechend ihres Wertes eine umfangreichere Schutzeinrichtung, die im Abschnitt Generatorschutz eingehend behandelt ist (VI, 47, 48, 49)[1].

Zu 10. Warnlampen.

Ist die Stellung der Trennschalter von den zugehörigen Ölschalterzellen aus nicht sichtbar, so muß eine brennende Lampe die Ausschaltstellung der Trennschalter hier anzeigen. Bei einpoligen Trennschaltern erhalten dann alle drei Trennschalter Meldeschalter, die in Reihe geschaltet werden, damit erst bei Abschaltung aller Phasen die Lampe brennt.

Auch an den Trennschalterzellen werden, wenn die Ölschalterstellung von hier nicht gesehen werden kann, Meldelampen mit der Aufschrift „Ölschalter aus" verwendet, um vor Schalten unter Last zu warnen. Die Hellschaltung der Lampen wird gewählt, da bei Dunkelschaltung durch Störungen im Meldestromkreis verhängnisvolle Falschmeldungen entstehen.

Zu 11. Strommesser.

Die Verwendung nur eines Strommessers ist in kleinen Drehstromzentralen üblich, obgleich dies eigentlich gleichbelastete Phasen voraussetzt, was in den seltensten Fällen zutrifft. In Großkraftwerken erhält jede Phase einen besonderen Strommesser, wodurch Störungen oder einseitige Belastungen im Netz oder im Generator sofort erkennbar sind.

Zu 12. Leistungszeiger.

Die Leistungszeiger zeigen die Wirklast, bei Drehstrom $N = E \cdot J \cdot \cos\varphi \cdot \sqrt{3}$, bzw. die Blindlast, bei Drehstrom $BkW = E \cdot J \cdot \sin\varphi \cdot \sqrt{3}$, an.

Zu 14. Strom- und Spannungswandler[2].

Meßwandler sind kleine Leistungstransformatoren und ermöglichen es, die Schalttafel von gefährlicher Spannung und von hohen Strömen, die entsprechend starke Leiterquerschnitte bedingen, frei zu halten.

Die Spannungswandler transformieren die Hochspannung auf normal 100 bzw. 110 V Meßspannung und müssen für alle Spannungen über 500 V verwendet werden.

Die Stromwandler haben normal 5 A sekundären Nennstrom und müssen bei Strömen über 350 A benutzt werden.

Außerdem sind Stromwandler stets erforderlich, wenn die Schaltanlage von der Schalttafel räumlich getrennt ist.

Bei geeigneter Auswahl der Wandler lassen sich mehrere Meßgeräte an ein und dieselben Meßwandler legen.

[1] Ein genauer Generatorschutz ist das Buchholz-Schutzgerät (vgl. Transf.-Schutz, S. 66 u. ETZ 1929, S. 1016).

[2] Siehe Meßwandler, Abschnitt XV und XVI.

Die Stromwandler sollen auftretende Kurzschlußströme ohne Schaden aushalten können. Für Leistungsmessung genügen in dreipoligen Netzen zwei Stromwandler sowie zwei Spannungswandler in V-Schaltung.

Die Spannungswandler müssen auf der Sekundärseite gesichert werden.

Alle Meßwandler sollen sekundärseitig einpolig geerdet werden, um Meßleitungen und Meßgeräte vor Hochspannung zu schützen.

c) Der Parallelbetrieb.

Zu 15. Parallelschalteinrichtung.

Bevor Wechselstromgeneratoren gemeinsam die Energielieferung aufnehmen können müssen sie parallel geschaltet werden. Das ist nur möglich, wenn ihre Spannungsvektorer jederzeit nach Größe und Richtung übereinstimmen, d. h. wenn die Maschinen synchror und phasengleich sind.

Die Frequenzgleiche wird mit dem Doppelfrequenzmesser festgestellt und durcl die Umdrehungszahl der Antriebsmaschine geregelt.

Die Größe der Spannungen wird an zwei Spannungsmessern oder an einem Doppel voltmeter verglichen und durch die Erregung verändert.

Die Spannungsrichtung oder die Phasengleiche wird von der Phasenlampe und den ihr parallel geschalteten Voltmeter angezeigt.

In Deutschland ist infolge der vom VDE vorgeschriebenen sekundären Erdung de Spannungswandler die sog. ,,Dunkelschaltung" üblich. Wie Abb. 126 zeigt, erlischt be

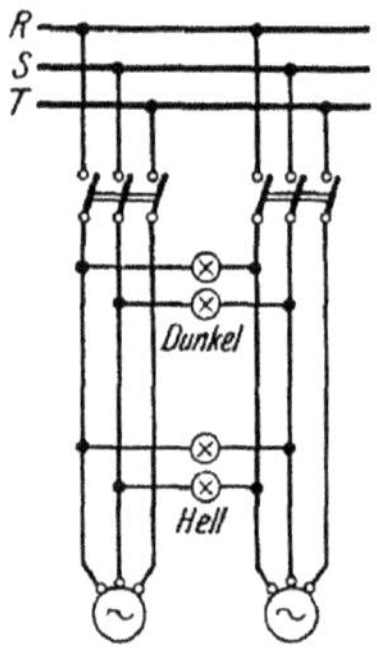

Abb. 126. Dunkel- und Hellschaltung.

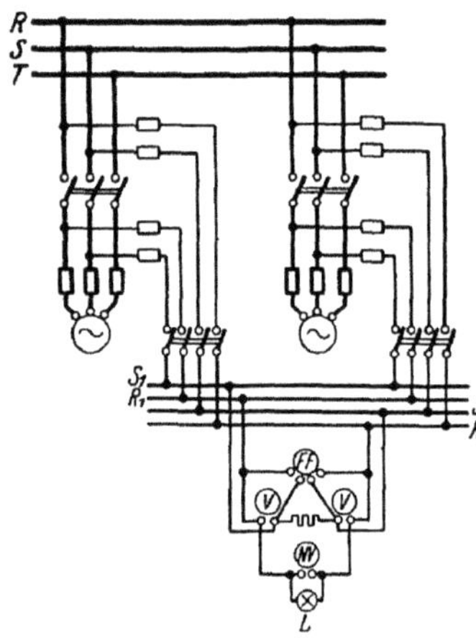

Abb. 127. Parallelschalteinrichtung für Spannungen bis 220 V ohne Nulleiter.

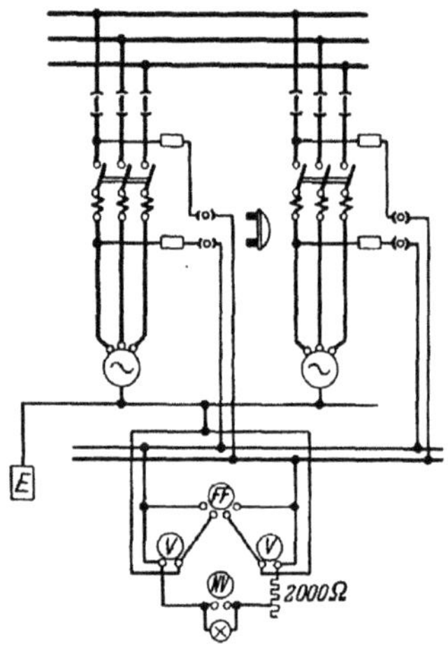

Abb. 128. Parallelschalteinrichtung für 380 V mit Nulleiter.

Phasengleiche die Lampe, und das Nullvoltmeter steht auf Null. Die ,,Hellschaltung dagegen hat bei leuchtender Lampe Phasengleiche. Die Synchronisierinstrumente ur Phasenlampe werden, um von allen Seiten gut sichtbar zu sein, oft auf einen verstel baren Wandarm gesetzt.

Ein Satz Stöpselumschalter für jeden Generator schaltet die Synchronisiereinrichtur in den Spannungskreis des zuzuschaltenden Generators. Bei höheren Spannungen a 220 V bzw. 380/220 V sind die Meßspannungen Spannungswandlern, an welche au(andere Meßgeräte angeschlossen sein können, zu entnehmen.

Für Spannungen bis 220 V ohne Nulleiter zeigt Abb. 127 die Schaltung, bei welch die Phasenvergleichung zu beiden Seiten des Leistungsschalters erfolgt. Zur Umschaltu1 der einzelnen Stromkreise auf die gemeinsame Meßeinrichtung dienen vierpolige Wäl schalter mit einem einzigen (nur in der Nullstellung aufsteckbaren) Handgriff für d gesamte Anlage oder vierpolige Stöpselumschalter mit nur einem Stöpsel, um Fehlschaltungen auszuschließen.

Für 380 V mit Nulleiter, Abb. 128, gestaltet sich die Schaltung einfacher, da der Nulleiter als zweiter Pol benutzt wird. Ein zweipoliger Wählschalter oder Stöpselumschalter genügt hier.

Von der Mannigfaltigkeit der Synchronisierschaltungen für Hochspannung mit Spannungswandlern ist eine vielbenutzte Schaltung in Abb. 128 dargestellt, bei welcher die Spannungen direkt an den Stromerzeugern bzw. an den Speiseleitungen verglichen werden. Die Meßleitungen werden hier über Hilfsschalter der Trennschalter geführt, und zwar 1., um das richtige Sammelschienensystem zu wählen, und 2., um bei abgetrenntem Stromkreis gegen Rückspannung durch den Spannungswandler gesichert zu sein. Aus dem letzten Grund sind auch bei Einfach-Sammelschienen-Systemen an den Trennschaltern Hilfsschalter nötig.

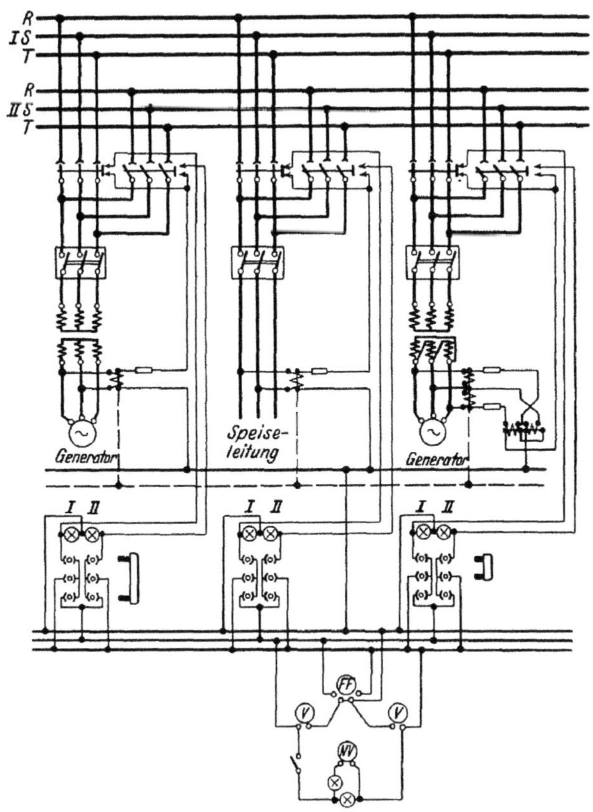

Abb. 129. Parallelschalteinrichtung für Doppelsammelschienen.

Treffen in einer Zentrale sternsterngeschaltete Transformatoren mit Transformatoren zusammen, bei denen durch die Transformierung eine Phasenverdrehung von 30° stattfindet, wie z. B. bei der Dreieck-Sternschaltung, so muß diese Drehung (zweckmäßig an den in der Minderheit befindlichen Transformatoren) ausgeglichen werden, was durch zwei Hilfswandler mit Übersetzung 100/63 V, wie dies Abb. 129 dartut, geschehen kann.

Dreipolige Stöpselumschalter mit je einem (für die gesamte Anlage dienenden) langen und kurzen Stöpsel oder entsprechende Wählschalter können jeden einzelnen Generator an die Meßgeräte legen, deren Nullvoltmeter und Lampe noch besonders abschaltbar sind, damit sie bei Betrieb nur eines Generators nicht unter Spannung bleiben.

Zu 16. Synchronoskop.

Ein weiteres Hilfsmittel für sauberes Parallelschalten ist das Synchronoskop, das durch einen umlaufenden Zeiger die Frequenzunterschiede und beim Durchgang des Zeigers durch die Mittelstellung Phasengleichheit anzeigt. Das Schaltbild, Abb. 130, gibt die Schaltung des AEG-Synchronoskops wieder, bei welchem zwei Triebmagnete die Zeigerscheibe drehen und bei dem eine Lampe, die an einem kleinen Transformator liegt, während der Phasengleiche hell brennt, damit nur jetzt das Spiel des von ihr beleuchteten Zeigers auf der davorliegenden Mattscheibe erkenntlich ist.

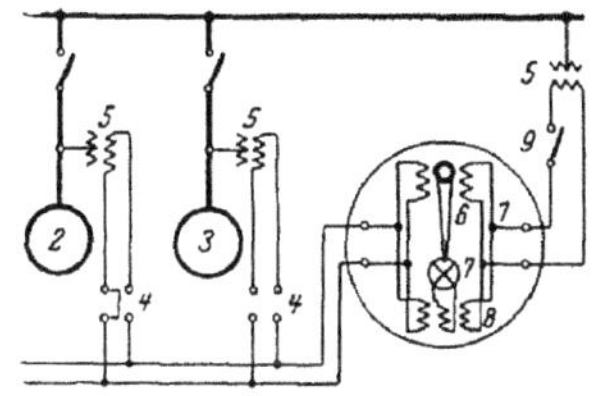

Abb. 130. Schaltbild des AEG.-Synchronoskopes.

1 Synchronoskop, 2 u. 3 Generatoren, 4 Steckvorrichtungen, 5 Spannungswandler, 6 Wattmetrisches Triebsystem, 7 Glühlampe, 8 Transformator, 9 Ausschalter.

Zu 17. Selbsttätige Parallelschalteinrichtung.

Eine selbsttätige Parallelschalteinrichtung, deren Relais die Phasengleichheit feststellen und die Einschaltung veranlassen, wird in Zentralen nur selten angewendet, da sie die Schalttafelwärter verwöhnt. Sie ist bei ungeschulten Schalttafelwärtern und in bedienungslosen Anlagen von Vorteil. Zum Schutz großer Generatoren gegen fehlerhaftes Synchronisieren kann eine sog. Synchronisiersperre verwendet werden.

Zu 18. Drehzahlversteller.

Sind die Generatoren parallel geschaltet, so wird die Belastung verteilt. Dies geschieht nicht wie bei Gleichstrom durch die Erregung, sondern durch die Drehzahlregelung der Antriebsmaschinen. Sie kann von Hand oder selbsttätig durch einen besonderen Drehzahlversteller erfolgen, dessen Elektromotor auf die Einstellspindel des Reglers der Antriebsmaschine wirkt und der von einem Umschalter auf der Schalttafel gesteuert wird. Der Umschalter ist so durchgebildet, daß er beim Loslassen des Handgriffes wieder in die Ausschaltstellung zurückkehrt.

Der Drehzahlversteller ist unentbehrlich in kleinen Anlagen, wo der Maschinist gleichzeitig die Schalttafel bedienen muß, sowie in großen Zentralen, wo die örtliche Lage des Schaltdienstraumes eine mündliche oder Zeichen-Verständigung zwischen Schaltmeister und Maschinisten unmöglich macht.

In großen Zentralen hat der Schaltdienstleiter durch die Drehzahlversteller die alleinige Gewalt über die Lastverteilung und die Belastung der Generatoren. Den Maschinisten obliegt dann nur, für den tadellosen Gang der Antriebsmaschinen zu sorgen. In größeren Werken pflegt man die Drehzahl der Generatoren durch registrierende Instrumente aufzuzeichnen, um jederzeit eine Kontrolle und bei etwaigen Schäden an den Antriebsmaschinen für die Versicherungsgesellschaft einen Nachweis über die Drehzahl zu haben.

Zu 19. Blindleistungsmesser.

Die saubere Lastverteilung in Großkraftwerken rechtfertigt den Einbau von Meßgeräten, die kleine Werke entbehren können. Die Angabe des Erregerstrommessers erfordert eine jedesmalige Überlegung oder Einsicht in eine Tabelle, bevor der Erregerstrom richtig eingestellt werden kann. Die richtige Erregung für jede Belastung wird viel schneller durch einen Blindleistungsmesser erkannt, der die wattlosen Volt-Ampere der Generatoren anzeigt.

In Großkraftwerken erhält der Lastverteiler fernanzeigende Blindlastmesser auf das Schaltpult.

Zu 20. Leistungsfaktormesser.

Die Leistungsfaktormesser zeigen den $\cos \varphi$ eines jeden Generators an und tragen zur Vermeidung von Querströmen zwischen den einzelnen Maschinen bei.

Für die Betriebsüberwachung ist die Registrierung des Leistungsfaktors wichtig.

Zu 21. Summenmessung.

Manchem Betriebsleiter ist es erwünscht, jederzeit über die Gesamtbelastung seines Werkes unterrichtet zu sein, ohne die Einzelleistungen der Maschinen zusammenzählen zu müssen. Die hierzu erforderliche Summenmessung muß alle Erzeugerstromkreise umfassen. Das einfachste ist, die Generatoren über Sammelschienen-Stromwandler mit den Verbrauchern zu verbinden, Abb. 131, doch ist diese Anordnung nur bei kleinen Stromstärken empfehlenswert, da bei großen Strömen sich sehr starke Kupferquerschnitte ergeben. Auch die folgende Schaltung, Abb. 132, mit besonderen Erzeuger- und Verbraucher-Sammelschienen hat denselben Nachteil, der in der nächsten Abb. 133 durch zwei Sammelschienen-Verbindungsleitungen mit Stromwandlern, die sekundär mit 2,5 A Nennstrom ihre Meßströme auf einen gemeinschaftlichen Leistungszeiger mit 5 A Nennstrom addieren, etwas gemildert wird. Eine günstigere Anordnung der Stromkreise in bezug auf Sammelschienenkupfer erlaubt die Summenmessung gemäß Abb. 134, bei welcher der Summenstrom durch eine vierte und fünfte Sammelschiene fließt, welche mit ihren zugehörigen Hauptschienen, nur leicht gegen sie isoliert, auf denselben Stützern befestigt werden. Da diese Summenmessungen sämtlich an den Sammelschienen liegen, haben sie zur Voraussetzung, daß der Zentralenleistung entsprechend kurzschlußfeste Stromwandler verwendet werden, weil andernfalls die Sammelschienen gefährdet würden.

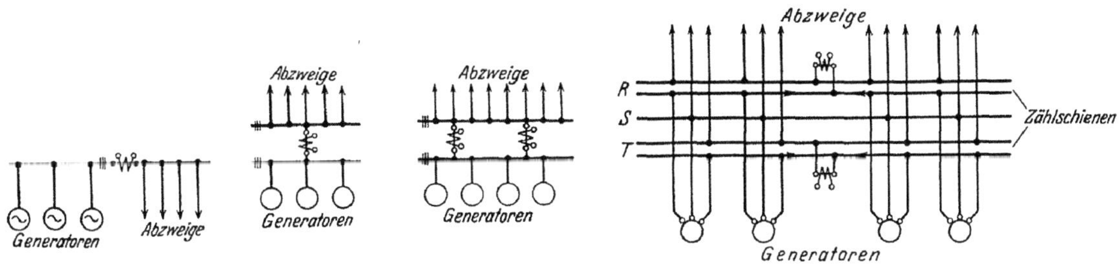

Abb. 131. Abb. 132. Abb. 133. Abb. 134.

Abb. 131 bis 134. Schaltungen für Summenmessung.

Soll die Summenmessung Doppel-Sammelschienen umfassen, so erhält der Leistungszeiger zwei getrennte Meßsysteme auf gemeinsamer Achse. Eine solche mechanische Addition durch den Leistungszeiger läßt sich auch in Zentralen mit einer nicht übermäßig großen Anzahl Generatoren anwenden, wodurch Stromwandler in den Sammelschienen vermieden werden.

Eine Summenmessung, die auf einen Summenstromwandler die Einzelmeßströme der Generatoren addiert, bedingt Stromwandler mit gleichen Charakteristiken.

Neuerdings ist eine Summenmessung durch Impulsströme ausgebildet[1].

Die Summenmessung läßt sich natürlich auch für Zählung und andere elektrische Größen anwenden.

Zu 22. Registrierende und zählende Instrumente.

Für die Zuverlässigkeitsprüfung seiner Mannschaft, für Berechnungen über Wirtschaftlichkeit u. a. dienen dem Betriebsleiter registrierende und zählende Instrumente, die auf Kurvenblättern selbsttätig die jeweiligen Werte des Stromes, der Spannung, der Leistung, des Leistungsfaktors und andere Größen aufzeichnen.

Zu 23. Erdschlußprüfer.

Um den Isolationszustand der Drehstromanlage zu überwachen, werden drei Spannungsmesser, vgl. Abb. 87, zwischen die einzelnen Phasen und Erde geschaltet. Ist in einer Leitung Erdschluß, so zeigt der an sie angeschlossene Spannungsmesser auf Null. Bei richtiger Isolation zeigen die Spannungsmesser die Phasenspannung an. In Hochspannungsanlagen müssen die Instrumente an eine Drosselspule oder an drei Einphasenspannungswandler angeschlossen werden, vgl. Erdschlußschutz. Bei widerstandslos geerdeten Generatoren ist diese Erdschlußprüfung nicht anwendbar.

Zu 24. Sammelschienenvoltmeter.

Manchen Betriebsleitern sind Spannungsmesser an jedem Sammelschienensystem erwünscht. Die erforderliche Meßspannung kann den Spannungswandlern für den Erdschlußprüfer entnommen werden.

[1] Schleicher: Fernübertragung von Meßwerten auf Leitungen beliebiger Art und Länge. Siemens Zeitschrift 1929, Heft 3 und 4.

Zu 25. Melde- und Kommandogeräte.

In größeren Kraftwerken werden, um schnell den Betriebszustand der Anlage überblicken zu können, Schaltstellungszeiger oder Meldelampen für alle Schalter und Trennschalter in ein kleines Schaltbild, das dem Hauptschaltbild genau nachgebildet ist, das Blindschaltbild, eingebaut. Eine Reihe weiterer Verständigungsmittel mit dem Schalt-, dem Maschinen- und dem Kesselhaus werden in Kommandogeräten und in akustischen Signalen zusammengefaßt. Zu den Meldegeräten gehört auch die Temperatur meßeinrichtung, welche den Wärmezustand der Maschinen und Transformatoren anzeigt Eine eingehende Besprechung erfolgt in dem betreffenden Abschnitt XVII, S. 146.

Zu 26. Überspannungsschutz.

Die Überspannungsschutzeinrichtung soll auftretende Überspannungen vernichten, ehe sie Schaden an Geräten und Maschinen anrichten können. Der Überspannungsschutz kann, wie schon gesagt, nur unter Berücksichtigung des gesamten Netzes gewählt werden (vgl. Abschnitt VII).

60. Abzweige für Eigenbedarf.

Die Abzweige für den Eigenbedarf des Kraftwerkes erhalten:

1. 1 Leistungsschalter mit Antriebsgerät.
2. Trennschalter nach Bedarf.
3. 1 Wechselstrommesser.
4. Wahlweise 1 Leistungsfaktormesser.
5. Wahlweise 1 Zähler.
6. Erforderliche Strom- und Spannungs-Wandler.
7. Warnlampen, falls erforderlich.
8. Überstrom- und Relais-Schutz.

Der Einbau eines $\cos\varphi$-Zeigers für jeden Abzweig ist in größeren Werken wünschens wert, da ein schlechter Leistungsfaktor die Leistungsfähigkeit der Generatoren, di meist für $\cos\varphi = 0{,}8$ gebaut werden, herabdrückt.

Die für den Betrieb wichtigen Motoren, z. B. für Kondensation, für Speisewasser pumpen u. a., sind so zu schalten, daß ihre Stromlieferung stets sichergestellt ist, bei spielsweise über zwei parallele Kabel.

Ein einziger Abzweig kann natürlich auch für eine Gruppe von Motoren dienen die dann in ihrer Nähe eine gekapselte Verteileranlage erhalten. Führen zwei Kabe von dem Kraftwerk an gemeinschaftliche Verteiler-Sammelschienen, so müssen die Kabe im Kraftwerk durch Trennschalter abtrennbar sein, damit ihre Ölschalter der Prüfung zugänglich sind. An den Verteiler-Sammelschienen genügen für den Anschluß der Kabe Trennschalter, doch werden der Wichtigkeit des Eigenbedarfes entsprechend besse Leistungsschalter vorgesehen.

Speisen die Abzweige mehrere parallel arbeitende Eigenbedarfs-Transformatoren Abb. 135, so erhalten diese beiderseitig Leistungsschalter, damit schadhafte Transforma toren für sich allein abschaltbar sind.

Die Abb. 136 zeigt den Anschluß eines Ladeaggregates mit zugehöriger Akkumulatoren Batterie. Eine Batterie stellt eine vorzügliche Reserve dar und wird deshalb, wenn irgend angängig, selbst in kleinen Zentralen aufgestellt, die keinerlei sonstige Reserve, beispiels weise durch Anschluß an ein Überlandnetz, haben. An die Gleichstrom-Sammelschienen werden dann folgende Stromkreise angeschlossen:

1. Die Notbeleuchtung, welche durch einen selbsttätigen Spannungsrückgangsschalte von Drehstrom auf Gleichstrom geschaltet wird.
2. Die Drehzahlversteller für die Antriebsmaschinen.
3. Die Ölschalterfernantriebe.
4. Die Relais.
5. Die Warn- und Melde-Lampen.
6. Die Kommandoanlage.

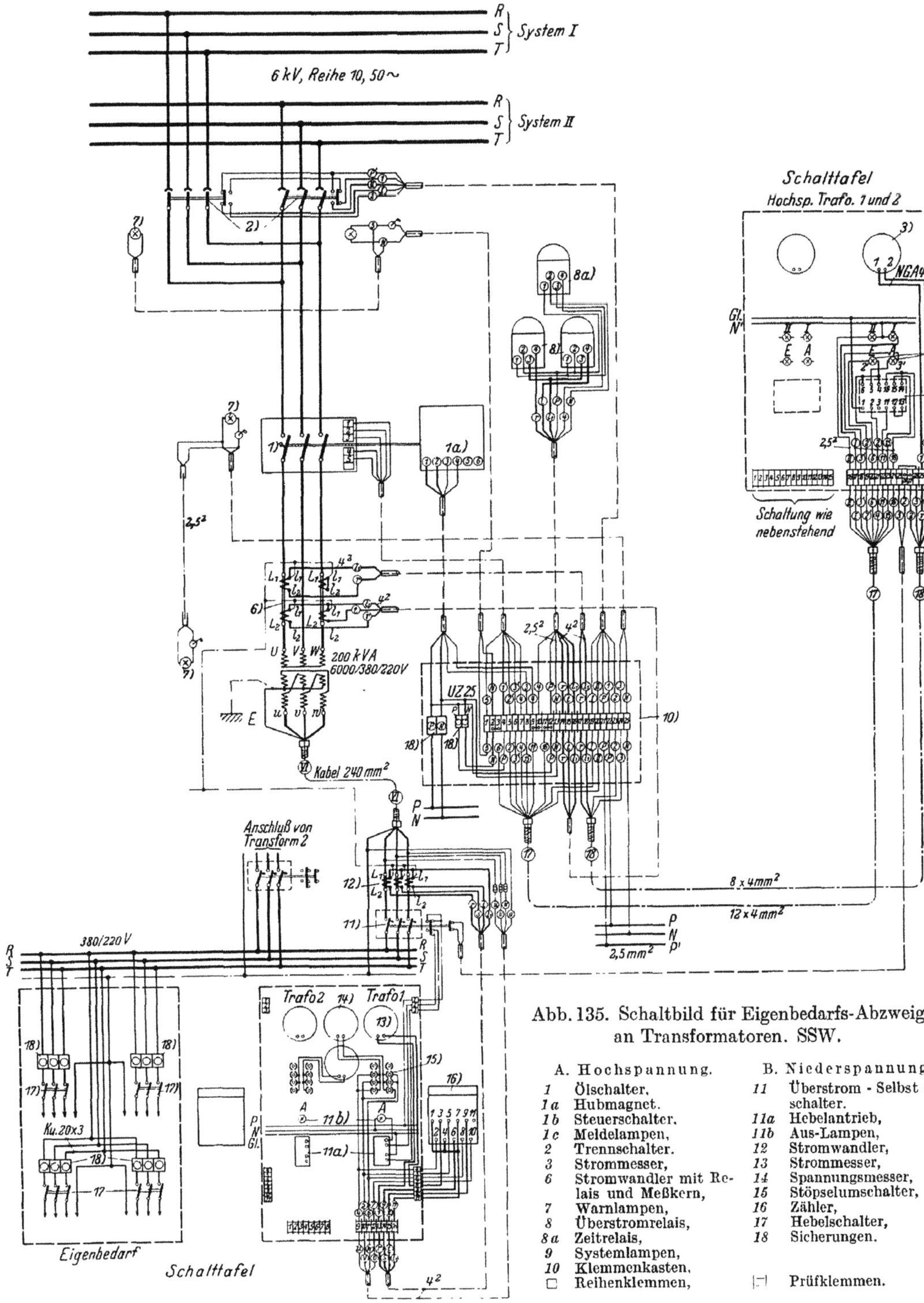

Abb. 135. Schaltbild für Eigenbedarfs-Abzweige an Transformatoren. SSW.

A. Hochspannung.

- *1* Ölschalter.
- *1a* Hubmagnet.
- *1b* Steuerschalter.
- *1c* Meldelampen,
- *2* Trennschalter.
- *3* Strommesser,
- *6* Stromwandler mit Relais und Meßkern,
- *7* Warnlampen,
- *8* Überstromrelais,
- *8a* Zeitrelais,
- *9* Systemlampen,
- *10* Klemmenkasten,
- □ Reihenklemmen,

B. Niederspannung.

- *11* Überstrom - Selbstschalter.
- *11a* Hebelantrieb,
- *11b* Aus-Lampen,
- *12* Stromwandler,
- *13* Strommesser,
- *14* Spannungsmesser,
- *15* Stöpselumschalter,
- *16* Zähler,
- *17* Hebelschalter,
- *18* Sicherungen.
- |⁻| Prüfklemmen.

Für das Ladeaggregat (bei kleinen Batterien Reihenschlußmotor-Generator) und die Batterie sind folgende Apparate und Instrumente erforderlich.

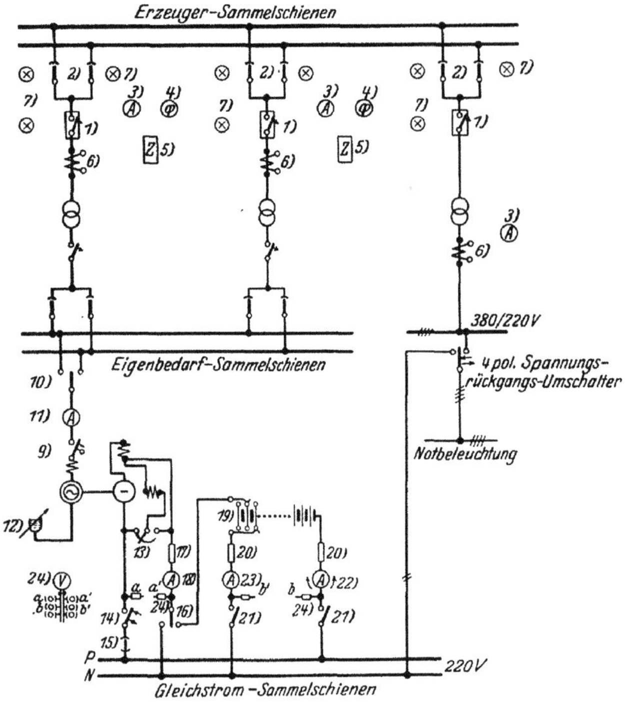

Abb. 136. Schaltbild für Ladeaggregat und Batterie.

a) Für den Motor.

9. Leistungsschalter mit Überstrom- und Nullspannungs-Auslösung und Antriebsgerät.
10. Trenn- oder Trennumschalter nach Bedarf.
11. Falls gewünscht 1 Strommesser.
12. Der Anlasser gehört zum Motor und wird in seiner Nähe aufgestellt.

b) Für den Gleichstromgenerator.

13. 1 Handrad für den Nebenschlußregler.
14. 1 einpoliger Überstrom-Rückstrom-Selbstschalter.
15. 1 Trennschalter (erwünscht).
16. 1 Hebelumschalter.
17. 1 einpolige Sicherung.
18. 1 Strommesser.

c) Für die Batterie.

19. 1 Einfach- bzw. Doppel-Zellenschalter.
20. 2 Sicherungen.
21. 2 einpolige Hebelschalter.
22. 1 Strommesser mit doppelseitigem Ausschlag.
23. 1 Strommesser nur bei Doppelzellenschalter.
24. 1 Spannungsmesser (Drehspul-) mit Sicherungen und Umschalter für zwei Stromkreise.

Die Zellenzahl der Batterie wird nach der Spannung am Ende der Entladung berechnet. Für 110 V sind z. B. $\frac{110}{1,83} = 60$ Zellen erforderlich. Die Entladespannung wird durch einen Zellenschalter reguliert, bei 110 V muß er $60 - \frac{110}{2,1} + 1 = 9$ Kontakte haben; bei 220 V pflegt man je 2 Zellen zwischen 2 Zellenschalterkontakte zu legen. Der Ladehebel muß bei 110 V $60 - \frac{110}{2,75} + 1 \doteq 21$ Kontakte haben. Soll die Batterie auch während der Ladung Strom liefern, so wird ein Doppelzellenschalter, der Lade- und Entladehebel in sich vereinigt, vorgesehen.

61. Fernleitungen zu Unterwerken und anderen Kraftwerken. Abb. 137.

Erforderlich sind:

1. 1 Ölschalter mit Antriebsgerät.
2. Trennschalter nach Bedarf.
3. 1 Strommesser bzw. 3 Strommesser.
4. Wahlweise 1 Leistungsmesser.
5. Wahlweise 1 Leistungsfaktormesser.

6. Wahlweise 1 Spannungsmesser.
7. Wahlweise 1 Zähler bzw. 2 Zähler mit Hemmwerk.
8. 1 Satz Synchronisierstöpsel-Umschalter nur für Leitungen von anderen Kraftwerken.

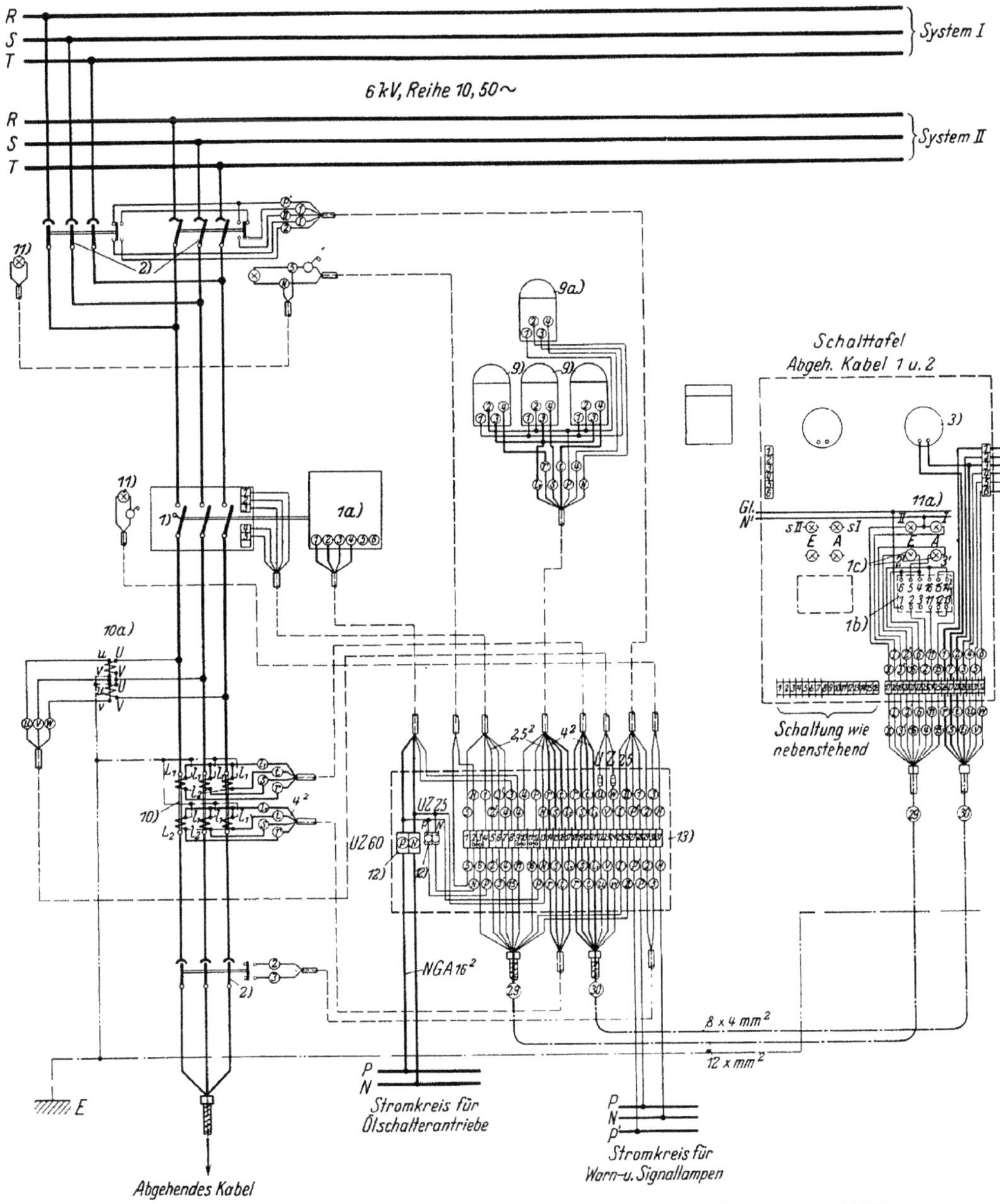

Abb. 137. Schaltbild für eine Fernleitung zu einem Unterwerk. SSW.

- *1* Ölschalter,
- *1a* Hubmagnet.
- *1b* Steuerschalter,
- *1c* Meldelampen,
- *2* Trennschalter,
- *3* Strommesser,
- *7* Zähler,
- *9* Überstromrelais,
- *9a* Zeitrelais,
- *10* Stromwandler,
- *10a* Spannungswandler,
- *11* Warnlampen,
- *11a* Systemlampen,
- *12* Sicherungen,
- *13* Klemmenkasten,
- | Reihenklemmen,
- ⁚ Prüfklemmen.

9. Überstrom- bzw. Relais-Schutz.
10. Erforderliche Meßwandler.
11. Gefahr- und Melde-Lampen.

Der Überstromschutz für Fernleitungen bedingt eine eingehende Überlegung und ist in dem Kapitel „Relaisschutz“ besprochen.

Für Fernleitungen, besonders für Freileitungen, sollten stets drei Strommesser vorgesehen werden, da sie eine Störung in der Stromversorgung sofort erkennen lassen.

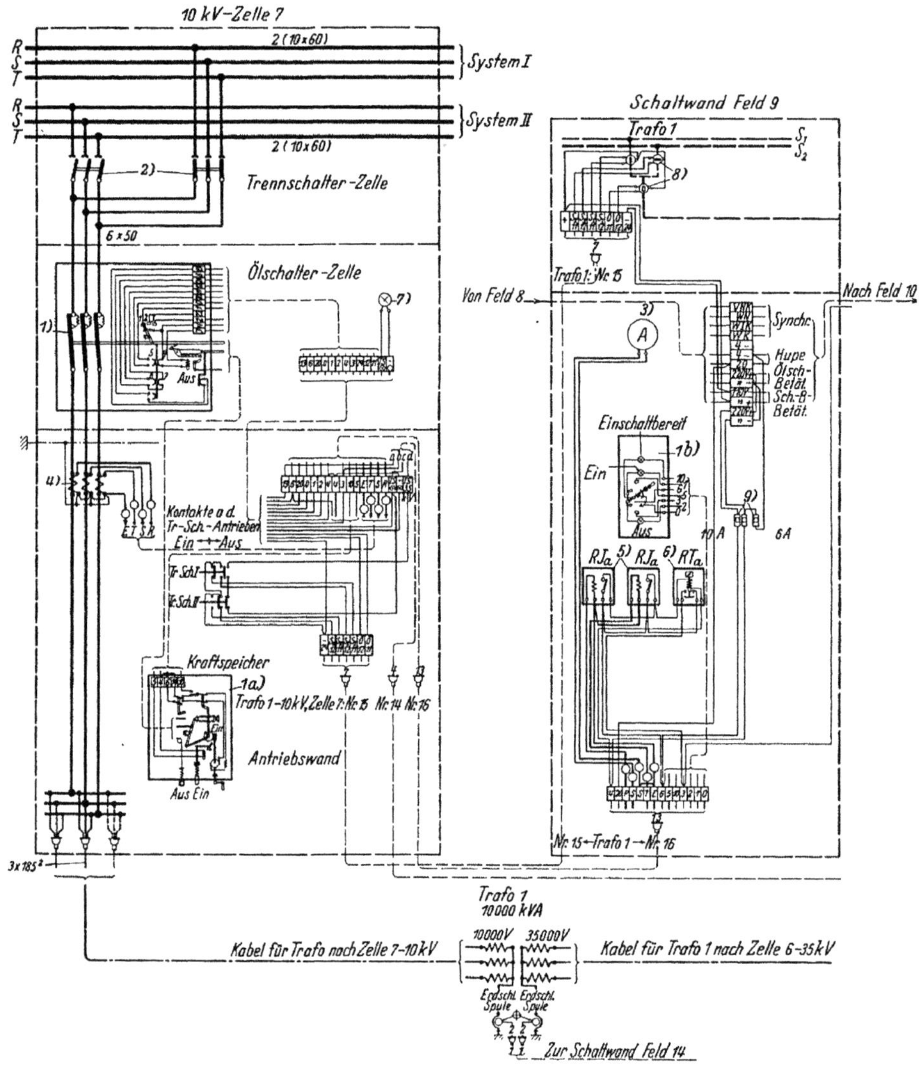

Abb. 138. Schaltbild für parallele

1 Ölschalter,
1a Kraftspeicher-Antriebsgerät,
1b Steuerschalter,
2 Trennschalter,
3 Strommesser,
4 Stromwandler,

Für die Verbindungsleitungen mit anderen Kraftwerken müssen bei Energiefluß in beiden Richtungen die Leistungsmesser Skala mit doppelseitigem Ausschlag, und die zwei Zähler für Strom-Lieferung und -Bezug Hemmwerke erhalten.

Ein $\cos\varphi$-Messer ist für Fernleitungen sehr erwünscht, da er unmittelbar erkennen läßt, in welchem Netzteil für die Verbesserung des Leistungsfaktors etwas getan werden muß.

Die Spannungsmesser sind hier im wesentlichen überflüssig. Für das Parallelschalten des fernen Kraftwerkes mit der Zentrale genügen Spannungsstöpsel an den Spannungswandlern. Liegen zwischen den spannungsvergleichenden Spannungswandlern Leistungstransformatoren verschiedener Schaltart, so ist darauf zu achten, daß eine etwaige Phasenverschiebung von 30° durch zusätzliche Spannungswandler ausgeglichen wird, wie es das Parallelschaltbild, Abb. 129, zeigt.

Werden die Fernleitungen über mehrere Transformatoren gespeist, die an die Erzeuger- und an die Hochvolt-Schienen angeschlossen sind, so ist zu beachten, daß ein Parallelbetrieb dieser Transformatoren nur möglich ist, wenn bestimmte Bedingungen erfüllt werden, welche in dem Abschnitt (IX, 64) über Auswahl der Transformatoren angegeben sind.

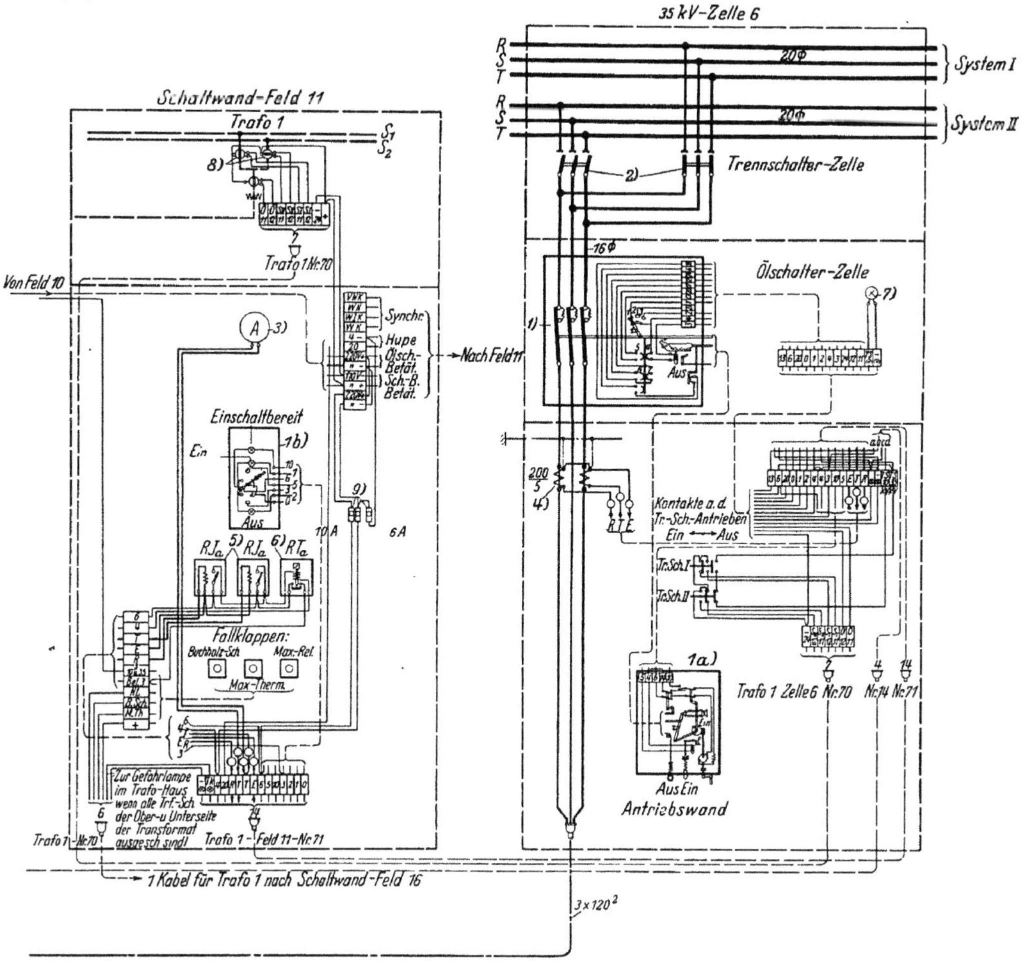

Transformatoren. V & H.

5 Überstrom-Relais,
6 Zeitrelais,
7 Warnlampen,
8 Schauzeichen,
9 Sicherungen.

Abb. 138 zeigt ein Ausführungsschaltbild für einen Transformator, welcher mit anderen parallel auf gleiche Sammelschienen arbeitet. Durch gestrichelte Linien sind die Geräte, welche räumlich zusammenliegen, eingerahmt. So befinden sich beispielsweise an der Antriebswand für den Ölschalter außer den Antriebsgeräten für die Trennschalter die Stromwandler und ein Satz Reihenklemmen, an die sämtliche zu dem Stromkreis gehörenden Meß-, Steuer- und Meldeleitungen angeschlossen sind.

Die Transformatoren sind beiderseitig durch Vorstufenölschalter mit Schutzwiderständen geschützt. Die Verwendung solcher Schalter empfiehlt der VDE:

1. für das Erregen und Entregen von Transformatoren über 2000 kVA;
2. für Asynchronmotoren bei höherer Nennspannung als 3 kV, wenn die Motorleistung in kW zahlenmäßig kleiner als 10 E^2 (E in kV) ist;
3. für Freileitungen über 50 kV;
4. für Kabel über 20 kV;
5. für Freileitungen und Kabel unter obigen Werten, falls die Ladeleistung der geschalteten Leitung größer als ein Zehntel der kleinsten speisenden Kraftwerkleistung ist.

Über den Wert der Schutzwiderstände gehen die Meinungen neuerdings auseinander. Viele Betriebsleiter sind dafür, Schutzwiderstände, welche in manchen Fällen zu Schäden Anlaß gegeben haben, gänzlich fortzulassen.

62. Der Synchronmotor.

a) Für den Wechselstromkreis ist erforderlich:

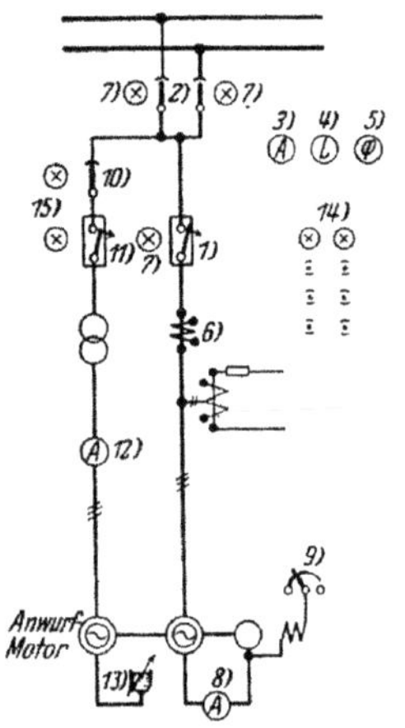

Abb. 139. Anlassen des Synchronmotors durch einen Anwurfmotor.

1. 1 Leistungsschalter mit Antriebsgerät und Überstrom- bzw. Relais-Schutz.
2. Trennschalter nach Bedarf.
3. 1 Wechselstrommesser.
4. Wahlweise 1 Leistungsmesser.
5. Wahlweise 1 Leistungsfaktormesser.
6. Erforderliche Strom- und Spannungswandler.
7. Warn- und Meldelampen.

b) Für den Erregerstromkreis ist erforderlich:

8. 1 Erregerstrommesser.
9. 1 Reglerantrieb.

c) Der Anlaßstromkreis.

Das Anlassen des Synchronmotors kann auf viererlei Art erfolgen:

a) Durch einen besonderen asynchronen Anwurfmotor, der als Schleifringmotor mit Läuferanlasser angelassen wird, Abb. 139.

Der Anlaßstromkreis erhält:

10. Falls erforderlich Trennschalter.
11. 1 Leistungsschalter mit Überstrom-Schutz und Antriebsgerät.
12. 1 Strommesser mitetwaigem Stromwandler.
13. 1 Anlasser, der in der Nähe des Motors aufgestellt und für größere Motoren von einem Steuerschalter auf der Schalttafel elektrisch geschaltet wird.
14. 1 Synchronisiereinrichtung mit etwaigem Spannungswandler.
15. Warnlampen.

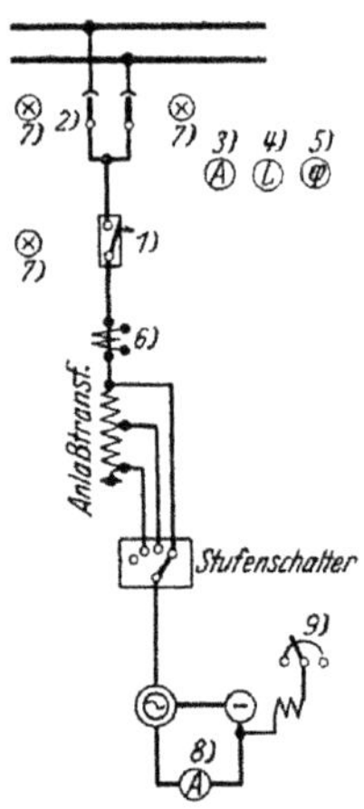

Abb. 140. Asynchrones Anlassen des Synchronmotors mit Teilspannung.

b) Durch einen Anlaßtransformator mit Stufenschalter, der den Motor mit Teilspannung in Synchronismus bringt, Abb. 140.

c) In einer Sonderausführung wird der Synchronmotor mit Schleifringen ausgerüstet und läuft wie ein Asynchronmotor durch den Läuferanlasser an.

d) Falls eine Gleichstromquelle zur Verfügung steht, kann der Synchronmotor durch seine eigene Erregermaschine mit einem Gleichstromanlasser angelassen werden: er muß jetzt vor dem Parallelschalten synchronisiert werden. Der Erregerstromkreis erhält einen Umschalter.

Der Leistungsmesser kann, wenn gewünscht, durch einen Umschalter so geschaltet werden, daß er einmal die Wirklast und umgeschaltet die Blindlast anzeigt.

Der Leistungsfaktormesser erhält Skala für induktiven und kapazitativen $\cos\varphi$, damit die erforderliche Blindlastabgabe eingestellt werden kann.

Der Erregerstrommesser erleichtert die richtige Feldeinstellung, welche für den garantierten Wirkungsgrad erforderlich ist.

Der Synchronmotor als Phasenschieber.

a) Der Wechselstromkreis erhält:

1. 1 Leistungsschalter mit Antriebsgerät und Überstrom- bzw. Relaisschutz.
2. Trennschalter nach Bedarf.
3. 1 Wechselstrommesser.
4. 1 Blindleistungsmesser.
5. Erforderliche Strom- und Spannungswandler.
6. Warn- und Meldelampen.

b) Der Erregerstromkreis erhält dieselben Geräte wie der Synchronmotor.

c) Die Anlaß- und Synchronisiergeräte sind die gleichen wie bei dem Synchronmotor.

Obgleich die Geräte für den Phasenschieber die gleichen wie für den Synchronmotor sind, ist ihr Zweck ein anderer, da der Phasenschieber einmal den Leistungsfaktor für voreilenden oder für nacheilenden Strom verbessern soll, und zum anderen zur Spannungsregelung dienen kann. Deshalb ist außer dem Wechselstrom- und Erregerstrommesser ein Blindleistungsmesser mit doppelseitigem Ausschlag erforderlich.

Der Phasenschieber wird häufig mit einem Schnellregler versehen, um die Spannung und, wenn gewünscht, den $\cos\varphi$ selbsttätig konstant zu halten.

Auch Asynchronmaschinen werden neuerdings vielfach für die $\cos\varphi$-Verbesserung herangezogen. Sie erhalten dabei eine besondere Drehstromerregermaschine bzw. einen Erregertransformator.

63. Der Einankerumformer.

a) Der Wechselstromkreis (Abb. 141) erfordert:

1. Leistungsschalter mit Antriebsgerät und Überstrom- oder Relaisschutz.
2. Trennschalter nach Bedarf.
3. Wahlweise 1 Strommesser.
4. 1 Leistungsfaktormesser oder 1 Blindleistungsmesser.
5. Strom- und Spannungswandler nach Bedarf.
6. Warn- und Meldelampen nach Bedarf.

b) Der Gleichstromkreis erhält:

7. 1 Reglerantrieb.
8. 1 Überstrom-Rückstrom-Selbstschalter.
9. 1 Strommesser.
10. 1 Spannungsmesser.

Das Anlassen kann erfolgen:

a) Asynchron für Schleifringströme bis 3000 A und Kommutatorspannungen bis 800 V.

Erforderlich ist:

11. 1 Anlaßumschalter.

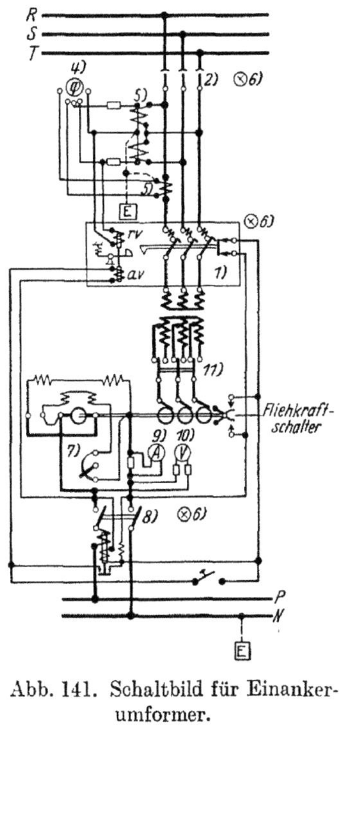

Abb. 141. Schaltbild für Einankerumformer.

b) Durch einen Drehstrom-Anwurfmotor. Apparate wie bei dem Synchronmotor.

c) Gleichstromseitig.

Erforderlich sind:

12. 1 Gleichstromanlasser.
13. 1 zweipoliger Umschalter.

Das feste Verhältnis der Gleich- und Wechselstrom-Spannungen in Einankerumformern bedingt in den weitaus meisten Fällen einen Transformator, welcher den vorhandenen Wechselstrom auf die gewünschte Spannung transformiert. Die Beziehungen zwischen den Strömen und Spannungen zeigt folgende Zahlentafel:

Zahlentafel Nr. 14. Abhängigkeit der Spannungen und Ströme.

Einphasenstrom	$Ew = 0{,}707\ E_g$	$Jw = 1{,}414\ J_g$
Zweiphasenstrom	$Ew = 0{,}707\ E_g$	$Jw = 0{,}707\ J_g$
Dreiphasenstrom	$Ew = 0{,}612\ E_g$	$Jw = 0{,}943\ J_g$
Sechsphasenstrom	$Ew = 0{,}354\ E_g$	$Jw = 0{,}472\ J_g$

Für gewöhnlich dient der Einankerumformer zum Erzeugen von Gleichstrom und läuft dann wechselstromseitig als Synchronmotor, dessen Erregerstrom keinen Einfluß auf Drehzahl und Spannung hat, sondern nur den Phasenwinkel zwischen Strom und Spannung verschiebt. Eine Spannungsänderung von ± 1 bis $\pm 2\%$ ist durch das Streufeld des Ankers möglich.

Ist eine größere Spannungsregelung gleichstromseitig erforderlich, so kann sie für kleine Umformer bis in Grenzen von $\pm 5\%$ durch Drosseln oder Streutransformatoren, das sind Transformatoren mit großer Streuung, erfolgen. Auch eine mit großem induktiven Spannungsabfall verlegte Leitung von dem Transformator zu dem Umformer erzielt dieselbe Wirkung. Der Phasenvoreilung erzeugende starke Erregerstrom hat eine Spannungserhöhung im Transformator und somit auch an den Kommutatorbürsten zur Folge. Ähnlich wirkt eine Drosselspule.

Soll die Spannung in größeren Grenzen regelbar sein, so kann dies durch Ausbildung des Haupttransformators als Reguliertransformator oder durch Einbau eines solchen bzw. eines Drehreglers zwischen Haupttransformator und Umformer erfolgen.

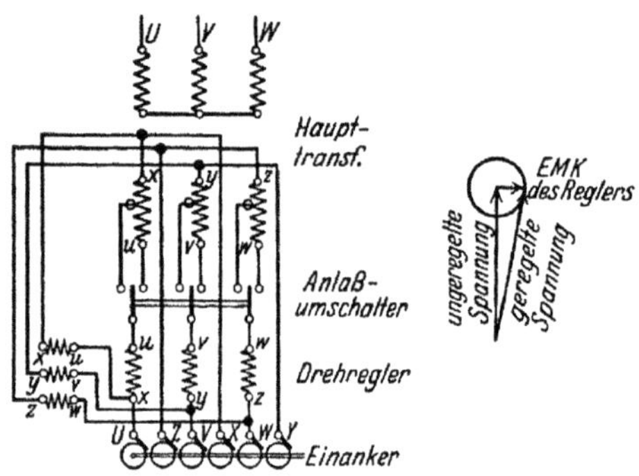

Abb. 142. Drehtransformator für Einankerumformer mit 6 Schleifringen.

Der Regeltransformator hat verschiedene Anzapfungen, die über einen Stufenschalter, der wie ein Zellenschalter gebaut ist, geschaltet werden.

Der Drehregler ist ein Asynchronmotor, dessen Läufer verstellbar ist. Die durch den Läufer phasenverschobene Spannung addiert sich geometrisch zu der zugeführten Spannung, Abb. 142.

Die Regelung auf konstante Gleichspannung kann durch Relais erfolgen, das den Drehregler oder bei Drosselspulenregelung den Nebenschlußregler betätigt.

Das wechselstromseitige Anlassen mit Teilspannung vom Haupttransformator bringt den Umformer selbsttätig in Synchronismus. Um die richtige Polarität, die vom Zufall abhängt, festzustellen, erhält der Gleichspannungsmesser eine Skala für Ausschlag nach zwei Seiten. Ist die Polarität falsch, so wird der Anlaßumschalter kurzzeitig geöffnet und wieder eingelegt, worauf bei starker Nebenschlußerregung schnell auf volle Spannung umgeschaltet und der Umformer auf das Gleichstromnetz geschaltet wird. Weil das Umschalten sehr schnell erfolgen muß, können die Anlaßumschalter nur bis etwa

1000 A Nennstrom von Hand geschaltet werden. Bei großer Entfernung von der Bedienungstafel und größeren Nennströmen müssen die Anlaßumschalter Fernsteuerung durch Steuerschalter und Schaltmotor erhalten.

Als Leistungsschalter vor Transformatoren bei Leistungen über 2000 kVA werden Schutzschalter empfohlen, sie erhalten drei Überstrom-Auslöser bzw. Relais und einen Spannungrückgangs-Auslöser in Ruhestromschaltung, damit beim Ausbleiben der Wechselstromspannung der Umformer abgeschaltet wird. Ein an dem Wechselstromschalter befindlicher Hilfsschalter schließt den Auslösekreis des Gleichstromschalters, damit dieser Schalter gleichzeitig mit auslöst. Um auch den Wechselstromschalter bei dem Ausschalten des Gleichstromschalters zum Auslösen zu bringen, erhält der Wechselstromschalter noch einen Arbeitsstrom-Auslöser, der in Reihe mit einem Hilfsschalter des Gleichstrom-Auslösers liegt. Der Auslösestrom kann dem Umformer oder einer besonderen Gleichstromquelle entnommen werden. Ferner wirkt auf die Auslöser der Flichkraftschalter, welcher ein Durchgehen des Umformers verhindern soll. Ein Druckknopf dient zur Prüfung der Auslöser.

Ein Wechselstrommesser ist nur für die Spannungsregelung bei zusätzlichen Reaktanzen erforderlich. Da aber die Spannungsregelung von dem phasenverschobenen Strom abhängt, erfüllen Blindleistungsmesser oder Leistungsfaktormesser diese Aufgabe besser.

IX. Die Transformatoren und ihre Kühlmittel.

64. Der Parallelbetrieb von Transformatoren und ihre Nennleistungen.

Von den vier Schaltgruppen, Abb. 143, in welche die Transformatoren lt. VDE-Bestimmungen eingeteilt sind, werden in Zentralen fast ausschließlich die Schaltgruppen C_1, C_2 und C_3 verwendet, und zwar:

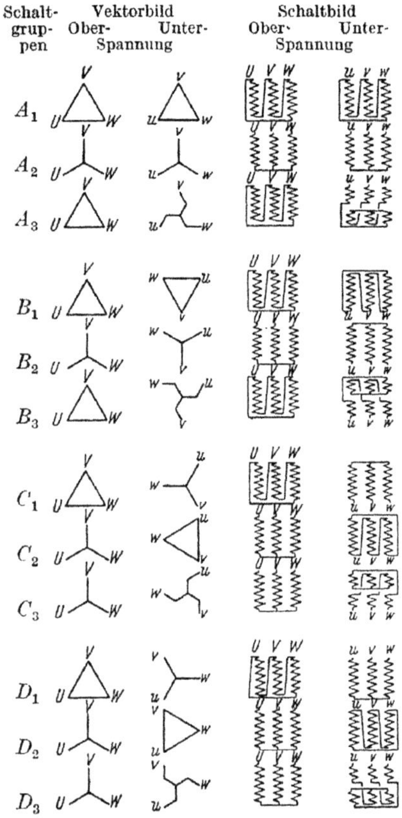

Abb. 143. Schaltgruppen der Transformatoren.

C_2 für Aufspanner,

C_3 für kleine Eigenbedarfs-Transformatoren mit sekundär voll belastbarem Nullpunkt,

C_1 für größere Verteilungs-Transformatoren mit voll belastbarem Nullpunkt.

Zu beachten ist, daß von den Transformatoren verschiedener Schaltgruppen nur die Gruppen C und D, und zwar nur nach einem ganz bestimmten Schaltplan, vgl. RET 1923, parallel arbeiten können. Als Parallelbetrieb von Transformatoren bezeichnet man dabei die Schaltung mehrerer Transformatoren an gemeinsame Unter- und Oberspannungs-Sammelschienen. Dieser Parallelbetrieb ist nur möglich, wenn folgende Bedingungen erfüllt werden:

1. gleiche Schaltgruppen,
2. gleiches Übersetzungsverhältnis,
3. gleiche Kurzschlußspannung[1],
4. annähernd gleiches Leistungsverhältnis (nicht größer als 3 : 1).

Stimmen die Kurzschlußspannungen nicht überein, so verteilt sich die Last umgekehrt proportional den verschiedenen Kurzschlußspannungen, wobei der Transformator mit der größten Kurzschlußspannung stets die relativ kleinste Belastung bekommt.

Rechnungsbeispiel Nr. 12. Sind z. B. drei Transformatoren von 4000, 6000 und 10000 kVA mit den Kurzschlußspannungen ihrer Normalleistung von 5, 6 und 8% auf beiden Seiten parallel geschaltet, so dürfte, damit der 4000 kVA-Transformator mit der kleinsten Kurzschlußspannung nicht überlastet wird, die parallele Kurzschlußspannung nicht höher als 5% sein. Das ergäbe eine Gesamtleistung, die sich errechnet zu:

4000 kVA	ergibt bei	5%	Kurzschlußspannung	= 4000 kVA
6000 „	„ „	5%	„ $6000 \cdot \frac{5}{6}$	= 5000 „
10000 „	„ „	5%	„ $10000 \cdot \frac{5}{8}$	= 6250 „
			Gesamtleistung also	15250 kVA

[1] Die Kurzschlußspannung ist der zur Erzeugung der Vollast in der kurzgeschlossenen Unterspannungswicklung erforderliche Prozentsatz der Oberspannung.

Wollte man diesen drei Transformatoren die gesamte Nennleistung von 20000 kVA entnehmen, so würde sich die Lastverteilung so gestalten, daß auf den

4000 kVA-Transformator	$4000 \frac{20000}{15250} =$	. . . .	5250 kVA
6000 „ „	$5000 \frac{20000}{15250} =$	. . . .	6600 „
10000 „ „	$6250 \frac{20000}{15250} =$	. . . .	8150 „
			20000 kVA

entfallen. Eine Dauerüberlastung des 4000 kVA Transformators um 32% ist natürlich nicht zulässig.

Durch Zusatzreaktanzen in Gestalt von Drosseln können die Kurzschlußspannungen gleichgemacht werden. Dies empfiehlt sich aber nur für kleine Transformatoren, da Drosseln für große Stromstärken teuer werden und viel Raum für ihren Einbau beanspruchen. In diesem Fall ist es ratsamer, bei Erweiterung einer Zentrale neue Transformatoren zu beschaffen und die alten Transformatoren in Ausläuferstationen zu verwenden.

Für das Ein- und Ausschalten von Transformatoren über 2000 kVA werden von dem VDE Schutzschalter empfohlen.

Die normalen Nennleistungen von Drehstrom-Transformatoren betragen:

5, 10, 20, 30, 50, 75, 100, 125, 160, 200, 250, 320, 400, 500, 640, 800, 1000, 1250, 1600, 2000, 2500, 3200, 4000, 5000, 6400, 8000, 10000 usw. kVA.

Die Wicklungen an Transformatoren werden bis zu 10 kV Betriebsspannung mit einer Spannung von 3,25 E, mindestens aber mit 2,5 kV, für höhere Betriebsspannungen mit $(1{,}75\,E + 15)$ kV geprüft.

Die normale Klemmenanordnung entspricht folgendem Schema:

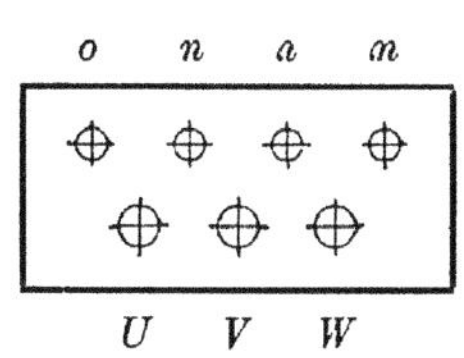

Vor dem erstmaligen Einschalten parallel geschalteter Transformatoren empfiehlt es sich, durch Messung festzustellen, ob phasenrichtiger Anschluß vorhanden ist.

65. Die Kühlmittel für Transformatoren.

Die in den Transformatoren durch Verluste umgesetzte Wärme muß in geeigneter Weise abgeführt werden.

Abgesehen von ganz kleinen Transformatoren für Leistungen von etwa 5 bis 10 kVA, welche als Trockentransformatoren die in den Wicklungen und im Eisen erzeugte Wärme unmittelbar an die umgebende Luft abführen, werden alle Transformatoren zum Zwecke der Isolation und der Kühlung in einen besonderen mit Öl gefüllten Kessel eingebaut. Transformatoren kleiner Leistung bis etwa 15 kVA benötigen keine besondere Kühlvorrichtung, da sie alle Wärme an die Wände ihrer Kammern abgeben. Bei allen größeren Leistungen sind besondere Kühleinrichtungen, sei es durch Selbstkühlung, durch Fremdlüftung oder durch Wasserkühlung, vorzusehen.

Über die gebräuchlichsten Kühlarten und ihr Anwendungsgebiet gibt folgende Zusammenstellung Aufschluß.

Kühlmittel für Transformatoren.

	Kühlart	Kessel	Besondere Kühlmittel	Anwendungsgebiet	Vor- und Nachteile
1.	Selbstlüftung	Wellblechkessel Röhrenkessel Radiatorenkessel	Keine	Bis etwa 8000 kVA Bis etwa 15000 kVA Bis etwa 20000 kVA	Geringe Wartung, für Freiluft geeignet
2.	Selbstlüftung mit besonderem Kühler und Ölumlauf	Glattblechkessel	Luftkühler, Ölpumpe und Zubehör	Bis zu den größten Leistungen, wo Wassermangel	Nur für Freiluft geeignet, teuer
3.	Selbst- und Fremdlüftung	Wellblechkessel Röhrenkessel Radiatorenkessel	Lüfter mit Windmantel oder Düsenrohren	Bis etwa 12000 kVA Bis etwa 20000 kVA Bis etwa 30000 kVA	Lüfter tritt nur an heißen Tagen in Tätigkeit
4.	Fremdlüftung mit besonderem Kühler und Ölumlauf	Glattblechkessel	Lüfter mit Luftkühler, Ölpumpe mit Zubehör	Bis zu den größten Leistungen, wo Wassermangel	Für Freiluft und Innenräume geeignet, großer Raumbedarf
5.	Innere Wasserkühlung	Glattblechkessel	Kühlschlange im Transformator	Bis zu den größten Leistungen, nur bei ganz reinem Wasser	Geringe Wartung
6.	Äußere Wasserkühlung mit Kühlschlange und Ölumlauf	Glattblechkessel	Kühlschlange im Kühlteich, Ölpumpe mit Zubehör	Bis zu den größten Leistungen, auch für Fluß- und Seewasser	Billig
7.	Äußere Wasserkühlung mit Gegenstromkühler und Öl umlauf	Glattblechkessel	Gegenstromkühler, Ölpumpe mit Zubehör	Bis zu den größten Leistungen, nur bei ganz reinem Wasser	Geringster Raumbedarf

66. Die Selbstlüftung.

Die einfachste, billigste und gebräuchlichste Kühlart ist die Selbstlüftung, Abb. 144, deren Anwendungsgebiet bis zu Leistungen von 20000 bzw. 30000 kVA reicht.

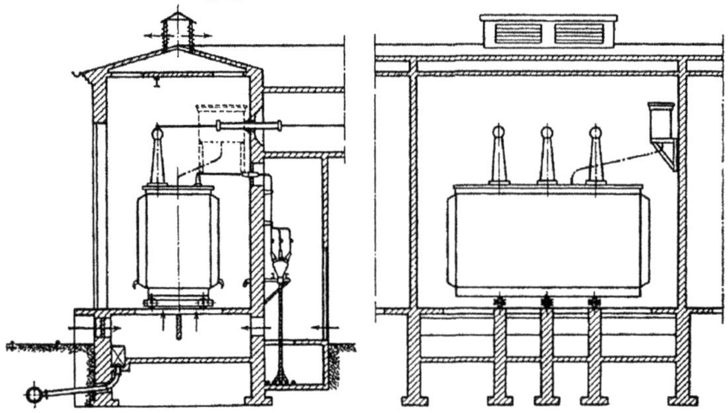

Abb. 144. Transformatoren-Kühlung. Selbstlüftung.

Die in den Wicklungen und im Eisen erzeugte Wärme wird durch Vermittlung des Öles, das durch die Wärme in Bewegung gerät, an die Kesselwandungen abgegeben, welche die anliegenden Luftschichten erwärmen. Diese steigen nach oben und saugen kalte Frischluft nach, die so durch Selbstströmung ständig erneut an den Transformatorkessel herangebracht wird.

Um möglichst schnell die Wärme an die Luft abzugeben, erhalten die Kessel eine künstlich vergrößerte Oberfläche. Für Leistungen von etwa 6000 bis 8000 kVA verwendet man die bekannten Wellblechkessel, mit denen sich Verluste von etwa 80 kVA abführen lassen. Für größere Leistungen bis etwa 12000 oder 15000 kVA werden vielfach Röhrenkessel benutzt, falls nicht Radiatorenkessel, die für reine Selbstlüftung bis zu etwa 20000 kVA verwendbar sind, vorgezogen werden. Die Röhrenkessel, Abb. 145, sind Glattblechkessel, in deren äußere Wandungen von oben nach unten Röhren eingefügt sind, durch die das Öl zirkulieren kann. Die Radiatorenkessel sind Glattblechkessel mit besonderen Kühlkörpern, welche ähnlich den bekannten Heizkörpern wirken. Da die Kühlkörper abschraubbar sind, lassen sich Transformatoren dieser Art leichter transportieren als solche mit Wellblech- oder Röhren-Kesseln für gleiche Leistung.

Bei Transformatoren mit Selbstkühlung muß für eine ausreichende Belüftung der Transformatorenkammern gesorgt werden, und zwar rechnet man mit einer Frischluftmenge von mindestens $^1/_{24}$ m³ für jedes kW Verluste und je Sekunde. Die Berechnung der Lüftungsquerschnitte ist weiter unten angegeben.

Abb. 145. Transformator mit Röhrenkessel und Düsenkühlung für 10000 kVA, 50 kV. AEG.

67. Die Selbstlüftung mit besonderem Kühler und Ölumlauf.

Eine bedeutend bessere Kühlung läßt sich erzielen, wenn der Ölumlauf durch Ölpumpen beschleunigt wird. Um ohne Lüfter bzw. ohne Wasserkühlung auszukommen, sind in einigen Freiluftanlagen für die Kühlung der Transformatoren besondere Kühler aufgestellt worden, durch die das Öl mittels der Ölpumpen getrieben wird. In einem besonderen Falle wurden in einer amerikanischen Innenanlage, in die sich keine Abluftschlote einbauen ließen, die Kühler auf das Dach gestellt. Diese Kühlart ist, da sie verhältnismäßig teuer ist, wenig gebräuchlich.

68. Die Selbst- und Fremdlüftung.

Wird die sekundliche Kühlmenge auf etwa das Doppelte als bei Selbstlüftung, auf $^1/_{12}$ m³ bis $^1/_{10}$ m³ je Sekunde und kW-Verluste durch Lüfter, welche den Transformator von unten anblasen, gesteigert, so lassen sich ungefähr die doppelten Verluste der reinen Selbstkühlung abführen. Diese Kühlart wird in den Fällen bevorzugt, wo kein Wasser zur Verfügung steht. Während des größten Teiles des Jahres kann der Transformator durch Selbstlüftung gekühlt werden, und der Lüfter tritt nur an den wenigen heißen Tagen bei Spitzenbelastung der Transformatoren in Tätigkeit. Die Umspanner erhalten zu diesem Zweck einen Windmantel, Abb. 146, damit die Frischluft

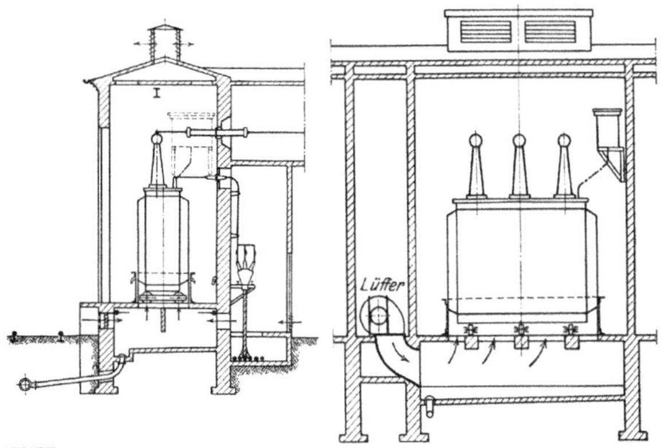

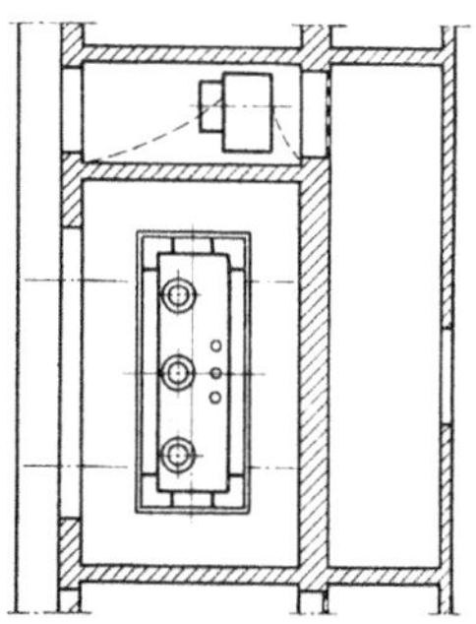

Abb. 146. Transformatoren-Kühlung. Selbst- und Fremdlüftung.

richtig durch die Wellblechrippen hindurchgepreßt wird, oder sie werden aus Düsen, wie in Abb. 145, angeblasen. Bei der Verwendung von Windmänteln muß der vom Freien kommende Frischluftweg während der künstlichen Belüftung abgesperrt sein. Bei der Düsenkühlung wird die Luft durch Rohre, die um den Transformator gelegt sind, geleitet und bläst durch die Düsen auf den Kessel, bei Radiatorenkesseln erhält jeder Radiator einen Lüfter.

Für Wellblechkessel ist diese Kühlart bis etwa 12000 kVA, für Röhrenkessel bis etwa 20000 kVA und für Radiatorenkessel bis zu etwa 30000 kVA geeignet. Die Luftgeschwindigkeit in der Windgrube soll nicht über 1,5 m/s und die Abluftgeschwindigkeit nicht über 3 m/s betragen.

Durch beschleunigten Ölumlauf lassen sich die angegebenen Leistungen noch steigern.

69. Die Fremdlüftung mit besonderem Kühler.

Bei sehr großen Leistungen und Wassermangel kann eine Kühlung der Transformatoren mit beonderem Kühler vorteilhaft werden, weil nun die Transformatoren Glattblechkessel erhalten, deren Abmessungen verhältnismäßig klein sind, so daß bedeutende Mengen Öl gegenüber den anderen Kesselarten gespart und die Transformatoren besser transportfähig werden.

Die Anordnung dieser Kühlvorrichtung mit Ölumlauf ist in Abb. 147 dargestellt.

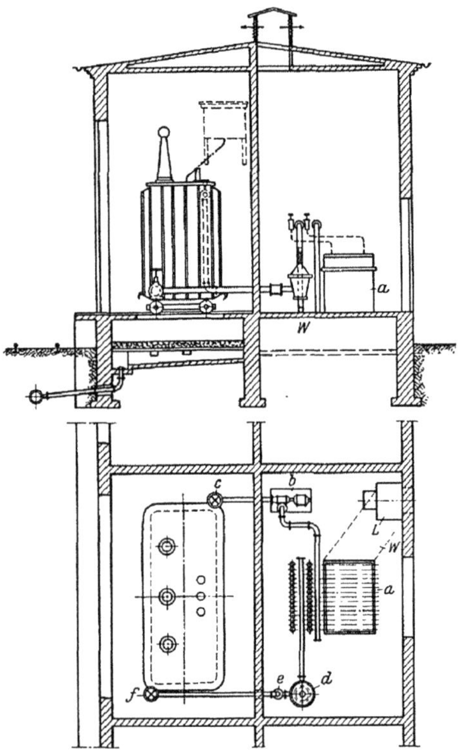

Abb. 147. Transformatoren-Kühlung, Fremdlüftung mit Kühler und Ölumlauf.

a Kühler, *b* Ölumlaufpumpe, *c* Ölaustrittsventil, *d* Luftabscheider, *e* Meldeeinrichtung, *f* Öleintrittsventil, *L* Lüfter, *W* Windgrube.

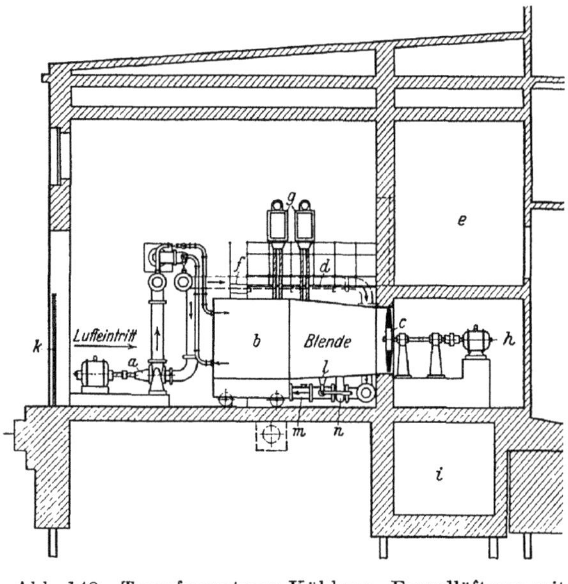

Abb. 148. Transformatoren-Kühlung, Fremdlüftung mi Wellblechkühler und Betz-Lüfter. SSW.

a Ölumlaufpumpe, *b* Wellblechkühler, *c* Betz-Lüfter, *d* Laufsteg, *e* Hauptgang zur Warte, *f* Steigeisenleiter, *g* Gußeiserne Schaltkästen. *h* Warmluftkanal, *i* Kabelkanal, *k* Scherengitter, *l* Luftabscheider, *m* Meldeeinrichtung, *n* Absperrschieber,

Die Frischluft wird an den Kühler *a* gepreßt, um welchen ein Windmantel gelegt is und welcher aus einzelnen Elementen, die zwecks Reinigung einzeln außer Betrieb ge nommen werden können, zusammengesetzt ist. Die motorisch angetriebene Ölpumpe *b* saugt das warme Öl von dem hochgelegenen Austrittsventil *c* des Transformators ab drückt es durch den Kühler *a* und weiter über einen Luftabscheider *d* und eine Melde einrichtung *e* durch das Eintrittsventil *f* wieder in den Transformator.

Der Luftabscheider zeigt undichte Stellen der Ölleitungen an, so daß für rechtzeitige Ausbesserung gesorgt werden kann. Er wird möglichst nahe an dem Eintrittsstutzen des Transformators angebracht.

Die Meldeeinrichtung, die durch eine Rückschlagklappe in Tätigkeit tritt, soll den Stillstand des Ölumlaufes anzeigen. Der betreffende Transformator muß dann sofort ausgeschaltet werden, weil durch die glatten Kessel dieser Transformatoren nicht einmal die Leerlaufverluste abgeführt werden können.

Bei einer anderen Fremdlüftung wird an den Wellblechkühler eine Blende gelegt, welche in einen Sauglüfter mündet. Abb. 148 zeigt die Anordnung, welche für die Kühlung eines 37500 kVA-Transformators bestimmt ist. Der Transformator selbst steht in einer Nebenkammer. Von dem hochgelegenen Ventil des Transformators fließt das Öl der Ölumlaufpumpe *a* zu und wird durch den Wellblechkühler *b* wieder in den Transformator gedrückt. Die Frischluft kann in die offene Kammer ungehindert einströmen und wird von dem Betz-Lüfter *c* durch den Wellblechkühler gesaugt. Zwecks Heizung des Maschinenhauses gelangt die Warmluft in einen Sammelkanal, von dem aus sie durch geeignete Öffnungen in den Maschinenhauskeller geleitet wird. Oberhalb der Kühleinrichtung ist ein Laufsteg *d* angeordnet, der mit dem Hauptgang *e* von dem Schaltdienstraum auf gleicher Höhe liegt und von welchem eine Steigeisenleiter in den Pumpenraum führt. Die Betätigung der Ölpumpe und des Betz-Lüfters erfolgt von dem Steg aus an gußeisernen Schaltkästen *g*.

70. Die innere Wasserkühlung.

Die Wasserkühlung mit im Ölkessel liegender Kühlschlange ist nur für senkstofffreies Wasser anwendbar, weil sonst die Kühlschlange, welche aus nahtlosem Hartblei- oder Kupferrohr hergestellt wird, verstopfen könnte. In das Abflußrohr wird eine Vorrichtung eingebaut, welche das Ausbleiben von Kühlwasser anzeigt. Der Vorteil dieser Kühlart ist das Fehlen eines jeglichen Motors.

Die Kühlwasserzuleitungen sind für höchstens 1 bis 2 atü an dem Eintrittsstutzen zu bemessen, im Abflußrohr soll das Wasser ohne Druck abfließen. Besser ist es, das Wasser aus der Schlange abzusaugen und sie so unter Unterdruck zu setzen. Für gute Trockenhaltung der Kammern ist durch Belüftung zu sorgen.

71. Die äußere Wasserkühlung mit Kühlschlange.

Diese in Abb. 149 dargestellte Kühlart kann für jegliches Wasser, auch Fluß- oder Seewasser, benutzt werden.

Der Kühlraum, der gut zu belüften ist, muß unbedingt gegen die Transformatorkammer abgetrennt sein, damit keine feuchte Luft eindringen kann.

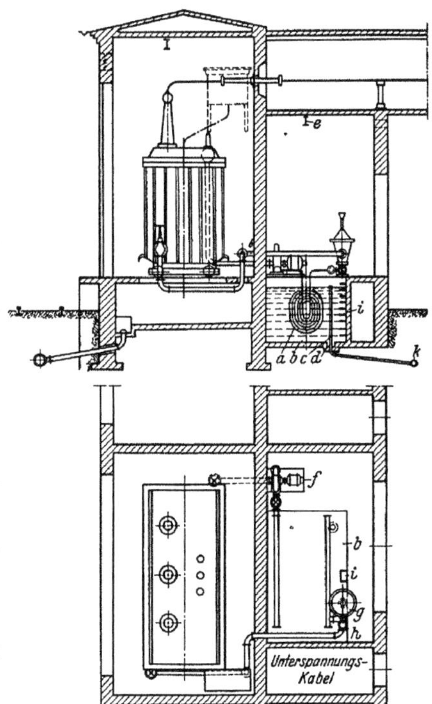

Abb. 149. Transformatoren-Kühlung, äußere Wasserkühlung mit Kühlschlange und Ölumlauf.

a Kühlschlange, *b* Kühlteich, *c* Überlaufrohr, *d* Schlammgrube, *e* I-Träger, *f* Ölumlaufpumpe, *g* Luftabscheider, *h* Meldeeinrichtung, *i* Einsteigleiter, *k* Wasserablauf.

Die Kühlschlange *a* taucht in einen mit Beton oder Eisenblech ausgekleideten Kühlteich *b*, dessen Sohle über dem höchsten Grundwasserstand liegen muß und dem das Kühlwasser durch Rohre zufließt. Den Wasserstand in der Kühlgrube regelt ein Überlaufrohr *c*, das zwecks Reinigung der Schlammgrube *d* aus ihr herausziehbar ist. Für das Einbringen der Kühlschlange durch Tür oder Fenster wird an der Decke ein I-Träger *e* zur Befestigung eines Flaschenzuges oder einer Laufkatze angebracht.

Der Vorgang des Ölumlaufes ist derselbe wie bei der Lüfterkühlung mit besonderem Kühler.

Zur Warnung gegen das Ausbleiben von Kühlwasser empfiehlt es sich, ein Fernzeigethermometer in den Kühlteich einzuhängen, welches unzulässige Erwärmung des Kühlwassers meldet.

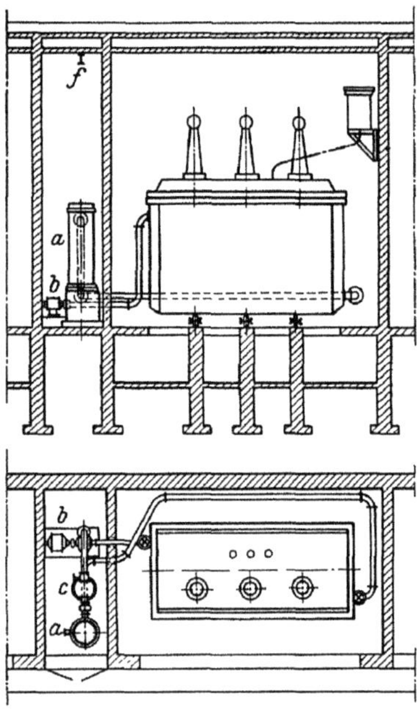

Abb. 150. Transformatoren - Kühlung, äußere Wasserkühlung mit Gegenstromkühler und Ölumlauf.

a Gegenstromkühler, *b* Ölumlaufpumpe, *c* Luftabscheider. *e* Meldeeinrichtung. *f* I-Träger für Flaschenzug.

72. Die äußere Wasserkühlung mit Gegenstromkühler,

Abb. 150, verlangt sauberes Kühlwasser und zeichnet sich durch den geringsten Raumbedarf vor allen anderen künstlichen Kühlarten aus. Das Kühlwasser, dessen Ein- und Austrittsstutzen unten am Kühler sitzen, fließt durch Rohre, welche in dem Kühler von dem in entgegengesetzter Richtung fließenden Öl umspült werden. Der Ölumlauf selbst ist wie oben geschildert.

Für sehr große Transformatoren verwendet man zwei Kühler, die von einer gemeinschaftlichen Ölumlaufpumpe beschickt werden.

X. Die Auswahl der Geräte für Schaltanlagen.

Die Auswahl der für Schaltanlagen bestimmten Geräte und des Zubehörs erfolgt nach der Betriebsspannung, nach dem Nennstrom und nach den an dem Verwendungsort der Geräte auftretenden Kurzschlußströmen.

Die Schaltgeräte für Wechselspannungen bis 500 V und Gleichspannungen bis 3000 V unterliegen den RES[1]-Vorschriften des VDE, die Schaltgeräte für Wechselspannungen von 1000 V an den REH[2].

73. Die Nenn- und Prüfspannungen für Geräte bis 500 V Wechselstrom.

Die RES-Bestimmungen gelten hauptsächlich für Schaltgeräte, deren Schaltvorgang in Luft stattfindet. Die festgelegten Nennspannungen, ihre zugehörigen Prüfspannungen, Kriechstrecken und Schlagweiten sind in folgender Zahlentafel Nr. 15 verzeichnet.

[1] Regeln für die Konstruktion, Prüfung und Verwendung von Schaltgeräten bis 500 V Wechselspannung und 3000 V Gleichspannung.

[2] Regeln für die Konstruktion, Prüfung und Verwendung von Wechselstrom-Hochspannungsgeräten für Schaltanlagen.

Zahlentafel Nr. 15.
Nennspannungen, Prüfspannungen, Kriechstrecken und Schlagweiten für RES-Schaltgeräte.

Stromart	Nennspannung U in V	Prüfspannung U_p in V	Kriechstrecke in mm	Schlagweite in mm
Gleich- und Wechselstrom	250	2000	10	7
	500	2500	12	10
Gleichstrom	550	3000	12	10
	750	3000	20	20
	1100	5000	25	25
	1500	5000	25	25
	2200	7000	—	—
	3000	10000	—	—

74. Die Nenn- und Prüfspannungen für Geräte von 1000 V an.

Die Schaltgeräte von 1000 V sind in Reihen eingeteilt, für welche die zugehörigen höchstzulässigen Verbraucherspannungen U, die erforderlichen Prüfspannungen U_p, die Mindest-Überschlagsspannungen $U_ü$ und die Schlagweiten genau festgelegt sind. Diese Werte, die in folgender Zahlentafel Nr. 16 angegeben sind, müssen bei allen Hochspannungsgeräten eingehalten werden.

Zahlentafel Nr. 16.
Reihen, höchstzulässige Verbraucherspannungen, Prüfspannungen, kleinstzulässige Überschlagsspannungen und Schlagweiten für REH-Hochspannungs-Schaltgeräte.

Reihe	Höchstzulässige Verbraucher-spannung U in kV	Prüfspannung U_p in kV	Kleinstzulässige Überschlags-spannung $U_ü$ in kV	Schlagweite in mm in Luft: offen a in mm	Schlagweite in mm in Luft: gekapselt a in mm	Schlagweite in mm unter Öl für Ölschalter: b in mm	Schlagweite in mm unter Öl für Ölschalter: c in mm
1	1	10	11	40	40	—	—
3	3	26	28,6	75	75	40	90
6[1]	6	33	36,3	—	100	50	100
10	10	42	46,2	125	125	60	120
20	20	64	70,4	180	—	90	180
30	30	86	94,6	260	—	120	240
45	45	119	130,9	360	—	—	—
60	60	152	167,2	470	—	—	—
80	80	196	215,6	580	—	—	—
100	100	240	264	720	—	—	—

Für alle Hochspannungsgeräte für Innenräume gilt die Schlagweite a, welche den Abstand spannungsführender Teile in Luft angibt, und zwar

1. gegen Erde,
2. verschiedener Pole gegeneinander,
3. im ausgeschalteten Zustand getrennter Teile gleichnamiger Pole gegeneinander.

Nur für Ölschalter gelten die Schlagweiten b und c.

Die Schlagweite b gibt den Abstand unter Öl an:

1. gegen Erde,
2. gegen den Ölspiegel,
3. verschiedener Pole gegeneinander,
4. im ausgeschalteten Zustand getrennter Teile gleichnamiger Pole gegeneinander.

Die Schlagweite b gilt nicht für außerhalb des Wirkungsbereiches des Lichtbogens sonst noch im Ölbade befindliche Hilfsgeräte, z. B. Schutzwiderstände.

Die Schlagweite c ist der Abstand der Unterbrechungsstelle an den feststehenden Schaltstücken vom Ölspiegel.

Für Geräte von 100 bis 200 kV gilt als Prüfspannung der Wert $2{,}2\,U + 20$ kV.

[1] Reihe 6 nur für gekapselte Anlagen.

Damit die für die Verbraucher zulässigen Schaltgeräte auch in den zugehörigen Zentralen verwendet werden können, darf hier die Betriebsspannung 15% höher liegen als die Verbraucherspannung. Schaltgeräte der Reihe 10 sind beispielsweise bis zu 10 kV Verbraucherspannung und in Zentralen bis zu 11,5 kV Erzeugerspannung benutzbar.

Für alle Verbraucherspannungen zwischen 3 und 10 kV muß die Reihe 10 gewählt werden, denn die dazwischenliegende Reihe 6 ist nur für gekapselte Schaltanlagen zugelassen.

Alle Hochspannungsgeräte für Innenräume der VDE-Betriebsklasse I, d. h. für geschlossene Räume, in welchen keine merkliche Niederschlagsbildung auftritt, müssen den Reihenbedingungen entsprechen. Es steht jedoch frei, für die Geräte eine höhere Reihe, als die Betriebsspannung bedingt, zu wählen. Für die Verwendung der Geräte in feuchten oder staubigen Innenräumen der Betriebsklasse II empfiehlt der VDE die nächsthöhere Reihe.

Die Schaltgeräte für Aufstellung im Freien müssen besonderen Bedingungen genügen.

75. Der elektrische Sicherheitsgrad der Geräte.

Der elektrische Sicherheitsgrad der Geräte ist durch das Verhältnis der Überschlagsspannung zur Betriebsspannung bedingt. Die Überschlagsspannung soll nach den VDE-Vorschriften, die für Deutschland gelten, von 3 kV an mindestens

$$\text{(REH)}\; U_{ü} = 1{,}1\,(2{,}2\,U + 20)\,\text{kV} \tag{53}$$

betragen, worin U die höchstzulässige Verbraucherspannung in kV der betreffenden Reihe bedeutet. Der Sicherheitsgrad beträgt demnach mindestens

$$1{,}1\left(2{,}2 + \frac{20}{U}\right) = 2{,}42 + \frac{22}{U}. \tag{54}$$

In anderen Ländern bestehen zum Teil andere Bestimmungen. Die Internationale Elektrische Kommission (IEC) hat die Prüfspannung von Hochspannungsgeräten auf

$$\text{(IEC)}\; U_p = 2\,U + 10\,\text{kV} \tag{55}$$

und die Mindest-Überschlagsspannung auf

$$\text{(IEC)}\; U_{ü} = 1{,}05\,(2\,U + 10)\,\text{kV} \tag{56}$$

festgelegt. Der Sicherheitsgrad nach IEC beträgt demnach mindestens

$$1{,}05\left(2 + \frac{10}{U}\right) = 2{,}1 + \frac{10{,}5}{U}. \tag{57}$$

76. Die Auswahl der REH-Geräte für Länder mit IEC-Bestimmungen.

Um die Auswahl der Geräte nach REH für die Verwendung in Ländern mit IEC-Bestimmungen zu erleichtern, sind in folgender Zahlentafel Nr. 17 die Prüfspannungen U_p,

Zahlentafel Nr. 17. Vergleich der REH- und der IEC-Reihen nach Prüf- und Überschlagsspannungen und nach dem elektrischen Sicherheitsgrad.

Reihe	Prüfspannung U_p in kV		Überschlagsspannung $U_ü$ in kV		Sicherheitsgrad	
	REH	IEC	REH	IEC	REH	IEC
1	10	12	11	12,6	11	12,6
3	26	16	28,6	16,8	9,75	5,6
6	33	22	36,3	23,1	7,1	3,85
10	42	30	46,2	31,5	4,1	3,15
15	—	40	—	42	—	2,8
20	64	50	70,4	52,5	3,5	2,7
30	86	70	94,5	73,5	3,15	2,45
45	119	100	130,9	105	2,9	2,35
60	152	130	167,2	136,5	2,8	2,3
80	196	170	215,6	178,5	2,7	2,25
100	240	210	264	220,5	2,64	2,2

die Mindest-Überschlagsspannungen $U_{ü}$ und der Mindest-Sicherheitsgrad der einzelnen Reihen nach REH- und IEC-Bedingungen einander gegenübergestellt.

Wie aus vorstehender Zahlentafel Nr. 17 ersichtlich ist, liegen die Überschlagsspannungen in den REH-Reihen bedeutend höher als in den gleichen IEC-Reihen, so daß angenähert für Verwendung in den Ländern mit IEC-Bestimmungen REH-Geräte der nächstkleineren Reihe gewählt werden können. Um dies zu ermöglichen, sind die von dem VDE genormten Stützer und Durchführungen den Überschlagsspannungen der nächsthöheren IEC-Reihen angepaßt. Wie folgende Zahlentafel Nr. 18 zeigt, liegen die bei diesen Stützern und Durchführungen erzielten Überschlagsspannungen mit Ausnahme der Stützer Reihe 30 höher als die der nächsthöheren IEC-Reihe. Nach der Zahlentafel Nr. 18 läßt sich also ohne weiteres die für Länder mit IEC-Bestimmungen erforderliche REH Reihe wählen, beispielsweise können hier Geräte der REH-Reihe 6 für Betriebsspannungen bis 15 kV verwendet werden.

Zahlentafel Nr. 18. Auswahl der REH-Geräte für Länder mit IEC-Bestimmungen.

Reihe	VDE-Vorschriften: Schlagweite kV	VDE-Vorschriften: Überschlags-spannung kV	Tiefste Werte der gemessenen Überschlagsspannung[1]: Stützer kV	Tiefste Werte der gemessenen Überschlagsspannung[1]: Durchführung kV	IEC-Vorschriften: Entspricht IEC-Reihe	IEC-Vorschriften: Überschlags-spannung kV
1	40	11	26	29	1 u. 3	16,8
3	75	28,6	41	42	6	23,1
6	(100)	36,3	52	—	10 u. 15	42
10	125	46,2	56	55	20	52,5
20	180	70,4	83	75	30	73,5
30	260	94,6	104	112	45	105
45	360	130,9	137	150	60	136,5

77. Der elektrische Sicherheitsgrad der Schaltanlage

soll den Mindestforderungen, welche an die Geräte gestellt werden, genügen. Es ist daher vor allem erforderlich, daß alle Geräte gleiche Überschlagsspannung haben und sachgemäß eingebaut werden, und daß überall in der Schaltanlage die für die betreffende Reihe erforderliche Schlagweite a der Zahlentafel Nr. 16 zwischen spannungsführenden Teilen verschiedener Pole oder gegen Erde eingehalten wird.

Für Stromwandler gelten die Bestimmungen der REH 1929 und desgleichen für die Durchführungen der Spannungswandler, für die Primär-Wicklungen der Spannungswandler dagegen nicht, für welche die RET 1923 ($1{,}75\,U + 10$ kV) Prüfspannung fordern. Es empfiehlt sich jedoch, die Spannungswandler in Schaltanlagen für REH-Prüfspannungen zu wählen, damit auch sie den gleichen Sicherheitsgrad der übrigen Geräte haben. Auf die betriebstechnischen Vorteile und die Raumersparnis durch Fortfall von Vorschalt-Widerständen und Sicherungen wird später noch besonders eingegangen.

Für fertige Schaltanlagen gelten die REH-Prüfungen nicht.

In dem Entwurf der Vorschriften für den elektrischen Sicherheitsgrad ist hierfür im Bedarfsfall eine Prüfspannung von $5{,}5\,U$ für Nennspannungen von 1 bis 2,5 kV und $1{,}6\,U + 10$ kV für Geräte über 2,5 kV vorgesehen worden.

78. Die Auswahl der Geräte für Meereshöhen über 1000 m.

In größeren Höhenlagen über dem Meeresspiegel macht sich infolge des geringen Luftdruckes eine Verminderung der Überschlagsspannung der Geräte bemerkbar, welchem bei dem Entwurf der Schaltanlagen Rechnung getragen werden muß. Die von dem VDE z. Z. in Bearbeitung befindlichen Vorschriften für den elektrischen Sicherheitsgrad elektrischer Anlagen lassen im Interesse der Vereinfachung bis zu 1000 m über dem Meeres-

[1] Lt. ETZ 1928, Heft 51, S. 1859.

spiegel die Verwendung normaler Geräte wie in Höhe Meeresspiegel zu. Hierbei braucht jedoch nur die Mindest-Überschlagsspannung bei Normaldruck erreicht zu werden.

Die Schaulinie *A* der Abb. 151 zeigt die Abnahme des Luftdruckes mit steigender Höhe und die Schaulinie *B* in derselben Abbildung die prozentuale Verminderung der Überschlagsspannung mit steigender Höhe.

Die zulässigen Betriebsspannungen der einzelnen Reihen in den verschiedenen Höhen ist aus den Abb. 152 und 153 ersichtlich. Beispielsweise kann die Reihe 10 in einer

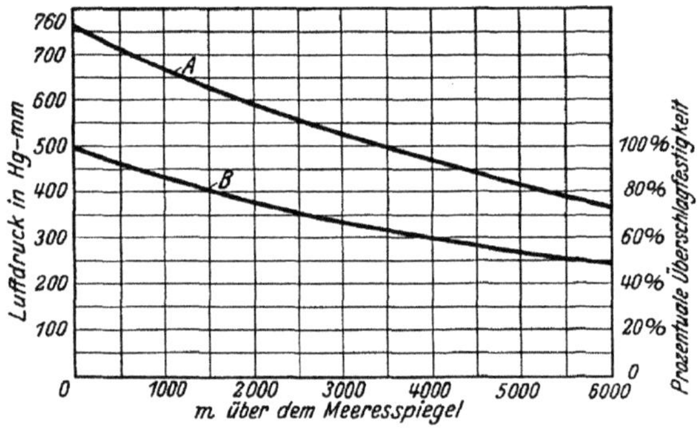

Abb. 151. Luftdruck (Schaulinie A) und prozentuale Überschlagfestigkeit (Schaulinie B) in Abhängigkeit von der Höhe über Meeresspiegel.

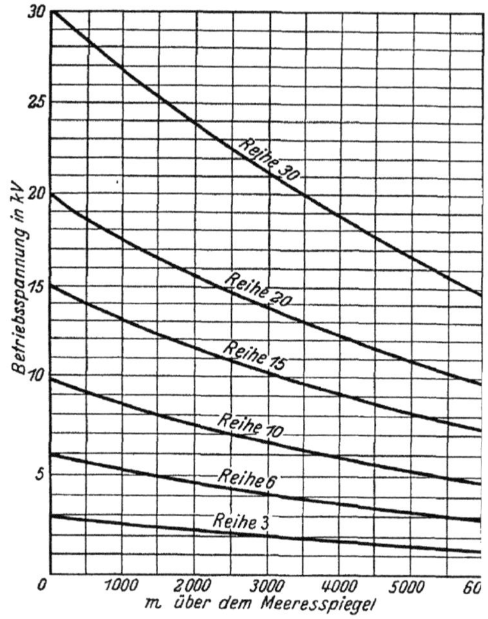

Abb. 152. Zulässige Betriebsspannungen für die Reihen 3 bis 30 in Höhen über dem Meeresspiegel.

Höhe von 3000 m über dem Meeresspiegel nur noch für 6,6 kV Betriebsspannung verwendet werden, wenn der gleiche elektrische Sicherheitsgrad wie bei Normaldruck vorhanden sein soll. Für eine gegebene Betriebsspannung in einer bestimmten Höhe ist die Reihe der Kurve über dem Schnittpunkt der betreffenden Ordinaten zu wählen, also beispielsweise für 60 kV in einer Höhe von 3000 m über dem Meeresspiegel nach Abb. 153 die Reihe 100.

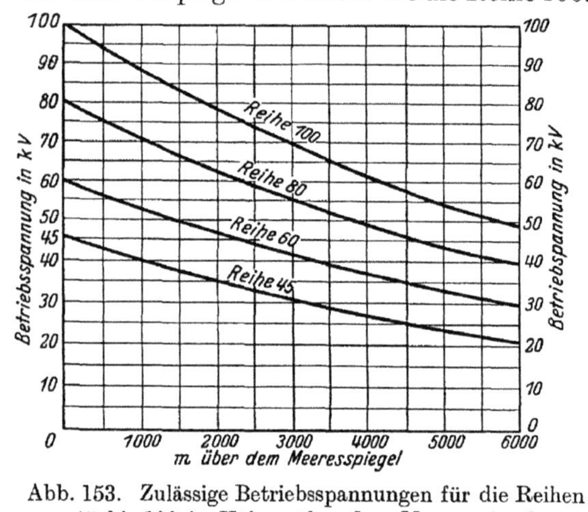

Abb. 153. Zulässige Betriebsspannungen für die Reihen 45 bis 100 in Höhen über dem Meeresspiegel.

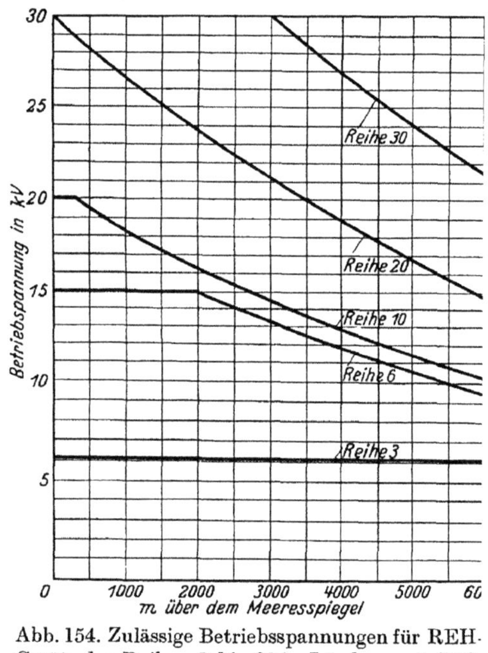

Abb. 154. Zulässige Betriebsspannungen für REH-Geräte der Reihen 3 bis 30 in Ländern mit IEC-Bestimmungen in Höhen über dem Meeresspiegel.

Für die Auswahl der REH-Schaltgeräte in Ländern mit IEC-Bestimmungen gelten die Kurven der Abb. 154, und zwar sind ihnen die Überschlagswerte der Zahlentafel

Nr. 18, Spalte 4 und 5 zugrunde gelegt. Für die REH-Reihen von 45 an sind keine Werte angegeben, weil die tatsächlich erreichbare Überschlagsspannung der Geräte dieser Reihen von der Konstruktion der Stützer und Durchführungen abhängt. Für die Auswahl deutscher Erzeugnisse, deren Überschlagsspannungen in den einzelnen Reihen um eine Reihe höher liegen als die betreffenden Überschlagsspannungen der IEC-Reihen, können die Schaulinien der Abb. 153 benutzt werden, also für REH-Reihe 45 die Kurve der Reihe 60, für REH-Reihe 60 die Kurve der Reihe 80 und für REH-Reihe 80 die Kurve der Reihe 100.

Abb. 154 zeigt, daß die REH-Reihe 3 in diesen Ländern in allen vorkommenden Höhen bis 6 kV verwendet werden kann. Die REH-Reihe 6 kann für 10 kV bis zu 5500 m über dem Meeresspiegel und für 15 kV bis zu 2000 m über dem Meeresspiegel gewählt werden. Die REH-Reihe 20 entspricht ganz der IEC-Reihe 30, die REH-Reihe 30 dagegen reicht nicht ganz an die IEC-Reihe 45 heran. Sie kann, wie aus der Abb. 154 hervorgeht, in Höhen bis 3000 m über dem Meeresspiegel für Spannungen bis 30 kV verwendet werden.

79. Die Nennströme der Geräte für Schaltanlagen.

Die Auswahl eines Gerätes erfolgt derart, daß der in ihm betriebsmäßig auftretende Strom kleiner als sein Nennstrom ist. Beträgt beispielsweise der Betriebsstrom 210 A, so müssen die zugehörigen Geräte für 350 A Nennstrom bemessen sein.

Die Nennströme bis 200 A gelten nur für bestimmte Geräte, beispielsweise für Auslöser und Stromwandler, die Nennströme von 200 A an für alle Geräte. Sie betragen:

200, 350, 600, 1000, 1500, 2000, 3000, 4000 und 6000 A.

Es ist eine grundlegende Forderung, daß der Dauerstrom in Geräten keine unzulässigen Erwärmungen verursacht. Die in den RES- und REH-Bestimmungen des VDE festgelegten höchst zulässigen Erwärmungen und Grenztemperaturen sind für einige Geräte in folgender Zahlentafel Nr. 19 verzeichnet.

Zahlentafel Nr. 19. Höchstzulässige Temperaturen an Geräten.

Gerät	Geräteteil, an dem die Temperatur gemessen wird	Erwärmung in °C	Grenztemperatur in °C
Luftselbstschalter	Schaltstücke	35	70
	Wicklungen mit ungetränktem Isolierstoff (Baumwolle, Seide, Jute, Sterlingleinen u. ä.)	50	85
	Wicklungen mit getränktem Isolierstoff	60	95
Ölschalter	Öl in Schaltern bis 2000 A Nennstrom	30	65
	Öl in Schaltern über 2000 A Nennstrom	40	75
	Öl in Schutzschaltern mit eingebauten Widerständen	40	75
	Dauernd eingeschaltete Wicklungen	50	85
Sicherungen	Kontaktstücke	85	120

Die hierbei angenommene höchste Raumtemperatur beträgt 35° C. Sollen die Schaltgeräte in Räumen mit noch höheren Temperaturen Verwendung finden, so müssen unter Umständen Schalter größerer Nennströme, als es die Betriebsverhältnisse erfordern, gewählt werden.

Da die Erwärmungen dem Quadrat der Stromstärken proportional sind, ist

$$t_1 \cdot J_2^2 = t_2 \cdot J_1^2. \tag{58}$$

Nach dieser Formel läßt sich der erforderliche Nennstrom bestimmen.

Rechnungsbeispiel Nr. 13. Wird beispielsweise ein Ölschalter für 175 A Dauerstrom in einem Raum mit einer Temperatur von 50° aufgestellt, so darf seine Erwärmung nur 15° betragen, damit die zulässige Grenztemperatur von 65° nicht überschritten wird. Der erforderliche Nennstrom des Schalters errechnet sich dann wie folgt:

Ein Ölschalter für 200 A Nennstrom dürfte sich bei 175 A um

$$t_2 = 30 \cdot \frac{175^2}{200^2} = 23\,^\circ\mathrm{C}$$

erwärmen. Eine Erwärmung von 15° würde einen Mindest-Nennstrom des Schalters von

$$J_2 = \sqrt{\frac{23}{15}} \cdot 200 = 248 \text{ A bzw. } J_2 = \sqrt{\frac{30}{20}} \cdot 175 = 248 \text{ A}$$

bedingen. Es wäre in diesem Falle ein Ölschalter für 350 A zu wählen, dessen Erwärmung bei Belastung mit 175 A

$$t_2 = 30 \cdot \frac{175^2}{350^2} = 7{,}5\,^\circ\mathrm{C}$$

betragen würde, sofern der Schalter bei Belastung mit 350 A die zulässige Erwärmung erreichen würde.

Die erforderliche thermische und dynamische Kurzschlußfestigkeit der Geräte bedingt in manchen Fällen, und zwar besonders in der unmittelbaren Nähe des Kraftwerks, die Wahl von Geräten mit größeren Nennströmen, als die Betriebsströme fordern.

Die Querschnitte der Strombahnen der Schalter müssen zumindest denselben Querschnitt wie die auf ausreichend thermische Festigkeit berechneten blanken Cu-Leiter und die Wicklungen an Überstrom-Auslösern und Stromwandlern den entsprechenden kleinstzulässigen Kabelquerschnitt haben.

Für Stromwandler und Auslöserwicklungen bestehen besondere Bestimmungen, welche bei der Auswahl der betreffenden Geräte besprochen werden.

XI. Die Auswahl der Schalter.

80. Die Schaltvorgänge und die Grenzleistung der Schalter.

Die Schalter stellen Geräte zum Schließen und Öffnen von Stromkreisen dar, welche die Verbindung durch Verschraubungen oder ähnliche Hilfsmittel entbehrlich machen, alle zum Schalten notwendigen Teile hängen ortsfest zusammen.

Beim Schließen des Schalters wird zwischen den ortsfesten und den beweglichen Schaltstücken ein Kontakt hergestellt, beim Öffnen wird er unterbrochen.

Für die Schalterauswahl kann man fünf verschiedene Schaltvorgänge unterscheiden:

1. Das stromlose Ein- und Ausschalten, bei welchem der das Gerät im Augenblick des Schaltens durchfließende Strom höchstens 1% des Schalter-Nennstromes und zwar nicht mehr als 10 A beträgt.

2. Das Ein- und Ausschalten unter Strom, bei welchem die stromführenden Schalterteile nach der Trennung unter sehr geringer Spannung von höchstens 20 V stehen wie bei Zellen- und Stufenschaltern.

3. Das Ausschalten unter beschränkter Leistung, bei welchem die Ausschaltleistung durch eine GEMK im abgeschalteten Stromkreis sehr klein ist, wie beispielsweise bei dem Ausschalten eines im Normalbetrieb befindlichen Nebenschluß-Gleichstrommotors.

4. Das Ausschalten unter voller Leistung, bei welchem die normale Nennleistung des Schalters, das Produkt aus Nennstrom und Nennspannung mal dem Faktor der Stromart, geschaltet wird.

5. Das Ausschalten von Überlast, bei welchem unter Umständen die Ausschaltleistung ein Vielfaches der Nennleistung des Schalters beträgt.

Als Leistungsschalter für Wechselstrom kommen fast ausschließlich Luftselbstschalter und Ölschalter in Betracht, und zwar Luftselbstschalter bis zu Spannungen von 500 V und bis 6000 A Nennstrom bei höchstens 50000 bis 80000 A Kurzschlußstrom sowie Ölschalter für alle Spannungen und für Nennströme bis 6000 A bei einem plötzlichen Stoßkurzschlußstrom von höchstens $\sqrt{2} \cdot 60000$ A.

Bei der Auswahl der Schalter ist zu berücksichtigen, daß die Schalter je nach ihrer Konstruktion nur den 30- bis 70fachen Nennstrom im Augenblick des Schaltens führen dürfen, da sonst die Gefahr des Verschweißens der Schaltstücke besteht.

Da bei Kurzschlüssen in Netzen bis 500 V Drehstrom nie höhere Kurzschlußströme als die betreffenden Dauerkurzschlußströme beobachtet wurden, genügt es hier, den Dauerkurzschlußstrom für die Schalterauswahl zugrunde zu legen.

Bei Spannungen von 1000 V an sind die Anfangswerte des Kurzschlußstromes für die Auswahl der Ölschalter in Zentralen bestimmend. Beispielsweise darf bei 12% Netzreaktanz an den Sammelschienen der Betriebsstrom der Zentrale 4000 A nicht überschreiten, da bei diesem Nennstrom der plötzliche Kurzschlußstromstoß

$$J_s = \sqrt{2} \cdot 1{,}8 \cdot 40\,000 \frac{100}{12} = \sqrt{2} \cdot 60\,000 \text{ A}$$

wird. Bei 6 kV-Erzeugerspannung darf demnach die Zentralenleistung an nicht unterteilten Sammelschienen rund 40000 kVA nicht überschreiten. Bei $\sqrt{2} \cdot 60\,000$ A Stoßkurzschlußstrom ist, wie weiter unten gezeigt wird, der kleinstzulässige Schalter an den Sammelschienen für 1500 A zu bemessen.

Zum Unterbrechen von Überströmen können für Spannungen bis 500 V und für Nennströme bis 600 A unter Umständen auch Sicherungen benutzt werden, wenn der Kurzschlußstrom an ihrem Verwendungsort nicht über 10000 A anschwellen kann. Für höhere Spannungen bis 30 kV sind Sicherungen bisher nur in Stationen, in welchen der Ausschaltstrom 300 A nicht wesentlich übersteigt, für Nennströme bis zu 100 A verwendet worden.

Hebelschalter können als Leistungsschalter bis zu Spannungen von 500 V benutzt werden, wenn der Ausschaltstrom nicht mehr als 350 A beträgt oder eine GEMK die rückkehrende Spannung herabsetzt. Zum stromlosen Abtrennen von Stromkreisen können Hebelschalter allgemein bis 500 V genommen werden. Bei höheren Spannungen sind für diesen Zweck Trennschalter vorzusehen.

81. Die Auswahl der Selbstschalter.

Die Selbstschalter sind Leistungsschalter für Gleich- und Wechselstrom. In Drehstrom-Schaltanlagen werden sie bis zu Spannungen von 550 V benutzt.

Außer in Stromkreisen, in welchen Hebelschalter ihrer begrenzten Ausschaltleistung halber nicht zulässig sind, werden Selbstschalter auch häufig für solche Stromkreise vorgesehen, in denen ein Überstromschutz durch Sicherungen wegen der physikalischen Eigenschaften der Schmelzeinsätze ungeeignet ist.

Da Schmelzsicherungen erst bei ihrem 1,8- bis 2,1fachen Nennstrom innerhalb einer Stunde durchbrennen, können die zu schützenden Kabel oder Motoren, selbst wenn der Sicherungsnennstrom das 0,8fache des höchsten Betriebsstromes ausmacht, dauernd über 50% überlastet werden, bevor ein Abschmelzen erfolgt. Bei Selbstschaltern dagegen ist es stets möglich, die Stromkreise bereits gegen eine 20proz. Überlastung zu schützen.

Bei heftigen Stromstößen, wie sie in rauhen Betrieben beim Anlassen mancher Motoren, besonders von Kurzschlußläufern, oder bei wiederkehrender Spannung nach kurzfristigen Kurzschlüssen beispielsweise in Lichtanlagen mit Metalldrahtlampen auftreten, brennen häufig die Sicherungen durch, ohne daß Motoren oder Leitungen gefährdet waren. An Selbstschalter lassen sich leicht Vorrichtungen anbringen, welche ein Auslösen des Schalters bei kurzfristigen Überlastungen verhindern.

Am peinlichsten jedoch werden Betriebsstörungen bei Verwendung von Sicherungen empfunden, wenn die passenden Schmelzeinsätze nicht zur Hand sind, während bei Selbstschaltern der Betrieb durch einfaches Einschalten sofort wieder aufgenommen werden kann.

Die Selbstschalter verdanken ihren Namen einer Auslösevorrichtung, welche das Antriebsgerät von der Schalterwelle entkuppelt, so daß der Schalter selbsttätig auslöst.

Die Auslösung kann durch Überstrom- oder Spannungs-Auslöser erfolgen, vgl. Abschnitt Auslöser, V, 35.

Die Anzahl der Überstrom-Auslöser richtet sich nach dem Verwendungszweck. Man wählt im allgemeinen:

für 2-Leiter Gleichstrom 1 Auslöser,
für 3-Leiter Gleichstrom 2 Auslöser,
für Drehstrom ohne Nulleiter 2 Auslöser,
für Drehstrom mit geerdetem Nulleiter 3 Auslöser,
für Drehstrom-Generatoren stets 3 Auslöser.

Zahlentafel Nr. 20. Prüfströme für Selbstschalter.

Schaltleistungsgruppe	Prüfstrom in A
I	500
II	1500
III	5000
IV	—

Die Selbstschalter mit Überstrom-Auslösung sind nach den RES 1928 der VDE-Bestimmungen in vier Schaltleistungsgruppen unterteilt. Für die einzelnen Gruppen sind Prüfströme, s. Zahlentafel Nr. 20, vorgeschrieben, welche die Selbstschalter innerhalb 30 min zehnmal ausschalten und, sofern sie mit Freiauslösung versehen, fünfmal einschalten können müssen. Für die Schaltleistungsgruppe IV sind keine Prüfströme vorgeschrieben, sondern sie bleiben der Vereinbarung zwischen Käufer und Hersteller überlassen.

Die Überstromschalter bis 25 A Nennstrom müssen mindestens der Schaltleistungsgruppe I, bis 200 A der Gruppe II und darüber der Gruppe III genügen. Für die Auswahl der Schaltleistungsgruppe ist der Dauerkurzschlußstrom am Verwendungsort maßgebend, der nicht größer als der Prüfstrom des Schalters sein darf. Da der zweipolige Kurzschluß den größten Dauerkurzschlußstrom ergibt, sind seine Werte der Schalterauswahl zugrunde zu legen. Er beträgt in Zentralen etwas das 3fache des Zentralenstromes.

Für Schaltanlagen in Zentralen mit Erzeugerspannung bis 500 V müssen Überstrom-Selbstschalter, die genau die RES-Bedingungen erfüllen, demzufolge bei Zentralenströmen

von etwa 200 A an der Schaltleistungsgruppe II,
,, ,, 600 ,, ,, ,, ,, III und
,, ,, 2000 ,, ,, ,, ,, IV

angehören, wobei die Dämpfung des Kurzschlußstromes durch Kontaktwiderstände u. dgl. mit etwa 20% veranschlagt ist.

Rechnungsbeispiel Nr. 14. Beträgt beispielsweise in einer 2000 kVA-Zentrale 380 V mit 3100 A Nennstrom der Kurzschlußstrom 9000 A, so dürfen an den Sammelschienen nur Schalter der Schaltleitungsgruppe IV, welche mit mindestens 7200 A geprüft sind, verwendet werden, selbst wenn sie für allerkleinste Betriebsströme dienen.

Werden von dieser Fabrikzentrale kurze Kabel großen Querschnitts zu den Verbraucher-Schalttafeln geführt, so können hier ebenfalls nur wieder Schalter der Gruppe IV benutzt werden, falls die Dämpfung durch die Auslöserspulen den Kurzschlußstrom nicht auf 5000 A herabdrückt. Will man an den Verbrauchern Schalter der unteren Schaltleistungsgruppen verwenden, so müssen entweder Strombegrenzungs-Drosselspulen in die Zuleitungen gelegt werden oder man wählt die Zuleitungen nach Querschnitt und Länge für den zulässigen Kurzschlußstrom der gewünschten Schaltleistungsgruppe.

Damit beispielsweise in einer Fabrik, welche 150 m von der Zentrale entfernt ist, Schalter der Schaltleistungsgruppe II für 6 A Betriebsstrom verwendet werden können, darf der Kurzschlußstrom 1500 A überschreiten.

Da von 150 m Leitungslänge an bei einem Schaltverzug von 0,25 s für Spannungen bis zu 500 V alle Leiterquerschnitte kurzschlußfest sind, so wird der Querschnitt zweckmäßig derart gewählt, daß durch den Ohmschen Spannungsabfall im Leiter bei Klemmenkurzschluß am Leitungsende der zulässige Schaltstrom nicht überschritten wird.

Der höchstzulässige Leiterquerschnitt errechnet sich für eine gegebene Leitungslänge C in km bei einem zulässigen Kurzschlußstrom J_k zu

$$q = \frac{J_k \cdot \sqrt{3}}{E} \cdot r_s \cdot L. \tag{59}$$

Für 1500 A Prüfstrom wird dann bei 380 V und 150 m Leitungslänge der höchstzulässige Cu-Querschnitt

$$q = \frac{1500}{0{,}8 \cdot 380} \cdot \sqrt{3} \cdot 17{,}5 \cdot 0{,}15 = 22{,}5 \text{ mm}^2.$$

Der nächstkleinere vorhandene Kabelquerschnitt von 16 mm² ist mit 70 A Dauerstrom belastbar, man kann an ihn also etwa 10 Schalter für je 6 A Betriebsstrom mit 7,0 A Auslösestrom anschließen.

Sollten hier an Stelle von 10 beispielsweise 14 Schalter für je 6 A Betriebsstrom angeschlossen werden, so empfiehlt es sich, ein Kabel von 25 mm² zu wählen, welches statt der erforderlichen Länge von 150 m eine Länge von $150 \cdot {}^{25}/_{22,5} = 168$ m erhält, damit der Kurzschlußstrom 1500 A nicht überschreitet.

Für den Schutz von Stromkreisen, die an Eigenbedarfs-Transformatoren größerer Kraftwerke angeschlossen sind, kommen nur Selbstschalter der Schaltleistungsgruppe III und IV in Betracht, und zwar die der Gruppe III nur bis etwa 300 kVA Eigenbedarfsleistung.

Rechnet man 10% Reaktanz bis zu den Eigenbedarfs-Sammelschienen — 8% im Transformator und 2% bis zu den Schalterklemmen —, so ergibt sich als Kurzschlußstrom der 10fache sekundäre Gesamt-Nennstrom aller angeschlossenen Transformatoren. Bei 5000 A zulässigem Ausschaltstrom der Schaltleistungsgruppe III darf der gesamte sekundäre Nennstrom dann 500 A nicht übersteigen.

Möchte man bei größeren Kurzschlußströmen als 5000 A für kleinere Abzweige Schalter der Gruppe III oder II verwenden, so müssen diese Abzweige über Strombegrenzungs-Drosselspulen an einen Gruppenschalter der Schaltleistungsgruppe IV angeschlossen werden.

Damit der induktive Spannungsabfall nicht zu groß wird, empfiehlt es sich, bei Verwendung von Strombegrenzungs-Drosselspulen die Kurzschlußspannung der Transformatoren niedrig zu halten.

Für einen zulässigen Kurzschlußstrom J_k errechnet sich der höchstzulässige Nennstrom J_{nd} einer Strombegrenzungs-Drosselspule mit e_d% Nennspannung bei einem sekundären Gesamt-Nennstrom J_n der Transformatoren mit e_T% Kurzschlußspannung und s_L% Reaktanz in der Zuleitung zu:

$$J_{nD} = \frac{e_d \cdot J_k}{100 - \frac{J_k}{J_n}(e_T + s_L)}. \tag{60}$$

Rechnungsbeispiel Nr. 15. Für eine Eigenbedarfsleistung von 1200 kVA bei 380 V, also $J_n = 1830$ A, wird in einem großen Kraftwerk der höchstzulässige Nennstrom einer Strombegrenzungs-Drosselspule mit 5% Nennspannung bei 4% Kurzschlußspannung der Transformatoren und 2% Reaktanz in der Zuleitung für Schalter mit 5000 A Prüfstrom

$$J_n = \frac{5 \cdot 5000}{100 - \frac{5000}{1830}(4+2)} = 300 \text{ A}.$$

Die Abzweige für kleine Stromstärken, welche mit Selbstschaltern kleiner Schaltleistung ausgerüstet werden sollen, können auch ohne Strombegrenzungs-Drosselspulen an einen Gruppenschalter angeschlossen werden. Der Gruppenschalter übernimmt dann die Abschaltung von Überströmen und Kurzschlüssen in sämtlichen Abzweigen. Die Abzweigschalter erhalten nur Überstrom-Kontaktgeber bzw. Relais, welche den Auslöse-Stromkreis ihres Gruppenschalters schließen, dessen Hilfsschalter dann, wenn gewünscht, über ein Haltrelais den Schalter des erkrankten Stromkreises zum Auslösen bringt.

82. Die Auswahl der Ölschalter.

Für Konstruktion und Auswahl der Ölschalter gelten die REH 1929 des VDE. Als Ölschalter werden ausschließlich Leistungsschalter mit unter Öl liegenden Unterbrechungsstellen bezeichnet. Alle anderen in einem Ölbade befindlichen Schalter wie beispielsweise Trennschalter unter Öl und Anlaßschalter unter Öl sind nach dieser Begriffsbestimmung keine Ölschalter. Nach den Ausschaltleistungen unterscheiden die REH:

1. Ausläufer-Ölschalter. Sie haben mindestens 60 A Nennstrom und sind für geringe Ausschaltleistungen von 250 bis 400 kVA Nennleistung und 200 bis 400 A Dauerkurzschlußstrom für ausschließliche Verwendung in Ausläuferstationen bestimmt.

Zahlentafel Nr. 21. Mindest-Ausschaltleistungen für Reihenölschalter.

Reihe 1	20 MVA
„ 3	40 „
„ 6 bis 30. . .	60 „

Zahlentafel Nr. 22. Mindest-Einschaltfestigkeit für Reihenölschalter.

Nennstrom in A	Größter Stoß-Kurzschlußstrom in A
200	$\sqrt{2} \cdot 10000$
350	$\sqrt{2} \cdot 15000$
600	$\sqrt{2} \cdot 20000$
1000 und mehr .	$\sqrt{2} \cdot 30000$

2. Reihenölschalter. Sie haben mindestens 200 A Nennstrom und müssen den in der Zahlentafel Nr. 21 angegebenen Mindest-Ausschaltleistungen und Mindest-Einschaltfestigkeiten, welche durch die Wirkungen des Stoßkurzschlußstromes nach Zahlentafel Nr. 22 bedingt sind, gewachsen sein.

3. Hochleistungs-Ölschalter. Sie haben größere Ausschaltleistungen und Einschaltfestigkeiten als die für Reihenölschalter geforderten.

Die kleinstzulässigen Nennströme betragen:

60 A für Reihe 1 bis zu 3000 A Kurzschluß-Ausschaltstrom
200 „ „ „ 1 über 3000 „ „ „
200 „ „ die anderen Reihen.

Ölschalter für Ausschaltleistungen über den angegebenen Werten werden als Hochleistungsschalter bezeichnet und in der Regel nicht unter 350 A bzw. 600 A Nennstrom gebaut.

Die Ausschaltleistung ist ein von dem Hersteller zu garantierender Wert. Diese Leistung muß der Ölschalter mit zweimaligen Pausen von je 3 min, nach denen er aufs neue auf den Kurzschluß eingeschaltet wird, dreimal ausschalten können, ohne daß dabei an dem Ölschalter nennenswerte Schäden auftreten, welche sich nicht von dem Betriebspersonal in kurzer Zeit ausbessern lassen. Dieser Wert der Ausschaltleistung muß in einem angemessenen Abstand unterhalb der Grenzausschaltleistung des Schalters liegen, bei der seine Zerstörung eintritt. Für die Auswahl des Ölschalters ist der Grundsatz maßgebend, daß seine Ausschaltleistung nicht kleiner als die an dem Verwendungsort unter ungünstigsten Umständen auftretende Kurzschlußleistung ist.

Die Einschaltfestigkeit der Schalter muß den mechanischen und thermischen Wirkungen der am Verwendungsort des Ölschalters möglichen Stoß- und Dauerkurzschlußströmen gewachsen sein, ohne daß dabei Abheben oder Verschweißen der Schaltstücke eintritt.

In Anlagen mit geringer Netzreaktanz, beispielsweise an den Erzeuger-Sammelschienen in Zentralen, sind aus diesem Grunde oft Schalter mit höheren Nennströmen erforderlich, als es der Betriebsstrom bedingt.

Die Einschaltfestigkeit der Hochleistungsschalter ist in der Regel höher als die der Reihenschalter, beispielsweise geben SSW für Schalter mit 400 mVA Ausschaltleistung die folgenden Werte an:

für 600 A Nennstrom $\sqrt{2} \cdot 40000$ A,
„ 1000 „ „ $\sqrt{2} \cdot 50000$ „ ,
„ 1500 „ und mehr „ $\sqrt{2} \cdot 60000$ „ .

Führt beispielsweise eine 3 kV-Zentrale einen Betriebsstrom von 1500 A, so beträgt der Stoßkurzschlußstrom etwa das $\sqrt{2} \cdot 15$fache von 1500 A, also $\sqrt{2} \cdot 22500$ A. Der kleinstzulässige Reihenölschalter für diesen Stoßstrom müßte nach Zahlentafel Nr. 22 für 1000 A Nennstrom bemessen sein.

Durch die angegebenen Stromwerte der Einschaltfestigkeit ist die Verwendung der einzelnen Schalter in den Zentralen begrenzt. Die folgende Zahlentafel Nr. 23 zeigt die höchstzulässigen Zentralenströme für die Verwendung der einzelnen Schalter mit den vorstehend angeführten Einschaltfestigkeiten in Zentralen mit 12%, 15% und 20% Reaktanz an den Sammelschienen.

Zahlentafel Nr. 23.
Höchstzulässige Zentralen-Ströme bei Netzreaktanzen von 12, 15 und 20%.

	Schalter-Nennstrom in A	Zulässiger Stoß-Kurzschlußstrom in A	Höchstzulässiger Erzeugerstrom in A bei		
			12% Reaktanz	15% Reaktanz	20% Reaktanz
Reihenölschalter	200	$\sqrt{2} \cdot 10000$	665 A	835 A	1110 A
	350	$\sqrt{2} \cdot 15000$	1000 A	1250 A	1670 A
	600	$\sqrt{2} \cdot 20000$	1330 A	1670 A	2220 A
	1000 u. mehr	$\sqrt{2} \cdot 30000$	2000 A	2500 A	3330 A
Hochleistungsölschalter	600	$\sqrt{2} \cdot 40000$	2670 A	3340 A	4440 A
	1000	$\sqrt{2} \cdot 50000$	3330 A	4175 A	5555 A
	1500 u. mehr	$\sqrt{2} \cdot 60000$	4000 A	5000 A	6665 A

Rechnungsbeispiel Nr. 16. In einer Zentrale mit einer Leistung von 12000 kVA bei 6 kV und mit 12% Generatorstreureaktanz sind die kleinstzulässigen Reihenölschalter für 600 A Nennstrom zu wählen, da der Betriebsstrom der Zentrale 1150 A beträgt. Sollen hier Schalter für kleinere Nennströme als 1000 A verwendet werden, so müssen sie durch eine Strombegrenzungs-Drosselspule vor zu hohen Anfangskurzschlußströmen geschützt werden. Zum Schutz der Drosselspule selbst ist ein nach vorstehender Zahlentafel gewählter Ölschalter erforderlich. Werden beispielsweise in obiger Zentrale sechs Stromkreise für je 50 A hinter einer Strombegrenzungs-Drosselspule für 350 A Nennstrom und 5% Reaktanz angeschlossen, so erhalten diese Abzweigschalter bei einem Kurzschluß einen plötzlichen Stoßkurzschlußstrom

$$J_s = \sqrt{2} \cdot 1{,}8 \cdot 1150 \cdot \frac{100}{12 + \frac{1150}{350} \cdot 5} = \sqrt{2} \cdot 7200 \text{ A},$$

welchen die Reihenölschalter für 200 A Nennstrom lt. Zahlentafel Nr. 22 aushalten.

83. Die Berechnung der Ausschaltleistung für Ölschalter.

Die Ausschaltleistung eines selbsttätig auslösenden Ölschalters muß mindestens gleich der an seinem Verwendungsort unmittelbar hinter seinen Klemmen möglichen Kurzschlußleistung sein.

Als Kurzschlußleistung rechnet das Produkt aus Kurzschlußstrom und der im Stromkreise wirksamen Spannung mal dem Zahlenfaktor der betreffenden Stromart, beispielsweise für Drehstrom $\sqrt{3}$. Als wirksamer Strom und Spannung gelten die in der ersten Halbwelle des Lichtbogens nach Beginn der Trennung der Schaltstücke ermittelten effektiven Höchstwerte, und zwar bei Schaltverzugszeiten bis höchstens 0,25 s nach Kurzschlußeintritt.

Der Schaltverzug ist die Summe von Auslösezeit und Eigenzeit des Schalters. Er beträgt etwa

für Primärauslöser 0,085 bis 0,1 s,

für Auslösung über Sekundärrelais 0,15 bis 0,25 s.

Sind die wirklichen Kurzschlußströme z. Z. der tatsächlichen Auslösung des Schalter nicht bekannt, so können sie durch eine Kurzschlußberechnung angenähert ermittel werden (vgl. Abschnitt Kurzschlußberechnungen).

Die Spannung bricht bei einem Kurzschluß in der Nähe der Zentrale zusammen falls keine Schnellregler vorhanden sind oder falls vorhandene Schnellregler eine Vorrichtung haben, durch welche sie bei Kurzschlußeintritt unwirksam werden. Der Spannungsabstieg beträgt bei 0,25 s Schaltverzug in der ungedämpften Nähe des Kraftwerk etwa 30% der ursprünglichen Spannung, bei 0,1 s Schaltverzug etwa 15%. Hat de Schnellregler keine Einrichtung, die ihn bei Kurzschluß unwirksam macht, so sucht e die Spannung nach Möglichkeit zu halten, wodurch unter Umständen um 50% höher Dauerkurzschlußströme entstehen als bei abgestelltem Schnellregler.

Bei Kurzschlüssen weit weg vom Kraftwerk oder in Stromkreisen in der Zentral selbst, welche durch Strombegrenzungs-Drosselspulen geschützt sind, bleibt die Spannun nahezu in unveränderter Stärke bestehen.

Als ursprüngliche Betriebsspannung ist der höchstmögliche Wert einzusetzen, als das 1,1fache der Betriebsnennspannung. Für oberschlägige Berechnungen kann die Kurzschlußleistung bei 0,25 s Schaltverzug auch nach folgenden Näherungsformeln der RE] berechnet werden. Sie beträgt

für zweipoligen Kurzschluß $N_K = 1{,}1\,U \cdot J_d\left(1 + \frac{0{,}5}{a^2}\right),$ (6:

für dreipoligen Kurzschluß $N_K = 1{,}1\,U \cdot J_d \cdot \sqrt{3}\left(1 + \frac{0{,}5}{a^2}\right).$ (6:

Darin ist U die Netzspannung in kV, J_d der betreffende Dauerkurzschlußstrom und das Verhältnis der gesamten Netzreaktanz bis zur Kurzschlußstelle zur Generatorstreu reaktanz (einschließlich Bohrungsfeld). Der Wert des Klammergliedes ist am Kraf werk 1,5, weitab davon 1.

Der größere Wert der beiden Formeln ist für die Auswahl des Schalters maßgebend dabei ist zu beachten, daß bei zweipoligem Kurzschluß die in der Kurzschlußbahn liegen den Schalterpole die Kurzschlußleistung zu gleichen Teilen aufnehmen, und daß b dreipoligem Kurzschluß auf einen Schalterpol bis zur Hälfte der Kurzschlußleistu kommen kann.

Für bekannte oder errechnete Kurzschlußströme J_k, die bei einem tatsächliche Schaltverzug zwischen 0,1 und 0,25 s nach Kurzschlußeintritt auftreten, wird die Kur schlußleistung

$$N_K = 1{,}1\,U' \cdot J_K \cdot \sqrt{3}\,. \qquad (6$$

Darin ist U' die um den bei Kurzschluß erfolgenden Spannungsabstieg verminder Nennspannung des Netzes.

Rechnungsbeispiel Nr. 17. Wie groß sind die Kurzschlußleistungen bei 0,1 bzw. bei 0,25 s Schaltverzug für Ölschalter in der Zentrale des Rechnungsbeispiels Nr. mit 18000 kVA Leistung bei 6 kV Nennspannung und in dem Umspannwerk an d 6 kV-Sammelschienen?

Die errechneten Kurzschlußströme des dreipoligen Kurzschlusses betragen

in der Zentrale		im Umspannwerk	
für 0,1 s	13000 A,	für 0,1 s	4000 A,
„ 0,25 s	9000 A,	„ 0,25 s	3100 A.

Die Schnellregler in der Zentrale sollen bei Kurzschluß unwirksam sein.

Dann errechnen sich die Kurzschlußleistungen in der Zentrale:

für Primärauslöser mit 0,1 s Schaltverzug zu

$$N_K = 1{,}1 \cdot 6 \cdot 0{,}85 \cdot 13000\sqrt{3} = 127000\ \text{kVA},$$

für Auslösung durch Sekundär-Relais nach 0,25 s zu

$$N_K = 1{,}1 \cdot 6 \cdot 0{,}7 \cdot 9000 \cdot \sqrt{3} = 72000\ \text{kVA};$$

in dem Umspannwerk:

für 0,1 s Schaltverzug zu

$$N_K = 1{,}1 \cdot 6 \cdot 4000\sqrt{3} = 46000\,\mathrm{kVA},$$

für 0,25 s Schaltverzug zu

$$N_K = 1{,}1 \cdot 6 \cdot 3100\sqrt{3} = 36000\,\mathrm{kVA}.$$

Wie aus dem Beispiel ersichtlich ist, wird ein und derselbe Schalter bei Verwendung von Sekundär-Relais durch die Kurzschlüsse nicht so stark beansprucht, wie es bei Primärauslösern der Fall ist.

Erwähnt sei noch, daß die in obigem Beispiel errechneten Kurzschlußleistungen höher liegen als die Werte, welche die REH-Formeln ergeben. Weil aber die Kurzschlußberechnung eine Sicherheitsrechnung ist, empfiehlt es sich, nach den angegebenen Werten zu rechnen und nicht ohne zwingenden Grund auf die Mindest-Ausschaltleistung der REH-Vorschriften herabzugehen.

XII. Die Luftschalter.

84. Die Hebelschalter und Hebelumschalter.

Die einfachsten Schalter sind Hebelschalter, bei welchen das bewegliche Schaltstück, ein Kontaktmesser oder Kontaktbügel, in einem ortsfesten Schaltstück drehbar gelagert ist. Der obere Teil des Schaltmessers ist als isolierter Handgriff ausgebildet.

Wie bereits gesagt, ist die Ausschaltleistung der Hebelschalter sehr begrenzt. Ihren normalen Nennstrom können sie nur bis zu Strömen von etwa 350 oder höchstens 600 A bei Drehstromspannungen bis 500 V abschalten; bei Gleichstrom können sie selbst diese Ströme nur dann abschalten, wenn gegenelektromotorische Kräfte die zwischen den Schaltstücken gleicher Pole wiederkehrende Spannung herabsetzen.

Der Überstrom- und Kurzschluß-Schutz wird in Schaltanlagen mit Hebelschaltern von Sicherungen übernommen, welche z. Z. jedoch nur in Netzen mit Kurzschlußströmen bis höchstens 7000 oder 10000 A zulässig sind.

Das Ausschalten von belasteten Hebelschaltern soll bei Gleichstrom rasch erfolgen, um das Schaltfeuer schnell zu löschen, bei Wechselstrom kann eine langsamere Unterbrechung vorteilhaft sein. Aus diesem Grunde werden die Schalter für Gleichstrom mit Momentauslösung versehen, die Schalter für Drehstrom dagegen in der Regel nicht.

In Niederspannungs-Netzen können Hebelschalter unmittelbar auf die Schaltplatte aufgebaut werden. In elektrischen Betriebsstätten müssen die Schalter dann jedoch mit Schutzkappen versehen sein, in elektrischen Betriebsräumen ist dies nicht erforderlich.

In Schaltanlagen für Spannungen über 220 V gegen Erde muß die Bedienungsseite der Schalttafel von spannungsführenden Teilen frei sein, und die Hebelschalter werden deshalb bei diesen Spannungen in das rückseitige Schaltgerüst eingebaut. Die Schalter für rückseitigen Einbau sind meist so konstruiert, daß Schaltstücke und Antriebsgriff auf einem gemeinsamen Grundrahmen zusammengebaut sind.

Im allgemeinen liegen die Schaltstücke für dreipolige Schalter nebeneinander, doch gibt es auch Schalter, bei denen die einzelnen Pole übereinander liegen.

Hebelumschalter werden häufig in Drehstrom-Schaltanlagen mit Doppel-Sammelschienen benutzt. Sie sind besonders für solche Anlagen geeignet, bei denen ein Parallelbetrieb der beiden Sammelschienen-Systeme nicht statthaft ist. Sie können in der unteren Schaltstellung nur für stromloses Schalten verwendet werden, erfüllen also ausschließlich den Dienst von Trennschaltern. Abb. 227 zeigt Hebelumschalter für Einbau in das rückseitige Gerüst.

Alle diese Hebel- und Hebelumschalter können auch getrennt von ihrem Antriebsgerät, mit dem sie dann durch Gestänge verbunden werden, in das Schaltgerüst eingebaut werden.

85. Die Selbstschalter.

Die Hauptbestandteile eines Selbstschalters sind der Grundrahmen mit den ort: festen Schaltstücken, die Schalterwelle mit den beweglichen Schaltstücken und die Au: löser mit der Auslösevorrichtung, Schaltschloß oder Freilaufkupplung genannt. Zur Schutz der Hauptschaltstücke erhalte Überstrom-Selbstschalter für größer Ströme in der Regel besondere, au: wechselbare Abbrennstücke. Der Au: schaltlichtbogen wird bei viele Schalterkonstruktionen von elektrc magnetischen Blasspulen gelöscht.

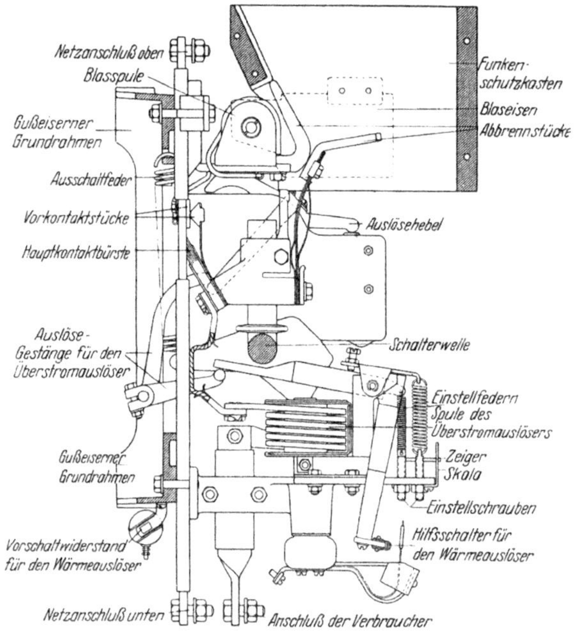

Abb 155. Schnittzeichnung eines Selbstschalters mit Überstromauslösern und Wärmeauslöser. SSW.

An modernen Selbstschaltern sin die ortsfesten Schaltstücke auf einer eisernen Rahmen isoliert befestigt un alle Isolierstrecken senkrecht angeord net, damit Staubablagerungen, welch zu Überschlägen Anlaß geben könner unmöglich sind.

Viel Sorgfalt wird auf die Ausbil dung der Schalt- und Abbrennstück verwendet, damit der Kontakt gleich bleibend gut ist. Für die Güte eine Kontaktes ist besonders die Reinhei der Auflageflächen und ein starker Au lagedruck ausschlaggebend, die Größ der Auflagefläche ist weniger von Ein fluß, da erfahrungsgemäß bei größere Flächen, falls sie nicht aus Kontakt bürsten gebildet sind, der Kontakt nur an einzelnen Punkten erfolgt.

Die Wirkungsweise eines Selbstschalters in allen seinen Teilen sei an Hand de Abb. 155 und 156 erklärt.

Abb. 156. Dreipoliger Überstrom-Selbstschalter. SSW.

Der eiserne Grundrahmen trägt in senkrechter Isolation drei Kupferschienen, welc in ihrer Mitte als ortsfeste Schaltstücke dienen und die an ihrem oberen und untere

Ende mit je einer Anschlußschraube versehen sind, damit der Netzanschluß beliebig erfolgen kann.

Die ortsfesten Abbrennstücke sind oben an den Kupferschienen befestigt und liegen in Reihe mit den Blasspulen, an welchen die Blaseisen um 90° schwenkbar angebracht sind.

Die Lagerschilder für die Schalterwelle, welche die beweglichen Schaltstücke trägt, sowie die Befestigungsböcke für die Auslöser und für die Kupferschienen mit den Leitungsanschlüssen an die Verbraucher sind auf den Grundrahmen aufgeschraubt.

Der normale Stromfluß im Schalter ist von den oberen bzw. unteren Netz-Anschlußklemmen durch die Kupferschienen in die Hauptkontaktbürsten und über Kupferbänder durch die Spulen der Überstrom-Auslöser zu den Verbraucher-Anschlußklemmen. Bei Überstrom wird der Anker in die Auslösespule eingezogen und drückt auf das Auslösegestänge, welches mit Hilfe des Auslösehebels das Schaltschloß entklinkt und die durch Ausschaltfedern gespannte Schalterwelle freigibt. Dabei unterbrechen zuerst die Hauptschaltstücke, welche in dem weiteren Verlauf der Ausschaltbewegung die an ihnen federnd befestigten Abbrennstücke mitreißen. Der Stromfluß erfolgt jetzt durch die Blasspule, welche in der Einschaltstellung kurzgeschlossen war und nun kräftig erregt wird. Die Kraftlinien werden durch den Luftraum zwischen den Blaseisen geschlossen und treiben durch ihre elektrodynamische Wirkung den Ausschaltlichtbogen nach oben, wodurch er zum Erlöschen gebracht wird. Ein Überschlagen von Pol zu Pol oder nach Erde wird durch Schutzkasten aus Schieferasbest verhindert.

Als Überstrom-Auslösung für Selbstschalter kommt die nichtverzögerte Überstrom-Auslösung („*n*") oder die gemischtverzögerte Überstrom-Auslösung („*u/n*") in Betracht, außerdem kann noch ein Spannungsauslöser an den Schalter angebracht werden.

Die nichtverzögerte Überstrom-Auslösung („*n*") dient als Kurzschlußschutz und erfolgt, wenn der Betriebsstrom den an den Auslösern eingestellten Wert überschreitet. Die Einstellung des Auslösestromes auf den 0,9- bis 2fachen Auslöser-Nennstrom erfolgt mit Hilfe einer an den Anker angreifenden Rückzugfeder.

Die gemischtverzögerte Überström-Auslösung („*u/n*") sichert die Stromkreise gegen Kurzschluß und Überlastung. Die Auslösung erfolgt bis zu einem einstellbaren Stromwert nach einer vom Strom unabhängig verzögerten, einstellbaren Auslösezeit. Bei Auftreten größerer Überströme erfolgt die Auslösung unverzögert. Die Stromstärke, bei deren Überschreiten die verzögerte Auslösung eintreten soll, kann auf den 0,9- bis 2fachen Auslöser-Nennstrom eingestellt werden, die Stromstärke für unverzögerte Auslösung auf den 4- bis 10fachen Auslöser-Nennstrom.

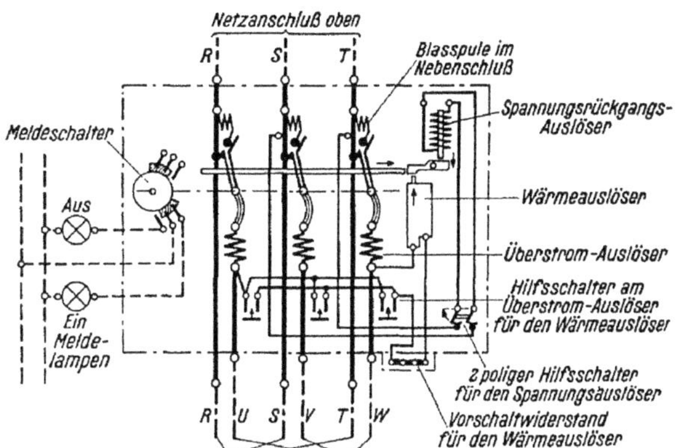

Abb. 157. Schaltbild des dreipoligen Überstrom-Selbstschalters der Abb. 155 und 156. SSW.

Eine Verzögerungszeit bei Überströmen bis zu dem 4- bis 10fachen Auslöser-Nennstrom ist, wie schon erwähnt, oft erwünscht, damit der Schalter bei ungefährlichen Stromstößen nicht auslöst. Die gemischtverzögerte Auslösung wirkt folgendermaßen:

Bei Überströmen, welche in ihrer Größe innerhalb der unabhängigen Auslösung bleiben, wird der Klappanker so weit angezogen, wie die Ausdehnung der schwächeren Einstellfeder zuläßt. Dabei schließt eine an ihm befestigte Kontaktbrücke einen zweipoligen Hilfsschalter, durch den ein Wärmeauslöser, wie das Schaltbild, Abb. 157, zeigt, an die Betriebsspannung gelegt wird, und welcher die unabhängige Verzögerung bewirkt. Bei Auftreten von Kurzschlußströmen, welche den mittels der starken Feder auf den 4- bis 10fachen

Auslöser-Nennstrom einstellbaren Auslösestrom überschreiten, überwindet der Klapp anker die Spannwirkung beider Federn und löst den Schalter unverzögert aus.

Der Spannungsauslöser wird oberhalb des Schaltschlosses auf dem Grundrahme befestigt und wirkt mit seinem Klappanker unmittelbar auf den Auslösehebel. So der Auslöser für Ruhestrom sein, so bleibt der Anker angezogen, so lange die Spannun über 70% ihres Nennwertes beträgt, und löst zwischen 35 und 70% Nennspannung de Schalter aus. Der Spannungsauslöser für Ruhestrom wird bei dem Öffnen des Schalter durch einen zweipoligen Hilfsschalter abgeschaltet.

In der Arbeitsstromschaltung spricht der Spannungsauslöser an, wenn seine Spul durch Betätigung eines Druckknopfes oder durch ein Relais eingeschaltet wird.

Für Melde- oder Verriegelungs-Schaltungen lassen sich an Selbstschalter Melde schalter anbringen.

86. Die Trennschalter.

Die Trennschalter dienen zum Spannungfreimachen von Stromkreisen und dürfe nur im stromlosen Zustande geschaltet werden.

Als stromloses Aus- und Einschalten wird nach den REH ein Schaltvorgang be zeichnet, bei welchem der Strom im Schalter im Verhältnis zum Nennstrom sehr gerin ist und dabei höchstens 1% des Nennstroms, jedoch nicht mehr als 10 A, beträgt, ode bei welchem Parallelwege mit geringer Spannung zwischen den Unterbrechungsstelle geschaltet werden und die stromführenden Teile unter Spannung stehen.

Lt. den VDE-Vorschriften muß vor Ölschaltern bei Betriebsspannungen über 1 k eine sichtbare Trennstelle vorhanden sein, damit die im Stromkreis befindlichen Ge räte, insbesondere die Schaltstücke der Ölschalter, bei gezogenen Trennschaltern betrieb mäßig und gefahrlos zugänglich sind. Deshalb werden alle Stromkreise mit Ölschalter über Trennschalter an die Sammelschienen angeschlossen. Ob hinter den Ölschalter Trennschalter erforderlich sind, hängt einzig davon ab, ob von dieser Seite Spannur zu erwarten ist oder nicht. Allgemein sind sie an Freileitungen notwendig, weil hi atmosphärische Aufladungen möglich sind. Nicht erforderlich sind Trennschalter a Generatoren sowie an Transformatoren, wenn sie von einem Ort aus unter- und obe spannungsseitig geschaltet werden.

Auch in Stromkreisen mit Luftselbstschaltern werden zuweilen Trennschalter a den Sammelschienen vorgesehen, damit die Schaltstücke und Auslöseeinrichtungen d Selbstschalter in spannungsfreiem Zustand auch während des Betriebs der übrigen A lage geprüft werden können.

In Schaltanlagen mit Doppel-Sammelschienen dienen die Trennschalter in manche Fällen zum betriebsmäßigen Umlegen der Stromkreise von dem einen Sammelschiene System auf das andere, wie es im Abschnitt „Schaltpläne" ausführlich beschrieben wurd

Ursprünglich wurde für das Umschalten auf die anderen Sammelschienen ein zweit Ölschalter verwendet. Weil aber der zweite Ölschalter die Schaltanlage sehr verteue benutzt man ihn in Deutschland nur für die Umschaltung lebenswichtiger Betrieb wie für Eigenbedarf beispielsweise, während sonst die Betriebsleiter ihn für entbehrli halten. Durch sachgemäße Anordnung der Trennschalter und der Sammelschiene durch Warnlampen in den Trennschalterzellen sowie durch pflichtbewußte Bedienung mannschaft sucht man die bei fehlerhafter Bedienung von Trennschaltern möglich Gefahren zu vermeiden. Die Gefahr, Trennschalter unter Last zu ziehen und so ein Erd- oder Kurzschluß an den Sammelschienen einzuleiten, ist bei Doppel-Sammelschien bedeutend größer als bei Einfach-Sammelschienen, obgleich auch hier Fehler möglich sin

Noch an anderer Stelle werden als billiger Ersatz für Ölschalter Trennschalt bzw. Trennschalter in Verbindung mit Hochspannungs-Sicherungen benutzt.

Im ersteren Falle handelt es sich um den Anschluß parallel arbeitender Transform toren, deren Unterspannungsseiten durch Leistungsschalter geschützt sind, an die Hoc volt-Sammelschienen in Unterwerken. Hierbei ist darauf zu achten, daß die Er- u

Entregung der Transformatoren nur durch Leistungsschalter erfolgt. Von dieser Ersparnis an Ölschaltern wird man nur in untergeordneten Werken Gebrauch machen, da ein selektiver Transformatorschutz in dieser Schaltung nicht möglich ist.

Das Ein- und Ausschalten leerlaufender Transformatoren kann mittels Trennschalter bei Transformatoren bis zu 50 kVA Leistung und bis zu 20 kV Betriebsspannung erfolgen; als Überstromschutz werden hier Hochspannungs-Sicherungen verwendet.

Im übrigen warnen die REH ausdrücklich davor, größere Magnetisierungsströme und lange Leitungen mit Trennschaltern zu schalten. Auch können die Ladeströme, welche Stützer und Durchführungen von Reihe 60 an aufnehmen, so groß werden, daß sie nicht mittels Trennschalter schaltbar sind. Aus diesem Grunde empfiehlt es sich, auch die ankommenden Freileitungen mit Ölschaltern auszurüsten.

Für die Prüfung der Trennschalter ist zum Teil eine höhere Spannung als für die übrigen Hochspannungsgeräte vorgeschrieben, nämlich

$$U_p = (3{,}3\, U + 20)\ \mathrm{kV} \qquad (64)$$

zwischen Anfang und Ende der Pole bei isolierter Aufstellung und bei einseitiger Erdung des Prüftransformators. Der Grund hierfür ist, daß an Doppel-Sammelschienen, welche nicht synchron betrieben werden, Spannungen von der doppelten Betriebsspannung auftreten können, welche infolge von Erdschlüssen oder atmosphärischen Überspannungen noch höher liegen würden.

Bei dem Einbau von Drehtrennschaltern in Schaltanlagen mit Doppel-Sammelschienen von Reihe 45 bzw. 60 an ist deshalb darauf zu achten, daß die Schaltmesser geöffneter Trennschalter nicht den Zellentrennwänden zu nahe kommen, denn zwischen einem ortsfesten und dem drehbaren Stützer der Drehtrennschalter ist in vielen Fällen die für obige Prüfspannung erforderliche Schlagweite nicht vorhanden.

An dieser Stelle sei nochmals darauf hingewiesen, daß die thermische Kurzschlußfestigkeit der Trennschalter zumindest den gleichen Querschnitt der stromführenden Teile des Trennschalters bedingt, der für die blanken Cu-Leitungen des Stromkreises errechnet wurde. Da die Querschnitte der stromführenden Teile von Trennschaltern in den Preislisten nicht angegeben sind, empfiehlt es sich, die Nennstromstärke nach den für Durchführungen zulässigen Stromstärken zu ermitteln.

Die Nennströme und Querschnitte der Durchführungsbolzen nach DIN 331 sind in Zahlentafel Nr. 24 angegeben.

Zahlentafel Nr. 24. Nennströme für Durchführungsbolzen.

Nennstrom in A	Durchmesser in mm	Querschnitte in mm
200	13	133
350	16	201
600	22	380
1000	33	855
1500	42	1385

Rechnungsbeispiel Nr. 18. In dem Rechnungsbeispiel Nr. 4, S. 30, wurde als kleinster Querschnitt für blanke Cu-Leiter bei 6 s Schaltverzug 142 mm² errechnet. Ein Vergleich mit obiger Zahlentafel zeigt, daß der kleinstzulässige Nennstrom für die Trennschalter wie für alle Geräte dieses Stromkreises dann 350 A beträgt, selbst wenn der Betriebsstrom weniger als 200 A ausmacht.

87. Die Ausführungsformen der Trennschalter.

Die Trennschalter werden in der Regel als Luftschalter gebaut. Sie bestehen aus einem eisernen Rahmen mit Stützern, welche die ortsfesten Schaltstücke tragen.

Da bei Stromstärken über 600 A sich mittels federnder Kontaktstücke kein genügend guter Kontaktdruck erreichen läßt und bei schlechtem Kontakt ein Anfressen der Kontaktstücke zu befürchten ist, werden die Trennschalter für Nennströme von 1000 an entweder aus mehreren parallelen Trennmessern zusammengesetzt oder mit besonderen Druckschrauben versehen, (Abb. 158,) welche sich mit der Schaltstange spannen und lösen lassen. Beachtenswert sind in dieser Konstruktion die Anschlußstücke, welche die Trennmesser unmittelbar in den Leitungszug legen.

Um an besonderen Durchführungen zu sparen, werden vielfach einpolige Trennschalter benutzt, bei denen die ortsfesten Schaltstücke statt auf Stützern auf Durchführungen befestigt sind.

Die dreipoligen Trennschalter werden aus den Elementen der einpoligen auf einem gemeinschaftlichen Grundrahmen zusammengebaut. Die einzelnen Messer werden, wie Abb. 159 zeigt, über Gelenke aus Isoliermaterial mit einer Schaltwelle gekuppelt. In der dargestellten Bauart werden dreipolige Trennschalter bis Reihe 45 und für Nennströme bis 600 A hergestellt. Für Bedienung mit Schaltstange wird auf dem freien Wellenende der Schaltwelle ein Hebel mit Öse befestigt.

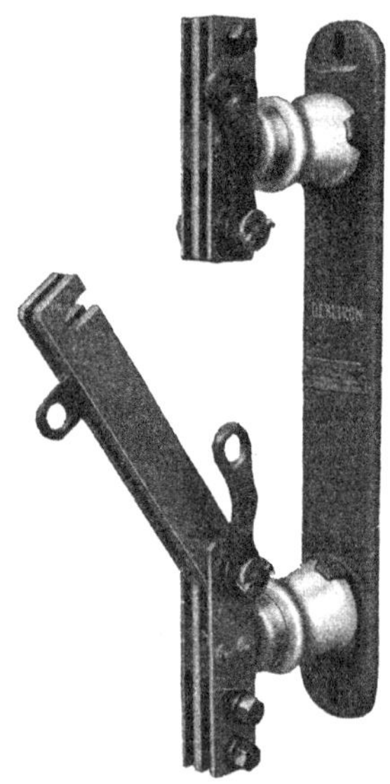

Abb. 158. Einpoliger Trennschalter Reihe 3, 1500 A, Oerlikon.

Die dreipoligen Trennschalter von Reihe 45 bzw. Reihe 60 an werden häufig als Drehtrennschalter mit zwei Unterbrechungsstellen pro Pol ausgeführt, damit auf der Leitung verbleibende Ladeströme ohne starke Funkenbildung gelöscht werden. Die ortsfesten Schaltstücke sitzen, wie aus Abb. 160 ersichtlich ist, auf festen Stützern, das Schaltmesser ist auf einem drehbaren Stützer befestigt. Die Stützer der Trennschalter für Innenräume werden vielfach aus Hartpapier hergestellt. Da ein fertiger dreipoliger Trennschalter bei diesen Spannungen sperrig für den Transport und reichlich schwer für die Montage ausfällt, werden sie meist nur einpolig geliefert und erst an Ort und Stelle durch das Antriebsgestänge zu einem dreipoligen Satz verbunden.

Die Stützer der Freilufttrennschalter sind mit Schirmen versehen und der Antriebsmechanismus sowie die Schaltstücke so ausgebildet, daß sich die Trennschalter auch bei vereisten Schaltstücken betätigen lassen. Das Schaltmesser des in der Abb. 160 dargestellten Trennschalters ist in dem mittleren Stützer exzentrisch gelagert. Dadurch wird beim Öffnen des Trennschalters zuerst das Trennmesser von dem einen und dann von dem anderen ortsfesten Schaltstück abgezogen, so daß vorhandene Eisstücke sich leicht abscheren lassen.

Abb. 159. Dreipoliger Trennschalter, Reihe 3 bis 45. BBC.

Abb. 160. Freiluft-Drehtrennschalter, Reihe 80, 350 A, mit angebautem Erdungsschalter. AEG.

Im Ausland werden die Freilufttrennschalter häufig mit Hörnern versehen, damit Ladeströme zuverlässig unterbrochen werden. Bei dem in Abb. 161 gezeigten Freilufttrennschalter der Maschinenfabrik Oerlikon wird die Drehbewegung des Antriebsstützers über einen Kniehebel in eine Vertikalbewegung übertragen. Der Kniehebel bewirkt, daß am Ende des Einschaltvorganges von einer geringen Antriebskraft ein großes Drehmoment am Trennmesser erzeugt wird. Da die Kurbel hierbei in die Totpunktlage dreht, wird die Endbewegung beim Einschalten des Trennmessers selbsttätig gehemmt.

Ein Vorzug der vertikal schwingenden Trennmesser gegenüber den horizontal schwingenden der Drehtrennschalter ist, daß sie einen kleinen Phasenabstand der Trennschalter zulassen und so weniger Platz für ihren Einbau benötigen als Drehtrennschalter.

Die Trennumschalter werden hauptsächlich in Anlagen mit zwei Sammelschienen-Systemen, welche nicht parallel geschaltet werden dürfen, verwendet. Sie werden wie die Trennschalter ein- und dreipolig hergestellt, und zwar wohl nur für Nennströme bis 600 A und Spannungen bis 30 kV bzw. 45 kV. Die gewinkelten Trennmesser jeder Phase sind an den ortsfesten Schaltstücken auf den mittleren Isolatoren drehbar befestigt, wie aus der Abb. 162 ersichtlich.

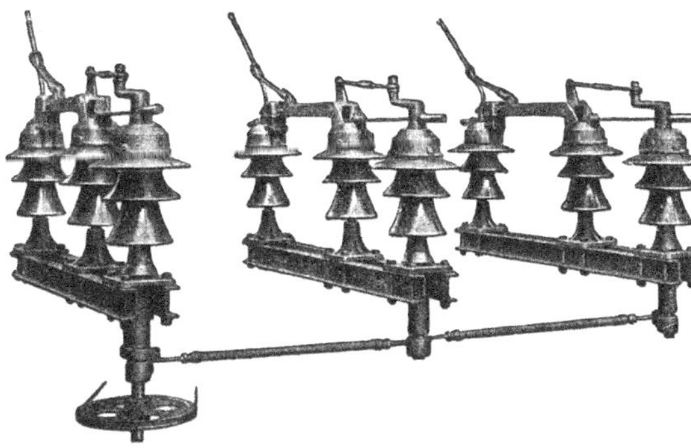

Abb. 161. Dreipoliger Freiluft-Trennschalter, Reihe 30, 350 A. Oerlikon.

Abb. 162. Dreipoliger Trennumschalter, Reihe 10, 200 A. SSW.

Die Erdungstrennschalter dienen zum Erden abgetrennter Stromkreise. An Freileitungen sind Erdungsschalter stets erforderlich, da auf den Freileitungen atmosphärische Überspannungen möglich sind. Auch für das Erden von Schaltanlagen werden Erdungstrennschalter zuweilen benutzt. An Drehtrennschaltern von Reihe 45 bzw. 60 an lassen sich besondere Erdungsschalter leicht anbringen, wie Abb. 160 erkennen läßt.

Soll die Trennung der Trennschalter in der Ölschalterzelle des zugehörigen Stromkreises oder am Schaltstand angezeigt werden, so werden die Trennmesser über isolierte Gelenke mit Meldeschaltern verbunden, die so an der Trennschalterzelle angebracht sein sollen, daß sie betriebsmäßig zugänglich sind.

Bei einpoligen Trennschaltern muß jeder Pol einen Meldeschalter erhalten.

XIII. Die Ölschalter.

88. Schaltvorgänge im Ölschalter.

Die kühlende Wirkung, die gute Isolationsfähigkeit und die große Durchschlagsfestigkeit des Öles ermöglichen es, in den Ölschaltern große Wechselstromlichtbögen schnell auszulöschen.

Bei Beginn der Trennung der Schaltstücke voneinander ist der gesamte Ausschaltstrom an den Spitzen der Schaltstücke konzentriert, deren verhältnismäßig kleine Flächen durch die große Stromdichte glühend heiß werden, so daß sich an ihnen ein Lichtbogen entzündet. Das in der Nähe des Lichtbogens befindliche Öl vergast und bildet eine Gasblase, welche nach allen Seiten drückt. Sie preßt das Luftpolster über dem Ölschalter zusammen und drängt bei einem gewissen Überdruck die Luft durch am Ölschalterdeckel befindliche Entgasungsöffnungen aus dem Ölkessel hinaus.

Bei dem Stromdurchgang durch Null erlischt der Lichtbogen. Ist die Entfernung der Schaltstücke voneinander nun bereits genügend groß, daß die Gasblase nicht mehr die Schaltstücke einhüllt, so fließt kühlendes Öl an die Schaltstücke und sie erkalten.

Die Durchschlagsfestigkeit des Öles verhindert dann eine Neuzündung des Lichtbogens. Der Schalter hat seinen Stromkreis ausgeschaltet.

Kann die Gasblase nicht schnell genug aus dem Bereich der Schaltstücke entweichen, so bleiben sie noch glühend heiß, wenn die neue Stromwelle ansteigt. Der Lichtbogen wird aufs neue gezündet und erzeugt neue Gasmengen. Da die Bildung der Gasblase bei ihrem Entstehen aus kleinstem Ölvolumen wie eine Explosion wirkt, besteht die Möglichkeit, daß mit der ausströmenden Luft Öl in die Entgasungsöffnungen gelangt und sie verstopft. Die Gasblase kann dann nur noch das etwaig verbleibende Luftpolster zusammendrücken. Bleibt sie in besonders schweren Fällen in der Nähe der Schaltstücke stehen, so erzeugt der Lichtbogen ständig neue Gasmengen, bis der Überdruck den Schalter sprengt.

Mischt sich nun das aus dem Schalter strömende Ölgas in der Ölschalterzelle mit einer bestimmten Menge Luft, so entsteht ein selbstzündendes Knallgas, das gefährliche Explosionen verursachen kann.

Auch das Schalten auf bestehenden Kurzschluß stellt an den Ölschalter harte Anforderungen. Kurz vor dem Berühren der Schaltstücke springt der erste Lichtbogen über, währenddessen der Kurzschlußstrom seinem Spitzenwert zustrebt. Bei abgenutzten Schaltstücken erfolgt der erste Kontakt an winzig kleinen Flächen mit sehr großer Stromdichte, durch deren Wärmewirkung die Schaltstücke schmelzen können. Die mechanischen Wirkungen des Kurzschlußstromstoßes versuchen dabei die Strombrücke abzutreiben, so daß unter Umständen der Einschaltvorgang nicht beendet werden kann. Bleibt in dieser Stellung des Schalters der Lichtbogen stehen, so werden vielleicht die geschmolzenen Schaltstücke zusammengeschweißt, wodurch der Schalter unbrauchbar wird.

Aus den beschriebenen Vorgängen, welche jedoch nicht restlos geklärt sind, läßt sich folgern, daß die Ausschaltleistung eines Ölschalters bedingt wird von der Länge des Schaltweges, von der Schaltgeschwindigkeit und von der Ölhöhe über den festen Schaltstücken sowie von einer guten Ölbewegung an den Schaltstücken, welche die Gasblase von ihnen wegtreibt und kaltes Öl an sie heranbringt, und von der Sicherheit, mit welcher die Schaltstücke die Gefahrenzone der ersten Zündung des Lichtbogens überwindet. Des weiteren wird die Ausschaltleistung von einer ausreichenden Festigkeit des Ölkessels und des Schaltdeckels sowie von einer geeigneten Vorrichtung zur raschen Beseitigung gefährlicher Gasdrücke bedingt. Ferner erfordert die Schaltleistung des Ölschalters eine zweckmäßige Formgebung der Schaltstücke, durch welche die thermischen und mechanischen Wirkungen des Stoßstromes abgeschwächt werden, sowie eine ausreichende Bemessung aller stromführenden Teile und eine sorgfältige Isolierung des Lichtbogens und des Bereichs der Gasblase gegen blanke Kesselteile sowie die Isolierung aller spannungführenden Teile im Ölkessel.

89. Der konstruktive Aufbau der Ölschalter.

Der eigentliche Schalter — Schaltstücke und Schaltgetriebe — wird an einem kräftigen Deckel befestigt und in einen Ölkessel gesetzt. Zwischen Ölfüllung und Deckel, an dem der Kessel hängt, verbleibt eine Luftschicht als Polster für Stöße des Öles, die beim Schalten auftreten können. In den Deckel, der wie der Kessel meist aus Eisen oder Flußstahl besteht, werden die erforderlichen Durchführungen gasdicht eingekittet und die Schalterwelle wird (ebenfalls gasdicht) in ihm gelagert, Abb. 163. Die ortsfesten Schaltstücke hängen an den Durchführungsbolzen, die zwei beweglichen Schaltstücke eines jeden Schalterpoles sind durch eine Strombrücke verbunden und sitzen isoliert auf einer Schaltbrücke, die beim Schalten auf- und abbewegt wird. Um gefährliche Überdrücke, die zur Zerstörung des Schalters führen würden, zu vermeiden, wird an Reihenölschaltern ein kleiner Luftspalt zwischen Deckel und Kessel gelassen, bei Hochleistungsschaltern werden an Stelle des Luftspaltes Entgasungsstutzen am Deckel vorgesehen.

Durch geeignete Formgebung der Schaltstücke wird erreicht, daß der Kontakt auch nach dem Schalten von großen Kurzschlußströmen noch gut ist. Die Güte des Kontaktes hängt hauptsächlich von genügendem Kontaktdruck ab, denn unterhalb eines gewissen spezifischen Kontaktdruckes erwärmen sich die Schaltstücke und oxydieren. Dabei wird das Öl zersetzt und verliert seine Isolationsfähigkeit.

Für Reihenölschalter, welche nur begrenzte Leistungen zu schalten haben, werden ähnliche Schaltstücke wie an Messer-Trennschaltern benutzt. Zur Erzielung eines hohen Kontaktdruckes bestehen hier die ortsfesten Schaltstücke, wie Abb. 163 zeigt, aus mehreren Fingern, von denen jeder durch eine Druckfeder aus Stahl auf das Schaltmesser gedrückt wird. Die Finger sind auf eine Grundplatte aufgeschraubt, die Stromführung erfolgt über an der Grundplatte angenietete Kupferbänder. Die äußeren Finger sind länger als die übrigen und dienen als Abbrennkontakt.

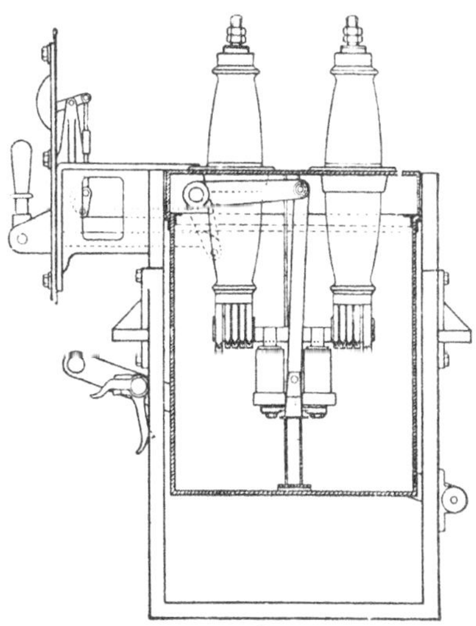
Abb. 163. Reihen-Ölschalter. V & H.

Für Hochleistungs-Ölschalter werden häufig Tulpenkontakte verwendet; die Abb. 164 bis 166 zeigen derartige Kontaktzylinder der Maschinenfabrik Oerlikon.

Die einzelnen Segmente sind im Kreise angeordnet, von einer Stahlfeder zusammengedrückt und mit dem Kontaktkopf, der auf den Durchführungsbolzen aufgepreßt ist, durch Kupferlitzen verbunden. Eine besondere Formgebung der Segmente sowie die geeignete Anordnung der Preßfeder bewirkt, daß jedes einzelne Segment einen gleichen Stromanteil auf den Kontaktbolzen überträgt, und daß Segmente, an denen Schmelzperlen (wie bei *d* in Abb. 165) auftreten, mit erhöhtem Druck an den Kontaktbolzen gepreßt werden. Durch die Drucksteigerung bleibt der Übergangswiderstand und damit der Stromwärmeverlust praktisch auf demselben Wert, als wenn die Segmente auf der ganzen Länge von *b* bis *d* anliegen. Die Spitze des Kontaktbolzens tritt in der Einschaltstellung weit durch die Segmente hindurch, die Kontaktbildung ist somit aus dem Bereich etwaiger Brandstellen herausgebracht und von Schmelzperlen unabhängig.

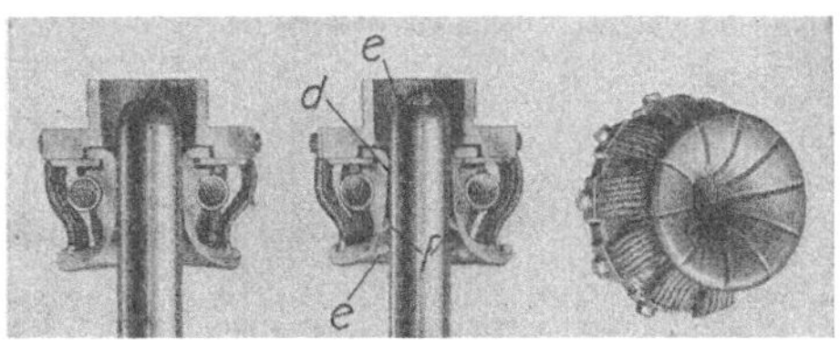

Abb. 164. Zylinderkontakt mit Kontaktbolzen. Abb. 165. Zylinderkontakt mit Brandstellen. Abb. 166. Zylinderkontakt für 600 A.

Abb. 164 bis 166. Zylinderkontakte Oerlikon.

Gleichzeitig wird durch das tiefe Eintauchen des Kontaktfingers in den Tulpenkontakt die Gefahrzone der ersten Zündung rasch überwunden, denn der verhältnismäßig weite Weg von der ersten Kontaktgebung bis zur Einschaltstellung bzw. von hier bis zur ersten Zündung ermöglicht es, daß der Kontaktbolzen die Gefahrenzone mit voller Schaltgeschwindigkeit (etwa 1,5 m/s) durcheilt.

Besonders gefährdet werden die Schaltstücke beim Einschalten auf bestehenden Kurzschluß. Die dynamischen Kräfte des Kurzschlußstromes wirken bei den meisten Schaltstücken hemmend auf den Einschaltvorgang. Die auftretenden Abhebungserscheinungen versucht beispielsweise BBC mittels Solenoidkontakten, Abb. 167 u. 168, unwirksam zu machen, durch die der Stromfluß in einen spiralförmigen Lauf gezwängt wird, so daß die Schaltstücke einander anziehen.

Durch Versuche hat sich als günstigste Schaltgeschwindigkeit 1,5 bis 2 m/s ergeben. Bei größerer Geschwindigkeit nimmt die Schaltarbeit nur noch wenig ab, denn die Lichtbogendauer wird wohl kleiner, aber die Lichtbogenlänge größer. Eine weitere Steigerung der Schaltgeschwindigkeit würde außerdem eine Vergrößerung des Schaltweges und der mechanischen Beanspruchung ($m \cdot v^2$) der beweglichen Schalterteile zur Folge haben. Im allgemeinen wird deshalb nicht über rund 1,5 m/s Schaltgeschwindigkeit hinausgegangen. Die gewünschte Ausschaltgeschwindigkeit wird in der Regel durch Ausschaltfedern, die während des Einschaltens gespannt werden, erreicht.

An Stelle der Steigerung der Schaltgeschwindigkeit wird bei einigen Schaltern von Reihe 60 an die Vielfachunterbrechung angewendet, um durch sie eine größere Ausschaltleistung zu erzielen. Der in Abb. 171 dargestellte BBC-Dreikessel-Schalter für 100 kV hat beispielsweise 10 Unterbrechungsstellen, welche in Reihe geschaltet sind.

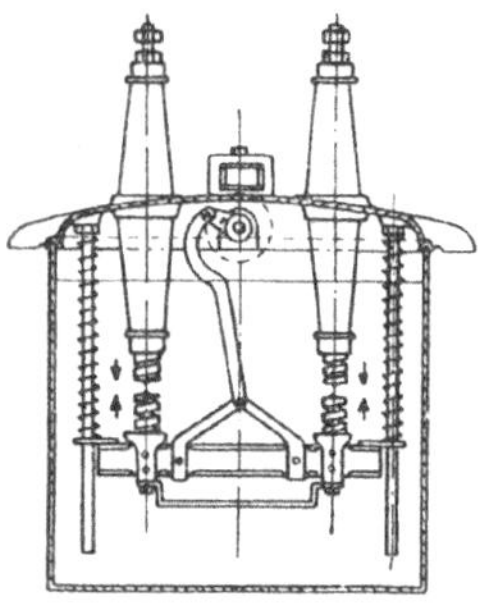

Abb. 167.

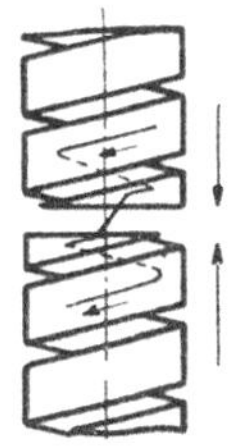

Abb. 168.

Abb. 167 u. 168. Ölschalter mit Solenoidkontakten und Solenoidkontakte. BBC.

Ein vielbenutztes Mittel zur Erhöhung der Schaltleistung ist die Löschkammer. Sie besteht, wie Abb. 169 zeigt, aus einem kräftigen Metallzylinder, welcher mit Isolierverkleidung versehen und über die Tulpenkontakte geschoben wird. Die untere Öffnung an der Löschkammer ist so eng gehalten, wie es der freie Ein- und Austritt des Kontaktbolzens gestattet.

Der erste Teil des Ausschaltvorganges spielt sich innerhalb der Löschkammer ab, indem die entstehende Gasblase in der Kammer einen hohen statischen Druck erzeugt, der den Kontaktbolzen nach unten treibt und so die Kraft der sich entspannenden Ausschaltfedern wirkungsvoll unterstützt. Das in der Löschkammer befindliche Öl wird durch die aufsteigende Gasblase auf den Kontaktbolzen gedrückt, strömt ihm beim Verlassen der Löschkammer nach und löscht damit den Lichtbogen aus. Dringt nun die Gasblase aus der Löschkammer heraus, so wird sie auf dem verhältnismäßig weiten Wege bis zum Schalterdeckel durch das Öl gekühlt.

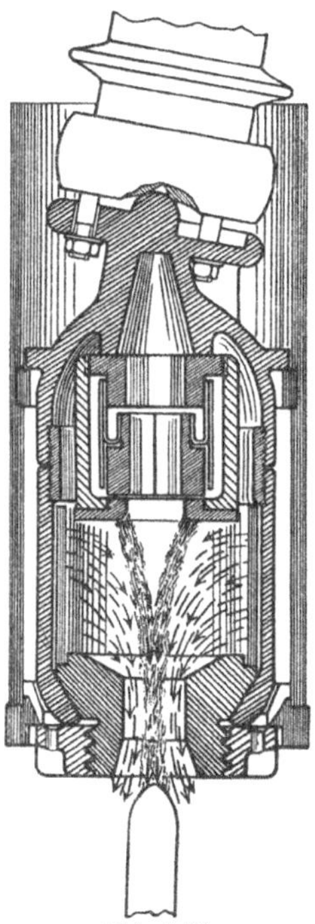

Abb. 169. Löschkammer. AEG.

Damit das Löschkammeröl ständig erneuert wird, sind in dem Oberteil der Kammer kleine Löcher vorgesehen, durch welche das an den Schaltstücken erwärmte Öl nach oben steigt, während kaltes Öl von unten nachströmt und die Kontaktflächen kühlt.

Auch die Form des Ölkessels ist in gewissem Grade mitbestimmend für die Schaltfestigkeit eines Schalters. Die unversteifte Kastenform wird nur für Reihenölschalter verwendet. An Hochleistungsschaltern wird von einigen Konstrukteuren die ovale Kesselform, von anderen die zylindrische bevorzugt. Die erstere gibt heftigen Überdrucken leichter nach als die kreisrunde, was ihr von ihren Befürwortern als Vorteil angerechnet wird. Für Einphasen-Schalter ermöglicht sie kleinere Einbaumaße als der runde Kessel. Die Anhänger des runden Ölgefäßes benutzen die große Druckfestigkeit des Kessels, um durch Drucksteigerung die Ausschaltleistung der Schalter zu erhöhen. Zu diesem Zwecke machen einzelne Konstrukteure die Kesselwandungen sehr stark; beispielsweise wird berichtet, daß Schalter der englischen Reyrolle & Co. einem plötzlichen Druck von 350 kg/cm² standhalten[1].

Absolut druckfeste Ölschalter gibt es nicht, denn diese Festigkeit hat nur ein Schalter, der, ähnlich wie der Benson-Kessel dem kritischen Druck des Dampfes, dem kritischen Druck der Ölgase gewachsen ist. Man sucht vielmehr wie schon gesagt schädliche Überdrücke, welche zur Zerstörung des Schalters führen, durch besondere Konstruktionsmaßnahmen zu vermeiden. Zu diesem Zwecke werden unter anderm an den Deckeln

[1] El. World, 13. Febr. 1926, S. 343.

von Hochleistungs-Ölschaltern Entgasungsstutzen angebracht, durch die bei Überdruck im Kessel Luftpolster und Ölgase entweichen können.

Eine weitere Vorrichtung zur Verhütung schädlicher Überdrücke im Ölbehälter wird beispielsweise an SSW-Ölschaltern für Deckeneinbau durch eine Sicherheitsvorrichtung in der Befestigung der Ölgefäße erreicht. Bei gefahrdrohendem Überdruck werden einige Befestigungsschrauben abgerissen, wodurch der Kessel ein Stück nach unten absackt, so daß nun die Ölgase ungehindert austreten können.

Um einen Überschlag des Schaltfeuers auf blanke Metallteile zu verhindern, wird der Bereich der Gasblase zuweilen isoliert. Zu diesem Zwecke werden die Ölkessel mit einer nachgiebigen Isolierauskleidung versehen. Isolierende Trennwände zwischen den einzelnen Phasen im Ölschalter können in Netzen, die stark unter Gewittererscheinungen zu leiden haben, von Vorteil sein.

An die Kessel wird zweckmäßig eine Kesselsenkvorrichtung angebracht, damit die Schaltstücke der Ölschalter an Ort und Stelle nachgesehen werden können und der Ölschalter kleiner Ausbesserungen wegen, wie Auswechseln von Schaltstücken u. a., nicht in die Werkstatt muß.

Für den Einbau in Zellen erhalten leichte Reihen-Ölschalter zuweilen vier Füße, wie in Abb. 163, schwere Schalter werden, damit man sie leicht transportieren kann, auf ein Fahrgestell gesetzt, vgl. Abb. 173. Die fahrbaren Schalter müssen in der Zelle durch besondere Feststelleisen und durch Festklemmen der Räder befestigt werden, damit sie sich beim Schalten von Kurzschlüssen nicht bewegen. Der Deckel von Ölschaltern, die für Deckeneinbau bestimmt sind, wird u. U. in eine Stahlblechplatte wie in Abb. 172 eingeschweißt, wodurch eine Federung erzielt wird, welche Schaltstöße von der Decke fernhält.

Die Betätigung der Ölschalter erfolgt entweder von Hand oder durch besondere Antriebsgeräte. Im allgemeinen werden Hochleistungs-Ölschalter mit Fernantrieb versehen. Dies empfiehlt sich für alle Schalter, die mehr als 30000 A Stoßkurzschlußstrom zu schalten haben, weil bei Handbetätigung sich die bei größeren Strömen auftretenden elektrodynamischen Kräfte nicht überwinden lassen.

Das selbsttätige Ausschalten wird von Auslösern veranlaßt, welche die Freilaufkupplung entklinken. Bei Schaltern, welche von Hand betätigt werden, sitzt die Freilaufkupplung meist am Ölschalterdeckel, bei ferngesteuerten Ölschaltern wird die Freilaufkupplung zuweilen in das Gehäuse des Antriebsgerätes eingebaut, doch müssen in diesem Falle die Übertragungsgestänge beim Ausschalten mitbewegt werden.

Die Schaltstellung der Ölschalter muß lt. REH § 47 von der Vorder- und Rückseite der Ölschalter erkennbar sein.

Die Auslöser für direkte Überstrom-Auslösung sitzen auf den Durchführungen des Schalterdeckels, damit ihre Auslösestangen die Freilaufkupplung unmittelbar lösen können. Werden für den Überstromschutz Relais verwendet, so wird die Schalterauslösung durch einen Auslösemagnet veranlaßt. Der Auslösemagnet kann auch durch einen Druckknopf oder Steuerschalter von dem Schaltdienststand aus betätigt werden.

Die Drehstrom-Ölschalter werden entweder als Einkesselschalter hergestellt, bei denen sich die Unterbrechungsstellen für alle drei Phasen in einem gemeinschaftlichen Ölkessel befinden, oder aus drei einphasigen Ölschaltern zu einem Dreikesselschalter zusammengesetzt, wie Abb. 171 zeigt.

Die Einkesselform ist für Drehstrom-Ölschalter bis Reihe 45 und Ausschaltleistungen bis 400 oder 500 mVA üblich. Die Ölschalter von Reihe 60 an und die der unteren Reihen für größere Ausschaltleistungen werden vorwiegend als Dreikesselschalter gebaut. Als Ausnahme seien die Drehstrom-Einkesselschalter von V. & H. und die des Sachsenwerks für 60 bzw. 100 kV erwähnt sowie die Einkesselschalter der englischen Gesellschaften Reyrolle und Ferguson für untere Spannungen und für Ausschaltleistungen bis zu 1000 mVA, bei welchen die drei Phasen jedoch durch in den Ölkessel eingeschweißte Eisenwände voneinander getrennt sind.

Sollen die Schalter im Freien aufgestellt werden, so werden ihre Durchführungen mit Schirmen versehen und alle Antriebsteile zum Schutz gegen Witterungseinflüsse eingekapselt.

Für das Schalten von gewissen Stromkreisen empfehlen die VDE-Leitsätze für Überspannungsschutz die Verwendung von Schutzschaltern mit Widerständen. In der ersten Einschaltstufe wird bei diesen Schaltern ein Widerstand in den Stromkreis gelegt, bei voll eingelegtem Schalter fließt dagegen kein Strom durch den Widerstand. Der Widerstand wird entweder in den Ölschalter eingebaut oder außerhalb montiert; befindet er sich im Ölbade, so werden zuweilen Überzeitsicherungen vor den Widerstand gelegt. Die Sicherungen sollen bei unbeabsichtigtem längeren Verweilen auf der Vorschaltstufe den Widerstand abschalten, damit das Öl nicht unzulässig erwärmt wird.

90. Die Ausführungsformen der Ölschalter.

Der in Abb. 170 gezeigte Hochleistungs-Ölschalter der AEG hat von Löschkammern umschlossene Tulpenkontakte. Die Kontaktstifte sind in senkrechter Isolation auf der Schaltbrücke befestigt, welche, in Führungsstangen geführt, von der Schalterwelle auf

Abb. 170. Hochleistungs-Ölschalter, 15 kV, 600 A. AEG.

und ab bewegt wird. Die Ausschaltfedern sind auf die Führungsstangen aufgeschoben. Die Ausschaltbewegung wird durch die Totpunktlage des Hebels auf der Schalterwelle begrenzt.

Der in Abb. 171 dargestellte Dreikessel-Hochleistungs-Ölschalter der BBC für 100 kV hat zehn Unterbrechungsstellen pro Pol. Die einzelnen Unterbrechungsstellen sind durch isolierende Trennwände gegeneinander abgetrennt. Die Schaltbrücke wird von zwei Lenkern, welche an Stangen mit Ausschaltfedern geführt werden, bewegt. Der Vorschaltwiderstand ist im Unterteil des Ölkessels an die Führungsstangen angehängt. Der Schalter ist für Freiluft-Aufstellung bestimmt. Die zweiteiligen Durchführungen sind deshalb mit Schirmen versehen und mit Öl gefüllt.

Abb. 172 stellt einen Schutzschalter der SSW für 600 A, 30 kV und 400 mVA Ausschaltleistung dar, der mit einem Einbauflansch für Deckeneinbau versehen ist. Die

Abb. 171. Drei einpolige Ölschalter, 110 kV mit Schutzwiderstand und Zehnfachunterbrechung je Pol, gekuppelt mit Antriebsständer. BBC.

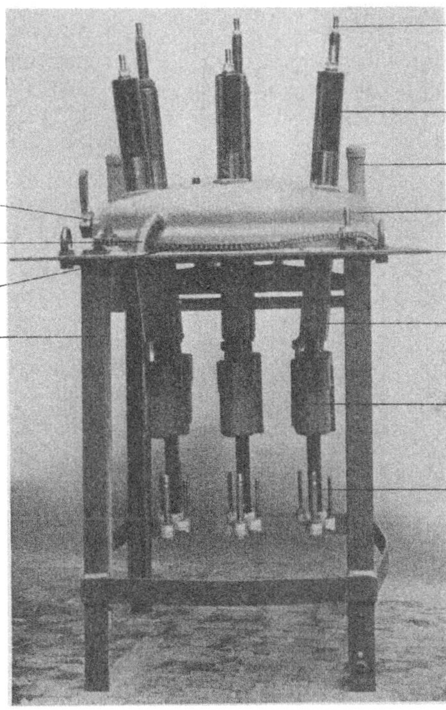

Abb. 172. Hochleistungs-Ölschutzschalter mit Vorkontakten für Schutzwiderstände außerhalb des Ölschalters für 400 MVA Ausschaltleistung und Deckeneinbau. SSW.

zugehörigen Vorschaltwiderstände werden außerhalb des Schalters montiert. Die ortsfesten Tulpenkontakte sind von Löschkammern umgeben. Die Kontaktbolzen, von denen der längere und stärkere die Vorschaltstufe schaltet, sind auf senkrechten Isolierstangen an einer gemeinsamen Schaltbrücke befestigt. Die Brücke wird in zwei an dem Ölschalterdeckel befindlichen Rohren geführt, die in ihrem Oberteil Ausschaltfedern enthalten uud in ihrem unteren Teil als Ölpumpe zur Dämpfung der Ausschaltbewegung ausgebildet sind.

Abb. 173. Einkessel-Ölschalter, 110 kV, 350 A, mit Löschkammern und Vorstufenwiderständen, mit zugehörigem Federkraftspeicher-Antrieb. SW.

Der Einkesselschalter Reihe 100 des Sachsenwerkes, Abb. 173, hat zwei Unterbrechungsstellen pro Pol in Löschkammern. Die einzelnen Phasen sind gegeneinander durch isolierende Trennwände geschützt. Die Vorstufenwiderstände sind auf die Löschkammern aufgewickelt. Die Schaltbrücke wird durch ein in der Ölschaltermitte befindliches Hartpapierrohr bewegt, das in seinem Oberteil mit einer Dämpfungspumpe versehen ist, welche die Schaltbrücke stoßfrei abbremst. Die Durchführungen sind aus Hartpapier und tragen unter dem Deckel Ringstromwandler.

Abb. 174 zeigt das Innere eines V. & H.-Hochleistungs-Ölschutzschalters für 1000 A. Die beweglichen, aus Doppelschleifbürsten hergestellten Schaltstücke hängen an Papierrohren auf einer Schaltbrücke, welche von zwei Kurbeln der Schaltwelle auf und ab bewegt wird.

Abb. 174. Hochleistungs-Ölschutzschalter. V & H.

Bei diesem Schalter ist besonderer Wert auf die Überwindung der Gefahrenzone zwischen dem ersten Zünden des Vorkontaktes und der Kontaktbildung der Hauptschaltstücke gelegt. Die Gefahrenzone ist von der Einschaltstellung ein Stück entfernt, so daß die Hauptschaltstücke noch einen Weg von 40 mm auf dem Messer schleifen, bevor die Endstellung erreicht ist. Die Schutzwiderstände sind in dem torartigen Kasten über den ortsfesten Schaltstücken aufgehängt. Der viereckige Ölkessel ist kräftig versteift und wird mit Stahlseilen an dem Deckel aufgehängt. Die erforderliche Schaltgeschwindigkeit wird durch eine am Schalterdeckel angebrachte Schnellschaltvorrichtung erreicht.

XIV. Die Antriebsgeräte für Schalter.

Die Verwendung eines Handantriebes für die Betätigung von Schaltern setzt voraus, daß der Schalter sich von einem mittelstarken Mann schalten läßt, daß er nicht zu weit von dem Bedienungsstand entfernt ist, und daß einfache mechanische Zwischenglieder zur Verbindung des Antriebsgerätes mit der Schalterwelle genügen.

Die Einschaltarbeit für Einkesselschalter beträgt nach Reihe und Nennstromstärke etwa 500 bis 5000 kgcm, für Dreikesselschalter steigt sie bis auf etwa 12000 kgcm. Erschwerend für die Einschaltarbeit ist das Schalten auf bestehenden Kurzschluß, denn die dynamischen Kräfte des Kurzschlußstromes suchen die Schaltstücke auseinanderzutreiben. Bei auftretenden Stoßkurzschlußströmen von über 30000 A Amplitudenwert lassen sich Ölschalter nicht mehr von Hand schalten, dabei besteht die Gefahr, daß die Schaltstücke zusammenschweißen.

Zusammenfassend läßt sich sagen, daß folgende Schalter sich von Hand schalten lassen:

1. die Luftselbstschalter bis 3000 oder 4000 A,
2. die Reihen-Ölschalter bis 1000 A, falls das Antriebsgestänge nicht über 5 bis 6 m lang wird,
3. Einkessel-Hochleistungs-Ölschalter bis Reihe 30 oder 45 bis 1000 A, falls sie unmittelbar an der Zelle geschaltet werden und der Kurzschlußstromstoß 30000 A nicht übersteigt,
4. alle Hebel- und Trennschalter,
5. die Anlaßumschalter für Einankerumformer bis 1000 A.

91. Der Hebelantrieb.

Die Hebelantriebe bestehen aus einfachen Handhebeln oder Bügelgriffen, die beim Schalten etwa eine halbe Kurbelbewegung in senkrechter Ebene ausführen. In der Einschaltstellung stehen die Handhebel normalerweise nach oben, in der Ausschaltstellung nach unten und lassen so auch von weitem erkennen, welche Schalter ein- und welche ausgeschaltet worden sind.

Wird eine gleichmäßige Kurbelbewegung in eine geradlinige Bewegung übertragen, so verläuft die Geschwindigkeit dieser Bewegung in einer Sinuskurve. Durch einen an dem Hebelantrieb angebrachten Kniehebel wird dem Verlauf der Sinuskurve entsprechend die Bewegung des Schaltgestänges im Anfang von Null an beschleunigt und gegen Ende auf Null verzögert. Diese Verzögerung macht den Hebelantrieb selbstsperrend und vermeidet harte Schläge am Schalter. Infolge der Kniehebelwirkung wird während des Einlegens bei einem gleichbleibenden Drehmoment an der Achse des Handhebels ein stark zunehmendes Drehmoment an der Achse des Gestängehebels erzielt. Das ist besonders bei selbstauslösenden Schaltern, deren Ausschaltfedern während des Einschaltens gespannt werden, von Vorteil. Abb. 175 zeigt Drehmomente am Gestängehebel für Hebelantriebe mit verschieden langen Hebeln unter der Voraussetzung, daß der Hebelantrieb von einem mittelstarken Mann bei günstiger Höhenlage des Antriebsgerätes (etwa 0,8 bis 1,2 m über Flur) geschaltet wird. Damit ein Schalter sich von einem dieser Hebelantriebe schalten läßt, darf die Lastmomentkurve des Schalters, welche die Reibungsverluste des Zwischengestänges einschließt, nicht über der betreffenden Drehmomentkurve liegen bzw. sie nicht schneiden. Bei einer Kurbelbewegung des Handgriffes von 150° legt der Gestängehebel 90° zurück und wird in seiner Endbewegung um 2,5° über seine Totlage hinausgeschwungen. Dieser Rücklauf des Gestängehebels entlastet die Mitnehmerklinke des Schaltschlosses von dem Gewicht des angreifenden Gestänges und macht den toten Gang mehrfach umgelenkter Gestänge unwirksam.

Für schwergehende Schalter werden T-förmige Handgriffe oder Steigbügel benutzt.

Das Anwendungsgebiet des Hebelantriebes in Verbindung mit Gestänge ist außerordentlich mannigfaltig, denn für eine Umlenkung der Antriebsrichtung ist nur eine gelagerte Zwischenwelle mit Doppelhebel erforderlich. Bei der Durchkonstruktion des Antriebes ist darauf zu achten, daß die gewählten Hebellängen den für den Schalter erforderlichen Schaltwinkel ergeben. Lange Gestänge sind möglichst so anzuordnen,

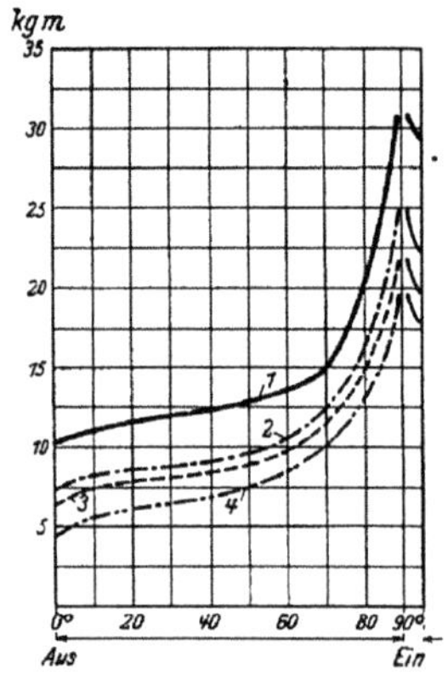

Abb. 175. Drehmomente an der Achse von Gestängehebeln. SSW.

Schaulinie 1 ——— mit Handhebel von 350 mm Radius.
Schaulinie 2 —·— mit Handhebel von 250 mm Radius.
Schaulinie 3 — — — mit Handhebel von 250 mm Radius.
Schaulinie 4 —··— mit Handhebel von 200 mm Radius.
Weg des Gestängehebels 90°—2,5°.
Weg des Handhebels 150°.

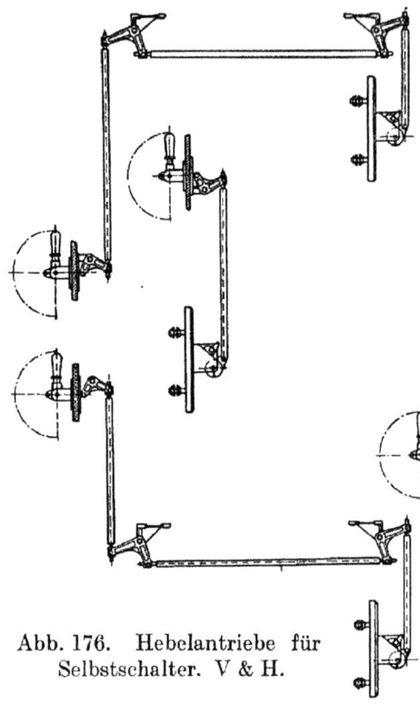

Abb. 176. Hebelantriebe für Selbstschalter. V & H.

daß sie beim Einschalten auf Zug beansprucht werden, damit das Gestänge sich nicht durchbiegt. Übersteigt die Druckbeanspruchung die zulässige Knickfestigkeit des Gestänges oder ist Durchhang bzw. Durchbiegen des Gestänges zu befürchten, so läßt sich die Festigkeit des Gestänges durch einen Lenker, welcher ihm neuen Halt und Führung gibt, erhöhen.

Abb. 176 zeigt einige vielbenutzte Gestängeantriebe, die für Reihen-Ölschalter, Luft-Selbstschalter, Hebel- und Trennschalter verwendet werden können

92. Der Kurbelantrieb.

Soll die Trennschalterbedienung Unbefugten entzogen werden, so wendet man Kurbelantrieb an und benutzt für die Betätigung aller Trennschalter nur eine einzige abnehmbare Kurbel.

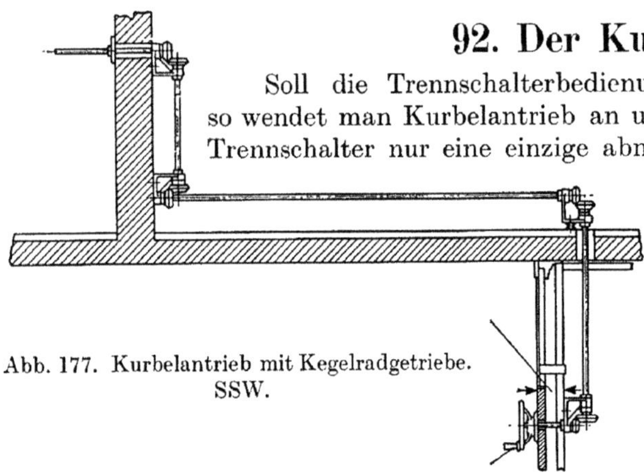

Abb. 177. Kurbelantrieb mit Kegelradgetriebe. SSW.

Die Kurbel besitzt einen Zentrierzapfen für die Kurbelwelle und einen zweiten Zapfen, der beim Aufsetzen der Kurbel die Verklinkung einer auf der Kurbelwelle sitzenden Mitnehmerscheibe löst. Diese Arretierungen verriegeln die Endstellungen des um 180° drehbaren Kurbelantriebes.

Der Kurbelantrieb läßt bei einfachen Verbindungen mit der Schalterwelle auch Verwendung von Gestänge zu und erhält für diese Antriebsart einen Hebel.

Muß der Antrieb häufig umgelenkt werden, so kann ein Kegelradvorgelege, Abb. 177, vorteilhaft werden. Die Endstellungen von Schaltern, welche für ihre Betätigung mehrere Umdrehungen der Antriebswelle erfordern, können an dem Antrieb durch ein an ihn angebautes Zählwerk verklinkt werden.

93. Der Handradantrieb.

Viel benutzt werden die Handradantriebe für Ölschalter, welche unmittelbar an ihrer Zellenrückwand bedient werden. Etwaiges Zwischengestänge erhält dabei gebogene Stangenköpfe (Abb. 178), durch die beim Hinausschwingen über die Totpunktlage eine Kniehebelwirkung erzielt wird.

Umschalter lassen sich besser von Handradantrieben als von Hebelantrieben betätigen, denn die Umschalter erfordern in ihren beiden Endstellungen große Drehmomente.

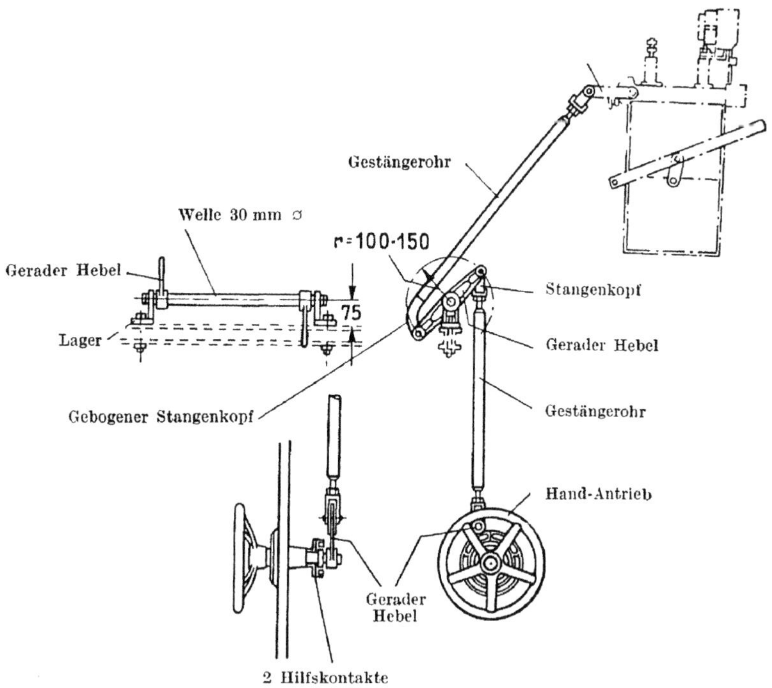

Abb. 178. Handradantrieb für Reihenölschalter. SSW.

Für die Betätigung der Ölschalter unmittelbar an ihrer Zellenwand werden, falls Auslösung von dem Schaltdienststand aus gewünscht wird, Handradantriebe mit elektromagnetischer Auslösung verwendet. Bei diesen Antriebsgeräten werden Freilaufkupplung und Spannungsauslöser zuweilen in dem Gehäuse des Antriebes untergebracht. Das Schaltschloß am Schalter selbst fällt dann fort, und an Stelle von Überstrom-Auslösern müssen Primär- oder Sekundär-Relais die Schalterauslösung über den Spannungsauslöser veranlassen. Abb. 79, S. 53, zeigt einen Handradantrieb mit elektromagnetischer Auslösung.

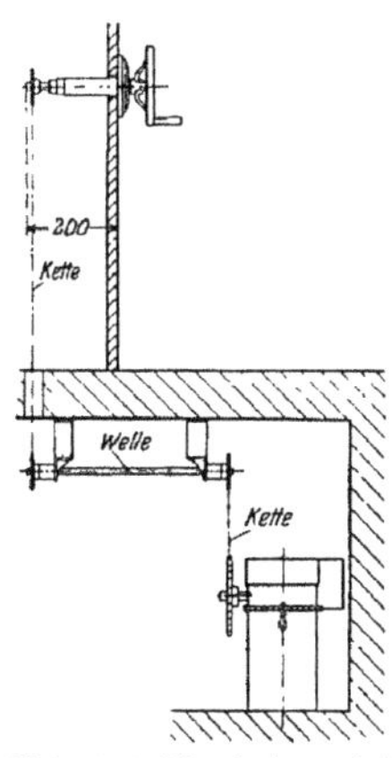

Abb. 179. Kurbelantrieb für Regler und Anlasser. SSW.

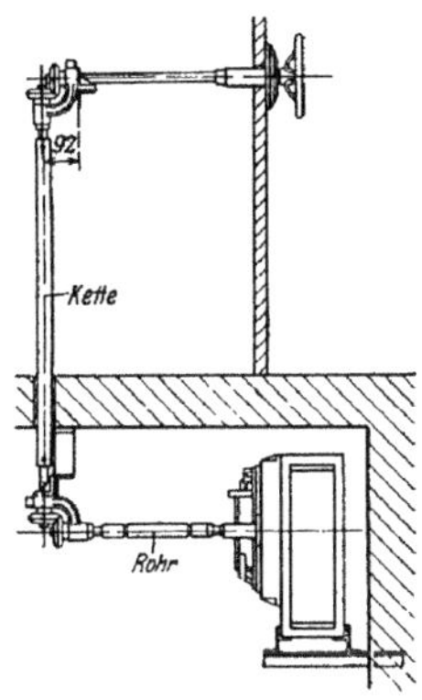

Abb. 180. Handradantrieb mit Kegelradgetriebe für Regler. SSW.

Handradantriebe werden auch für die Betätigung von Reglern und Anlassern benutzt. Kann die Reglerwelle nicht unmittelbar mit dem Handrad mittels eines einfachen Gelenkes, das kleine Ungleichheiten der Wellenlagen unwirksam macht, gekuppelt werden, so werden sie über Kettenräder und Kette verbunden. Erfordert der Stufenschalter des Reglers mehrere Umdrehungen, so läßt sich für seine Betätigung ein Kurbelantrieb, Abb. 179, verwenden, welcher u. U. mit Kegelradgetriebe, Abb. 180, ausgerüstet wird.

94. Die ferngesteuerten Antriebsgeräte.

Als Antriebsvorrichtungen für ferngesteuerte Schalter kommen in Betracht:

1. der Drehmagnet,
2. der Hubmagnet,
3. der Schaltmotor,
4. der Federkraftspeicher,
5. der Druckluftantrieb.

Abb. 181. Hubmagnet. SSW.

Die beiden erstgenannten magnetischen Antriebs geräte werden fast ausschließlich für Gleichstrom ver wendet, denn der bei Wechselstrom auftretende Ein schaltstromstoß ist sehr stark und beunruhigt das Netz Drehmagnete werden nur selten benutzt, da sie als aus gesprochene Langsamläufer die für Hochleistungsschalte erforderliche Schaltgeschwindigkeit nicht aufbringen.

Der Hubmagnet ist das billigste Schaltwerk. E verlangt jedoch eine stets bereite Gleichstromquelle un eine nahezu konstante Spannung, welche durch de Einschaltstromstoß nicht um mehr als 15% an de Klemmen des Magneten abfallen darf.

Der Hubmagnet, Abb. 181, besteht aus einer Magnet spule mit Eisenrückschluß und einem Kern. Der Anke des Magneten arbeitet unmittelbar auf eine Kurbe welche auf die Antriebswelle aufgekeilt ist und 90 Schaltwinkel erhält. Nach dem Einschalten bewirk eine Sperrklinke die Verriegelung des Schaltschlosse Der Anker fällt dann in seine Ruhelage zurück. Durc einen Auslösemagneten kann die Verklinkung abg zogen werden, worauf der Ölschalter kraft seiner Au schaltfedern ausschaltet.

Damit die Steuerschalter sowie die Verbindungsleitungen von der Schalttafel z dem Hubmagneten nur für schwache Impulsströme bemessen zu sein brauchen, wir

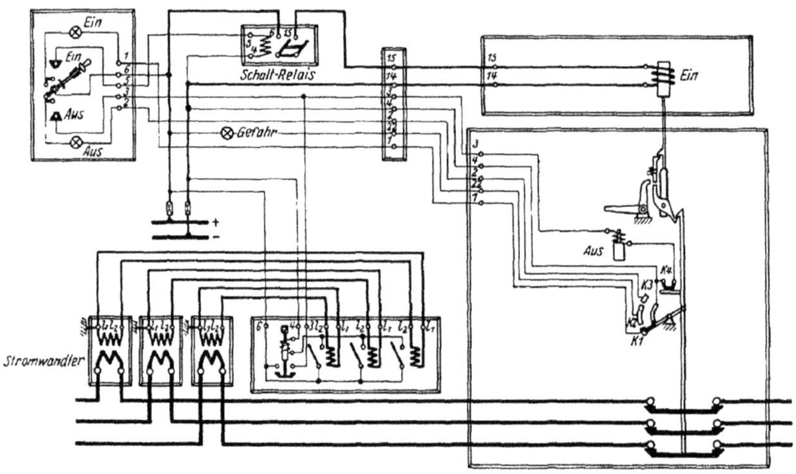

Abb. 182. Schaltbild für einen Hubmagnet-Antrieb. V & H.

die Erregung an größeren Hubmagneten über ein Schütz, auch Schaltrelais genanr gesteuert. Das Schaltbild, Abb. 182, erläutert ohne Kommentar die Schaltvorgänge.

Der Vorzug des Schaltmotors ist sein gleichbleibendes Drehmoment während des Schaltvorganges von 180°, seine Unempfindlichkeit gegenüber Spannungsschwankungen sowie seine Eignung für alle Stromarten. Bei seiner Verwendung empfiehlt es sich, die Auslösemagneten an eine unabhängige Stromquelle anzuschließen.

Der Schaltmotor, Abb. 183, arbeitet über ein Vorgelege und über verschiedene Hebel und Klinken, welche das Schaltschloß bilden, auf die Ölschalterwelle. In der Ausschaltstellung ist ein Hilfsschalter geschlossen, und der Stromkreis des Schützes für die Steuerung des Motors kann über den Steuerschalter den Impulsstrom zum Einschalten erhalten. Der Motor springt an, schiebt die Ölschalterwelle in die Einschaltstellung,

Abb. 183. Schaltmotor. SSW.

verklinkt das Schaltschloß und öffnet gleichzeitig den Hilfsschalter. Dadurch ist der Motor abgeschaltet, er kann aber auslaufen und wird durch eine selbsttätig einfallende Bremse zum Stillstand gebracht.

Bei dem Ausschalten wird durch den Auslösemagneten die Auslöseklinke von dem Lenker weggezogen und entkuppelt die Ölschalterwelle.

Für Anlagen, welche keine oder nur eine kleine Akkumulatoren-Batterie haben, ist der Federkraftspeicher, dessen Federn von Hand oder von einem kleinen Elektromotor gespannt werden, ein billiges Antriebsgerät.

Abb. 184 zeigt ein Federschaltwerk, dessen Arbeitsvorgang an Hand der Abb. 185 und 186 leicht zu verfolgen ist. Angenommen, der Schalter habe selbsttätig ausgelöst. Dabei wurden die Schaltstücke *K 5* und *K 6* geschlossen, über welche der Motor selbsttätig eingeschaltet wird. Nach Ablauf von einer Minute sind die Federn gespannt, der Aufzugsvorgang ist beendet, und die Schaltstücke *K 7* und *K 8* schalten den Motor ab, während Schaltstück *K 9* den Stromkreis für eine Lampe mit Aufschrift „Einschaltbereit" schließt.

Das Einschalten erfolgt durch Lösen einer Sperrklinke, was durch einen Druckknopf am Schaltwerk oder durch einen Steuerschalter an der Schalttafel eingeleitet werden kann.

Der Ausschaltvorgang wird in gleicher Weise veranlaßt. Dabei wird die Sperrklinke des Schaltschlosses abgezogen und die Schalterwelle der Kraft der gespannten Ausschaltfeder am Ölschalter freigegeben.

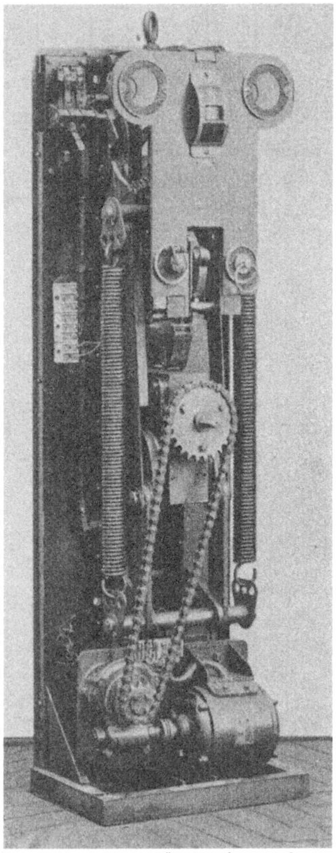

Abb. 184. Federkraftspeicher. V & H.

Durch Handbetätigung läßt sich das Federwerk in einer halben Minute spannen.

Die Druckluftantriebe werden sowohl nach dem Drehkolben- wie nach dem Hubkolben-Prinzip hergestellt. Sie ergeben große Einschaltgeschwindigkeiten mit durchweg gleichbleibendem Drehmoment und arbeiten infolge kraftverzehrender Dämpfung ohne harte Schläge.

Die Anlagen zur Drucklufterzeugung werden vollkommen selbsttätig eingerichtet. Die Steuerung erfolgt in Anlagen kleineren Umfanges von Druckreglern über Schützen, bei großen Kompressor-Motoren durch Selbstanlasser in Abhängigkeit vom Druck.

In Abb. 187 ist eine Druckluft-Erzeuger- und -Verteiler-Anlage dargestellt. Die erzeugte Druckluft wird in den Schalthäusern in mehreren Windkesseln gespeichert, wodurch man zuverlässige Betriebsreserve und dauernde Bereitschaft erreicht.

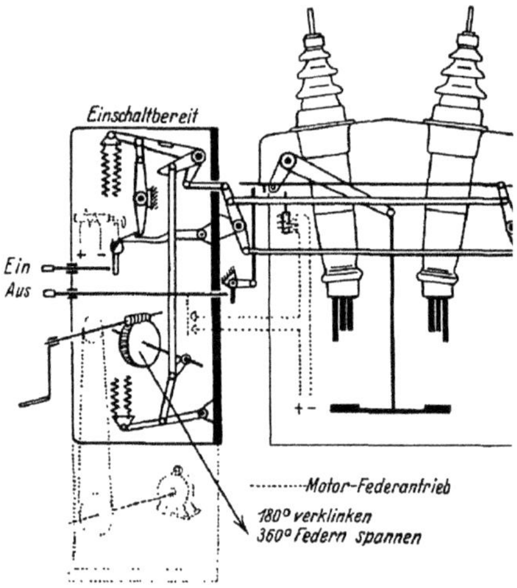

Abb. 185. Federkraftspeicher, Wirkungsweise. V & H.

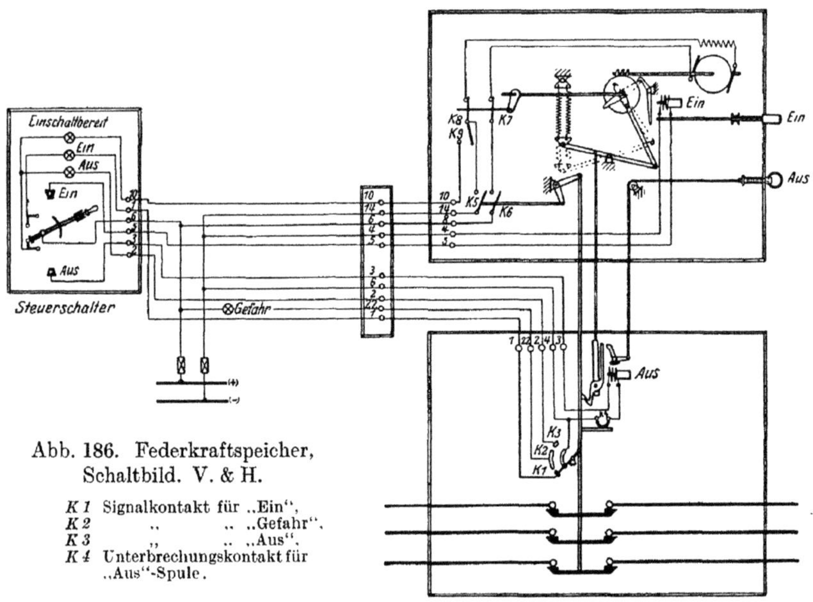

Abb. 186. Federkraftspeicher, Schaltbild. V. & H.

K 1 Signalkontakt für „Ein",
K 2 „ „ „Gefahr",
K 3 „ „ „Aus",
K 4 Unterbrechungskontakt für „Aus"-Spule.

Der in Abb. 188 dargestellte Druckluftantrieb ist mit Hubkolben ausgerüstet und wird nur bei dem Einschaltvorgang durch Druckluft betätigt. Die Schalterauslösung erfolgt bei diesem Antriebsgerät durch einen Auslösemagneten über die Freilaufkupplung am Ölschalter. Dabei wird das Antriebsgestänge freigegeben, der Hubkolben fällt

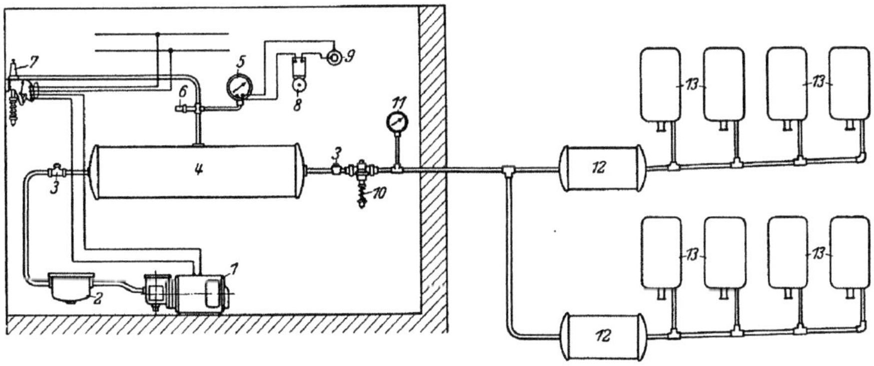

Abb. 187. Schematische Darstellung einer Druckluft-Erzeuger- und Verteiler-Anlage.

A. Erzeugeranlage. *1* Kompressor, *2* Ölabscheider, *3* Rückschlagventil, *4* Druckluftspeicher, *5* Kontakt-Manometer, *6* Sicherheitsventil, *7* Druckregler, *8* Glocke, *9* Batterie für die Glocke, *10* Druckminderer, *11* Manometer.
B. Verteileranlage. *12* Druckluftspeicher, *13* Druckluftantriebe.

nun durch sein Eigengewicht, unterstützt durch eine Federkraft, herab, kuppelt das Gestänge mit der Freilaufkupplung und ist dadurch wieder einschaltbereit.

95. Die Betätigungsschalter für Antriebsgeräte.

Für die Bedienung ferngesteuerter Schaltgeräte benutzt man Druckknöpfe oder Steuerschalter; dabei empfiehlt es sich, die Schaltstellungen der ferngesteuerten Schalter durch Meldevorrichtungen kenntlich zu machen.

Da mit Druckknöpfen nur schwache Impulsströme geschaltet werden können,

Abb. 188. Druckluft-Antrieb mit Hubkolben. SSW.

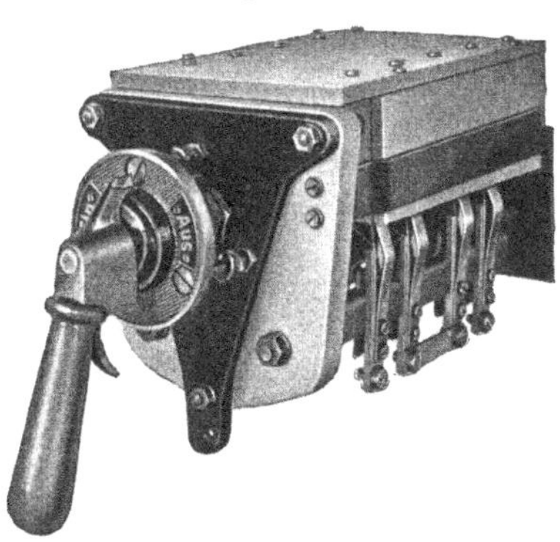

Abb. 189. Steuerschalter. AEG.

Abb. 190. Meldelampe. AEG.

dienen sie in der Regel nur für die Fernbetätigung der Schalterauslösung. Sie öffnen oder schließen den Stromkreis des Auslösemagneten, je nachdem dieser für Ruhe- oder Arbeits-Strom gebaut ist. Das Einschalten ferngesteuerter Schalter durch Druckknöpfe setzt voraus, daß die Antriebsvorrichtungen für ihre Betätigung nur sehr geringe Ströme benötigen oder daß sie mit Schützen bzw. Schaltrelais ausgerüstet sind, welche durch den schwachen Impulsstrom erregt werden und ihrerseits das Antriebsgerät einschalten.

In der Regel verwendet man für das Ein- und Ausschalten fernbetätigter Schalter Steuerschalter. Sie sind häufig so konstruiert, daß ihr Handgriff sich, sobald er freigelassen wird, wieder in die Nullstellung einspielt, in der er gegen unbeabsichtigtes Betätigen arretiert wird, Abb. 189.

Die Meldung der vollzogenen Schaltung erfolgt durch besondere Lampen, Abb. 190. Wird die Schaltstellung durch farbige Lampen angezeigt, so erhalten die „Ein"-Lampen rote und die „Aus"-Lampen grüne Glasscheiben.

Bei Benutzung eines zweipoligen Umschalters genügt eine Lampe, welche nur brennt, wenn die Stellung des Umschalters mit der Schaltstellung des ferngesteuerten Schalters übereinstimmt. Wird nach dem Aufleuchten der Lampe der Umschalter umgelegt, so ist der Meldestromkreis für den nächsten Schaltvorgang des fernbetätigten Schalters vorbereitet.

Abb. 191. Betätigungsschalter. SSW.

Die Meldelampen werden häufig mit dem Steuerschalter zusammen auf einer gemeinsamen Einbauplatte angeordnet, Abb. 191. Die Löschung der Lampen erfolgt bei diesen Schaltern durch das Loslassen des Handgriffes. Schaltet der ferngesteuerte Schalter selbsttätig aus, so leuchtet die Auslampe auf. Sie wird gelöscht, indem der Handgriff des Steuerschalters in die Ausschaltstellung gedreht wird.

XV. Die Stromwandler.

Der Stromwandler ist ein über die verhältnismäßig kleinen Instrumenten-Widerstände kurzgeschlossener Transformator mit dementsprechend geringer sekundärer Klemmenspannung. Seine sekundäre Stromstärke beträgt normal 5 A, in Ausnahmefällen 1 A. Die Stromwandler sind nur mit ihrem primären Nennstrom belastbar, doch können sie eine Überlastung von 20% dauernd aushalten. Bei größerer Überlastung, z. B. durch den Kurzschlußstrom, entstehen infolge der schlechten Leitfähigkeit der Isolierung, welche die erzeugte Joulesche Wärme nicht freiläßt, leicht Übertemperaturen, durch die Seide und Baumwolle verkohlen und öl- oder massegefüllte Wandler zersprengt werden.

Die Auswahl der Stromwandler erfolgt deshalb

1. nach der Nennstromstärke und der Betriebsspannung,
2. nach der für die angeschlossenen Instrumente und Relais erforderlichen Leistung,
3. nach den dynamischen und thermischen Beanspruchungen des zu erwartenden Kurzschlußstromes.

96. Die Nennströme der Stromwandler.

Der primäre Nennstrom der Stromwandler richtet sich nach dem Betriebsstrom des betreffenden Stromkreises, und zwar empfiehlt es sich, den primären Nennstrom nicht kleiner als den Vollaststrom zu wählen, weil, wie schon gesagt, die Stromwandler nur um 20% überlastbar sind, während die Schalterauslöser in Hochspannungsanlagen zumindest auf den 1,4fachen Nennstromwert eingestellt werden. Die normalen Nennströme der Stromwandler betragen:

5, 10, 20, 30, 50, 70, 100, 150, 200, 300, 400, 500, 600, 800, 1000, 1500, 2000, 2500, 4000, 6000, 8000 und 10000 A.

Für die Primärseite der Stromwandler gelten die Prüfvorschriften der REH 192[illegible] für Hochspannungs-Schaltgeräte, für die Sekundärseite beträgt die Prüfspannung 2000 V.

97. Die Leistung der Stromwandler.

Die erforderliche Leistung der Stromwandler bestimmt sich aus dem Produkt des sekundären Stromes und der Summe der Klemmenspannungen der angeschlossenen Instrumente und Relais. Sind in einem Stromkreise mehrere Relais erforderlich, so empfiehlt es sich, sie nicht an die Meßkerne der Meßinstrumente anzuschließen, sondern Stromwandler mit zwei Meßkernen, s. Abb. 196, zu verwenden. Die Klemmenspannungen der Instrumente und Relais sind den jeweils gültigen Listen zu entnehmen. Sie betragen für Meßgeräte mit 5 A Sekundärstrom etwa:

Strommesser	0,4 V	Registriergeräte	1,0 bis 3,5 V
Leistungsmesser	1,0 V	Überstromrelais	1,0 „ 3,0 V
Phasenmesser	1,0 V	Leistungsrelais	1,0 „ 2,0 V
Zähler	0,4 V	Distanzrelais	2,0 „ 3,5 V

Rechnungsbeispiel Nr. 19. Sind beispielsweise an einen Stromwandler für 5 A Sekundärstrom folgende Meßgeräte angeschlossen:

1 Strommesser	mit 0,3 V	Klemmenspannung
1 Leistungsmesser	„ 1,0 „	
1 Phasenmesser	„ 1,0 „	
1 Zähler	„ 0,4 „	

und hat die Meßleitung 0,5 „ Spannungsabfall, so muß der Stromwandler für mindestens 3,2 V · 5 A = 16 VA bemessen sein.

98. Die Meßgenauigkeit der Stromwandler.

Die Stromwandler sind nach ihrer Meßgenauigkeit in die Klassen E, F, S und Ü eingeteilt. Die Stromwandler der Klasse E haben die größte Meßgenauigkeit und werden für Feinmeßgeräte und beglaubigungsfähige Zähler benutzt. Für Schaltanlagen-Instrumente und Betriebszähler sowie für empfindliche Relais verwendet man Stromwandler der Klasse F. Für Überstromrelais genügen Stromwandler der Klasse S und für Auslöser und Signalapparate Stromwandler der Klasse Ü. Die Meßgenauigkeit eines Stromwandlers ist durch den zulässigen Stromfehler f, das ist die prozentuale Abweichung des Sekundärstromes von seinem Sollwert, und durch den zulässigen Fehlwinkel δ in Minuten, der die Phasenverschiebung ψ_2 des Sekundärstromes angibt, gekennzeichnet.

Die Bedingungen, die an die Meßgenauigkeit der Wandler in den einzelnen Klassen gestellt werden, sind aus nachstehender Zahlentafel Nr. 25 zu ersehen. Darin bedeutet die Nennbürde den in Ohm angegebenen Scheinwiderstand für den Sekundärstromkreis.

Zahlentafel Nr. 25. Meßgenauigkeit der Stromwandler in den verschiedenen Klassen.

Klasse[1]	Höchstzulässiger primärer Nennstrom in %	Höchstzulässiger Stromfehler f in %	Höchstzulässiger Fehlwinkel δ in Min.	Bemerkungen
E	20 bis 100 J_n	± 0,5	± 40	Bei $\cos\psi_2 = 0,5$ bis 1,0 und Bürden von Null bis Nennbürde
	10 „ 20 J_n	± 1,0	± 60	
F	50 „ 100 J_n	± 1,0	± 80	Bei $\cos\psi_2 = 0,6$ bis 1 und Bürden von Null bis Nennbürde
	20 „ 50 J_n	± 1,5	± 100	
	10 „ 20 J_n	± 2,0	± 120	
S	50 „ 100 J_n	± 3,0	Nicht begrenzt	
Ü	50 „ 100	± 10	Nicht begrenzt	

Wie die Zahlentafel zeigt, sind die Fehler in der Klasse E am kleinsten und in der Klasse Ü am größten. Da diese Fehler wegen der Eisensättigung mit der Belastung zunehmen, so kann in der Regel ein und derselbe Stromwandler in der E-Klasse am wenigsten und in der Ü-Klasse am höchsten belastet werden, beispielsweise in der

Klasse	E	mit	15 VA
„	F	„	30 bis 60 „
„	S	„	30 „ 90 „
„	Ü	„	60 „ 120 „

[1] Die Klassen E und F sind vom VDE angenommen, S und Ü sind vorgeschlagen.

Die Konstruktion der Stromwandler ist im allgemeinen derart, daß ein Wandle für 15 VA in der E-Klasse bei Verwendung in der Ü-Klasse mit 120 VA belastet werdei kann. Eine umgekehrte Verwendungsmöglichkeit eines Stromwandlers einer ungenauei Klasse für höhere Genauigkeit ist jedoch nicht zulässig.

99. Die Kurzschlußfestigkeit der Stromwandler.

Der VDE teilt die Stromwandler nach ihrer Kurzschlußfestigkeit in zwei Gruppei mit den Kurzschlußziffern I und II.

Die Stromwandler der Kurzschlußziffer I sollen

dynamisch den $75 \cdot \sqrt{2}$fachen Nennstrom und
thermisch den $\frac{50}{\sqrt{t}}$fachen Nennstrom aushalten.

Die Stromwandler der Kurzschlußziffer II sollen

dynamisch den $150 \cdot \sqrt{2}$fachen Nennstrom und
thermisch den $\frac{60}{\sqrt{t}}$fachen Nennstrom aushalten.

Die dynamische Festigkeit bezieht sich auf die Amplitude des Kurzschlußstromes die thermische Belastung auf die Erwärmung durch den Kurzschlußstrom während de Zeit t in s vom Kurzschlußeintritt bis zur Auslösung des Schalters.

Absolut kurzschlußfest können nur Stabwandler sein, doch wird von manchen anderei Stromwandlern eine bessere Kurzschlußfestigkeit als die der Klasse II erreicht. Ihr wirkliche Größe ist selten aus den Listen ersichtlich. Ebenso fehlen in den meistei Listen Angaben über die spezifische Stromdichte der Primärwicklung bei einer bestimmtei thermischen Festigkeit und über den höchsten Sekundärstrom, der von einer bestimmtei Grenze an konstant bleibt.

Die Berechnung auf dynamische Festigkeit ist einfach. Der aus der Kurzschluß berechnung erhaltene Wert der Stoßstromspitze ergibt die mechanische Beanspruchung Da die Stoßstromspitze in Zentralen mit 12% Generatorstreureaktanz etwa da $15 \cdot \sqrt{2}$fache des Zentralen-Nennstromes beträgt, so darf hier ein Stromwandler, de nicht durch Strombegrenzungs-Drosseln geschützt ist, und welcher genau die Bedin gungen der Kurzschlußziffern I oder II erfüllt,

in der Klasse I nicht kleiner als $^1/_5$ des Zentralenstromes
,, ,, ,, II ,, ,, ,, $^1/_{10}$,, ,,

sein.

In einer Zentrale von beispielsweise 500 A Nennstrom sollen Stromwandler fü Kurzschlußziffer I mindestens 100 A Nennstrom und für Kurzschlußziffer II mindesten 50 A Nennstrom haben.

Für die thermische Belastbarkeit der Stromwandler muß die Wirkung des Kurz schlußstromes in seinem Verlauf von dem ersten Stromstoß bis zu dem Wert, bei den die Schalterauslösung erfolgt, berücksichtigt werden. Diese Wirkung für jeden Fall zu errechnen, ist sehr umständlich. Wir beziehen deshalb die Gesamtwirkung des Kurz schlußstromes auf den Dauerkurzschlußstrom und fügen für die Vorbelastung durcl den Stromstoß eine auf den Dauerkurzschlußstrom bezogene fiktive Zeit t_z der wirklichei Auslösezeit t hinzu. (Vgl. III, 15 u. 16: Die Berechnung des Leiterquerschnittes untei Berücksichtigung der Erwärmung durch den Kurzschluß.)

In den Abb. 40 und 41 sind die thermischen Wirkungen des Kurzschlußstrome von dem Stoßstrom bis zu dem Wert, bei dem die Auslösung erfolgt, für Aus lösezeiten von 0,1 bis 10 s und für Netzreaktanzen von 12 bis 100% als absolute auf dei Dauerkurzschlußstrom J_d bezogene Stromdichten

$$j_a = \frac{1}{\sqrt{t + t_z}}$$

in Kurven dargestellt. Unter Benutzung dieser absoluten Stromdichten j_a lauten die thermischen Festigkeitsformeln:

a) für Kurzschlußziffer I $\quad J_d \leqq 50 \cdot J_n \cdot j_a$, (65)

b) für Kurzschlußziffer II $\quad J_d \leqq 60 \cdot J_n \cdot j_a$. (66)

Für Kurzschlußziffer II, das ist thermisch 60, darf der Dauerkurzschlußstrom also nicht mehr als das $60 \cdot j_a$-fache des Nennstromes betragen.

Rechnungsbeispiel Nr. 20. Welche kleinsten Nennströme sind für Stromwandler therm 60 in einer Zentrale von 2000 A Nennstrom bei 3 s Auslösezeit zulässig? J_d sei 4000 A und die Zentralenreaktanz betrage 12%.

Für 3 s Auslösezeit findet man in der 3 s-Kurve, Abb. 41, für 12% Netzreaktanz eine absolute Stromdichte $j_a = 0{,}33$.

Der kleinste Nennstrom wird dann

$$J_n = \frac{J_d}{60 \cdot j_a} = \frac{4000}{60 \cdot 0{,}33} = 200 \text{ A}.$$

Wollte man hier Stromwandler kleinerer Nennstromstärken verwenden, beispielsweise für 50 A, so müßten sie entweder durch Strombegrenzungs-Drosseln geschützt oder für eine höhere Kurzschlußfestigkeit gebaut sein.

Die dynamische Festigkeit für diesen 50 A-Stromwandler müßte nun sein:

$$\text{dyn}\,x = \frac{J_{st}}{J_n} \cdot \sqrt{2} = \frac{2000 \cdot 15}{50} \cdot \sqrt{2} = 600 \cdot \sqrt{2} \tag{67}$$

und die thermische Festigkeit:

$$\text{therm}\,x = \frac{J_d}{J_n} \cdot \frac{1}{j_a} = \frac{4000}{50} \cdot \frac{1}{0{,}33} = 240. \tag{68}$$

Die so errechnete thermische Festigkeit wird in manchen Fällen nicht ausreichend sein, da sie zur Voraussetzung hat, daß ein einmalig abgeschalteter Kurzschluß endgültig erledigt ist. Zweckmäßig sollten die Stromwandler jedoch den gleichen Sicherheitsfaktor haben wie die Ölschalter, die nach den REH 1929 ihre Nennausschaltleistung dreimal kurz hintereinander aushalten sollen.

Für einen n-mal in kurzen Pausen sich wiederholenden Kurzschluß würde die thermische Festigkeitsformel lauten:

$$\text{therm}\,x = \frac{J_d}{J_n} \frac{1}{j_a} \cdot \sqrt{n}. \tag{69}$$

Soll also der 50 A-Stromwandler des obigen Beispieles den Kurzschluß dreimal ertragen, so muß seine thermische Festigkeit werden:

$$\text{therm}\,x = \frac{4000}{50} \frac{1}{0{,}33} \cdot \sqrt{3} = 415.$$

Diese größere thermische Festigkeit wird durch eine kleinere spezifische Stromdichte im Stromwandler, die umgekehrt proportional der thermischen Festigkeit ist, erreicht.

Die gewünschte thermische Festigkeit läßt sich somit auch durch die Bestimmung des Kupferquerschnitts der Primärwicklung ausdrücken.

Läßt man in den Primärwicklungen im Kurzschlußfall eine Übertemperatur von 150° C wie bei den Kabeln zu, so kann man die auf den Dauerkurzschlußstrom J_d bezogene Stromdichte j_d aus den Kurven der Abb. 42 und 43 benutzen, um den Querschnitt der Primärwicklung zu berechnen. Für einen n-maligen Kurzschlußfall müssen die Kurvenwerte durch $\sqrt{n}$ dividiert werden. Der Cu-Querschnitt der Primärwicklung wird dann:

$$q = \frac{J_d}{j_d} \cdot \sqrt{n} \text{ mm}^2. \tag{70}$$

Für unseren 50 A-Stromwandler des obigen Beispiels bei 4000 A Dauerkurzschlußstrom und einer aus der 3 s-Kurve, Abb. 43, bei 12% Netzreaktanz abgelesener Stromdichte $j_d = 47$ A/mm² wird

$$q = \frac{4000}{47} \cdot \sqrt{3} = 150 \text{ mm}^2.$$

Das ergibt eine auf den Nennstrom des Stromwandlers bezogene Stromdichte

$$j_n = \frac{50}{150} = 0{,}33 \text{ A/mm}^2.$$

Die normalen Stromwandler bis 500 A haben eine Stromdichte von etwa 2,2 A/mm² und ihre Leistung beträgt 30 bis 60 VA. Die Leistung eines Stromwandlers einer bestimmten Klasse geht aber im quadratischen Verhältnis der Stromdichte herab. Es ist also

$$N_x = N_n \left(\frac{j_x}{j_n}\right)^2. \tag{71}$$

Für unseren 50 A-Stromwandler mit $j_x = 0{,}33$ würde also die Leistung eines 60 VA-Stromwandlers mit $j_n = 2{,}2$ A/mm² nur

$$N_x = 60\left(\frac{0{,}33}{2{,}2}\right)^2 = 1{,}35 \text{ VA}$$

betragen.

Diese Leistung würde für den Anschluß von Meßinstrumenten zu klein sein.

Soll beispielsweise der Wandler für den Anschluß der Meßgeräte 10 VA Leistung hergeben, so müßte der normale Wandler mit 2,2 A/mm² Stromdichte eine Leistung von mindestens

$$N_n = 10\left(\frac{2{,}2}{0{,}33}\right)^2 = 445 \text{ VA}$$

haben.

100. Die Ausführungsformen der Stromwandler.

Die Stromwandler werden in den mannigfachsten Formen hergestellt. Man unterscheidet:

1. Stromwandler mit Luftisolation — 2. Topfwandler — 3. Stützerwandler — 4. Durchführungswandler.

Stromwandler mit Luftisolation, Abb. 192,

werden in der Regel nur für Betriebsspannungen bis 3 kV verwendet. Für Strom- und Leistungsmessung in der Klasse F genügen sie, für den Anschluß eines empfindlichen Differentialschutzes bedingen sie wegen ihrer großen Streufelder sehr große Phasenabstände voneinander, die häufig nicht verfügbar sind. Hier sind Ringkernwandler, das sind Stabwandler ohne Durchführung, geeigneter.

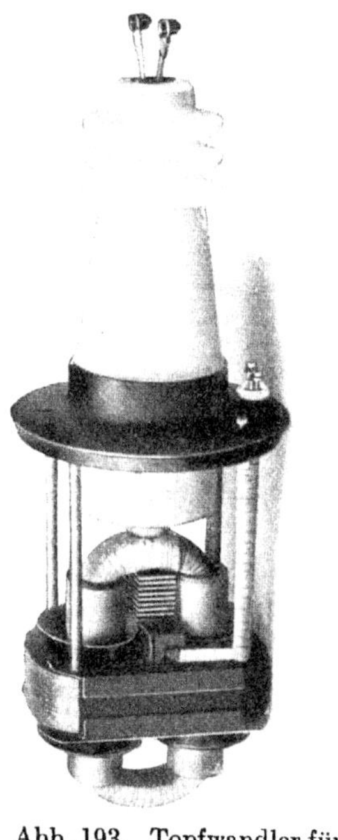

Abb. 193. Topfwandler für Öl oder Massefüllung ohne Ölkessel. S & H.

Topfwandler, Abb. 193,

bestehen aus einem Durchführungsisolator und einem Schenkel- oder Mantel-Eisenkern, auf den die Primärwicklung und die Sekundärspule aufgebracht sind, und die in einen mit Masse oder Öl gefüllten Topf gehängt werden.

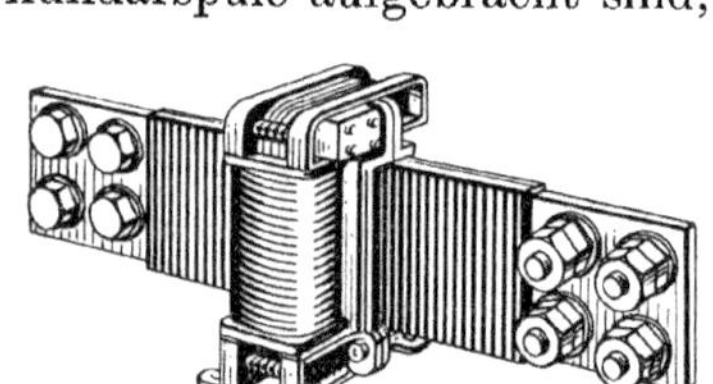

Abb. 192. Luftisolierter Schienen-Stromwandler für 150 bis 3000 A. Koch & Sterzel.

Die massegefüllten Stromwandler haben die Kurzschlußziffer I und sind deshalb nur in Anlagen bis 10 kV mit sehr kleinen Kurzschlußströmen für Nennströme von 5 A an verwendbar. Die ölgefüllten Topfwandler werden als Kreuzringwandler oder als Querlochwandler hergestellt und können bei richtiger Auswahl der primären Leiterquerschnitte kurzschlußsicher gebaut werden. Ihr Anwendungsgebiet liegt bis 50 kV für Ströme von 5 bis 800 A. Sie können mit zwei Meßkernen versehen werden.

Stützerwandler, Abb. 194,

bestehen aus einem Stützer, in welchen die erforderlichen Meßkerne und Spulen unter luftdichtem Abschluß eingebracht sind. Sie werden für Spannungen über 45 kV und für Ströme von 5 bis 800 A verwendet. Für Freiluftaufstellung erhalten sie besondere Schutzkappen.

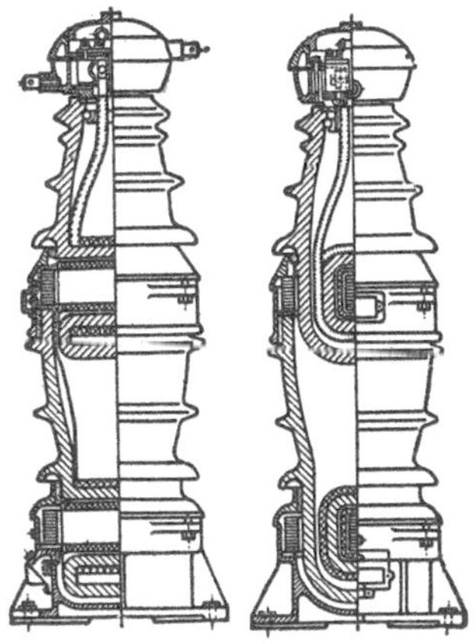

Abb. 194. Gestaffelter Stützerwandler mit Sandfüllung für 5 bis 800 A, von 45 kV an. Koch & Sterzel.

Durchführungswandler

sind in ihrer einfachsten und betriebssichersten Ausführungsform Stabwandler, Abb. 195, bei denen die Primärwicklung aus dem Leiterstab besteht, welcher in eine Porzellan- oder Hartpapier-Durchführung gesteckt wird, auf die nun der Ringkern mit der Sekundärspule geschoben wird. Wie Abb. 195 zeigt, lassen sich auf der Durchführung mehrere Meßkerne anbringen, z. B. ein E-Kern für Zähleranschluß, ein F-Kern für Betriebsinstrumente und ein S-Kern für Relais. Diese Trennung der Sekundärstromkreise ist, wie schon des öfteren betont wurde, für die Betriebssicherheit der Relais sehr wünschenswert.

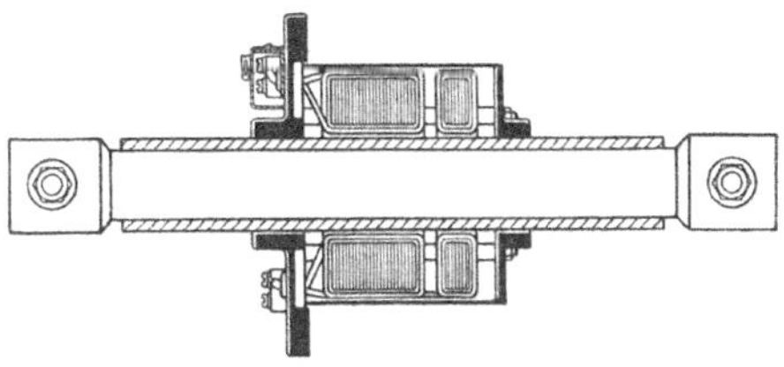

Abb. 195. Stab-Stromwandler mit F-Kern von 300 A an, mit S-Kern von 50 A an. S & H.

Die Stabwandler haben die größte Kurzschlußfestigkeit und können für alle Spannungen, für Messung in der Klasse E jedoch erst von 600 A, in der Klasse F von 300 A und für Relais von 50 A an benutzt werden. Für kleinere Ströme müssen Schleifenwandler oder Querloch-Durchführungswandler gewählt werden.

Bei dem Schleifenwandler, Abb. 196, wird der Primärleiter *a* mehrmals in derselben Stromrichtung durch die Durchführung *b* gezogen, die erforderlichen Rückleitungen werden

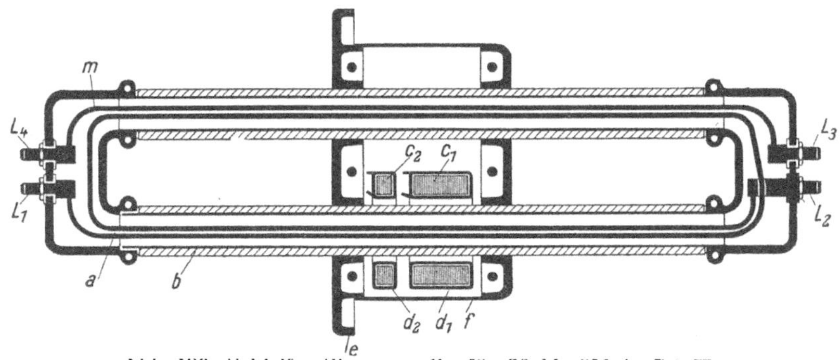

Abb. 196. Schleifen-Stromwandler für 30 bis 500 A. S & H.

in eine zweite Durchführung eingebracht. In diese zweite Durchführung wird noch ein weiterer Leiter miteinbezogen, um den Stromwandler primärseitig beliebig schalten zu können, und zwar entweder für Anschluß an beide Seiten oder für einseitigen Anschluß.

Auch auf Schleifenwandler, die in der Klasse F für 30 bis 500 A verwendbar sind, lassen sich mehrere Meßkerne aufbringen.

Der Querloch-Durchführungswandler, Abb. 197, ist bis 45 kV für Ströme von 5 bis 800 A benutzbar. Er besteht aus einer Porzellandurchführung, deren Körper der Quere nach für die sichere Befestigung der Spulen von einem Rohr durchsetzt ist. Der röhrenförmige Teil *C* des Porzellankörpers *A*, auf dem die Primärwicklung *B* liegt, umschließt die zur Primärspule konzentrische Sekundärwicklung *D*, welche um den Schenkel *E* des Eisenkerns gewickelt ist. Der Eisenrückschluß *F* des Mantelkerns wird von dem auf die Durchführung aufgekitteten Flansch *G* getragen. Beachtenswert ist an allen Durchführungs-Schleifenwandlern, daß die Leitungsanschlüsse beliebig an einer Seite oder an beiden Seiten der Durchführungen liegen können. Durch diese Möglichkeit können die Stromwandler, unabhängig von ihrer Einbauweise, stets im natürlichen Leitungszug angeschlossen werden.

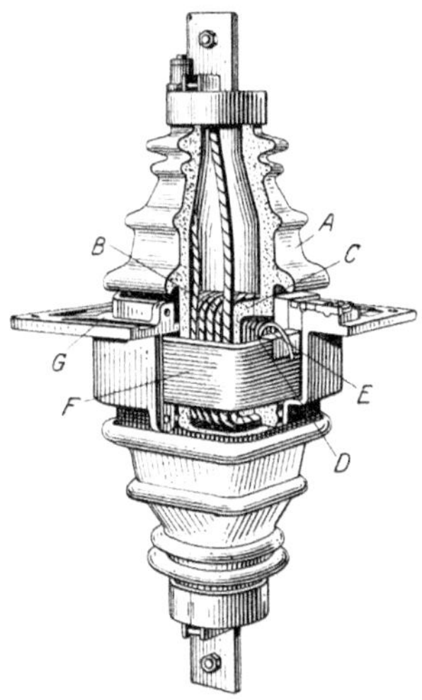

Abb. 197. Durchführungs-Querloch-Stromwandler für 5 bis 800 A bis 45 kV. Koch & Sterzel.

Die Querloch-Durchführungswandler werden mit Sand gefüllt, es besteht durch sie somit keine Verqualmungsgefahr.

Um keine besonderen Durchführungs-Stromwandler zu benötigen, werden manchmal die Ringkerne der Stabstromwandler in die Ölschalter eingebaut. Dies ist in der Regel für Ölschalter von 60 kV an möglich.

101. Die Schaltung der Stromwandler.

Um die Stromwandler mit Primärwicklung vor Beschädigung durch Sprungwellen zu schützen, schreibt der VDE eine Überbrückung der Primärklemmen mit induktionsfreien Widerständen (Silit oder Karborundum) vor.

In Hochspannungsanlagen soll an Stromwandlern das Metallgehäuse und der erste in der Stromrichtung liegende Sekundärpol geerdet werden wie in Abb. 198.

Das Öffnen des Sekundärstromkreises während des Betriebes ist unter allen Umständen zu vermeiden, weil sonst der Stromwandler als Reihentransformator eine gefährlich hohe sekundäre Klemmenspannung bekommt, bei welcher Spulendurchschläge erfolgen und Menschen gefährdet werden können. Deshalb soll an Stromwandlern, die bei offenem Sekundärstromkreis und voller primärer Nennstromstärke Sekundärspannungen über 250 V erhalten, ein Warnschild angebracht sein: „Achtung! Bei offenem Sekundärstromkreis Hochspannung!“

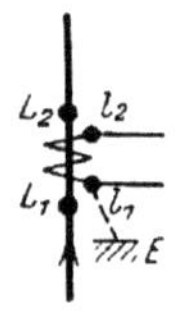

Abb. 198. Schaltung, Klemmenbezeichnung und Erdung eines Stromwandlers.

Um das Öffnen des Sekundärstromkreises während des Betriebes zu vermeiden, werden zum Abklemmen von Meßgeräten Prüfklemmen benutzt, die ein vorheriges Kurzschließen der Sekundärklemmen gestatten.

Zum betriebsmäßigen Umschalten eines Strommessers auf mehrere Stromwandler werden Umschalter ohne Unterbrechung, die gleichzeitig den abgeklemmten Stromwandler kurzschließen, verwendet, wie die Schaltung der Abb. 199 dartut.

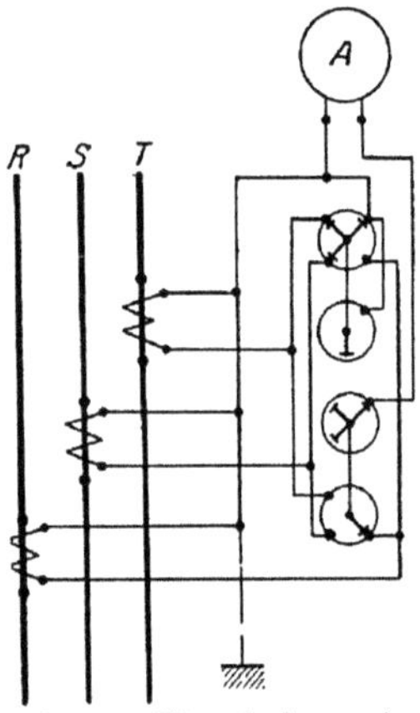

Abb. 199. Umschaltung eines Strommessers auf die drei Phasen eines Stromkreises.

Da aber im Betriebe zufällig eine Sekundärleitung abgehen kann, so besteht trotz aller Vorsichtsmaßnahmen für das Betriebspersonal die Gefahr, daß zufällig beide Drähte berührt werden.

Koch & Sterzel empfehlen als zuverlässiges Mittel die Überbrückung der Sekundärseite mit einem induktionsfreien Ohmschen Widerstand aus Metall, der dann ähnlich wie ein Nebenwiderstand an Gleichstrommeßgeräten wirkt.

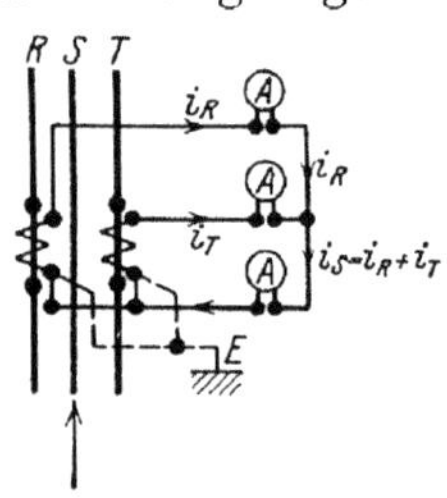

Abb. 200. Sparschaltung für drei Strommesser an zwei Stromwandlern.

In größeren Drehstromanlagen will man sich oft über die gleichmäßige Belastung aller drei Phasen unterrichten und schaltet zu diesem Zweck drei Strommesser an drei Stromwandler. Eine Sparschaltung mit nur zwei Stromwandlern für drei Strommesser läßt sich nach der Schaltung in Abb. 200 ausführen, bei welcher der dritte Strommesser die Ströme der beiden unmittelbar an Stromwandlern liegenden Strommesser addiert. Die Schaltung hat jedoch den Nachteil, manche Störungen in der Phase ohne Stromwandler, wie Erdschluß und Phasenbruch, nicht anzuzeigen.

XVI. Die Spannungswandler und die Meßgeräte.

Der Spannungswandler ist ein Transformator, der die zu messende Spannung ziemlich proportional und phasengleich auf 100 bzw. 110 V herabtransformiert. Die Auswahl der Spannungswandler erfolgt nach der Primärspannung bzw. nach der Prüfspannung und dem Leistungsbedarf der angeschlossenen Instrumente, Auslöser und Relais. Als Primär-Nennspannung wird ein Vielfaches von 100 bzw. 110 V gewählt.

Zahlentafel Nr. 26. Vergleich der Prüfspannungen nach REH u. RET.

Spannung	Prüfspannungen in kV	
	REH	RET
1	10	3,25
3	26	9,75
6	33 [1]	19,5
10	42	32,5
20	64	45
30	86	62,5
45	119	88,75
60	152	115
80	196	150
100	240	185

102. Die Prüfspannungen für Spannungswandler.

Die Prüfspannung für die Primärseite der Spannungswandler ist durch die RET 1923 vom VDE festgelegt. Sie beträgt

bis 10 kV 3,25 U, mindestens jedoch 2,5 kV,

über 10 kV 1,75 U + 10 kV,

worin U die Verbraucherspannung in kV ist. Sie liegt also bedeutend tiefer als die für Schaltgeräte lt. REH 1929 vorgeschriebenen Prüfspannungen, wie obige Zahlentafel Nr. 26 zeigt.

Es empfiehlt sich daher, um für die Spannungswandler die gleiche elektrische Sicherheit wie für die übrigen Schaltgeräte zu haben, sie für die Prüfspannungen nach den REH zu bestellen. Es ergibt sich dann als weiterer Vorteil, daß sie ohne Hochspannungs-Sicherungen und Vorschaltwiderstände, welche für ihren Einbau viel Platz benötigen und auch in manchen Fällen zu Betriebsstörungen Anlaß gaben, angeschlossen werden können.

103. Die Leistung der Spannungswandler.

Die Mindest-Leistung der Spannungswandler wird aus der algebraischen Summe des Eigenverbrauchs der angeschlossenen Meßgeräte bestimmt.

Die Eigenleistung der Meßgeräte und Relais beträgt etwa für:

Spannungsmesser	8 bis 10 VA
Leistungsmesser	2,5 „ 7 VA
Leistungsfaktormesser	3,5 „ 6,5 VA
Zähler	2 „ 5 VA
Registrierende Instrumente	15 „ 25 VA
Spannungsauslöser *rv* am Schalter	15 VA
Auslösemagnete *rv* am Handrad	15 „ 55 VA
Zungenfrequenzmesser	15 VA

Rechnungsbeispiel Nr. 21. Sollen an zwei Spannungswandler in V-Schaltung folgende Meßgeräte angeschlossen werden:

zwei Leistungsmesser für je 5 VA	10 VA
ein Leistungsfaktormesser	5 VA
zwei Zähler für je 5 VA	10 VA
ein registrierender Leistungsmesser für	20 VA
ein Auslösemagnet für	40 VA

so muß die Leistung der Spannungswandler in Klasse F mindestens 85 VA betragen.

[1] Reihe 6 in REH nur für gekapselte Schaltgeräte.

104. Die Meßgenauigkeit der Spannungswandler.

Die Klassenbedingungen des VDE für die Meßgenauigkeit gibt folgende Zahlentafel Nr. 27 an.

Zahlentafel Nr. 27. Die Klassenbedingungen für Spannungswandler.

Klasse	Nennspannung in %	Höchstzulässiger Spannungsfehler f	Höchstzulässiger Fehlwinkel δ	Bemerkungen für den $\cos\psi_2$ bei Nennfrequenz und von Null bis Nennleistung
E	80 bis 120	$\pm 0{,}5\%$	$\pm 20\%$	$\cos\psi_2 = 0{,}5$ bis 1
F	90 „ 100	$\pm 1{,}5\%$	$\pm 60\%$	$\cos\psi_2 = 0{,}6$ „ 1

Darin bedeutet f die prozentuale Abweichung der Sekundärspannung vom Sollwert, δ den Fehlwinkel, der für Betriebsmessungen in der Regel belanglos ist, und ψ_2 die Phasenabweichung von der primären Spannung.

105. Die Ausführungsformen der Spannungswandler.

Für die Leistungsmessung in Drehstromnetzen werden in der Regel zwei einphasige Spannungswandler in V-Schaltung gewählt. Bei Verwendung von dreiphasigen Spannungswandlern kann allerdings an Durchführungen gespart werden, denn sie erfordern drei bzw. vier Durchführungen gegenüber vier bzw. sechs bei Benutzung von Einphasen-Spannungswandlern. Eine weitere Ersparnis an Durchführungen läßt sich erzielen, wenn alle erforderlichen Strom- und Spannungswandler in einen gemeinschaftlichen Kessel eingebaut werden, welcher nur drei bzw. vier Durchführungen gegenüber sechs bzw. neun bei Verwendung getrennter Meßwandler benötigt. Derartige komplette Meßsätze sind in einige amerikanische Freiluftanlagen eingebaut worden, in Deutschland haben sie sich bisher nicht eingebürgert, weil hier die Betriebsleiter die leichte Auswechselbarkeit einphasiger Meßwandler höher einschätzen als den materiellen Vorteil eines in sich geschlossenen Meßsatzes.

Die magnetisch verketteten Drehstrom-Spannungswandler mit drei Schenkeln halten die erforderliche Meßgenauigkeit nur bei annähernd gleicher Belastung der drei Phasen ein. Für genauere Messungen werden dreiphasige Spannungswandler mit fünf Schenkeln versehen und erhalten eine vierte Durchführung für Erdung des Nullpunktes.

Im allgemeinen werden jedoch für solche Messungen, welche alle drei Spannungen in ihrer richtigen Größe erfassen sollen, wie beispielsweise für Selektivschaltungen oder für Leistungsmessung in Anlagen mit herausgeführtem Nullpunkt, drei Einphasen-Spannungswandler angeordnet.

Sehr vorteilhaft in bezug auf den Preis sind für die Messung hoher Spannung die Kaskaden-Spannungswandler, welche aus einzelnen in Reihe geschalteten eisengeschlossenen Drosseln bestehen. Da die Spulenmitte jedes Kaskadengliedes mit ihrem Eisenkern verbunden ist, kann im Innern eines Gliedes bei einem aus n Drosseln zusammengesetzten Wandler im Fall eines Erdschlusses keine höhere Spannung als $\frac{E}{2 \cdot n}$ auftreten. Bei einem dreigliedrigen Wandler für 110 kV beträgt demnach die im Innern eines Gliedes größtmögliche Spannung 18,3 kV. Für diese relativ kleinen Spannungen lassen sich die Spulen mit hoher Sicherheit isolieren.

Um die Gesamtspannung bei Leistungsentnahme aus dem Wandler auf die einzelnen Glieder gleichmäßig zu verteilen, werden diese über gegeneinander geschaltete Kopplungsspulen verbunden. Eine dritte Spule in jedem Glied dient als Ausgleichspule zur Vermeidung unzulässiger Streuungen.

Abb. 201 zeigt die grundsätzliche Schaltung eines Kaskaden-Spannungswandlers. Für Drehstrom-Messungen werden drei Wandler in Stern geschaltet. Da die Wandler, wenn gewünscht, ohne weiteres mit der REH-Prüfspannung von $(2{,}2\,E + 20)$ kV geprüft und auch gegen Sprungwellen in ihren Eingangswicklungen stark isoliert werden so können sie im allgemeinen ohne besonderen Schutz an die Betriebsspannung geschaltet werden. Zum Anschluß der Kaskadenwandler an die Sammelschienen genügen Trennschalter.

Abb. 202 zeigt den Aufbau eines Kaskaden-Spannungswandlers für 110 kV. Da die Drosseln in geschirmte massegefüllte Porzellankörper eingebaut sind, können sie auch in Freiluftanlagen verwendet werden, wo sie auch noch für 50 kV vorteilhaft sind. In umbauten Stationen sind Kaskaden-Spannungswandler erst von 70 kV an billiger als gewöhnliche Einphasen-Spannungswandler.

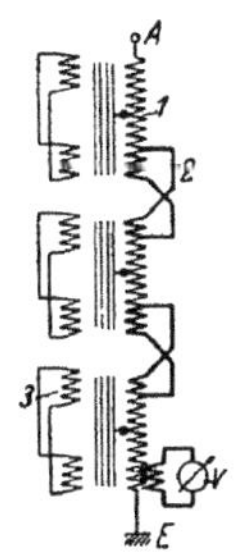

Abb. 201. Innere Schaltung eines Kaskaden-Spannungswandlers.

A Anschlußklemme
E Erde
V Spannungsmesser
1 Drosselwicklung
2 Kopplungswicklung
3 Ausgleichswicklung

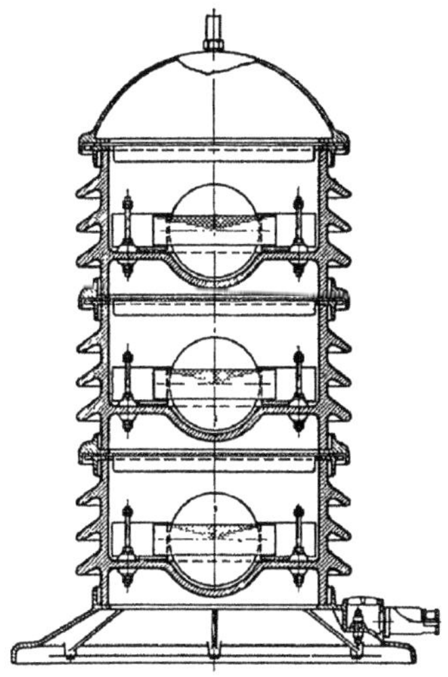

Abb. 202. Schnitt durch einen Kaskaden-Spannungswandler für 100 kV. S & H.

106. Die Schaltung der Spannungswandler.

Die Spannungswandler werden, wie in Abb. 203 dargestellt, an die Leitungen der zu messenden Spannung angeschlossen. Zum Schutz der sekundären Meßleitungen und der Meßgeräte gegen Hochspannung muß ein Pol der Sekundärwicklung des Spannungswandlers und sein Gehäuse geerdet werden. Gegen Überlast werden die Spannungswandler sekundärseitig mit 2-A-Sicherungen geschützt.

Die V-Schaltung von zwei Einphasen-Spannungswandlern gibt Abb. 204. Dabei ist auf die richtige Erdung der beiden Sekundärpole zu achten.

Der Anschluß von drei Einphasen-Spannungswandlern, welche auch für Erdschlußprüfung sowie für die Abführung statischer Aufladungen geeignet sind, ist in Abb. 205 dargestellt.

Die magnetisch verketteten Drehstrom-Spannungswandler dürfen nicht dauernd an Erde liegen, weil bei Erdschluß die Wicklung der von dem Erdschluß betroffenen Phase unter Umständen unzulässig hoch belastet wird.

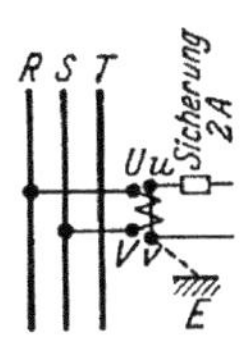

Abb. 203. Schaltung, Klemmenbezeichnung und Erdung eines Einphasen-Spannungswandlers.

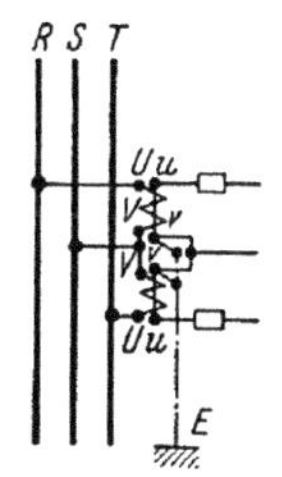

Abb. 204. V-Schaltung von zwei Einphasen-Spannungswandlern.

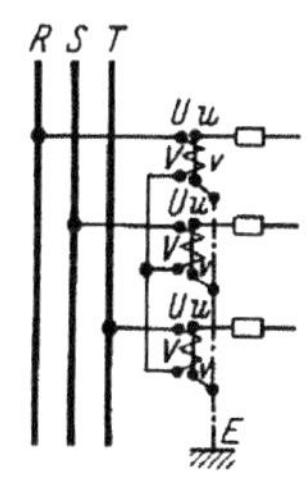

Abb. 205. Schaltung für drei Einphasen-Spannungswandlern.

107. Die Sicherungen für Spannungswandler.

Wie schon erwähnt, bilden die Hochspannungssicherungen keinen zuverlässigen Schutz für die Spannungswandler, denn die Spannungswandler haben entsprechend ihrer kleinen Leistung nur kleine Kurzschlußströme bei sekundärem Klemmenkurzschluß, für welche sich geeignete Schmelzeinsätze nicht herstellen lassen. Sicherungen mit derart kleinen Schmelzstreifen haben außerdem den Nachteil, daß sie infolge von Einschaltstromstößen durchgehen können und so die Messung unterbrechen. Aus diesem Grunde verzichten viele Betriebsleiter auf Hochspannungssicherungen, zumal die Hochspannungssicherungen nur die übrige Anlage bei groben Kurzschlüssen in den Spannungswandlern schützen. Um die auftretenden Kurzschlußströme, welche durch die Kurzschluß leistung des Netzes bedingt sind, besser beherrschen zu können, pflegt man in größerer Kraftwerken von etwa 10000 kVA an vor den Sicherunger Vorschaltwiderstände, Abb. 206, anzubringen, welche so be messen sind, daß sie die Meßgenauigkeit der Spannungswandlei nicht beeinflussen und andererseits ein sicheres Löschen dei durchgehenden Sicherung gewährleisten.

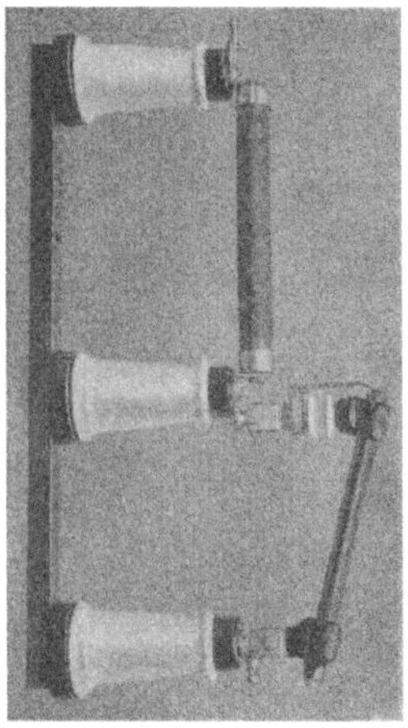

Abb. 206. Hochspannungs-Sicherung mit Vorschaltwiderstand, 30 kV. AEG.

108. Die Auswahl der Meßgeräte.

Die Meßinstrumente sollen den Schaltmeister schnell übei den Betriebszustand der Anlage unterrichten. Da es hierbe mehr auf Betriebssicherheit als auf Meßgenauigkeit ankommt werden in Schaltanlagen keine Präzisionsinstrumente, sondern ausschließlich Betriebsinstrumente, die diesen Zweck vollkommei erfüllen, verwendet.

Die für Schaltanlagen gebräuchlichsten Meßgeräte sinc in folgender Tafel zusammengestellt.

Auswahl der Meßgeräte.

Stromart	Meßart	Meßwerk
Gleichstrom	Strom Spannung	Drehspul Dreheisen
Wechselstrom und Drehstrom	Strom Spannung	Dreheisen
	Leistung	Eisengeschlossen-Elektrodynamisch
	cos φ	Eisengeschlossen-Kreuzspul
	Frequenz	Resonanz

Die gebräuchlichsten Formen der Meßgeräte für Verwendung in Schaltanlagen sin die runden und die Flachprofil-Formen.

Die runde Form ist in den verschiedensten Größen vorhanden, von 50 bis 1000 mr Sockeldurchmesser. Die hauptsächlich verwendeten Größen haben einen Durchmesse zwischen 130 und 225 mm. Die runde Form wird für Aufbau auf die Schaltplatte un für Einbau hergestellt.

Die Flachprofilinstrumente der einzelnen Firmen haben verschiedene Abmessunger z. B. AEG 130×250, H. & B. 95×230 und 110×260, S. & H. 100×280. Da sie weni Platz in Anspruch nehmen, werden sie häufig für Schaltpulte verwendet.

Die Gehäuse und Frontringe aller Meßgeräte werden neuerdings mattschwarz aus geführt, um das weiße Skalenblatt gut hervortreten zu lassen.

Die Synchronisiermeßgeräte pflegt man oft auf einem gemeinschaftlichen drehbare Wandarm anzuordnen, die Instrumente erhalten für diesen Zweck passende Zapfen.

Bei dem Einbau der Instrumente ist auf gute Zugänglichkeit der Anschlüsse zu achten

XVII. Die Betriebsüberwachung.

Außer Meßgeräten sind für die Betriebsüberwachung eine Reihe von Geräten un Einrichtungen erforderlich, welche den Schaltmeister über Störungen unterrichten un ihm schnelles Handeln ermöglichen.

Meldeeinrichtungen sollen den Schaltwärter auf Störungen in der Schaltanlage aufmerksam machen und in anderen Fällen ihm auch den jeweiligen Betriebszustand der Schaltanlage anzeigen oder ihn vor irgendwelchen Handlungen warnen.

In den einfachsten Ausführungsformen bestehen die Meldeeinrichtungen aus einer Meldelampe, welche in Verbindung mit einem akustischen Signal, Hupe oder Glocke, gebracht werden kann. Löst beispielsweise ein selbsttätiger Schalter aus, so wird über dessen Meldeschalter ein Hilfsstromkreis geschlossen, der die Meldeeinrichtung in Tätigkeit setzt.

Für Anlagen, in denen nur die wichtigen Stromkreise, z. B. die parallelzuschaltenden, von dem Schaltdienstraum bedient, die übrigen aber direkt an ihrer Ölschalterzelle betätigt werden, genügt zuweilen diese einfache Einrichtung nicht; denn nach dem Abstellen des Warnsignales könnte der Schaltmeister infolge anderer Inanspruchnahme es leicht vergessen, der Störungsquelle nachzugehen.

Hier wird vorteilhaft ein Melderelais oder ein anderer Warnapparat verwendet, der trotz Löschung der akustischen Meldung noch so lange in einer Warnstellung verbleibt, bis die betreffende Störung beseitigt ist.

Um in größeren Anlagen eine gute Übersicht über den Betriebszustand der Anlage zu erzielen, wird häufig in dem Schaltdienstraum ein Blindschaltbild angebracht. Dies ist ein dem wirklichen Schaltplan naturgetreu nachgebildetes plastisches Schaltbild, welches auf der Betätigungstafel oder auf dem Pult befestigt wird. Alle Leistungsschalter und erforderlichenfalls auch die Trennschalter werden in diesem Blindschaltbild durch Meldelampen oder Schaltstellungszeiger, zuweilen auch durch eine Kombination beider Anzeigearten, gekennzeichnet.

In sehr ausgedehnten Anlagen mit zahlreichen Stromkreisen, die eine große Ausdehnung der Betätigungstafel bedingen, läßt sich manchmal eine genügende Übersichtlichkeit selbst durch ein solches Blindschaltbild nicht erreichen. Hier kann ein Leuchtschaltbild aushelfen, welches die Betriebsschaltung in gedrängtester Form, also einzig mit den betriebswichtigen Leistungsschaltern wiedergibt und gut sichtbar im Raum angeordnet wird, oder das auf einer besonderen Tafel bzw. auf einem Pult als Kommandoschaltbild angebracht wird.

Eine andere Gruppe von Einrichtungen umfaßt die Meldung unzulässiger Temperaturen, beginnender Erdschlüsse, Isolationsfehler, Erkrankungen der Transformatoren, Maschinen usw. sowie Fernmeldungen an das Kessel-, Maschinen- und an das Hochspannungsschalthaus. Zur Gruppe der Fernmeldeeinrichtungen kann man auch die Kommandoapparate rechnen, die Befehle vom Schaltdienstraum an obenerwähnte Häuser vermitteln.

Als Warnsignale werden häufig in Ölschalter- und Trennschalterzellen Lampen angeordnet, welche den Betriebszustand der betreffenden Zelle anzeigen.

109. Die Meldelampen und akustischen Signale.

Die VDE-Vorschriften verlangen, daß die Schaltstellung der Leistungsschalter an der Betätigungsstelle sichtbar ist. Da bei freiauslösenden Schaltern, die mittels eines Antriebsgerätes von der Schalttafel oder dem Pult aus betätigt werden, der Antrieb im Falle einer selbsttätigen Auslösung in der Regel in der Einschaltstellung verbleibt, so benutzt man hier für die Anzeige der Ausschaltstellung Meldelampen, welche in die Nähe der Schalterantriebe gesetzt werden und beim Auslösen des zugehörigen Schalters aufleuchten. Dies wird durch einen an der Schalterwelle befestigten Hilfskontakt, der den Lampenstromkreis beim Auslösen des Schalters schließt, bewirkt. Das Löschen der Lampe erfolgt durch einen am Handantrieb befindlichen Abstellkontakt, der durch die Rückbewegung des Antriebes in die Ausschaltstellung geöffnet wird und dadurch den Lampenstromkreis unterbricht.

Die optische Meldung läßt sich sehr wirksam durch ein akustisches Signal, welches für alle Stromkreise gemeinsam sein kann, unterstützen. Für die Anzeige einfacher Überstromauslösung verwendet man meist ein kurzes Glockensignal.

Abb. 207 stellt schematisch die Meldeeinrichtung für handbetätigte Schalter dar. Da die Verbindungen zwischen Ölschalterzellen und Schalttafel häufig sehr lang werden, ist eine Anordnung gewählt, welche mit einer eindrahtigen Verbindung auskommt. Zu diesem Zweck sind die beiden Sammelschienen der Meldestromquelle sowohl an den Ölschalterzellen wie an der Bedienungstafel verlegt und ein Hilfsumschalter ist an der Ölschalterwelle so angeschlossen, daß in der Einschaltstellung des Ölschalters der Meldestrom von der Plusschiene an den Zellen zur Minusschiene der Schalttafel und in der Ausschaltstellung von der Plusschiene der Schalttafel zu der Minusschiene an den Zellen fließt.

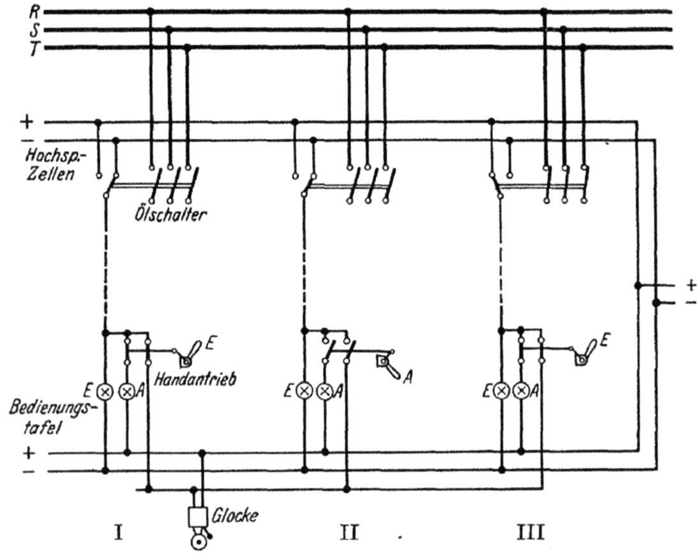

Abb. 207. Meldeeinrichtung für handbetätigte, selbstauslösende Schalter.
Schaltstellung I. Ölschalter selbsttätig ausgelöst, „Aus"-Lampe brennt, Glocke ertönt. Schaltstellung II. Handantrieb in die Ausschaltstellung gebracht. Lampen dunkel. Schaltstellung III. Ölschalter eingeschaltet. „Ein"-Lampe brennt.

Bei der Schaltstellung I ist angenommen, daß der Ölschalter selbsttätig ausgelöst hat, das Handantriebsgerät befindet sich also noch in der Einschaltstellung. Die „Aus"-Lampe brennt und die Glocke ertönt.

Durch das Ausschalten des Antriebsgerätes wird ein an ihm angebrachter Hilfsschalter geöffnet und dadurch der Meldestromkreis, wie Schaltstellung II dartut, unterbrochen.

In Schaltstellung III ist der Ölschalter eingeschaltet, und es brennt die „Ein"-Lampe.

Die Meldung schwerer Störungen im Betriebe, beispielsweise Generator in Gefahr, vollständiger Zusammenbruch der Last u. a. kann besonders eindringlich durch eine Hupe erfolgen.

Möchte man bei elektrischer Fernbetätigung der Schalter auch über die vollzogene Einschaltung Meldung erhalten, so wird der „Aus"-Lampe eine „Ein"-Lampe zugeordnet. Die Steuerschalter für die Fernbetätigung der Schalter sind meist so ausgebildet, daß sie in der Einschaltstellung festgehalten werden müssen, bis die Einschaltlampe aufleuchtet und die vollzogene Einschaltung anzeigt. Beim Loslassen des Steuerschalters geht dann sein Hebel in eine Nullage zurück und löscht die Lampe. In derselben Weise vollzieht sich der Meldevorgang bei der Ausschaltung mittels Steuerschalters. Bei selbsttätig erfolgter Auslösung des Schalters brennt die „Aus"-Lampe und erlischt erst wieder durch das Rückdrehen des Steuerschalters in die Ausschaltstellung.

Diese Einrichtung des Steuerschalters verlangt vom Schaltmeister Aufmerksamkeit, da sonst die Gefahr besteht, daß der Steuerschalter versehentlich in die Einschaltstellung gedreht wird, was unter Umständen schweres Unheil verursachen kann, z. B. wenn dadurch ein Stromkreis, der vorhergehende Synchronisierung erfordert, eingeschaltet wird.

Um solche Fehlschaltungen auszuschließen, benutzt man neuerdings an Stelle von Steuerschaltern Schalter mit Knebelgriff mit besonderen Löschtasten für die Lampen.

110. Die Melderelais und Warnapparate.

Tritt in Stromkreisen, welche nicht vom Schaltdienstraum aus, sondern beispielsweise an der Ölschalterzelle betätigt werden, eine Störung auf, welcher der Schaltmeister nicht sofort nachgehen kann, so möchte er doch gern das lästige akustische Signal abstellen und, auch ohne dieses, noch weiter an die Störung erinnert werden. Das läßt sich auf einfache Weise dadurch erreichen, daß nach dem Abstellen des akustischen Signales die betreffende „Aus"-Lampe so lange brennt, bis sie durch den Abstellschalter des Antriebsgerätes gelöscht wird. Diese Anordnung ist naturgemäß nur bei Schaltern oder anderen Apparaten möglich, welche zwei festliegende, kontaktgebende Grenzstellungen haben, nicht aber beispielsweise für Kontaktthermometer oder das Buchholz-Relais. Ein für alle vorkommenden Störungsfälle verwendbares Melderelais zeigt Abb. 208,

Abb. 208. Melderelais. AEG. (Hupe und Meldelampe in Tätigkeit).

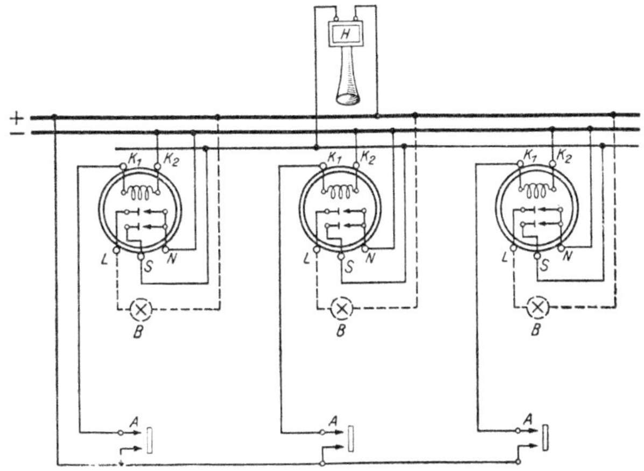

Abb. 209. Schaltungsschema für das Melderelais der Abb. 208. AEG.

A Meldekontakt der Gebestelle, *B* Meldelampe, *H* Hupe,
K_1 Anschluß für die Leitung vom Meldekontakt *A* der Gebestelle,
K_2 } *N* } ,, ,, ,, ,, vom Netz,
L ,, ,, ,, ,, zur Meldelampe *B*,
S ,, ,, ,, ,, zur Hupe *H*.

dessen Signalscheibe aus drei verschiedenfarbigen Sektoren besteht, von denen jeweils nur einer sichtbar ist. Betätigt wird das Relais, wie in Abb. 209 schematisch angedeutet ist, durch einen Elektromagneten.

Die Ruhestellung des Relais zeigt ein schwarzer Sektor an. An seine Stelle schiebt sich bei einer Störung des betreffenden Stromkreises ein weißer Sektor mit leuchtend rotem Punkt, während sich gleichzeitig zwei Schaltstücke für akustische und optische Signale schließen. Die Löschung der Signale erfolgt durch Weiterdrehen des Handrades und dadurch der Scheibe um 120° nach rechts. Nun erscheint ein weißer Sektor, die Warnstellung, und bleibt bestehen, bis der Meldeschalter an der Gebestelle geschlossen wird. Hierdurch geht die Signalscheibe selbsttätig in ihre Ruhestellung und Betriebsbereitschaft zurück.

111. Die Warnlampen.

Die wirtschaftlichen Anforderungen, die an kleine und mittlere Kraftwerke gestellt werden, verbieten es in den meisten Fällen, an Hochspannungs-Zellen sicher wirkende Verriegelungen anzubringen, durch welche eine Zelle erst im spannungslosen Zustande zugänglich wird. Um ohne die kostspieligen Verriegelungen den Monteur vor dem versehentlichen Betreten einer unter Spannung stehenden Zelle zu warnen, werden in denjenigen Zellen, von welchen aus nicht alle zu dem Stromkreise gehörenden Trennschalter und ihre Schaltstellungen deutlich sichtbar sind, Warnlampen angeordnet. In einfachen Anlagen brauchen nur die Ölschalterzellen Warnlampen zu erhalten. In Anlagen, welche Rückspannung aus dem Netz erhalten, müssen unter Umständen sämtliche Zellen mit Warnlampen ausgerüstet werden.

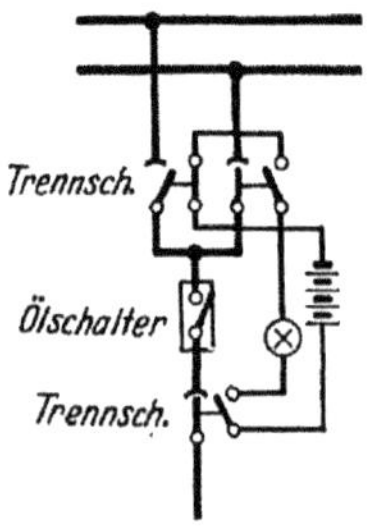

Abb. 210. Schaltung der Warnlampen für unter Spannung befindliche Zellen.

Wünscht man mit einer Warnlampe für jede Zelle auszukommen, so wird sie zweckmäßig so geschaltet, daß sie aufleuchtet, wenn alle Trennschalter geöffnet sind, wie Abb. 210 zeigt. Es sei hier nochmals daran erinnert, daß bei einpoligen Trennschaltern jeder Pol einen Hilfsschalter erhalten muß. Das Aufleuchten der Lampe schließt Fehlmeldungen infolge von Störungen im Meldestromkreise aus.

Viele Betriebsstörungen entstehen durch versehentliches Öffnen von Trennschaltern, deren Stromkreis nicht stromlos ist. Um die Bedienungsmannschaft an das Gebot, Trennschalter nicht bei ausgeschaltetem Ölschalter zu ziehen, zu erinnern, wird an den Trennschalterzellen eine entsprechende Warntafel und eine Warnlampe angebracht, welche erst in der Ausschaltstellung des Ölschalters aufleuchtet.

112. Die Gefahr-Meldeeinrichtungen.

Der Betrieb der Kühlanlagen jeglicher Art muß unbedingt sichergestellt sein, da bei Versagen der Kühlmittel die betreffenden Generatoren oder Transformatoren in wenigen Augenblicken eine unzulässige Übertemperatur annehmen. Man pflegt deshalb in größeren Kraftwerken in alle Kühlanlagen Gefahrmelder, welche unzulässige Erwärmung melden, einzubauen und gleichzeitig eine dauernde Temperaturüberwachung vorzusehen. So wird beispielsweise die Frisch- und Abluft in Luftrückkühlanlagen für Generatoren einer ständigen Kontrolle unterworfen. An geeigneten Stellen werden Kontaktthermometer eingebaut, welche in Ruhestrom-Schaltung an optische und akustische Signale angeschlossen sind. In derselben Weise wird die Kühlung größerer Transformatoren überwacht. Die Thermometer werden in den Transformator selbst, in die Transformatoren-Kammer, in den Kühlteich für außenliegende Kühlschlangen oder in die Wasserabflußleitung der Gegenstromkühler eingebaut.

Die Gefahrmeldetafeln für Generatoren werden zuweilen in der Nähe des Generators aufgestellt.

Die Überwachungstafel für Transformatoren erhält außer der Temperatur-Meldeeinrichtung eine Anzeigevorrichtung für den Ölumlauf, welche durch eine Rückschlagklappe im Druckrohr der Ölumlaufleitung betätigt wird (vgl. Abb. 106 auf S. 67).

113. Das Blindschaltbild.

In Schaltanlagen größeren Umfanges genügt die einfache Meldung der Schaltstörung mittels Lampen nicht. Eine bessere Übersicht des jeweiligen Betriebszustandes läßt sich durch ein Blindschaltbild erzielen, das bei sehr umfangreichen Schaltanlagen zuweilen durch ein Kommando- bzw. durch ein Leucht-Schaltbild ergänzt wird.

In einfachen Fällen wird das Blindschaltbild auf die Tafel oder auf eine Wand aufgemalt, bei besserer Ausführung werden Leitungen und Sammelschienen aus Messingleisten hergestellt, welche, um mit den schwarzen Frontringen der Meßgeräte zu harmonieren, ebenfalls matt gehalten werden. Zur Kennzeichnung verschiedener Spannungen können die Schienen durch entsprechende galvanische Behandlung verschiedene Farben erhalten. Die Leitungsschienen liegen zweckmäßig in der senkrechten Mittelachse der zugehörigen Schalt- und Meßgeräte, und zwar möglichst so, daß die Steuerschalter mit in das Blindschaltbild einbezogen werden, Abb. 211. Die Anordnung des Blindschaltbildes richtet sich nach der Apparatbesetzung der Felder und nach den gewählten Anzeigevorrichtungen. Die einzelnen Stromkreise wie Generator, Transformator usw. werden durch Symbole gekennzeichnet.

Die Meinungen über Wert und Nachteile der verschiedenen Anzeigevorrichtungen gehen auseinander. Für die gute Übersichtlichkeit des Blindschaltbildes ist es jedenfalls wünschens- und erstrebenswert, daß die Sammelschienen ebenso wie die Betriebssammelschienen in einer geraden Linie verlaufen. Eine naturgetreue Reihenfolge der Stromkreise, welche die Übersicht der Anlage noch verbessern würde, ist nicht immer durchführbar. In Blindschaltbildern mit verschiedenen Spannungen empfiehlt es sich, die Hochvolt-Sammelschienen oberhalb der Unterspannungs-Sammelschienen anzuordnen und die zu Stromkreisen mehrerer Spannungen gehörenden Schaltgeräte übereinander in das Blindschaltbild einzubeziehen, beispielsweise bei Transformatoren die ober- und unterspannungsseitig erforderlichen Betätigungsschalter wie in Abb. 212.

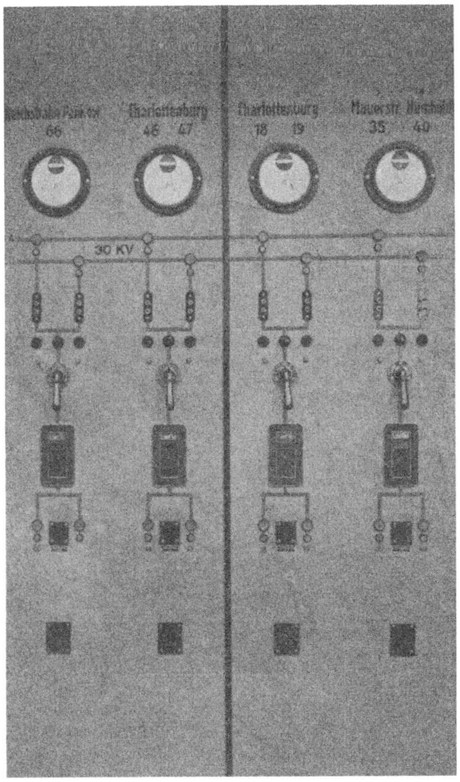

Abb. 211. Blindschaltbild für die 30 kV-Verteilung im Kraftwerk Moabit der Bewag. AEG.

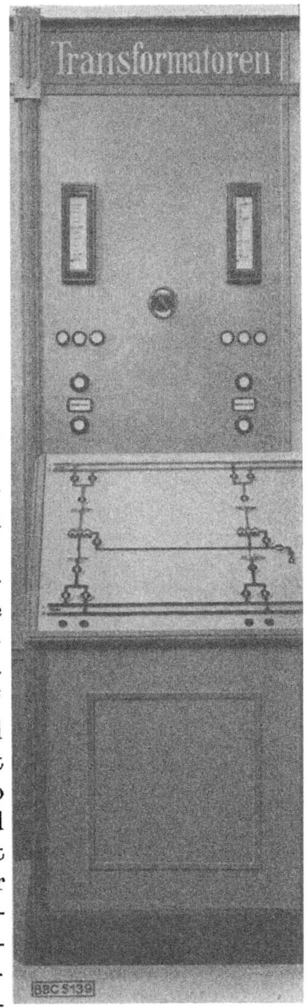

Abb. 212. Tansformatoren im Blindschaltbild. BBC.
a Schauzeichen, *b* Störungslampen.

Werden Lichtsignale nur für eine Schalterstellung vorgesehen, so daß beispielsweise bei „Ein" die Lampe brennt und bei „Aus" dunkel bleibt oder umgekehrt, so wird das Schaltbild einfach und nimmt wenig Platz ein. Der Nachteil dieser Schaltung ist, daß Falschmeldungen infolge Versagens der Meldeeinrichtung nicht ohne weiteres als solche erkennbar sind.

Steht für getrennte „Ein"- und „Aus"-Signale nur ein geringer Platz in der Höhe zur Verfügung, so lassen sich rote und grüne Lampen nebeneinander anordnen; eine Anordnung der Lampen übereinander wirkt jedoch ruhiger.

Manche Betriebsleiter halten farbige Lampen für unübersichtlich, da sie ihrer Meinung nach zu Irrtümern Anlaß geben, und verwenden lieber ausschließlich Lampen mit mattweißen Scheiben. Um die „Ein"- von der „Aus"-Lampe zu unterscheiden, erhält nun die „Ein"-Lampe eine größere und heller leuchtende Fläche als die „Aus"-Lampe.

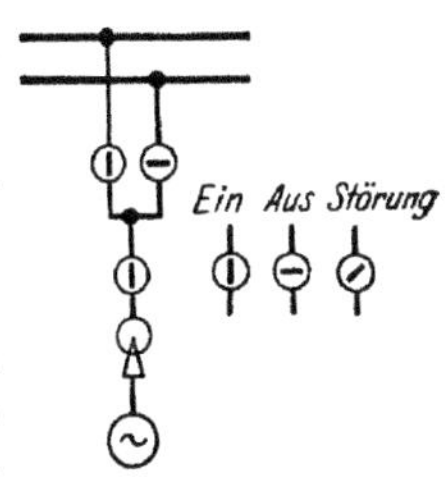

Abb. 213. Blindschaltbild mit Schaltstellungszeigern.

Eine andere Meldeeinrichtung besteht aus Schaltstellungszeigern, auch Schauzeichen genannt, deren durch einen Elektromagneten verstellbare Scheibe mit einem Markierungsstrich versehen ist. Die Lage des Markierungsstriches zeigt die Schalterstellung an, Abb. 213. In der Einschaltstellung spielt der Strich in den Leitungszug ein, in der Ausschaltstellung stellt er sich senkrecht zur Leitung. Eine Störung im Meldestromkreis zeigt der Schaltstellungszeiger durch Schräglage des Striches an.

In umfangreichen Anlagen mit vielen Stromkreisen wird es dem Schaltmeister manchmal schwer fallen, den gestörten Stromkreis herauszufinden. Um ihm dies zu erleichtern, ordnet man zuweilen den Schauzeichen eine Lampe zu, die nur bei Störungen leuchtet wie beispielsweise auf der Schalttafel der Abb. 212. Ebenso könnte bei Verwendung von Lampensignalen diesen Zweck eine Lampe mit besonderen Merkmalen, beispielsweise eine Lampe mit Blinklicht u. ä. erfüllen.

Als Schauzeichen kann auch der Knebelgriff eines Steuerschalters selbst dienen, in dessen Knebelgriff eine Lampe eingebaut ist. Bei dem Schalten zeigt das Leuchten der Lampe die vollzogene Schaltung an. Nach Loslassen des Griffes spielt er in die Betriebslage ein und gibt sie durch seine Stellung an. Die Lampe erlischt und leuchtet erst bei Störungen wieder auf als Zeichen, daß das Schauzeichen nicht mit der Betriebsstellung übereinstimmt.

114. Das Kommandoschaltbild.

Das Kommandoschaltbild, Abb. 214, ermöglicht durch den Einbau von Schaltstellungszeigern, welche zuweilen leuchtende Handgriffe erhalten, die gewünschte Schaltung im Blindschaltbild fertig vorzubereiten, bevor die endgültige Kommandoabgabe

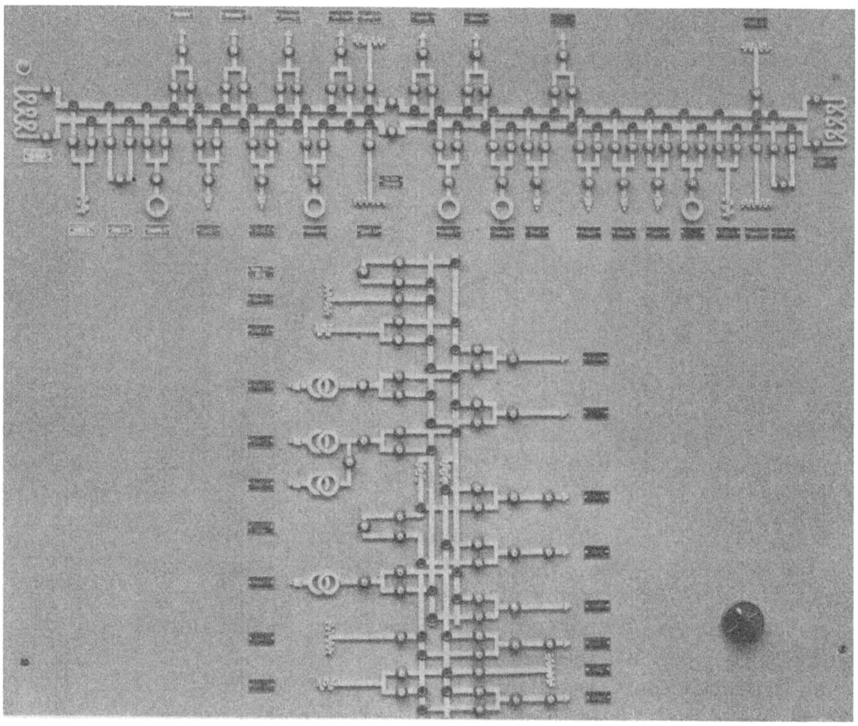

Abb. 214. Kommandoschaltbild. SSW.

erfolgt. Der Schaltdienstmeister kann bei dieser Anordnung die Schaltung in Ruhe überlegen und im Blindschaltbild fertigmachen, ehe die eigentliche Schalterbetätigung erfolgt. Hat er die Schaltung für richtig befunden, so bezeichnen ihm die leuchtenden Handgriffe die zu betätigenden Schalter. Die Kommandoabgabe erfolgt nun durch einen Druckknopf oder durch das Drehen eines Schaltringes am Handgriff. Hierdurch wird entweder der betreffende Schalter unmittelbar betätigt oder es leuchtet eine Lampe am Schaltort auf als Anzeige für den Schaltmeister, daß dieser Schalter zu betätigen ist. Mit Vollzug der gewünschten Schaltung erlischt die Lampe des betreffenden Schaltstellungszeigers und leuchtet erst infolge einer Störung wieder auf, wie aus Abb. 215 hervorgeht.

Hat der Lastverteiler mehrere parallel arbeitende Kraftwerke zu bedienen, so wird es ihm in manchen Fällen erwünscht sein, jederzeit genau zu wissen, welche Teile der verschiedenen Kraftwerke an der Stromlieferung beteiligt sind bzw. unter Spannung stehen. Dies kann im Leuchtschaltbild wirkungsvoll durch beleuchtete Sammelschienen und Leitungen erfolgen. Zu diesem Zwecke werden sie aus farbigem Glas verfertigt, und durch Lampen, die über kleine Hilfsrelais gesteuert sind, beleuchtet.

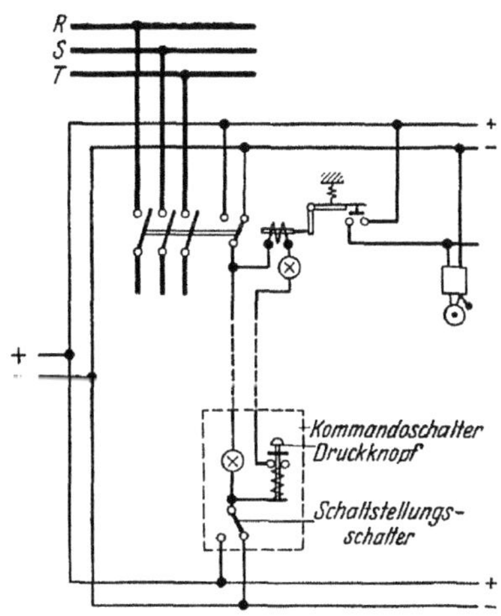

Abb. 215. Schaltbild für Kommandoschalter mit Rückmeldung.

115. Die Kommandogeräte.

In größeren Kraftwerken mit besonderem Schaltdienstraum werden für die Verständigung des Schaltmeisters mit dem Maschinisten besondere Kommandogeräte vorgesehen, welche vorteilhaft mit Rückmeldung ausgerüstet sind. Die wenigen Befehle an den Maschinenstand lauten etwa: „Anlassen, Schneller, Gut, Langsamer, Abstellen, Maschine in Gefahr.“ Diese Kommandos lassen sich beispielsweise durch Zeigertelegraphen erteilen. Für jede Maschine wird je ein Telegraph in dem Schaltraum und an der Maschine aufgestellt. Eine andere Kommandoeinrichtung benutzt Glockenanruf in Verbindung mit Lichtsignalen. Durch das Aufleuchten der hinter den Scheiben befindlichen Lampen werden die Befehle sichtbar. Die Kommandoabgabe erfolgt durch Ruftasten, die in das Schaltpult oder Tafel eingebaut sind, s. Abb. 366 (Schaltdienstraum). Durch sie wird an dem zugehörigen Empfänger ein Glockensignal gegeben und das betreffende Lichtfach zeigt den Befehl an. Eine Bestätigungstaste am Empfänger erlaubt die Glocke abzustellen. Nach ausgeführtem Befehl drückt der Maschinist eine Fertigtaste und meldet dadurch dem Schaltraum den vollzogenen Befehl. Diese Meldung läßt sich durch eine Bestätigungstaste am Geber löschen.

Der Anschluß der Kommandoanlage erfolgt an eine Batterie für 110 oder 220 V.

In großen Kraftwerken mit starken Belastungsschwankungen ist dem Kesselhaus eine Meldung über den zu erwartenden Kraftbedarf erwünscht, damit der Heizer sich entsprechend vorbereiten kann. In einfachster Weise lassen sich diese Meldungen durch einen Belastungsfernanzeiger übermitteln. Ein Geber, an dem die zu erwartende Belastung eingestellt wird, ist in Reihe mit einem gleichartigen Empfänger im Kesselhaus geschaltet. Den Anruf meldet eine Glocke. Als Betätigungsquelle wird die Eigenbedarfsbatterie benutzt.

Zu dem geordneten Betrieb eines größeren Kraftwerkes gehören Fernsprechverbindungen von dem Schaltdienstraum zu den Maschinen- und Kessel-Ständen sowie zu den Schalthäusern.

Sind verschiedene Kraftwerke über Freileitungen miteinander gekuppelt, so empfiehlt sich die Anwendung leitungsgerichteter Telephonie, welche die Freileitungen als Verbindungsleitungen benutzt. Für die leitende Isolierung der Zuleitungen an die Fernsprecher sind Kondensatoren an den Freileitungen erforderlich, die über einige andere Zusatzgeräte an den Fernsprecher angeschlossen werden.

116. Die Stromquelle für Steuer-, Relais- und Melde-Stromkreise.

Die Wahl der Stromquelle für die Hilfsstromkreise ist besonders wichtig, weil von dem richtigen Betrieb der elektrisch betätigten Antriebsgeräte, der Relais und Auslöser sowie von der rechtzeitigen Meldung der Störungen die gesamte Stromversorgung abhängt.

In früheren Zeiten wurde vielfach der Erregerstromkreis der Generatoren als Stromquelle hierfür benutzt. Dies ist heute nicht mehr möglich, weil in den wenigsten Fällen eine konstante Erregerspannung zur Verfügung steht. Außerdem gilt als Grundsatz für diesen Hilfsstrom, daß er vom Hauptstromnetz unabhängig ist, weil er sonst im Falle der Gefahr nicht zur Verfügung steht.

Die moderne Praxis sieht dementsprechend für die Hilfsstromkreise stets eine oder mehrere (dann voneinander unabhängige) Akkumulatoren-Batterien vor, welche durch Gleichrichter oder Umformer geladen werden. Je größer das Kraftwerk ist, um so gesicherter wird man die Hilfsstromquellen wählen. Es sollten stets mindestens zwei Kraftquellen verfügbar sein.

Für Großkraftwerke wird man gut tun, zwei Batterien mit je einem Motorgenerator vorzusehen, von denen die eine in Betrieb ist, während die andere geladen wird. Jeder Stromkreis wird für sich umschaltbar von der einen auf die andere Batterie angeordnet, damit bei einem Erdschluß die Stromkreise einzeln auf die Reservebatterie umgelegt werden können, bis der Fehler lokalisiert ist.

Die Kapazität der Batterie wird so klein wie möglich gewählt, damit sie oft entladen wird. Moderne Batterien kann man, wenn sie dafür bestellt sind, kurzzeitig etwa um das 2- bis 2,5fache ihrer Nennleistung überlasten. Benötigt beispielsweise ein Schalter zum Einschalten 50 A bei 110 V und zum Auslösen 1 A, so genügt hierfür eine Batterie von 25 A, welche für die Dauer des Schaltvorganges etwa 50 bis 60 A zu leisten vermag. Es kann damit also ein Schalter eingeschaltet werden, während gleichzeitig eine Reihe anderer Schalter auslöst.

Die Steuerstromkreise werden in zwei Stromkreise aufgeteilt, einen für die Impulsleitung, welche von dem Steuerschalter zum Antriebsgerät führt und dies zum Ansprechen bringt, und einem zweiten, welcher die Antriebsgeräte mit der erforderlichen Kraft versorgt. Durch diese Aufteilung führen die Verbindungsleitungen zwischen Schaltdienstraum und Ölschalterhaus nur schwache Impulsströme und erhalten einen dem entsprechend schwachen Querschnitt.

Die Meldelampen werden an die Hauptbatterien für die Antriebsgeräte angeschlossen, während die Relais und Auslöser an eine besondere Batterie gelegt werden, für welche eine Spannung von 24 V ausreicht. In kleineren Werken kann diese Spannung auch der Hauptbatterie entnommen werden.

Bei Sammelschienen verschiedener Spannung sollten zweckmäßig auch die Hilfsstromkreise voneinander getrennt werden. Ebenso wird man etwaige Aufteilungen der Hochspannungssammelschienen auch in den Hilfsstromkreisen durchführen, um hier die gleiche Sicherheit wie in der Hauptanlage zu erhalten.

XVIII. Die Leitungen.

Die Betriebssicherheit der Schaltanlage findet ihren Ausdruck für Leitungen in dem § 20 der VDE-Vorschriften. Er lautet: „*Leitungen sind so zu bemessen, daß sie bei den vorliegenden Betriebsverhältnissen genügende mechanische Festigkeit haben und keine unzulässigen Erwärmungen annehmen können.*“

Bei der Forderung auf nicht übermäßige Erwärmung unterscheidet die Praxis, ob die Übertemperatur in den Leitern von dem normalen Betriebszustande des Nennstromes oder von einem Kurzschluß herrührt.

Da ein Kurzschluß ein schnell vorübergehender Ausnahmefall ist, läßt man bei ihnen eine bedeutend höhere Erwärmung zu als im Normalbetriebe. Die höchstzulässigen Erwärmungen betragen: für Kabel 25° C bei Nennlast und 150° C bei Kurzschluß, für blanke Leitungen 30° C bei Nennlast und 300° C bei Kurzschluß.

Wie bei allen Leitungsberechnungen können auch für Schaltanlagen folgende fünf Berechnungsarten in Frage kommen:

1. die auf zulässige Wärmebeanspruchung,
2. die auf Billigkeit,
3. die auf Wirtschaftlichkeit,
4. die auf Spannungsabfall,
5. die auf mechanische Festigkeit.

Die erste Berechnungsart ist unbedingt notwendig, die zweite eine grundsätzliche Forderung. Die dritte wird nur bei hohen Stromkosten, großen Stromstärken, hoher Benutzungsdauer und langen Verbindungsleitungen Bedeutung erlangen. Die vierte befaßt sich ausschließlich mit der Nachprüfung des induktiven Spannungsabfalles in längeren Wechselstromleitungen niederer Spannung bei hohen Stromstärken. Die fünfte überprüft die mechanischen Beanspruchungen im Kurzschlußfalle.

117. Die höchstzulässige Belastung der Leitungen.

Für die Bestimmung des Leiterquerschnittes auf Grund zulässiger Erwärmung durch den Nennstrom ist in der Regel keine Berechnung erforderlich. Die zulässige Belastung von isolierten Leitungen und Kabeln sind von dem VDE festgelegt und die für blanke Leitungen durch Versuche ermittelt.

Die nachfolgenden Zahlentafeln Nr. 28 bis 32 geben die zulässigen Belastungen an.

Zahlentafel Nr. 28. Belastungswerte für Papierbleikabel gemäß Vorschrift VSK 1928.

Querschnitt mm²	Höchste dauernd zulässige Stromstärken in A bei Verlegung im Erdboden									
	Einleiterkabel bis 1 kV	Verseilte Zweileiterkabel bis 1 kV	Verseilte Dreileiterkabel bis							Verseilte Vierleiterkabel bis 1 kV
			1 kV	3 kV	6 kV	10 kV	15 kV	20 kV	30 kV	
1,5	31	25	22	—	—	—	—	—	—	20
2,5	41	34	30	29	—	—	—	—	—	26
4	55	44	38	37	—	—	—	—	—	35
6	70	55	49	47	—	—	—	—	—	45
10	95	75	67	65	62	60	—	—	—	60
16	130	100	90	85	82	80	—	—	—	80
25	170	130	113	110	107	105	100	98	—	105
35	210	155	138	135	132	125	120	118	—	125
50	260	195	170	165	162	155	145	140	135	155
70	320	235	206	200	196	190	180	175	165	190
95	385	280	246	240	235	225	215	210	200	225
120	450	320	285	275	270	260	250	245	230	255
150	510	365	325	315	308	300	285	280	260	295
185	575	410	370	360	350	340	325	315	295	335
240	670	475	430	420	410	400	385	370	—	390
300	760	535	485	475	465	455	440	—	—	435
400	910	640	580	570	—	—	—	—	—	—
500	1035	—	—	—	—	—	—	—	—	—
625	1190	—	—	—	—	—	—	—	—	—
800	1380	—	—	—	—	—	—	—	—	—
1000	1585	—	—	—	—	—	—	—	—	—

Die Belastungszahlen obiger Zahlentafel gelten für eine Leiterübertemperatur von 25° C bei der Verlegung eines Kabels in 70 cm Tiefe in der Erde.

Liegen mehrere Kabel in einem Graben nebeneinander, so sind die Belastungswerte zu verringern, und zwar:

bei	2	4	6	8	Kabeln
auf das	0,9-	0,8-	0,75-	0,7fache	der Tafelwerte

Bei Verlegung von Kabeln in Luft ist es lt. VSK 1928 empfehlenswert, die Kabel nur mit dem 0,75fachen Tafelwert zu belasten. Bei der Verlegung in Kanälen oder

Röhren ist eine Verringerung auf den 0,68fachen Wert am Platze. Bei Anhäufung von mehreren Kabeln in Kanälen oder Rohrblöcken sind die Belastungswerte wie folgt herabzusetzen:

bei	2	4	6	8	Kabeln
auf das	0,61-	0,54-	0,50-	0,47fache der Tafelwerte	

Rechnungsbeispiel Nr. 22. Ein Drehstromgenerator 12000 kVA, 6 kV, soll durch Kabel in einem begehbaren Kanal mit der Schaltanlage verbunden werden. Welche Querschnitte für Drehstromkabel können gewählt werden?

Der Nennstrom des Generators ist 1150 A. Da die Belastbarkeit der Kabel etwa die Hälfte der Tafelwerte beträgt, können für 1150 A verwendet werden:

8 Kabel je 150 mm²,	zulässig für	$8 \cdot 0{,}47 \cdot 308 = 1150$ A
7 „ „ 185 mm²,	„ „	$7 \cdot 0{,}48 \cdot 350 = 1220$ A
6 „ „ 240 mm²,	„ „	$6 \cdot 0{,}50 \cdot 410 = 1230$ A
5 „ „ 300 mm²,	„ „	$5 \cdot 0{,}52 \cdot 465 = 1210$ A

Bei der Verlegung der Kabel ist darauf zu achten, daß sie nicht geknickt werden, es sind deshalb scharfe Winkelungen zu vermeiden. Der kleinstzulässige Krümmungsradius beträgt für Einleiterkabel etwa das 20- bis 25fache, für Mehrleiterkabel das 10- bis 15fache des äußeren Kabeldurchmessers.

Zahlentafel Nr. 29. Belastungswerte für gummiisolierte Leitungen nach VDE § 20.

Querschnitt in mm²	Dauerbetrieb: Höchste dauernd zulässige Stromstärke in A	Dauerbetrieb: Nennstromstärke für entsprechende Abschmelzsicherung in A	Aussetzender Betrieb: Höchstzulässige Vollast-Stromstärke in A
0,5	7,5	6	7,5
0,75	9	6	9
1	11	6	11
1,5	14	10	14
2,5	20	15	20
4	25	20	25
6	31	25	31
10	43	35	60
16	75	60	105
25	100	80	140
35	125	100	175
50	160	125	225
70	200	160	280
95	240	200	335
120	280	225	400
150	325	260	460
185	380	300	530
240	450	350	630
300	525	430	730
400	640	500	900
500	760	600	—
625	880	700	—
800	1050	850	—
1000	1250	1000	—

Die Verbindungen innerhalb der Schalttafeln können bis 750 V auch durch gummiisolierte Leitungen ausgeführt werden. Ihre Belastbarkeit gibt die Zahlentafel Nr. 29.

Die Werte dieser Zahlentafel gelten auch für gummiumhüllte Bleikabel.

Die Verbindungsleitungen und Sammelschienen werden in Hochspannungs-Schaltanlagen stets als blanke Leiter verlegt. Die nachstehenden Zahlentafeln Nr. 30 und 31 geben die Belastungswerte für Flach- und Rundkupfer der gebräuchlichen Querschnitte an. Diesen Werten ist eine Übertemperatur von 30° C zugrundegelegt. Bei mehreren parallelen Schienen gelten die Werte für eine lichte Schleifenweite von 400 mm bei einem Luftzwischenraum zwischen den einzelnen Schienen gleich der Schienendicke.

Die höchstzulässigen Stützerabstände betragen bei blanken Leitungen etwa 1,5 bis 2 m. Um eine ungehinderte Leitungsführung an die Sammelschienen zu ermöglichen, werden in Hochspannungsanlagen die Sammelschienenstützer auf Zellenteilung gesetzt. Da für Schalter von Reihe 45 kV an aufwärts diese Zellenteilungen im allgemeinen größer als 2 m werden, verwendet man hier in der Regel Rohr als Leitungsmaterial, das bedeutend größere Spannweiten zuläßt als Rund- oder Flachkupfer. Durch diese größeren Spannweiten wird an Stützern gespart und gleichzeitig werden durch das Rohr Strahlungen vermieden.

Die zulässigen Belastungen der Kupferrohre bei 30° Übertemperatur gibt die folgende Zahlentafel Nr. 32 an.

Zahlentafel Nr. 30. Belastungswerte für Flachkupfer.

Flachkupfer mm	Gewicht für das Meter kg	1 Schiene Bel. in A	2 Schienen Bel. in A	3 Schienen Bel. in A	4 Schienen Bel. in A	5 Schienen Bel. in A
15 × 3	0,41	143	250	385	490	640
20 × 3	0,54	198	325	520	685	865
20 × 8	1,44	346	625	910	1215	1445
25 × 3	0,68	245	430	645	855	1050
30 × 8	2,16	465	880	1235	1650	1940
40 × 4	1,44	420	780	1110	1460	1740
40 × 8	2,88	585	1100	1560	2035	2490
50 × 5	2,25	550	1050	1475	1900	2350
50 × 6	2,70	610	1145	1620	2090	2580
50 × 8	3,60	715	1320	1900	2470	3060
60 × 6	3,24	725	1340	1930	2500	3100
60 × 8	4,32	850	1535	2220	2850	3660
60 × 10	5,40	960	1730	2540	3270	4045
80 × 10	7,20	1245	2250	3300	4230	5200
100 × 10	9,00	1535	2790	4000	5175	6300

Zahlentafel Nr. 31. Belastungswerte für Rundkupfer.

Durchmesser in mm	5	6	7	8	10	12	14	16	18	20	23	26	30
Gewicht pro Meter in kg	0,176	0,254	0,346	0,453	0,706	1,018	1,387	1,81	2,29	2,82	3,74	4,78	6,36
Dauerbelastung in A . . .	75	90	110	125	245	290	350	400	460	530	630	740	900

Auch anderes Material als Kupfer ist für Rohrleitungen zulässig, z. B. Stahl, Messing, Aluminium, jedoch empfiehlt es sich, Messing, seiner leichten Korrosionsfähigkeit wegen, nicht in Freiluftanlagen oder in umbauten Anlagen an der Meeresküste zu verwenden.

Zahlentafel Nr. 32. Belastungswerte J_n in A für Kupferrohr.

d	G	J_n	S	h
20/18	0,54	230	300	16,3
20/16	1,02	300	300	18
30/26	1,58	420	400	23
40/36	2,15	570	500	31
35/33/25	3,70	420	450	48
54/52/45	5,95	600	650	30
72/70/62	8,54	750	800	38

Es bedeutet:

d = Durchmesser in mm, äußerer und innerer, bei drei Durchmessern ist das Innenrohr Gasrohr,

G = Gewicht in kg je m,

J_n = höchster Dauerstrom in A,

S = größte Spannweite in cm,

h = Durchhang in mm.

Für andere Spannweiten S_1 wird der Durchhang:

$$h_1 = h\left(\frac{S_1}{S}\right)^4. \tag{72}$$

118. Die Ermittlung des billigsten Leiterquerschnittes.

Wie aus den Kupferbelastungstafeln Nr. 30 und 31 ersichtlich ist, stehen für ein und dieselbe Stromstärke zuweilen verschiedene Querschnitte zur Verfügung. Der billigste Querschnitt hat stets die größte Oberfläche, da diese die größte Stromdichte zuläßt. Doch sollte auch bei dieser Wahl nach Billigkeit Rücksicht auf den Anschlußkontakt des anzuschließenden Apparates genommen werden.

Für einen Nennstrom von 1300 A z. B. stehen folgende Querschnitte zur Verfügung:

Querschnitt in mm²	Gewicht in kg/lfd. m
100 × 10	9,00
2 × 60 × 6	6,48
2 × 50 × 8	7,20
3 × 50 × 5	6,75
4 × 40 × 4	5,76

Je nach der konstruktiven Zweckmäßigkeit wird man 2×60×6 oder 4×40×4 wählen, die gegenüber 100×10 um 2,52 bzw. 3,24 kg/lfd.m leichter sind.

Die Querschnitte von Rundkupfer über 14 mm und die Flachkupferquerschnitte von 20×8, 30×8, 40×8 und 50×8 sind wegen ihrer kleinen zulässigen Stromdichten verhältnismäßig teuer und daher meistens besser durch Querschnitte mit größerer Oberfläche zu ersetzen. Man wählt so z. B.

statt	16 ⌀	Flachkupfer	40×4
„	20 ⌀	„	50×5
„	20×8	„	40×4
„	40×8	„	50×6
„	50×8	„	60×6.

Durch günstige Anordnung der Stromkreise läßt sich bei den Sammelschienen an Kupfer sparen, doch wäre diese Ersparnis unzweckmäßig, wenn durch Mehraufwand an Kabeln das hier erzielte Sparkonto überzogen würde. Außerdem verbietet manchmal die örtliche Lage der einzelnen Stromkreise eine Vertauschung der Stromkreise. Die günstigste Anordnung ergibt sich, wenn die größten Stromkreise möglichst in Sammelschienenmitte angeschlossen werden und gleichwertige Zu- und Ableitungen nebeneinander zu liegen kommen.

Die Summenzählung der Erzeugung steht dieser Forderung nach Billigkeit im Wege, da sie eine Zusammendrängung der Zuleitungen an ein Sammelschienenende verlangt. Falls durch Anordnung der Zuleitungen in Sammelschienenmitte große Ersparnisse erzielt werden, kann die Summenmessung über zwei Satz Stromwandler für je 2,5 A Sekundärstrom erfolgen, die durch Parallelschaltung ihrer Sekundärwicklungen auf normale Meßinstrumente für 5 A arbeiten (vgl. Abschn. VIII, 59, S. 84).

119. Die Berechnung des wirtschaftlichen Leiterquerschnittes[1]

Der wirtschaftliche Querschnitt hat die kleinsten Gesamt-Jahresunkosten. Bei ihm sind, wie sich leicht beweisen läßt, die Kosten des Wärmeverlustes gleich der Tilgungsquote für das Leitungsmaterial.

Seine Stromdichte ist:

$$j_w = \frac{1}{C} \sqrt{s \cdot \varkappa \cdot \frac{P + M}{K} \cdot p \cdot v}, \tag{73}$$

darin bezeichnet:

C = Faktor der durchschnittlichen Belastung.
K = Kosten des kW-Jahres in M = Kosten der kWh $\times$ Betriebsstunden.
M = Montagekosten der Leitungen in M je kg.
$\varkappa$ = Leitfähigkeit, für Cu = 57, für Al = 34.
P = Preisunterschied zwischen Neu- und Altmaterial in M je kg.
p = Prozentsatz der Amortisation.
v = Verhältnis $\frac{\text{Gesamtlänge aller Leitungen}}{\text{Gesamtlänge der im Betrieb befindlichen Leitungen}}$.
s = spezifisches Gewicht des Leiters, für Cu = 9, für Al = 2,75.

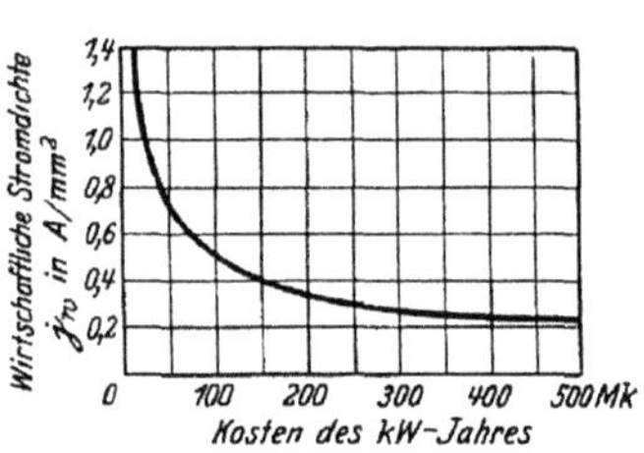

Abb. 216. Wirtschaftliche Stromdichte in Abhängigkeit von den Kosten des kW-Jahres.

Abb. 216 zeigt die Auswertung dieser Formel, die Stromdichte in Abhängigkeit der Kosten des kW-Jahres bei einer Preisdifferenz von 0,50 M. zwischen 1 kg Neu- und Altkupfer, 0,30 M. Montagekosten für 1 kg Kupfer und 6proz. Amortisation für $C = 1$ und $v = 1$. Unter diesen Voraussetzungen wird für eine 2000 A-Leitung z. B., deren billigster Cu-Querschnitt $3 \times 60 \times 6$ mit einer Stromdichte von 1,85 A/mm² ist, bei 100 M. Kosten des kW-Jahres die wirtschaftliche Stromdichte 0,5 A/mm² und der wirtschaftliche Querschnitt

$$q_w = \frac{2000}{0,5} = 4000 \text{ mm}^2.$$

[1] Gekürzt aus der Siemens-Zeitschrift Heft 9/10. 1924.

120. Die Berechnung des induktiven Spannungsabfalles[1].

Der induktive Spannungsabfall in Wechselstromkreisen soll im allgemeinen in Schaltanlagen 2% der Nennspannung nicht überschreiten[2]. Er ist proportional der Kreisfrequenz $2\pi f$, der Stromstärke J und dem Selbstinduktionskoeffizienten L. Es ist

$$E_s = 2 \cdot \pi \cdot f \cdot L \cdot J \text{ für Einphasenstrom,} \tag{74}$$

$$E_s = \sqrt{3} \cdot \pi \cdot f \cdot L \cdot J \text{ für Drehstrom.} \tag{75}$$

Der Selbstinduktionskoeffizient L ist proportional der Schleifenlänge (Abb. 217) und errechnet sich nach den Formeln:

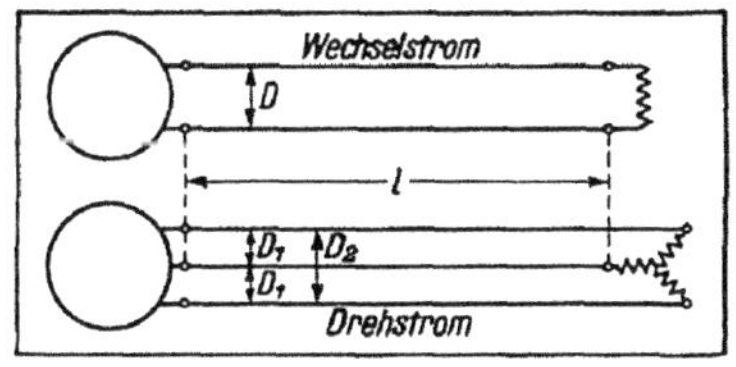

Abb. 217. Schematische Darstellung der Stromschleifen.

a) für kreisrunde Leiter, Abb. 218,

$$L = 4\,l\left(l_n \frac{D}{r} + 0{,}25\right) 10^{-9} \text{ Henry}, \tag{76}$$

b) für Leiter rechteckigen Querschnittes, Abb. 219,

$$L = 4\,l\left(l_n 2 \cdot \frac{\pi \cdot D + H}{\pi \cdot b + 2h} + 0{,}03\right) 10^{-9} \text{ Henry}. \tag{77}$$

Es bedeutet:

b = Breite des Leiters in cm,
D = Mittenabstand der Leiter in cm,
h = Höhe des Leiters in cm,
l = einfache Länge der Stromschleife in cm,
l_n = natürlicher Logarithmus,
r = Halbmesser des Leiters in cm.

Die Abb. 222 und 223 zeigen in Kurven den induktiven Spannungsabfall in Volt für 100 m Schleifenlänge und alle praktisch vorkommenden Querschnitte mit ihren zulässigen Höchstbelastungen bei 30° C Erwärmung, für Mittenabstände der Leiter von

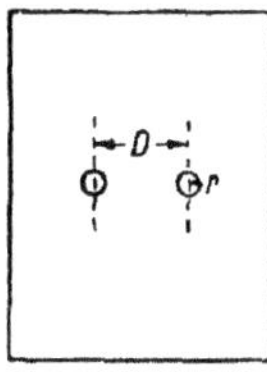

Abb. 218. Stromschleife mit runden Leitern.

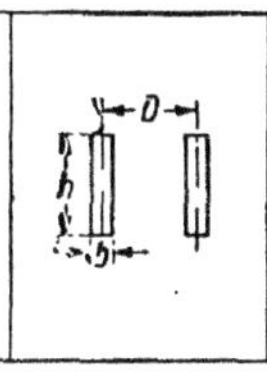

Abb. 219. Stromschleife mit Flachschienen.

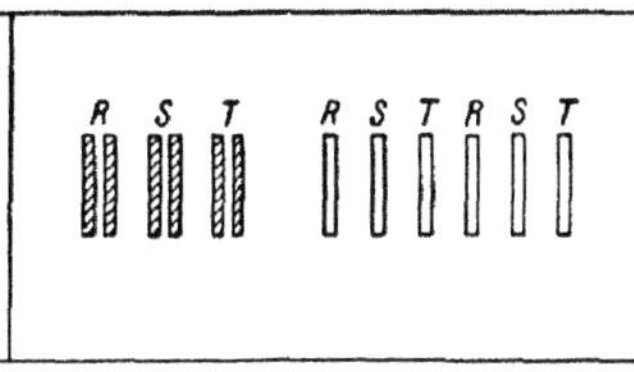

Abb. 220. Aufteilung eines Leiterpaketes durch Schachtelung der Leiter.

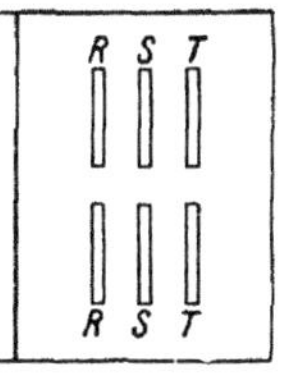

Abb. 221. Aufteilung eines Leiterpaketes der Höhe nach.

4 bis 40 cm. Der induktive Spannungsabfall bei anderen Strömen und anderen Schleifenlängen ist den Kurvenwerten direkt proportional. In Drehstromnetzen ist der induktive Spannungsabfall zwischen den Außenleitern am größten.

Rechnungsbeispiel Nr. 23. Wie groß ist der induktive Spannungsabfall in einer 50 m langen Einphasenstromleitung von einem Querschnitt $3 \times 60 \times 6$, für 1800 A Belastung, bei einem Mittenabstand der Leiter von 40 cm? Er beträgt:

$$E_s = \frac{1800}{1925} \cdot \frac{50}{100} \cdot 62 = \mathbf{29\ Volt.}$$

Ein kleinerer Spannungsabfall läßt sich durch folgende Maßnahmen erreichen:

1. Unterteilungen der Stromstärken durch Schachtelung der Phasen nach Abb. 220.
2. Möglichst kleine Schleifenweite, die jedoch durch den Skin-Effekt eine größere Erwärmung der Leiter zur Folge hat. Bei einer Schachtelung der Leiter nach Abb. 220 ist der Skin-Effekt gering.
3. Aufteilung des Leiterpaketes der Höhe nach, Abb. 221.

[1] Gekürzt aus der Siemens-Zeitschrift Heft 9/10. 1924.

[2] In den Drehstromzuleitungen zu Einanker-Umformern ist ein hoher induktiver Spannungsabfall zuweilen erwünscht, um den gleichstromseitigen Regelbereich zu erhöhen.

Rechnungsbeispiel Nr. 24. Wie groß wird der induktive Spannungsabfall in der Leitung des obigen Beispiels bei Unterteilung der Stromstärken und Schachtelung der Leiter nach Abb. 220? Der Mittenabstand D der Leiter betrage 8 cm.

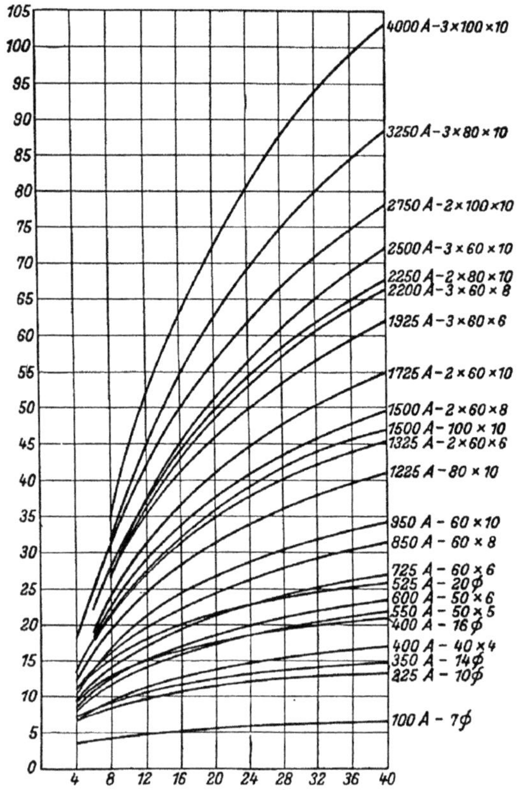

Abb. 222. Induktiver Spannungsabfall in Einphasenstromschleifen für die gebräuchlichsten Cu-Querschnitte bei 100 m Schleifenlänge.

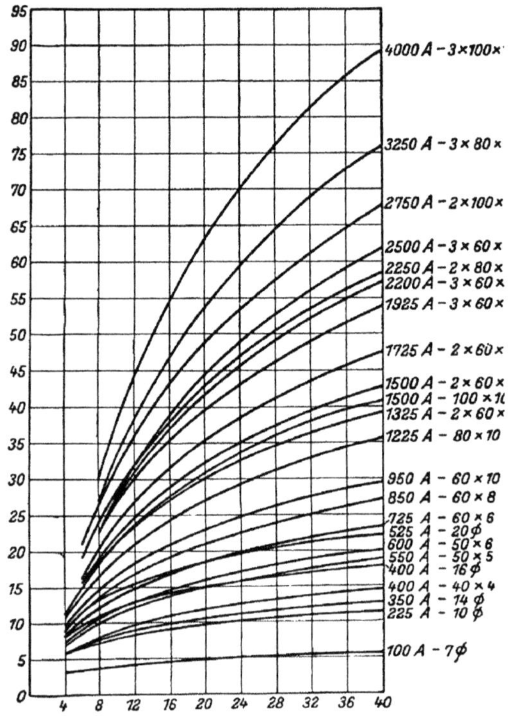

Abb. 223. Induktiver Spannungsabfall in Drehstromschleifen für die gebräuchlichsten Cu-Querschnitte bei 100 m Schleifenlänge.

Da hier der induktive Spannungsabfall in drei parallelen Leitern entsteht, ist er annähernd gleich dem in nur einem Leiter mit einem Drittel Belastung erzeugte.

Es wird
$$E_s = \frac{600}{725} \cdot \frac{50}{100} \cdot 14 = 5{,}8 \text{ Volt},$$
er beträgt also nur noch ein Fünftel des vorherigen Wertes.

XIX. Der Entwurf der Schaltanlage.

Bei der Besprechung des Schaltplanes und der Auswahl der Spannung wurde bereits erwähnt, daß in Schaltanlagen für Zentralen der gesamte Erzeuger-Nennstrom 4000 bis 5000 A nicht überschreiten soll, worin schon ein Spielraum für zukünftige Erweiterung eingerechnet sein sollte. Dies sei hier noch einmal ausdrücklich betont, damit bei Neuanlagen nicht durch die Wahl einer niedrigen Spannung die künftige Erweiterungsmöglichkeit ausgeschlossen wird. Die Erfahrungen lehren, daß beispielsweise in Kraftwerken für Fabriken, deren Entwicklung sich in den meisten Fällen nur schwer voraussehen läßt, die vorhandene Spannung häufig eine Erweiterung der bestehenden Anlage nicht mehr zuläßt, weil die Kurzschlußströme zu groß werden. Für den Übergang auf eine höhere Erzeugerspannung ist es dann oft zu spät, da eine Auswechselung der vorhandenen Motoren gegen neue Hochspannungsmotoren zu kostspielig ist. Deshalb sollte ein jeder Betriebsleiter schon bei der Fabrikgründung alle Entwicklungsmöglichkeiten ins Auge fassen und auch bei der ersten erforderlichen Erweiterung des Kraftwerkes noch einmal die Kurzschlußfestigkeit der Anlage in Hinsicht auf etwaige spätere Erweiterungen überprüfen, zumal es manchmal dann noch ohne übermäßig große Kosten möglich ist, die Erzeugerspannung zu erhöhen.

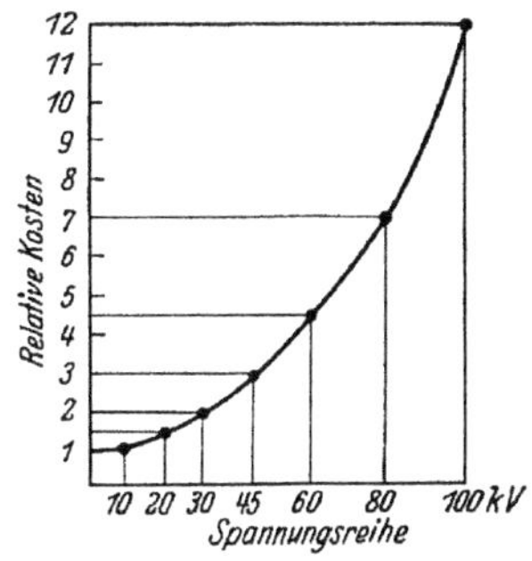

Abb. 224. Kostenvergleich der umbauten Schaltanlagen für gleiche Leistungen bei verschiedenen Spannungen.

Andererseits werden Anordnung, Raumbedarf und Kosten der Schaltanlage durch die gewählte Spannung und den gewünschten Sicherheitsgrad bestimmt, und zwar wachsen Raumbedarf und Kosten, wie die Kurve der Abb. 224 zeigt, bei gleicher Leistung mit zunehmender Spannung.

121. Die Betriebssicherheit der Schaltanlage.

Die Betriebssicherheit der Schaltanlage bedingt außer der elektrischen Sicherheit sowie der mechanischen und thermischen Festigkeit der Geräte und Leitungen für alle auftretenden Betriebs- und Kurzschlußströme eine Reihe von Forderungen, von denen die vornehmste die Sicherung für das Bedienungspersonal ist, damit es bei vorschriftsmäßiger Bedienung der Anlage nicht gefährdet wird, insbesondere nicht durch elektrische Fehler in den Apparaten und Leitungen.

Die zureichende Betriebssicherheit der Schaltanlage bedingt eine Reihe von Forderungen, und zwar

1. die Erfüllung der VDE-Vorschriften, von denen die wichtigsten unten angeführt sind,
2. die ausreichend elektrische und mechanische Festigkeit der Schaltanlage,
3. die Feuersicherheit der Schaltanlage,
4. die Einfachheit und Übersichtlichkeit in der Geräteanordnung und in der Leitungsführung,

5. die Zugänglichkeit aller Anschlüsse und Sichtbarkeit aller Stützer und Durchführungen,

6. die leichte und gefahrlose Besichtigung aller Schaltstücke sowie leichtes und gefahrloses Auswechseln der Geräte und des Isolationsmaterials,

7. die Erweiterungsmöglichkeit der Schaltanlage ohne Betriebsunterbrechung,

8. den sachgemäßen Einbau der Schaltgeräte.

122. Die Sicherheit des Betriebspersonals.

Für die Sicherheit der in elektrischen Räumen beschäftigten Personen hat der VDE in der Vorschrift für die Errichtung und den Betrieb elektrischer Starkstromanlagen Forderungen erlassen, deren wichtigste hier folgen:

1. Die unter Spannung stehenden nicht mit Isolierstoff bedeckten Teile müssen im Handbereich gegen Berührung geschützt sein, sofern eine Spannung über 40 V auftreten kann (§ 3a).

2. Bei Hochspannung müssen sowohl die blanken als auch die mit Isolierstoff bedeckten unter Spannung gegen Erde stehenden Teile durch ihre Lage, Anordnung oder durch besondere Schutzvorkehrungen der Berührung entzogen sein (§ 3b).

3. Bei Hochspannung müssen alle nicht Spannung führenden Metallteile, die Spannung annehmen können, miteinander gut leitend verbunden und geerdet werden, wenn nicht durch andere Mittel eine gefährliche Spannung vermieden oder unschädlich gemacht wird (§ 3c).

4. In Niederspannungsanlagen sind dort, wo eine besondere Gefahr besteht, entsprechende Schutzmaßnahmen zu treffen (§ 3d).

5. Schalt- und Verteilungstafeln, Schaltgerüste und Schaltkasten müssen aus feuersicherem Isolierstoff oder aus Metall bestehen. Holz ist als Umrahmung, Schutzhülle und Schutzgeländer zulässig (§ 9a).

6. Bei Schalttafeln und Schaltgerüsten, die betriebsmäßig auf der Rückseite zugänglich sind, müssen die Gänge hinreichend breit und hoch sein und von Gegenständen freigehalten werden, welche die freie Bewegung stören.

Die Entfernung zwischen ungeschützten, Spannung gegen Erde führenden Teilen der Schaltanlage und der gegenüberliegenden Wand soll bei Niederspannung etwa 1 m bei Hochspannung etwa 1,5 m betragen. Sind beiderseits ungeschützte, Spannung gegen Erde führende Teile in erreichbarer Höhe angebracht, so sollen sie in der Horizontalen etwa 2 m voneinander entfernt sein (§ 9b). Die VEH 1929, das sind die Vorschriften für die Errichtung von Starkstromanlagen mit Betriebsspannungen von 1000 V aufwärts fordern im § 10, daß die Weite der Gänge in Innenanlagen, gemessen zwischen Schutzverkleidung und gegenüberliegender Wand für Beaufsichtigung mindestens 800 mm, für Beaufsichtigung und Bedienung mindestens 1000 mm betragen soll. Liegt der Gang zwischen zwei gegenüberliegenden Schutzverkleidungen, so soll er für Beaufsichtigung mindestens 1200 mm und für Beaufsichtigung und Bedienung mindestens 1500 mm weit sein. Oberhalb von Gängen angebrachte spannungsführende Teile sollen einen senkrechten Randabstand bis zum Boden von mindestens

2500 mm in Anlagen bis 30 kV Betriebsspannung,

($2200 + 10\,U$) bei Anlagen mit U kV (über 30 kV) Betriebsspannung haben.

7. Als Hilfsmittel gegen ein zufälliges Berühren spannungsführender Teile kommen in Betracht: Trennwände zwischen den Feldern der Schaltanlage, Trennwände zwischen den einzelnen Phasen, Schutzgitter, feste und zuverlässig befestigte Geländer, selbstätige Ausschalt- oder Verriegelungsvorrichtungen (§ 29).

8. Hochspannungs-Ölschalter müssen so eingebaut sein, daß zwischen ihnen und der Stelle, von der sie bedient werden, eine Schutzwand besteht (§ 11f.).

9. Vor gekapselten Hochspannungsschaltern, die nicht ausschließlich als Trennschalter dienen, müssen bei Spannungen über 1000 V erkennbare Trennstellen vorgesehen sein (§ 11g

10. Nulleiter und betriebsmäßig geerdete Leitungen dürfen entweder gar nicht oder nur zwangsläufig zusammen mit den übrigen zugehörigen Leitungen abtrennbar sein (§ 11h).

11. Blanke und asphaltierte Bleikabel dürfen nur so verlegt werden, daß sie gegen mechanische und chemische Beschädigungen geschützt sind (§ 27a).

25. Bei freiliegenden Kabeln ist eine brennbare Umhüllung verboten (§ 27b).

123. Die technischen Anforderungen an Schaltanlagen.

Die einfachste Schaltanlage stellt die Schalttafel dar, welche für Luftschalter und Spannungen bis 500 V ihren Zweck vollkommen erfüllt. Als mit wachsendem Energiebedarf für größere elektrische Übertragungsleistungen bei entsprechend höheren Wechselspannungen als 500 V Ölschalter zur Anwendung kamen, baute man sie anfänglich ähnlich wie die Luftschalter in das rückseitige Schalttafelgerüst ein. Diese Anordnung wurde jedoch bald als unzweckmäßig erkannt, nicht nur wegen der großen Abmessungen der Schaltgeräte für die höheren Spannungen, sondern auch besonders wegen der bei dieser Schaltanlagenform häufigen und unvermeidlichen Betriebsstörungen sowie wegen der für die Mannschaft gefahrvollen Bedienung der Anlage.

Drei Ursachen waren es hauptsächlich, die zu einer anderen Bauart der Schaltanlagen zwangen:

1. Gelegentliche Explosionen in den Schalträumen, verursacht durch Schäden an ölgefüllten Geräten.
2. Das versehentliche Ziehen von Trennschaltern unter Last.
3. Das zufällige Berühren von Hochspannung beim Arbeiten in der Schaltanlage.

Diese Gefahren traten nicht stets alle gleichmäßig stark in Erscheinung und wurden daher verschieden bewertet. Die besondere Wichtigkeit, die man der einen oder der anderen Gefahrenquelle beimaß, gab die Grundformen für die verschiedenen Schaltanlagenaufbauten.

Um die Gefahren zu beseitigen oder sie zumindest einzudämmen, wurden, abgesehen von den Verbesserungen an den Schaltgeräten, welche der Betriebssicherheit jeder Schaltanlage zugute kommen, zwei Hauptformen für den Aufbau der Schaltanlagen entwickelt, und zwar

1. eine solche, welche Störungen auf den von ihnen betroffenen Stromkreis beschränkt und Fehlschaltungen vermeidet,
2. eine weitere, welche Fehlschaltungen und ein zufälliges Berühren von Hochspannung ausschließt.

Man darf wohl behaupten, daß heute die Frage der Betriebssicherheit der Schaltgeräte im großen und ganzen gelöst ist und die meisten vorkommenden Störungen auf ungeeignete Auswahl der Schaltgeräte zurückzuführen sind.

Die Möglichkeit einer Gefährdung der Schaltanlage bleibt aber trotzdem bestehen, da alle menschliche Voraussicht an dem Paradoxon der Ölschalter, in denen Feuer mit Öl gelöscht werden soll, scheitern kann[1].

Dies muß man bei dem Bau von Schaltanlagen sich stets vor Augen halten und deshalb zumindestens zwischen jedem Ölschalter und seinem Antriebsgerät eine feuersichere Wand zum Schutz des Schaltmeisters vorsehen.

Die Gefahren der Kurzschlußströme für Ölschalter, Stromwandler und Kabelendverschlüsse sind hinreichend bekannt. Durch geeignete Auswahl der Geräte und einen zweckentsprechenden Einbau lassen sich die meisten Störungen auf eine für die Schaltanlage ungefährliche Auswirkung herabmindern, doch sollte bei der Auswahl der Geräte außer den Dauerkurzschlußströmen auch die thermische Vorbelastung durch den Kurzschlußstromstoß in Rechnung gestellt und dabei berücksichtigt werden, daß man mit einem Ölschalter den Kurzschluß dreimal abschalten darf, was schon des öfteren betont wurde.

[1] Zur Zeit finden Versuche mit Hochleistungsschaltern ohne Öl für Spannungen bis 30 kV statt, die voraussichtlich erfolgreich sind.

Um die gleiche elektrische Sicherheit der übrigen Schaltapparate zu haben, müßten auch Spannungswandler, Kabelendverschlüsse und Kabel für eine Prüfspannung $2{,}2\,E + 20$ kV bemessen sein. Spannungswandler dieser Prüfspannung könnten dann, wie bereits erwähnt, unbedenklich ohne Hochspannungssicherungen und ohne Vorschaltwiderstände, die beide oft zu Störungen Anlaß geben und außerdem für ihren Einbau viel Platz benötigen, angeschlossen werden.

Wählt man nach obigen Gesichtspunkten die Schalt- und Meßgeräte sowie die Kabel, so wird man an ihnen kaum Schäden zu befürchten haben.

Die Betrachtungen über die Betriebssicherheit der Apparate zeigen uns den Weg für die Schaltanlagenaufbauten. Da, wie gesagt, immerhin bei großen Schaltleistungen mit der Möglichkeit eines Ölbrandes gerechnet werden muß, ist die Schaltanlagenform, welche Störungen auf den von ihr betroffenen Stromkreis beschränkt, für alle größeren Zentralen die zweckmäßigste.

Diese Schaltanlagenform ist in dem Zellen- und Kammernsystem ausgebildet, das je nach dem verfügbaren Raum und der Leistungsgröße der Zentrale eine unendliche Anordnungsmöglichkeit der Geräte zuläßt. Fehlschaltungen an Trennschaltern können bei diesem System durch mechanische Verriegelungen der Öl- und Trennschalterantriebe vermieden werden. In vielen Fällen jedoch begnügt man sich mit einer Anordnung der Trennschalter, bei welcher durch eine gute Sichtbarkeit der Trennschalter von dem Bedienungsgang der Ölschalter-Antriebsgeräte aus und andere Maßnahmen Fehler in der Trennschalterbedienung vermieden werden sollen.

Vor zufälligem Berühren von spannungsführenden Teilen der Schaltanlage schützen Geländer oder Gitter, Türen und Trennwände. Als Warnung vor versehentlichem Betreten einer unter Spannung stehenden Zelle dienen Lampen, die zweckmäßig erst bei spannungsfreier Zelle aufleuchten, damit bei Fehlern in den Warnstromkreisen keine Meldung erfolgen kann.

Die Schaltanlagenform, welche Fehlschaltungen und versehentliches Berühren von Hochspannung ausschließen, werden in Deutschland vorzugsweise in elektrischen Betriebsstätten, die der VDE im Gegensatz zu den elektrischen Betriebsräumen nennt, verwendet. Elektrische Betriebsräume sind nur unterrichtetem Schaltpersonal, elektrische Betriebsstätten dagegen auch anderen Leuten zugänglich. Die hier verwendeten Schaltanlagen unterliegen deshalb schärferen Bedingungen, welche restlos von dem gekapselten Schaltmaterial erfüllt werden.

Für Luftschalter und Spannungen bis 500 V gibt es gußeisengekapselte Schaltanlagen für Wandmontage. Für Spannungen bis 10 kV können an Netzpunkten mit kleinen Kurzschlußleistungen, welche etwa einer Zentralen-Nennleistung von 1200 kVA entsprechen, Ölschaltkästen verwendet werden. Für größere Leistungen und Spannungen bis 30 kV dienen Schaltwagen und Schaltanlagen mit herausfahrbaren Ölschaltern nach dem Reyrolle-System, bei welchen alle spannungsführenden Teile in Öl oder Masse eingekapselt sind.

124. Die Auswahl der Schaltanlagen für elektrische Betriebsräume und die Grenzleistungen der einzelnen Formen.

Für die Hauptschaltanlagen der Zentralen werden in einigen Fällen auch die beiden letztgenannten Schaltanlagenaufbauten verwendet. Sie können bei wenig geschulter Bedienungsmannschaft und entsprechend geeigneter Ölschalterauswahl selbst in größten Kraftwerken einen zufriedenstellenden Betrieb ergeben. So wird beispielsweise von einer Zentrale mit 400000 kVA Kurzschlußleistung in den USA. berichtet, welche ganz im Reyrolle-System ausgeführt ist[1].

In der Regel jedoch kommen für Zentralen die offenen Schaltanlagenformen in Betracht, welche nach den zur Verwendung kommenden Leistungsschaltern etwa wie

[1] El. World vom 13. Febr. 1926, S. 343.

unten folgt ausgewählt werden können. Die ersten fünf aufgeführten Formen stellen die billigsten Schaltanlagen für den jeweiligen Verwendungszweck dar und sollten nicht über die angegebenen Leistungen hinaus gewählt werden. Im Gegenteil wird häufig die Wichtigkeit der Stromversorgung eine bessere und daher teurere Schaltanlagenform mit Geräten größerer elektrischer Sicherheit bedingen, als die billigste Form sie bieten kann.

1. Für Niederspannung und für Nennströme bis 350 A: Schalttafeln mit vorn auf der Schaltplatte aufgebauten Hebelschaltern.

2. Für Spannungen bis 500 V und für Nennströme bis 600 A: Schalttafeln mit in das rückseitige Schaltgerüst eingebauten Hebelschaltern bzw. mit Selbstschaltern.

3. Für Spannungen bis 500 V und für Nennströme bis 1500 A: Schalttafeln mit in das rückseitige Schaltgerust eingebauten Selbstschaltern bzw. mit einem besonderen Gerüst für die Selbstschalter.

4. Für Spannungen bis 500 V und Nennströme bis 6000 A: Schalttafeln für die Betätigung mit einem besonderen Gerüst für die Luftselbstschalter, die bis 4000 A für Handbetätigung sein können, darüber hinaus Fernsteuerung erhalten; bzw. an Stelle der Selbstschalter Ölschalter.

5. Für Spannungen bis 3 kV, für Übersee bis 6 kV, und für Zentralenleistungen bis 1200 kVA: Schalttafeln mit in das rückseitige Schaltgerüst eingebauten, handbetätigten Ölschaltern.

6. Für Spannungen bis 30 kV und für Zentralenleistungen bis etwa 25000 kVA: Schaltzellen mit Ölschaltern, welche von einer Schalttafel, einem Schaltpult oder einer Schaltwand aus mit Hand-Antriebsgeräten bedient werden.

7. Für Spannungen bis 30 kV und alle Leistungen: Schalt-Zellen oder Kammern mit Ölschaltern, welche von dem Schaltdienstraum aus fernbetätigt werden.

8. Für Spannungen über 30 kV und alle Leistungen: Schaltzellen, Schaltkammern, Hallenanlagen oder Freiluftanlagen mit Ölschaltern, die wie unter 7. bedient werden.

Fest umrissene Grenzen für die einzelnen Schaltanlagen-Anordnungen lassen sich natürlich nicht ziehen, da die persönlichen Erfahrungen und Wünsche der Betriebsleiter und der Bauherren dabei eine große Rolle spielen.

Eine kurze Besprechung wird Aufschluß geben, warum eine Begrenzung nach Spannung, Strom und Leistung für die einzelnen Schaltanlagen-Aufbauten erforderlich ist.

Zu 1. Bei vorn auf der Schaltplatte sitzenden Hebelschaltern könnte ein heftiges Schaltfeuer, das beim Schalten unter Vollast entsteht, leicht den Schaltwärter gefährden. Deshalb pflegt man für diese Schaltanlagenform nur Nennströme bis 350 A zuzulassen. Für Hochspannungsanlagen ist diese Bauart verboten, weil eine versehentliche Berührung der Kontakte lebensgefährlich ist.

Zu 2. Eine Begrenzung der Nennströme auf 600 A für Hebelschalter bei 500 V erfolgt, weil eine Leistungsschaltung, die über dieses Produkt aus Schalter-Nennstrom und Spannung hinausgeht, nicht zulässig ist. Bei Hebelumschaltern ist die Ausschaltleistung selbst bei kleineren Nennströmen als 600 A bedeutend geringer als dies Produkt.

Für größere Nennströme sowie für oft zu schaltende Stromkreise werden aus diesem Grunde Selbstschalter bevorzugt.

Zu 3 und 4. Der Einbau von Selbstschaltern in das rückseitige Gerüst ergibt (mit Ausnahme der Generatorenfelder) eine schlechte Ausnutzung der Schalttafelfront, welche bei vielen Stromkreisen dann lang und unübersichtlich wird. Ferner sind im allgemeinen für die Schaltbeanspruchungen großer Schalter die Schalt-Platten und -Gerüste nicht ausreichend kräftig, auch können bei großen Schaltleistungen die erforderlichen Abstände für Isolation und Schaltfeuer der beschränkten Bauhöhe der Schalttafel wegen in manchen Fällen nicht eingehalten werden und schließlich wird die Zugänglichkeit der Klemmen der Meßgeräte durch große Schalter ganz verbaut. Aus allen diesen Gründen empfiehlt es sich oft, die Selbstschalter in ein besonderes Schaltgerüst einzubauen.

Zu 5. Bei dem Einbau von Ölschaltern in Schaltanlagen möge man stets bedenken, daß hier das Schaltfeuer mit Öl gelöscht wird und somit die Gefahr besteht, daß heiße Ölgase, in einem bestimmten Verhältnis mit Luft gemischt, sich von selbst entzünden und schwere Zerstörungen verursachen können. Deshalb wird man für Ölschalter, die frei in umbauten Räumen stehen, eine besondere Sicherheit verlangen müssen. Die von dem Hersteller garantierte Ausschaltleistung des Ölschalters sollte bei allen frei im Raume stehenden Ölschaltern etwa das 4- bis 5fache der zu erwartenden Kurzschlußleistung betragen und entsprechend hoch sollte auch die Einschaltfestigkeit des Ölschalters auf einen bestehenden Kurzschluß sein.

Da die kleinsten in Zentralen zulässigen Reihen-Ölschalter 20000 kVA Ausschaltleistung bei $\sqrt{2} \cdot 10000$ A Einschaltfestigkeit haben müssen, so beträgt bei einer Zentralen-Nennleistung von 1200 kVA bei 3 kV der Sicherheitsfaktor der Ölschalter für die Ausschaltleistung über 5, für die Einschaltfestigkeit etwa 3.

Zu 6 bis 8. Bei einer Einbauweise der Ölschalter, welche eine Verqualmung und Beschädigung anderer Teile der Schaltanlage vermeidet, braucht der Sicherheitsfaktor für Ausschaltleistung und Einschaltfestigkeit der Ölschalter, welcher für die Wirtschaftlichkeit der Anlage in manchen Fällen große Bedeutung haben kann, nicht so groß zu sein. Auf die Wirtschaftlichkeit der Anlage nehmen die REH 1929 Rücksicht und bestimmen im § 27, daß die Ölschalter eine Ausschaltleistung haben sollen, welche der zu erwartenden Kurzschlußleistung bei spätestens $^1/_4$ s nach Kurzschlußeintritt entspricht (vgl. Ölschalterauswahl). Dabei soll, wie schon erwähnt, die Kurzschlußleistung dreimal mit zwei dazwischenliegenden 3 min-Pausen von dem Ölschalter ausgeschaltet werden können. Die in den REH 1929 ausgesprochene Freiheit, einen größeren Sicherheitsgrad für die Ausschaltleistung der Ölschalter zu wählen, möge jedoch, wenn irgend angängig, in allen Fällen weitgehendst beachtet werden, da von der Betriebssicherheit der Ölschalter die Sicherheit der Anlage wesentlich abhängt.

Die Beseitigung der Hochspannungsgeräte von der Schalttafel erbringt eine große Reihe von Vorteilen, deren wichtigste nachstehend angeführt sind.

1. Die Meß- und Steuerleitungen können schnell und gefahrlos besichtigt werden, da alle Hochspannung von der Schalttafel fortgebracht ist. Auch können Prüfmeßgeräte bei Verwendung geeigneter Meßklemmen bequem und ohne Betriebsunterbrechung angeschlossen werden.
2. Die Bedienungsschalttafel kann eine bedeutend kleinere Länge erhalten; sie macht etwa nur 15 bis 50% der Länge der Hochspannungszellen aus.
3. Die Öl und Masse enthaltenden Apparate lassen sich derart einbauen, daß ein rauchsicherer Abzug etwaig entstehender Ölgase möglich ist.
4. Die Bedienungsschalttafel kann infolge der kleineren Ausdehnung übersichtlicher werden.
5. Die Schalttafel wird von den schweren Schaltern und ihren Schaltbeanspruchungen entlastet.
6. Die Stromkreise können, vorzüglich bei Fernbetätigung der Ölschalter, für die günstigsten Kabellängen und Sammelschienen-Querschnitte angeordnet werden.
7. Die Werkstattkosten können niedrig werden, da die Zellenwände zweckmäßig bauseitig errichtet werden.

Zu 6. Die Begrenzung in der Anwendung handbetätigter Ölschalter auf eine Zentralenleitung von 25000 kVA bis 30 bzw. 45 kV geschieht aus der praktischen Forderung, daß ein jeder Schalter leicht von einem Mann zu schalten sein soll. 20000 bis 25000 kVA Zentralenleistung ergeben Ausschaltleistungen von etwa 60000 bis 75000 kVA, die ungefähr den Reihen-Ölschaltern der REH entsprechen. Die Hochleistungsschalter für größere Ausschaltleistungen haben in der Regel sehr kräftige Ausschaltfedern, so daß sich der Schalter nur von Hand betätigen läßt, wenn das Antriebsgerät in unmittelbarer Nähe des Ölschalters angebracht ist. Außerdem sind an Hochleistungs-Ölschaltern häufig die Schaltstücke derart ausgebildet, daß sie den dynamischen Kräften des Kurzschlußstromes nachgeben, damit bei dem Ausschalten eines Kurzschlusses die Schaltstücke sich leicht voneinander abheben. Bei dem Einschalten auf einen bestehenden Kurzschluß sind dann sehr große Kräfte zu überwinden, und es besteht die Gefahr, daß eine Handschaltung nicht beendet werden kann.

Ölschalter über 1000 A Nennstrom sowie Schalter über 30 bzw. 45 kV, welche meist als Dreikesselschalter ausgeführt werden, lassen sich nicht von Hand schalten und ebensowenig Schalter, für welche ein über etwa 6 bis 10 m langes Antriebsgestänge erforderlich ist. Auch möge man bedenken, daß Schalter, die zum Synchronisieren dienen, sehr schnell geschaltet werden müssen, damit der Synchronismus nicht während des Einschaltvorganges verlorengeht.

Zu 7 und 8. Die mittels Steuerschalter über Impulsleitungen fernbetätigte Schaltanlage gestattet eine Zusammenfassung der Betätigungsschalter und der Meßgeräte auf kleinstem Raum bei bester Übersichtlichkeit, welche sich für ausgedehnte handbetätigte Schaltanlagen nicht erreichen läßt.

Zu 7. In Anlagen für Zentralen-Nennleistungen über 25000 kVA pflegt man einen besonderen Wert auf den sicheren Einbau der Ölschalter zu legen, damit etwaige Ölgase schnell ins Freie entweichen können, ohne die übrige Anlage zu gefährden. Hier werden die Ölschalter entweder in gemauerten Kammern, deren Türen bei einem leichten Überdruck in der Kammer sich nach außen ins Freie öffnen, aufgestellt oder sie werden derart in eine Decke eingehängt, daß die Ölkessel in einen Raum, der unmittelbar mit dem Freien in Verbindung steht, ragen. Diese Anordnung hat den weiteren Vorteil, daß die gesamte Bedienung der Schaltanlage auf dem Flur, in dessen Fußboden die Ölschalterdeckel befestigt sind, erfolgen und so bei einer hallenartigen Anordnung der Trennschalter und Sammelschienen die gesamte Anlage von einem Ort aus übersehen werden kann.

Zu 9. Die Dreikessel-Ölschalter über 30 bzw. 45 kV haben in der Regel Ausschaltleistungen um 1000 mVA herum und können deshalb in Anlagen, deren Kurzschlußleistungen eine Verqualmung nicht befürchten lassen, frei im Raume einer Halle aufgestellt werden. Diese Aufstellung der Schalter erspart die für Kammeranlagen erforderlichen Durchführungen.

Die Aufstellung der Schaltapparate im Freien ist in Deutschland z. Z. erst für Spannungen von 30 kV an wirtschaftlich. Freiluftanlagen sind in Gegenden mit hohen Baukosten für Gebäude billiger als Innenanlagen, denen sie an Betriebssicherheit in den meisten Fällen nicht nachstehen. Für staubige und qualmreiche Gegenden sind sie ungeeignet. Besondere Vorteile bieten sie für behelfsmäßige Anlagen, da die Montage und Demontage der Apparate leicht und schnell erfolgen kann.

XX. Die Schalttafeln.

125. Der konstruktive Aufbau der Schalttafel.

Die Schalttafeln bestehen aus einer oder mehreren Schaltplatten, welche an einem Eisengerüst befestigt und von ihm getragen werden.

Die Schaltplatten dienen für die Aufnahme der Schalt- und Meßgeräte; sie können aus Schiefer, Marmor, Eisenblech oder Durometall sein.

Schiefer oder Marmor sind nur für Schalttafeln mit vorn auf der Tafel befestigten Hebelschaltern, bei welchen die Tafel gleichzeitig Isolierplatte sein muß, erforderlich.

Schiefer wird, weil in ihm häufig Metalladern vorkommen und er sich schwer sauber halten läßt, nur selten benutzt. Vor dem Einbau der Schaltgeräte müssen Schieferplatten mit 2000 V Wechselstrom auf gute Isolationsfähigkeit untersucht werden.

Der bleumoderne Marmor mit ganz gleichmäßiger Struktur stammt aus Italien. Der deutsche Marmor hat nicht so gleichmäßige Färbung, ist aber dem italienischen in elektrischer Hinsicht als Isoliermaterial gleichwertig.

Da Marmor schwer zu bearbeiten und leicht zerbrechlich ist, besonders wenn sein Querschnitt durch viele und große Löcher für eingelassene Meßgeräte und Antriebsgeräte stark geschwächt wird, bevorzugt man in modernen Anlagen Schaltplatten aus Eisenblech. Eisenplatten haben gegenüber Marmor eine größere Festigkeit und sind unempfindlicher gegen Schmutz und Ölflecke, welche aus Marmor sich schlecht entfernen lassen. Bei hochglanzpolierten Marmorplatten hindert die Spiegelung häufig ein gutes Ablesen der Instrumentenskalen, welche von mattgrau angestrichenen Eisenplatten dagegen sich gut abheben.

Einfache Eisenplatten werden, damit sie sich nicht werfen, mindestens 2 mm dick gehalten.

Neuerdings werden Versuche mit Durometallplatten als Ersatz für Marmortafeln gemacht.

Die Durometallplatten bestehen aus 1 mm starken Eisenblechkästen von 30 mm Tiefe, welche nach einem besonderen Verfahren der Norddeutschen Durowerke mit Duro ausgefüllt werden. Dabei wird eine innige Verbindung zwischen Eisen und Duro hergestellt, so daß ein Werfen der Eisenplatte infolge der Wärmearbeit verhindert wird.

Die Konstruktion des Eisengerüstes für die Schalttafel ist durch die Größe der Schaltplatten und durch die Abmessungen der Schaltgeräte, welche auf die Platten auf- bzw. in das Gerüst eingebaut werden sollen, bedingt. Somit lassen sich für die Konstruktion der Schalttafeln nur Richtlinien geben.

Marmorplatten pflegt man auf einem kräftigen Sockel, der vorn mit Eisenblech verkleidet ist, aufzustellen. Da der untere Teil einer Schalttafel bis etwa 600 mm Höhe sowieso für die Ausnutzung der Schaltgeräte wegen der schlechten Bedienbarkeit verloren ist, macht man den Sockel 600 mm hoch, um auf diese Weise an Marmor zu sparen. Die Marmorplatten werden etwa 1600 mm hoch, ihre Breite richtet sich nach dem Platzbedarf der Schalt- und Meßgeräte und beträgt der verfügbaren Blockgrößen und der Festigkeit der Platten wegen höchstens etwa 1200 mm. Die Marmorplatten werden mit vier etwa $^1/_2''$ starken Schrauben an dem Gerüst verschraubt und erhalten hier Pappunterlagen, damit sie nicht zerbrechen.

Die Ausgleichung mehrerer Marmortafeln mit facettierten Kanten ist ziemlich schwierig, und Facetten selbst sind teuer. Aus diesem Grunde benutzt man häufig Tafeln mit ungeschliffenen Kanten und läßt zwischen den einzelnen Tafeln für Materialungleichheiten einen Spielraum, welcher durch Deckleisten abgedeckt wird. In gleicher Weise wird der untere Abschluß der Schaltplatten mit dem Eisensockel ausgeführt. Das obere Abdeckblech wird oft für die Beschriftung der Stromkreise benutzt und deshalb etwa 100 bis 200 hoch gemacht. Der untere Sockel erhält zweckmäßig eine Scheuerleiste.

Einige Hersteller von Schalttafeln haben, um die Lagerhaltung zu vereinfachen und schnell liefern zu können, die Schalttafelfelder normiert. So verwenden beispielsweise die SSW für ihre normalen Schalttafeln nur Marmorplatten von 1600 mm Höhe und von 800, 1000 bzw. 1200 mm Breite.

Werden für Schalttafeln Eisenplatten irgendwelcher Art verwendet, so hat es wenig Sinn, sie auf einen besonderen Sockel zu setzen, da es einfacher ist, sie aus einem Stück für die gesamte Schalttafelhöhe herzustellen. Um die Feldeinteilung gut hervortreten lassen zu können, können auch hier Deckleisten vorgesehen werden. Die Markierung eines Sockels jedoch wäre eine Täuschung.

Werden auf der Rückseite der Schalttafeln Meß- und Steuerleitungen verlegt, so empfiehlt es sich, die Schalttafelbinder etwas gegen die Schaltplatten zurückspringen zu lassen, damit etwaige für mehrere Felder gemeinsame Meß-, Melde- oder Steuerleitungen nicht um die Binder herumklettern müssen, sondern in gerader Linie verlegt werden können.

Sollen in das rückseitige Schaltgerüst keine Schaltgeräte bzw. nur kleine, leichte Schaltgeräte eingebaut werden, so können die Schaltplatten an senkrechten Profileisen befestigt werden. Erfordert der Einbau der Schaltgeräte eine größere Gerüsttiefe, so werden Profileisenrahmen als Schalttafelbinder benutzt. Die Längsverbindung der einzelnen Felder erfolgt mittels durchlaufender Profileisen. Die Schalttafeln ohne Hinterbau werden mit Steinschrauben im Fußboden und mit Wandankern an einer Wand befestigt.

Je schwerer die Schaltgeräte für das rückseitige Gerüst und je größer die Erschütterungen bei der Schaltarbeit sind, um so kräftiger müssen natürlich die Schalttafelbinder gebaut werden. Schalttafeln mit tiefem Gerüst werden in der Regel nur im Fußboden verankert, doch erhöht eine Wandverankerung ihre Standfestigkeit bedeutend.

Die Schalttafeln sollen so hergestellt werden, daß eine Erweiterung jederzeit möglich ist.

126. Schalttafeln mit Hebelschaltern für Niederspannung und für Nennströme bis 350 A.

Wie bei allen Schalttafeln ist auch bei diesen kleinsten die Schalterauswahl besonders wichtig. Die Messerschalter sollen kräftig und robust gebaut sein, ihre ortsfesten Schaltstücke an den Messern gut federnd anliegen, damit die Kontaktflächen beim Schalten stets blank geschliffen werden. Die Schalter sollen bei Vollast nicht über 30° C Übertemperatur annehmen.

Als Sicherungen können Stöpsel-Sicherungen benutzt werden, die wie die Schalter auf die Vorderseite der Schaltplatte gesetzt werden. Streifen- oder Röhren-Sicherungen pflegt man des möglichen Schaltfeuers wegen in das rückseitige Schaltgerüst einzubauen, und zwar so, daß ein Schaltfeuer nicht an Leitungen, Sammelschienen oder Befestigungseisen schlagen kann. Andernfalls müssen im Schaltfeuerbereich befindliche Teile mit Asbestschiefer abgekleidet werden. Die Streifensicherungen sollen so eingebaut werden, daß sie im spannungsfreien Zustande ausgewechselt werden können. Patronen- und Stöpsel-Sicherungen erfüllen diese Forderung schon durch ihre Konstruktion.

Für Schalttafeln dieser Art werden fast ausschließlich runde Meßgeräte für Aufbau auf die Tafel verwendet. Die Strommesser werden in der Stromrichtung hinter dem Schalter angeschlossen, damit sie durch das Ausschalten des Stromkreises spannungsfrei und ihre Anschlußklemmen gefahrlos zugänglich werden. Für die hier in Frage kommenden kleinen Schaltanlagen ist an Meßgeräten nur das Unentbehrlichste erforderlich. Für einen einzelnen Generator genügt je ein Strom- und Spannungsmesser für Wechselstrom. Der Erregerstrommesser kann ausfallen, da die richtige Erregerstellung durch Probieren leicht zu finden ist. Sind mehrere Generatoren angeschlossen, so braucht nicht jeder einen besonderen Spannungsmesser zu erhalten, es genügt der Spannungsmesser der Synchronisiereinrichtung, welche aus einem Doppel-Spannungsmesser, einem Nullvoltmesser mit paralleler Phasenlampe und einem Doppel-Frequenzmesser besteht, und die auf jeden Generatorstromkreis über Stöpselumschalter schaltbar ist. Die gesamte Synchronisiereinrichtung wird zweckmäßig auf einem schwenkbaren Wandarm, damit sie von den Generatorenfeldern aus gut sichtbar ist, an der Tafel befestigt.

An Hand des Schaltbildes werden die Schaltgeräte auf die einzelnen Felder verteilt, und zwar möglichst so, daß die zu einem Stromkreis gehörenden Schalter, Sicherungen und Meßgeräte in einer senkrechten Ebene liegen, um eine gute Übersichtlichkeit sowohl auf der Vorderseite, welche außerdem möglichst gefällig aussehen soll, als auf der Rückseite, auf der alle Anschlüsse gut zugänglich sein müssen, zu erzielen.

Die übliche Reihenfolge der Geräte von unten nach oben ist: Regler, Sicherungen, Schalter, Meßgeräte. Über die passende Höhenlage der Geräte gibt Abb. 225 Auskunft. Die Pfeile bezeichnen die Richtung, in welcher die einzelnen Geräte verschoben werden können.

Die Regler, sowohl Nebenschluß- und Magnetregler, die für diese Schaltanlager in Frage kommen, sind in der Regel so klein, daß sie unmittelbar im rückseitigen Schalt gerüst aufgestellt werden können, und zwar so, daß ihre Kontaktbahn von dem rückseitigen Gang aus zugänglich ist.

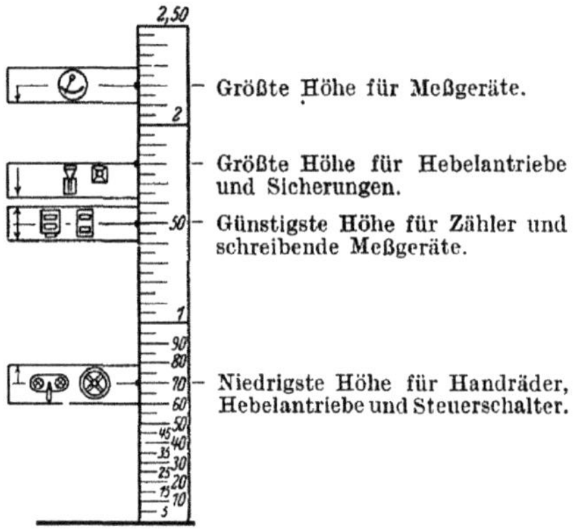

Abb. 225. Höhenmaße für die Anordnung der Schalt- und Meßgeräte auf Schalttafeln.

Passen die Regler nicht in das Schaltgerüst hinein, so werden sie an einer gegenüberliegender Wand oder in einem unteren Raum aufgestellt und über Kette und Kettenräder mit dem Handrad antrieb verbunden.

Etwaige Zähler werden an den rückseitiger Bindern befestigt.

Die Stromkreise der Generatoren ordnet mar gern nebeneinander an, um die Synchronisierungs einrichtung und die Meßgeräte für die Lastverteilung von jedem einzelnen Generatorfeld aus gut einsehen zu können. Ist Summenmessung in den Sammel schienen vorgesehen, so empfiehlt es sich, die Gene ratorenfelder an das eine Schalttafelende zu stellen, damit Erweiterungen leicht möglich sind

Des guten Aussehens halber werden nach Möglichkeit alle gleichwertigen Geräte in die gleiche Höhenlage gebracht.

Um nicht für jeden Stromkreis, der nur mit wenig Schaltgeräten, beispielsweise nur mit Schalter und Sicherungen ausgerüstet ist, ein besonderes Schaltfeld zu benötigen können die Schaltgeräte mehrerer Stromkreise über- und nebeneinander in ein gemein sames Feld eingebaut werden. Natürlich ist dabei zu beachten, daß die Anschlußbolzen der Schaltgeräte nicht zu nahe an den Eisen des Schaltgerüstes liegen, da mit bei dem Anschluß der Leitungen ein genügender Isolationsabstand von dem Bindereisen bleibt Aus diesem Grunde und um Gewißheit zu haben daß alle rückseitigen An schlüsse gut zugänglich sind, sollte stets die Rückseite der Schalttafe mit den dort befindlichen Schaltgeräten, Leitungen Klemmen und Kabelend verschlüssen durchkon struiert werden.

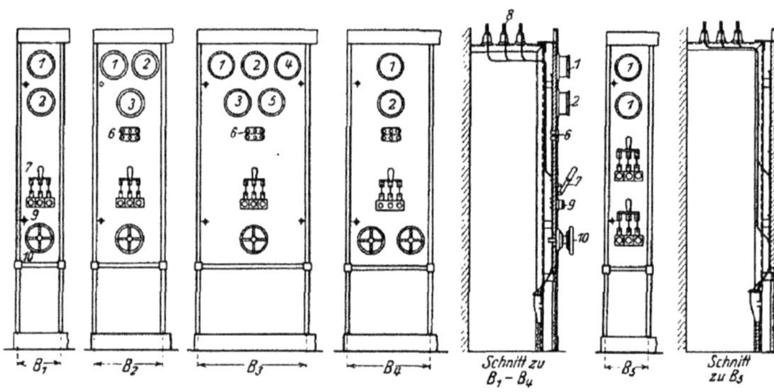

Abb. 226. Schalttafeln für Niederspannung mit Hebelschaltern und Sicherungen auf der Schaltplatte.

1 Wechselstrommesser, 2 Wechselspannungsmesser, 3 Erregerstrommesser, 4 Leistungsfaktormesser, 5 Leistungsmesser, 6 Stöpselumschalter, 7 Hebelausschalter, 8 Sammelschienen, 9 Sicherungen, 10 Handrad für Nebenschluß-Regler, 11 Handrad für Magnet-Regler.

Die Sammelschienen werden in der Regel auf Stützern im oberen Gerüst befestigt Die Verbindungsleitungen für Stromstärken bis 200 oder 350 A werden häufig als Gummi aderleitungen verlegt, damit sie dicht nebeneinander befestigt werden können und so weniger Platz als blanke Leitungen beanspruchen.

Abb. 226 zeigt eine Reihe Schalttafelfelder für Stromkreise mit Hebelschaltern und Sicherungen.

Im allgemeinen wird dabei die Feldbreite durch den Platzbedarf der Schaltgeräte bestimmt. Sind jedoch für einen Generatorenstromkreis mehr als zwei Meßinstrumente bzw. zwei Reglerantriebe erforderlich, so wird unter Umständen deren Raumbean spruchung für die Feldbreite maßgebend sein.

Um bei vielen Abzweigen die Felder besser auszunutzen und trotzdem eine gute Übersichtlichkeit zu erzielen, können Geräte zweier Stromkreise derart übereinander angeordnet werden, daß der obere Strommesser zu dem oberen Schalter gehört, wie in Feld *B 5* dargestellt ist.

Die Sammelschienen sitzen auf an den Wandankern befestigten Stützern, die Leitungsverbindung zu den Geräten erfolgt als Gummiaderleitung.

Um an Schalttafel-Bindern zu sparen, können, wie schon gesagt wurde, mehrere Stromkreise auf ein Schalttafelfeld gebracht werden. Des besseren Aussehens der Schalttafelfront wegen empfiehlt es sich, alle Felder gleich groß zu halten.

Schalttafeln dieser Art lassen sich auch für die Verteilung des Eigenbedarfs kleinerer Kraftwerke verwenden, doch werden hierfür neuerdings Schalter für Einbau in das rückseitige Gerüst bevorzugt, falls nicht eisengekapselte Schaltanlagen gewählt werden.

127. Schalttafeln mit Hebelschaltern für Wechselspannungen bis 500 V.

Um die Vorschriften des § 3b des VDE zu erfüllen, werden bei Schaltanlagen für Hochspannung bis 500 V nur Schalter für Einbau in das rückseitige Schaltgerüst verwendet. Außer dem Vorteil, die Schalttafelfront von spannungsführenden Teilen freizuhaben, läßt sich bei diesen Tafeln leichter eine gefällige Ansicht der Vorderseite erzielen als bei Schalttafeln mit aufgebauten Schaltern. Die Durchkonstruktion der Rück-

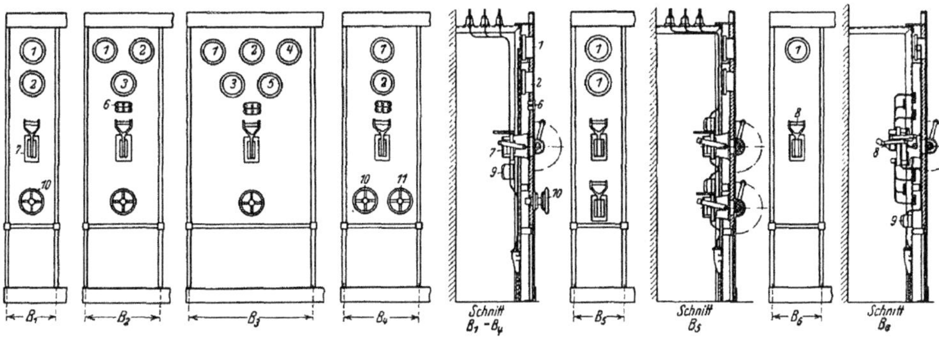

Abb. 227. Schalttafeln mit Hebelschaltern und Sicherungen für Spannungen bis 500 V.

1 Wechselstrommesser,
2 Wechselspannungsmesser,
3 Erregerstrommesser,
4 Leistungsfaktormesser,
5 Leistungsmesser,
6 Stöpselumschalter,
7 Hebelausschalter,
8 Hebelumschalter,
9 Sicherungen,
10 Handrad für Nebenschluß-Regler,
11 Handrad für Magnet-Regler.

seite dagegen erfordert einige Sorgfalt und Überlegung, damit alle Anschlüsse und Kontakte gut zugänglich sind und nicht durch vorgebaute Leitungen oder Geräte verdeckt werden.

Die Auswahl der Schaltgeräte und ihr Einbau erfolgt nach den bei den Niederspannungstafeln angegebenen Richtlinien, zu denen ergänzend noch bemerkt sei, daß zuweilen auch Meßgeräte für versenkten Einbau benutzt werden.

Geeignete Stöpselsicherungen bis 200 A lassen sich unmittelbar an der Grundplatte der Schalter befestigen. Ferner gibt es Schalter, bei denen die Schaltmesser als Sicherungsträger ausgebildet ist.

Zum Schutz der Generatorenstromkreise werden bei diesen Schaltanlagen häufig Selbstschalter bevorzugt, welche gegenüber Sicherungen vor allem den Vorzug der sofortigen Betriebsbereitschaft haben und deren Auslösung sich oft besser den gewünschten Betriebsbedingungen anpassen läßt, als dies bei Sicherungen möglich ist. Dient die Schaltanlage jedoch einem sehr ruhigen Betrieb, bei dem heftige Stromstöße nicht zu erwarten sind, so ist gegen die Verwendung von Sicherungen als Überstromschutz fü die Generatoren nichts einzuwenden.

In Abb. 227 sind Ansichten und Schnitte für verschiedene Stromkreise dargestellt Das Feld *B 6* ist ein Schalt tafelfeld mit Hebelumschalter und Doppel-Sammelschienen. Di Sammelschienen sind hier mittel Schienenträger aus Hartpapier a den Schalttafelbindern befestigt

Aus den Schnittzeichnunge geht die Leitungsführung und di Befestigung der Sicherungen a den Schaltern hervor. Zum Schut gegen Schaltfeuer sind oberhal der Schalter Schieferasbestplatte angeordnet.

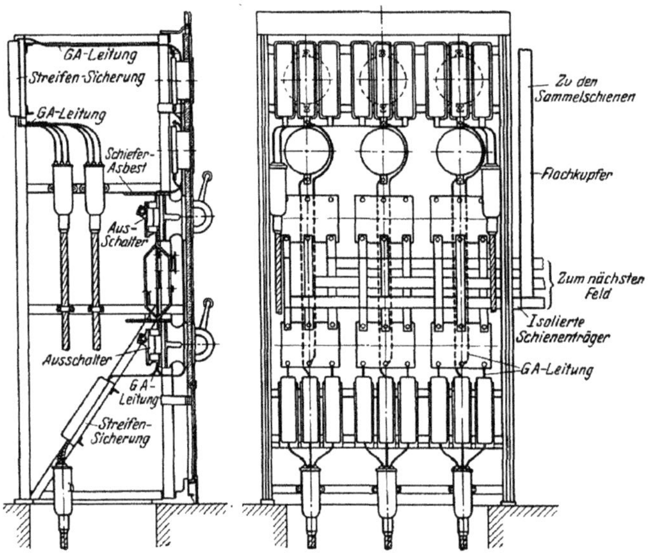

Abb. 228. Schalttafelfeld mit 6 Abzweigen bis 200 A, 500 V. SSW.

Die Zusammenfügung meh rerer Stromkreise auf ein Schalt tafelfeld bietet keine Schwierig keit. Abb. 228 zeigt die Rück ansicht und den Schnitt für ei Verteilerfeld mit sechs Strom kreisen, welche mit Schaltern Streifensicherungen und Strom messern ausgerüstet sind.

Beachtenswert ist dabei, wie die Zugänglichkeit der Klemmen an den Meßgeräte durch das Hochlegen der oberen Sicherungsreihe und durch die Befestigung der Kabelend verschlüsse an den Schalttafelbindern erreicht wird.

128. Die Schalttafeln mit Selbstschaltern.

Wenngleich es möglich und durchaus statthaft ist, die Selbstschalter für Nieder spannung auf die vordere Schaltplatte zu setzen, so wird dies in der Regel nicht getan denn das bei selbsttätig auslösenden Schaltern auftretend Schaltfeuer gestattet nicht, den Platz über den Selbst schaltern auf der Schaltplatte auszunutzen. Die Meßgerät müßten also neben den Schaltern oder unter ihnen an geordnet werden. Bei mehreren Stromkreisen würde da eine schlechte Übersicht ergeben, besonders für die Last verteilung mehrerer Generatoren wäre dies unangenehm, d die vorbauenden Schalter den Blick auf die Meßgeräte de Nachbarfelder versperren. Bei Schaltern größerer Strom stärken könnte außerdem bei einem Einschalten auf Kurz schluß der Lichtbogen oder die selbsttätig auslösende Schalterteile den Wärter verletzen. Aus allen diesen Gründe wird der Einbau der Selbstschalter in das rückseitige Schalt gerüst auch in Niederspannungsanlagen bevorzugt.

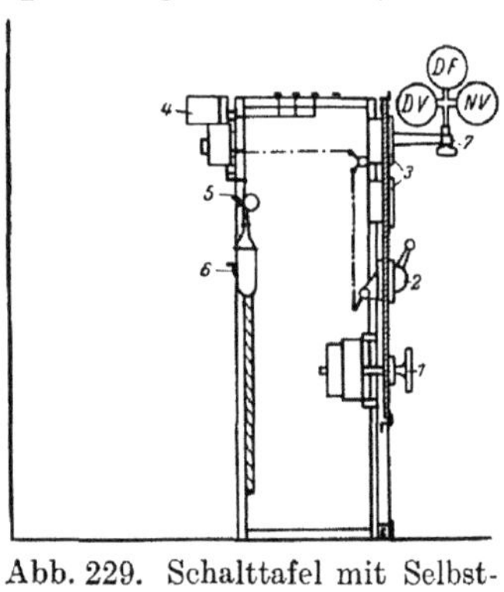

Abb. 229. Schalttafel mit Selbstschaltern.

1 Nebenschlußregler,
2 Hebelantrieb,
3 Meßgeräte,
4 Selbstschalter,
5 Stromwandler,
6 Kabelendverschluß,
7 Synchronisier-Arm.

Es muß dabei berücksichtigt werden, daß der Lichtboge den für seine freie Entwicklung nötigen Spielraum hat und da in seiner Nähe sich keine Leitungen oder Konstruktionsteil befinden, an die das Schaltfeuer anspringen könnte.

Abb. 229 zeigt einen Schnitt durch ein Schalttafelfeld für einen Generatorstrom kreis. Der Selbstschalter ist an einem rückseitigen Binder auf Profileisen befestigt un sitzt so hoch, daß der Flammenbogen unbehindert sich ausbreiten kann. Der Schalter wird über Antriebsgestänge von einem Handhebel betätigt. Das Antriebsgestänge ist so geführt, daß ein seitlicher Zugang ins Gerüst frei bleibt, damit die Anschlußklemmen der Meßgeräte bequem erreichbar sind.

Der kleine Nebenschlußregler ist unmittelbar hinter der Schaltplatte befestigt. Die Meßgeräte sind in die Schalttafel versenkt eingebaut. Unterhalb des Selbstschalters sitzen die erforderlichen Stromwandler und an einem Seitenbinder der Kabelendverschluß. Auf der Rückseite des Schaltgerüstes wird ein Gang von mindestens 1200 mm vorgesehen.

In manchen Anlagen, die keine Betriebspausen zulassen, wird es erwünscht sein, einen Selbstschalter auf sein ordnungsgemäßes Schalten und Auslösen zu prüfen, ohne daß deshalb die gesamte Anlage stillgelegt werden muß. Hierfür werden Trennschalter an den Sammelschienen erforderlich, welche sich, wie Abb. 230 zeigt, in den vorhergehenden Aufbau der Schalttafel einfügen lassen, ohne daß hierdurch das Gerüst bedeutend tiefer wird. Für solche Prüfzwecke wird man gern billige einpolige Trennschalter wählen, welche in der gewählten Anordnung bequem bedienbar sind.

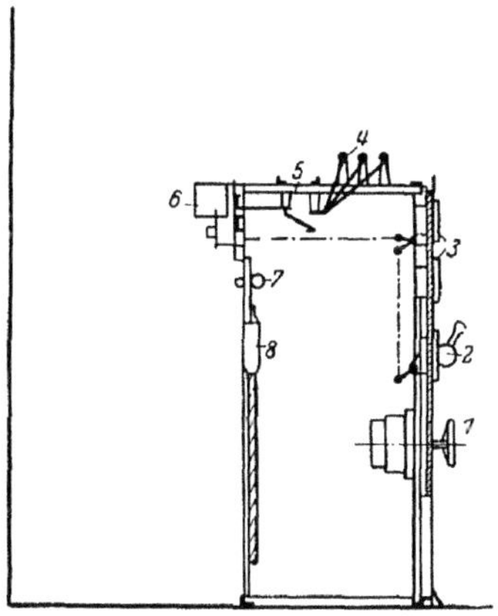

Abb. 230. Schalttafel für Selbstschalter mit Trennschaltern an Einfach-Sammelschienen.

1 Nebenschlußregler,
2 Hebelantrieb,
3 Meßgeräte,
4 Sammelschienen,
5 Trennschalter,
6 Überstromschalter,
7 Stromwandler,
8 Kabelendverschluß.

Wie schon gesagt, lassen sich die Schaltplatten für Abzweige in dieser Bauart schlecht ausnutzen, weil die Breite des Feldes von der Breite der Selbstschalter bestimmt wird. Werden in der Verteilung außer Selbstschaltern auch Hebelschalter mit Sicherungen verwendet, so ist es unter Umständen möglich, die Selbstschalter und Hebelschalter so zu verteilen, daß die obere Reihe der Hebelantriebe auf der Tafel für Selbstschalter bestimmt ist. Abb. 231 zeigt eine solche Verteilungsanlage, in welcher in einem Feld mit einem Selbstschalter noch vier Hebelschalter mit zugehörigen Sicherungen untergebracht sind.

Abb. 231. Rückansicht einer Schalttafel mit Selbstschaltern, Hebelschaltern und Sicherungen. SSW.

Steht die für eine größere Verteilung erforderliche Länge nicht zur Verfügung, so wird für die Selbstschalter ein doppelseitiges Gerüst vorgesehen, welches hinter der Schalttafel, wie Abb. 232, oder unter ihr im Keller aufgestellt wird. Die zwei Reihen Selbstschalter ergeben jetzt von selbst eine bessere Raumausnutzung der Schaltplatten. Das Antriebsgestänge zu den Schaltern ist in dieser Anordnung über den Gang geführt. Das bedingt, daß zwischen den Selbstschaltern noch Platz für das Antriebsgestänge zu den von der Tafel abliegenden Schaltern vorhanden ist. Andernfalls müßten diese Antriebsgestänge in einen Kanal im Fußboden verlegt werden.

Verlangt die Schaltanlage Doppel-Sammelschienen, so wird ein besonderes Gerüst für den Einbau der Schaltgeräte etwa in der Form, die Abb. 233 darstellt, erforderlich sein. Hier ist die Schalttafel in die Maschinenhauswand eingebaut und für die Schaltanlage ein besonderer Raum vorgesehen.

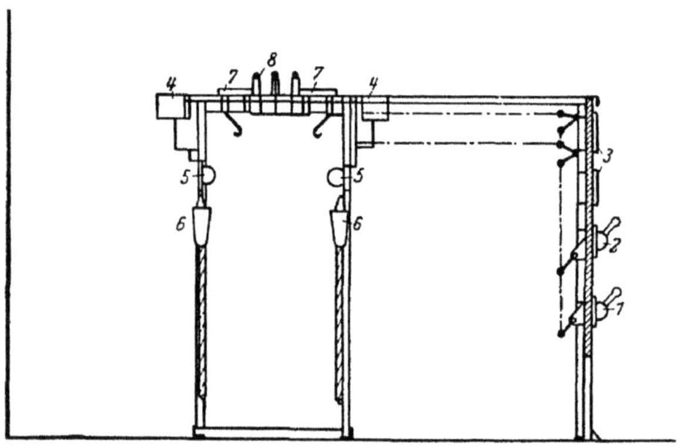

Abb. 232. Schalttafel mit besonderem Schaltgerüst für zwei Rechen-Selbstschalter mit Trennschaltern an Einfach-Sammelschienen.

1 Hebelantrieb, 2 Hebelantrieb, 3 Meßgeräte, 4 Überstromschalter, 5 Stromwandler, 6 Kabelendverschluß, 7 Trennschalter, 8 Sammelschienen.

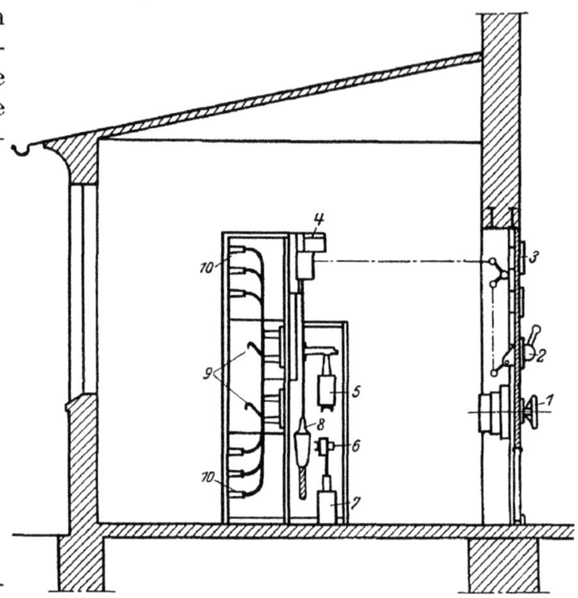

Abb. 233. Schalttafel mit besonderem Schaltgerüst für Selbstschalter an Doppel-Sammelschienen.

1 Nebenschlußregler, 2 Hebelantrieb, 3 Meßgeräte, 4 Überstromschalter, 5 Stromwandler, 6 Sicherung, 7 Spannungswandler, 8 Kabelendverschluß, 9 Trennschalter, 10 Sammelschienen.

Das Gerüst für die Schaltgeräte kann in diesem Falle auch aus Hartgipsdielen hergestellt werden und senkrechte Trennwände zwischen Sammelschienen und Schaltgeräten erhalten.

Abb. 234 zeigt eine Anordnung für ein Schaltgerüst mit zwei Reihen Selbstschalter an Doppel-Sammelschienen. Hier sind als Trennumschalter Hebelumschalter gewählt, welche von einem für beide Schalterreihen gemeinsamen Bedienungsgang aus betätigt werden. Zum Schutz gegen zufällige Berührung der tiefliegenden Sammelschienen sind Holzschutzleisten angebracht. Bei ferngesteuerten Selbstschaltern kann die zugehörige Schalttafel an einem beliebig entfernten Ort aufgestellt werden. Sollen die Selbstschalter von Hand betätigt werden, so werden Schalttafel und Antriebsgestänge ähnlich wie in Abb. 232 angeordnet.

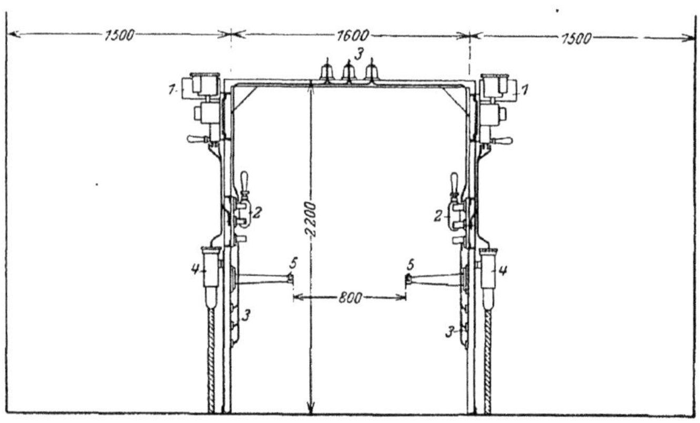

Abb. 234. Schaltgerüst für ferngeschaltete Luftselbstschalter an Doppel-Sammelschienen.

1 Selbstschalter, 2 Hebelumschalter, 3 Sammelschienen, 4 Endverschlüsse, 5 Schutzgeländer.

129. Schalttafeln mit Ölschaltern für Zentralen bis 1200 kVA bei 3 kV.

Als mit fortschreitender Entwicklung der Kraftübertragung ein für hochgespannte Wechselströme geeigneter Schalter gebaut werden mußte, wurde der Ölschalter, welcher schon im Bergbau Verwendung gefunden hatte, verbessert, und es lag nahe, ihn ebenso wie die bisher verwendeten Schaltgeräte unmittelbar in das rückseitige Schaltgerüst zu setzen. Diese einfache Hochspannungsschaltanlage hat sich bis auf den heutigen Tag

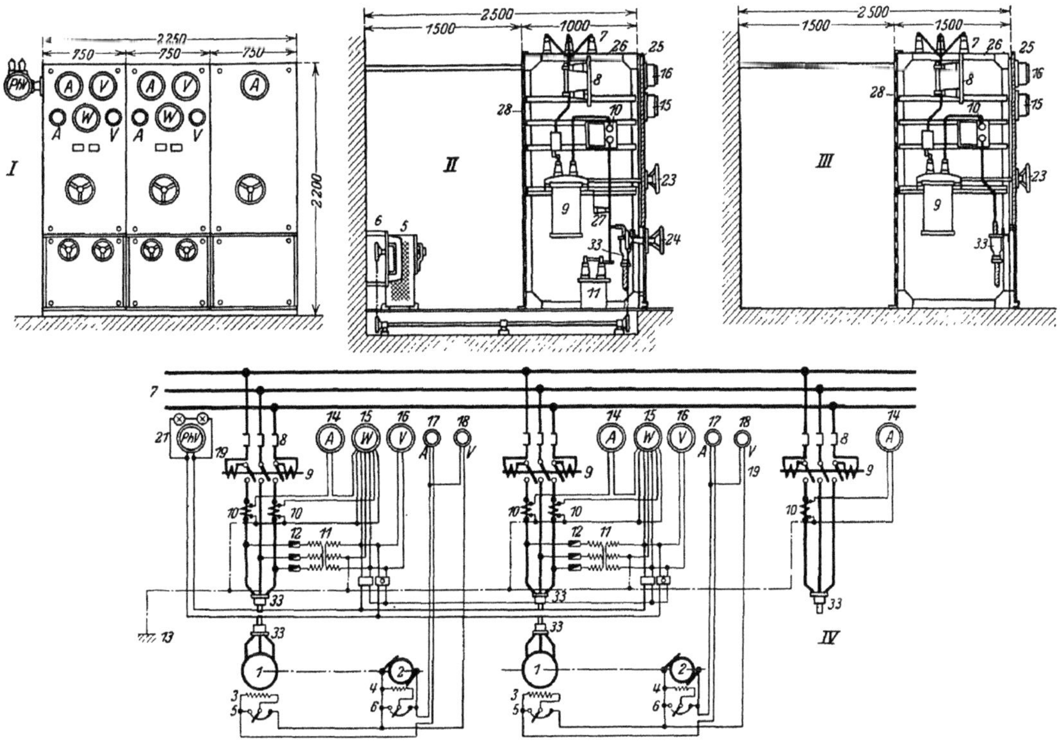

Abb. 235. Schalttafel mit Ölschaltern für Zentralen bis 1200 kW, 3 kV. AEG.

1 Drehstromgenerator,
2 Erregermaschine,
3 Magnetwicklung,
4 Erreger Ns-Wicklung,
5 Magnetregulator,
6 Nebenschlußregulator,
7 Sammelschienen,
8 Trennschalter,
9 Ölschalter,
10 Stromwandler,
11 Spannungswandler,
12 Sicherung,
13 Erdung,
14 Wechselstrommesser,
15 Leistungsmesser,
16 Wechselspannungsmesser,
17 Gleichstrommesser,
18 Gleichspannungsmesser,
19 Kontaktvorrichtung,
21 Nullvoltmeter mit Phasenlampen,
22 Synchronisiersteckvorrichtung,
23 Antrieb für Ölschalter,
24 Antrieb für Regulator,
25 Schalttafel,
26 Eisengerüst,
27 Isolator,
28 Drahtgittertür,
33 Kabelendverschluß.

erhalten und wird besonders von Übersee für kleinere Anlagen häufig angefordert. Die Beliebtheit solcher in der Werkstatt fertiggestellter Anlagen, deren Teile an Ort und Stelle wieder zusammenzubauen keine besondere Geschicklichkeit erfordert, erklärt sich aus dem Mangel an gelernten Elektromonteuren in jenen Ländern. Gegen ihre Anwendung in kleinen Zentralen ist auch nichts einzuwenden, wenn die Ölschalterausschaltleistung gegenüber der Kurzschlußleistung des Kraftwerkes einen großen Sicherheitsfaktor aufweist, so daß eine Verqualmung der Räume nicht zu befürchten ist.

Abb. 235 mit dem Schaltbild, der Schalttafelansicht und mit zwei Schnitten durch die Schalttafel, zeigt eine Schalttafel für den Parallelbetrieb zweier Generatoren auf Einfach-Sammelschienen für 3 kV, an welche die Verbraucherkabel, von denen hier nur eins dargestellt ist, angeschlossen sind. Verfolgen wir vom Generator kommen den Verlauf des Stromes, der über einen Kabelendverschluß (*33*) in die Schaltanlag eintritt, so sehen wir von hier Leitungen abwärts an den Drehstrom-Spannungswandler (*11* und zugleich aufwärts über zwei Stromwandler (*10*) an die Ölschalterklemmen (*9*) führen Von den Gegenklemmen des Ölschalters steigen die Leitungen über drei einpolige mittel Schaltstange bedienbarer Trennschalter (*8*) an die Sammelschienen, die auf Stützern an den Schalttafelbindern (*26*) befestigt sind. Die erste Steigeleitung von dem End verschluß wird unterwegs noch einmal von Stützern (*27*) gehalten.

Da bei den geringen hier gegebenen Schaltleistungen Schäden an den Ölschalter nicht zu befürchten sind, brauchen unterhalb der Ölschalter keine Ölmulden vorgesehe zu werden.

Gegen zufällige Berührung von Hochspannung ist die Rückseite der Schalttafe durch Gittertüren (*28*) abgeschlossen. Sollen, wie es wünschenswert ist, die Schalt stücke der Ölschalter nachgesehen oder andere Arbeiten in einem spannungsfreien Strom kreis ausgeführt werden können, während die übrige Anlage im Betrieb verbleibt, so müssen die einzelnen Felder durch feuer sichere Zwischenwände voneinander getrenn werden.

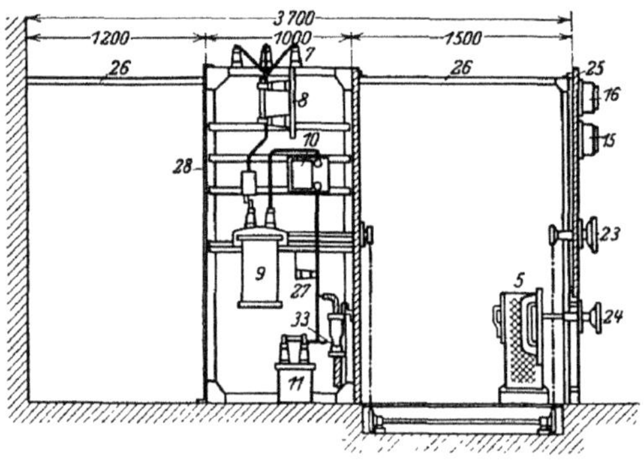

Abb. 236. Schalttafel mit besonderem Gerüst für die Ölschalter, für Zentralen bis 1200 kW, 3 kW. AEG. (Zeichenerklärung v. Abb. 235.)

Die Vorderseite der Schalttafel trägt di Antriebe für Ölschalter und Regler sowi Meßgeräte, Stöpselschalter und den Syn chronisierarm.

Wird eine bessere, betriebsmäßige Zu gänglichkeit an die Meßklemmen gewünscht so muß das Hochspannungsgerüst von de Schalttafel durch einen Gang, wie in Abb. 236 getrennt werden. Durch eine Schutzwand mi Türen läßt sich leicht der Hochspannungs raum gänzlich abschließen, so daß er zun elektrischen Betriebsraum gemäß der VDE Bestimmungen wird. Nunmehr brauchte die Zellen nicht mehr auf der Rückseite vergittert zu sein, sondern ein Berührungs schutz in Form von Schutzleisten würde hier genügen, wenn die spannungsführende Teile mindestens 1,5 m von der gegenüberliegenden Wand entfernt sind.

An dem Aufbau des Hochspannungsgerüstes hat sich durch die vollzogene Trennun nichts geändert. Nur müssen die Ölschalter jetzt über Kette und Welle oder bei Steig bügelantrieb mittels Gestänge mit dem Antriebsgerät auf der Schalttafel verbunde werden. Da die Schalterstellung auf der Schalttafel sich nicht mehr mechanisch an zeigen läßt, werden hier Meldelampen eingebaut. Die Regler können unmittelba hinter die Schalttafel kommen.

Die Trennung des Hochspannungsgerüstes von der Schalttafel ist der erste Schrit zu einer betriebssicheren Aufstellung der Hochspannungsschaltgeräte in besonderen Zellen Aber ein anderes läßt dies Beispiel ebenfalls erkennen, nämlich daß die Schalt tafelfront in den Abzweigfeldern sehr schlecht ausgenutzt wird. Dies ist bei viele Verteilerleitungen eine Verteuerung der Schaltanlage, die sich nicht rechtfertige läßt und der abzuhelfen verschiedene Mittel dienen (vgl. Abschnitt Schaltdienstraum XXXI, 179.

Erfordern die ausgehenden Leitungen Trennschalter, wie z. B. Ringkabel oder di Koppelleitungen zu einem anderen Kraftwerk, so können die Leitungen über die Sammel schienen hinweg über Trennschalter, die an die Decke gehängt werden, zur Gebäude wand gezogen werden, wo in geeigneter Weise der Kabelendverschluß befestigt wird Handelt es sich um Freileitungen, so steigen die Leitungen, falls ein Obergeschoß vor handen, nach oben und werden durch Freileitungsausführungen ins Freie geführt.

XXI. Die eisengekapselten Schaltanlagen.

Die eisengekapselte Schaltanlage wird vor allem dort von Nutzen sein, wo die Schaltanlage von ungeschulter Mannschaft bedient wird, denn alle spannungsführenden Teile sind durch ihre Einkapselung der Berührung entzogen und die mechanischen Verriegelungen schließen Fehlschaltungen irgendwelcher Art aus.

Einige Formen dieser Schaltanlagen sind vollkommen luft- und staubdicht, so daß sie in explosionsgefährlichen Räumen stehen können. Wie schon gesagt, werden diese Schaltanlagen in Kraftwerken vornehmlich für den Eigenbedarf der Pumpen- und Kesselhäuser verwendet, doch finden einige Typen, beispielsweise Schaltwagen sowie die Schaltanlagen mit ausfahrbaren Ölschaltern (System Reyrolle), auch für die Hauptschaltanlagen der Kraftwerke Verwendung.

130. Die eisengekapselten Schaltkästen.

Die eisengekapselten Schaltkästen werden für Wechselspannungen bis 500 V und für Nennströme bis zu 1500 A hergestellt. Sie werden mit Selbstschaltern bzw. mit Hebelschaltern und Sicherungen und den für die Stromkreise erforderlichen Meßgeräten ausgerüstet. Sollen mehrere Schaltkästen zu einer gemeinsamen Verteileranlage vereinigt werden, so werden sie an besondere Sammelschienenkästen (Abb. 237), welche an einer Gebäudewand befestigt sind, geschraubt und ihre Stromkreise an die Sammelschienen angeschlossen. Die Schalt- und Sammelschienen-Kästen sind in der Regel so ausgebildet, daß die Schaltkästen an den Sammelschienenkästen hängen oder daß sie auf ihnen sitzen können, ganz wie es für eine günstige Leitungsführung oder eine gute Raumausnutzung erforderlich wird.

Abb. 237. Anordnung der Sammelschienen für eisengekapselte Schaltkästen. V & H.

131. Die Ölschaltkästen.

Die eisengekapselten Schaltanlagen für Wechselspannungen über 500 V erhalten Leistungsschalter unter Öl. In dem Ölbade werden in der Regel auch erforderliche Meßwandler und Auslösemagnete untergebracht, so daß im Schaltkasten alle für einen Stromkreis erforderlichen Hochspannungsgeräte enthalten sind. Die bei Drehstrom erforderlichen sechs Anschlußklemmen sitzen an Durchführungen unterhalb des Ölkessels. Die Strom- und Zeiteinstellskalen für die Auslöser befinden sich an der Antriebsseite des Ölschaltkastens.

Die einzelnen Schaltkästen werden auf Untergestelle gesetzt, welche ziemlich niedrig gehalten werden, damit die Handhebel der Ölschalter nicht zu hoch liegen. In den Untergestellen werden Kabelendverschlüsse untergebracht. Sammelschienen und Trennschalter lassen sich in der Regel in diesen Untersätzen nicht gut einbauen, und es empfiehlt sich, für sie ein besonderes Gerüst zu verwenden. Auch können die Trennschalter so mit dem Schaltkasten verriegelt werden, daß er sich nur in spannungsfreiem Zustande von dem Untergestell entfernen läßt.

Abb. 238 zeigt eine Schaltkastenanlage mit einpoligen Trennschaltern, die von dem Bedienungsgang bedienbar sind. Da alle Geräte, Stützer und Anschlüsse von vorn zugänglich sind, kann die Anlage an eine Wand gestellt werden und benötigt deshalb nur wenig Platz.

Bei Doppel-Sammelschienen wird ein rückseitiger Bedienungs- oder Kontrollgang erforderlich, wie Abb. 239 dartut.

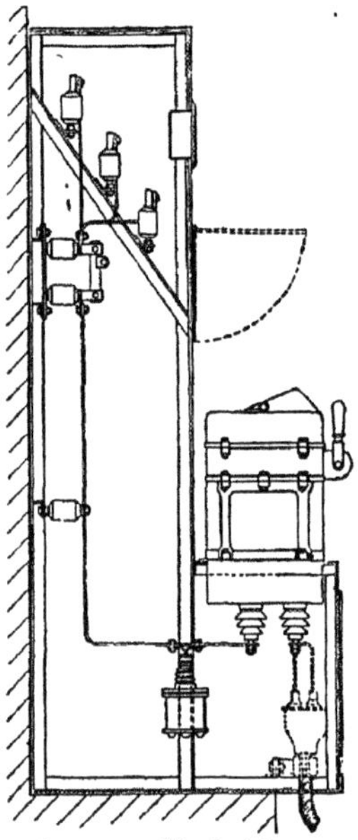

Abb. 238. Ölschaltkasten-Anlage mit Einfach-Sammelschienen. V & H.

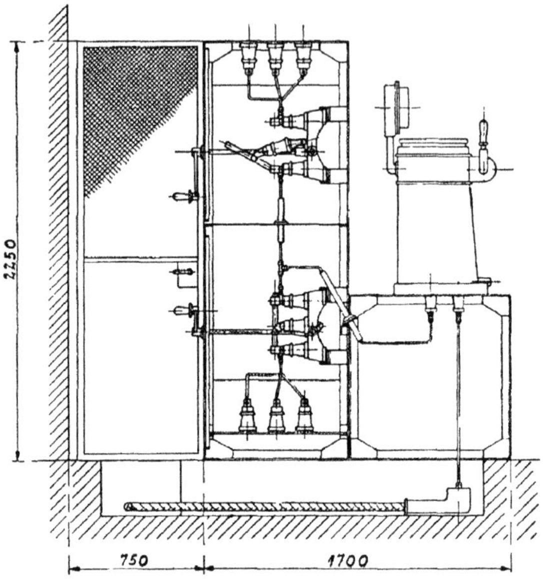

Abb. 239. Ölschaltkasten-Anlage mit Doppel-Sammelschienen, 6 kV. AEG.

132. Die Schaltwagen.

Die Schaltwagen dienen für Hochspannungs-Schaltanlagen bis 30 kV, durch ihr Formgebung gewähren sie einen vollkommenen Berührungsschutz und schließen Fehl

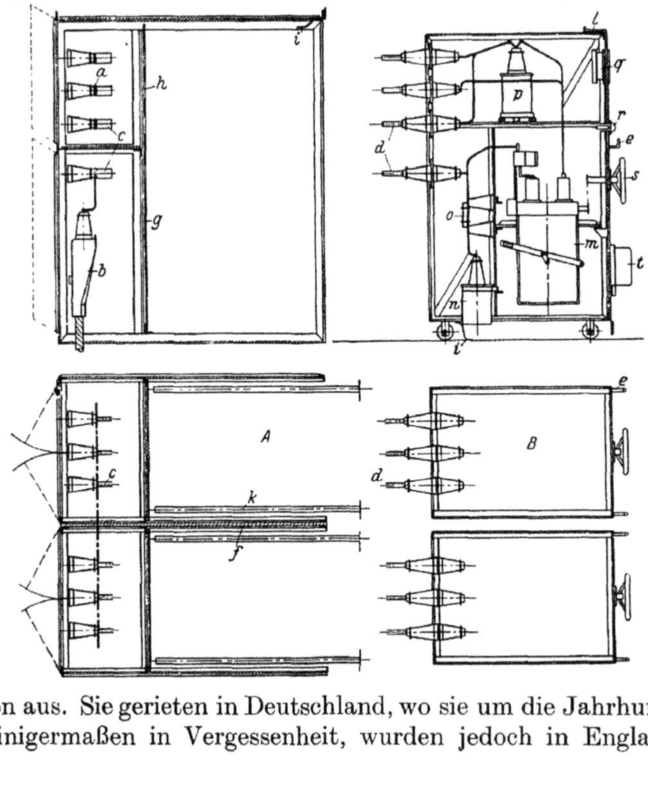

A Ortsfeste Zellen,
B Schaltwagen,
a Sammelschienen,
b Kabelendverschluß,
c Stecker,
d Steckkontakte,
e Handhaben,
f Trennwand,
g Trennwand,
h Öffnungen,
i Schleiffedern,
k Fahrschienen,
l Hammerkontakte,
m Ölschalter,
n Spannungswandler,
o Hochspannungs-Sicherungen,
p Stromwandler
q Meßgeräte,
r Meldelampen,
s Handrad f.d.Ölschalter,
t Zähler.

Abb. 240. Schnitt- un Grundriß einer Schalt wagen-Anlage mit aus gefahrenen Schaltwager

schaltungen aus. Sie gerieten in Deutschland, wo sie um die Jahrhundertwende entwickel wurden, einigermaßen in Vergessenheit, wurden jedoch in England weiter ausgebilde und werden jetzt wieder hauptsächlich für Verteileranlagen sowie für kleine Kraftwerke in allen Ländern benutzt.

Die Schaltwagen, Abb. 240, bestehen aus einem für die Aufnahme der Sammelschienen *a*, des Kabelendverschlusses *b* und der Stecker *c* bestimmten Zellengerüst *A*, in welches die Schaltwagen *B*, welche die Schaltgeräte tragen, auf Schienenführung *k* hineingeschoben werden und mittels ihrer Steckkontakte *d* den Stromkreis „Sammelschienen-Ölschalter-Kabelendverschluß" betriebsbereit fertigmachen. Stecker und Steckkontakte erfüllen hier die Aufgabe, welche in offenen Zellenanlagen den Trennschaltern zufällt.

Der Schaltwagen hat eine vorderseitige Abkleidung aus Eisenblech, auf welcher das Antriebsgerät für den Ölschalter und die erforderlichen Meß- und Meldegeräte befestigt sind. Zwei Handhaben *e* dienen zum Verfahren des Wagens; sie sind mit dem Antriebsgerät der Ölschalter derart verriegelt, daß der Wagen nur bei ausgeschaltetem Ölschalter fahrbar ist, und daß ferner der Ölschalter nur eingelegt werden kann, wenn der Wagen vollständig in seine Zelle eingefahren ist.

Um einen vollkommenen Berührungsschutz zu erreichen, werden in das ortsfeste Gerüst feuersichere Trennwände *f* und *g* eingefügt, welche die einzelnen Stromkreise voneinander und die spannungsführenden Teile des ortsfesten Gerüstes von dem Schaltwagen trennen. In der Trennwand *g* sind Öffnungen *h* für den Eintritt der Steckkontakte vorgesehen. Durch selbsttätig wirkende Klappen werden diese Öffnungen bei dem Ausfahren des Schaltwagens verdeckt.

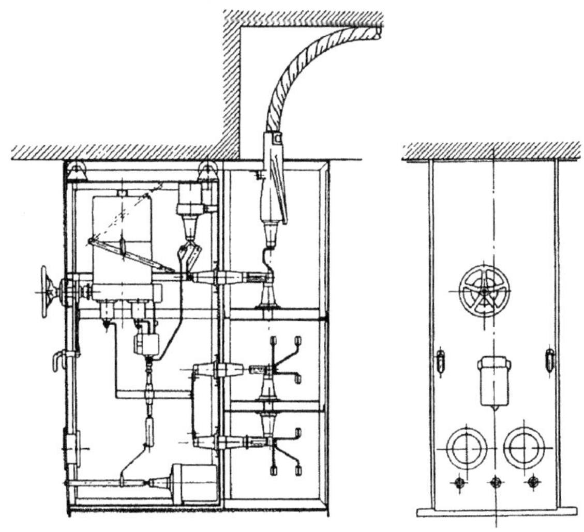

Abb. 241. Schaltwagen-Anlage für Doppel-Sammelschienen. SSW.

Die Erdung der Schaltwagen erfolgt selbsttätig über an dem Wagen befestigte Federn *i*, welche auf den geerdeten Fahrschienen *k* schleifen. Etwaige Hilfsleitungen zu einer abseits stehenden Schalttafel werden über Hammerkontakte *l* an den Schaltwagen angeschlossen.

In Anlagen mit Doppel-Sammelschienen sind die Steckkontakte an den Sammelschienen mit auswechselbaren Sammelschienen-Wählern versehen. In Abb. 241 ist das obere Sammelschienen-System angeschlossen. Soll das untere System in Betrieb genommen werden, so muß erst der Schaltwagen aus seiner Zelle herausgefahren und die Sammelschienen-Wähler umgewechselt werden. Der Übergang von dem einen auf das andere Sammelschienen-System bedingt hier also für jeden Stromkreis eine kurze Betriebsunterbrechung.

133. Die gekapselten Schaltanlagen mit ausfahrbaren Ölschaltern.

Das von Clothier und Reyrolle entwickelte Schaltanlagensystem bringt alle für einen Stromkreis erforderlichen Hochspannungs-Schaltgeräte, Verbindungsleitungen und Sammelschienen auf einen kleinstmöglichen Raum zusammen und bildet für jeden Stromkreis mit allem Zubehör von dem Kabelendverschluß bis an die Sammelschienen in sich geschlossene Schalteinheiten, welche, aneinander gereiht, sich zu Schaltanlagen beliebigen Umfanges ausbauen lassen. Die straffe Zusammenfassung aller Schaltgeräte in eine einheitliche Form, die Einkapselung aller spannungsführenden Teile in Eisengehäuse, welche mit Masse bzw. Öl gefüllt werden, damit die Schlagweiten sehr klein (25 bis 30 mm bei 10 kV) gehalten werden können, gibt diesen Schaltanlagen ihr eigentümliches Gepräge.

Aus der Abb. 242 ist der Aufbau einer Schalteinheit ersichtlich.

Auf einem feststehenden Eisenrahmen A ruht ein beweglicher Rahmen B. De ortsfeste Rahmen trägt in seinem untersten Teil den Kabelendverschluß a mit einen Kabelhalter b. In den Kabelendverschluß wird das Kabel in üblicher Weise eingebracht Zu diesem Zweck ist er zweiteilig und wird nach beendeter Kabelmontage mit Füllmass vergossen. Oberhalb des Kabelendverschlusses zweigen die Leitungen zu den Span nungswandlern c ab, deren Sicherungen d als ausziehbare Stecksicherungen ausgebilde sind. Die Hauptleitungen führen von dem Endverschluß an die Stromwandler e un enden in den Buchsen f für die Steckkontakte g des beweglichen Rahmens, welche den Ölschalter h trägt. Die Verbindungsleitungen von den Steckkontakten g an de

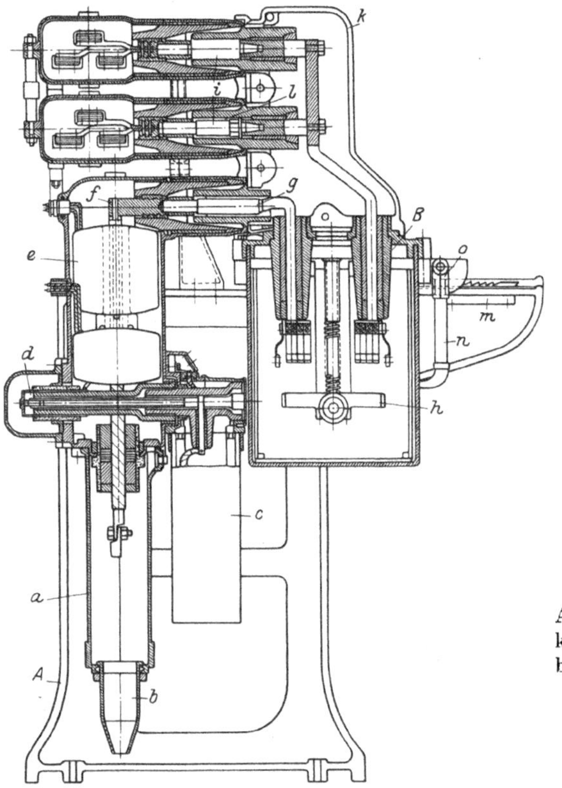

A Ortsfester Rahmen.
a Kabelendverschluß,
b Kabelhalter,
c Spannungswandler,
d Sicherungen,
e Stromwandler,
f Steckkontakt-Buchsen,
m Gleitschienen.

B Beweglicher Rahmen.
g Steckkontakte,
h Ölschalter,
i Sammelschienen-Wähler,
k Haube mit Massefüllung,
l Stecker,
n Handgriff,
o Ritzel

Abb. 242. Schnitt durch eine gekapselte Schaltanlage mit ausfahrbaren Ölschaltern für 600 A und 150 MVA Ausschaltleistung. Reyrolle & Co.

Ölschalter h und von hier an die Sammelschienen-Wähler i liegen in massegefüllt Hauben k über dem Ölschalter. Wie bei den Schaltwagen muß auch hier für den Übe gang von dem einen auf das andere Sammelschienen-System der Ölschalter herausgezog und die Stecker l umgewechselt werden. Vor den Öffnungen für die Steckkontak sind an dem ortsfesten Rahmen Klapptüren vorgesehen, welche sich bei dem Herausziehe des Ölschalters selbsttätig schließen und durch Vorhängeschlösser gesichert werden könne damit der Berührungsschutz vollkommen ist. Bei dem Einschieben des Ölschalters öffn sich die Klappen ebenso selbsttätig wieder und geben den Weg für die Stecker frei.

Der bewegliche Rahmen ruht auf Gleitschienen m und besitzt einen Handgriff für seine Bewegung, welche durch ein an eine Zahnstange angreifendes Ritzel o e leichtert wird.

Die mechanischen Verriegelungen verhindern:

1. daß der Ölschalter in eingeschaltetem Zustand eingeschoben wird,
2. daß der Ölschalter vor vollständigem Kontakt der Stecker eingelegt wird,
3. daß ein eingeschalteter Ölschalter herausgezogen wird.

Abb. 243 zeigt die äußere Ansicht und läßt alle Einzelheiten des konstruktiven Aufbaues deutlich erkennen. Beachtenswert ist hier das auf dem Ölschalter aufgebaute

Abb. 243. Gekapselte Schalteinheit mit ausfahrbarem Ölschalter für Doppel-Sammelschienen. Reyrolle & Co.

Antriebsgerät und die oberhalb der Hauben angebrachten Entlüftungsrohre, welche auftretende Schaltgase ins Freie abführen. Die erwähnten Klapptüren vor den Steckkontaktbuchsen und ihre Betätigungsstangen sind gleichfalls ersichtlich.

XXII. Die Hochspannungszellen.

134. Der Zweck der Zellentrennung.

Der Einbau der Hochspannungsschaltgeräte in Zellen oder Kammern bezweckt, die durch Ölbrand oder fehlerhafte Bedienung möglichen Schäden einzudämmen und gleichzeitig die Bedienungsmannschaft gegen zufälliges Berühren von Hochspannungsteilen zu schützen.

Bei dieser Bauweise werden die einzelnen Stromkreise gegeneinander durch Trennwände voneinander getrennt. Hierdurch wird ein entstehender Schaden örtlich begrenzt und das Arbeiten in den spannungsfreien Zellen ohne Betriebsunterbrechung der übrigen Anlage gefahrlos möglich.

Der guten Übersichtlichkeit wegen empfiehlt es sich, alle zu einem Stromkreise gehörenden Hochspannungsgeräte in einem durch zwei senkrechte Ebenen begrenzten Raum unterzubringen und diese Zellenbegrenzung durch alle erforderlichen Stockwerke durchzuführen, vgl. Abb. 344.

Obgleich für einen Stromkreis nur wenige Hochspannungsgeräte erforderlich sind, gibt es doch eine unendliche Fülle in der Anordnungsmöglichkeit der Schaltgeräte. Den größten Spielraum in der Gruppierung der Geräte bieten die mittleren Spannungen bis 30 oder 45 kV. Für die höheren Spannungen haben sich im Laufe der Zeit einige Anordnungen herausgebildet, bei denen sich Einfachheit und Übersichtlichkeit mit großer Betriebssicherheit einen.

Die Mannigfaltigkeit in der Aufbaumöglichkeit der Schaltanlagen mittlerer Span nungen ergibt sich im wesentlichen durch die verschiedene Leistungsgröße und Betriebs wichtigkeit der einzelnen Kraftwerke. Für eine kleine Zentrale, in welcher die Aus schaltleistung der Ölschalter ein Vielfaches der Kurzschlußleistung des Netzes ausmacht kann ein bedeutend einfacherer und billigerer Schaltanlagenaufbau gewählt werden al wie für ein großes Kraftwerk, dessen Schaltgeräte oft bis hart an die zulässige Grenz beansprucht werden.

In einer kleinen Zentrale mit Einfach-Sammelschienen wird in der Regel eine Zellen reihe in einem Geschoß für die Unterbringung der Schaltgeräte genügen. Doch scho hier ist es häufig unmöglich, alle zu einem Stromkreis gehörenden Schaltgeräte in ein einzige Zelle einzubauen, besonders dann, wenn die abgehenden Leitungen Trennschalte erfordern oder wenn für die Spannungswandler Hochspannungssicherungen mit Vor schaltwiderständen gewünscht werden.

In größeren Kraftwerken sind deshalb stets für jeden Stromkreis mehrere Zellen nötig Beispielsweise erfordert ein abgehendes Speisekabel an Doppel-Sammelschienen mi Messung, Strombegrenzungs-Drosselspulen und Trennschaltern vor den Kabelendver schlüssen folgende Zellen:

1. eine Doppelzelle für die Sammelschienen-Trennschalter,
2. eine Ölschalterzelle,
3. eine Meßzelle,
4. eine Zelle für die Strombegrenzungsdrossel,
5. eine oder zwei Zellen für die Kabelendverschlüsse und die zugehörigen Trenn schalter.

Durch verschiedene Anordnung der erforderlichen Zellen zueinander und durc andersartige Ausgestaltung der Ölschalterzellen sowie durch Zusammenlegung mehrere Zellen in eine gemeinsame ergeben sich hier die mannigfachsten Formen für die Schal anlagen. Hinzu kommt noch, daß der Bau der Schaltanlage von dem Maschinenhau dem sie sich organisch und architektonisch angliedern soll, sowie von der zur Verfügun stehenden Grundfläche beeinflußt wird.

Diese architektonische Angliederung an das Maschinenhaus soll möglichst aus de Wesen der Schaltanlage herauswachsen, damit sie nicht Fassade wird, sondern wie b allen technischen Bauten durch ihre Zweckmäßigkeit erfreut. Denn wie Kesselhau und Maschinenhaus bei aller Einheitlichkeit in der Ausführung nach außen ihren Be triebscharakter erkennen lassen, so sollte dies auch für das Schalthaus größerer Kraf werke zum Ausdruck kommen. Hier ist ein jedes Schalthaus ein in sich geschlossene Bau, der sich aus der Geräteanordnung bei günstigster Ausnutzung des verfügbare bzw. des erforderlichen Raumes ergibt. Der umgekehrte Weg, in ein architektonisc vorbestimmtes Haus eine Schaltanlage einbauen zu müssen, wird in den allermeiste Fällen eine verbaute Schaltanlage ergeben, die mit geringerem Aufwand zweckmäßig und besser hätte gebaut werden können.

Bevor jedoch auf die bauliche Lösung der Schaltanlage eingegangen wird, sei vorh noch der Aufbau der Zellen und der Einbau der Schaltgeräte besprochen.

135. Der konstruktive Aufbau der Zellen und Kammern.

Die Trennwände der Hochspannungszellen werden unter anderem aus Mauersteine aus Beton, aus Hartgipsdielen oder aus Eisengittern hergestellt und ihre Vorderkante mit Profileisen eingefaßt, um einen glatten Abschluß der Zellen und geeigneten Anschla für Türen zu haben.

Die Betonplatten werden entweder gegossen oder gestampft. Gegossene Platte lassen sich vor Errichtung der Zellen anfertigen, ihre normale Dicke beträgt etwa 4 bis 60 mm. Man benutzt sie vielfach als Durchführungsplatten zum Abdecken vo Mauerdurchbrüchen und u. U. auch als Trennwände. Zellenwände aus Stampfbeto werden etwa 80 bis 120 mm stark gemacht und können erst nach Fertigstellung des Schalthauses gestampft werden. Da sie gründlich austrocknen müssen, was 3 bis etwa 4 Wochen dauert, bevor die Montage der Schaltgeräte beginnen kann, verzögert sich bei ihrer Verwendung die Bauzeit um etwa einen Monat. Nach dem Binden ist Beton nicht mehr bearbeitungsfähig, deshalb müssen sämtliche Löcher für die Befestigung von Profileisen und alle Wanddurchbrüche für Leitungen und Durchführungen von vornherein vorgesehen sein. Der Schwund des Betons ist dabei zu berücksichtigen. Da Irrtümer in der Zellenkonstruktion sich nach dem Binden des Betons nur unter erheblichem Kostenaufwand richtigstellen lassen, wird Stampfbeton nur selten für Zellenwände verwendet. Für kleine Abdeckplatten von Mauer- und Deckendurchbrüchen kann Beton der Billigkeit halber gute Dienste tun. In Ländern, wo Mauerwerk oder die Fracht für Hartgipsdielen zu teuer ist, benutzt man manchmal Betonplatten als Trennwände in Eisengerüsten.

Hartgipsdielen sind ein Gemisch von Gips, Zement, Fasern und Bindemitteln, das unter hohem hydraulischen Druck zu Platten gepreßt wird. Sie lassen sich wie Holz bearbeiten, sägen, bohren, nageln usw. und sind als Duro- und Normaplatten in Stärken von 60 und 80 mm erhältlich.

Die Hartgipsdielen haben große mechanische Festigkeit, die durch eingelegte Eisenarmierung sich noch verstärken läßt. Das spezifische Gewicht der Hartgipsdielen ohne Eisenarmierung ist etwa 1. Die Montage der Hartgipsplatten nimmt wenig Zeit in Anspruch, da die Wände in passenden Abmessungen mit ihren Armierungen und allen häufig wiederkehrenden Ausschnitten, wie beispielsweise für Sammelschienen, schon in den Werken hergestellt werden können und an Ort und Stelle nur noch zusammenzufügen sind. Ihrer guten Eigenschaften wegen werden Hartgipsdielen im Schaltanlagenbau viel verwendet, und zwar besonders für Sammelschienenzellen.

Als Trennwände für Sammelschienen- und Trennschalter-Zellen werden zuweilen auch Eisengitter benutzt, und zwar besonders wenn ein Durchblick durch die Zellen oder Lichtdurchlaß zu einem fensterlosen Gang wünschenswert ist.

Feste Trennwände für Ölschalter- und Transformatoren-Kammern, deren Türen ins Freie öffnen, werden häufig aus Mauerwerk von mindestens $^1/_2$ Stein = 130 mm Stärke ausgeführt. Für verputzte Wände rechnet man für jede Seite Putz 15 mm mehr.

Es empfiehlt sich, größere Durchbrüche für Leitungen und Durchführungen schon beim Bau des Schalthauses vorzusehen, damit spätere Stemmarbeiten vermieden werden.

XXIII. Der Einbau der Geräte.

Der Einbau der Geräte in Hochspannungsanlagen bedingt für die Betriebssicherheit der Schaltanlage und für die persönliche Sicherheit der Bedienungsmannschaft die Einhaltung einer Reihe von Forderungen, von denen die wichtigsten nachstehend besprochen werden.

136. Der Einbau der Trennschalter.

Die Trennschalter sind sichtbare Trennstellen in Hochspannungs-Stromkreisen, welche durch sie spannungsfrei gemacht werden, damit an Stromkreisen erforderliche Arbeiten, wie Prüfen der Anschlüsse und der Schaltstücke, Reinigen und Auswechseln von Stützern u. a., ausgeführt werden können, ohne daß deshalb der ganze Betrieb stillgelegt werden muß.

In Anlagen mit Doppel-Sammelschienen, deren Stromkreise nur je einen Ölschalter haben, bilden die Trennschalter einen billigen Ersatz für einen zweiten Ölschalter, wenn mit ihnen eine betriebsmäßige Umschaltung der belasteten Stromkreise von dem einen Sammelschienen-System auf das andere vorgenommen wird, wie dies bei der Besprechung der Schaltpläne ausführlich beschrieben ist. Bei dem Umschalten muß natürlich eine fehlerhafte Bedienung der Trennschalter vermieden werden, damit nicht versehentlich die Trennschalter einen belasteten Stromkreis ausschalten. Denn das dabei entstehende Schaltfeuer könnte den Bedienungsmann gefährden und außerdem in der Anlage Erd- oder Kurzschlüsse verursachen, je nachdem der Lichtbogen an die Zellenwand oder an eine benachbarte Phase überschlägt. In Anlagen mit Einfach-Sammelschienen lassen sich solche Irrtümer, die jedoch auch hier möglich sind, leichter vermeiden als in Anlagen mit mehreren Sammelschienen-Systemen. Ferner kann in Anlagen mit sehr hohen Spannungen bei dem Abtrennen von ausgeschalteten Stromkreisen, welche einen großen Ladestrom haben, Schaltfeuer auftreten. Dies läßt sich durch vorheriges Erden des abzutrennenden Stromkreises vermeiden, doch müssen dann Leitungen, welche von ihrem anderen Ende Spannung erhalten können, auch dort ausgeschaltet sein.

Entsteht das Schaltfeuer an Trennschaltern, welche hinter einem eingelegten Ölschalter liegen, so ist der durch sie verursachte Schaden rein örtlich, denn entweder ist der dem Lichtbogen folgende Erd- oder Kurzschlußstrom so groß, daß durch ihn der Schalter selbsttätig auslöst oder er kann durch Ausschalten des Ölschalters von Hand gelöscht werden.

Gefährlicher ist das Schaltfeuer bei Trennschaltern an Sammelschienen, weil es einen Sammelschienen-Kurzschluß einleiten kann. Ein einpoliger Erdschluß ist nur bei fehlerhafter Bedienung einpoliger Trennschalter möglich und läßt sich, wenn der Schaltwärter beherzt ist, durch rasches Wiedereinlegen des gezogenen Trennschalters beseitigen. Schlägt das Schaltfeuer von dreipoligen Trennschaltern in zwei Phasen gegen Erde, so kommt dies schon einem Phasenschluß gleich, welcher, falls er an den Sammelschienen auftritt, sich nur durch das Ausschalten aller Stromerzeuger löschen läßt.

Um die durch fehlerhafte Bedienung der Trennschalter möglichen Gefahren zu vermeiden oder zumindest ihre Wirkung herabzusetzen, ist bei dem Einbau von Trennschaltern besonders auf folgendes zu achten:

1. daß die unter Spannung verbleibenden Schaltstücke der Trennschalter sich nicht in der Nähe von Schaltgeräten oder Stützern befinden, damit diese gefahrlos zugänglich sind, und daß sie nicht in die Bedienungsgänge in eine für den Personenverkehr gefährliche Tiefe hineinragen,
2. daß etwaiges Schaltfeuer nicht den Bedienenden gefährdet,
3. daß ein entstandenes Schaltfeuer nicht an Erde, nicht an andere Phasen oder an die Sammelschienen überspringen kann, und daß ein Überschlag auf andere Hoch- oder Niederspannung-Stromkreise unmöglich ist.

Die erste Forderung ist eine Selbstverständlichkeit, denn durch ihre Befolgung wird der Zweck der Trennschalter erst erreicht. Ihre Erfüllung bietet auch nur in Anlagen mit sehr beschränkten Raumverhältnissen Schwierigkeiten, und zwar ausschließlich für die Anordnung der Trennschalter an abgehenden Leitungen, weil die Unterbringung dieser Trennschalter in ein und derselben Zelle mit den übrigen Schaltgeräten des Stromkreises zusammen in der Regel unmöglich ist.

Selbst in allerkleinsten Anlagen, in denen die Sammelschienen unbedenklich auf den Wänden der Ölschalterzellen verlegt werden, läßt sich ein einwandfreier Einbau der Trennschalter an abgehenden Leitungen nur in besonderen Zellen ermöglichen. Um diese Zellen zu ersparen, nimmt man zuweilen in kleinen Anlagen, unter dem Zwang der Raumverhältnisse, andere Unzulänglichkeiten in der Leitungsführung in Kauf.

Stehen beispielsweise die Ölschalterzellen wie in Abb. 312 an einer Fensterseite, so können in Anlagen bis Reihe 10 die Trennschalter an abgehenden Leitungen in die Trennschalterreihe an den Sammelschienen eingeschachtelt werden, wie Abb. 244 zeigt. Die Kabelendverschlüsse bzw. Freileitungsklemmen sind dann allerdings nur in Betriebspausen zugänglich.

Sind außer Trennschaltern an abgehenden Kabeln noch Spannungswandler mit Hochspannungs-Sicherungen einzubauen, so bleibt nichts anderes übrig, als für diese Geräte eine besondere Zelle vorzusehen, welche unter Umständen in die Zellenreihe der Ölschalter eingeschachtelt werden kann.

Werden die Ölschalterzellen von der Gebäudewand durch einen Gang getrennt, so lassen sich die Trennschalter an abgehenden Leitungen auch in diesem Gange anordnen, und zwar möglichst so, daß die Trennmesser im geöffneten Zustand spannungsfrei sind. Die spannungsführenden Teile müssen genügend hoch über dem Flur des Bedienungsganges liegen, und zwar soll diese Höhe in Anlagen bis 30 kV mindestens 2500 mm, über 30 kV (2200 + 10 U[1]) mm sein. Bei dieser Lage der Trennschalter müssen die Anschlußleitungen über die Sammelschienen, falls diese auf den Wänden der Ölschalterzellen angebracht sind, hinwegklettern. Die in der Nähe der Sammelschienen befindlichen Stützer für die abgehenden Leitungen sind dann nur in Betriebspausen zugänglich. Um sie betriebsmäßig zugänglich zu machen und gleichzeitig von dem Gange aus sehen zu können, werden sie durch Drahtgitter gegen die Sammelschienen verkleidet.

Im allgemeinen ist eine qualmsichere Anordnung der Sammelschienen vorzuziehen. Die Erfüllung dieser Forderung bedingt in Eingeschoßanlagen einen zweiten Bedienungsgang, welcher die Raumtiefe für die Schaltanlage um reichlich 1,5 m vergrößert. Die Einfach-Sammelschienen werden dann an der Rückwand der Ölschalterzellen angeordnet, wo sich gleichzeitig Platz für die Trennschalter an den Kabelendverschlüssen schaffen läßt, wie Abb. 314 zeigt. In kleinen Anlagen können die Einfach-Sammelschienen auch auf Profileisenbrücken, die in der Decke verankert sind, verlegt werden.

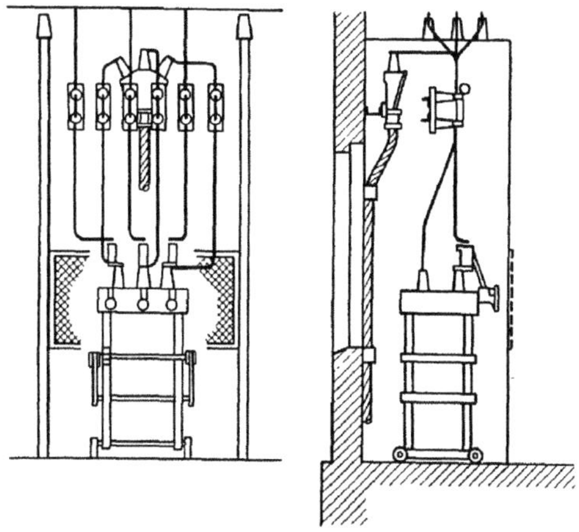

Abb. 244. Trennschalter an Einfach-Sammelschienen und an Kabelendverschlüssen in einreihiger, geschachtelter Anordnung.

Die fehlerhafte Bedienung der Trennschalter läßt sich in Anlagen mit Einfach-Sammelschienen und von Hand betätigten Ölschaltern durch verhältnismäßig einfache Mittel vermeiden. Die erforderlichen Antriebsgeräte für jeden Stromkreis, also die Ölschalter- und Trennschalter-Antriebsgeräte, werden auf ein und dieselbe Schaltwand zusammengebracht und gegeneinander so verriegelt, daß die Trennschalter nur bei ausgeschaltetem Ölschalter betätigt werden können.

In Anlagen mit Doppel-Sammelschienen ist eine ähnliche Verriegelung nur möglich, wenn eine betriebsmäßige Umschaltung der Stromkreise von dem einen auf das andere Sammelschienen-System nicht in Betracht kommt, denn während dieser Umschaltung muß die Verriegelung aufgehoben werden. Der einzig bisher bekannte Schutz gegen Fehlschaltungen auch bei einer betriebsmäßigen Umschaltung ist der Typensteckschlüssel, welcher sich nur auf ein Antriebsgerät stecken läßt, wenn die vorgeschriebene Reihenfolge der Schaltungen eingehalten ist.

Für ferngesteuerte Ölschalter ist eine elektrische Verriegelung der Trennschalter durch Sperrmagnete anwendbar, die sich auch an fernbetätigte Trennschalter anbringen läßt. Für das Umschalten der Stromkreise auf das zweite Sammelschienen-System wird die Sperrung gelöst, beispielsweise durch Stecker an der Bedienungsschalttafel. Bei elektrischer Verriegelung fernbetätigter Trennschalter werden zweckmäßig die Antriebsgeräte für den Ölschalter und für die Trennschalter zentralisiert. In der Nähe der Antriebsgeräte wird eine mechanische Entriegelungsvorrichtung für die Sperrmagnete vorgesehen, damit bei Versagen der Fernbetätigung die Handbedienung der Trennschalter möglich ist.

Häufig verzichtet man jedoch auf Verriegelungen und kann bei gut geschultem Personal eine fehlerhafte Bedienung der Trennschalter durch obenerwähnte Zentralisierung der Antriebsgeräte vermeiden, zumal wenn alle Trennschalter von dem Bedienungsstand der Antriebsgeräte aus zu sehen sind.

[1] U in kV.

In kleineren und mittleren Anlagen werden oft einpolige Trennschalter verwendet welche unmittelbar an ihrer Zelle mittels Schaltstange betätigt werden. Wenn die Trennschalterstellung von dem Bedienungsgang der Ölschalter aus gesehen werden kann, so ist das ein großer Vorteil. Doch empfiehlt es sich auch hier, die Schaltstellung des Ölschalters durch Warnlampen an den Trennschalterzellen anzuzeigen.

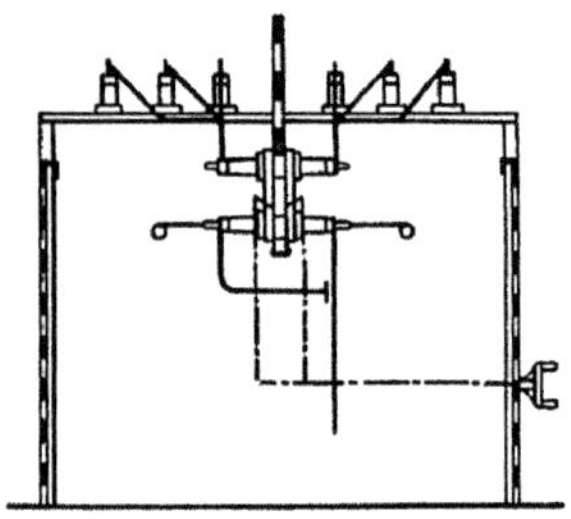

Abb. 245. Trennschalter an Doppel-Sammelschienen.

Je umfangreicher eine Anlage ist, desto eher werden trotz aller Vorsichtsmaßnahmen Irrtümer in der Trennschalterbedienung vorkommen. Um dabei den Bedienenden gegen Schalterfeuer zu schützen, werden die Trennschalter über Kopfhöhe angeordnet so daß sie bei geschlossener Zelle bedienbar sind.

Daß ein Lichtbogen nicht an Erde überspringt, läßt sich nur durch genügend große Abstände bei vollkommener Isolierung der einzelnen Phasen verhindern. Die erforderliche Auskleidung der Zellen mit Isoliermaterial ist jedoch so teuer, daß nur selten derartige Phasentrennung angewendet wird. Eine nichtisoliert ausgekleidete Phasentrennung kann nur in Anlagen mit einpoligen Trennschaltern Vorteile bieten, wo durch sie ein Überschlag des Schaltfeuers an andere Pole vermieden wird.

Abb. 246. Trennschalter-Zellen für in eine Decke eingebaute Ölschalter B.

Bei dreipoligen Trennschaltern hat eine nicht isolierte Phasentrennung wenig Zweck, und man begnügt sich deshalb im allgemeinen mit einem Schutz gegen das Überspringen von Schaltfeuer an die Sammelschienen durch eine Trennwand mit Durchführungen zwischen Trennschaltern und Sammelschienen.

Die Vor- und Nachteile einiger üblichen Anordnungen von Trennschaltern an Doppel-Sammelschienen seien im folgenden kurz skizziert.

In dem sehr einfachen Aufbau der Abb. 245 sitzen die Trennschalter für beide Sammelschienen-Systeme Rücken an Rücken. Die Sammelschienen befinden sich ungeschützt unmittelbar über den Trennschaltern. Diese Anordnung ist für Anlagen, in denen sich eine fehlerhafte Bedienung der Trennschalter leicht vermeiden läßt, vorteilhaft. Denn sie ist einfach, übersichtlich und billig, weil die Zellenwände niedrig sein können. Für Anlagen mit in die Decke eingehängten Schaltern wird diese Anordnung, die Abb. 246 zeigt, viel benutzt[1]. Das Auswechseln von Stützern in einem spannungsfrei gemachten Sammelschienen-System läßt sich gefahrlos während des Betriebes mit dem anderen Sammelschienen-System ausführen, besonders wenn zum Schutz für den Arbeiter oberhalb der Gittertüren leichte Abdeckplatten in die Zellen gelegt werden damit die unter Spannung stehenden Trennmesser dem Arbeitsbereich des Monteurs entzogen sind. Diese Abdeckplatten pflegt man auch für das Arbeiten an Trennschaltern eines von den Sammelschienen abgeklemmten Stromkreises zu benutzen.

Steht die für die Verlegung der Sammelschienen in obiger Anordnung erforderliche Zellentiefe nicht zur Verfügung und ist dagegen in der Höhe der Raum etwas reichlicher

[1] Hier müssen jedoch die spannungsführenden Teile der geöffneten Trennschalter mindestens 2,1 m über Ölschalterflur liegen, damit ein ungefährdetes Arbeiten am Ölschalter möglich ist.

bemessen, so kann für dieselben Anlagen, welche die vorerwähnte Anordnung der Trennschalter zulassen, ein Zellenaufbau nach Abb. 247 gewählt werden, bei dem sich die Zellentiefe nach den Einbaumassen der Trennschalter bestimmt. Die Zellenwände sind in ihrem oberen Teile konsolartig ausgekragt, um an den Sammelschienen die erforderlichen Abstände zu erhalten. Werden einpolige Trennschalter verwendet, so müssen sie so hoch sitzen, daß sie bei geschlossener Gittertür von wenigstens 1,8 m Höhe bedienbar sind. Abb. 248 zeigt eine solche Anordnung der Trennschalter.

Abb. 248. Trennschalter-Zellen für 60 kV. SSW.

Ist fehlerhafte Bedienung der Trennschalter zu befürchten, so werden die Sammelschienen von den Trennschaltern, wie vorerwähnt, durch Trennwände mit Durchführungen, wie in Abb. 249 dargestellt, getrennt, damit ein Flammenbogen nicht in die Sammelschienen schlägt. Die Winkelung der Leitungen von den Trennschaltern an die Durchführungen wird bei einpoligen Erdschlüssen in Anlagen mit nicht allzu großem Erdschlußstrom dann den Lichtbogen selbsttätig zum Abreißen bringen.

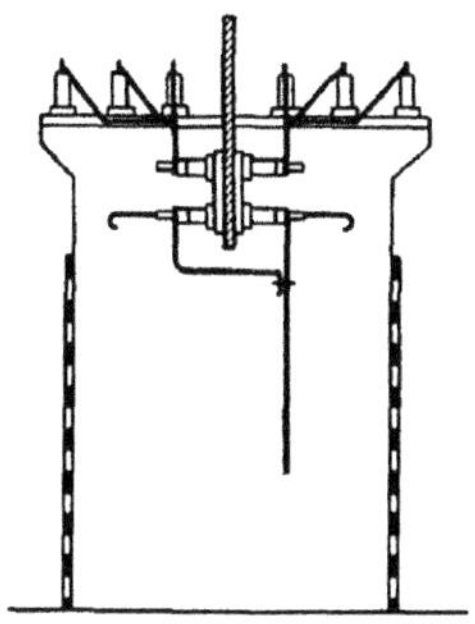

Abb. 247. Trennschalter an Doppel-Sammelschienen.

Sammelschienen sind über den Bedienungsgängen in abgeschlossenen Betriebsräumen zulässig, doch muß der untere Rand der Durchführungskappen den vorgeschriebenen Abstand von dem Fußboden haben. Das Arbeiten an Trennschaltern oder an Sammel-

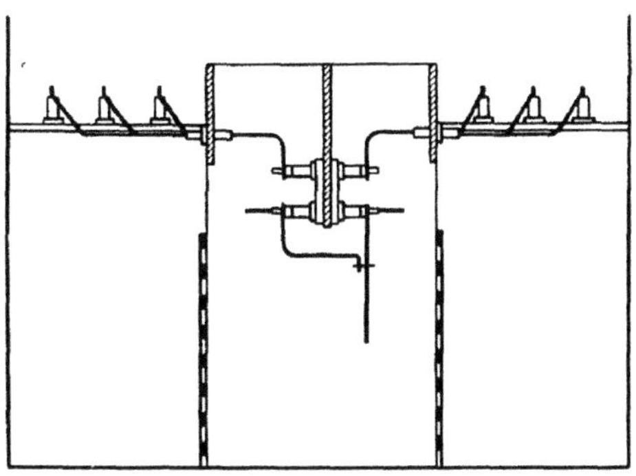

Abb. 249. Trennschalter an Doppel-Sammelschienen.

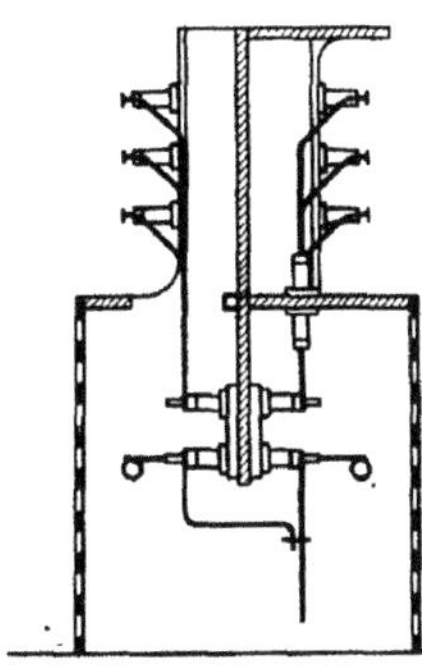

Abb. 250. Trennschalter an Doppel-Sammelschienen.

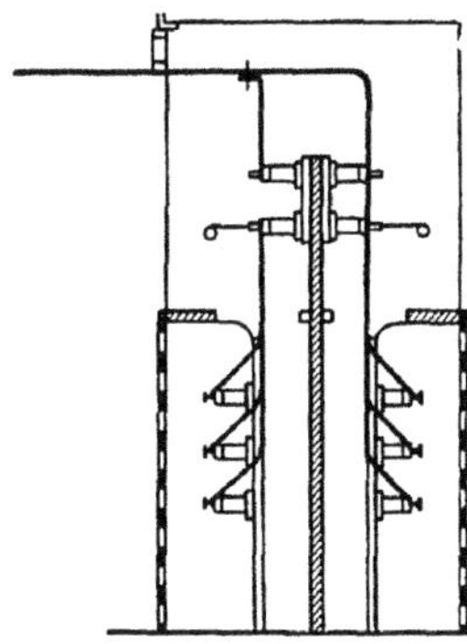

Abb. 251. Trennschalter an Doppel-Sammelschienen für Eingeschoßanlagen.

schienen ist bei dieser Anordnung gefahrlos; für letztere Arbeit werden die Trennschalter durch Platten verhängt.

Zwei in Zweigeschoß-Anlagen viel benutzte Anordnungen für Trennschalter an Doppel-Sammelschienen sind in Abb. 250 gezeichnet. Auf der rechten Seite der Abbildung sind die Sammelschienen von den Trennschaltern durch Trennplatten getrennt, auf der linken Seite ist nur ein Teil der Trennplatten beibehalten, um eine Unterlage für die Abdeckplatten zu haben, welche bei Arbeiten an den Sammelschienen oder Trennschaltern erforderlich sind. Diese horizontalen Trennplatten werden möglichst über 1,8 m hoch über Flur angeordnet, denn bei langen Sammelschienen-Reihen sind Durchgänge unter den Sammelschienen erwünscht, welche, wenn der vorgeschriebene Abstand von Flur bis zur Unterkante der Sammelschiene nicht vorhanden ist, durch Hartgipsdielen oder Gitter gegen den Durchgang verkleidet werden.

In kleineren Eingeschoß-Anlagen mit Schaltgeräten bis Reihe 10 können die Trennschalter und Doppel-Sammelschienen auch in einen Kasten, der oberhalb der Ölschalter in die Ölschalterzellen eingelassen und nach dem Bedienungsgang hin offen ist, verlegt werden, wodurch die gesamte Bedienung der Anlage von einem Gang aus möglich wird. Für Schaltgeräte über Reihe 10 würden die oberen Trennschalter und Sammelschienen sehr hoch zu liegen kommen. Diese Anordnung pflegt man nur in untergeordneten Anlagen zu wählen, deren Betrieb für das Arbeiten an den oberen Trennschaltern und Sammelschienen Pausen zuläßt.

In größeren Eingeschoß-Anlagen wird man einer Trennschalter-Anordnung nach Abb. 251 den Vorzug geben. Hier dienen die kurzen Horizontalplatten über den Sammelschienen nicht nur als Auflage für die Abdeckplatten, sondern sie bilden auch gleichzeitig einen Anschlag, um ein Auffallen der Schaltstange auf

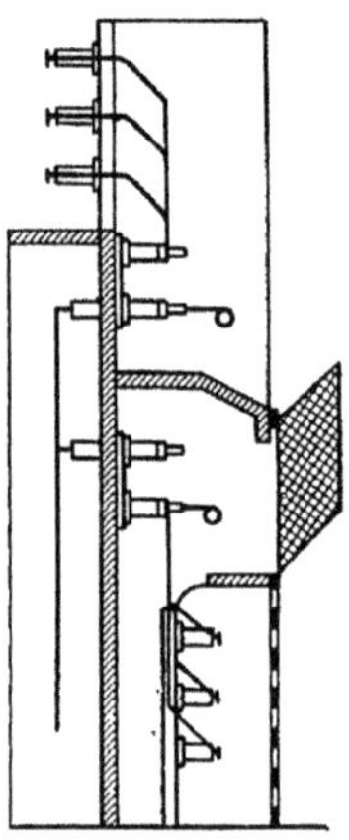

Abb. 252.

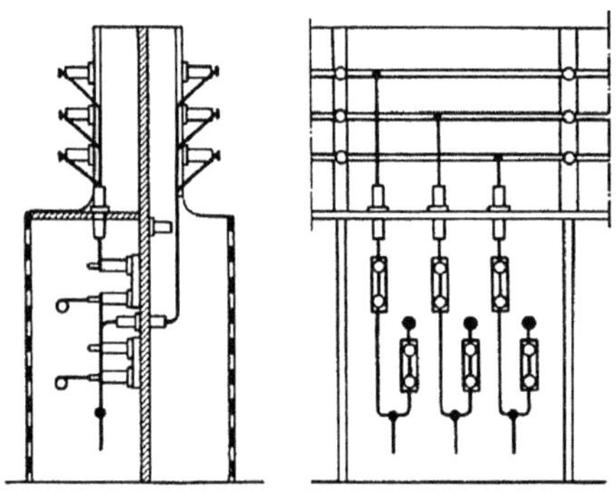

Abb. 253.

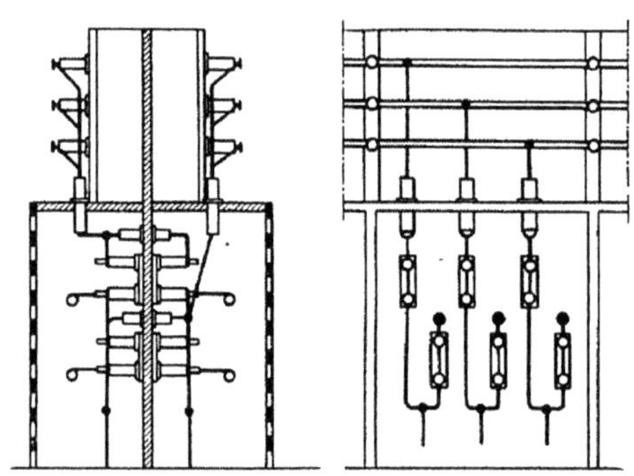

Abb. 254.

Abb. 252 bis 254. Trennschalter an Doppel-Sammelschienen.

die Sammelschienen zu verhindern, falls die Schutzgitter von den Sammelschienen nicht bis zur obersten Sammelschiene reichen. Wünscht man bei langen Sammelschienen in der Mitte der Zellenreihe einen Durchgang, so entstehen zu seinen beiden Seiten Fehlzellen, in denen die Sammelschienen nach oben steigen, damit sie hoch genug über dem Gang liegen.

Irrtümer in der Bedienung einpoliger Trennschalter lassen sich leichter vermeiden, wenn alle Trennschalter eines Stromkreises von einem Bedienungsstand aus betätigt werden wie in Abb. 252. Diese Anordnung kann in den Anlagen von Nutzen sein, bei denen ein Einblick in die Trennschalterstellung von den Antriebsgeräten der Ölschalter aus sowieso nicht möglich ist, wie beispielsweise in Schaltanlagen mit Ölschaltern, die von der Schalttafel aus von Hand betätigt werden. Damit ein Flammenbogen von den unteren Trennschaltern nicht in die oberen gelangt, ist zwischen beiden Systemen eine Trennwand eingeschoben. Die oberen Sammelschienen sind nach rückwärts gesetzt und dadurch leicht zugänglich.

Steht die für obige Anordnung erforderliche Raumhöhe nicht zur Verfügung, so können die Trennschalter wie in Abb. 253 neben- und übereinander gesetzt werden. Die Trennschalter gleicher Phasen liegen hier nebeneinander, damit die Leitungsführung von den Trennschaltern zu den Ölschaltern einfach wird.

Diese Anordnung bietet eine Raumersparnis in Anlagen mit zwei einander gegenüberliegenden Ölschalterreihen, welche ohne Schachtelung der Stromkreise nur eine einzige Zellenreihe für die Doppel-Sammelschienen erhalten sollen. Abb. 254 zeigt die Anordnung der Trennschalter und die Anschlüsse an die Sammelschienen. Die beiden Trennschaltersätze für die linke Ölschalterreihe liegen links, die für die rechte Ölschalterreihe Rücken an Rücken mit ihnen rechts von der mittleren Trennwand. Die Trennschalter des Sammelschienen-Systems I liegen oben, die des Systems II unten. Jeder Trennschalter ist mit seinem Gegenüber über eine Durchführung verbunden, von welcher dann der gemeinschaftliche Anschluß an die Sammelschienen erfolgt. Zur besseren Kennzeichnung dieser Anschlußleitungen sind in der Abb. 254 die Durchführungen in den horizontalen Trennplatten übertrieben weit nach den Gängen eingezeichnet.

Abb. 255. Drehtrennschalter mit Erdungsschalter an Freileitungen für 50 kV, mit Isolationsmessung über Kondensatorklemmen, SSW.

Für Anlagen von 45 bzw. 60 kV an werden häufig Drehtrennschalter verwendet, welche aus drei einpoligen Schaltern bestehen, die an Ort und Stelle durch Antriebsgestänge zu dem dreipoligen Satz zusammengebaut werden. Fallen die Trennschalterzellen wegen der Einbaumasse der Ölschalter sehr groß aus wie bei der einreihigen Ölschalteranordnung, so brauchen die Trennschalter nicht gegeneinander abgekleidet zu sein, wenn die R-Phase gegen die T-Phase des benachbarten Stromkreises über 2 m Abstand hat. In geschachtelten Schaltanlagen sind stets auch für diese Spannungen Trennwände erforderlich, denn hier werden die Trennschalterzellen so schmal wie möglich gehalten, s. Abb. 347. Dagegen fallen in diesen Anlagen die Zellen für die Trennschalter an Freileitungen so breit aus, daß für sie ein einfacher Geländerschutz, der etwa bis in Brusthöhe reicht, genügt. Abb. 255 zeigt Drehtrennschalter an Freileitungen mit angebauten Erdungsschaltern, deren Messer an der Gebäudewand hochstehen.

Werden an Trennschaltern Meldeschalter nötig, so ordnet man sie möglichst derart in der Zelle an, daß sie jederzeit zugänglich sind. Die auf den Trennschaltersockeln befestigten Meldeschalter erfüllen diese Forderung nicht. In größeren Kraftwerken setzt man die Meldeschalter häufig auf die Bedienungswand der Trennschalter und kuppelt sie starr mit der Antriebswelle der Trennschalter, wie es Abb. 256 zeigt. Die Kurbelantriebe für die Trennschalter sind hier in seitlichen Durchgängen angeordnet, damit der Bedienungsmann zuverlässig gegen Schaltfeuer geschützt ist. Über dem Meldeschalter befindet sich die Warnlampe, welche die Ausschaltstellung des Ölschalters anzeigt.

In Großkraftwerken werden die Sammelschienen häufig mit besonders großem Phasenabstand verlegt (beispielsweise schreiben die Bewag 800 m/m für Anlagen bis 30 kV vor), so daß für sie, wie Abb. 257 zeigt, ein besonderes Geschoß erforderlich wird. In Abb. 257 ist auch der obenerwähnte Sperrmagnet für die Trennschalter sichtbar. Die

Meldeschalter für jede Phase sind weit vorgezogen und dadurch gefahrlos zugänglich. Die Anordnung der Reihenklemmen ist beachtenswert übersichtlich.

Abb. 256. Meldeschalter an dreipoligen Trennschaltern für 10 kV, Anschluß der Meldeleitungen, Warnlampe und Trennschalter-Kurbelantrieb. SSW.

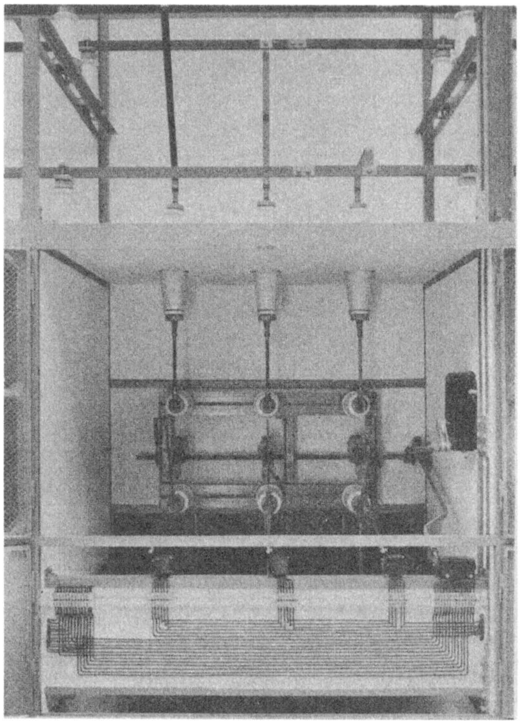

Abb. 257. Trennschalter für 30 kV mit Sperrmagnet im Großkraftwerk Moabit der Bewag, Meldeschalter, Meß- und Meldeleitungen. AEG.

137. Der Einbau der Ölschalter.

Weitgehendste Rücksicht auf die persönliche Sicherheit der Bedienungsmannschaft ist bei dem Bau von Schaltanlagen, wie bei allen technischen Bauten, eine selbstverständliche Pflicht. Aus diesem Grunde sind Ölschalter stets so einzubauen, daß eine Gefahr für den Bedienenden nach menschlicher Voraussicht ausgeschlossen ist. Die schon an anderer Stelle ausgesprochene Forderung, zwischen Ölschalter und Antrieb stets eine feuersichere Wand vorzusehen, sei deshalb nochmals wiederholt.

Zum Schutz gegen zufälliges Berühren von Hochspannung werden an den Ölschalterzellen je nach ihrer Art und Anordnung Schutzgeländer oder Gittertüren bis etwa 1,8 m Höhe bzw. Vollblechtüren angebracht.

Führen die Ölschalterzellen ins Freie, so sollten ihre Türen Warntafeln mit Aufschrift „Vorsicht, Hochspannung! Lebensgefahr!“ erhalten und nur mittels besonderen Schlüssels zu öffnen sein.

Um auf die Gefahr einer unter Spannung stehenden Ölschalterzelle besonders hinzuweisen, werden vor dem Eingang der Zellen, wenn von hier aus die Trennschalter nicht sichtbar sind, Warnlampen gesetzt, welche erst bei spannungsfreier Zelle aufleuchten. Bei Verwendung dieser Lampen empfiehlt es sich, auf ihren Zweck durch ein Warnschild mit der Aufschrift „Achtung, Hochspannung! Betreten bei dunkler Lampe lebensgefährlich!“ ausdrücklich aufmerksam zu machen.

Eine mechanische Verriegelung der Zellentüren mit den Antriebsgeräten der Trennschalter, damit die Türen sich erst bei gezogenen Trennschaltern öffnen lassen, ist teuer und nicht in allen Fällen anwendbar.

Elektrische Verriegelungen bieten keinen zuverlässigen Schutz.

Um eine Verqualmung der übrigen Anlage bei Schäden an den Ölschaltern auszuschließen, werden die Ölschalterzellen durch feuersichere Wände von der übrigen Anlage vollkommen getrennt. Je nach der Leistung und den Betriebsbedingungen der Kraftanlage erstreckt sich diese Trennung auf die Sammelschienen allein oder auf jeden Stromkreis.

Beträgt die Ausschaltleistung der Ölschalter ein Vielfaches der Kurzschlußleistung des Netzes und ist somit kaum ein Schaden an den Ölschaltern zu befürchten, so genügt es, die Sammelschienen und zugehörigen Trennschalter qualmsicher einzubauen (vgl. Abb. 314). Hier können alle Ölschalter-, Meß- und Kabelzellen in einen gemeinschaftlichen Gang münden.

Erfordert der Umfang der Schaltanlage und die Betriebsbedingungen eine etwas größere Sicherheit, so wird die gesamte Anlage durch Klapptüren in dem Ölschalterkontrollgang in mehrere Gruppen, die zweckmäßig noch durch zwischengeschobene Gänge voneinander getrennt sind, aufgeteilt. Bei dieser Gruppentrennung empfiehlt es sich, Stromerzeuger und gleichwertige Abzweige auf die einzelnen Gruppen zu verteilen, damit bei etwaiger Verqualmung einer Gruppe die Stromlieferung über den ungestörten Betrieb der anderen Gruppen weitergehen kann.

Liegt die Kurzschlußleistung des Netzes in der Nähe der Ausschaltleistung der Ölschalter oder ist diese Nähe durch spätere Erweiterungen zu erwarten, so werden die Ölschalter so eingebaut, daß eine Verqualmung auf der davon betroffenen Zelle beschränkt bleibt. Nun erhalten die vollständig geschlossenen Zellen Vollblechtüren, welche ins Freie aufgehen und die sich bei einem leichten Überdruck in der Zelle selbsttätig öffnen, damit heftigere Explosionen durch mit Luft gemischte Ölgase vermieden werden.

Ist das Verfahren der Ölschalter unmittelbar ins Freie nicht möglich oder aus baulichen bzw. anderen Gründen nicht angängig bzw. nicht erwünscht, so muß der Gang für das Verfahren der Ölschalter große, ins Freie führende Öffnungen haben, damit auftretende Ölgase schnell abziehen können.

Unterhalb der Ölschalter werden in dem Fußboden Ölmulden eingelassen, welche das auslaufende Öl auffangen und die über Rohre mit einer im Freien versenkten Ölsammelgrube verbunden sind, wie Abb. 258 zeigt.

Die Ölschalter selbst werden an Profileisen hängend bzw. auf eigenem Fahrgestell stehend in der Zelle befestigt oder sie werden in eine Decke eingehängt.

Um den Standort fahrbarer Ölschalter in der Zelle festzulegen, werden im Fußboden Fahrschienen verankert. Außerdem werden die Ölschalter durch besondere Feststellvorrichtungen festgehalten, damit der Ölschalter auch bei schweren Schaltbeanspruchungen in seiner Lage verbleibt. Da trotzdem beim Schalten Erschütterungen auftreten, welche, wenn die Anschlüsse durch starke starre Leitungen erfolgen, die Durchführungen am Ölschalterdeckel lockern oder zerbrechen können, schreiben die REH 1929 für den Leitungsanschluß an Schalter von 1000 A aufwärts biegsame Anschlüsse vor.

Die Leitungsverbindung mit dem Ölschalter soll ein leichtes Ausfahren der Ölschalter gestatten, ohne daß zu diesem Zweck längere Leitungen abgebaut werden müssen.

Bei den in einer Decke eingehängten Ölschaltern bildet zweckmäßig der Ölschalterdeckel den oberen festen Abschluß der Ölschalterkammer, in welche der Ölkessel hineinragt, vgl. Abb. 259. Der Ölschalterdeckel erhält bei dieser Einbauweise eine sehr große Festigkeit und wird bei einigen Konstruktionen an einem in der Decke fest verankerten Eisenrahmen befestigt. Dies ist im allgemeinen bei den Einkessel-Ölschaltern bis Reihe 45 der Fall, welche auf gewöhnlichen Förderwagen in die Entgasungskammer eingebracht und von einem im darüberliegenden Stockwerk befindlichen Hebebock bis zur Decke gehoben werden. Bei dieser Einbauweise der Ölschalter empfiehlt es sich, die Kesselsenkvorrichtung des Ölkessels von dem oberen Flur, auf dem die Schaltstellung aller Schalter zu sehen ist, zu betätigen.

Die unteren Kammern, welche als Entgasungsräume dienen, sind nach dem Freien vollständig offen, so daß Ölgase schnell entweichen können. Aus diesem Grunde werden die Ölschalter möglichst nah an die Außenwand des Schalthauses gebracht.

Abb. 258. Ölschalterkammer mit einem Dreikesselschalter 60 kV. B.

Abb. 260. Hubwagen für den Einbau von Ölschaltern in eine Decke. SSW.

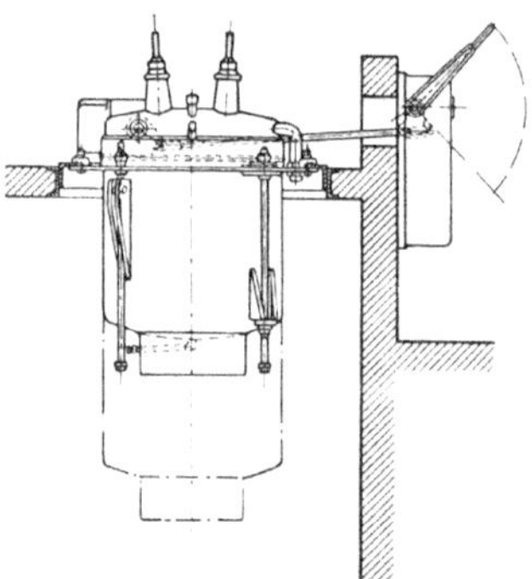

Abb. 259. In eine Decke eingehängter Ölschalter. SSW.

Im allgemeinen wird man bestrebt sein, die Entgasungskammern räumlich so klein wie möglich zu halten, denn je mehr Luft sich innerhalb des Raumes mit Ölgasen mischen kann, um so heftiger wird eine Explosion ausfallen. Andererseits wird man aber bei den Spannungen bis 30 bzw. 45 kV gern die Schaltstücke der Ölschalter an Ort und Stelle nachsehen und hier auch kleine Ausbesserungen wie Einsetzen von Schaltstücken u. dgl. ausführen wollen. Hierfür genügt ein Spielraum von etwa 350 mm zwischen den äußeren Kesselteilen und den Kammerwänden.

Die Ölschalter für Spannungen von 60 kV an haben so hohe Kessel, daß ihre Schaltstücke vom Fußboden der Kammer nicht mehr erreichbar sind. Werden diese Ölschalter an ihrem Deckel in der Decke befestigt, so empfiehlt es sich, den Ölkessel für Prüfung der Schaltstücke mittels eines besonderen Hubwagens, Abb. 260, abzusenken. Damit hierbei nun die Entgasungskammern nicht zu hoch bauen, werden die Ölschalter ohne Durchführungen in die Zelle eingebracht und die Durchführungen erst nach Montage des Ölschalters eingebaut. In einer anderen Ausführung wird der Ölschalter von seinem Ölkübel in der Decke gehalten, wie Abb. 261 zeigt. Der Ölkessel ruht dabei auf kräftigen I-Trägern. Hier wird der Ölschalter von oben in die Decke eingebracht. Die Prüfung der Schaltstücke erfolgt von dem oberen Flur, nachdem ein Hubwagen,

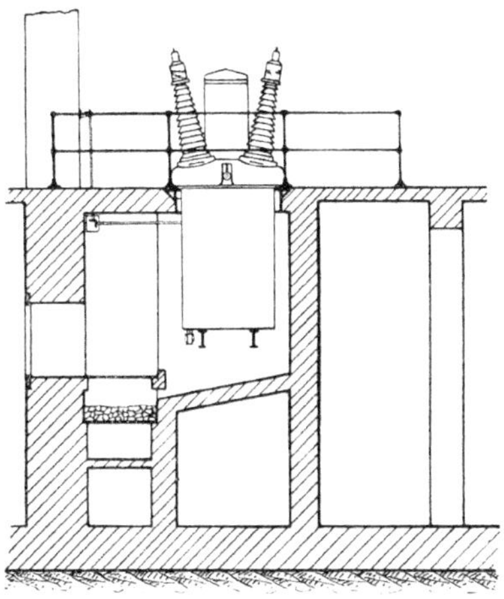

Abb. 261. In eine Decke eingehängter 100 kV-Ölschalter. BBC.

Abb. 262. Hubwagen zum elektrischen Heben und Senken der 100 kV-Ölschalter. BBC.

Abb. 262, den Deckel aus dem Ölkessel herausgehoben hat. Bei größeren Ausbesserungen an dem Ölschalter wird nur der Deckel mit den Schalteroberteilen in die Werkstatt gefahren; der Ölkessel, welcher bei 100 kV-Ölschaltern mit Öl etwa 3500 kg wiegt, bleibt in der Kammer. Ein unter dem Ölkessel befindlicher, in Abb. 261 sichtbarer, Ölablaßschieber läßt sich von dem Bedienungsstand der Ölschalter aus betätigen.

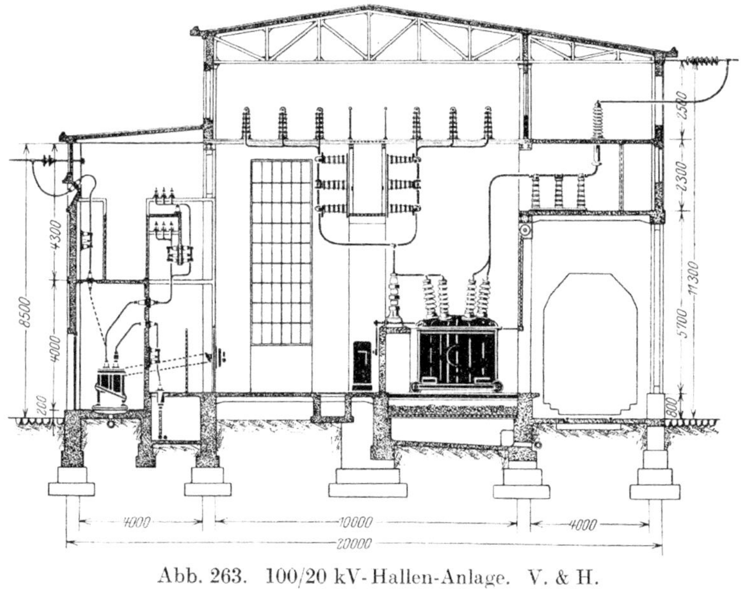

Abb. 263. 100/20 kV-Hallen-Anlage. V. & H.

Die Ölmulden unterhalb der Ölkübel werden zweckmäßig mit einer Schottersteinschicht abgedeckt, damit brennendes Öl sofort erstickt wird. Außerdem wird durch diese Abdeckung erreicht, daß der Luftinhalt der Kammer nicht durch die Ölmulde vergrößert wird.

Eine Anordnung mit festem Abschluß des Ölschalterdeckels von dem Ölkessel in Entgasungskammern ist mit fahrbaren Schaltern nach einem Patent der V. & H. möglich. Hierbei ergibt sich als Vorteil, für den Ölschaltertransport gewöhnliche Förderwagen benutzen zu können. Der Ölschalter setzt sich, Abb. 263, mit seinem Flansch auf eine Betonmauer der Kammer, so daß durch ihn die Entgasungskammer nach obenhin abgeschlossen ist. Für das Einbringen der Schalter sind in der Gebäudewand Türen vorgesehen, welche den Durchtritt der Durchführungen freigeben.

Der Einbau aller Ölschalter erfolgt so, daß ihre Auslöser, Klemmen und die Kupplungen für die Antriebsgeräte, soweit sie nicht wie bei Klauenkupplungen selbsttätig wirken, gut zugänglich sind.

Kreuzen Hochspannungsleitungen die Antriebsteile, so muß auf genügenden Phasenabstand geachtet werden. Bei Strömen von 600 A an aufwärts müssen alle drei Leitungen einseitig von den Antriebsteilen liegen. Führen Leitungen von den Ölschaltern abwärts, so befindet sich zweckmäßig die Antriebskupplung an einer Seite des Ölschalters, Abb. 259. Führen keine Leitungen abwärts, so bieten unter Umständen Antriebsgeräte mit einer Klauenkupplung den Vorteil, mit kleineren lichten Zellenweiten auszukommen.

Eine ungezwungene Leitungsführung an die Ölschalter ergibt sich, wenn die Ölschalter so in die Zellen eingebaut werden, daß ihre Phasenebene in Richtung der Zellenreihe fällt.

138. Der Einbau der Antriebsgeräte.

Die Führung der Antriebsgestänge und der Einbau der Antriebsgeräte bedarf in Hochspannungsanlagen eingehender Überlegung, damit die Betätigung der Schalter auch bei schweren Betriebsstörungen möglich ist.

Die Anordnung der Antriebsteile wie Gestänge, Wellen und Lager soll so getroffen werden, daß alle Teile jederzeit zugänglich sind. Sie dürfen also durch keine Zellen und an keinen Leitungen fremder Stromkreise vorbeigeführt werden. Auch die Leitungen ihres eigenen Stromkreises sollen sie nach Möglichkeit nicht kreuzen. Aus diesen Gründen ist bei Ölschaltern, welche von einer abseits aufgestellten Schalttafel aus von Hand betätigt werden, auf eine möglichst einfache und kurze Gestängeführung zu achten, welche am einfachsten wird, wenn die Schalter ihren Handantriebsgeräten senkrecht gegenüberstehen.

Um an Schalttafeln zu sparen, bringt man jedoch öfters die Antriebsgeräte mehrerer Stromkreise auf ein gemeinschaftliches Schalttafelfeld. Wie in solchen Fällen eine geeignete Antriebsführung erzielt wird, ist in dem Abschnitt „Schalttafeldienstraum", XXXI, 179 eingehend besprochen.

Werden die Schalter von der Schalttafel aus fernbetätigt, so ordnet man die Antriebsgeräte für die Ölschalter in deren unmittelbarer Nähe an, damit die Montage einfach und das Schaltgestänge möglichst wenig Masse besitzt, denn langes Gestänge würde den Einschaltvorgang verzögern bzw. für die Beschleunigung seiner Massen ($m \cdot v^2$) mehr Kraft benötigen als kurzes Gestänge. Wie schon erwähnt, ist es zweckmäßig, etwaige Antriebsgeräte für Trennschalter in der Nähe der Ölschalter anzuordnen, damit eine fehlerhafte Bedienung der Schalter sich leicht vermeiden läßt. Für eine übersichtliche Anordnung empfiehlt es sich, alle für einen Stromkreis erforderlichen Antriebsgeräte in besonderen Schaltschränken zusammenzufassen, welche gleichzeitig zur Aufnahme der Reihen- und Prüfklemmen der für die Stromkreise erforderlichen Meß-, Steuer- und Signalleitungen dienen. Durch Verwendung solcher Antriebsschränke wird die Betriebssicherheit und Übersichtlichkeit der Anlage wesentlich gehoben, weil hier alle Antriebsgeräte, Meldeschalter und Klemmen jederzeit zugänglich sind.

Die Abb. 264 und 265 zeigen derartige Antriebsschränke in dem Hauptbedienungsgang für die Ölschalter.

Auf die Vorderseite der Antriebsschränke in Abb. 264 sind Handräder für die Ölschalter und darunter je drei Überstromrelais gesetzt. An der linken Seite des Antriebsschrankes sind Zapfen vorgesehen, auf welche eine Kurbel für die Trennschalterbetätigung gesteckt werden kann. Die Trennschalter an den Kabeln sind einpolig und werden mittels Schaltstange bedient.

Abb. 264. 6 kV-Schaltanlage in Hallenbauweise mit in die Decke eingebauten Ölschaltern und Kabelendverschlüssen sowie mit Antriebsschränken für Öl- und Trennschalter. BBC.

Abb. 265. In Wandschränke eingebaute Antriebsmotoren für Öl- und Trennschalter. B.

Eine gefällige Einbauweise der Antriebsgeräte in eine Schrankflucht zeigt Abb. 265. Bei dieser Anordnung ist große Sorgfalt auf gute Übersichtlichkeit und Zugänglichkeit aller Einzelteile aufgewendet.

Die Breite der Hauptbedienungsgänge ergibt sich meist aus dem gewählten Auf bau der Schaltanlage, der lichte Durchgang zwischen vorbauenden Antriebsgeräten sollt jedoch mindestens 1,0 bis 1,2 m betragen.

139. Der Einbau der Stromwandler.

Stromwandler lassen sich bei geeigneter Auswahl leicht und gefällig in den natür lichen Leitungszug einbauen, dabei wird auf gute Zugänglichkeit aller Klemmen un auf Sichtbarkeit der Durchführungen von dem Kontrollgang aus Wert gelegt.

Mit Masse oder Öl gefüllte Stromwandler sowie alle Stromwandler, welche nich zuverlässig kurzschlußfest sind, werden zweckmäßig nicht zwischen Sammelschienen un Ölschalter, sondern hinter dem Ölschalter angeschlossen, damit durch Schäden an de Stromwandlern entstehende Lichtbögen nicht zu Sammelschienen-Kurzschluß Anla geben. Sie werden deshalb in ähnlicher Weise in die Schaltanlage eingebaut wie di Ölschalter, d. h. in Zellen- oder Kammer-Anlagen werden die Stromwandler auch i Zellen untergebracht, damit durch Schäden an ihnen nicht die übrige Anlage verqualm

Die Topfwandler können mit Schellen an der Wand bzw. auf Profileisen befestig oder auch in eine Decke eingehängt werden. Massegefüllte Stromwandler sollten so ar geordnet werden, daß flüssigwerdende Masse nicht auf die Ölschalterauslöser tropfe kann, welche durch sie vielleicht verklebt und unbrauchbar würden.

Der einfachste Einbau in den Leitungszug ist mit Durchführungs-Stromwandler zu erreichen. Um dabei Feuchtigkeitsniederschläge an der Sekundärspule zu vermeiden wird in der Decke neben dem Stromwandler ein Lüftungsloch vorgesehen. Bei Que lochwandlern ist dies nicht nötig, da hier alle Spulen von Porzellan umgeben sind.

Daß auch ohne Benutzung von Decken oder Wänden sich Durchführungswandl gefällig in den natürlichen Leitungszug einbauen lassen, zeigt Abb. 347, mit Schleifen wandlern, welche an den Eisenträgern für die Laufstege der Sammelschienenzellen be festigt sind.

140. Der Einbau der Spannungswandler.

Mit Öl oder Masse gefüllte Spannungswandler pflegt man stets mit derselben Siche heit gegen Verqualmen der übrigen Anlage einzubauen wie die Ölschalter der betreffende Anlage.

Werden die Spannungswandler hochspannungsseitig ohne besonderen Schutz an d zu messende Spannung angeschlossen, so ist ihr Einbau einfach, denn der für sie erforde liche Platz läßt sich leicht in den Ölschalterzellen schaffen, wie beispielsweise Abb. 2 zeigt. Hier ist durch die geschachtelte Anordnung der Sammelschienen die Ölschalterzel so breit geworden, daß zu beiden Seiten des Ölschaltersatzes noch Raum für je eine Einphasen-Spannungswandler bleibt. Die Spannungswandler stehen auf besonderen (manchen Fällen fahrbaren) Gestellen, damit ihre Anschlußklemmen mit denen der Ö schalter gleich hoch liegen. Würden die Spannungswandler unmittelbar auf den Fl der Ölschalterkammer gestellt, so müßte hinter der Eingangstür zur Kammer noch e Gitter angebracht werden, um versehentliches Berühren der Hochspannungsleitunge beim Öffnen der Kammertür zu verhindern. Durch die in obiger Abbildung gewähl Anordnung liegen alle Hochspannung führenden Teile über der erforderlichen Reic höhe, so daß ein Betreten der im Betrieb befindlichen Kammer ungefährlich ist.

In Hallenanlagen mit in eine Decke eingehängten Ölschaltern lassen sich die Spa nungswandler ähnlich wie Ölschalter in die Decke einbauen.

Der Einbau der Spannungswandler, welche hochspannungsseitig Sicherungen e halten, erfordert in den meisten Fällen eine besondere Zelle, in welcher unter Umstände auch die Kabelendverschlüsse der zugehörigen Hauptstromkreise untergebracht werde können (vgl. Abb. 332).

Für die Bedienung der Hochspannungs-Sicherungen ist es angenehm, wenn ihre Mitte etwa 1,3 m über Flur liegt. Außerdem ist zu beachten, daß die Sicherungen genügenden Abstand voneinander für die Klaue der Schaltzange haben.

Die Anschlußleitungen an die Sicherungen werden zweckmäßig nach rückwärts abgebogen, damit das Schaltfeuer durchgehender Sicherungen nicht an andere Teile der Zelle anspringen kann. Zum Schutz der übrigen Anlage gegen Schaltfeuer kann in größeren Anlagen die Phasentrennung der Sicherungen durch isolierende Wände von Vorteil sein.

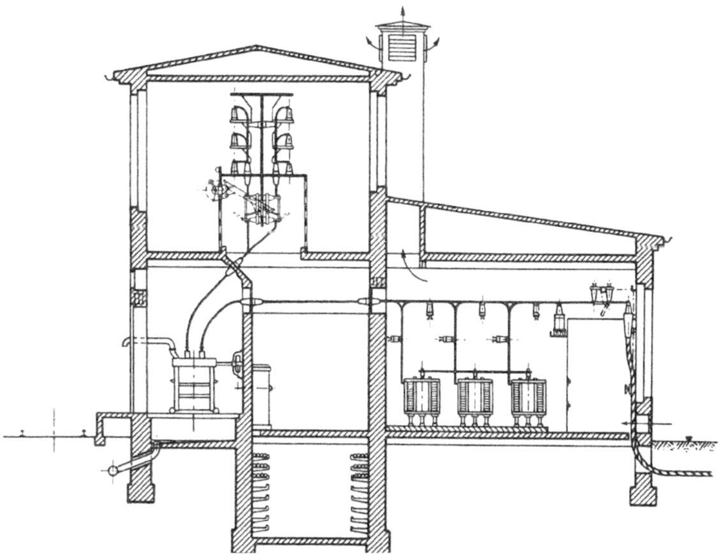

Abb. 266. Drei einpolige Strombegrenzungs-Drosselspulen für den Eigenbedarf eines Großkraftwerkes. SSW.

141. Der Einbau der Strombegrenzungs-Drosseln.

Die Strombegrenzungs-Drosseln werden aus wirtschaftlichen Gründen im allgemeinen genau für die geforderten Betriebsbedingungen gebaut und befinden sich daher in einem labilen Zustand, welcher durch irgendwelche Ursachen außerhalb der Strombegrenzungs-Drosseln überschritten werden und in den schlimmsten Fällen mit einer vollständigen Verdampfung der Strombegrenzungs-Drosselenden kann.

Um den durch Schäden an Strombegrenzungs-Drosseln verursachten Lichtbögen den Weg zur übrigen Schaltanlage abzuschneiden, werden die Strombegrenzungs-Drosseln in Zellen oder in Kammern feuersicher eingebaut.

Die von den Strombegrenzungs-Drosseln erzeugte Wärme, die etwa 1 bis 2 % der Eigenleistung beträgt, muß abgeleitet und dabei für genügende Frischluftzufuhr gesorgt werden.

Abb. 267. Dreipolige Strombegrenzungs-Drosselspulen in einem Kraftwerk der Bewag. B.

Von Eisenkonstruktionen müssen die Drosseln bedeutend größere Abstände haben als die REH-Schlagweiten fordern; es empfiehlt sich deshalb, Eisenkonstruktionen in den Zellen zu vermeiden.

Die Abb. 266 und 267 zeigen Kammern mit Strombegrenzungsdrosseln in Schaltanlagen für Großkraftwerke.

142. Der Einbau der Überspannungs-Schutzgeräte.

Die Ölwiderstände für Hörnerableiter werden in ähnlicher Weise in Zellen ode Kammern eingebaut wie die Ölschalter der betreffenden Anlage, vgl. Abb. 326 und 33(

Bei der Aufstellung von Hörnerableitern ist zu beachten, daß die sehr bewegliche Lichtbögen genügend Spielraum für ihre freie Entfaltung haben, und daß in ihrer Bereich keine Leitungen, Eisenteile oder gemauerte Wände sind, an welche der Licht bogen anspringen und so Erd- oder Kurzschlüsse einleiten könnte. Auch sollen di Zellen vor Zugluft geschützt sein und eine geeignete Entlüftung, welche die durch Ent ladungen ionisierte Luft wegschafft, haben.

Da die Hornweite mit der Betriebsspannung wächst, ist die Lichtbogenhöhe an genähert eine Funktion der Hornweite. Bezeichnet a die Hornweite, so sollen die Mindest abstände etwa sein:

für die Flammenbogenhöhe $2\,a$,
für den Phasenabstand zweier paralleler Hörner a,
für den Mittenabstand zweier hintereinanderliegenden Hörner $1{,}1\,a$,
für den Abstand des Hornes von der parallelen Wand $0{,}75\,a$.

Bei dem bekannten Bendmann-Schutz der AEG wird das Schaltfeuer, das an de Kugeln auftritt, sofort wieder gelöscht. Oberhalb dieses Gerätes braucht aus dieser Grunde kein besonders hoher Raum für die freie Entwicklung des Lichtbogens zu sein

Werden vor den Transformatoren Schutzdrosselspulen angeordnet, so werden si in der Transformatorenkammer selbst untergebracht, um zwischen Transformator un Drossel Stützer und Durchführungen zu vermeiden, deren Kapazität mit der Induktivitä der Drossel einen Schwingungskreis bildet, welcher zu Überspannungen Anlaß geben kan

Alle übrigen Überspannungs-Schutzgeräte werden, wenn sie Öl enthalten, z. B. di Erdungsdrosseln und Löschdrosseln, wie Ölschalter oder Transformatoren qualmsiche eingebaut.

143. Der Einbau der Kabelendverschlüsse.

Damit in die Kabel keine Feuchtigkeit eindringt, werden die Kabelenden in Kabelenc verschlüsse eingeführt, welche mit Masse vergossen werden, wie Abb. 268 zeigt.

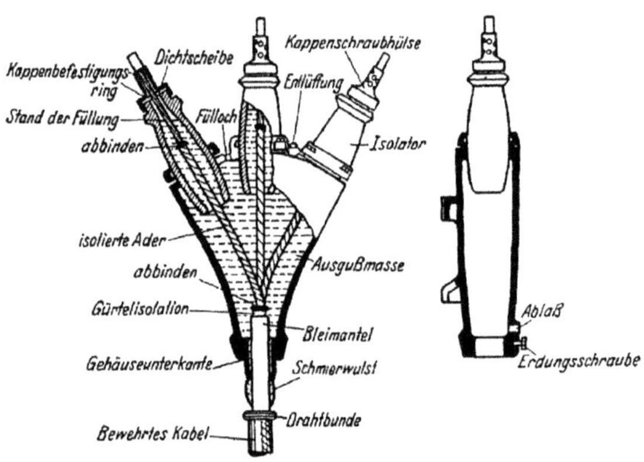

Abb. 268. Kabel-Endverschluß für Dreileiterkabel bis 400 mm², 10 kv. DIN VDE 7690.

Die Kabelendverschlüsse werden s montiert, daß die Anschlußklemmen vo dem Kontrollgang aus sichtbar und zu gänglich sind.

Sind bei großen Stromstärke mehrere Kabel miteinander parallel z schalten, so müssen Dreileiterkabel ste für alle drei Phasen benutzt werden w in Abb. 269.

Der Anschluß der blanken Le tungen an mehrere parallele Kabel e folgt, wie die Abbildung zeigt, üb kurze Verbindungen und Hilfsschiene Man befestigt diese Hilfsschienen nicl unmittelbar auf den Durchführunge der Kabelendverschlüsse, weil durc Materialungleichheiten bei dem Festschrauben der Schienen die Durchführungen breche könnten.

Die Gefahr, daß Kabelendverschlüsse infolge der thermischen Wirkung der Kur schlüsse gesprengt werden, und daß dabei die Füllmasse entzündet wird, besteht nu dort, wo die Kabel durch die Kurzschlußströme bis an die Grenze des Zulässigen od darüber hinaus beansprucht werden. Wird bei Berechnung des Kabelquerschnittes a die dreimalige kurz hintereinanderfolgende Beanspruchung durch den Kurzschlußstrom Rücksicht genommen (s. Abschnitt, die Berechnung der Leiter auf thermische Kurzschlußfestigkeit, III, 16), so kann die Übertemperatur des Leiters 150° C nicht überschreiten, vorausgesetzt daß an den Schraubkontakten keine Übergangswiderstände bestehen.

Die Auswirkung der Schäden an Kabelendverschlüssen sucht man in Anlagen, in welchen sie zu befürchten sind, durch eine qualmsichere Anordnung der Kabelendverschlüsse zu vermeiden.

Ist aus Platzmangel oder aus Gründen der Verqualmungsgefahr das Anbringen von gußeisernen Kabelendverschlüssen nicht erwünscht, so können in trockenen Räumen die

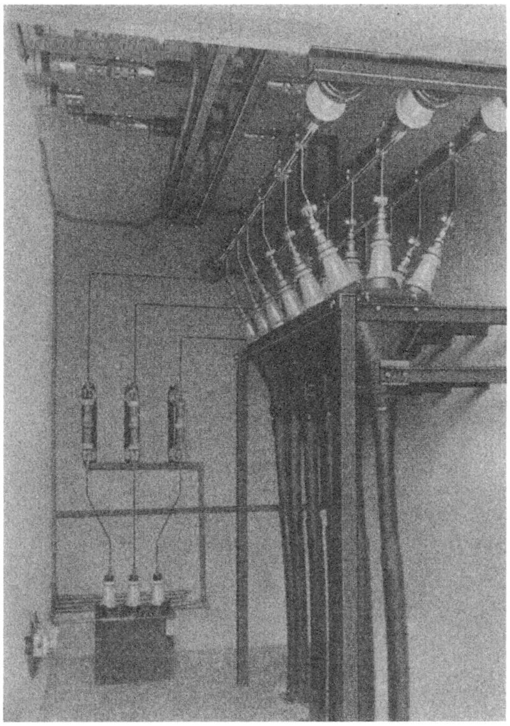

Abb. 269. Einbau von Kabelendverschlüssen und ihr Anschluß an Hilfsleitungen. AEG.

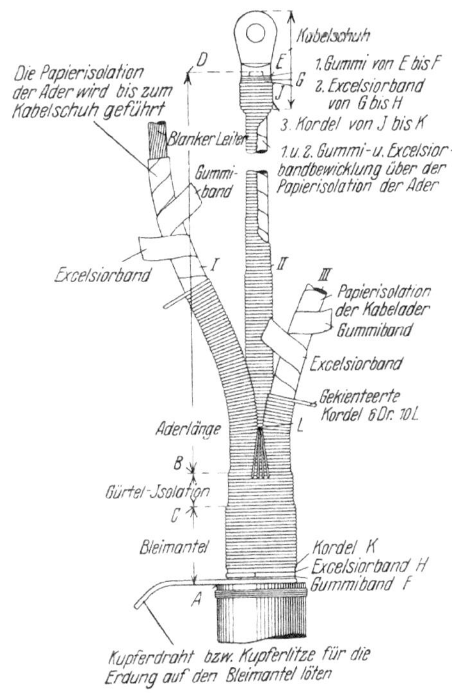

Abb. 270. Wickelendverschluß. SSW.

Kabelenden für Spannungen bis 20 kV auch als Wickelendverschlüsse ausgeführt werden. Zum Schutz gegen Austritt von Kabeltränkmasse werden die Kabel mit Gummiband, Exzelsiorband und Kordel umwickelt, wie Abb. 270 zeigt. Die Endverschlüsse sind von Zeit zu Zeit von anhaftendem Staub zu reinigen.

XXIV. Die Aufstellung der Transformatoren.

Die Transformatoren werden je nach Größe in Zellen oder in Kammern, deren Türen ins Freie öffnen, aufgestellt.

Der Einbau in Zellen entspricht vollkommen dem Zelleneinbau der fahrbaren Ölschalter und wird nur bis zu Leistungen von etwa 100 kVA für den Eigenbedarf kleinerer Kraftwerke angewendet.

Die Transformatorenkammern werden dem Schaltanlagenaufbau angepaßt, und zwar ordnet man sie entweder vor dem Schalthaus an, wobei sie dem anschließenden Raum dann von dieser Seite das natürliche Licht fortnehmen, oder aber sie werden, wie es bei größeren Leistungen oder höheren Spannungen oft erforderlich wird, als besonderer Bau getrennt von dem Schalthaus errichtet.

Bei Raummangel ist es zuweilen nötig, die Schaltanlage über den Transformatorenkammern aufzubauen; in einer norwegischen Anlage wurden sogar die Transformatoren mitsamt der Schaltanlage über dem Maschinensaal aufgestellt, weil hier die Vergrößerung der Grundfläche in dem engen, von steilen Felsen eingefaßten Teil kostspielige Sprengungen erfordert hätte.

Die normale und wünschenswerte Aufstellung der Transformatoren ist wie die aller viel Öl enthaltenden Geräte auch aus Gründen der leichten Brandlöschung zu ebener Erde.

144. Die Berechnung der Luftkanäle.

Die Kammern für luftgekühlte Transformatoren müssen für die ausreichende Belüftung genügend große Frischluft- und Abluft-Kanäle erhalten, deren Querschnitt sich wie folgt errechnen läßt.

Die im Transformator von N kVA Leistung auftretenden Verluste N_v in kW entsprechen einer Wärmemenge von

$$W = 859 \cdot N_v \text{ kcal/st}. \tag{78}$$

Für die Abführung dieser Wärmemenge ist eine Luftmenge von

$$Q = \frac{859\, N_v}{0{,}31\,(t_2 - t_1)} \cdot (1 + \alpha\, t_1) \text{ m}^3\text{/st} \tag{79}$$

erforderlich.

$\alpha = \frac{1}{273}$ ist der Ausdehnungskoeffizient der Luft,

t_1 die Frischlufttemperatur,

t_2 die Ablufttemperatur.

Legt man die Sommertemperatur von 20° C für die Frischluft t_1 zugrunde und läßt man einen Wärmeanstieg t_2 auf 40° C zu, so wird die sekundliche Luftmenge

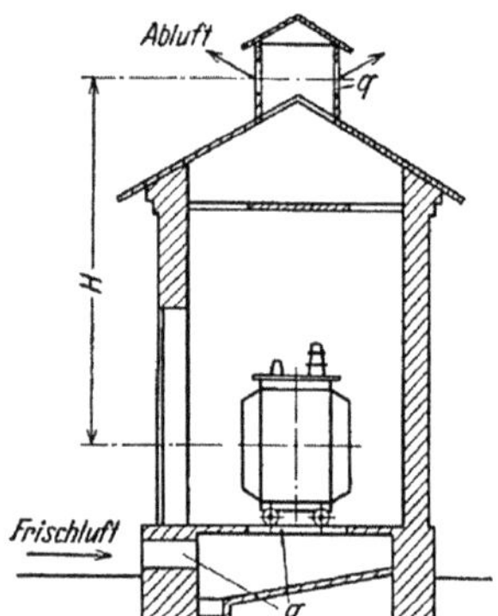

Abb. 271. Berechnung der Luftkanäle.

$q = 0{,}1 \frac{N_v}{\sqrt{H}}$ m².

$$Q = \frac{859 \cdot N_v}{0{,}31 \cdot 20 \cdot 3600} \cdot \left(1 + \frac{20}{273}\right),$$

$$Q = \frac{1}{24} \cdot N_v \text{ m}^3\text{/s}. \tag{80}$$

Durch den Auftrieb der erwärmten Luft wird eine Luftgeschwindigkeit

$$v = \sqrt{\frac{H}{\zeta}} \text{ m/s} \tag{81}$$

erzeugt. Darin ist

H die wirksame Lufthöhe in m, s. Abb. 271,

ζ der Widerstand der Kanäle.

Je nach Ausbildung und Anordnung der Luftkanäle wird mit einem gesamten Widerstand ζ von 5 bis 8 zu rechnen sein.

Nach der „Hütte“ wird der gesamte Widerstand bei einfacher Luftführung wie in Abb. 271 etwa 5,5, bei mehrfach umgeleiteten Kanälen kann er bis auf 8 oder 9 steigen.

Der für N_v Verluste bei H m wirksamer Luftsäule erforderliche Kanalquerschnitt wird dann

$$q = \frac{Q}{v} = \frac{1}{24} N_v \cdot \sqrt{\frac{\zeta}{H}}. \tag{82}$$

für einfache, gerade Luftführung mit $\zeta = 5{,}5$, also

$$\boldsymbol{q = 0{,}1 \cdot \frac{N_v}{\sqrt{H}}} \textbf{ m}^2. \tag{83}$$

Bei mehrfach umgebogenen Lüftungsschächten oder bei häufigen Querschnittsänderungen muß der Querschnitt um etwa 10 % bis 30% größer gewählt werden.

Für Fremdlüftung ist in der Regel eine Luftmenge von $^1/_{12}$ bis $^1/_{10}$ m³ je kW Verluste und je s erforderlich. Da die Abluftgeschwindigkeit etwa 2,5 bis 3,0 m/s nicht überschreiten soll, wird der hierfür erforderliche Kanalquerschnitt

$$q \cong 0{,}03\ N_v. \tag{84}$$

Erforderliche Lüfter werden für einen Winddruck von 20 m/m Wassersäule nach den Preislisten gewählt.

145. Die Frischluftzuführung.

Die Anordnung der Frischluft- und Abluftkanäle und ihre architektonische Anpassung an das Schalthaus ist ein Problem, das reiflicher Ingenieurarbeit wert ist. Für Transformatoren bis etwa 700 kVA genügen Öffnungen unten in der Tür und an der Decke. Zum Schutze gegen eindringendes Ungeziefer werden die Öffnungen durch Drahtgaze abgekleidet. Um eine gute Kühlung der Transformatoren zu erzielen, muß die Frischluft möglichst gleichmäßig den Transformatorkessel bestreichen und wird aus diesem Grunde unter dem Umspanner in die Ölmulde eingeführt. Damit kein Regenwasser in die Ölmulde eindringt und kein Öl aus ihr auslaufen kann, liegt der Frischluftkanal etwas erhöht über Flur und über Unterkante Ölmulde, wie es die folgenden Abbildungen mit Anordnungsbeispielen für die Frischluftzuführung zeigen.

In der häufig gewählten Anordnung der Abb. 272 sind die Frischluftkanäle, welche durch Gitter verkleidet sind, unterhalb der Tür. Eine Klappe schließt die Frischluftzufuhr bei einem Transformatorbrand selbsttätig ab.

Für große Transformatoren wird bei geringer Höhe der Abluftschlote der Frischluftkanal zuweilen so groß, daß die Fahrschienen ungünstig hoch über Flur zu liegen

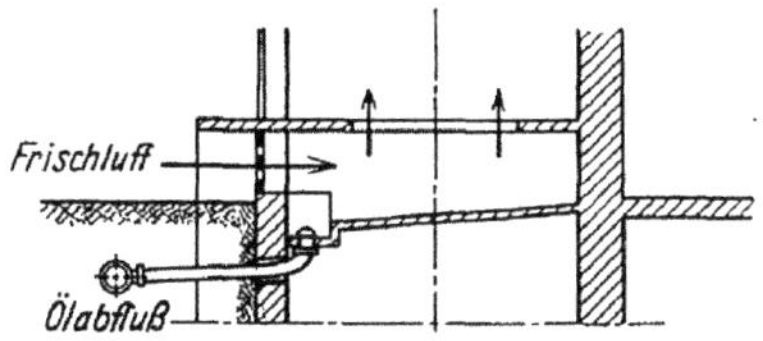

Abb. 272. Normale Frischluftführung.

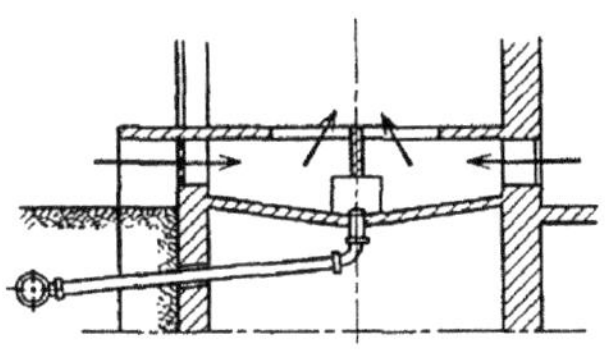
Abb. 273. Zuluft von zwei Seiten.

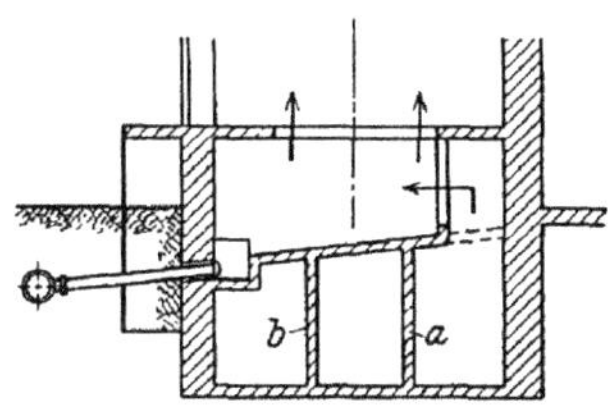

Abb. 274. Zuluft von der Stirnseite.

kommen. Falls nun die Transformatoren in einem freistehenden Gebäude untergebracht sind, kann für die Frischluftzufuhr die Rückwand der Kammern mitbenutzt werden wie in Abb. 273. Um dabei die Saugwirkung zu erhöhen und einblasendem Wind Richtung zu geben, empfiehlt es sich, in der Mitte der Ölgrube einen Steg anzubringen, der dem Wind die Möglichkeit des Durchblasens nimmt und die Frischluft in die Saugrichtung hineindrängt.

Lehnen die Kammern an eine Gebäudewand an in der Art, daß die Frischluft nur von der Stirnseite des Umspanneranbaues herangeholt werden kann, so lassen sich Frischluftkanäle unterhalb der Ölmulde anbringen. In Abb. 274 ist die Kanalanordnung für drei Transformatoren dargestellt. Der gesamte Frischluftkanal wird durch zwei Trennwände *a* und *b* in drei einzelne Kanäle geteilt. Die Trennwand *a* endet mit der ersten Kammer und gibt so für die zweite Kammer die Luft frei; in der dritten Kammer ist auch die Trennwand *b* fortgefallen.

Können aus baulichen Gründen die Frischluftöffnungen unterhalb der Tür nicht ausreichend groß gemacht werden oder ist beispielsweise eine direkte Luftentnahme nicht wünschenswert, so kann bei freistehenden Transformatorenhäusern die Frischluft wie in Abb. 275 einem Anbau entnommen werden, welcher gegebenenfalls auch für den

Einbau der Kabelendverschlüsse der Unterspannungskabel benutzt wird. Bei unreiner Frischluft lassen sich hier ohne Schwierigkeit Filter einbauen.

Sind die Transformatorenkammern an das Schalthaus angebaut, so muß unter Umständen die Frischluft dem Keller des Schalthauses, wie Abb. 276 zeigt, entnommen

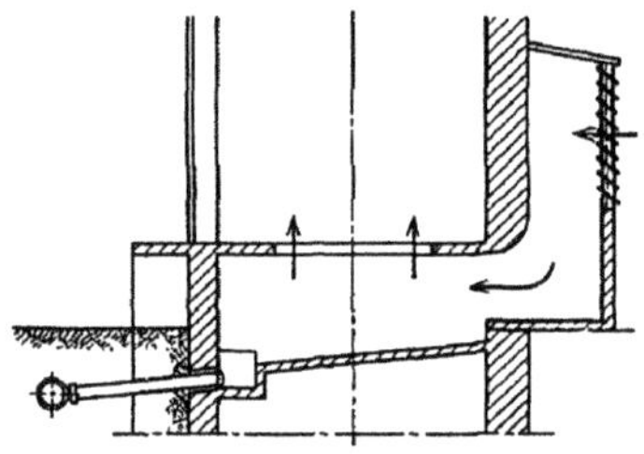

Abb. 275. Zuluft aus einem Anbau.

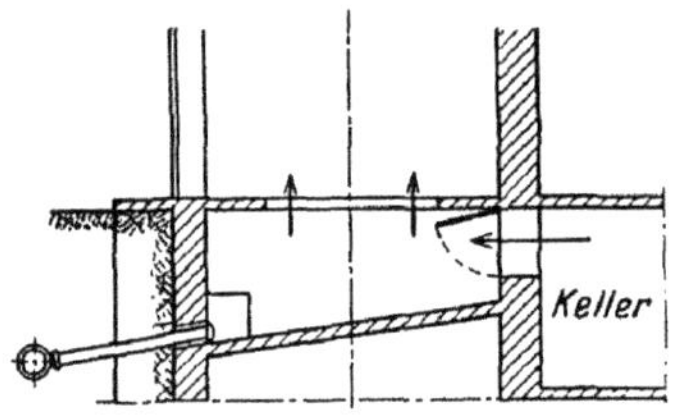

Abb. 276. Zuluft aus einem Keller.

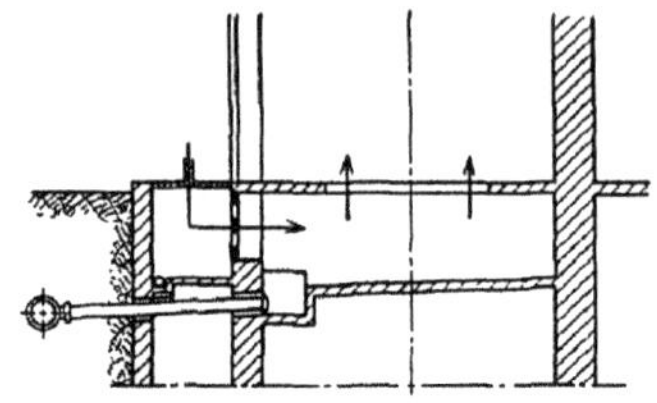

Abb. 277. Zuluft durch einen Graben.

werden; doch soll bei etwaigem Transformatorbrand eine Klappe den Frischluftkanal selbsttätig sperren, damit der Keller nicht verqualmt.

Können die Transformatoren nur wenig über Flur aufgestellt werden, beispielsweise bei Benutzung vorhandener Räume, so ist manchmal nur eine Frischluftzuführung nach Abb. 277 möglich. Hier ist im Erdreich vor der Kammertür ein Frischluftschacht eingemauert, welcher mit einem Rost abgedeckt wird und eine Regenrinne erhält. Um ihn gegen einfallenden Regen zu schützen, empfiehlt es sich, das Dach der Transformatorenkammer möglichst weit nach vorn vorzuziehen. Die Ölmulde baut bei dieser Anordnung ziemlich tief in die Erde.

146. Die Entlüftungskanäle.

Die Abzugsschlote werden aus feuersicheren Baustoffen hergestellt und münden auf möglichst geradlinigem Wege oberhalb des Daches in Dachreiter. Scharfe Krümmungen und plötzliche Querschnittsänderungen in den Kanälen ergeben große Widerstände und sind deshalb zu vermeiden.

Die Entlüftungsschlote sollen stets über Dach und, falls die Transformatorenkammern an ein höheres Haus anlehnen, über dessen Dach hinausgeführt werden und nach mehreren Seiten Öffnungen, die gegen einfallenden Regen durch Jalousien geschützt werden, erhalten, damit der Wind durchblasen kann und so die Entlüftung unterstützt. Im anderen Falle würde der Wind in die Kammern hineinblasen und der Entlüftung entgegenwirken.

Soll die Dachhaut nicht angegriffen werden, so können bei vielen Transformatoren alle Entlüftungsschlote in dem Dach, welches nun auf Drempelwänden, mit den erforderlichen Entlüftungsöffnungen darin eingebaut, gesetzt wird, zusammengefaßt werden.

Damit im Dachstuhle sich bildende Niederschläge oder einfallender Regen nicht auf die Klemmen des Transformators tropft, wird an geeigneter Stelle eine leichte Decke eingezogen, auf welcher etwaiges Wasser verdunstet, vgl. Abb. 278.

Die Entlüftungsschlote der an hohe Häuser angebauten Transformatorenkammern lassen sich häufig nur schwer in die Gebäudegruppe einfügen. Wo dies Schwierigkeiten bereitet empfiehlt es sich die Abluftkanäle wie in Abb. 327 in das Schalthaus einzubeziehen, was bei einer Verteilung durch Kabel sich ohne weiteres ausführen läßt. Aber auch bei einer größeren Anzahl Freileitungen ist dies möglich, weil die Abspannung der Freileitungen an dem Gebäude in der Regel mehr Platz beansprucht als die Zellen für die Steigleitungen. Es verbleibt so zwischen den Zellen noch Raum für die Abzugsschlote. Möchte man in solchen Fällen die Transformatoren mit in den Hauptbau einfügen, so errichtet man für die Freileitungseinführungen Loggien, an deren Seiten die Entlüftungsschlote zu dem Dachstuhl hochsteigen. Diese Anordnung ist im allgemeinen nur von 45 kV an in Anlagen mit geschachtelter Anordnung der Sammelschienen anwendbar, weil nur bei dieser Bauweise die Freileitungen nicht die ganze Breite der zugehörigen Ölschalterzellen einnehmen.

147. Die Ausgestaltung der Transformatorenkammern.

Die Transformatorenkammern, s. Abb. 278, werden räumlich so groß gehalten, daß um den Transformator ein Umgang von mindestens 0,4 m bei kleineren Umspannern und 0,7 m bei größeren verbleibt, damit die Anschlußklemmen und andere Leitungsanschlüsse für Besichtigung und Prüfung gut zugänglich sind. Bei kleinen und mittleren

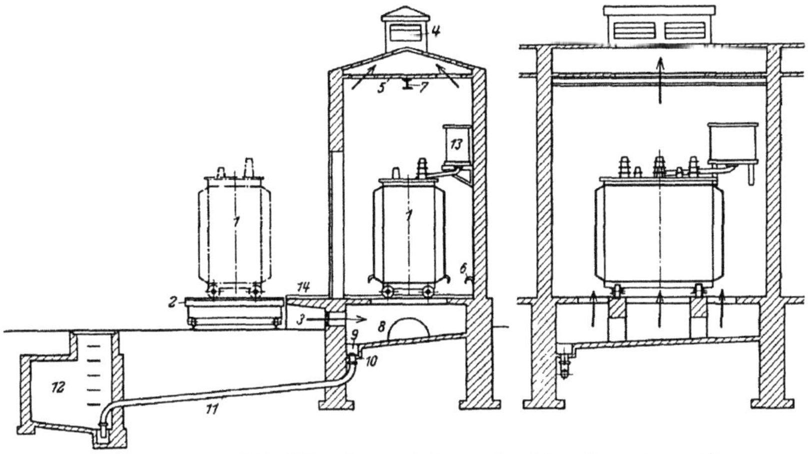

1 Transformator,
2 Transportwagen,
3 Frischluftkanal,
4 Abluftschornstein,
5 Schutzdecke,
6 Haken für Flaschenzug,
7 I-Träger für Flaschenzug,
8 Ölmulde,
9 Schlammgrube,
10 Sieb,
11 Ölrohr,
12 Ölgrube,
13 Ausdehnungsgefäß,
14 Fahrschienen.

Abb. 278. Ausgestaltung der Transformatoren-Kammern.

Transformatoren sieht man gern die Kammern und desgleichen die Türhöhe etwas reichlich groß vor, um gegebenenfalls größere Einheiten aufstellen zu können. Die Höhe der Kammer richtet sich nicht nur nach den erforderlichen Isolationsabständen von den Oberspannungsklemmen bis zur Decke, sondern wird bei größeren Transformatoren durch das Ölausdehnungsgefäß bestimmt, über dem genügend Raum für das Abheben des Deckels zwecks Nachfüllen von Öl vorhanden sein muß.

Zum Verfahren der Transformatoren bis an die Kammer benutzt man in der Regel einen niedrigen etwa 0,3 bis 0,6 m hohen Förderwagen, dessen Gestell mit dem Flur der Kammern auf gleicher Höhe liegt, damit der Transformator unmittelbar von ihm in die Kammer gefahren werden kann. Um dies zu ermöglichen, werden die in der Kammer vorgesehenen Fahrschienen mit der Spurweite des Transformators bis nahe an den Förderwagen vorgezogen, so daß bei dem Einfahren des Umspanners der Transportwagen nicht umkippt. Zweckmäßig werden in die Rückwand der Kammer Haken für die Befestigung von Flaschenzügen eingemauert, mittels derer das Einbringen großer Transformatoren sehr erleichtert wird.

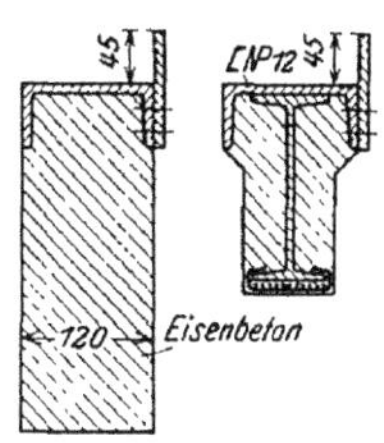

Abb. 279. Fahrschienen für Transformatoren und schwere Ölschalter.

Die Fahrschienen werden auf massiven Wangen befestigt, welche jedoch auch als freitragende Träger aus Eisen oder aus Beton hergestellt werden können. Abb. 279 zeigt zwei vielbenutzte Ausführungen von Fahrschienen.

Der Fußboden der Kammern wird muldenförmig vertieft, damit das Öl bei einem Ölbrand schnell aus der Kammer ablaufen kann. Um die Ölmulde leicht reinigen zu können, erhält sie eine kleine Schlammgrube. Das hier ansetzende Ölabflußrohr aus Ton oder besser aus Eisen wird durch ein Sieb gegen Verschmutzung geschützt, es erhält eine Neigung von etwa 15% und endet auf freiem Gelände in eine Ölgrube, deren Größe im allgemeinen für den Ölinhalt des größten Transformators ausreichen sollte. Mehrere Ölmulden werden über kurze Stichleitungen an ein gemeinsames Ölsammelrohr, welches im Freien unter Erde parallel zu den Kammern verlegt wird, angeschlossen. Eine unmittelbare Verbindung der Ölmulden untereinander ist nicht statthaft, da sonst brennendes Öl in benachbarte Kammern fließen könnte.

Damit das ablaufende, heiße Öl sich in der Ölgrube nicht entzünden kann, wird das Abflußrohr in den Sumpf dieser Grube eingeführt. Die Ölgrube wird aus Beton oder aus Eisen hergestellt. Für kleine Transformatoren ist es manchmal am billigsten, ein Ölfaß hierfür zu benutzen. In Freiluftanlagen verzichtet man vielfach auf die Rückgewinnung des häufig für Isolierzwecke unbrauchbar gewordenen Öles und läßt es in einen Graben oder in einen Teich ablaufen.

Um die Ölabflußleitungen zu ersparen, baut man auch wohl die Ölmulden so tief, daß sie unterhalb eines Rostes aus Streckmetall oder Tezetteisen für den Ölinhalt des Transformators ausreicht. Der Rost trägt, wie Abb. 147 zeigt, ein Schotterpolster, durch welches brennendes Öl beim Durchfließen erstickt wird.

Haben die Transformatoren Selbstlüftung, so müssen genügend große Frischluftöffnungen, wie schon ausführlich erwähnt wurde, in der Ölmulde vorgesehen werden.

Die Ölausdehnungsgefäße sind so anzubringen, daß sie die gerade Leitungsführung nicht behindern und den Fahrweg des Transformators frei lassen. Auch sollte ein Einblick in das Ölstandrohr möglich sein.

Damit für die Prüfung der Durchführungen hoher Spannungen und des Kernes ein Transport des Transformators zur Werkstatt nicht nötig ist, werden zuweilen die Kammern so hoch gehalten, daß Durchführungen bzw. Kern innerhalb der Kammer aus dem Kessel herausgehoben werden können. Dafür wird an der Decke ein I-Träger, an welchem sich ein Flaschenzug anbringen läßt, vorgesehen.

Die Türen der Transformatorenkammern, welche ins Freie münden, brauchen nicht unbedingt feuersicher zu sein, doch werden sie in der Regel aus Eisenblech hergestellt. Rolladentüren vermeidet man, da sie sich leicht verbiegen und sich im Falle der Gefahr nicht öffnen lassen. Sehr breite Türen macht man harmonikaartig zwei- oder mehrfach aufklappbar. Sie erhalten eine kleine Schlupftür, damit man nicht bei jedem Kontrollgang die schweren Türen zu öffnen braucht. Andere Türen sind nicht erforderlich und können, wenn sie nicht dauernd geschlossen sind, Betriebsstörungen zur Folge haben. Beispielsweise könnten andere Räume durch einen Transformatorbrand verqualmen, oder bei äußerer Kühlung des Transformators könnte von dem Kühlteich, in welchen die Kühlschlange eintaucht, feuchte Luft in die Kammer eindringen und Überschläge an den Transformatorklemmen verursachen.

Für die Beleuchtung der Kammern genügen kleine Fenster in oder oberhalb der Tür.

Um die Anschlußklemmen sehr großer Transformatoren bequem erreichen zu können, wird zuweilen in entsprechender Höhe eine Galerie oder ein Laufsteg vorgesehen, auf den man zweckmäßig, um in andere Räume führende Türen zu vermeiden, von der Kammer selbst über eine Steigleiter mit Geländerschutz hinaufgelangt (s. Abb. 144 bis 150).

148. Der Anschluß der Leitungen an die Transformatoren.

Die Verbindung der Transformatoren mit der Schaltanlage kann durch blanke Leitungen oder durch Kabel erfolgen.

Der Anschluß mittels blanker Leitungen erfordert manchmal viel Geschick, damit eine glatte, gerade und übersichtliche Leitungsführung erzielt wird. Kabel haben durch ihre kondensatorischen Eigenschaften bei Längen über 10 m einen gewissen Schutzwert gegen Überspannungen und werden deshalb von manchen Betriebsleitern bevorzugt.

Im übrigen sind Kabel in den Transformatorenkammern so zu verlegen, daß brennendes Öl sie nicht beschädigen kann. In Umspannerräume einmündende Kabelkanäle sind durch Gipswände gegen Öleintritt abzudichten.

Durchaus unzulässig ist es, Kabel, die nicht zu dem betreffenden Transformatorenstromkreis gehören, durch Transformatorenkammern zu führen, weil sie hier infolge von Schäden am Transformator unbrauchbar werden könnten und ferner weil beim Arbeiten an diesem Kabel dann der Transformator außer Betrieb gesetzt werden müßte. Läßt sich in vorhandenen Räumen keine geeignete Kabelführung erreichen, so müssen die Kabel durch Rohre gezogen oder sonstwie in der Kammer feuersicher umkleidet werden.

Blanke Leitungen führt man in die Transformatorenkammern mittels Durchführungen ein und ordnet sie, um den Übertritt von Hochspannung in das Unterspannungsnetz zu vermeiden, möglichst so, daß etwaige Lichtbögen nicht die Leiter beider Spannungen überbrücken.

XXV. Die Leitungsverlegung.

149. Die Leitungsbefestigung.

Blanke Leitungen werden in Hochspannungs-Schaltanlagen auf Stützern verlegt, die bis zu Reihe 45 von dem VDE genormt und aus Porzellan hergestellt sind. Für höhere Spannungen und Verwendung in Innenräumen sind auch Stützer aus Hartpapier (beispielsweise Geax, Repelit) gebräuchlich.

Der VDE unterteilt die Stützer nach ihrer mechanischen Festigkeit, welche durch die Umbruchkraft P, Abb. 280, am Stützerkopf bestimmt ist, in folgende Gruppen A, B, C:

Gruppe A, für Reihe 1 bis 30, für $P = 375$ kg
,, B, ,, ,, 1 ,, 45, ,, $P = 750$,,
,, C, ,, ,, 10 und 20, ,, $P = 1250$,,

Um den Frontflächen der Porzellan-Hohlkörper einen geeigneten Abschluß sowohl gegen Eindringen von Luftfeuchtigkeit wie für die Befestigung der Stützer selbst und der Leitungen auf ihnen zu geben, werden sie mit eisernen Armaturen versehen, die mit besonderem Kitt (Bleiglätte, -Glyzerinkitt, Marmorzement oder Portlandzement) auf ihnen befestigt werden.

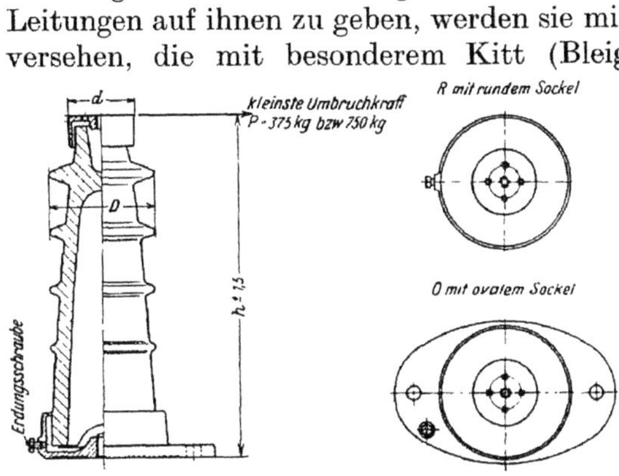

Abb. 280. VDE-Stützer der Gruppen A und B für Innenräume für 375 bzw. 750 kg Umbruchkraft mit rundem bzw. oder ovalem Sockel.

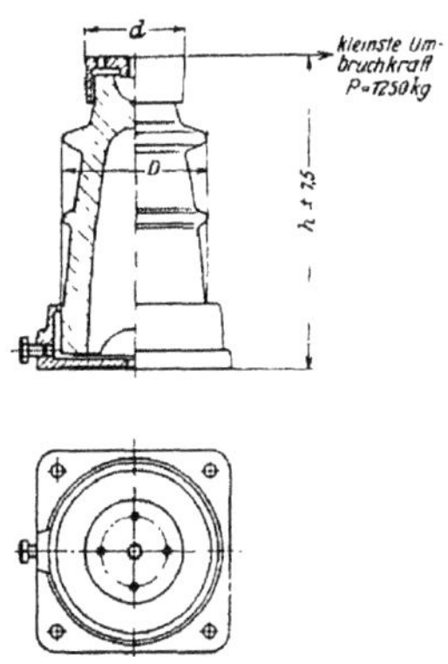

Abb. 281. VDE-Stützer der Gruppe C für Innenräume für 1250 kg Umbruchkraft mit quadratischem Sockel.

Die Kopfkappen sind bei allen Stützern rund und haben Gewindelöcher für die Befestigung von Leitungsträgern, die Fußkappen der Stützer von 375 und 750 kg Umbruchkraft erhalten nach Bedarf runde oder ovale Sockel, die Stützer für 1250 kg Umbruchkraft, Abb. 281, quadratische Sockel. Jeder Sockel ist mit einer Erdungsschraube versehen. Die Zugfestigkeit der normierten Stützer liegt etwa um 50% höher als die Umbruchsfestigkeit; die Druckfestigkeit beträgt ein Vielfaches der Umbruchsfestigkeit.

Die Hauptabmessungen der Stützer sind in der folgenden Zahlentafel Nr. 33 angeführt.

Abb. 282 und 283 zeigen die normale Befestigung von Stützern mit rundem Sockel auf Winkeleisen und an Hartgipsdielen. Die ovalen Sockel verwendet man hauptsächlich für die Montage der Stützer auf massive Wände, Abb. 284.

Zahlentafel Nr. 33. Abmessungen der normalen Stützer (Abb. 280 u. 281) in mm.

Reihe	Gruppe A $P = 375$ kg			Gruppe B $P = 750$ kg			Gruppe C $P = 1250$ kg		
	d_1	D	h	d_1	D	h	d_1	D	h
1	58	63	95	75	80	110	—	—	—
3	58	73	135	75	90	150	—	—	—
6	62	83	165	80	100	185	—	—	—
10	62	88	190	80	105	215	98	130	225
20	74	98	260	93	120	285	98	145	290
30	74	108	345	93	135	370	—	—	—
45	—	—	—	93	155	475	—	—	—

Einige viel benutzte Leitungsträger sind in den Abb. 285 bis 288 dargestellt. Die Leitungsträger in Abb. 286 dienen für Summenmessung über vierte und fünfte Sammelschienen, welche mit den Hauptsammelschienen auf gleichen Stützern, leicht gegeneinander isoliert, verlegt werden. In Schaltanlagen mit großen Kurzschlußstromstößen benutzt man zum Schutz gegen die dynamischen Wirkungen der Kurzschlußströme, durch welche die Sammelschienen aus offenen Gabeln herausgedrückt werden könnten, geschlossene Schienenträger, Abb. 289 und 290.

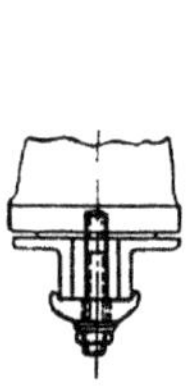

Abb. 282.

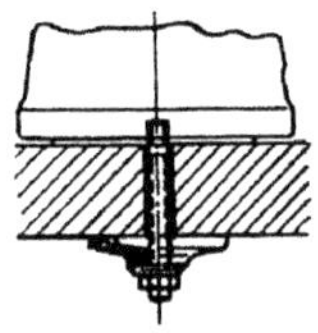

Abb. 283.

Abb. 282 und 283. Befestigung von Stützern mit rundem Sockel. AEG.

Abb. 284. Befestigung von Stützern mit ovalem Sockel. SSW.

Stützer aus Hartpapier sind billiger als Porzellanstützer, dazu leichter und fester, und werden deshalb in Schaltanlagen für Innenräume von Reihe 45 an vielfach verwendet. Ungefähre Abmessungen der Hartpapierstützer sind in folgender Zahlentafel Nr. 34 angegeben.

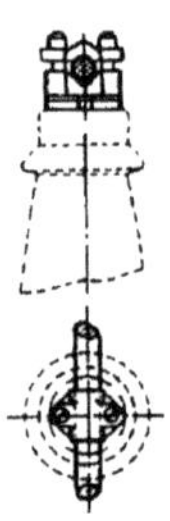

Abb. 285.

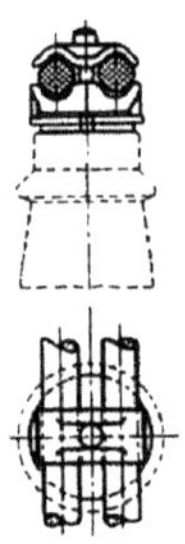

Abb. 286.

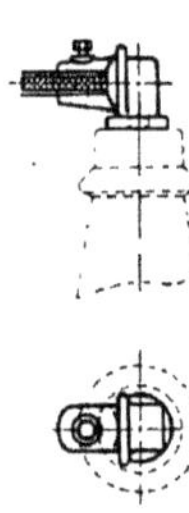

Abb. 287.

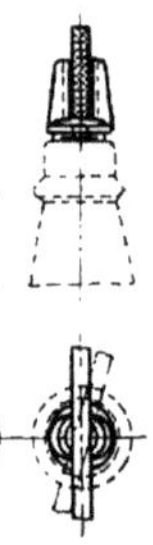

Abb. 288.

Abb. 285 bis 288. Leitungsträger. AEG.

Abb. 289.

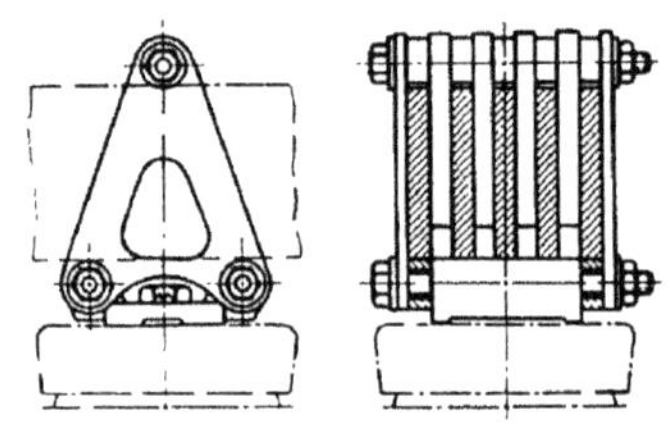

Abb. 290.

Abb. 289 und 290. Geschlossene Schienenträger. SSW.

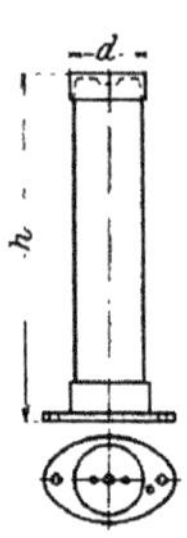

Abb. 291. Hartpapierstützer.

In dauernd feuchten Räumen sowie an Orten mit feuchtem Klima wie in der Nähe des Meeres und in den Tropen sind Stützer aus Hartpapier nicht geeignet.

In umbauten Schaltanlagen von 45 kV an werden Leitungen und Sammelschienen u. U. an Hängeketten befestigt.

Zahlentafel Nr. 34. Abmessungen der Repelitstützer SSW (Abb. 291) in mm.

Reihe	d_1	h
45	120	470
60	135	590
80	150	730
100	170	900

150. Die Leitungsführung.

Die Führung der Leitungen in Schaltanlagen ist im großen und ganzen durch die Apparateanordnung bedingt. Großen Wert pflegt man auf gute Übersichtlichkeit der Leitungsführung zu legen, weil sich nur dadurch eine genügende Betriebssicherheit erreichen und eine Verwechslung von Stromkreisen vermeiden läßt. Ferner sorgt man für eine gute Zugänglichkeit aller Anschlüsse und Verbindungen, denn ein schlecht angezogener Schraubkontakt kann bei Kurzschlüssen durch Spritzfeuer die Ursache schwerer Schäden werden. Mit der Übersichtlichkeit läßt sich gleichzeitig leicht ein gefälliges Aussehen der Leitungsführung erreichen, wenn alle Leitungen möglichst geradlinig gezogen und Hochkantkröpfungen an Leitern vermieden werden.

Alle Stützer und Durchführungen werden so angeordnet, daß sie sich nicht in Berührungsnähe anderer Stromkreise befinden, damit es nicht nötig ist, für das Auswechseln eines schadhaften Isolators einen anderen Stromkreis abzuschalten oder, falls sich dieser Isolator in ungeschützter Sammelschienennähe befindet, seinetwegen die ganze Anlage stillzulegen. Das Schadhaftwerden der Isolatoren macht sich meistens durch Kriechstrecken bemerkbar, und es vergeht dann noch einige Zeit, ehe der Isolator gänzlich zerstört wird. Damit man beginnende Schäden an Isolatoren rechtzeitig erkennt, ordnet man alle Stützer und Durchführungen so an, daß sie von den Kontrollgängen aus sichtbar sind.

Wie schon gesagt, muß die Leitungsbefestigung an Stützern und Durchführungen den Wärmeausdehnungen der Leiter nachgeben, damit die Isolatoren nicht unzulässig auf Biegung beansprucht werden und nicht brechen. Aus diesem Grunde werden in lange Sammelschienen alle 12 bis 16 m Ausdehnungsstücke eingefügt.

Bei der Verlegung von Leitungen für Wechselstrom über etwa 1500 A ist zu beachten, daß sie nicht zu nahe an Eisen vorbeiführen, das durch Wirbelströme leicht unzulässig erhitzt wird. Bei großen Strömen kann die Erwärmung so groß werden, daß eiserne Träger und Pfeiler sich verbiegen. Aus diesem Grunde müssen stets alle drei Phasen von Drehstromleitungen durch ein und denselben Eisenring geführt werden. Wird bei großen Strömen und großen Leiterabständen trotzdem das Befestigungseisen für die Stützer zu heiß, so empfiehlt es sich, für die Stützerbefestigung antimagnetisches Material zu verwenden.

151. Die Leitungsabstände.

Die Leitungen müssen gegen Erde und gegen Leitungen anderer Phasen einen Mindestabstand haben, der durch die Schlagweiten des VDE für Innenräume festgelegt ist, vgl. Zahlentafel Nr. 16, S. 103.

Diese Schlagweiten entsprechen den für die einzelnen Reihen vorgeschriebenen Prüfspannungen und sind Mindestmaße, die unbedingt einzuhalten sind, weil andernfalls der elektrische Sicherheitsgrad der ganzen Anlage herabgesetzt wird. Sie bestimmen in manchen Fällen die kleinstzulässigen Zellenmaße für den Einbau von Schaltgeräten, beispielsweise von Trennschaltern.

Für eine Drehstromsteigleitung, deren Stützer in einer Horizontalen an einer Wand liegen, ist die kleinstzulässige Zellenweite gleich der Summe aus der vierfachen Schlagweite a der betreffenden Reihe und dem dreifachen Kappendurchmesser des Stützers bzw. der dreifachen Breite des Leitungsträgers. Für eine 6 kV-Drehstromleitung von 10 m/m Rundkupfer mit Stützern der Reihe 10 für $P = 375$ kg Umbruchskraft, welche einen Kappendurchmesser $d_1 = 62$ mm haben, wird die kleinste lichte Zellenweite $B = 4 \cdot 125 + 3 \cdot 62 = 686$ mm.

Da in vielen Fällen mit Stauablagerung auf den Wülsten der Isolatoren zu rechnen ist, empfiehlt es sich, den Wulstdurchmesser D für die Zellenberechnung zugrunde zu legen. Die kleinste Zellenweite für obige Drehstromleitung wird dann $B = 4 \cdot 125 + 3 \cdot 88 = 764$ mm.

Man sollte überhaupt nicht ohne zwingenden Grund auf die kleinsten Maße zurückgehen, zumal in vielen Fällen die Einbaumaße der Ölschalter bzw. der Trennschalter sowieso eine größere Zellenteilung erfordern. Aber auch sonst wird man nach Möglichkeit größere Leiterabstände als die kleinstzulässigen wählen, hauptsächlich in Anlagen mit großen Kurzschlußströmen, weil die mechanische Beanspruchung der Leiter durch den

Kurzschlußstromstoß im umgekehrten Verhältnis der Leiterabstände abnimmt. Für die Verlegung der Sammelschienen pflegt man deshalb ganz allgemein bei den mittleren Spannungen von 3 bis 30 kV Leiterabstände von 30 bis 50 cm oder mehr vorzusehen.

152. Die Leitungsdurchführung durch Wände und Decken.

Für das Verlegen von Leitungen durch Wände und Decken bedient man sich Durchführungen, welche die erforderlichen Isolationsabstände der Leiter von den Wänden einhalten.

Die Durchführungen für Innenräume bis Reihe 45 sind nach den Normen des VDE in zwei Gruppen B und C unterteilt.

Gruppe B mit $P = 750$ kg Umbruchkraft ist in den Reihen 1, 3, 10, 20 für Nennströme von 350 und 600 A und in den Reihen 30 und 45 für Nennströme von 350, 600 und 1000 A vorgesehen, und Gruppe C mit $P = 1250$ kg Umbruchskraft in den Reihen 1, 3, 10 und 20 für Nennströme von 1000, 1500 und 2000 A.

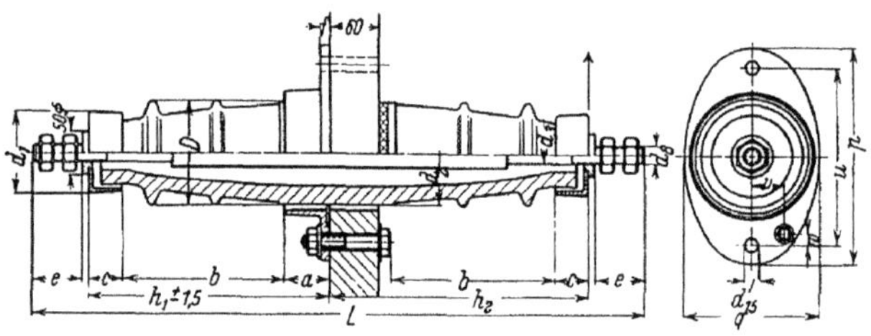

Abb. 292. VDE-Durchführung für Innenräume, 30 kV.

Wie Abb. 292 zeigt, bestehen die Durchführungen aus einem Porzellankörper, durch den ein Kupferbolzen gesteckt ist. Der Bolzen wird an beiden Seiten der Durchführungen von aufgekitteten Messingkappen gehalten und hat an beiden Enden Muttern für den Leitungsanschluß. Innerhalb des Porzellans sind die Bolzen mit Hartpapier umwickelt. Für Befestigung an Wänden erhalten die Durchführungen Flansche, welche bei Durchführungen bis 600 A aus Gußeisen und für Durchführungen von 1000 A aus Messing bestehen. Die Flansche für Durchführungen der Reihen 1, 3, 10 und 20 für Nennströme bis zu 600 A sind oval gehalten und haben zwei Befestigungslöcher, die für die übrigen Durchführungen haben quadratische Form mit vier Befestigungslöchern. Die quadratischen Flansche für Durchführungen der Reihen 30 und 40 sind (als Ionenbarriere gegen Gleitfunkenbildung) geteilt. Die Abmessungen der Durchführungen sind so gewählt, daß die Flansche ohne weiteres in Wände von 60 mm Dicke eingebaut werden können.

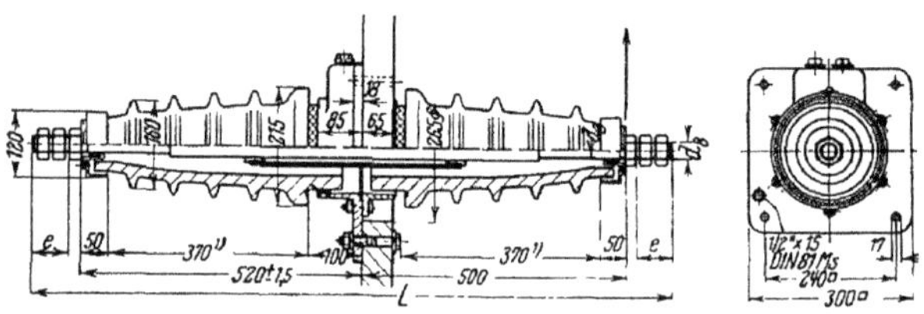

Abb. 293. VDE-Durchführung für Innenräume für 45 kV, 300 A, Gruppe B.

Die Durchführungen bis einschließlich Reihe 30 sind einteilig, die für Reihe 45 sind zweiteilig, wie Abb. 293 zeigt, und werden mit Masse ausgefüllt. Die Abmessungen der genannten Durchführungen sind in Zahlentafel Nr. 35 angegeben, die Maße beziehen sich auf Abb. 292.

Der Einbau der Durchführungen in Wände und Decken erfolgt auf verschiedene Art. Wie schon gesagt, werden sie in Zwischenwände bis zu 60 mm Stärke direkt eingesetzt, wie in Abb. 294 dargestellt. Bei stärkeren Wänden wird das Loch wie in Abb. 295 kegelförmig erweitert, damit die Schlagweite der betreffenden Spannungsreihe von der Wand bis zur Durchführungskappe vorhanden ist. Zwecks Vereinfachung der Maurerarbeiten werden bei stärkeren Wänden die drei für Drehstromleitungen erforderlichen Durchführungen bis Reihe 30 oder 45 in einer gemeinsamen Platte aus Hartgips oder Beton, wie in Abb. 295, befestigt. Die Durchführungen bis 600 A können auch auf eine Eisenplatte oder zwischen zwei ∟-Eisen wie in Abb. 296 montiert werden. Für Durchführungen größerer Stromstärken ist diese Befestigungsart wegen der Erwärmung des

Zahlentafel Nr. 35. Abmessung der VDE-Durchführungen für Innenräume.

Kurzzeichen	Reihe REH	Stromstärke A	Flanschart	D	d_1	d_2	d_3	d_8	h_1	h_2	L
DB 1/350	1	350	oval	80	75	90	16	$^5/_8$″	110	145	365
DB 1/600		600		80	75	90	22	$^7/_8$″	110	145	385
DC 1/1000		1000	quadratisch	115	112	125	33	R 1″	110	145	415
DC 1/1500		1500		115	112	125	42	R $1^1/_4$″	110	145	415
DC 1/2000		2000		115	112	125	54	R $1^3/_4$″	110	145	435
DB 3/350	3	350	oval	90	75	100	16	$^5/_8$″	150	180	440
DB 3/600		600		90	75	100	22	$^7/_8$″	150	180	460
DC 3/1000		1000	quadratisch	125	112	135	33	R 1″	150	180	490
DC 3/1500		1500		125	112	135	42	R $1^1/_4$″	150	180	490
DC 3/200		2000		125	112	135	54	R $1^3/_4$″	150	180	510
DB 10/350	10	350	oval	105	80	115	16	$^5/_8$″	215	240	565
DB 10/600		600		105	80	115	22	$^7/_8$″	215	240	585
DC 10/1000		1000	quadratisch	140	120	150	33	R 1″	225	245	630
DC 10/1500		1500		140	120	150	42	R $1^1/_4$″	225	245	630
DC 10/2000		2000		140	120	150	54	R $1^3/_4$″	225	245	650
DB 20/350	20	350	oval	120	95	130	16	$^5/_8$″	285	305	700
DB 20/600		600		120	95	130	22	$^7/_8$″	285	305	720
DC 20/1000		1000	quadratisch	155	130	170	33	R 1″	290	305	755
DC 20/1500		1500		155	130	170	42	R $1^1/_4$″	290	305	755
DC 20/2000		2000		155	130	170	54	R $1^3/_4$″	290	305	775
DB 30/350	30	350	quadratisch	140	100	220	16	$^5/_8$″	370	390	870
DB 30/600		600		140	100	220	22	$^7/_8$″	370	390	890
DB 30/1000		1000		140	100	220	33	R 1″	370	390	920
DB 45/350	45	350	quadratisch	160	120	265	16	$^5/_8$″	520	500	1140
DB 45/600		600		160	120	265	22	$^7/_8$″	520	500	1170
DB 45/1000		1000		160	120	625	33	R 1″	520	500	1200

Eisens durch auftretende Wirbelströme unzulässig. Durchführungen für Spannungen über 30 oder 45 kV werden einzeln in die Wände eingesetzt, denn ein gemeinschaftlicher Wanddurchbruch für alle drei Durchführungen fällt dabei sehr groß aus. Zur leichteren

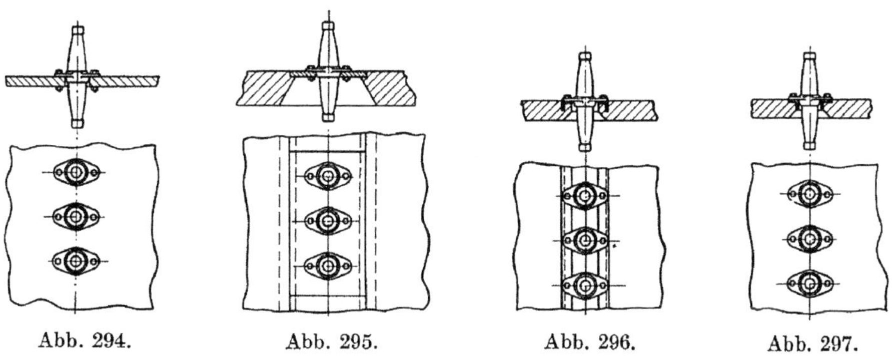

Abb. 294. Abb. 295. Abb. 296. Abb. 297.

Abb. 294 bis 297. Befestigung von Durchführungen an Wänden und Decken. V & H.

Montage der Durchführungen können Profileisenringe nach Abb. 297, auf welche die Durchführungen aufgeschraubt werden, in die Mauer eingelassen werden.

Mit Masse gefüllte Durchführungen dürfen nicht wagerecht montiert, sondern müssen stets mit einem Neigungswinkel von etwa 20 bis 30° gegen die Wagerechte montiert werden, damit eine zufällig beim Ausgießen entstandene Luftblase infolge der

Plastik der Masse nicht in die Durchführungsmitte gelangt, wo sie durch Ionisierung und Korrosion einen Durchschlag bewirken könnte. Die Abstände der Durchführungen verschiedener Phasen voneinander gegen Erde müssen die vorgeschriebenen Schlagweiten einhalten, in der Hauptsache richten sie sich nach der übrigen Leitungsführung.

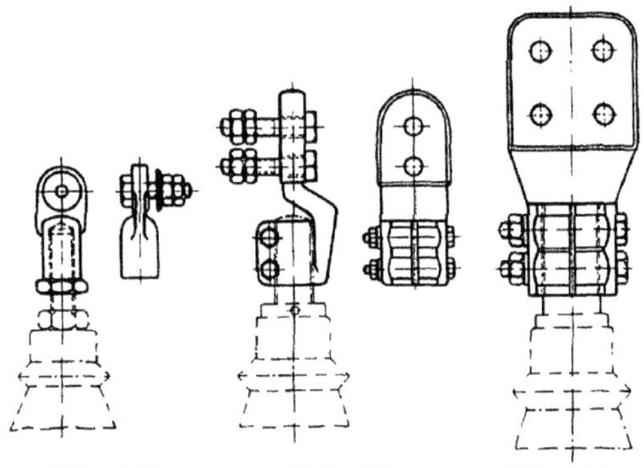

Abb. 298. Abb. 299. Abb. 300.

Abb. 298 bis 300. Anschlußstücke zum Anschluß von Schienen an Durchführungen. AEG.

Für Stromkreise großer Stromstärken werden, um Kosten zu sparen, zuweilen Durchführungen ohne Kupferbolzen verwendet. Die Kopfflansche erhalten hier passende Bohrungen für das Schienenpaket, welches durch die Durchführung gesteckt wird. Die verbleibenden Öffnungen werden durch Bleche mit geeigneten Ausschnitten abgedeckt. Diese Durchführungen sind dort, wo ein absolut luftdichter Abschluß zweier Räume gegeneinander verlangt wird, nicht verwendbar.

Die Durchführungen für Innenräume von Reihe 45 an werden häufig aus Hartpapier hergestellt. Da diese Durchführungen ohne Massefüllung sind, lassen sie sich in beliebiger Lage montieren. Bei senkrechtem Einbau läßt man in die Decke neben der Durchführung ein kleines Lüftungsloch von etwa 25 mm Durchmesser ein, damit Feuchtigkeitsniederschläge auf dem Hartpapier, welches gegen Feuchtigkeit sehr empfindlich ist, vermieden werden.

Abb. 301. Freileitungs-Trennschaltergerüst auf dem Dach und Dachführungen, 100 kV. BBC.

Durchführungen werden in der Regel auch genommen, um Freileitungen in das Gebäude einzuführen.

Für untergeordnete, schwache Leitungen bis 500 V dienen Durchführungstüllen. Im allgemeinen verwendet man jedoch Durchführungen, welche für den ins Freie ragenden Teil einen entsprechend langen Porzellankörper haben, der mit Schirmen versehen ist

Für Spannungen bis 10 kV werden auch normale Innenwanddurchführungen der nächsthöheren Spannungsreihe benutzt; doch empfiehlt es sich, die Durchführungen dann durch ein Regendach gegen direkt auffallenden Regen zu schützen.

Will man für die höheren Spannungen von 45 kV an Durchführungen aus Hartpapier verwenden, so erhalten sie für die Außenwandseite einen Porzellanüberwurf. Der Zwischenraum zwischen Porzellan und Papier wird mit Masse oder Öl gefüllt.

Der Anschluß von Leitungen an Durchführungen erfolgt derart, daß sie durch die Wärmearbeit der Leitungen nicht beansprucht werden, was sich leicht durch einen Bogen in der Leitung erreichen läßt. Für den Leitungsanschluß an Durchführungsbolzen benutzt man häufig besondere Anschlußstücke, von denen die Abb. 298 bis 300 einige gebräuchliche Formen zeigen, welche ohne Erläuterung verständlich sind.

Beachtenswert sind die Anschlußstücke auf den Durchführungsbolzen in Abb. 299 und 300; sie sind geschlitzt und werden mit kräftigen Schrauben auf das Gewinde der Durchführungsbolzen gepreßt, damit ein starker Kontaktdruck bei großer Kontaktfläche einen guten Kontakt gewährleistet.

Die Abspannung der Freileitungen erfolgt in der Regel mittels Abspannketten an der Hauswand. Verlassen die Freileitungen das Haus durch das Dach, so wird ein besonderes Abspanngerüst erforderlich, in das u. U. auch die Freileitungstrennschalter eingebaut werden, wie Abb. 301 zeigt.

153. Die Leitungsanschlüsse.

Rundkupferleitungen werden zweckmäßig mittels konischer oder Zentral-Klemmen, Abb. 302, an Geräte und Durchführungen angeschlossen und untereinander verbunden. Die Zentralklemmen bestehen aus einem Klemmkörper mit federndem Klemmkegel, der über die Leitung geschoben wird und sie bei dem Anziehen einer Mutter festklemmt (Abb. 298 bis 300).

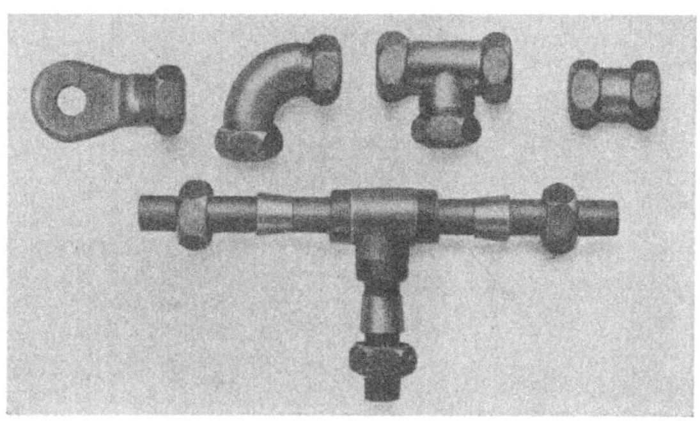

Abb. 302. Zentralklemmen. SSW.

Der Anschluß von Flachschienen an Geräte und Sammelschienen erfolgt durch Kopfschrauben. Geräte mit Durchführungsbolzen erhalten für Flachkupferanschluß besondere Anschlußstücke.

Bestehen die Leitungen aus mehreren Flachschienen, so pflegt man die einzelnen Schienen mit einem Abstand von gleicher Schienendicke in einem gemeinsamen Paket zu verlegen, wie in Abb. 290, S. 206. Die gesamte Breite des Paketes bei n parallelen Leitern von der Dicke b wird dann gleich $(2n - 1) \cdot b$. Der Abstand der Leiter voneinander wird dadurch erreicht, daß an geeigneten Stellen kurze Schienenstücke zwischen die Schienen gepackt werden. Durch dieses Einpaketen der Leitungen wird ein bequemes Verlaschen der Leitungen erzielt, da jetzt das anzuschließende Leiterpaket genau in die Maschen des anderen Leiterpaketes hineinpaßt. Um einzelne Leiter leicht an Sammelschienenpakete anschließen zu können, empfiehlt es sich, eine möglichst einheitliche Schienendicke für alle Leiter zu wählen. Ist dies unwirtschaftlich, so wird ein besonderes Anschlußstück mit passendem Querschnitt an die Abzweigleitung angenietet.

Die Verschraubungen werden durch federnde Unterlegscheiben und die Muttern durch umgelegte Unterlegscheiben gegen Lockern gesichert.

Die höchstzulässigen Belastungen für Schraubkontakte und Anschlußbolzen sind vom VDE genormt und in Zahlentafel Nr. 36 angegeben.

Die Kontaktfläche der Anschlußstelle ist dabei gleich der Ringfläche der Unterlegscheibe.

Werden mehrere Schrauben für einen Anschluß benutzt, so muß die Summe ihrer Stromstärken mindestens gleich der Anschlußstromstärke sein, beispielsweise sind für einen Klemmkontakt von 2000 A vier Schrauben $^5/_8''$ oder zwei Stück $^3/_4''$ erforderlich.

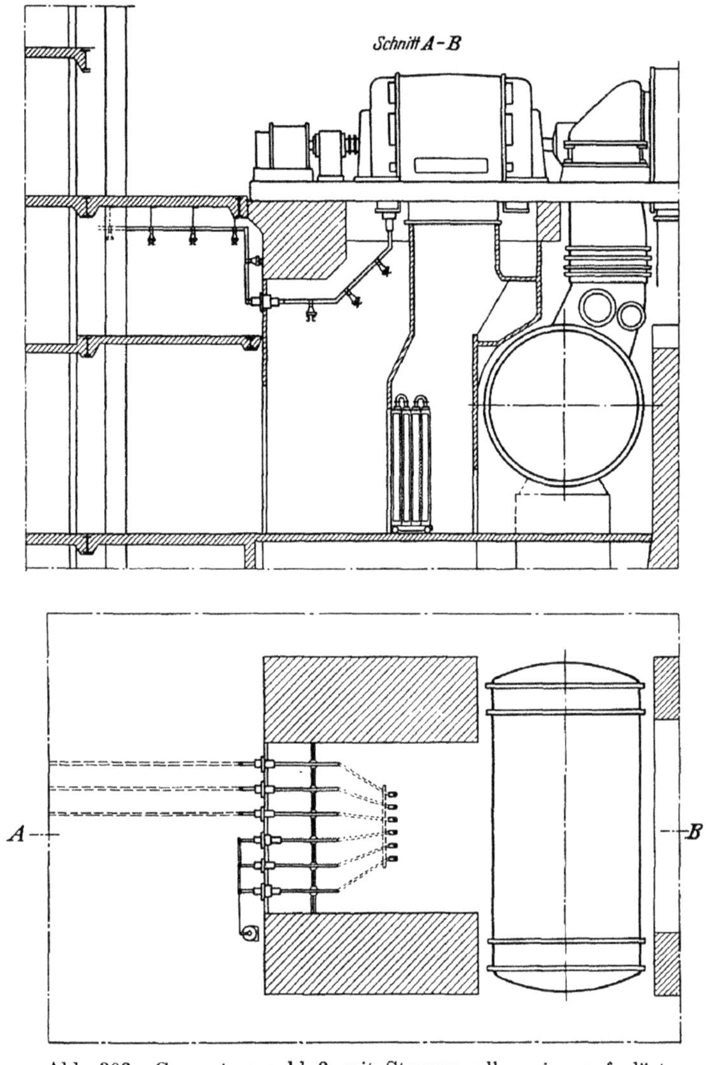

Abb. 303. Generatoranschluß mit Stromwandlern im aufgelösten Sternpunkt. SSW. Leitungsführung in Richtung der Maschinenachse.

Zahlentafel Nr. 36. Belastungswerte für Schraubkontakte und Anschlußbolzen.

Stromstärke A	Schraubendurchmesser für den Klemmkontakt		Durchmesser für den Anschlußbolzen	
	mm	Zoll engl.	Messing	Kupfer
10	3	$^1/_8$	3	3
25	4,5	$^3/_{16}$	4,5	4,5
60	6	$^1/_4$	6	6
100	7	$^5/_{16}$	8	7
200	9	$^3/_8$	12	10
350	12	$^1/_2$	20	14
600	16	$^5/_8$	—	20
1000	20	$^3/_4$	—	30
1500	26	1	—	40

154. Der Generator-Anschluß.

Für den Differential-Schutz sind in dem aufgelösten Nullpunkt der Drehstrom-Generatoren Stromwandler erforderlich und zu diesem Zwecke müssen alle sechs Klemmen des Generators zum Fundament herausgeführt werden. Der für die Leitungsverlegung hier verfügbare Raum ist in der Regel beschränkt, denn unterhalb der Maschinen stehen Kondensatoren und Rückluftkühler, die mit ihren Frisch- und Abluft-Kanälen den Raum in der Nähe der Generatorklemmen beträchtlich einengen. Es empfiehlt sich, die Leitungsverlegung vor dem Bau der Fundamente zu klären, damit sich bei der Montage keine Schwierigkeiten ergeben, zumal es meist dann noch möglich sein wird, Kühler und Kondensatoren so aufzustellen, daß sie die Leitungsverlegung nicht behindern.

Am einfachsten wird die Leitungsführung, wenn die Leitungen unterhalb der Erregermaschine das Fundament verlassen, wie es Abb. 303 zeigt. Da alle sechs Leitungen in einer Ebene nebeneinander liegen, bleiben die Generatorklemmen gut zugänglich.

Der Raum in dem Fundament läßt sich nur schlecht entlüften und neigt daher zu Niederschlagsbildung. Um Isolationsüberschläge zu verhüten, pflegt man deshalb die blanken Leitungen innerhalb des Fundamentes vollkommen zu isolieren. Die geraden

Leiterstücke werden für gewöhnlich in der Fabrik mit Mikartit (6 mm stark für 6 kV) umpreßt und zum Schutz gegen mechanische Beschädigung des Mikartits mit einer 2 mm dicken Leatheroid-Schicht, einer Art Ledererersatz, versehen. Die Verlaschungen werden an Ort und Stelle mit fünf bis sechs Schichten Exzelsiorband halb auf halb umwickelt. Der Austritt der Leitungen aus dem Fundament erfolgt durch Hartpapierplatten.

Müssen die Leitungen aus irgendeinem Grunde das Fundament senkrecht zur Generatorachse verlassen, so wird die Leitungsführung, wie Abb. 304 dartut, bedeutend ungünstiger, da in dieser Ebene die Unterzüge für die Generator-Grundplatte liegen.

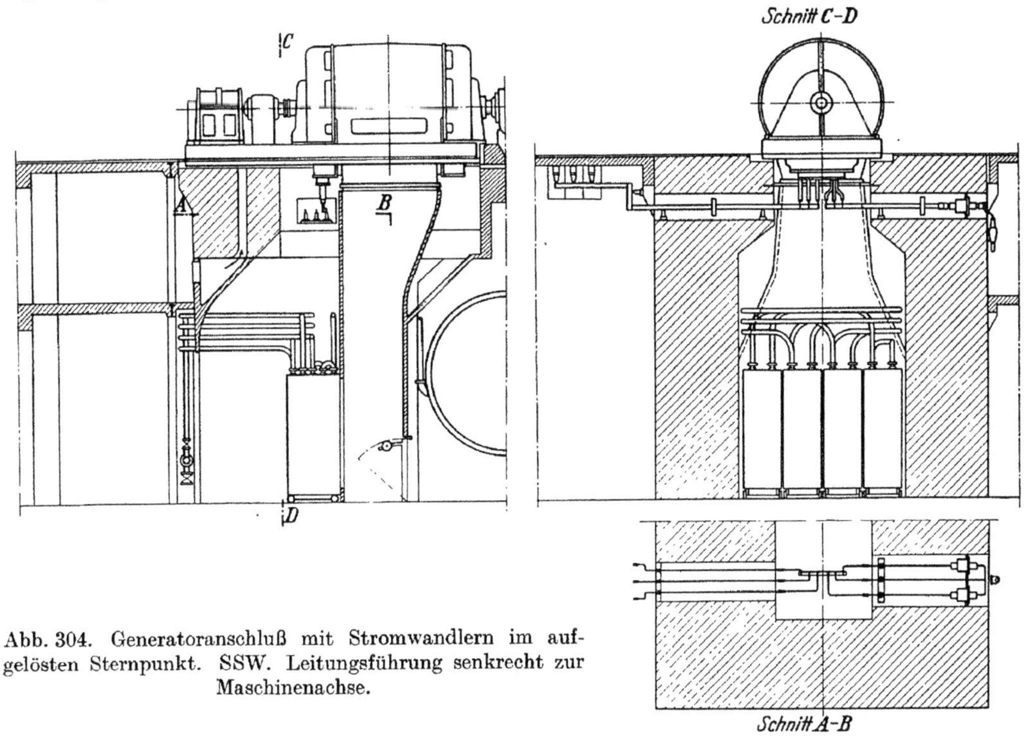

Abb. 304. Generatoranschluß mit Stromwandlern im aufgelösten Sternpunkt. SSW. Leitungsführung senkrecht zur Maschinenachse.

Um die Unterzüge durch große Ausschnitte nicht zu stark zu schwächen, sind in Abb. 304 die drei Hauptleitungen zu der einen Seite des Fundamentes und die drei Leitungen des aufgelösten Nullpunktes zur entgegengesetzten Seite herausgeführt und die Kanäle im Unterzug so eng wie möglich gehalten. Die isolierten Kupferschienen, welche zum Schutz gegen die dynamischen Wirkungen des Kurzschlußstromstoßes durch Hartpapierplatten versteift sind, werden von außen in das Fundament hineingeschoben, die Stromwandler-Platten auf in dem Fundament verankerte Eisen aufgeschraubt und die Leitungen auf den Stützern befestigt. Dann werden die Leitungen mit den Generatorklemmen verbunden und die Verbindungsstücke mit Exzelsiorband isoliert.

155. Der Leitungsanstrich.

In Schaltanlagen sind blanke Leitungen mit Farben gemäß Din Blatt VDE 705 anzustreichen, und zwar:

Gleichstrom	rot	positive Leitung
	blau	negative Leitung
Drehstrom	gelb	R = Phase 1
	grün	S = „ 2
	veil (violett)	T = „ 3
Wechselstrom	gelb	R = „ 1
	veil	T = „ 2

Bei sechsphasigen Umformern und Gleichrichtern sind die farbig angestrichenen Leitungen mit den betreffenden Kennbuchstaben zu bezeichnen.

Die geerdeten Leiter von Gleichstrom, Dreh- oder Wechselstrom sowie die Nulleiter aller Stromarten sind, je nach den angrenzenden Flächen, von denen sie sich deutlich abheben sollen, weiß, hellgrau oder schwarz mit schmalen grünen Strichen anzustreichen. Ungeerdete Nulleiter erhalten rote Striche an Stelle der grünen.

Zur Kontrolle der Erwärmung können stellenweise Heißanlauffarben, die sich bei einer gewünschten Übertemperatur verfärben, verwendet werden.

Zum Schutz der Leitungen gegen chemische Dämpfe (Chlor- und Säuredämpfe) wird Emaillelack oder Zellonlack benutzt.

XXVI. Die Verlegung der Kabel.

156. Die Verlegung der Bleikabel.

Im Freien werden die Kabel gewöhnlich in Kabelgräben in frostfreier Tiefe von etwa 0,8 m in der Erde verlegt. Liegen mehrere Kabel in denselbem Graben eingebettet, so werden sie voneinander durch Steine getrennt und mit Steinen abgedeckt, Abb. 305. Dadurch wird verhütet, daß bei Kabelbrand die benachbarten Kabel zerstört, bei Erdarbeiten die Kabel mit der Hacke beschädigt bzw. Arbeiter durch den Strom verletzt werden.

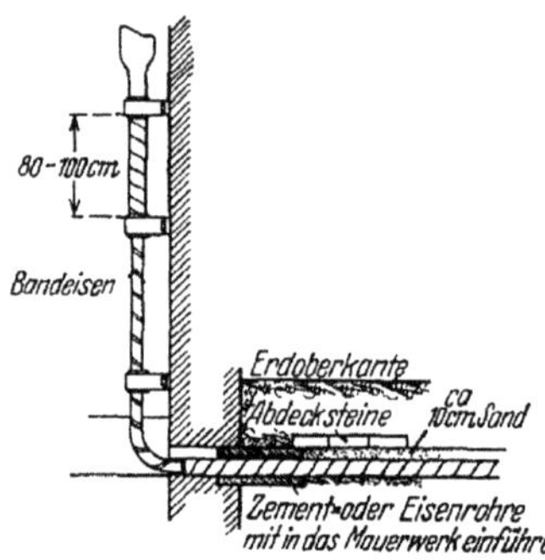

Abb. 306. Kabeleinführung in Gebäude. SSW.

Die Einführung der Kabel aus Kabelgräben in Gebäude erfolgt durch Zement oder Eisenrohre, die in die Außenwand des Kellers eingemauert werden, Abb. 306.

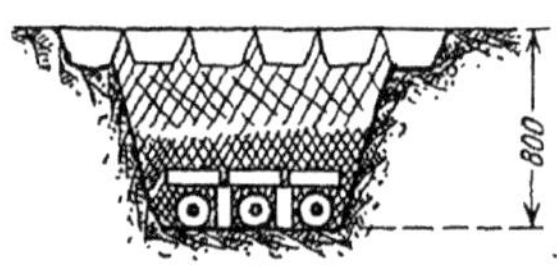

Abb. 305. Kabelverlegung in Kanälen. SSW.

Sind sehr viele Kabel zu verlegen, wie beispielsweise von einem großen Kraftwerk zu dem Schalthaus, so werden sie durch einen begehbaren Kabelkanal gezogen, damit sie gut zugänglich und leicht auswechselbar sind.

In Schaltanlagen mittleren Umfanges genügt oft ein in den Fußboden eingemauerter Kanal, welcher, wenn die Kabel zugänglich bleiben sollen, durch Riffelblech- oder Eisenbetonplatten abgedeckt wird. Als Tiefe des Kanals reicht 20 bis 25 cm aus, doch werden die Kanäle mit Rücksicht auf den etwaigen Einbau von Verbindungs- oder Abzweigmuffen in der Regel 40 bis 60 cm tief gehalten. Auch in solchen Kanälen werden die Kabel zweckmäßig durch hochkant gestellte Ziegelsteine voneinander getrennt.

Die Kanalbreite richtet sich nach der Anzahl der Kabel. Man pflegt für jedes Kabel mindestens 100 mm Breite zu rechnen. Müssen die Kanäle breiter als 1 m werden, so wird der Kanal mit Rücksicht auf die Tragfähigkeit der Abdeckplatten durch einen gemauerten Steg in zwei Kanäle aufgeteilt.

Innerhalb von Gebäuden muß lt. VDE-Vorschrift die Juteumspinnung der leichten Brennbarkeit halber von den Kabeln entfernt und die Eisenarmatur durch einen Anstrich mit schwarzem Eisenlack vor Oxydation geschützt werden.

Die Kabel sind in Schaltanlagen so zu verlegen, daß sie durch Lichtbögen, welche an den Hochspannungs-Geräten oder Leitungen auftreten können, sowie durch Brände benachbarter Kabel nicht beschädigt werden.

In Ölschalterzellen und Transformatorenkammern werden deshalb die Kabel durch Gasrohre gezogen oder in geeigneter Weise feuersicher abgekleidet. Ferner ist dafür zu sorgen, daß Wasser oder Öl nicht in die Kabelkanäle gelangen kann. In Maschinenhauskellern können die Kabelkanäle, falls keine häufigen Erweiterungen zu erwarten sind, mit trockenem Sand ausgefüllt und mit einer 3 cm starken Zementdecke abgeschlossen werden.

Die in Ölschalterzellen oder Transformatorenkammern einmündenden Kabel werden durch Rohrkrümmer gezogen oder die Kanalmündung wird durch Gipswände abgedichtet. Zementabkleidungen können verwendet werden, doch muß durch Eisen- oder Tonrohr-Buchsen eine Berührung der Kabel mit dem Zement verhindert werden.

Damit etwa einlaufendes Wasser, beispielsweise bei Brandlöschung, leicht aus den Kanälen entfernt werden kann, gibt man ihnen etwas Neigung und an geeigneten Stellen Schlammgruben.

Die Kabel dürfen bei der Verlegung nicht zu scharf gebogen oder geknickt werden, der kleinste Krümmungsradius soll etwa das 15- bis 20fache des Kabeldurchmessers betragen. Hierauf ist bei der Planung der Kabelkanäle Rücksicht zu nehmen.

Die Befestigung der Kabel an Wänden geschieht, wie obige Abbildung zeigt, mit eingemauerten Eisen- oder Holzschellen in Abständen von 0,8 bis 1,0 m, dabei sind die Kabel unter jeder Schelle mit Isolierpappe zu bewickeln.

Eine größere Anzahl Kabel verlegt man auf konsolartigen Brücken, damit die Kabel von einer Seite aus bequem zugänglich sind, Abb. 307.

Zwecks Kenntlichmachung erhalten die Kabel Metallbänder mit Angaben über Modell, Querschnitt, Spannung und Stromkreis.

Gehören mehrere Kabel zu einem Stromkreis, so werden sie, um Wirbelströme zu vermeiden, alle zusammen durch etwaige Eisenrohre oder Eisenrahmen geführt.

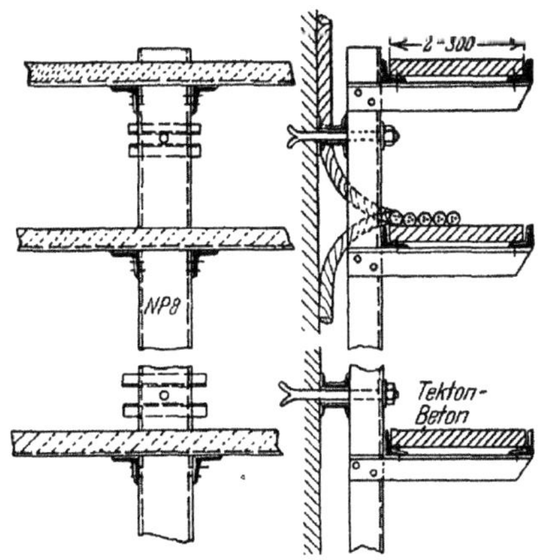

Abb. 307. Kabelverlegung auf Brücken. SSW.

Einleiterkabel dürfen nur einen Bleimantel aber keine Eisenarmatur haben, sie dürfen sich nicht berühren und müssen auf isolierter Unterlage liegen. Sie sind kurzschlußfest zu verlegen, damit sie nicht durch dynamische Wirkungen des Kurzschlußstromstoßes beschädigt werden.

157. Die Verlegung der Meß- und Steuerleitungen.

Die Meß- und Steuerleitungen sind das Nervensystem der Schaltanlage. Sie werden als Gummiaderleitungen in Peschelrohr oder ähnlichen Rohren bzw. als bleiumpreßte Gummiaderleitungen, Meßkabel genannt, verlegt. In einem Rohr oder Kabel führt man stets nur die Leitungen eines einzelnen Stromkreises, und zwar die Meßleitungen gesondert von den Steuerleitungen.

Die Spannungsmeßleitungen erhalten mindestens 1,5 mm², besser 2,5 mm² Querschnitt, die Strommeßleitungen mindestens 2,5 mm² Querschnitt.

Bei langen Strom-Meßleitungen ist stets eine Nachrechnung des Spannungsabfalls der Stromwandlerleistung wegen erforderlich.

Zur Kennzeichnung der Leitung haben die Kabel verschiedenfarbige Adern. Mit Rücksicht auf einfache Lagerhaltung empfiehlt es sich, möglichst gleichartige Kabel zu verwenden, so daß man beispielsweise in einer Anlage nur die Querschnitte $4 \times 2{,}5$ und $10 \times 2{,}5$ benötigt. Ist der Querschnitt von 2,5 mm² für die Stromleitung zu klein, so können zwei Adern parallelgeschaltet werden. Ein 10adriges Kabel reicht dann noch normalerweise für die gesamte Messung eines Stromkreises aus.

Die Führung der Meß- und Steuerleitungen zu dem Schaltdienstraum muß schon in dem Schaltanlagenentwurf berücksichtigt werden und wird derart gehalten, daß alle Leitungen und Anschlüsse jederzeit leicht und gefahrlos zugänglich sind.

Die Meß- und Steuerleitungen sollen nur so wenig wie möglich in den Hochspannungszellen zu liegen kommen. Bei ihrer Einführung in die Hochspannungszellen münden sie in Reihen- oder Prüf-Klemmen, damit sie hier für Prüfzwecke abgeklemmt werden können. Die Weiterleitung der Meßleitungen an Meßwandler, der Steuerleitungen an Schalterantriebe und der Signalleitungen an Signalkontakte und Lampen erfolgt in Rohr, und zwar so weit wie möglich außerhalb der Hochspannungszellen. Müssen die Leitungen innerhalb der Zelle verlegt werden, so sind sie zweckmäßig so anzuordnen, daß alle Anschlüsse auch während des Betriebes zugänglich und die Leitungen leicht auswechselbar sind (vgl. Abb. 255 bis 257, S. 189/90.

158. Der Anschluß der Meß- und Steuerleitungen.

Wie an Hochspannungsgeräte, so erfolgt auch der Anschluß der Hilfsleitungen an Meß- und Steuergeräte auf den Schalttafeln niemals direkt, sondern stets über Anschluß- oder Prüf-Klemmen. Durch diese Trennung ist man bei der Montage der Leitungen unabhängiger, was sehr erwünscht ist, weil die Führung der Leitungen in den Zellen und insbesondere an den Schalttafeln eine reifliche Überlegung erfordert und die Verwechselung einer Leitung vielleicht ein nachträgliches Anflicken der Leitung erfordern würde.

Bei Verwendung von Anschlußklemmen in Verbindung mit Prüfklemmen ergibt sich als weiterer Vorteil, daß Prüfinstrumente angeschlossen werden können, ohne daß vorher eine Leitung abgeklemmt zu werden braucht.

Abb. 308 zeigt Prüfklemmen, welche mit ihren Klemmenträgern b aus

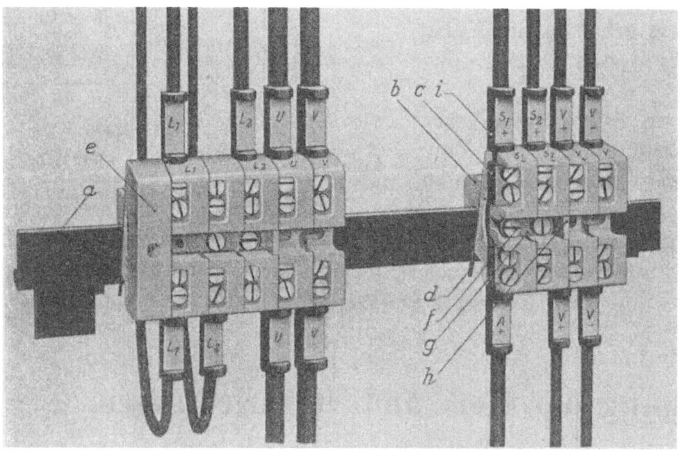

Abb. 308. Anschluß- und Prüfklemmen. AEG.

a Eisenstange, *b* Klemmenträger, *c* Anschlußklemmen, *d* Stahldrahtbügel, *e* Endisolierstück, *f* Überbrückungsschraube, *g* Überbrückung, *h* Isolierstück, *i* Gummihülse, *L, U, V* Leitungsbezeichnungen.

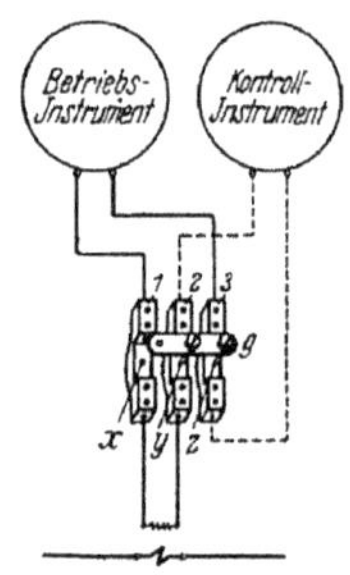

Abb. 309. Grundsätzliche Anschluß- und Prüfschaltung. AEG.

g Überbrückung, *x, y, z* Schraubenlöcher, *1, 2, 3* Prüfklemmen.

Isoliermaterial auf eine Eisenstange a aufgehängt und mit Stahlbügeln d befestigt werden. Die Klemmen selbst haben außer dem oberen und unteren Anschlußloch in der Mitte eine Schraube f, welche beim Einschrauben die Nachbarklemmen über eine isoliert gelagerte Brücke g leitend verbindet.

Die folgenden Abb. 309 und 310 erläutern das Anwendungsgebiet der Prüfklemmen.

Die grundsätzliche Schaltung für den Anschluß eines Prüfinstrumentes gibt Abb. 309 wieder. Im Normalbetrieb sind die Überbrückungsschrauben in die Löcher y und z eingeschraubt. Für den Anschluß eines Prüfinstrumentes sind die gestrichelten Leitungsverbindungen herzustellen und die Schraube aus y zu entfernen. Soll jetzt das Betriebsinstrument entfernt werden, so werden durch das Festziehen der Schrauben in x und z die Klemmen *1* und *3* verbunden. Das Kurzschließen des Stromwandlers erfolgt durch die Schrauben x und y.

Bei vielen Meßgeräten in einem Stromkreis wird die größte Übersichtlichkeit erreicht, wenn jedes einzelne Meßgerät eigene Klemmen zum Kurzschließen des Stromwandlers und zum Zwischenschalten eines Prüfinstrumentes erhält. Abb. 310 zeigt Anordnungen der Anschluß- und Prüfklemmen für die Meßgeräte und Relais eines Generators.

Die Reihenklemmen erhalten zweckmäßig dieselbe Buchstabenbezeichnung wie die zugehörigen Drähte, damit Verwechslungen leicht vermieden werden.

Führen viele Meßleitungen an ein Schalttafelfeld, so empfiehlt es sich, sie auf einem seitlichen Binder wie in Abb. 311 zu verlegen.

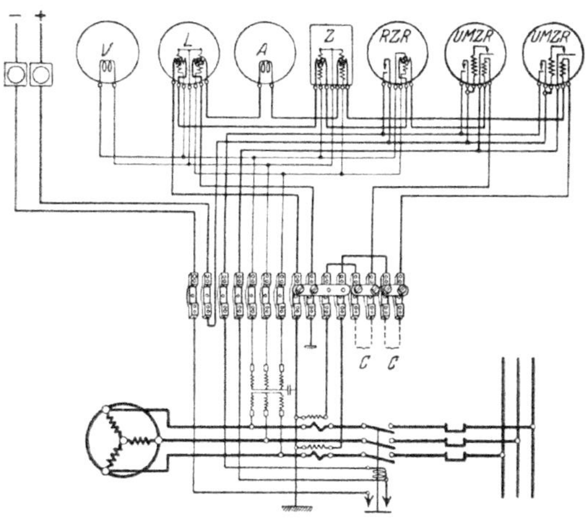

Abb. 310. Anordnung der Anschluß- und Prüfklemmen für die Meßgeräte und Relais eines kleinen Generators. AEG. (Prüf- und Kurzschluß-Klemmen nur am Anfang und Ende der Meßstromkreise.)

A Strommesser,
C Prüfanschluß,
L Leistungsmesser,
V Spannungsmesser,
Z Zähler,
RZR Rückstrom-Zeitrelais,
UMZR Unabhängiges Überstrom-Zeitrelais.

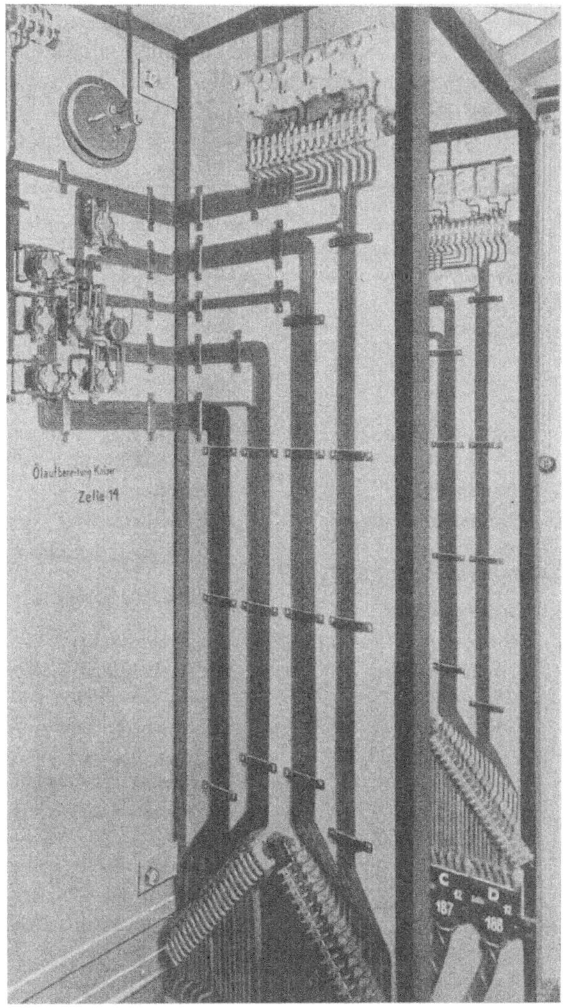

Abb. 311. Verlegung der Meß-, Melde- und Steuerleitungen auf den Schalttafelbindern und Anordnung der Klemmen. B.

XXVII. Die Schutzerdung.

Die Schutzerdung soll verhindern, daß durch Berührung metallischer Teile, die nicht zu den Betriebsstromkreisen der Schaltanlage gehören, Menschen gefährdet werden. Die Schutzerdung muß also die bei einem Erdschluß auftretenden Spannungen zwischen Leitern und Halbleitern, feuchtem Erdreich, Mauerwerk u. a., auf ein unschädliches Maß herabsetzen. Diese Spannung, die bei dem Stromdurchgang durch die Erdzuleitung zwischen zwei Punkten, die gleichzeitig von einem Menschen berührt werden können, auftritt, soll lt. VDE-Vorschrift in trockenen Räumen 125 V nicht überschreiten. In chemischen Betrieben darf die Berührungsspannung höchstens 40 V betragen.

159. Die Art der Erdung an Geräten.

Zu diesem Zwecke werden in Anlagen über 250 V gegen Erde alle Metallteile, die betriebsmäßig keine Spannung führen, jedoch in der Nähe spannungsführender Teile liegen oder sich im Bereich eines möglichen Lichtbogens befinden, geerdet, sofern sie nicht isoliert eingebaut oder durch Schutzkappen, Glasplatten, Schutzgitter u. a. gegen zufällige Berührung geschützt sind.

In elektrischen Zentralen sind die nachstehenden Apparate wie folgt zu erden:

Gegenstand	Art der Erdung
Elektrische Maschinen Transformatoren Drehregler	Das Gehäuse.
Meßwandler	Das Gehäuse und eine Sekundärklemme: bei Einphasen-Spannungswandlern Klemme v „ Drehstrom-Spannungswandlern Klemme w „ Stromwandlern Klemme l_1.
Meßinstrumente	Nur, wenn nicht an Meßwandler angeschlossen oder nicht isoliert und berührungsgeschützt eingebaut.
Trennschalter	Der Rahmen.
Erdungstrennschalter	Die Messer mittels Kupferseils nicht unter 16 mm² unmittelbar erden.
Ölschalter	Der Deckel oder das Feststelleisen.
Überspannungsschutz Erdungsschutz	Unmittelbar erden.
Stützer	Der Fußflansch.
Durchführungen	Der Einbauflansch; ohne Einbauflansch erhalten sie einen Metallrahmen, der für alle drei Phasen gemeinsam ist.
Kabel	Sämtliche Armaturen.
Peschelrohr und Rohrleitungen	Vor dem Austritt aus einer Hochspannungszelle und in der Nähe von Hochspannungsleitungen.
Schaltgerüste	Untereinander und je nach Größe an einer oder mehreren Stellen erden
Metallene Handhaben für Schalter	Nur, wenn sich zwischen ihnen und spannungsführenden Teilen keine geerdete Stelle befindet.
Geleise	Innerhalb der Schaltanlage, wenn sie geringen Erdwiderstand haben.
Türgriffe, Türrahmen, eiserne Treppengeländer	Nur erden, wenn sie sich in ungeschützter Nähe von Hochspannung befinden.
Erdungsseile der Freileitungen	Unmittelbar erden.

Sind die Apparate in Schaltgerüste eingebaut, so brauchen sie nicht besonders geerdet zu sein, wenn alle Schraubstellen metallisch rein sind, es genügt dann die Erdung der Gerüste, die gut leitend miteinander zu verbinden sind. Der Vorteil einer solchen Gestellerdung ist, daß beim Auswechseln von Apparaten die Erdung von selbst wiederhergestellt wird.

Zahlentafel Nr. 37. Werte von c für Kabel.

Querschnitt in mm²	Betriebsspannung in kV		
	5	10	20
10	20	14	—
25	27	18	12
50	35	25	19
70	40	29	23
95	44	32	27
120	47	35	31

160. Der Erdschlußstrom.

Die Größe des Erdschlußstromes ist bei Einzelerdschlüssen von dem Ladestrom des Netzes abhängig Dieser Kapazitätsstrom fließt zur Fehlerquelle. Er läßt sich für praktische Fälle genau genug nach einer Faust-Formel

$$J_L = \frac{c \cdot E \cdot l}{300} \qquad (85)$$

berechnen.

Darin ist:

c ein Faktor, für Freileitungen ist $c = 1$, für Kabel s. Zahlentafel Nr. 37;

E die Drehstrombetriebsspannung in kV;

l die Leiterlänge in km.

Rechnungsbeispiel Nr. 25. In einer Zentrale mit 25 km Kabel 120 mm², 6 kV, und 70 km Freileitung 60 kV wird der Erdschlußstrom

$$J_L = \frac{45 \cdot 6 \cdot 25 + 60 \cdot 70}{300} = 36{,}5\ \mathrm{A}.$$

161. Die Erdleitungen.

Damit die Erdschlußströme unmittelbar zur Erde abfließen können, werden die einzelnen Erdleitungen parallel an eine oder mehrere parallele Haupterdleitungen angeschlossen, dabei ist die Reihenschaltung der zu erdenden Teile unzulässig. Die Hauptleitungen erhalten mindestens 50 mm² Kupferquerschnitt oder 100 mm² Eisenquerschnitt, die Anschlußleitungen bis 5 m Länge mindestens 16 mm² Kupferquerschnitt oder 35 mm² Eisenquerschnitt.

Beispielsweise verwenden SSW verzinktes Eisen 26×6 für die Hauptleitungen und 20×2 für die Anschlußleitungen. Kupfer wird in Deutschland für Erdleitungen seiner Kosten wegen kaum verwendet. Einige andere Länder schreiben Kupfer vor.

Der Anschluß der Erdleitung an die zu erdenden Teile erfolgt durch federnde Schraubverbindung, ebenso die Verbindung von Anschlußleitungen an Hauptleitungen, welche auch vernietet, verlötet oder verschweißt werden können. Schraubverbindungen sollen gut zugänglich und ihre Kontaktstellen metallisch blank sein.

Die Erdleitungen sind innerhalb der Zellen gefällig und gut sichtbar, aber nicht aufdringlich, sondern der natürlichen Linienführung der Zelle folgend, zu verlegen. An Decken und Wänden sind sie in 1 cm Abstand zu verlegen und durch Decken und Wände frei durchzuführen. Die Erdleitungen sind anzustreichen (vgl. S. 214).

162. Die Erder.

Damit der Erdschlußstrom nach Erde abfließen kann, muß die Erdleitung mit der Erde oder dem Grundwasser in leitender Verbindung stehen. Der Erdwiderstand soll so bemessen sein, daß die Berührungsspannung 125 V nicht überschreiten kann. Nach dem Ohmschen Gesetz wird dies erreicht, wenn

$$R = \frac{125\ \mathrm{V}}{\text{Erdschlußstrom}} \quad \text{ist.} \tag{86}$$

In Anlagen mit Erdschlußspulen braucht der Widerstand nur für den Reststrom der Löschvorrichtung bemessen zu sein.

Sind keine Eisenkonstruktionen oder Rohrleitungen, die mit dem feuchten Erdreich dauernd in guter Verbindung stehen, vorhanden (Gasleitungen und Eisenbahngeleise sind ungeeignet), so müssen künstliche Erder eingebaut werden. Die Erdung kann als Tieferdung mittels Rohrerder oder als Oberflächenerdung mittels Band- oder Drahterder ausgeführt werden.

Die Tieferdung ist überall verwendbar und besonders vorteilhaft bei trockenem Boden. Rohrerder sind ein- bis zweizöllige feuerverzinkte Gasrohre von 2 bis 3 m Länge, die senkrecht in einem Abstand von etwa 3 m voneinander in die Erde eingetrieben werden. Bei Sandboden empfiehlt es sich, die Rohre mit Viehsalz aufzufüllen und es mit Wasser zu übergießen. Der Erdwiderstand im Lehmboden beträgt etwa 30 bis 50 Ohm für ein Rohr.

Die Oberflächenerdung erfolgt in etwa 30 cm Tiefe mittels verbleiten oder verzinkten Bandeisens oder Drahts von 8 mm ∅ und mindestens 10 m Länge. Der Erdwiderstand im Lehmboden beträgt etwa 25 Ohm bei 10 m Länge. Müssen die Leiter bei beschränktem Raum im Zickzack oder in Spiralen verlegt werden, so hat der Abstand der einzelnen Windungen mindestens 1,5 m zu betragen.

Die Erdwiderstände können mittels Telephonbrücken nach der bekannten Wiechertschen Methode gemessen werden. Die Meßergebnisse sind ausreichend, wenn das Produkt Erdschlußstrom mal Erdungswiderstand nicht größer als 125 V ist. Die Erder gelten als zuverlässig, wenn sie, ohne auszutrocknen, 2 Stunden lang den vollen Erdschlußstrom aushalten.

XXVIII. Schaltanlagen nach dem Zellen- und Kammer-System für Zentralen bis etwa 25000 kVA Leistung.

163. Schaltanlagen für Verteilung bei Erzeugerspannung.

Die Hochspannungs-Schaltanlagen für die hier in Frage kommenden Kraftwerke mit vier oder fünf Generatoren von höchstens 5000 bis 6000 kVA werden in der Regel unmittelbar in einem an das Maschinenhaus angrenzenden, abschließbaren Betriebsraum errichtet. Die Bedienung der Ölschalter erfolgt für gewöhnlich von dem Maschinensaal aus, damit zu Zeiten ruhigen Betriebes für die Bedienung der Maschinen und der Schalttafel ein Mann genügt. In den folgenden Beispielen, wo es darauf ankommt, den Aufbau der Hochspannungsstromkreise zu zeigen, sind durchweg die Bedienungstafeln in die Maschinenhauswand auf Höhe Maschinenhausflur eingelassen, oder die Wand selbst ist als Bedienungswand dargestellt. In manchen Fällen wird es erwünscht sein, um von dem Schaltdienststand einen guten Ausblick auf die Maschinen zu haben, ihn ein wenig erhöht über dem Maschinenflur anzuordnen. An Stelle der Schalttafeln werden dann zuweilen Pulte verwendet, wie beispielsweise Abb. 322 zeigt. (Vgl. auch Abschnitt Schaltdienstraum, XXXI, 179.)

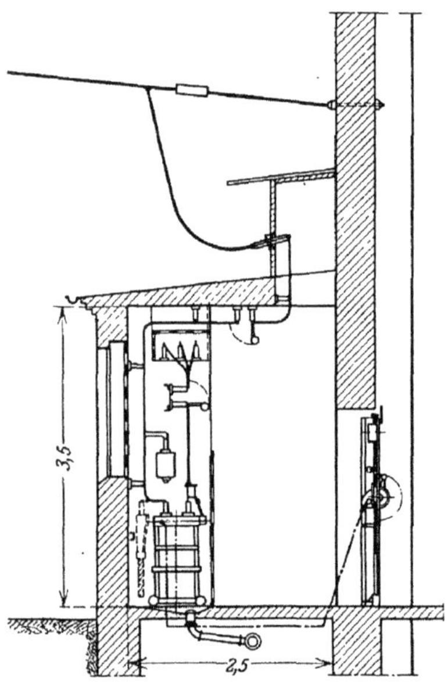

Abb. 312. Einreihige Eingeschoß-Anlage mit Einfach-Sammelschienen Reihe 10, mit Schalttafel.

Steht für den Einbau der Schaltanlage nur ein langer, schmaler Raum zur Verfügung, so wird man in Anlagen mit Einfach-Sammelschienen einen Aufbau wählen, welcher alle Hochspannungsgeräte in einer Zellenreihe anzuordnen gestattet. In ganz kleinen Anlagen bis etwa 1500 kVA Leistung kann wegen der stets vorhandenen Betriebssicherheit der Ölschalter auf einen qualmsicheren Abschluß der Sammelschienen gegen die Ölschalter verzichtet werden. In derart kleinen Anlagen können die Sammelschienen wie in Abb. 312 auf den Wänden der Ölschalterzellen verlegt werden.

Bei sehr beschränkter Raumtiefe und bei Bedienung der Ölschalter von Schalttafeln aus läßt es sich dann nicht vermeiden, daß der Zugang an die Fenster durch die Zellenreihe versperrt wird und die Fenster von außen gereinigt werden müssen. Kann die Reinigung nicht in Betriebspausen vorgenommen werden, so müssen die Fenster zum Schutz der Fensterputzer innen vergittert werden.

Wird der Strom in ein Freileitungsnetz geschickt, so führen die Steigleitungen zu den Freileitungsausführungen, damit die Freileitungen genügend hoch über dem Erdboden[1] an der Außenwand des Kraftwerkes verspannt werden können, über die Sammel-

[1] 6 m, über Straßen 7 m.

schienen hinweg in Dachhauben. Die in der Nähe der Sammelschienen befindlichen Stützer können dann nur in Betriebspausen ausgewechselt werden, falls sie nicht, wie in obiger Abbildung, gegen die Sammelschienen abgegittert sind. Die Trennschalter an den abgehenden Freileitungen hängen an der Decke über dem Gang, und der Austritt der Freileitungen aus dem Gebäude erfolgt, wie gesagt, über Durchführungen in einer Dachhaube. Werden für die Generatoren besondere Meßzellen erforderlich, so lassen sie sich in die Zellenreihe neben dem zugehörigen Ölschalter einschachteln.

Die Transformatoren für den Eigenbedarf sowie die nötigen Überspannungs-Schutzgeräte werden hier wie auch in den folgenden Beispielen in Zellen der Ölschalterreihe eingebaut.

Für die Verlegung der Kabel von den Generatoren und für den Einbau des Antriebsgestänges von der Schalttafel zu den Ölschaltern werden im Fußboden Kanäle vorgesehen. Kleine Nebenschlußregler können unmittelbar hinter die Schalttafel gestellt werden.

Soll die Schaltanlage äußerst billig werden, so kann in ganz kleinen Anlagen mit wenigen Meßgeräten die Schalttafel fortfallen. Die Meß- und Antriebsgeräte werden nun auf die Maschinenhauswand gesetzt, Abb. 313. Der Aufbau der Zellen ist genau wie in der vorhergehenden Abbildung. Da jetzt die Rückseite der Schaltwand von den Hochspannungsgeräten besetzt ist, werden die Regler an die Fensterseite gestellt und über Kette und Welle betätigt, falls nicht für ihren Einbau eine besondere Zelle verfügbar ist. Die Freileitungen führen unmittelbar zum Dach hinaus. Die Freileitungs-Ausführungen sind etwas erhöht über dem Dach eingebaut, damit der Ablauf des Regenwassers nicht behindert wird.

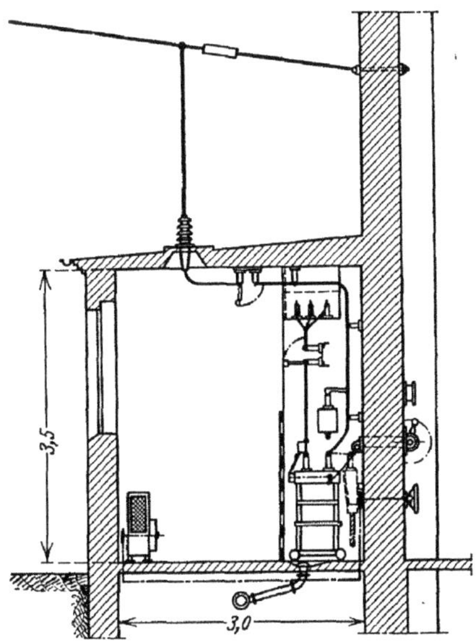

Abb. 313. Einreihige Eingeschoß-Anlage mit Einfach-Sammelschienen Reihe 10, mit Bedienungswand.

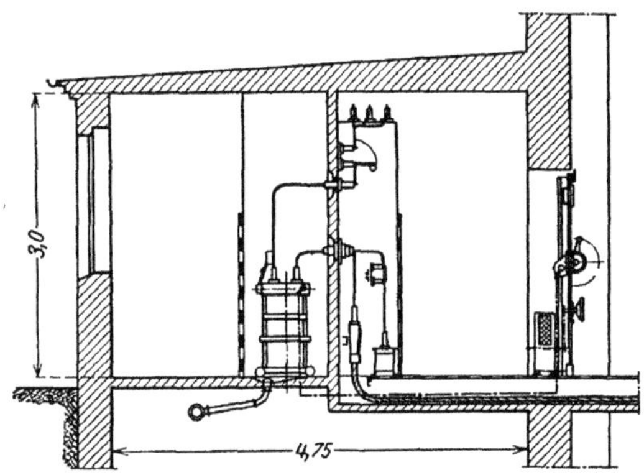

Abb. 314. Einreihige Eingeschoß-Anlage mit Einfach-Sammelschienen Reihe 10, mit Schalttafel.

Steht ein wenig mehr Raumtiefe für die Aufstellung der Schaltanlage zur Verfügung, so sollte man selbst in kleineren Anlagen eine Trennung der Ölschalter von den Sammelschienen wie in Abb. 314 vorsehen. Diese Trennung macht allerdings einen besonderen Gang für die Bedienung der Trennschalter erforderlich.

Wird der Strom durch Kabel fortgeleitet, so lassen sich unterhalb der Sammelschienen leicht Zellen für den Einbau der Kabelendverschlüsse und der erforderlichen Trennschalter anordnen.

In diese Kabelzellen lassen sich auch die Spannungswandler der Generatoren einbauen, wie es in obiger Abbildung dargestellt ist.

Als Stromwandler sind Querloch-Stromwandler für Wandeinbau gewählt, denn der Einbau von Topfwandlern zwischen Ölschalter und Kabel würde die Zellentiefe vergrößern.

Eine geringe Ersparnis in der Raumtiefe läßt sich erzielen, wenn die Meßzelle für die Generatoren in die Zellenreihe der Ölschalter eingeschachtelt und die Sammel schienen mit ihren Trennschaltern gänzlich von den übrigen Hochspannungsgeräten ab getrennt werden. Der in Abb. 315 dargestellte Aufbau für abgehende Freileitungen is auch für Kabel anwendbar, wenn die Kabelendverschlüsse an der Fensterseite angebrach werden. Wie aus der Abbildung ersichtlich ist, sind die Sammelschienen und Trenn schalter in einen von den Ölschalterzellen abgetrennten Kasten eingebaut. Die unter Abdeckplatte des Kastens ist ein wenig nach vorn geneigt, damit die Durchführunge von dem Gang aus zu sehen sind.

Die Bedienungs-Schalttafel könnte hier fortfallen, falls die Antriebs- und Meß geräte auf die Ölschalterzellenwand gesetzt werden. Zwischen den Kranpfeilern werde in diesem Fall Bogenöffnungen gelassen, damit von dem Bedienungsgang aus die Maschinen gesehen werden können.

Steht für die Ausführung der Freileitungen ein Obergeschoß zur Verfügung,

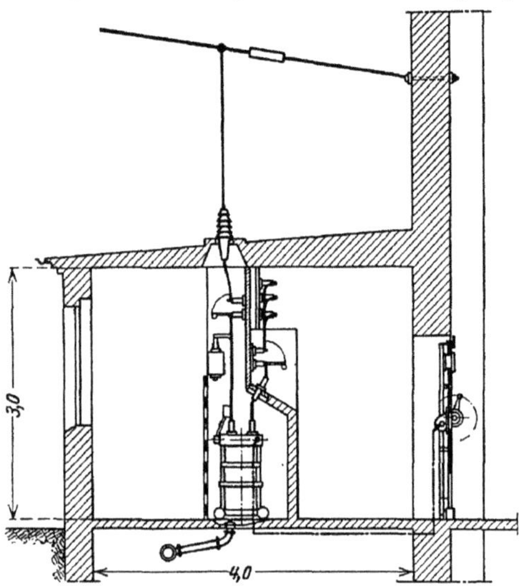

Abb. 315. Einreihige Eingeschoß-Anlage mit Einfach-Sammelschienen Reihe 10, mit Schalttafel.

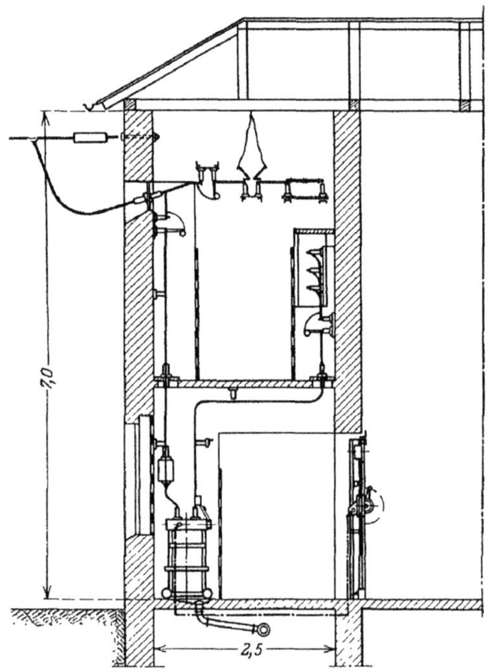

Abb. 316. Zweigeschoß-Anlage mit Einfach-Sammelschienen Reihe 10, Schalttafel im Erdgeschoß und Freileitungen.

so läßt sich der freie Raum im Obergeschoß gut durch die Aufstellung der Sammelschienen zellen ausnützen. Gleichzeitig wird hierbei eine Trennung der Sammelschienen von de Ölschalterzellen erreicht, wie Abb. 316 zeigt. Da nun die Trennschalter an den Sammel schienen von den Ölschaltern örtlich getrennt sind, lassen sich mechanische Anzeige vorrichtungen für die Schaltstellung der Ölschalter in den Trennschalterzellen nicht an bringen, und es erhalten deshalb auch die Trennschalterzellen Warnlampen. Ein an de Freileitungen erforderlicher Überspannungsschutz läßt sich in zwangloser Weise anschließen

Bei sehr kleinen Wasserkraftanlagen, welche eine Bauhöhe von nur wenigen Meter verlangen, käme eine zweistöckige Anordnung der Schaltanlage nicht in Frage, da e von mangelndem Raumsinn zeugen würde, wenn das Schalthaus höher als das Maschinen haus baut.

Ist ein Obergeschoß wegen beschränkter Raumverhältnisse unvermeidbar, so läß sich mehr an Grundfläche sparen, wenn die gesamte Hochspannungsanlage in ein Stock werk über dem Maschinensaal gebracht wird. Hierbei ergibt sich gleichzeitig der baulich Vorteil, den gesamten Bau unter ein gemeinschaftliches Dach bringen zu können.

Liegt der Maschinenhausflur, wie es beispielsweise in modernen Kraftwerken mit Kondensationsturbinen der Fall ist, in einem Obergeschoß, so wird die Bedienungstafel auch in dem Obergeschoß aufgestellt werden. Weil die Ölschalter am zweckmäßigsten zu ebener Erde stehen, ergibt sich für Anlagen, bei welchen an Raumtiefe gespart werden muß, eine Anordnung nach Abb. 317. Daß die Fenster in dieser Anordnung durch die Hochspannungszellen verbaut werden, muß dabei in Kauf genommen werden, falls es nicht möglich ist, zwischen den bis oben vergitterten Zellen und den Fenstern einen Gang von mindestens 0,6 m einzuschieben.

Für Freileitungen ist der besprochene Aufbau, falls die Steigleitungen nicht in Zellen an der Maschinenhauswand verlegt werden können, nur bei höchstens zwei Freileitungen anwendbar. Die für die Freileitungen und ihre Trennschalter erforderlichen Zellen liegen dann an den beiden Enden der Sammelschienen. Die unter diesen Zellen

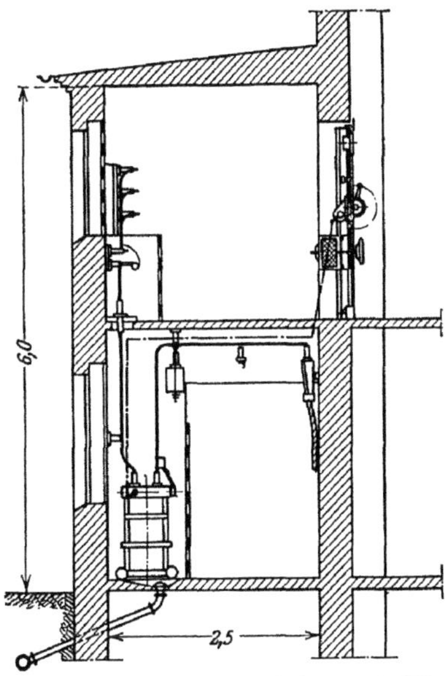

Abb. 317. Zweigeschoß-Anlage mit Einfach-Sammelschienen Reihe 10, Schalttafel im Obergeschoß und Verteilung durch Kabel.

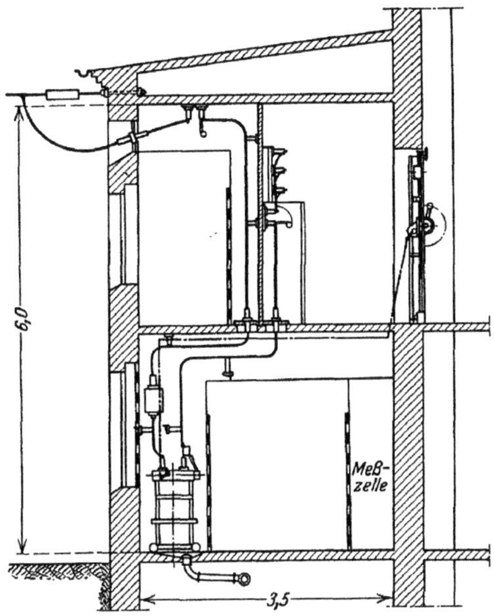

Abb. 318. Zweigeschoß-Anlage mit Einfach-Sammelschienen Reihe 10, Schalttafel im Obergeschoß und Freileitungen.

im Ölschaltergeschoß befindlichen Zellen bleiben frei, sofern sie nicht als Meßzellen für die Freileitungen benutzt werden.

Die Umklammerung der Sammelschienen durch die Freileitungszellen ist ein Nachteil, denn eine Erweiterung der Schaltanlagen ist erst nach Außerbetriebnahme einer Freileitung möglich. Eine dritte Freileitung läßt sich nicht anschließen.

Aus diesem Grunde ist besser ein Entwurf zu wählen, bei welchem weder die Freileitungen eingezwängt werden, noch sie die übrige Anlage einengen, damit Erweiterungen ohne irgendwelche Betriebsunterbrechungen möglich sind.

Stellt man sich die Aufgabe, für eine Schaltanlage mit Freileitungen mit der gleichen geringen Raumtiefe wie bei der dargestellten Verteilung über Kabel auszukommen, so müssen in der zuletzt beschriebenen Anordnung die Sammelschienen bis an die Decke des Obergeschosses gehoben und die Zellen für Freileitungs-Trennschalter in die Zellenreihe der Trennschalter an den Sammelschienen eingeschachtelt werden.

Mit ein wenig mehr Raumtiefe läßt sich ein günstigerer Aufbau für Schaltanlagen mit Freileitungen, wie Abb. 318 zeigt, erzielen, bei welchem die Fensterseite im Obergeschoß frei gehalten ist. Falls die Steigleitungen vergittert sind, braucht der Gang an der Fensterseite nur 1 m breit zu sein. Reichen die Fenster der Stirnseite des Schalthauses für die natürliche Beleuchtung des Sammelschienenraumes nicht aus, so empfiehlt es sich, die Rückwand der Sammelschienenzellen aus Drahtgitter herzustellen. Die Meßzellen für die Generatoren sind in diesem Aufbau an der Maschinenhauswand errichtet; werden auch die Ölschalterzellen hierher gestellt, so entstehen über den Meßzellen in dem Obergeschoß an den Sammelschienen Fehlzellen. Besondere Sorgfalt ist dann auf die Durchkonstruktion des Antriebsgestänges für die Ölschalter zu legen, weil ein seitlicher Ausgleich des Antriebsgestänges nur im Obergeschoß möglich ist. Größere Magnetregler lassen sich dann kaum unterbringen, welche in dem Entwurf der Abb. 318 neben die Meßzellen gestellt werden können.

Erfolgt die Verteilung nur über einige wenige Freileitungen, so ist es vorteilhaft, die Freileitungszellen an der Fensterseite anzuordnen und die Sammelschienenzellen nach der Maschinenhausseite hin abzuschließen, so daß die Trennschalter an den Sammelschienen und die an den Freileitungen von dem gleichen Gang aus bedient werden. Durch die Anordnung der Steigleitungen zu den Freileitungen an die Fensterseite wird gleichzeitig die Verlegung der Leitungen übereinander oberhalb der Ölschalterzellen vermieden.

In den bisher besprochenen Schaltanlagen läßt sich ein zweites Sammelschienensystem nachträglich nicht anbringen. Wenngleich sich durch den Einbau von Trennschaltern in die Sammelschienen eine gewisse Beweglichkeit im Betrieb der Anlage erreichen läßt, sollte man doch bei der Wahl des Aufbaues

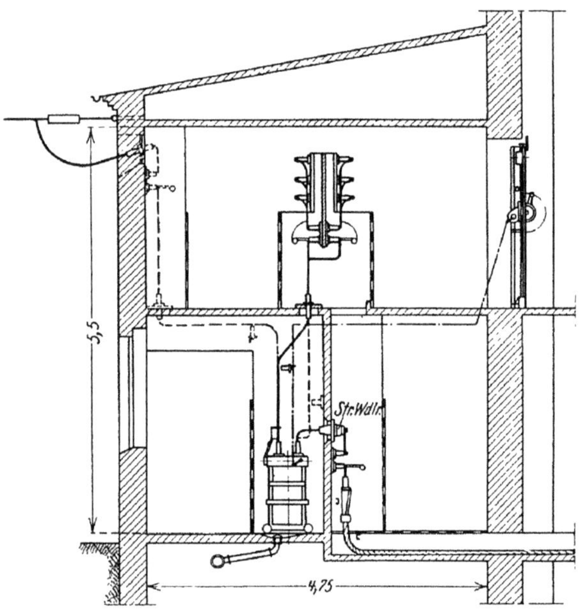

Abb. 319. Zweigeschoß-Anlage mit Doppel-Sammelschienen Reihe 10, Schalttafel im Obergeschoß, für Freileitungen oder Kabel.

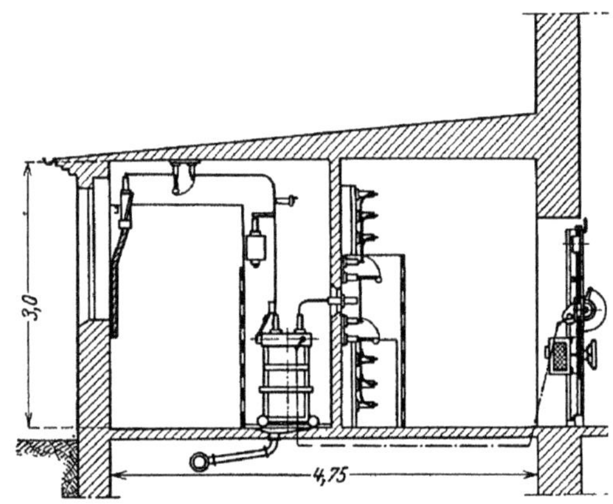

Abb. 320. Eingeschoß-Anlage mit Doppel-Sammelschienen Reihe 10, mit Schalttafel, für Kabel oder Freileitungen.

vorsichtig sein. Insbesondere in Dampfzentralen macht häufig die Erweiterung der Kraftanlage um einen einzigen Generator oder eine Umstellung des Betriebes ein Doppelsammelschienen-System dringend erforderlich. Für kleine Wasserkraftanlagen, bei welchen die verfügbare Energie im voraus bekannt ist, könnte eine solche Umstellung des Betriebes auch in Betracht kommen, wenn das Wasserwerk einem Fabrikbetrieb dient, welcher infolge Vermehrung der Fabrikation einen Anschluß an ein Überlandwerk benötigt.

Abb. 319 stellt eine Zweigeschoßanlage mit Doppel-Sammelschienen dar, welche häufig in Dampfturbinenkraftwerken Anwendung findet. In modernen Kraftwerken mit Kondensationsturbinen pflegt man die Kondensationsanlage zu ebener Erde aufzustellen, um teuere Ausschachtungen zu vermeiden; die Turbinen selbst stehen dann im Obergeschoß auf Fundamenten.

Die Betätigungstafeln werden nun im Obergeschoß aufgestellt, in welchem auch die Sammelschienenzellen errichtet werden. Durch diese Anordnung ergibt sich der Vorteil, daß alle zum Fertigmachen eines Stromkreises oder für die Umlegung von dem einen auf das andere Sammelschienen-System erforderliche Bedienung an Geräten von einem Flur aus erfolgen kann.

Ist eine Verqualmung durch die Kabelendverschlüsse nicht zu befürchten, so können in der Decke zum Obergeschoß Durchbrüche vorgesehen werden, durch welche die Stellung der Trennschalter an den Sammelschienen vom Erdgeschoß aus sichtbar ist. So braucht der Schaltmeister bei einem Nichtleuchten der Warnlampe in der Ölschalterzelle nicht erst nach oben zu gehen, sondern kann sich von hier aus über die Trennschalterstellung unterrichten. Der dargestellte Entwurf ist für Kabel wie für Freileitungen gleich gut verwendbar.

In Schaltanlagen mit nur wenigen Stromkreisen lassen sich Doppel-Sammelschienen zusammen mit den Ölschalterzellen in einem Geschoß unterbringen. Diese Anordnung, Abb. 320, bietet besonderen Vorteil, wenn das Kraftwerk sehr niedrig ist. Die Sammelschienen sind gegen die Trennschalter nicht besonders geschützt, weil sich Irrtümer in der Trennschalter-Bedienung bei dem gewählten Aufbau leicht vermeiden lassen, denn die Ausschaltstellung der Ölschalter läßt sich durch die Stellung des Antriebshebels an der Rückseite der Bedienungsschalttafel erkennen.

In den bisherigen Beispielen werden alle Ölschalter in einem gemeinschaftlichen Gang verfahren. Bei einer Verqualmung eines Ölschalters würden alle Ölschalterzellen verrußen, und da Ruß ein guter Leiter ist, wäre eine Betriebspause für die Reinigung der Stützer und Durchführungen notwendig. Die gänzliche Stillegung des Betriebes läßt sich, wie schon erwähnt, vermeiden, wenn die Zellenreihe in mehrere Gruppen, welche durch Klapptüren voneinander getrennt sind, aufgeteilt wird. Dabei empfiehlt es sich, zwischen diese Gruppen Gänge einzuschieben.

In Schaltanlagen für Zentralen größerer Leistung pflegt man, um etwaige Verqualmungen auf die davon betroffene Zelle zu beschränken, die Ölschalterzellen durch leichte Vollblechtüren zu verschließen, welche sich bei geringem Überdruck in der Zelle selbsttätig öffnen. Die Zellen münden ins Freie oder in einen Gang, der mit dem Freien in Verbindung steht.

Abb. 321 stellt eine ins Freie führende Ölschalterzelle in einer Zweigeschoßanlage dar. Die Deckendurchbrüche haben denselben Zweck wie in Abb. 319, außerdem bringen sie Licht in den unteren Raum. Befürchtet man ein Verqualmen durch Kabelendverschlüsse, so können, falls die Räume gut trocken gehalten werden, Wickelendverschlüsse ohne Massefüllung (Abb. 270) benutzt werden.

Die vielen ins Freie öffnenden Türen verschönern keineswegs die Hausfront, auch sind sie an öffentlichen Wegen nicht zulässig. Sie lassen sich vermeiden, wenn ein mit dem Freien in guter Verbindung stehender Vorraum etwa durch Arkaden oder, wie in Abb. 322, durch fensterähnliche Öffnungen in das Gebäude einbezogen wird.

Die Abbildung zeigt ferner, wie an Schalttafeln für die Bedienung der Hochspannungs-Schaltanlage gespart werden kann, wenn für die Bedienung der Stromerzeuger Pulte verwendet werden, die Bedienung der Abzweige dagegen an einer Wand der Trennschalterzellen erfolgt.

Da die gesamten Schaltgeräte von einem gemeinschaftlichen Bedienungsgang betätigt werden, läßt sich eine fehlerhafte Bedienung der Trennschalter leicht vermeiden.

Ist eine Höhe von etwa 6 bis 7 m für eine normale Zweigeschoßanlage nicht verfügbar, so kann ein Aufbau nach Abb. 323 eine gleich gute Betriebssicherheit wie die eben beschriebene Anlage ergeben. Die Gänge für das Verfahren der Ölschalter und für die Bedienung der Trennschalter an der Fensterseite sind hier so niedrig wie möglich gehalten, damit die Höhe des Anbaues für die Schaltanlage 4 m nicht wesentlich überschreitet.

Ist die zur Verfügung stehende Raumtiefe sehr knapp, so daß die in den letzten Beispielen erforderlichen zwei Gänge für die Bedienung der Trennschalter an den

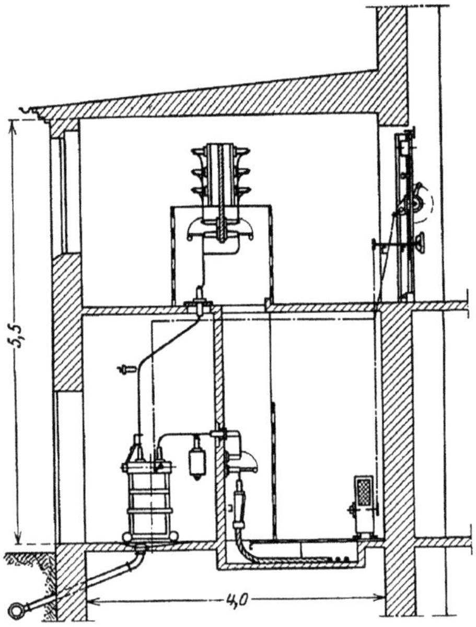

Abb. 321. Zweigeschoß-Anlage mit Doppel-Sammelschienen Reihe 10, mit Schalttafel. Ölschalter ins Freie fahrbar.

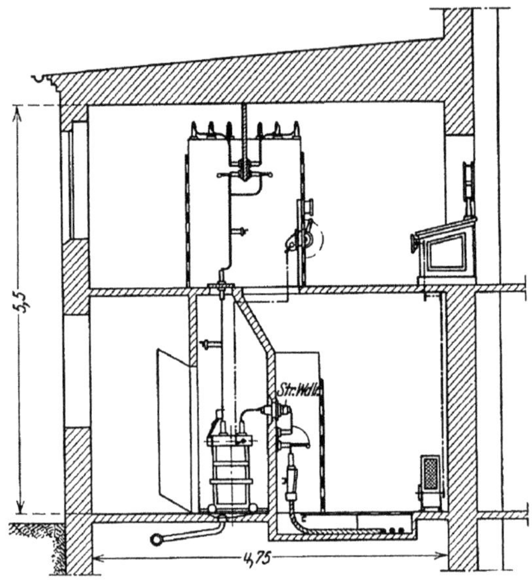

Abb. 322. Zweigeschoß-Anlage mit Doppel-Sammelschienen Reihe 10, mit Pult. Bedienung der Abzweige an der Trennschalterzelle. Ölschalter in einen offenen Gang verfahrbar.

Sammelschienen zu schmal ausfallen, so kann ein Aufbau nach Abb. 324 gewählt werden, in welchem die Trennschalter von einem gemeinschaftlichen Gang aus betätigt werden. Um die Trennschalterstellung von dem Ölschaltergeschoß aus sehen zu

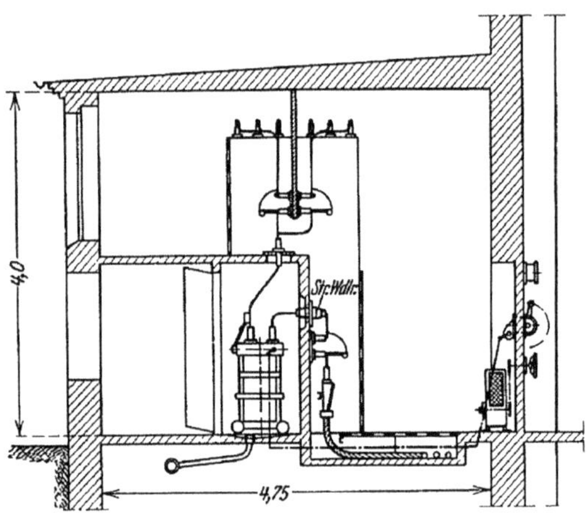

Abb. 323. Eingeschoß-Anlage mit Doppel-Sammelschienen Reihe 10, mit Schalttafel. Ölschalter in einen offenen Gang verfahrbar.

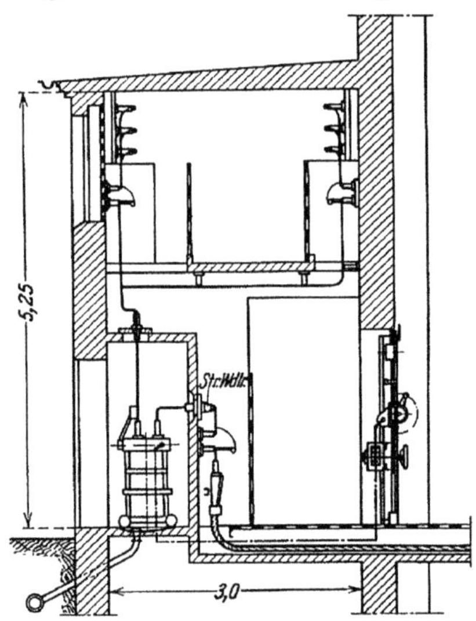

Abb. 324. Zweigeschoß-Anlage mit Doppel-Sammelschienen Reihe 10, mit Schalttafel im Erdgeschoß. Ölschalter ins Freie verfahrbar. Nur für Kabelverteilung. Schmalbau!

können, ist die obere Abschlußdecke der Ölschalterzellen niedriger als der Laufsteg fü die Bedienung der Trennschalter gelegt.

164. Schaltanlagen für Verteilung bei höherer als Erzeugerspannung bis 45 kV.

Die Schaltanlagen für Kraftwerke, deren gesamte Energie mit Ausnahme einer verhältnismäßig kleinen Menge für den Eigenbedarf in ein Netz mit höherer als Erzeuger-Spannung geschickt wird, erfordern bei geeignetem Schaltplan keine Sammelschienen an den Generatoren. Die Stromerzeuger werden, wie es bei den Schaltplänen besprochen wurde, mit ihren zugehörigen Aufspannern zu Einheiten zusammengefaßt und nur an den Hochvolt-Sammelschienen mit Ölschaltern ausgerüstet. Der Eigenbedarf wird dabei manchmal den Klemmen eines Generators entnommen und so geschaltet, daß er auf einen anderen Generator umschaltbar ist.

Für derartige Schaltanlagen können viele der vorstehend besprochenen Aufbauten verwendet werden, doch müssen die für die Transformatoren erforderlichen Kammern vor dem Schalthaus errichtet werden.

Die Abb. 325 zeigt die Anordnung eines Generator-Transformator-Stromkreises für eine Eingeschoßanlage mit Einfach-Sammelschienen für Spannungen bis zu 30 kV. Das von dem Generator kommende Kabel endet in einer Meßzelle, von hier führen blanke

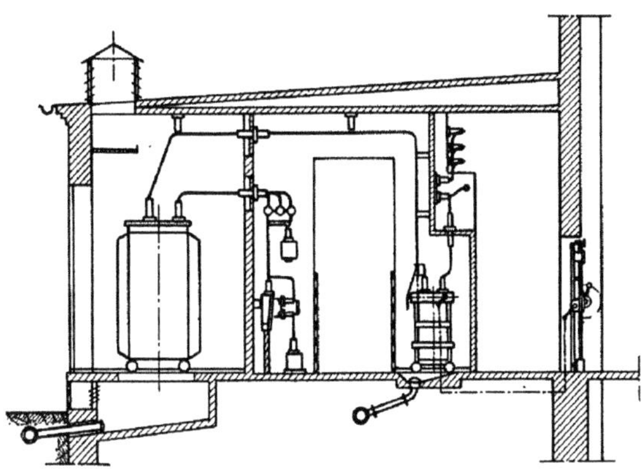

Abb. 325. Eingeschoß-Anlage mit Einfach-Sammelschienen für Verteilung bei einer Oberspannung bis 30 kV.

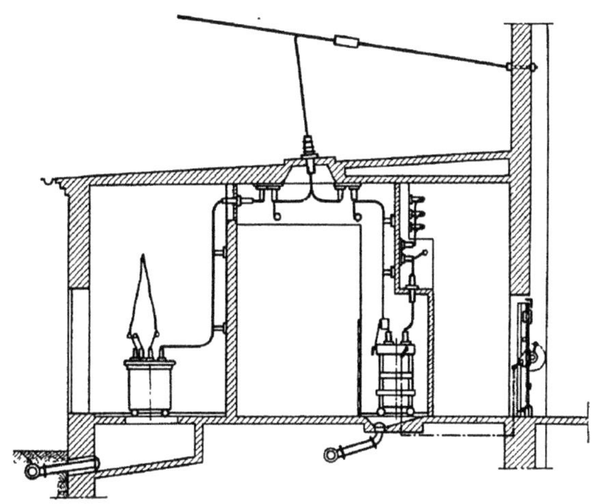

Abb. 326. Anschluß einer Freileitung und des Überspannungs-Schutzgerätes in der Schaltanlage der Abb. 325.

Leitungen zu dem Umspanner und von ihm hochspannungsseitig über Ölschalter und Trennschalter an die Oberspannungs-Sammelschienen. Die Transformatoren werden ins Freie verfahren, ihre Kammern sind von der übrigen Schaltanlage vollständig getrennt.

Die Eigenbedarfs-Schienen zweigen kurz vor den Durchführungen zu den Transformatorenkammern ab und führen in eine oder mehrere Nebenzellen zu dem Eigenbedarfs-Transformator und ebenso weiter zu der Meßzelle eines zweiten Generators.

Wie eine Freileitung mit angeschlossenem Überspannungsschutz das Haus verlassen kann, zeigt Abb. 326. Der Hörnerableiter ist in einer neben den Umspannern befindlichen Kammer aufgestellt. Die Trennschalter an den Freileitungen sind möglichst nahe an die Dachdurchführungen herangebracht.

Für höhere Spannungen als 30 oder 45 kV ist der hier gezeigte Aufbau nicht geeignet, weil dabei die Trennschalter an den Sammelschienen sehr hoch zu liegen kommen. Ferner lassen sich häufig die Ölschalter für diese höheren Spannungen nicht mehr von Hand von der Schalttafel aus betätigen, sondern bedingen ihr Antriebsgerät in ihrer unmittelbaren Nähe an der Zellenwand. In Eingeschoßanlagen wird dementsprechend das Gerüst für die Sammelschienen und die zugehörigen Trennschalter von den Ölschalterzellen wegrücken müssen. Hierdurch wird, wenn die Schalttafeln in die Maschinenhauswand eingelassen sind, noch ein weiterer Kontrollgang erforderlich. Die Raumtiefe für die Schaltanlage wird dementsprechend groß. Steht die erforderliche Raumtiefe nicht zur Verfügung, so müssen die Sammelschienen mit ihren Trennschaltern in ein Obergeschoß gebracht werden. Dies ist die meistgebräuchliche Anordnung für alle hier in Betracht kommenden Anlagen bis zu etwa 25000 kVA Sammelschienenleistung, insbesondere in Kraftwerken mit Kondensationsturbinen, in welchen die Maschinen und damit die Schalttafeln in dem Obergeschoß aufgestellt werden.

165. Schaltanlagen für Verteilung bei Erzeuger und höherer Spannung bis 45 kV.

Erfolgt die Kraftverteilung sowohl bei Erzeuger- wie bei einer höheren Spannung, so sind für jede Spannung Sammelschienen erforderlich. Besteht in solchen Schaltanlagen die Forderung, alle Leitungen innerhalb der Schaltanlage blank zu verlegen, so müssen die Ölschalter für die Unter- und Ober-Spannungsseite der Transformatoren nebeneinander liegen. Die Ölschalterzellen für beide Spannungen sind dann ineinandergeschachtelt und bilden eine Reihe. Die Sammelschienen müssen sich in ihrer Anordnung dieser Lage der Ölschalter anpassen.

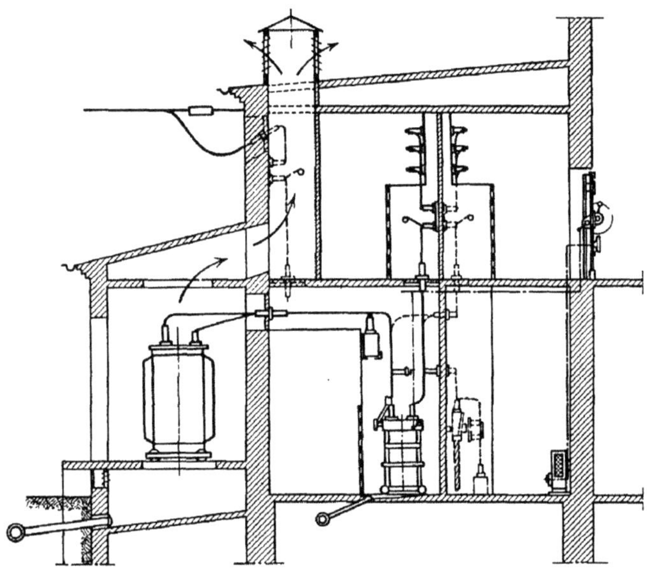

Abb. 327. Zweigeschoß-Anlage mit Einfach-Sammelschienen für Verteilung bei Erzeuger- und einer Oberspannung bis 30 oder 45 kV.

Stehen für Schaltanlagen mit Einfach-Sammelschienen zwei Stockwerke zur Verfügung, so ist eine geschachtelte Anordnung verhältnismäßig einfach und übersichtlich, wie Abb. 327 zeigt.

Von der Meßzelle des Generators (im Bild punktiert) führen die Leitungen an seinen Ölschalter und weiter an die über der Meßzelle im Obergeschoß befindlichen Erzeuger-Sammelschienen. Die Stromkreise für die Abzweige an den Erzeuger-Sammelschienen sind als Kabelabzweige genau wie die Generatorstromkreise angeordnet. Verlassen sie als Freileitungen das Haus, so steigen die Leitungen vor den Transformatorenkammern in das Obergeschoß. Die beiden für jeden Transformator erforderlichen Ölschalter stehen unmittelbar nebeneinander, so daß der gesamte Transformatorstromkreis von einem Schalttafelfeld aus bedient werden kann. Die Hochvolt-Sammelschienen befinden sich im Obergeschoß über den Ölschalterzellen. Die Oberspannungsverteilung erfolgt in gleicher Reihenfolge wie die der Unterspannung.

Die Transformatoren stehen in einem Anbau vor dem Schalthause, ihre Entlüftungsschlote sind in das Schalthaus einbezogen.

Ein erforderlicher Überspannungsschutz kann in der Zellenreihe für die Ölschalter oder in der Reihe der Transformatoren aufgestellt werden.

Die gleiche Schachtelung der Ölschalterzellen für beide Spannungen in eine Zellenreihe ist in Eingeschoßanlagen für Einfach-Sammelschienen möglich, wenn ein Aufbau gewählt wird, welcher die Verlegung von zwei Sammelschienen zuläßt. Beispielsweise könnten in dem Entwurf der Abb. 320 die unteren Sammelschienen die Erzeugerspannung und die oberen die Hochvolt-Spannung führen, doch müßten nun die Sammelschienen voneinander durch Trennwände getrennt werden.

Reicht die zur Verfügung stehende Länge des Maschinenhauses für eine einreihige Anordnung der Ölschalterzellen nicht aus, so können, falls zwei Stockwerke für den Einbau der Schaltanlage verfügbar sind, zwei Eingeschoßanlagen übereinander angeordnet werden. Im Erdgeschoß würde dann die Erzeuger-Schaltanlage und im Obergeschoß die Hochvolt-Schaltanlage aufgestellt werden. Der Nachteil dieser Anordnung ist, daß in beiden Stockwerken Öl enthaltende Schaltgeräte sind. Des weiteren muß bei dem Entwurf eine etwaige Kabelführung aus dem Obergeschoß berücksichtigt werden, sowie daß die Antriebsgestänge der Ölschalter nicht ungeschützt an Sammelschienen vorbei oder durch die Zelle eines fremden Stromkreises gelegt werden.

An einer geeigneten Führung des Antriebsgestänges scheitern die meisten Entwürfe für eine zweireihige Aufstellung der Ölschalter in einem Geschoß, falls für die Ölschalter Handbetätigung von der Schalttafel aus vorgesehen wird. Der einzige Weg für das Antriebsgestänge zu den von der Schalttafel weggelegenen Ölschaltern ist unterhalb der Zellen, und dieser Weg ist nur möglich, wenn sich unter dem Ölschaltergeschoß ein Keller befindet.

Wollte man das Antriebsgestänge über die vordere Zellenreihe hinweg verlegen, so müßte das Stockwerk so hoch sein, daß eine Zwischendecke über den Sammelschienen gezogen werden kann.

Aus diesen Gründen lassen sich Schaltanlagen mit Doppel-Sammelschienen für von einer Schalttafel aus handbediente Ölschalter in einem Geschoß nur nach ihren Spannungen getrennt anordnen. Die Transformatoren können dann nur an eine Spannung mit blanken Leitungen angeschlossen, die Verbindung mit der anderen Spannung erfolgt über Kabel.

Eine zweireihige Aufstellung der Ölschalter ist sofort möglich, wenn die der Schalttafel abgekehrten Ölschalter elektrisch ferngesteuert oder von Hand an ihrer Zellenwand bzw. wie in Abb. 322 an einer Zellenwand vor den Sammelschienen-Zellen bedient werden.

XXIX. Schaltanlagen nach dem Zellen- und Kammer-System für größere Zentralen.

166. Schaltanlagen für Spannungen bis 45 kV.

Wie wiederholt erwähnt, wählt man in Zentralen mit großen Kurzschlußleistungen für die Schaltanlage einen Aufbau, bei welchem Schäden an Schaltgeräten auf den davon betroffenen Stromkreis beschränkt bleiben.

Von den bisher besprochenen Entwürfen zeigen die Abb. 321 bis 324 qualmsicheren Einbau der Ölschalter. Denkt man sich in diesen Anlagen die Handantriebsgeräte fürdie Ölschalter fort und an ihre Stelle ferngesteuerte Antriebsgeräte vor die Ölschalterzellenwände gesetzt, so können die dargestellten Anordnungen für Schaltanlagen größerer Zentralenleistung, welche nur wenige Stromkreise erfordern, benutzt werden.

In vielen Fällen reicht jedoch die zur Verfügung stehende Länge des Maschinenhauses für die Unterbringung der Schaltgeräte in einer einzigen Ölschalterreihe nicht aus, und es bleibt, damit alle Ölschalterzellen ins Freie münden, nichts übrig, als für die Schaltanlage ein besonderes Gebäude zu erstellen. Die Loslösung des Schalthauses von dem Maschinenhaus ist bei größeren Kraftwerken oft auch aus baulichen Gründen wünschenswert.

Abb. 328 stellt den Aufriß eines Schalthauses für zwei Reihen Ölschalter und zwei Reihen Doppel-Sammelschienen dar.

Die Ölschalterkammern erhalten Türen, welche ins Freie öffnen und bei leichtem Überdruck, hervorgerufen durch eine Explosion in den Kammern, selbsttätig aufspringen. Die Stromwandler sind als Durchführungs-Stromwandler in die Wand eingelassen. Die Trennschalter der abgehenden Kabel liegen vor den Ölschalterzellen neben den Antriebsgeräten. Um von hier aus die Schaltstellung der Trennschalter an den Sammelschienen sehen zu können, sind in der Decke Durchbrüche vorgesehen, durch welche außerdem Tageslicht für die natürliche Beleuchtung des Bedienungsganges fällt. Die Spannungswandler sind ohne Sicherungen und ohne Vorschaltwiderstände angeschlossen und in der Ölschalterkammer untergebracht. Für die Verlegung der Kabel sowie der Meß- und Steuerleitungen ist im Keller ein Kanal vorgesehen. Die beiden Sammelschienenreihen sind an geeigneter Stelle miteinander verbunden.

Auf der rechten Seite der Abbildung ist der Einbau einer dreipoligen Strombegrenzungs-Drosselspule, welche im Zuge der Sammelschienen liegt, dargestellt. Der Anschluß von den Haupt-Sammelschienen an den zugehörigen Ölschalter, welcher in der Nebenzelle steht, erfolgt wie bei dem links dargestellten Ölschalter. Von ihm führen die Leitungen über Durchführungen an die Drosselspule und weiter an die gedämpften Sammelschienen.

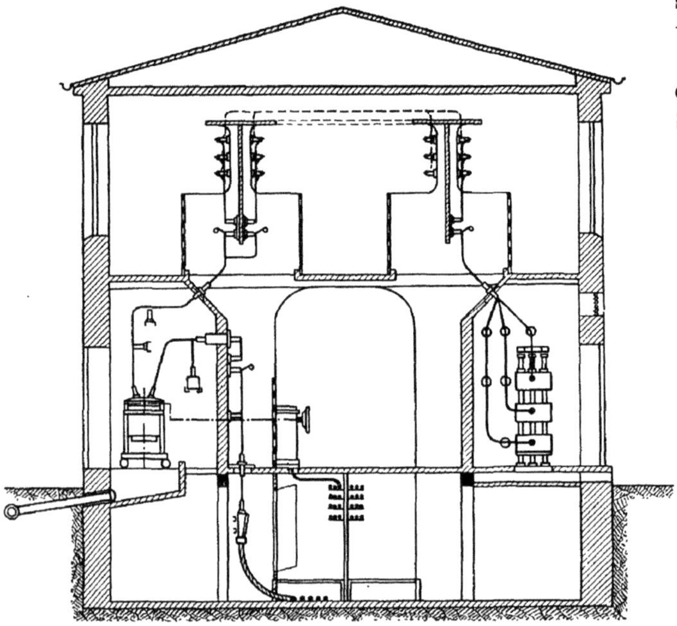

Abb. 328. Zweigeschoß-Schalthaus mit zwei Reihen Hochleistungs-Ölschalter und zwei Reihen Doppel-Sammelschienen für Spannungen bis 45 kV.

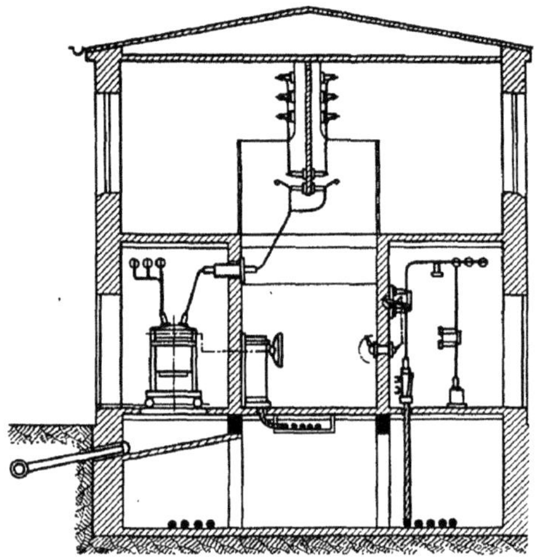

Abb. 329. Zweigeschoß-Schalthaus mit zwei Reihen Ölschalter und einer Reihe Doppel-Sammelschienen für Spannungen bis 30 kV.

Soll der Bedienungsgang für die Ölschalter frei von Hochspannungsleitungen sein, so können die Kabelendverschlüsse mit ihren Trennschaltern in die Ölschalterkammern eingebaut werden.

Für Aufstellung der Spannungswandler reicht, besonders wenn sie Hochspannungs-Sicherungen erhalten, in manchen Fällen der Platz in der Ölschalterzelle nicht aus, und es wird zweckmäßig, die Meßwandler und Kabelendverschlüsse in Nebenkammern unterzubringen. Dadurch entstehen in den Sammelschienenreihen Fehlzellen, welche, falls sie häufig vorkommen, sich durch eine Zusammenfassung beider Sammelschienenreihen in eine Reihe vermeiden lassen. Durch diese Einschachtelung der Stromkreise wird das Schalthaus, wie Abb. 329 zeigt, schmäler. Der zugehörige Teilgrundriß, Abb. 330, läßt den Anschluß der einzelnen Stromkreise an die Sammelschienen in der geschachtelten Anordnung erkennen.

Die Einschachtelung der Stromkreise zweier Ölschalterreihen in eine Sammelschienenreihe macht keine Schwierigkeiten, wenn für alle Stromkreise Ölschalter mit annähernd gleich großen Kesseln verwendet bzw. wenn die Kammerabmessungen nach dem größten Ölschalterkessel bestimmt werden. Häufig sind jedoch in Schaltanlagen für die wenigen Generatoren 2000 bis 4000 A-Ölschalter und für die zahlreichen Abzweige 600 A-Schalter erforderlich. Würde man hier die Zellen für die 600 A-Schalter ebenso groß wie die für die 2000 A-Schalter bemessen, so wäre das eine Raumverschwendung, denn die 600 A-Schalter sowie die Meßzellen benötigen in der Regel nur etwa $^2/_3$ der Zellenteilung der 2000 A-Schalter.

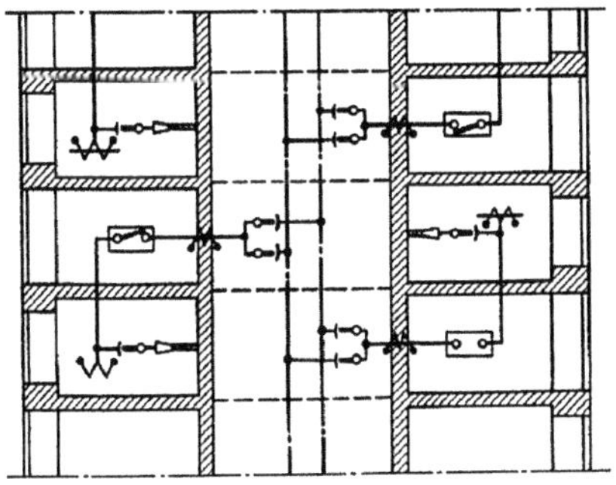

Abb. 330. Grundriß zu Abb. 329 für gleich große Kammern.

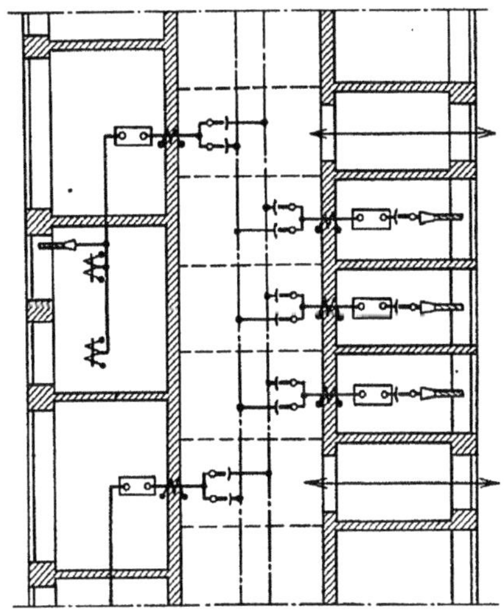

Abb. 331. Grundriß zu Abb. 329 für verschieden große Kammern.

Für solche Anlagen ergibt eine andere Grundrißaufteilung, zu welcher Abb. 331 als Anleitung dient, eine bessere Raumausnutzung.

Alle Sammelschienenzellen erhalten gleich große Teilung, welche gleich der Zellenteilung für die kleinen Ölschalter wird. Diese werden an der dem Maschinenhause abgewandten Seite des Schalthauses angeordnet, und zwar so, daß zwei oder drei Abzweige, welche keine Meßzellen benötigen, unmittelbar nebeneinander liegen. Gegenüber dieser Zellenreihe werden die Ölschalter für Generatoren mit ihren Meßwandlern sowie der Kuppelschalter, also alle Stromkreise, welche eine größere Zellenteilung verlangen, eingebaut. Der Anschluß von den Sammelschienen an die Schalter dieser Reihe läßt in der gegenüberliegenden Zellenreihe Leerzellen entstehen, welche als Durchgänge oder als Meßzellen für Abzweige benutzt werden. Die Außenwand an diesen Durchgängen wird zu kräftigen Säulen für das Haus ausgebildet. So sind vor den Ölschalterkammern keine Säulen, welche die Zellenteilung vergrößern würden, erforderlich.

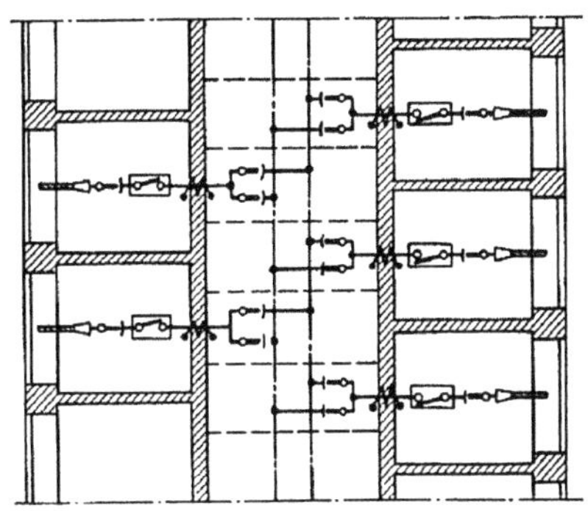

Abb. 332. Grundriß zu Abb. 329. Ölschalterkammern haben die doppelte Breite der Trennschalterzellen.

Die neben den Ölschaltern für die Generatoren befindlichen Zellen werden für den Einbau der Spannungswandler und Kabelendverschlüsse benutzt.

Überwiegt die Anzahl der großen Zellen die Zahl der kleinen oder bedingt die Mehrzahl der Ölschalter eine Zellenteilung, welche beträchtlich größer als die Zellenteilung für die Trennschalter an den Sammelschienen ist, so kann eine Grundrißanordnung nach Abb. 332 von Vorteil sein. Hier erhalten die Zellen für die Ölschalter die doppeltbreite Teilung der Trennschalterzellen. Die einander gegenüberliegenden Ölschalterzellen sind gegeneinander um eine Trennschalterteilung versetzt, damit eine glatte Leitungsführung möglich ist und die Anschlüsse von den beiden Ölschalterreihen an die Sammelschienen in zyklischer Reihenfolge liegen. Bei dieser Anordnung können in den Ölschalterkammern ohne bedeutenden Mehraufwand an Grundfläche die Spannungswandler untergebracht werden, selbst wenn Hochspannungs-Sicherungen und Vorschaltwiderstände erforderlich sind.

Sind die vielen ins Freie öffnenden Türen nicht erwünscht oder nicht zulässig, wenn beispielsweise das Schalthaus an einer öffentlichen Straße liegt, so kann der Gang für das Verfahren der Ölschalter in das Gebäude einbezogen werden, wie in Abb. 333.

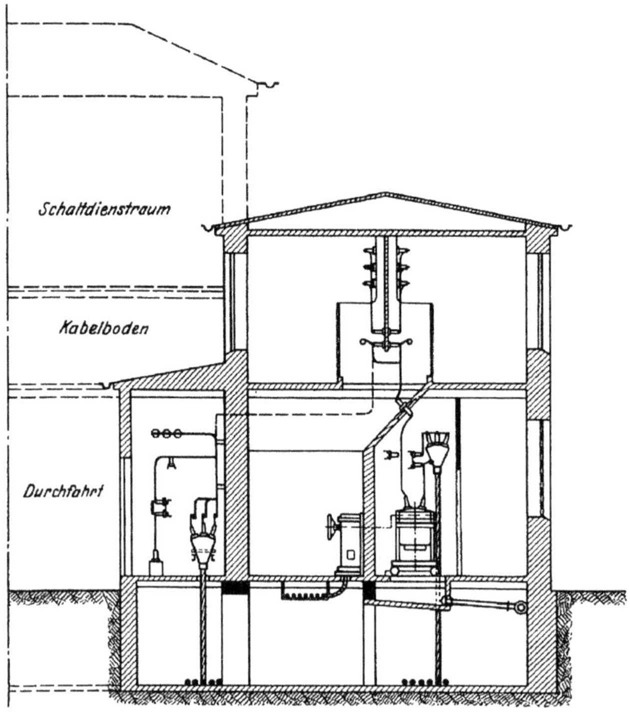

Abb. 333. Zweigeschoß-Schalthaus mit zwei Reihen Ölschalter und einer Reihe Sammelschienen für Spannungen bis 45 kV.

Abb. 333 zeigt einen für die letzten drei Grundrisse passenden Aufriß, bei welchem die Straßenfront im Erdgeschoß an Stelle der Fenster vergitterte Öffnungen erhält. Die hier befindliche Ölschalterreihe ist tief in das Haus hineinverlegt, um einen Fahrweg für die Ölschalter zu erhalten. Die nach dem Kraftwerk hin gelegene Ölschalterreihe steht in einem eingeschossigen Anbau. Besondere Vorteile ergeben sich bei dieser Anordnung, wenn die Schalter für die Generatoren größer sind als die Schalter für die Abzweige wie in der Grundrißaufteilung der Abb. 331, weil dieser Aufriß große Beweglichkeit in der Bemessung der im Anbau liegenden Kammern erlaubt.

Besonders günstig ist die dargestellte Anordnung des weiteren für einen zwischen Maschinenhaus und Schalthaus angeordneten Brückenbau für die Schaltbühne, denn sie kann bis an den Hauptbau des Schalthauses heranreichen, ohne dabei mehr an Grundfläche zu benötigen. Die von dem Schaltdienstraum in die Schaltanlage führende Treppe läßt sich in den Anbau in zwangloser Form einfügen.

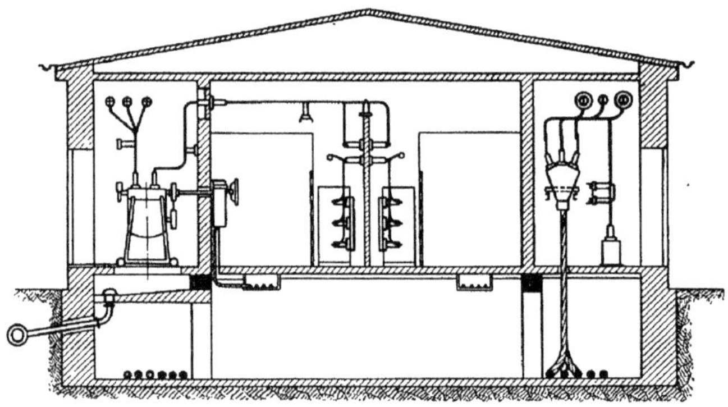
Abb. 334. Eingeschoß-Schalthaus mit zwei Reihen Ölschalter und einer Reihe Sammelschienen.

Soll die gesamte Schaltanlage, beispielsweise wegen Erdbebengefahr, in einem Stockwerk untergebracht werden, so ist der für die Sammelschienen erforderliche Platz vorzusehen. Abb. 334 stellt einen geeigneten Schnitt einer Eingeschoßanlage dar. Die Grundrißaufteilung kann nach einem der vorstehend besprochenen Grundrisse erfolgen. Die gewählte Sammelschienen-Anordnung ist im Abschnitt über den Einbau der Trennschalter besprochen.

167. Schaltanlagen für Spannungen von 45 kV an.

Der Aufbau der Schaltanlagen für hohe Spannungen ist im allgemeinen einfach und übersichtlich, weil eine ganze Anzahl Zusatzgeräte, welche bei den Spannungen bis 30 kV erforderlich sind, fortfallen. Besonders die Geräte für die Bekämpfung der Kurzschlußströme, die Strombegrenzungsdrosseln, sind hier entbehrlich, da die Stromstärken auch im Kurzschlußfalle meist kaum über einige tausend Ampere anschwellen.

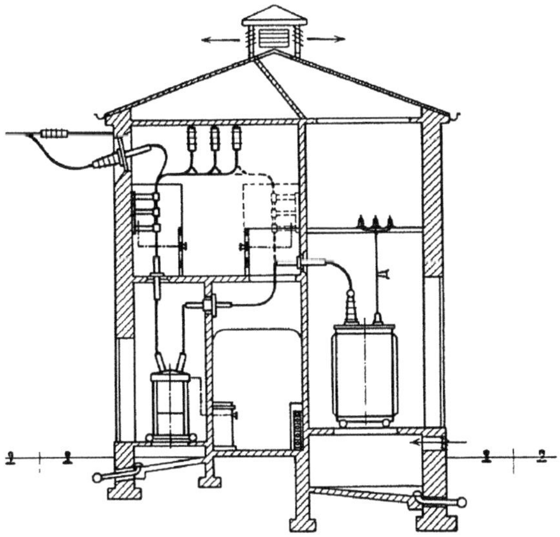

Abb. 335. Schalthaus mit einer Reihe Ölschalter und Einfach-Sammelschienen für Spannungen von 45 kV an.

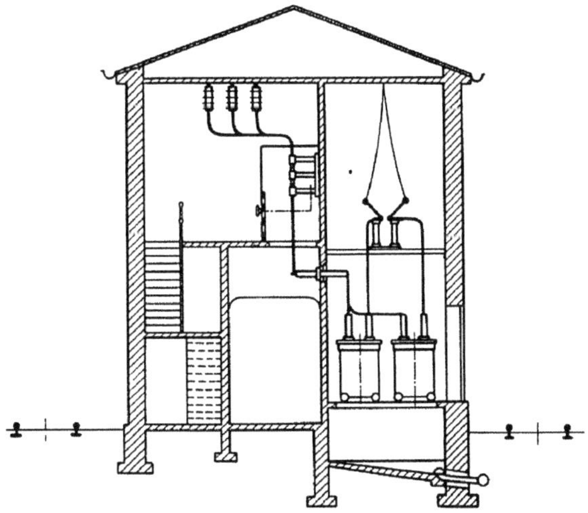

Abb. 336. Der Anschluß der Überspannungs-Schutzgeräte in dem Schalthaus der Abb. 335.

Die Spannungswandler werden in den meisten Fällen ohne Sicherungen sowie ohne Vorschaltwiderstände angeschlossen, und die Stromwandler lassen sich häufig auf die Durchführungen der Ölschalter aufbringen.

Als Schalter werden in der Regel Dreikesselschalter, welche etwa 1000000 kVA Ausschaltleistung haben, verwendet, doch sind in neuerer Zeit auch Einkesselschalter (s. Ölschalter!) zur Anwendung gekommen.

Abb. 335 zeigt eine Anlage für Einfach-Sammelschienen, deren Ölschalter ins Freie verfahrbar sind. Um ein einfaches Dach zu erhalten, sind die Transformatorenkammern in das Schalthaus einbezogen. Die Zuleitung von den Generatoren kann mittels blanker Leitungen, welche auf Brücken verlegt werden, oder durch Kabel erfolgen. Die dreipoligen Dreh-Trennschalter an den Oberspannungs-Sammelschienen und an den Freileitungen werden an der Schutzwand geschaltet. Die Sammelschienen können, wie hier dargestellt, an Kettenisolatoren aufgehängt werden. Durch die Deckendurchbrüche fällt genügend Licht für die Beleuchtung des unteren Ganges mit den Antriebsgeräten.

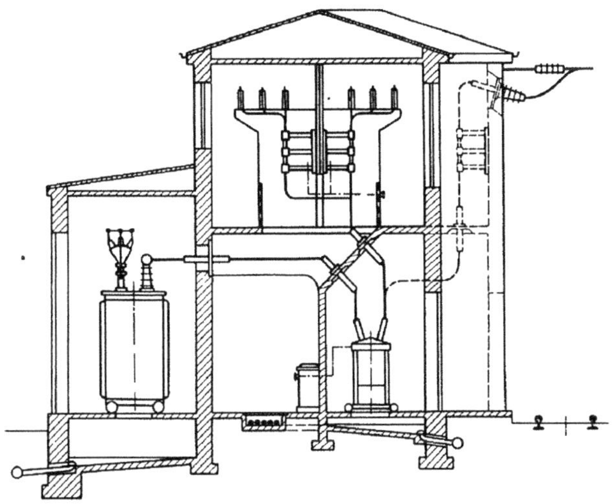

Abb. 337. Schalthaus mit einer Reihe Ölschalter und Doppel-Sammelschienen für Spannungen von 45 kV an.

Ein Überspannungsschutz mit Ölwiderständen und Hörnerableitern wird, wie Abb. 336 zeigt, zweckmäßig mit in die Reihe der Transformatoren einbezogen. Seine Anordnung in der Ölschalterreihe würde drei Durchführungen mehr verlangen. Auch würde in manchen Fällen das Obergeschoß wegen der großen Abstände, welche die Flammenbogen der Hörnerableiter benötigen, höher und breiter werden, als es der Einbau der Trennschalter und der Sammelschienen erfordert.

Eine einreihige Anordnung der Ölschalter an Doppel-Sammelschienen ist in Abb. 337 dargestellt. Der Hauptbau ist in diesem Entwurf nicht breiter gehalten, als es die Trennschalterzellen mit den beiden Bedienungsgängen bedingen.

Die Transformatoren, welche für Fremdkühlung gedacht sind, stehen mit ihren Kühlvorrichtungen in einem Anbau. Die den Kammern für die Kühlung gegenüberliegenden Ölschalter-Kammern sind für Freileitungen bestimmt. Um den erforderlichen Platz für den Einbau der Trennschalter an den Freileitungen zu erhalten, verlassen sie das Haus in einem Vorbau. Durch diese Vorbauten wird bei vielen Stromkreisen die Front des langen Schalthauses architektonisch wirkungsvoll unterbrochen.

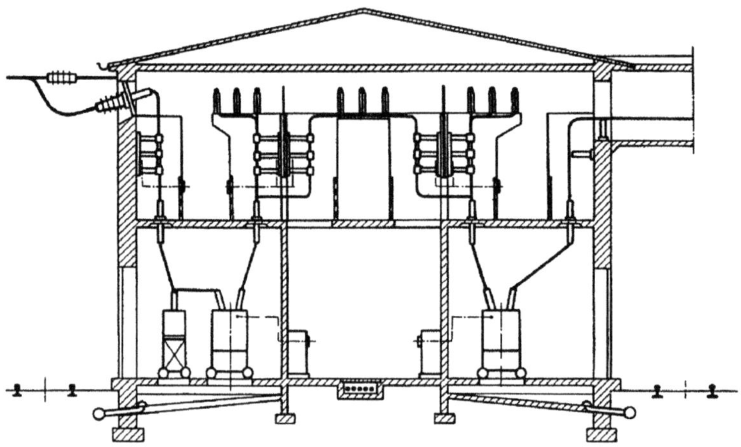

Abb. 338. Schalthaus mit zwei Reihen Ölschalter und zwei Reihen Trennschalter an Doppel-Sammelschienen für Spannungen von 45 kV an.

Die Ölschalterzellen haben genügende Tiefe für die Aufstellung von Strom- und Spannungswandlern, welche zweckmäßig wie in Abb. 338 auf Fahrgestelle gesetzt werden, damit die Zugänglichkeit der Ölschalter nicht verbaut wird und damit außerdem ein besonderer Berührungsschutz entbehrlich ist.

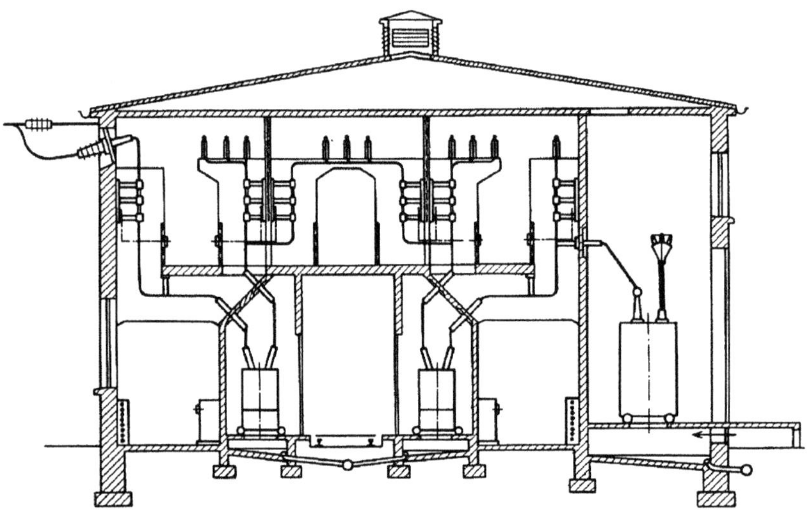

Abb. 339. Schalthaus mit zwei Reihen Ölschalter und einer Reihe Transformatoren-Kammern für Spannungen von 45 kV an.

Für eine zweireihige Aufstellung der Ölschalter und zwei Reihen Doppelzellen für die Trennschalter an den Doppel-Sammelschienen werden nur drei Reihen Sammelschienen gebraucht, weil das mittlere Sammelschienen-System für beide Ölschalterreihen gemeinsam ist, wie es aus Abb. 338 ersichtlich ist. Die beiden äußeren Sammelschienenreihen werden am Ende verbunden, so daß dies Sammelschienen-System in U-Form verlegt ist.

Bei dieser Anordnung mit Ölschalterkammern, welche ins Freie führen, läßt es sich nicht vermeiden, daß die Ölschalterkammern reichlich tief und der Hauptschaltgang für die Ölschalterantriebsgeräte recht breit wird, wodurch leicht das Gefühl einer Raumverschwendung hervorgerufen wird.

Die Transformatoren stehen in einem besonderen Gebäude, welches von dem Schalthaus durch einen Fahrweg für die Umspanner und Ölschalter getrennt ist. Die Verbindung zu den Transformatoren erfolgt mittels blanker Leitungen auf Brücken, welche von dem Schalthaus aus begehbar sind.

Eine scheinbar günstigere Raumausnutzung bei derselben Anordnung der Sammelschienen ergibt sich, wenn die Ölschalter in einen gemeinschaftlichen Gang, der an den beiden Stirnseiten des Hauses offen ist, verfahren werden und die Transformatorenkammern in das Schalthaus, wie in Abb. 339, einbezogen werden. An Gebäudekosten wird hier unter Umständen eine Gebäudewand für das Umspannerhaus gespart. Die gesamte Tiefenausdehnung für die Schaltanlage wird um einen Fahrweg kleiner, also je nach Spannung um 3 bis 4 m.

Ein Vorteil dieses Entwurfes ist, daß außer den Trennschaltern an den Sammelschienen auch die Trennschalter an den Freileitungen von dem Antriebsgang aus zu sehen sind, ein Nachteil, daß die Ölschalterzellen nicht ins Freie münden. In Anlagen, deren Kurzschlußleistung etwa 500000 mVA überschreitet, wird man diesen Aufbau nicht wählen, weil die Ölschalter dann nicht mehr die u. E. für diesen Aufbau erforderliche zweifache Sicherheit in der Ausschaltleistung haben.

Der Anschluß einer einpoligen Erdungsdrossel an die Sternpunkte der Transformatoren erfolgt über eine Hilfsschiene und Trennschalter. Damit nun nicht vergessen wird, bei dem Spannungsfreimachen eines Umspanners den zugehörigen Trennschalter am Sternpunkt ebenfalls zu ziehen, werden sie in die Nähe der Haupttrennschalter gebracht und die Nullschiene wie in obiger Abbildung in dem Sammelschienenraum verlegt.

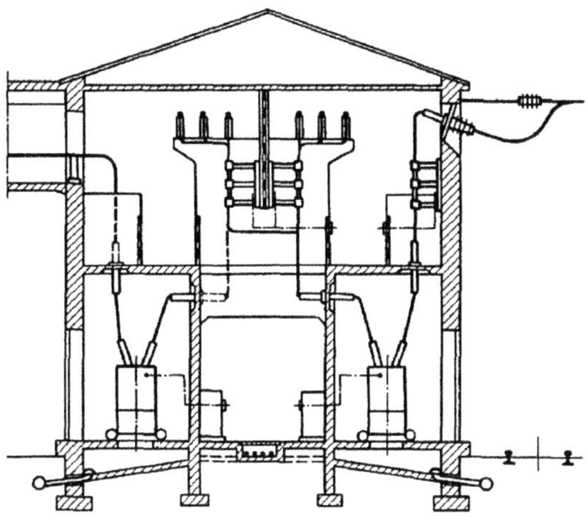

Abb. 340. Schalthaus mit zwei Reihen Ölschalter und einer Reihe Doppel-Sammelschienen für Spannungen von 45 kV an.

Bei der Besprechung der Schaltanlagen für größere Kraftwerke mit Verteilung bei Erzeugerspannung war schon ein Entwurf dargestellt, in welchem zwei Reihen Ölschalter an eine Reihe Sammelschienen angeschlossen sind. Diese Anordnung wurde zuerst bei den hier besprochenen Anlagen für hohe Spannungen entwickelt und entstammt dem Gedankengang, daß an Raum gegenüber den beiden letzten Entwürfen gespart wird, wenn zwei Trennschalterzellen nebeneinander nur wenig mehr an Länge benötigen, als der Einbau eines Ölschaltersatzes erfordert. Die Gegenüberstellung von den Mindestteilungen für dreipolige Trennschalter und für Dreikesselölschalter zeigt, daß dies tatsächlich unter Umständen der Fall ist.

Diese Maße betragen in m etwa:

Reihe	45	60	80	100
Trennschalterzellen	2,3	2,7	3,3	4,5
Ölschalterzellen	3,5	4,0	5,0	6,0

Abb. 340 zeigt den Schnitt des Schalthauses in einer derartigen Anordnung, welche an Einfachheit kaum zu übertreffen ist.

Da nach den REH jedoch die Trennschalter mit einer Spannung von 3,3 $U + 20$ kV geprüft werden, erfordert ihr Einbau in die Schaltanlage, um hier denselben Sicherheitsgrad zu haben, eine größere Zellenteilung als oben angegeben für den Fall, daß die Doppel-Sammelschienen nicht synchron betrieben werden. Dient das eine Sammelschienensystem jedoch lediglich als Reserve des anderen, so spricht nichts dagegen, die alten Einbaumaße für die Trennschalterzellen zu benutzen.

168. Schaltanlagen mit Phasentrennung.

Die Phasentrennung, welche die folgenden Beispiele, Abb. 341 und 342, mit Schaltanlagen-Anordnungen der Westinghouse zeigen, in den USA. viel angewendet. Im allgemeinen werden in diesen Schaltanlagen Dreikessel-Ölschalter benutzt, die von einem Hubmagneten, der oberhalb der Ölschalter angeordnet ist, betätigt werden. Die Anschlußleitungen von den Ölschalterklemmen bis an die Wanddurchführungen werden meist

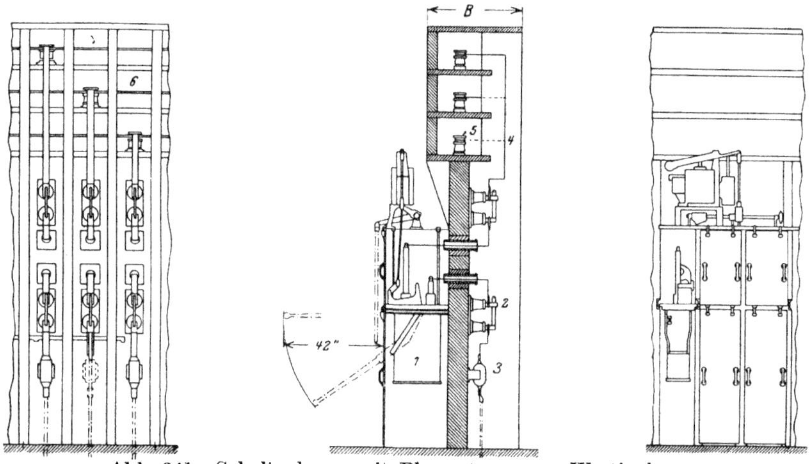

Abb. 341. Schaltanlagen mit Phasentrennung, Westinghouse.

1 Ölschalter, *2* Trennschalter, *3* Stromwandler, *4* Leitungen, *5* Stützer, *6* Sammelschienen.

mit Exzelsiorband isoliert, damit Überschläge sowie Spratzfeuer an Schraubkontakten sicher vermieden werden.

Abb. 341 gibt die grundsätzliche Anordnung einer solchen Schaltanlage für Einfach-Sammelschienen, in der die Ölschalter für etwa 120 mVA Ausschaltleistung bemessen und unmittelbar an einer Gebäudewand befestigt sind. Die Ölschalterzellen werden mit

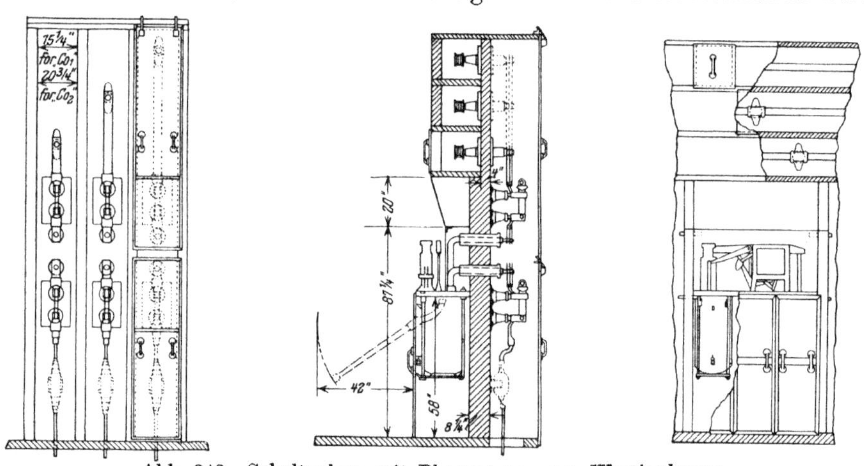

Abb. 342. Schaltanlage mit Phasentrennung, Westinghouse.

abnehmbaren Vollblechrahmen abgedeckt, damit, falls ein Schalter von Hand geschaltet werden muß, zwischen ihm und dem Bedienenden eine Schutzwand ist. Die Phasentrennung ist ebenfalls an den Trennschaltern und Sammelschienen durchgeführt.

In Abb. 342 sind Ölschalter für 600 mVA Ausschaltleistung für 600 bis 4000 A Nennstrom eingebaut. Der Berührungsschutz ist vollständig durchgeführt, denn außer den Ölschalterzellen sind auch die Trennschalterzellen und Sammelschienenkästen abgekleidet.

Die Sammelschienenkästen sind nur an den Durchführungen zugänglich. Die Abdeckungen vor den Trennschaltern sind einzeln abnehmbar, so daß nur der Trennschalter frei wird, welcher bedient werden soll.

169. Schaltanlagen mit fahrbaren Ölschaltern in der Hallenbauweise.

Die Ölschalter von 45 bzw. 60 kV sind im allgemeinen für so große Ausschaltleistungen konstruiert, daß Schäden an ihnen nur selten vorkommen. Unter dem harten Zwang des Sparenmüssens glauben deshalb manche Betriebsleiter in Anlagen für diese Spannungen auf die verhältnismäßig teueren Durchführungen zwischen Ölschaltern und Trennschaltern und ferner auf einen betriebssicheren Einbau der Ölschalter verzichten zu können, da die Ausschaltleistung der Schalter gegenüber der Kurzschlußleistung des Netzes schon genügend Sicherheit böte. Die Verantwortung für die Betriebssicherheit seiner Schaltanlage trägt der Betriebsleiter. Auch läßt sich nichts dagegen einwenden, wenn bei einer Kurzschlußleistung von beispielsweise 200 bis 250 mVA Ölschalter mit 1000 mVA Ausschaltleistung ohne Durchführungen an die Sammelschienen angeschlossen werden. Aber es hieße die Sparsamkeit an falscher Stelle anwenden, wollte man gleichzeitig auf den Schutz für die persönliche Sicherheit der Bedienungsmannschaft verzichten. Um nicht das Leben der Schaltmannschaft zu gefährden, wird man deshalb auch in Anlagen mit frei im Raum aufgestellten Ölschaltern nicht alle Trennwände fortlassen, sondern zwischen den Trennschaltern an den Sammelschienen sowie zwischen Ölschalter und seinem Antriebsgerät solche Wände vorsehen. Die letzterwähnte Wand sollte aus feuerhemmendem Material bestehen und mindestens 1,8 m hoch sein, damit der Bedienende zuverlässig gegen einen Ölschalterbrand geschützt ist. Der Aufbau der Schaltanlage kann nach einer der vorhergehenden Anordnungen nach dem Kammersystem mit fahrbaren Ölschaltern erfolgen.

Die einzige Hallenanlage mit fahrbaren Schaltern, welche eine große Sicherheit gegen Verqualmungsgefahr durch Schäden an Ölschaltern aufweist, ist die in Abb. 263 gezeigte Anordnung.

170. Schaltanlagen mit eingehängten Ölschaltern.

In größeren Kraftwerken mit entsprechend großen Kurzschlußleistungen werden die Ölschalter häufig in einen Fußboden bzw. in eine Decke eingehängt, damit die Ölkessel vollkommen von Isolatoren und blanken Leitungen getrennt sind. Für den Aufbau der Schaltanlage bleibt auch bei dieser Einbauweise der Ölschalter das Zellen- bzw. das Kammersystem für die einzelnen Stromkreise bestehen. Die Ölkessel sind voneinander durch feuerhemmende Zwischenwände getrennt, und auch zwischen den übrigen Hochspannungs-Geräten und den blanken Leitungen der einzelnen Stromkreise sind Trennwände als Berührungsschutz für das Arbeiten in spannungsfreigemachten Zellen erforderlich. Um möglichst die Wirkung einer Halle zu erzielen, werden diese Trennwände häufig aus weitmaschigem Gitter hergestellt. Die hier beschriebene Einbauweise der Ölschalter ergibt einen zuverlässigen Brand- und Verqualmungs-Schutz und gleichzeitig in manchen Fällen die Annehmlichkeit, alle Hochspannungs-Geräte, Ölschalter und Trennschalter von einem einzigen Bedienungsgang aus sehen und bedienen zu können.

Abb. 343 zeigt ein Schalthaus mit zwei Reihen Ölschalter für Spannungen bis 30 bzw. 45 kV. Die Kammern, in welche die Ölkessel hineinragen, werden so niedrig wie möglich gehalten, und die Ölschalter werden so nahe wie möglich an die Außenwände des Schalthauses gebracht. Denn je kleiner die Entgasungskammern sind, um so schwächere Wirkungen werden etwaige Explosionen haben. Beträgt die Höhe der Kammern nur etwa 2 m, so sind die Schaltstücke der Ölschalter bei herabgesenktem Kessel bequem ohne besondere Hilfsmittel zugänglich.

Die Ölmulden unterhalb der Ölkessel sind mit Schotter abgedeckt, damit brennendes Öl sofort erstickt wird. Außerdem wird durch diese Abdeckung erreicht, daß der Luftinhalt der Entgasungskammern durch die Ölmulden nicht vergrößert wird.

Um Zwischengestänge zu den Antriebsgeräten der Ölschalter zu vermeiden, und damit die Trennschalter an den Kabeln von dem Bedienungsgang aus zu sehen sind, liegt der Flur für die Antriebsgestänge etwa 0,95 m tiefer als die Decke, in welcher die Ölschalter hängen.

Oberhalb der Ölschalter sind die Trennschalter und die Doppel-Sammelschienen, deren Stützer auf den Gittertrennwänden befestigt sind, angeordnet. Die Trennschalter an den abgehenden Kabeln sind nach dem Bedienungsgang zu vor den Ölkesselkammern befestigt und von der übrigen Schaltanlage durch horizontale Gitter, in welche die erforderlichen Stromwandler als Durchführungs-Stromwandler eingesetzt sind, getrennt.

Für die Antriebsgeräte der Öl- und Trennschalter eines jeden Stromkreises sind besondere Antriebsschränke vorgesehen, in welchen erforderlichenfalls auch Meßgeräte und Relais Platz finden.

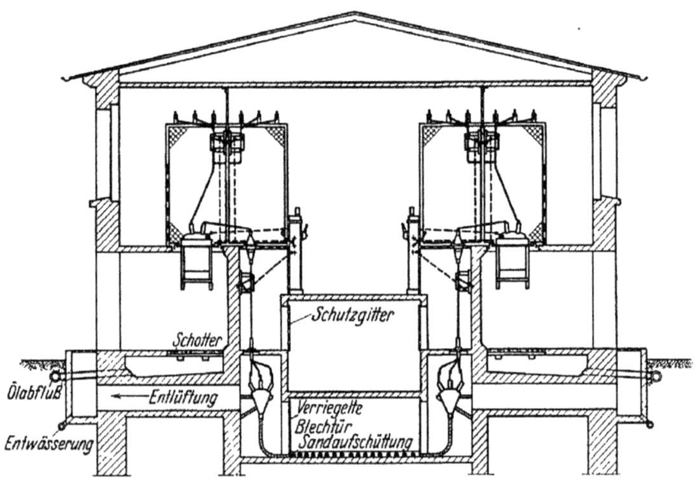

Abb. 343. Schalthaus mit zwei Reihen eingehängter Ölschalter.

Die Kabelendverschlüsse sind in qualmsichere Zellen eingebaut, ihre mit Vollblechtüren verriegelten Zellen haben Entlüftungsschächte, welche ins Freie führen. Die Austrittsöffnung der Entlüftungskanäle wird mit Tezettrosten abgedeckt, der Einschnittgraben vor dem Schalthaus erhält etwas Neigung und ein Entwässerungsrohr, damit einfallender Regen ablaufen kann.

Die Kabel liegen in einem Kabelkanal. Der Raum über ihm dient für die Verlegung der Meß- und Steuerleitungen. Das Tageslicht kann durch die Fenster unbehindert in den Hauptbedienungsgang fallen. Durch die horizontalen Gitter vor den Ölschaltern gelangt auch noch etwas Licht in den darunter befindlichen Raum für die Meß- und Steuerkabel.

Werden die Abzweige mit Strombegrenzungs-Drosselspulen ausgerüstet, so kann falls mehrere Abzweige an gemeinschaftliche Drosselspulen angeschlossen sind, der besprochene Aufriß beibehalten werden. Die Strombegrenzungs-Drosselspulen werden dann in Kammern neben den Entgasungskammern aufgestellt. Um mit der geringen Bauhöhe der Kammern auszukommen, werden drei einpolige Drosselspulen gewählt.

Ist eine große Anzahl von Strombegrenzungs-Drosselspulen einzubauen, so wird die besprochene Anordnung unwirtschaftlich, weil oberhalb jeder Kammer mit Drosselspulen sehr breite Fehlzellen entstehen.

Ist für eine derartige Anlage die Bedingung gestellt, bei zwei Reihen Ölschalter möglichst schmal zu bauen, so kann ein Entwurf nach Abb. 344 gewählt werden, bei welchem die Kammern für die Strombegrenzungsspulen unterhalb der Ölschalter-Kammern angeordnet sind. Der obere Teil der Anlage bis zu den Entgasungskammern entspricht genau der vorhergehenden Schnittzeichnung, nur befinden sich die Ölkesselkammern jetzt im ersten Obergeschoß. Die ins Freie führenden Öffnungen sind mit Geländerschutz versehen. Zum Verfahren der Ölschalter sind, falls sie von unten hereingebracht werden, Gänge an den Außenseiten vorzusehen.

Die Anschlußleitungen an die Drosselspulen sind so geführt, daß alle Anschlüsse zugänglich sind. Um dies zu erreichen, sind die Durchführungen, welche in dem Leitungszug zwischen Ölschaltern und Trennschaltern an den Kabeln liegen, ihren Phasen nach übereinander und zwar möglichst nahe den Trennwänden der Kammern angeordnet. Die von dem Ölschalter kommenden Leitungen schwenken hier in eine andere Ebene ein. Die dreipoligen Trennschalter sind an den Trennwänden ihrer Zellen befestigt, damit an eine Drosselspule zwei Kabel, jedes über einen eigenen Trennschalter, angeschlossen werden können. Die Kabel enden in Wickel-Endverschlüsse.

Die Wärmeverluste der Strombegrenzungsspulen werden durch Selbstlüftung abgeführt. Die erforderlichen Abluftschlote liegen vor den Gebäudepfeilern.

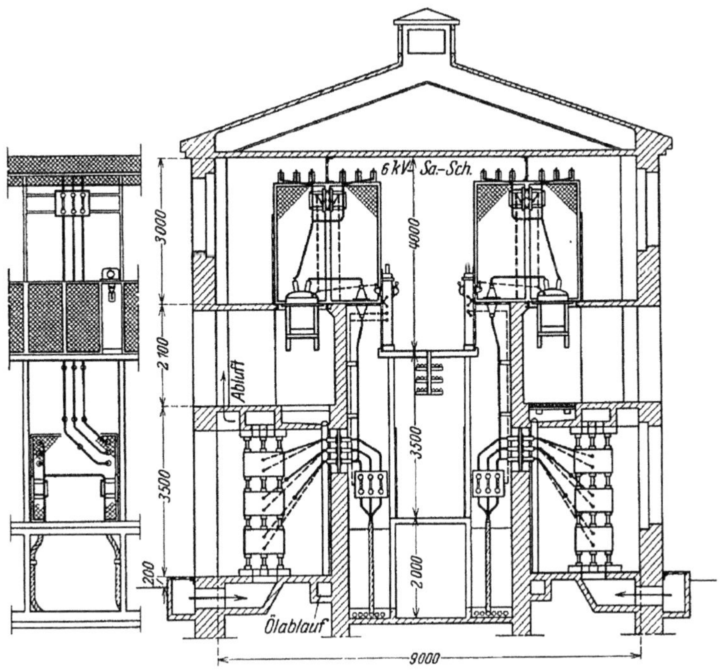

Abb. 344. Schalthaus mit zwei Reihen eingehängter Ölschalter und mit Strombegrenzungs-Drosselspulen in den Abzweigen, Reihe 10.

In den Schaltanlagen für große Nahkraftwerke mit einer Verteilerspannung von 30 kV oder in Zukunft vielleicht von 45 kV werden für die Beherrschung der großen Kurzschlußleistungen Dreikessel-Ölschalter und außerdem Strombegrenzungs-Drosselspulen im Zuge der Sammelschienen und an den Abzweigen benutzt.

Auch für diese Anlagen wird der Aufbau am einfachsten, wenn die Strombegrenzungs-Drosselspulen in dem natürlichen Leitungszug unterhalb der Ölschalter angeordnet werden. In Abb. 345 ist der Aufbau für zwei Reihen Ölschalter dargestellt. Die Dreikessel-Schalter sind unmittelbar an die Außenwände gesetzt, damit Ölgase so ungehindert wie möglich abziehen können. Die Ölschalter werden von oben in den Fußboden eingebracht. Um für die Prüfung der Schaltstücke keine Leitungen abbauen zu müssen, wird der Ölkessel nach unten abgesenkt. Der Zutritt zu einer spannungsfreien Ölkesselkammer erfolgt von einem seitlichen Gang unterhalb der Ölschalter-Antriebswerke, welche wie bei den Freiluft-Ölschaltern in der Kupplungsachse der drei Kessel angeordnet sind, denn der Platz vor den Ölschaltern muß für ihr Einbringen frei bleiben.

Die Obergeschosse mit den Trennschaltern und Sammelschienen erhalten keine massiven Decken, sondern haben Laufstege aus Eisenrosten, welche zwischen I-Trägern gespannt werden. Die übereinanderliegenden I-Träger werden an den Trennschalter-Trennwänden wie Brückenträger miteinander verspannt. Zum Schutz gegen Berührung sind die Ölschalter eingegittert. Das Gitter nach dem Mittelgang zu ist als Scherengitter ausgebildet. Um bei einem Phasenabstand von etwa 0,8 m die Sammelschienen und ihre Stützer leicht kontrollieren zu können, ist für die Verlegung der Sammelschienen ein besonderes Stockwerk vorgesehen.

Die einpoligen Strombegrenzungs-Drosselspulen stehen unmittelbar unter den Ölschaltern. Bevor die Leitungen von den Ölschaltern in die Kammern der Drosselspulen einschwenken, zweigen Leitungen für den Anschluß der Spannungswandler ab, welche neben den Drosselspulen unterhalb der Ölschalter-Antriebsgeräte aufgestellt sind.

Der Aufbau der Schaltanlagen für Spannungen von 45 oder 60 kV an mit eingehängten Dreikessel-Schaltern und Verteilung über Freileitungen ist, wie die Abb. 346 und 347 zeigen, sehr einfach und übersichtlich und gibt dem Raum das Ansehen einer Halle. Die Dreikessel-Ölschalter sind wie in dem vorhergehenden Beispiel eingebaut. Bei einer geschachtelten Anordnung der Sammelschienen fällt die Ölschalterteilung bekanntlich so groß aus, daß ohne weiteres noch Platz für die Aufstellung des Antriebsgerätes in der Kupplungsachse der drei Kessel verbleibt. Die Ölschaltersätze sind mit Geländer umgeben, die dreipoligen Dreh-Trennschalter an den Sammelschienen dagegen sind gegenseitig vergittert und erhalten als Abschluß gegen die Laufstege den bei diesen Spannungen üblichen Geländerschutz. Eine Eingitterung der Trennschalter an den Freileitungen ist nicht erforderlich. Hier genügt wie bei den Ölschaltern der Geländerschutz

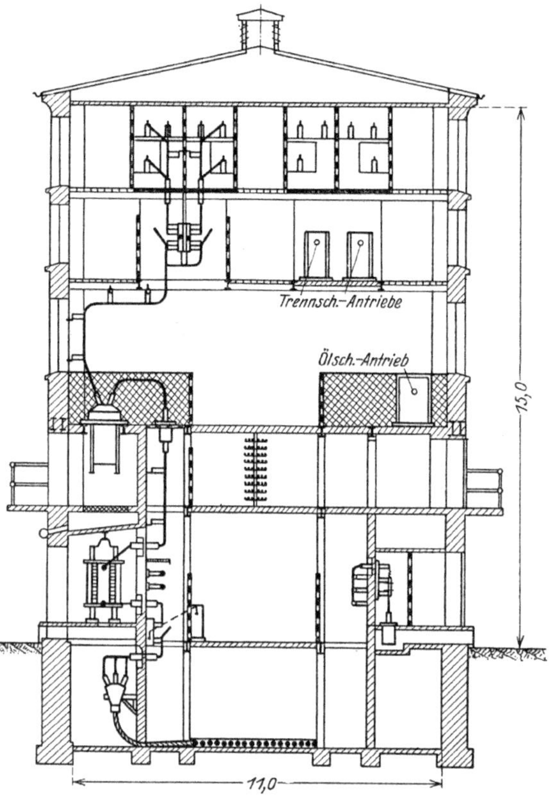

Abb. 345. Schalthaus für ein Groß-Kraftwerk mit zwei Reihen eingehängter Dreikessel-Ölschalter, Reihe 30.

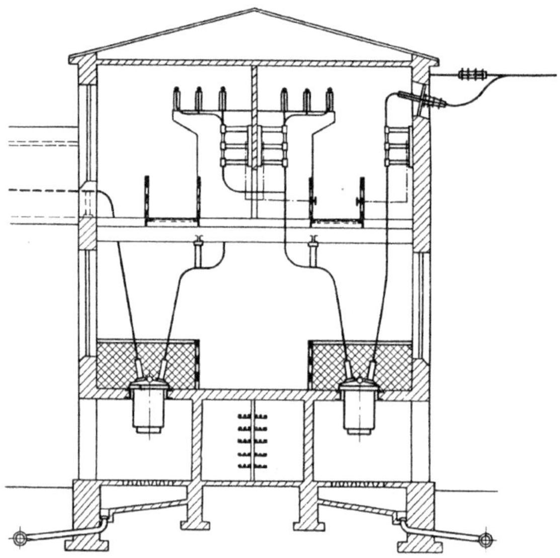

Abb. 346. Schalthaus mit zwei Reihen eingehängter Ölschalter, von Reihe 45 an.

Abb. 347. Schalthaus mit zwei Reihen eingehängter Ölschalter, Reihe 100. BBC.

XXX. Die Freiluft-Schaltanlagen.

Um die Kosten für die Schaltanlage möglichst gering zu halten, werden in geeigneten Fällen die Schaltgeräte im Freien aufgestellt, besonders in Ländern mit hohen Baukosten und in unwirtlichen Gegenden, in welchen die Anfuhr der Baumaterialien schwierig ist.

171. Die technischen Anforderungen an Freiluft-Schaltanlagen.

Die Schaltgeräte für Freiluftaufstellung müssen den Unbilden der Witterung standhalten und in ihren Phasenabständen einer möglichen Verschmutzung durch Staub und Insekten Rechnung tragen. Es werden so an die Schaltgeräte für Freiluftanlagen schwerere Anforderungen gestellt als an die für Innenräume. Nur ein geringer Teil der besonderen Bedingungen wird von den VDE-Vorschriften erfaßt, die in dem § 71 der REH 1929 bestimmen, daß für Freiluftgeräte die Prüfspannungen für Innengeräte bei unter 45° fallenden Regen von 3 mm Regenhöhe je min angelegt werden müssen. Alle übrigen Maßnahmen, die Schaltgeräte für das Freie geeignet zu machen, bleiben den Herstellern überlassen.

Bei diesem Stand der Dinge ist es kein Wunder, daß selbst über das Grundlegende im Schaltgeräte- und im Schaltanlagenbau über die Schlagweiten für das Freie keine Einheitlichkeit bei den verschiedensten Anlagen vorhanden ist, selbst nicht im klassischen Lande der Normen. So berichtet die Electrical World im Juni 1927, daß in den USA. nur die beiden größten Firmen sich über die Phasenabstände geeinigt haben. Die Schaulinie der Abb. 348 zeigt die hier üblichen Phasenabstände für starrverlegte Leiter, welcher z. B. bei 100 kV 1,50 m beträgt. Da die Schaulinie eine Gerade ist, kann man die Phasenabstände durch eine einfache Formel

$$a = (1{,}4\,U + 10)\ \text{cm} \qquad (87)$$

ausdrücken. D. h. der Phasenabstand in cm ist gleich der 1,4fachen Spannung U in kV plus 10 cm[1].

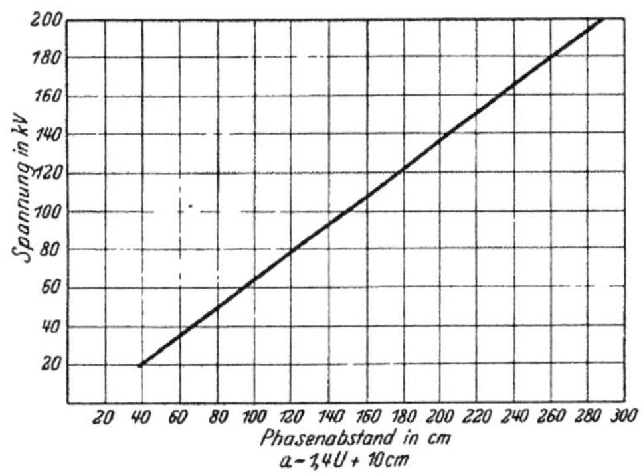

Abb. 348. Phasenabstände für starr verlegte Leiter in Freiluftanlagen.

Werden die Leitungen als Seil verlegt, so muß der Durchhang und das Pendeln der Leitungen bei Wind berücksichtigt und die Phasenabstände entsprechend größer werden. Starre Leiter erfordern für ihre Befestigung Porzellanstützer. Der Anschluß an die Transformatorenklemmen sollte stets über biegsame Leitungen erfolgen. Für die Verlegung von Seil verwendet man die im Freileitungsbau üblichen Abspann- und Hängeketten. In Anlagen über 100 kV bestehen die Leitungen aus Seilrohr.

In Ländern mit Winterklima werden Schalter und Transformatoren mit einem Öl gefüllt, dessen Stockpunkt unter $-35°$ C liegt. Ölmulden sind in Freiluftanlagen nicht üblich, doch werden in manchen Fällen an große Schalter und Transformatoren Rohrleitungen angeschlossen, damit im Bedarfsfall das Öl schnell abgelassen werden kann.

Als Kühlmittel für die Transformatoren kommt Wasserkühlung nur in frostfreien Ländern in Frage, falls sich das Einfrieren nicht durch billige Maßnahmen verhindern läßt.

Im allgemeinen wird in Ländern mit Winterklima die Selbstlüftung oder Fremdlüftung bevorzugt, weil sie nur wenig Wartung erfordern.

Die Unterspannungs-Schaltanlage für Aufspannwerke wird in der Regel in einem Anbau des Kraftwerkes errichtet. In Abspannwerken pflegt man sie ebenfalls in Gebäuden unterzubringen, welche bei größeren Anlagen sowieso für den Schaltdienstraum,

[1] Dem VDE ist neuerdings als Schlagweite $(1{,}0\,U + 20)$ cm vorgeschlagen.

die Batterie und Werkstatt erforderlich sind. Wird für kleine Anlagen ein massiver Bau zu teuer, so können die Unterspannungs-Schaltgeräte u. a. in kleine Eisenschränke eingebaut werden.

In kleinen Freiluftanlagen bis 45 kV benutzt man der Billigkeit halber zuweilen einpolige mit Schaltstange zu bedienende Trennschalter.

Den Schaltdienstraum für Freiluftanlagen pflegt man in einem Obergeschoß unterzubringen, um von hier aus einen guten Überblick über die Freiluftanlage zu haben.

172. Der konstruktive Aufbau der Freiluft-Schaltanlagen.

Alle schweren Schaltgeräte und die Transformatoren werden in Freiluftanlagen auf Sockel oder auf Schwellen ein wenig erhöht zu ebener Erde aufgestellt, damit sie von hier auf einen Wagen eines Anschlußgleises geschoben werden können.

Abb. 349. 100 kV-Freiluftanlage, Hochbau mit Laufstegen. SSW.

Die Anordnung der Trennschalter und die Verlegung der Sammelschienen ist für den Aufbau der Freiluftanlage bestimmend. Je nach Lage der Trennschalter unterscheidet man den Hoch-, den Mittelhoch- und den Flachbau.

Im Hochbau, Abb. 349 und 350, sitzen oder hängen die Trennschalter in einem hohen Eisen- oder Betongerüst und sind nur mittels Leitern oder von hochgelegenen Laufstegen aus zugänglich. Beachtenswert ist in Abb. 350, daß die Freileitungen nur mit Erdungstrennschaltern ausgerüstet sind.

Im Mittelhochbau, Abb. 351, werden die Trennschalter auf Böcke in einer Höhe, welche den ungehinderten Verkehr darunter hinweg noch gerade gestattet, gesetzt, dabei sind ihre Schaltstücke noch mittels Schemel erreichbar.

Im Flachbau, Abb. 352, stehen die Trennschalter auf niedrigem Sockel, ihre Schaltstücke sind von ebener Erde aus zugänglich. Zum Schutz gegen zufällige Berührung von Hochspannungsteilen wird zwischen den Trennschaltersätzen der einzelnen Stromkreise ein eingezäunter Weg gelegt.

Die Wahl der Anordnung ist in erster Linie eine Raumfrage, denn der Platzbedarf gleichwertiger Anlagen verhält sich etwa wie 2 : 3 : 6 in der angeführten Reihenfolge Hoch-, Mittelhoch-, Flachbau.

Nach den Materialkosten sind Flach- und Mittelhochbau, die sich sehr dem Charakter der Freileitungen anpassen, die billigsten Bauformen, der Hochbau mit dem wuchtigen Eisengerüst die teuerste. An Betriebssicherheit wird ein mit starren Leitungen aus-

Abb. 350. 100 kV-Freiluftanlage, Hochbau. BBC.

geführter Hochbau im allgemeinen an erster Stelle stehen, doch ergeben auch die beiden anderen Formen einen zufriedenstellenden Betrieb.

Man wird also dort, wo es sich um schnell zu errichtende oder nur behelfsmäßige Anlagen handelt, dem Flach- oder Mittelhochbau mit den leichten Eisenkonstruktionen,

Abb. 351. 100 kV-Freiluftanlage, Mittelhochbau. AEG.

welche nur wenig Fundamentierungsarbeiten erfordern, den Vorzug geben, während die mehr dauerhafte Anlage, zumal wenn sie sehr umfangreich ist, im Hochbau eine befriedigendere Lösung finden kann.

Insbesondere ist bei Doppelsammelschienen-System der Hochbau die einzigste Bauform, die für die Aufstellung der Ölschalter in zwei Reihen ohne Fehlräume mit nur zwei Reihen Sammelschienen auskommt, während bei dem Mittelhoch- und Flachbau ein Sammelschienen-System in U-Form verlegt werden muß; auch erfordert hier der Anschluß eines Sammelschienen-Kupplungsschalters in vielen Fällen ein besonders breites Feld.

Abb. 352. 60 kV-Freiluftanlage, Flachbau. SW.

Um einen in die Augen springenden Vergleich für den Raumbedarf bei den verschiedenen Bauformen zu haben, sind die folgenden Anlagen, Abb. 353 bis 362, auf gleicher Grundlage unter Vermeidung aller zusätzlichen Sonderheiten, wie beispielsweise Meßwandler und Überspannungsschutz, für 100 kV entworfen.

173. Der Hochbau.

Wie schon erwähnt, kommt der Hochbau besonders für Anlagen, bei denen der zur Verfügung stehende Raum eine andere Anordnung nicht zuläßt, zur Anwendung. Dies ist fast durchweg im Gebirge der Fall, da hier ein Planieren einer größeren Fläche für die Aufstellung der Ölschalter und Umspanner kostspielige Sprengungen erfordert. Aus diesem Grunde werden bei einreihiger Ölschalteranordnung die Umspanner den Ölschaltern gegenüber dem Transportgleis aufgestellt, so daß nur ein Gleis erforderlich ist wie in Abb. 353. Um teure Stützer zu vermeiden, können für die Befestigung der Rohrleitungen Hängeketten benutzt und die Sammelschienen als Seil verlegt werden. Die Trennschalter an den Freileitungen sind mit denen an den Sammelschienen auf gleiche Höhe gebracht, so daß alle Schaltgeräte sich innerhalb eines geschlossenen Gerüstes befinden.

Soll bei diesem Aufbau später ein zweites Sammelschienen-System angeschlossen werden, so wird der Aufbau sehr hoch und die Trennschalter könnten nur von Laufstegen aus erreicht werden. Die Verbindungsleitungen von den Sammelschienen-Trennschaltern an die Ölschalter müßten an Ausleger der oberen Gerüstbinder (in etwa 20 m Höhe bei 100 kV) mittels Ketten aufgehängt werden, um genügenden Halt zu haben.

Dies Beispiel zeigt deutlich, daß man auch bei Freiluftanlagen ebenso wie bei Innenanlagen sich darüber im klaren sein muß, ob später Doppel-Sammelschienen erforderlich werden oder nicht. Jedenfalls sollte man in Fällen, wo diese Frage sich nicht von vornherein entscheiden läßt, einen Aufbau wählen, an den ein zweites Sammelschienen-System sich ohne Schwierigkeit anbauen läßt.

Steht etwas mehr Platz in der Breite zur Verfügung, so wird bei Doppel-Sammelschienen und bei einreihiger Aufstellung der Ölschalter eine weniger hohe Bauform erreicht, wenn die beiden Sammelschienen-Systeme wie in Abb. 354 in einer Ebene liegen. Soll in dieser Anlage ein Sammelschienen-Kupplungsschalter eingebaut werden, so ist bei der Projektierung der Anlage zu beachten, daß zwischen den Trennschaltern der beiden Sammelschienen-Systeme der dreifache Phasenabstand erforderlich wird. Werden die Laufstege für die Trennschalter-Kontrolle in das Gerüst hineinbezogen, so sind sie nur bei spannungsfreien Sammelschienen begehbar.

Eine zweireihige Aufstellung der Ölschalter mit Doppel-Sammelschienen zeigt Abb. 355. In dieser Anordnung wird wie bei allen solchen Anlagen, in welchen die Sammelschienen in einer Ebene liegen und eine Einschachtelung der Trennschalter keine Raumersparnis bringt, das äußere Sammelschienen-System in U-Form verlegt. Die Trennschalter des mittleren Sammelschienen-Systems sind nur mittels Leitern zugänglich, für

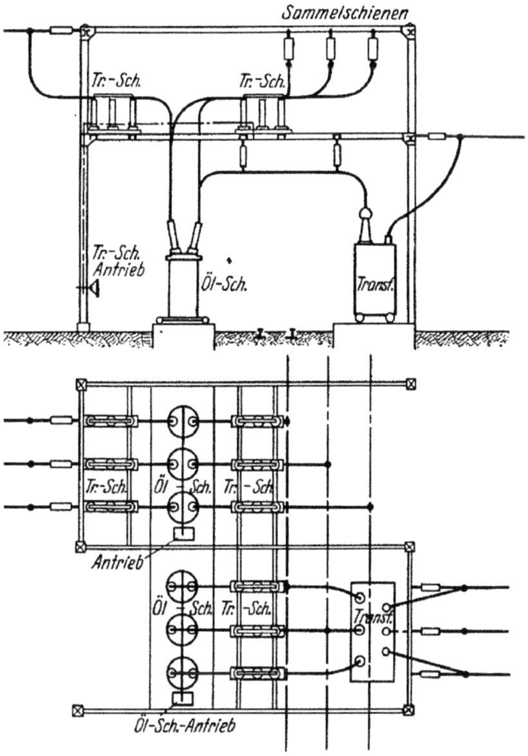

Abb. 353. Freiluft-Hochbau mit Einfach-Sammelschienen und einer Reihe Ölschalter.

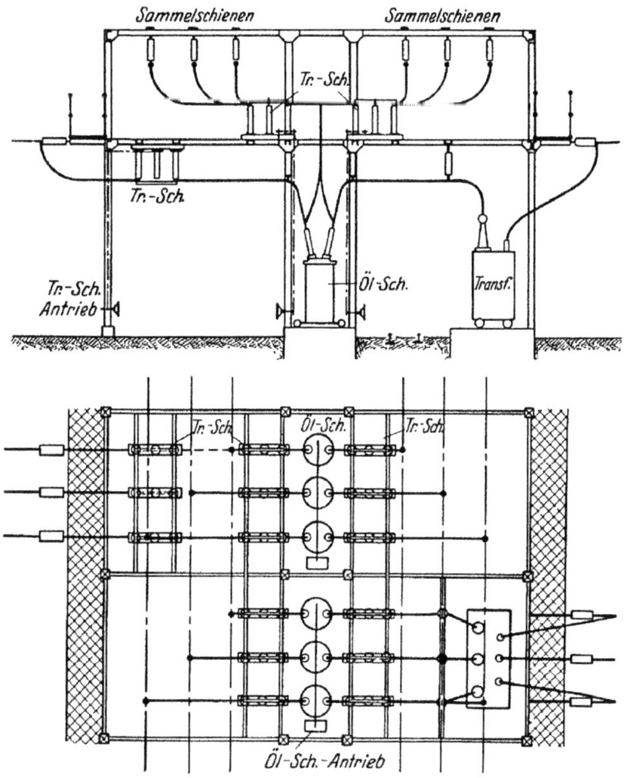

Abb. 354. Freiluft-Hochbau mit Doppel-Sammelschienen und einer Reihe Ölschalter.

die anderen Sammelschienen-Trennschalter werden zweckmäßig Laufstege vorgesehen. Der Anschluß eines Sammelschienen-Kupplungsschalters läßt sich wie bei der vorhergehenden Anordnung ausführen. Trotz der U-förmigen Sammelschienen-Anordnung ist die Raumausnutzung hier etwas günstiger als in Anlagen mit einer einzigen Ölschalterreihe, der Raumbedarf für zwei Stromkreise beträgt etwa $^4/_5$ des Raumes der vorhergehenden Anordnung.

Eine sich mehr dem Charakter einer umbauten Anlage anpassende Anordnung gibt Abb. 356 wieder, in welcher die Ölschalter von den Sammelschienen weggerückt sind. Um nicht zu hoch zu bauen, sind die Trennschalter für die unteren Sammelschienen nur 2 m hoch gesetzt. Die Sammelschienen werden als Rohr auf Stützern verlegt, die etwa 0,5 m über Flur (in schneereichen Gegenden entsprechend höher) befestigt sind. Das obere Sammelschienen-System ist von den hochgelegenen Laufstegen aus in gleicher Weise aufgebaut. Die Leitungen bestehen aus starrem Rohr und werden auf Stützern verlegt, so daß Leiterbrüche so gut wie ausgeschlossen sind. Ein Kupplungsschalter läßt sich ohne weiteres anschließen.

Ein Hochbau mit Portalen aus Eisenbeton für die Befestigung hängender Trennschalter, Abb. 357, ergibt gute Übersichtlichkeit und gestattet einen ungehinderten Ver-

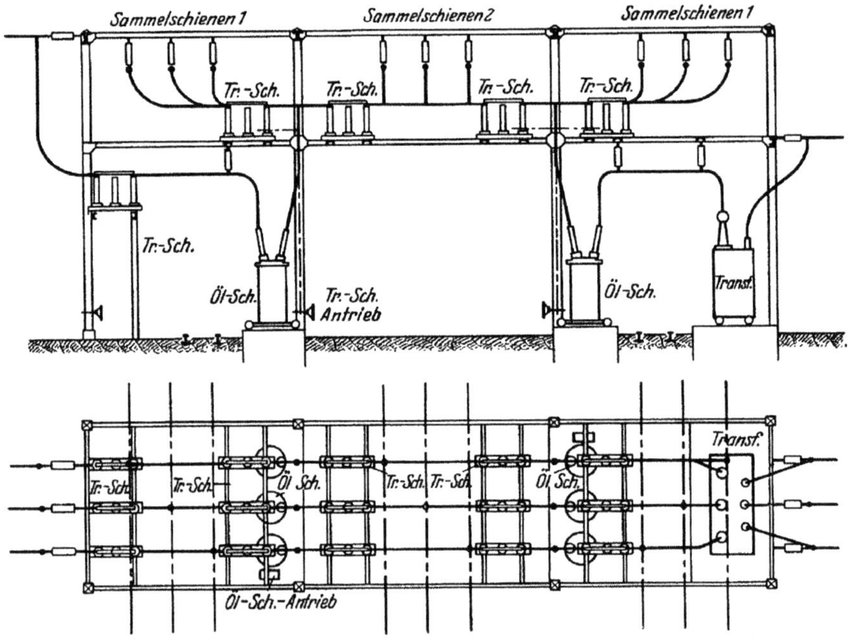

Abb. 355. Freiluft-Hochbau mit Doppel-Sammelschienen und zwei Reihen Ölschalter.

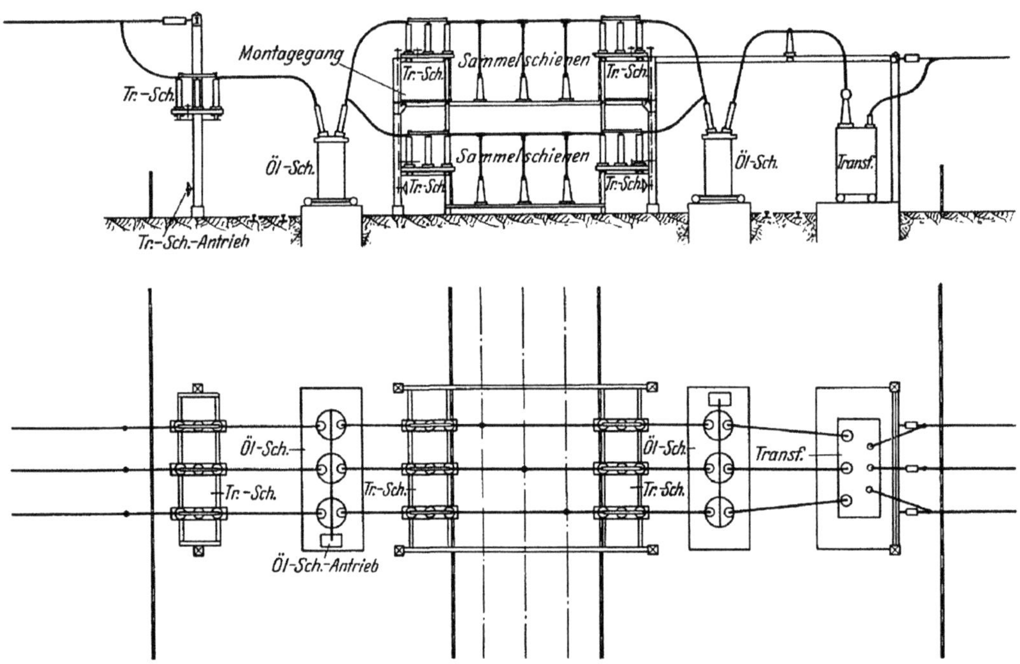

Abb. 356. Freiluft-Hochbau mit Doppel-Sammelschienen und zwei Reihen Ölschalter.

kehr in der gesamten Anlage. Die Verbindung von den Sammelschienen-Trennschaltern an die Ölschalter erfolgt über abgespannte Seile und kreuzt die Sammelschienen. Ein Kupplungsschalter-Anschluß bedingt hier eine große Feldbreite, damit alle sechs Leitungen in gleicher Ebene zu liegen kommen. Die Teilung des Kuppelschalterfeldes beträgt etwa das 1,75fache der normalen Feldteilung.

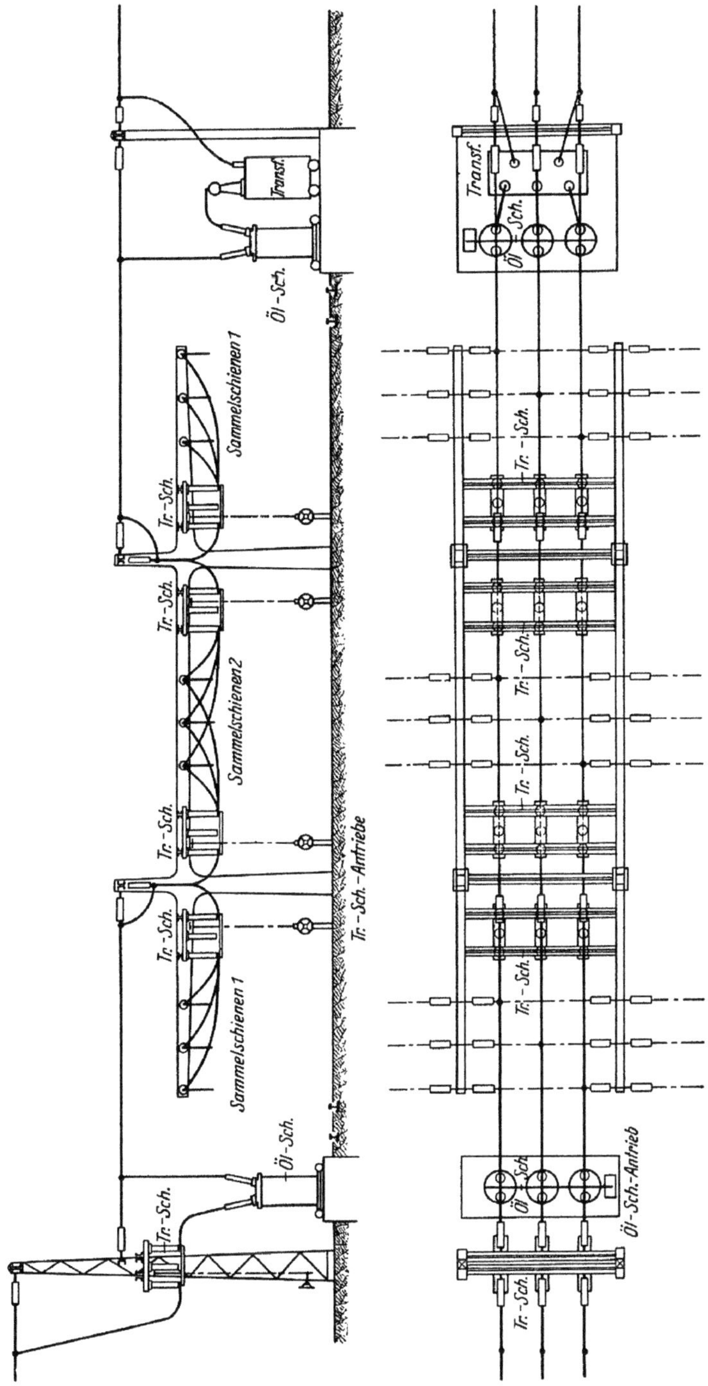

Abb. 357. Freiluft-Hochbau mit Doppel-Sammelschienen, zwei Reihen Ölschalter und hängenden Trennschaltern.

174. Der Mittelhochbau.

Im Mittelhochbau, bei dem die Trennschalter etwa 2 m über Flur stehen, läßt sich ein geschlossener Aufbau der Schaltanlage erreichen, wenn die erforderlichen Maste und

Abspannungsportale im natürlichen Linienzug zusammenhängen wie in Abb. 358. Alle längeren Verbindungen werden in Anlagen mit Doppel-Sammelschienen über abgespannte Seile ausgeführt, wie es Abb. 359 zeigt.

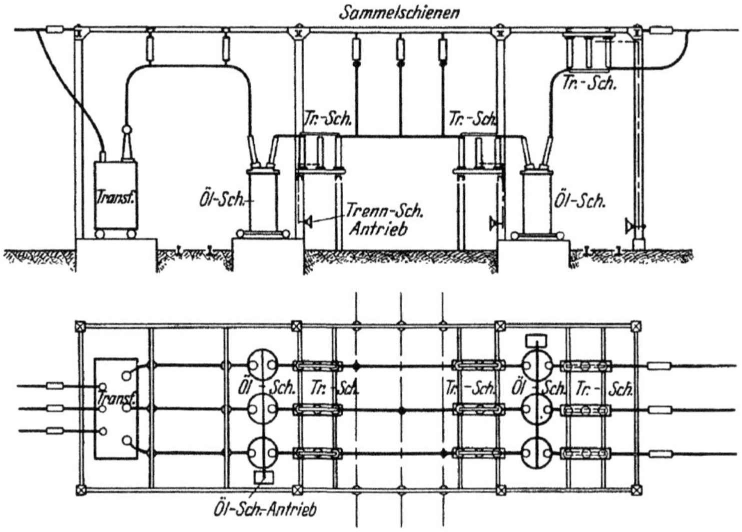

Abb. 358. Freiluft-Mittelhochbau mit Einfach-Sammelschienen und zwei Reihen Ölschalter.

Um an Isolatoren für Sammelschienen zu sparen und gleichzeitig die Anschlüsse der Sammelschienen von ebener Erde aus herstellen zu können, ist eine Anordnung ausgebildet, bei welcher die Sammelschienen aus starrem Rohr von den Trennschalter-

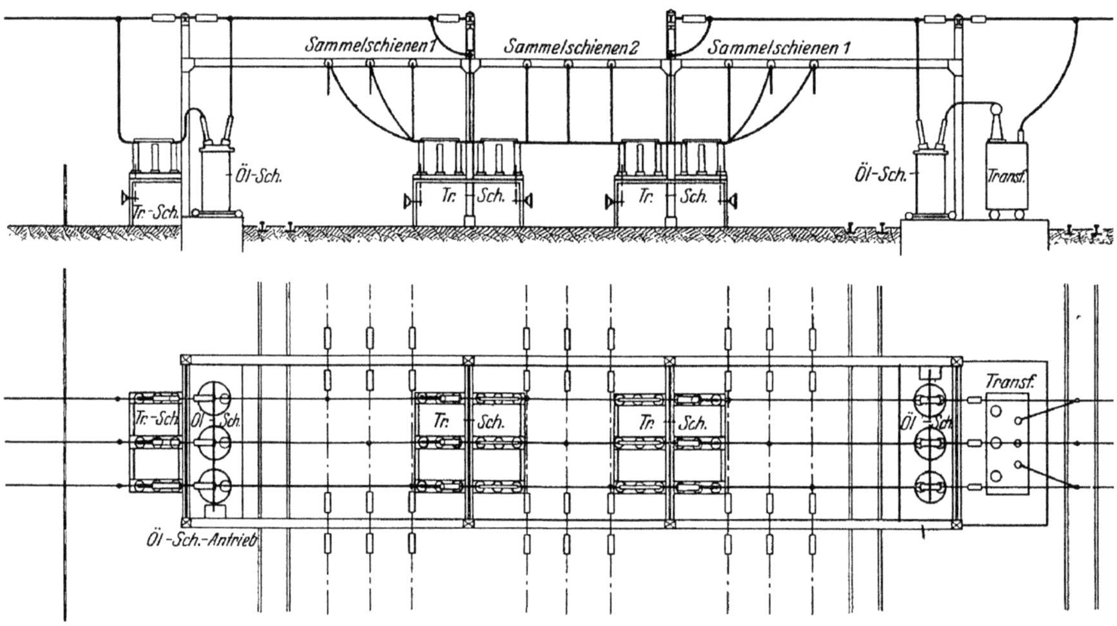

Abb. 359. Freiluft-Mittelhochbau mit Doppel-Sammelschienen und zwei Reihen Ölschalter.

stützern getragen werden, Abb. 360. Der größte Teil der Grundfläche wird dabei von den Trennschaltern und den Leitungen zu den Ölschaltern eingenommen; bei zwei Ölschalterreihen entstehen so nur wenig Fehlräume. Die Fehlräume lassen sich in Anlagen, in denen das zweite Sammelschienen-System reine Reserve ist, durch einen Kunstgriff in der Schaltung beseitigen. Wie der Schaltplan der Abb. 361 zeigt, erfolgt hier der Anschluß je zweier einander gegenüberliegender Stromkreise an die Sammelschienen

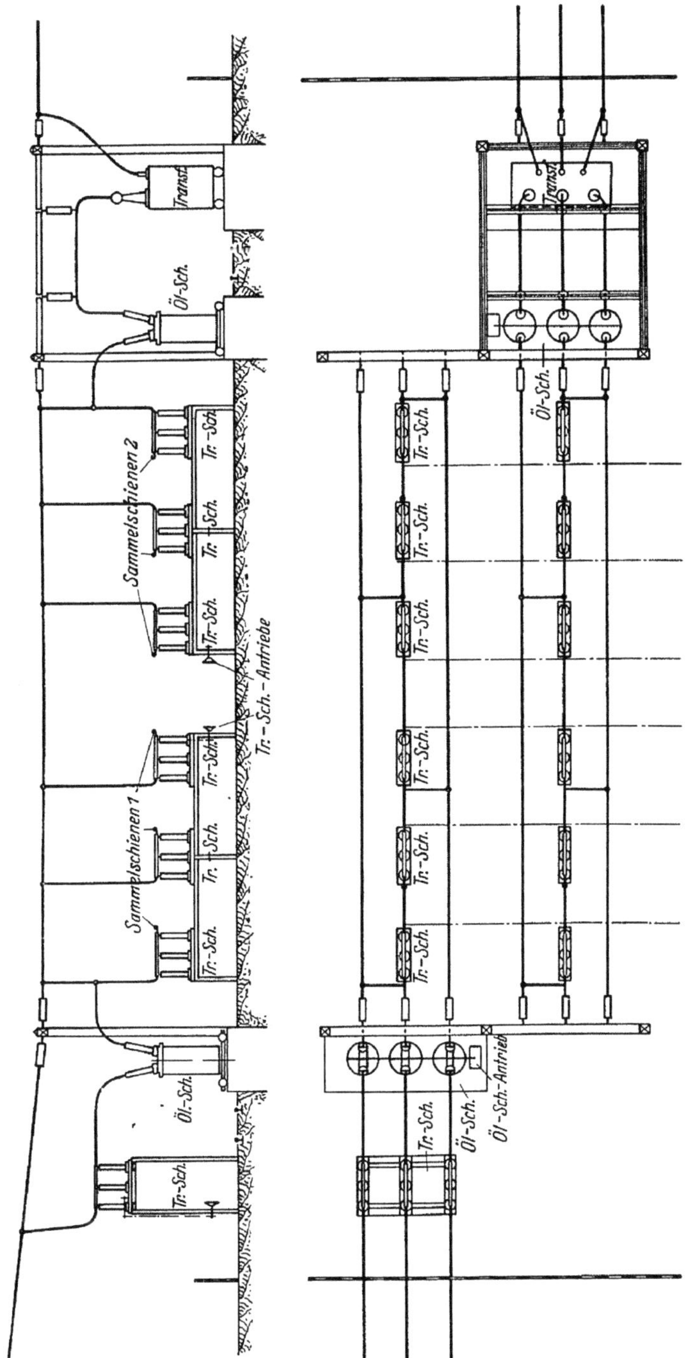

Abb. 360. Freiluft-Mittelhochbau mit Doppel-Sammelschienen und zwei Reihen Ölschalter.

über für beide Stromkreise gemeinsame Trennschalter *a*. Die vorgeschalteten Trennschalter *b* dienen lediglich zum Abtrennen eines Ölschalters von den Sammelschienen, während der gegenüberliegende Ölschalter im Betrieb verbleibt.

175. Der Flachbau.

Die Aufstellung der Trennschalter auf niedrige Böcke zu ebener Erde macht bei dem Flachbau, Abb. 362, ein zusammenhängendes Eisengerüst unnötig. Hier können die für den Freileitungsbau erforderlichen Abspannmaste ohne weiteres verwendet werden, was besonders bei behelfsmäßigen Anlagen von Vorteil ist.

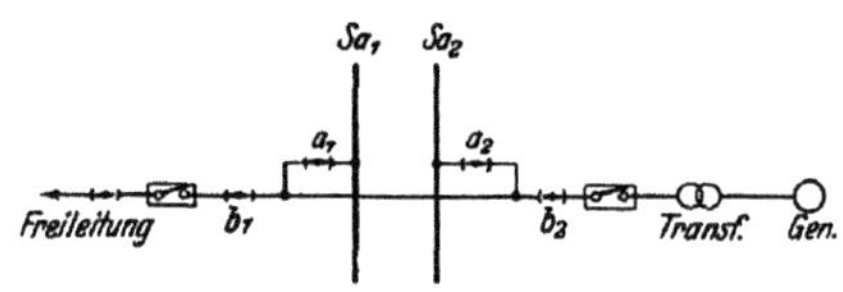

Abb. 361.
Schaltung zu Abb. 360.

176. Der Grundflächenbedarf für 100 kV-Freiluftanlagen.

Eine Zusammenstellung der erforderlichen Grundflächen für zwei Stromkreise 100 kV in den verschiedenen Entwürfen für Doppel-Sammelschienen in Zahlentafel Nr. 38 dürfte die Auswahl eines Entwurfes erleichtern. Als Feldteilung ist durchweg 7,5 m angenommen.

Zahlentafel Nr. 38. Grundflächen für Freiluftanlagen 100 kV.

Aufbau	Grundfläche in m²
Hochbau:	
Abb. 354	20 × 15 = 300
Abb. 355	32 × 7,5 = 240
Abb. 356	37 × 7,5 = 280
Abb. 357	54 × 7,5 = 405
Mittelhochbau:	
Abb. 359	49 × 7,5 = 365
Abb. 360	55 × 15 = 415
Flachbau:	
Abb. 362	74 × 10,0 = 740

XXXI. Der Schaltdienstraum.

177. Die örtliche Lage des Schaltdienstraumes.

Die Lage des Schaltdienststandes richtet sich ganz nach Art und Größe des Kraftwerkes sowie nach dem für die Bedienungsanlage zur Verfügung stehenden Raum.

In kleinen Zentralen genügt für gewöhnlich eine in die Maschinenhauswand eingelassene Schalttafel, damit ein Wärter sowohl die Maschinen wie die Schaltanlage bedienen kann.

In Kraftwerken mittleren Umfanges wird die Schalttafel manchmal etwas erhöht über Flur aufgestellt, um von hier aus eine gute Aussicht auf die Maschinen zu haben.

In mittleren Gaskraft- oder Diesel- und in großen Wasserkraft-Zentralen wird der Bedienungsstand zweckmäßig auf einer Galerie angeordnet, damit eine Verständigung zwischen Schaltwärter und Maschinisten ohne Kommandoanlage möglich ist.

In kleinen Dampflokomobil-Anlagen genügt für die gesamte Bedienung der Feuerung, der Maschinen und der Schaltanlage in der Regel ein Wärter. Da der dem Heizerstand anliegende Raum als Kohlenbunker dient, bleibt ein geeigneter Platz für die Bedienungstafel an der gegenüberliegenden Seite oder auch an einer senkrecht zur Maschinenachse gelegenen Wand.

Wird in größeren Dampflokomobil-Anlagen für die Heizung ein besonderer Wärter erforderlich, so liegt der Schaltdienststand zweckmäßig auf Höhe des Maschinendienststandes.

Für sehr große Kraftwerke wird in der Regel ein besonderer Schaltdienstraum, auch Schaltbühne oder Warte genannt, vorgesehen, damit der Schaltmeister in seinen für die Schaltung notwendigen Überlegungen nicht durch die Maschinengeräusche gestört wird.

Der Schaltdienstraum findet seine günstigste Lage für die Bedienung der gesamten Hochspannungsanlage auf Höhe des Sammelschienenflurs, weil dann für die Umschaltung von dem einen auf das andere Sammelschienen-System keine Treppengänge erforderlich sind.

In großen Wasserkraftanlagen macht das Gelände zuweilen eine Verbindung zwischen Maschinenhaus und Schalthaus unmöglich. In solchen Fällen wird der Schaltdienst-

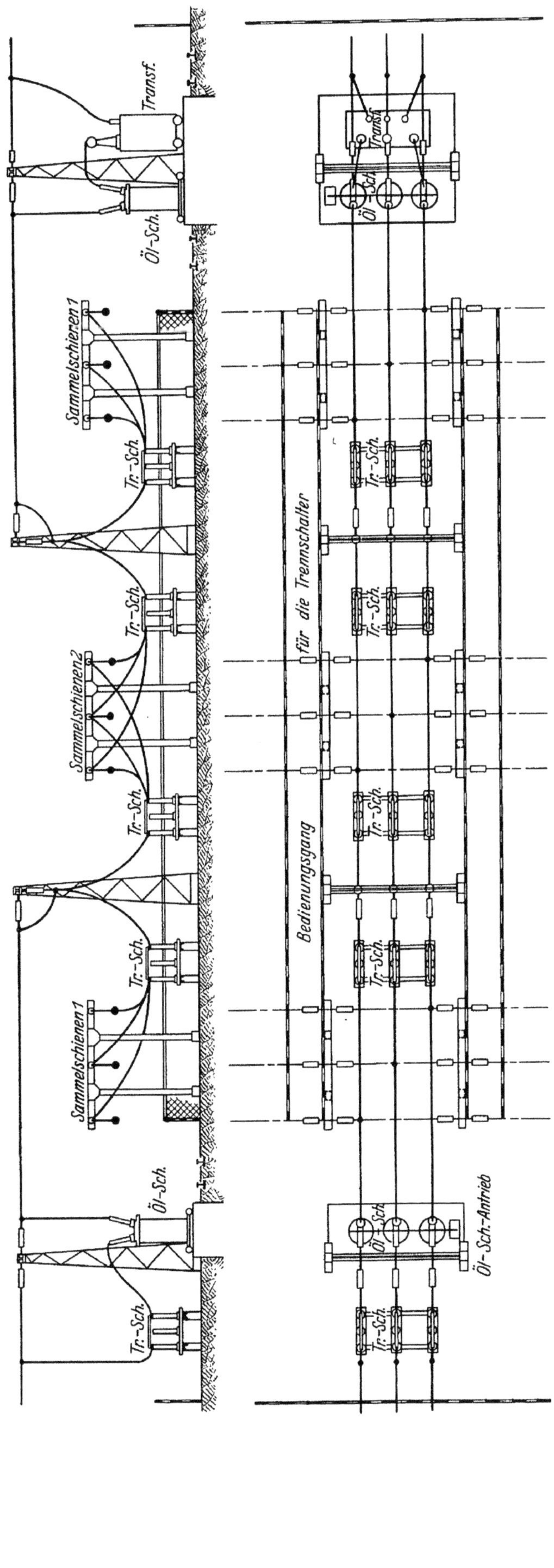

Abb. 362. Freiluft-Flachbau mit Doppel-Sammelschienen und zwei Reihen Ölschalter.

raum dem Schalthaus angegliedert und er befindet sich nun, falls die Trennschalter von dem Gang der Ölschalterantriebe aus bedient werden, zweckmäßig mit den Antriebsgeräten für die Ölschalter auf gleichem Flur.

178. Der Schaltdienststand.

Je nach der zweckmäßigen oder gewünschten Vereinigung des Schaltdienstes mit dem Maschinendienst erfolgt die Bedienung der Hochspannungs-Schaltanlage an Schalttafeln, an Schaltwänden, an Pulten, an Schaltsäulen oder an einer Kombination dieser

a b c d e

Abb. 363. Schaltdienststände für handbetätigte Ölschalter.

vier Schaltstände. Die Abb. 363 und 364 zeigen verschiedene Möglichkeiten in der Anordnung der Schaltstände.

1. Die Schalttafel, Abb. 363a und 364a, welche entweder in die Maschinenhauswand eingelassen oder in etwa 1 bis 1,5 m Abstand vor oder hinter sie gestellt wird.
2. Die Schaltwand, Abb. 363b, als welche die Maschinenhauswand oder eine geeignete Zellenwand der Hochspannungsanlage benutzt wird.
3. Das Schaltpult, Abb. 363c, in einer Aufstellung, welche während der Bedienung der Schaltanlage einen Blick auf die Maschinen gestattet.
4. Das Schaltpult, Abb. 363d, in der gleichen Aufstellung, jedoch mit einer gegenüber dem Schaltgang befindlichen Schalttafel oder Schaltwand.
5. Die Schalttafel, Abb. 364b, oder die Schaltwand, Abb. 363e, mit unmittelbar vorgebautem Schaltpult.
6. Die Schalttafel, Abb. 364c, mit einem vorgesetzten Schaltpult in einem Abstand von etwa 1,0 m.
7. Die Schaltsäule allein oder in irgendeiner Kombination mit den anderen Bedienungsständen.

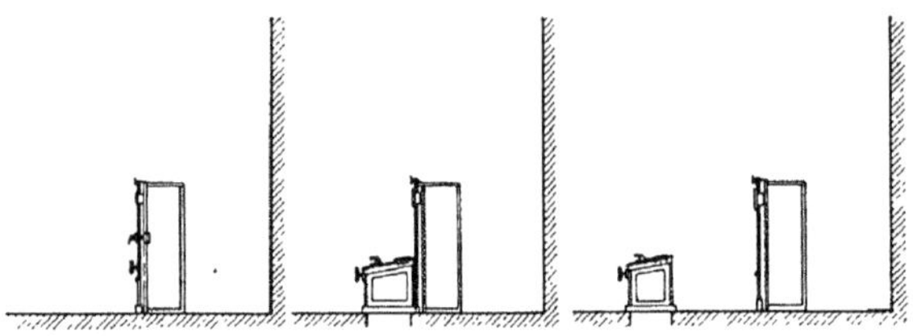

a b c

Abb. 364. Schaltdienststände für ferngesteuerte Ölschalter.

Auswahl der Anordnung und Form der Schaltstände richten sich nicht nur nach Umfang und Lage der Schaltanlage zu dem Maschinenhaus, sondern sind in manchen Fällen auch von den Wünschen der Betriebsleiter abhängig.

Für handbetätigte Ölschalter kommen für gewöhnlich nur die ersten vier, für ferngesteuerte Schalter die zwei ersten und die drei letzten Bedienungsstände in Betracht.

179. Die Bedienungsstände für handbetätigte Schalter.

a) Die Schalttafel.

Am häufigsten wird für die Unterbringung der Meß- und Antriebsgeräte die Schalttafel benutzt, deren Vorderseite vollkommen den Schalttafeln mit im rückseitigen Gerüst eingebauten Schaltern gleicht.

Die Ausnutzung der Schalttafelfelder für Verteilerschalter, welche nur wenige Meßgeräte erfordern, bereitet einige Schwierigkeit, da die zugehörigen Ölschalter je nach Spannung und Größe 0,8 bis 1,5 m Teilung benötigen. Würden wahllos alle Ölschalter-Antriebsgeräte auf der Schalttafel nur nach dem Gesichtspunkt der Feldausnutzung nebeneinander untergebracht, so macht vielleicht die Anhäufung von Antriebsteilen ihre Unterbringung unmöglich; auch können dabei Ölschalter so weit von ihrem Antriebsgerät entfernt zu stehen kommen, daß sie sich wegen der zu überwindenden Reibungen nicht mehr von Hand schalten lassen.

Die Auflösung der Schalttafel in mehrere Gruppen bringt in solchen Fällen eine wesentliche Erleichterung in der Führung der Antriebsgestänge. Die Teilung der Tafel darf jedoch nicht den Erzeugerschaltstand zerreißen, weil für Synchronisierung und Lastverteilung der Einblick von einem Generatorfeld in die anderen Generatorfelder erforderlich ist. An einem Beispiel möge das Gesagte erläutert werden.

Eine 6 kV-Schaltanlage habe vier Generatoren und zwölf Abzweige. Die Ölschalterzellen benötigen eine Teilung von 1,0 m, so daß die gesamte Hochspannungsanlage ohne die erforderlichen Umgänge 16 m lang wird.

Stehen die Zellen für die Generatorschalter in der Mitte, so verbleiben zu beiden Seiten je sechs Abzweige, deren Antriebsgeräte sich auf je zwei 1,0 m breiten Schalttafelfeldern unterbringen lassen. Die Generatoren werden auf vier Feldern von je 1 m Breite bedient.

Um möglichst kurzes und gleichmäßig langes Antriebsgestänge zu den Ölschaltern der Verteilung zu erhalten, werden die zugehörigen Schalttafeln so gestellt, daß sie in die Mitte von je sechs Abzweigen der Hochspannungsanlage kommen, sie werden also mit 2 m Zwischenraum von der Generatortafel aufgebaut.

Sind die Hochspannungszellen in einem Raum längsseits dem Maschinenhaus errichtet, was für die Erweiterungsmöglichkeit die erstrebenswerte Anordnung ist, so muß bei dem Einlassen der Schalttafeln unmittelbar in die Maschinenhauswand die Kranpfeilerteilung, welche normal etwa 5 bis 6 m beträgt, berücksichtigt werden.

Die Kranpfeilerteilung richtet sich außerdem nach der Länge des Maschinenhauses und wird nach Möglichkeit durchweg gleich groß gehalten, denn die Kranpfeiler stehen mit den Hauptgebäudestützen zusammen und bestimmen dadurch die Fassade des Maschinenhauses.

Läuft ein Bahn-Anschlußgleis senkrecht in das Maschinenhaus ein, so beträgt die kleinste Kranpfeilerteilung etwa 5,2 m, damit die erforderliche lichte Weite von 4,5 für das Bahnprofil eingehalten wird.

Ist beispielsweise das Maschinenhaus 32 m lang, so würde eine Kranpfeilerteilung von $6\times 5{,}33$ m oder $5\times 6{,}4$ m zu wählen sein. Für die Schalttafel des vorhergehenden Beispiels ist die Teilung von 5,33 m günstiger. Dient nämlich das Feld zwischen den beiden ersten Kranpfeilern als Montageplatz, so steht die Schalttafel für die Generatoren ziemlich genau in der Mitte der vier Turbinen.

Die Verteilertafeln inmitten des dritten und fünften Kranpfeilerfeldes erhalten durch diese Teilung einen um 0,33 m größeren als den für die Antriebsgestänge günstigsten Abstand von 2,0 m von der Generatortafel.

Würde dieser Unterschied in anderen Fällen etwa 1 m oder mehr ausmachen, so könnte das bei den Hochspannungszellen ausgeglichen werden, indem zwischen die Zellen für Generatoren und Verteiler besondere Zellen ohne Ölschalter, etwa für Messung oder Schutz bzw. Umgänge eingeschoben werden.

Wird die Schalttafel von der Maschinenhauswand weggerückt, so wird man von der Kranpfeilerteilung unabhängig. Steht die Tafel vor der Wand in etwa 1 m Abstand von ihr, so sollte man ihrer gefälligen Einfügung in das Kranpfeilerbild einige Beachtung geben. Steht die Tafel in dem für die Hochspannungs-Schaltanlage vorgesehenen Anbau, so muß der Abstand zwischen Tafel und Maschinenhauspfeilern genügend breit für die Bedienung, etwa 1,5 m oder mehr, sein. Bei solcher Lage der Schalttafel wird man sie gern ein paar Stufen über Maschinenhausflur aufstellen, damit die Maschinen durch Bogenöffnungen zwischen den Kranpfeilern von hier gut zu sehen sind.

b) Die Schaltwand.

Soll an Kosten für die Schaltanlage gespart werden, so kann auf besondere Schalttafelfelder für die Verteiler verzichtet werden und die Antriebsgeräte für die Ölschalter und die Meßgeräte unmittelbar auf eine Gebäudewand gesetzt werden.

Sind für die Bedienung der Generatoren viele Meßgeräte erforderlich, so würde die Montage an der Maschinenhauswand wegen der erforderlichen Stemmarbeiten teuer ausfallen. Um eine geeignetere Fläche für die Befestigung der Meßgeräte zu haben, werden zuweilen besondere Schaltplatten in die Gebäudewand eingelassen, Abb. 365.

Abb. 365. Wandtafeln mit Meßgeräten und Relais in einem Ölschalter-Bedienungsgang. SSW.

In kleinen Wasserkraftanlagen mit nur einem Generator können natürlich die wenigen Meß- und Antriebsgeräte auf die Wand gesetzt werden, vorausgesetzt. daß für solche Kraftwerke nicht die bedienungslose Schaltanlage vorgezogen wird.

Statt an einer Gebäudewand können die Ölschalter für Abzweige, die nur selten am Tag geschaltet werden, auch unmittelbar an ihrer Zellenwand oder an der zugehörigen Sammelschienen-Trennschalterzelle geschaltet werden. Dabei wird das Antriebsgestänge einfach und billig. Die zugehörigen Meßgeräte werden dann in die Nähe der Antriebsgeräte gebracht.

Eine vorhandene Ölschalterwand ist für diesen Zweck am geeignetsten, weil sie eine mechanische Anzeige der Schaltstellung der Ölschalter gestattet. Befinden sich jedoch die Ölschalter in einem anderen Stockwerk als die Schalttafel, so wird der Weg von dem Bedienungsstand bis zum Ölschalterantrieb unter Umständen recht weit. Um diesen Weg abzukürzen, werden die Antriebsgeräte der Ölschalter zuweilen an den Trennschalterzellen, welche dafür besonders hergerichtet werden, befestigt, wie in Abb. 322. Es ergibt sich dann als weiterer Vorteil, daß nun die Bedienung aller Hochspannungsgeräte von ein und demselben Flur aus möglich ist.

Liegt die Schalttafel nicht am gleichen Gang mit den übrigen Antriebsgeräten, so wird es manchmal wünschenswert sein, um an dem Hauptschaltdienststand über die Betriebsverhältnisse der nicht auf der Tafel zu bedienenden Stromkreise unterrichtet zu sein, für diese Stromkreise Meldelampen bzw. auch Druckknöpfe für die Fernbetätigung der Schalterauslösung sowie für wichtige Abzweige Strommesser auf der Hauptschalttafel vorzusehen.

c) Das Schaltpult.

Bei der Bedienung von Schalttafeln steht der Schaltmeister mit dem Rücken gegen den Maschinensaal und kann bei dem Synchronisieren von Generatoren nicht gleichzeitig den Gang der Maschinen beobachten. Manche Betriebsleiter halten das für einen Nachteil und bevorzugen für die Bedienung der Generatoren Schaltpulte, über die hinweg der Schaltwärter die Maschinen sehen kann. Andererseits wird aber in kleineren Zentralen mit ruhigem Betrieb der Schaltmeister nicht dauernd Schalttafeldienst verrichten müssen, weil es nichts zu schalten gibt, oder der Maschinist kann im Notfall für ihn einspringen. Für solche Fälle ist die Schalttafel, welche die Meßgeräte auch aus einiger Entfernung erkennen läßt, die geeignetere Form. Bei diesen Anlagen hängt die Wahl des Pultes oder der Schalttafel hauptsächlich von den Wünschen des Betriebsleiters ab.

Das Schaltpult besteht aus einem Eisengerät mit nach vorn geneigter Tischplatte, die zur Aufnahme der Meßgeräte und der Steuerschalter dient. Die Handantriebe für Ölschalter und Regler werden in der Regel an der Vorderwand des Pultes befestigt. Die Vorder-, Rück- und Seitenwände der Pulte werden, um an die innere Schaltung gelangen zu können, abnehmbar gemacht. Für eine gute Zugänglichkeit des Pultinnern sollte, besonders bei Aufstellung der Pulte auf Galerien, Sorge getragen werden. Zur Not lassen sich von unten Einsteigeöffnungen vorsehen.

Da für Generatoren in der Regel viele Meßgeräte erforderlich sind, reicht die Tischplatte oft für den Einbau von runden Meßgeräten nicht aus und es müssen Flachprofil-Instrumente verwendet werden.

180. Der Schaltdienstraum für fernbetätigte Ölschalter.

Der Schaltstand für Anlagen mit ferngesteuerten Schaltern unterscheidet sich von den Schaltständen der handbetätigten Schalter im wesentlichen nur durch eine straffere, planvollere und übersichtlichere Anordnung der Steuer- und Meßgeräte.

a) Die Schalttafel.

Die geradlinige Schalttafel ist einfach und billig. Dabei ist ihre Montage leicht, und die gute Zugänglichkeit der Rückseite erlaubt ein bequemes Verlegen und Nachprüfen der Meß- und Steuerleitungen und ihrer Klemmen. Sie benötigt von allen Bedienungsständen die geringste Raumtiefe, jedoch die größte Länge, und ist deshalb bei sehr vielen Stromkreisen schwer bedienbar. Trotz dieses Nachteiles wird sie ihrer Vorteile wegen von vielen Betriebsleitern bevorzugt und wird stets dann gewählt, wenn für den Schaltdienst kein anderer Raum als eine lange schmale Galerie zur Verfügung steht.

Im allgemeinen ist es wünschenswert, daß die Reihenfolge der Stromkreise auf der Tafel der Reihenfolge in den Hochspannungszellen entspricht, denn hierdurch wird die Übersichtlichkeit der Gesamtanlage beträchtlich erhöht, zumal wenn ein Blindschaltbild in getreuer Nachbildung des Schaltplans auf der Tafel angebracht ist. Außerdem wird die Führung der Meß- und Steuerleitungen von den Hochspannungszellen an die Tafel einfach, da sich Kreuzungen nun leicht vermeiden lassen.

In großen Schaltanlagen läßt sich eine solche Anordnung nicht immer durchführen, da die günstige Stromverteilung oft eine weitgehende Schachtelung der Erzeuger- mit den Verteiler-Stromkreisen verlangt. Es würden dann vielleicht die einzelnen Generatoren-Schaltfelder so weit voneinander getrennt sein, daß dem Schaltmeister die Übersicht über alle Stromerzeuger, die er bei der Lastverteilung benötigt, verloren geht. In diesem Fall werden die Generatorenfelder zusammen an ein Ende bzw. in die Mitte der Tafel oder für sich besonders gestellt.

b) Das Schaltpult.

Aus den von den handbetätigten Schaltern her bekannten Gründen wird als Bedienungsstand ferngesteuerter Schalter zuweilen das Pult gewählt. Bei vielen Stromkreisen ist es teuer, da der beschränkte Raum der Pultplatte im allgemeinen nur Platz für Flachprofil-Meßgeräte bietet. Auch sind die Meßklemmen und Anschlüsse in den Pulten nicht besonders gut zugänglich, da sie nur von der Rückseite oder von unter den Pulten befindlichen Einsteigöffnungen erreichbar sind, falls die Vorderseite mit Reglerantrieben besetzt ist. Um eine bessere Zugänglichkeit zu haben, machen einige Firmen die Tischplatten der Pulte aufklappbar.

c) Schalttafeln mit Pulten.

In größeren Kraftwerken wird häufig ein besonderer von dem Maschinenraum abgetrennter Schaltdienstraum, auch Schaltbühne oder Warte genannt, vorgesehen. Er erhält, falls er an den Maschinensaal grenzt, Fenster oder Balkone mit Ausblick auf die Maschinen.

Bei beschränkter Raumtiefe wird eine Schalttafel mit vorgebauten Pulten, vgl. Abb. 368, eine bessere Übersicht über die Erzeugeranlage ergeben als die geradlinige Schalttafel, da der Schaltmeister nicht unmittelbar vor den Meßgeräten für die Lastverteilung, sondern in etwa 0,8 bis 1 m Abstand vor ihnen steht.

Die Fortnahme der Erzeugerbedienung von der Tafel, auf welcher einzig die Hochspannungs-Meßgeräte verbleiben, entlastet die Tafel und gestattet, auf ihr die Meßgeräte übersichtlich anzuordnen. Auf die Pultplatte werden die Steuerschalter für die

Abb. 366. Schaltdienstraum im E. W. Moabit der Bewag. AEG.

Ölschalter, die Reglerantriebe, die Erregerstrommesser, die Synchronisierstöpsel oder Wählerschalter, die Drehzahlversteller sowie die erforderlichen Kommandogeräte gesetzt.

Die Zugänglichkeit in das Innere des Pultes ist noch schlechter als bei freistehenden Pulten. Die Rückseite der Schalttafel bleibt deshalb in Pulthöhe offen und darf nicht durch Meßleitungen verbaut werden. Die Meß- und Steuerkabel werden auf den Schalttafelbindern verlegt und enden in Reihen- bzw. Prüfklemmen.

Die gewünschte Trennung der Meß- und Steuerleitungen läßt sich besser durchführen, wenn die Pulte etwa 0,8 bis 1 m von der Tafel wie in Abb. 366 weggerückt werden. Hierdurch wird gleichzeitig das Gesichtsfeld des Schaltmeisters bei der Bedienung der Erzeugeranlage größer.

Auf gute Zugänglichkeit aller Anschlüsse und eine übersichtliche Anordnung der Meß- und Steuerleitungen sowie der zugehörigen Klemmen wird besonderer Wert gelegt, da sich nur so eine zeitraubende Verwechslung der Stromkreise vermeiden läßt. Abb. 367 stellt die Rückansicht der obigen Schalttafel dar und zeigt eine vorbildliche Anordnung und Ausgestaltung der Rückseite der Tafel. Die für alle Felder gemeinsamen Hilfs-Stromkreise sind auf Isolatoren oberhalb der Binder befestigt. Die Sicherungen, Reihen- und Prüfklemmen sowie alle Geräteklemmen sind gut zugänglich.

Soll durch Fortfall der Schalttafelbinder an Raumtiefe gespart werden, so werden die Meß- und Prüfklemmen, falls sie auf der Tafelrückseite keinen Platz haben, in ein besonderes Gerüst auf dem Kabelboden unterhalb der Schalttafel eingebaut.

Pulte verwendet man in der Regel nur für die Stromkreise, welche synchronisiert werden müssen; die Verteilerstromkreise werden an der Schalttafel bedient. Die Meßgeräte werden so angeordnet, daß alle gleichen Instrumente in gleicher Höhenlinie sitzen. Für die der Lastverteilung dienenden Meßgeräte benutzt man gern eine größere als die normale Form, für den Erregerstrom genügt ein kleines Instrument, da es stets nur von nahe eingesehen wird.

Die Schalttafel wird zuweilen in Korbbogenform oder in Hufeisenform aufgestellt, damit alle Felder von dem Schreibtisch des Schaltmeisters aus einzusehen sind. Daß auf den Schreibtisch auch ein Fernsprecher mit Verbindung zu dem

Abb. 367. Rückansicht zu Abb. 366.

Kessel-, den Maschinen-, dem Schalthaus und zu dem Betriebsleiter gehört, ist bereits erwähnt.

Bestehen die Generatoren aus mehreren Einheiten, beispielsweise aus einer Hochdruckmaschine mit einer oder zwei Niederdruckmaschinen, so wird der eine Einheit bildende Generatorsatz der besseren Übersicht wegen auch an dem Schaltdienststand als solcher gekennzeichnet. Bei Verwendung von Schalttafeln mit Pulten läßt sich das sehr einfach erreichen, wenn zwischen der Pultgruppe eines jeden Generatorsatzes ein freier Raum von Pultbreite gelassen wird. Das betreffende Schalttafelfeld wird von den Geräten irgendeines zur Gruppe gehörigen Sonderstromkreises besetzt.

d) Die Schaltsäulen.

Die Schaltsäulen werden nur selten für Drehstrom-Schaltanlagen benutzt, da die Unterbringung der vielen Meß-, Steuer-, Melde- und Kommandogeräte mit den erforderlichen Reihenklemmen auf dem zur Verfügung stehenden Raum schwierig ist.

In Gleichstrom-Anlagen für chemische Fabriken, bei denen ein Parallelbetrieb der Dynamos nicht in Frage kommt, können Schaltsäulen manchmal mit Vorteil benutzt werden.

181. Die Nebentafeln.

Die Nebentafeln für Gefahrmeldung, Temperaturmessung, für Relais, Zähler und registrierende Meßgeräte u. a. m. sind mit der gleichen Sorgfalt wie die Hauptschalttafeln durchzukonstruieren und es ist für ihre Aufstellung ein geeigneter Platz vorzusehen. Gefahrmeldetafeln für Transformatoren und ebenso die Tafeln für die Temperaturüberwachung stehen zweckmäßig in dem Hauptschaltraum, damit Meldungen sofort beachtet werden.

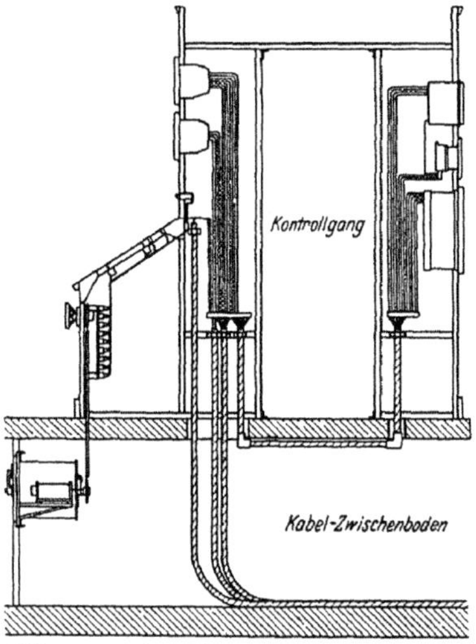

Abb. 368. Anordnung von Relaistafeln rückseits der Hauptschalttafel. BBC.

In kleineren und mittleren Anlagen setzt man Relais und Zähler zuweilen auf die Wand der Ölschalterzellen oder auf kleine Wandtafeln, (vgl. Abb. 365), die in die Wand eingelassen sind, um zwischen Meßwandlern und Relais, Zählern usw. kurze Verbindungen zu erhalten. In großen Anlagen wird häufig für den Einbau der Zähler und Relais eine besondere Tafel hinter der Hauptschalttafel vorgesehen, Abb. 368. Auch diese Anordnung erfordert für den Anschluß der Zähler und registrierende Meßgeräte nur kurze Verbindungen von den Reihenklemmen der Haupttafel; die Relaisleitungen dagegen werden lang, wenn die Relais an besondere Meßkerne angeschlossen sind.

Die Befestigung der Reihenklemmen und Leitungen erfolgt in gleicher Weise wie bei den Haupttafeln auf seitlichen Bindern.

Reicht der Raum der Schaltbühne für die Unterbringung der Nebentafeln nicht aus, so werden sie auch wohl in einem Stockwerk unterhalb des Betätigungsraumes

Abb. 369. Relaisraum im Kraftwerk Moabit der Bewag. AEG.

aufgestellt wie die Relaistafeln in Abb. 369. Die Beleuchtung des Relaisraumes erfolgt hier durch Prismengläser vom oberen Stockwerk. Die Feldeinteilung im Relaisraum entspricht dabei genau der im Hauptdienstraum. Abb. 369 zeigt an der linken Wa

Relaistafeln mit Distanz und Erdschlußrelais für 30 kV Speisekabel und im Hintergrund solche mit Differential-Relais für Transformatoren. Der Kabelboden für die Verteilung der Meß- und Steuerleitungen befindet sich in diesem Falle unter dem Relaisraum.

XXXII. Die Aufstellung der Akkumulatorenbatterie.

182. Die Lage und Größe des Batterieraumes.

Die für Fernsteuerung von Schaltern, für Meldelampen, für Notbeleuchtung sowie für den wichtigen Eigenbedarf erforderliche Batterie wird, wenn die Schaltanlagen in einem Anbau des Maschinenhauses errichtet wird, möglichst in einem Seitenflügel dieses Anbaues zu ebener Erde untergebracht. Der darüber befindliche Raum kann, sofern er nicht für Gleichstrom-Eigenbedarf-Schalttafeln benutzt wird, als Aufenthaltsraum für den Betriebsleiter oder als Waschraum für die Mannschaft verwendet werden. In anderen Fällen kann die Batterie auch in diesem Anbau über der in das Maschinenhaus führenden Durchfahrt oder in sonst einem verfügbaren Raum aufgestellt werden.

In großen Schaltanlagen findet sich häufig ein geeigneter Raum unterhalb der Schaltbühne.

Zahlentafel Nr. 39. Gewicht und Grundfläche von Batterien.

Für je 3 kW-Stunden Kapazität	Kleine Zellen in Glasgefäßen	Mittlere Zellen in Holzkästen	Große Zellen in Holzkästen
Gewicht in kg.	500	450	425
Grundfläche in m² . . .	3—2	1,0	0,5

Die ungefähren Gewichte und der ungefähre Bedarf an Grundfläche für die Batterie ist aus vorstehender Zahlentafel Nr. 39 zu ersehen, die lichte Raumhöhe soll mindestens 2 m betragen.

Für eine Akkumulatorenbatterie von 80 A/st und 220 V ist beispielsweise ein Raum vorzusehen, dessen Grundfläche ungefähr

$$\frac{80 \cdot 0{,}22 \cdot 3}{3} = 18 \text{ m}^2$$

beträgt.

Die kleineren Elemente bis etwa 500 A/st Kapazität werden in Glasgefäßen geliefert. Durch Parallelschalten zweier Elemente lassen sich Glasgefäße bis 1000 A/st Kapazität verwenden. Elemente über 1000 A/st werden in mit Bleiblech ausgekleidete, säurebeständig gestrichene Holzkästen eingebaut.

183. Die Ausgestaltung des Batterieraumes.

Die für die Batterie verwendeten Räume dürfen keinen anderen Zwecken dienen und müssen abgeschlossen sein. Sie sollen möglichst hell und gut lüftbar sein. Die Türen sollen nicht in andere Räume, sondern in einen gut gelüfteten Gang oder am besten ins Freie führen.

Die Wände können aus Holz oder Mauerwerk bestehen. An der Decke ist Zementputz zu vermeiden, da er sich häufig lockert und abfällt. Die Fenster an der Sonnenseite enthalten zweckmäßig matte Scheiben.

Befindet sich der Akkumulatorenraum unmittelbar unter dem Dach, so wird unter dem Dach eine leichte Zwischendecke eingezogen, auf der etwaiges Kondenswasser aufgefangen wird, damit es nicht auf die Zellen tropft, die dadurch verunreinigt und vorzeitig zerstört würden. Aus dem gleichen Grund erhalten Oberlichter, die besser vermieden werden, Tropffänger.

Befinden sich über der Batterie Aufenthaltsräume für Menschen, so wird über der Batterie eine massive Decke erforderlich, welche Säuredämpfe nicht durchläßt.

Ist eine Entlüftung des Batterieraumes durch Fenster und Türen nicht möglich, so sind, wie für die Entlüftung von Transformatorenkammern, Lüftungsschächte anzubringen. In größeren Anlagen wird oft eine Absaugung der säurehaltigen Luft durch besondere Lüfter erforderlich.

184. Die Aufstellung der Akkumulatoren.

Die Einzelelemente werden in Reihen nebeneinander auf Holzgestelle aus harzreichem, trockenen, astfreien Pichpine- oder Kiefernholz, das mit Leinöl, Teer oder ähnlichem Material getränkt ist, aufgestellt. Die Gestelle werden durch Glasuntersätze von dem Fußboden isoliert.

Die Elemente in Glasgefäßen können auch in zwei Reihen übereinandergestellt werden. Sie sollen von einer Seite zugänglich sein, die Elemente in Holzkästen und die Doppelelemente in Glasgefäßen von beiden Seiten. Die Bedienungsgänge müssen mindestens 0,75 m breit sein.

Die Batterie ist so aufzustellen und ihre Leitungen sind so anzuschließen, daß nicht zufällig Punkte mit mehr als 250 V Spannungs-Differenz gleichzeitig berührt werden können.

185. Der Zellenschalter und seine Anschlüsse.

Der Zellenschalter wird in möglichster Nähe der Batterie aufgestellt, damit die Zellenschalter-Leitungen, in denen der höchste Spannungsabfall nicht über 0,5% betragen soll, kurz werden.

In größeren Drehstromzentralen ist es häufig unmöglich, die Batterie in der Nähe der Schalttafel unterzubringen, da der anliegende Raum für die Hochspannungsanlage benutzt wird. Hier können nur Zellenschalter für ganz kleine Stromstärken in die Haupt-Schalttafel gesetzt werden, da für größere Ströme die Leitungen stark und teuer werden. In solchen Fällen wird der Zellenschalter in einem an die Batterie angrenzenden Raum auf einen Eisenrahmen befestigt und erhält motorischen Antrieb für Fernsteuerung von der Schalttafel aus. Von dem Raum des Zellenschalters darf keine Tür in den Batterieraum führen.

In manchen Fällen wird in diesem Zellenschalterraum auch das Lade-Aggregat und die Lade-Schalttafel aufgestellt.

Die Leitungen müssen natürlich luftdicht in den Batterieraum eingeführt werden. Hierfür können Wanddurchführungen aus Porzellan benutzt werden. Für starke Flachkupferleiter verwendet man auch wohl Schieferplatten, die mit entsprechenden Ausschnitten für die Leiter versehen, zu beiden Seiten der Wand befestigt und mit Glaserkitt abgedichtet werden.

Im Batterieraum werden Leiter auf Porzellanrollen oder auf Stützern, die auf einem in der Decke verankerten Eisenbügel befestigt sind, verlegt.

XXXIII. Der Aufbau der Schaltanlage.

Die Schaltanlage des Kraftwerkes ist für den Wärmetechniker der letzte Faktor die Wärmebilanz der Kraftanlage zu verbessern. Aus diesem Grunde wird der Wärmetechniker möglichst Bewegungsfreiheit in dem Zu- und Abschalten der Transformatoren und Maschinen haben wollen, während der Elektrotechniker gern Schaltungen vermeidet damit keine Unruhe in die Stromlieferung hineinkommt. Diese Störungen werden durch die erforderlichen bzw. freiwerdenden Magnetisierungsströme der Maschinen, Transformatoren und Leitungen hervorgerufen und machen sich im Netz als Überspannungen bemerkbar. Der endgültig gewählte Schaltplan wird einen Ausgleich zwischen den Forderungen des Wärme- und denen des Elektrotechnikers darstellen. Die Maschinen und Transformatoren-Einheiten werden aus den Tagesbelastungen heraus so gewählt daß die Zu- oder Abschaltung einer Einheit nicht zu häufig erforderlich wird.

In manchen Industriewerken wird der Dampferzeugung nicht durch den erforderlichen Bedarf an elektrischer Kraft bestimmt, sondern durch den Eigenverbrauch an Dampf für die Fabrikation, wie beispielsweise in Papier-, Textil-, Kautschuk- und andere Fabriken.

Durch Benutzung von Gegendruck- oder Abdampfturbinen sind solche Werke in der Lage, nicht nur ihren eigenen Bedarf an Elektrizität sehr billig zu erzeugen, sondern darüber hinaus noch Überlandzentralen Strom zur Verfügung zu stellen, welche ihn zur Entlastung ihrer Tagesspitzen gern kaufen. Für derartige Zentralen wird der Elektrotechniker einen Schaltplan entwerfen, welcher dem Betriebsleiter der Fabrik zusagt und den Anforderungen des Überlandwerkes entspricht.

Der Aufbau der Schaltanlage, ihr Aufriß und ihre Grundrißaufteilung ist von vielerlei abhängig. Von besonderem Einfluß sind:

1. die Wirtschaftlichkeit des Kraftwerkes,
2. die Betriebssicherheit der Anlage,
3. der Netz- und der Schaltplan,
4. die Verteilerspannung,
5. die Kurzschlußleistung,
6. die Größe und Art des Kraftwerkes,
7. die Lage des Kraftwerkes, der für die Schaltanlage zur Verfügung stehende Grund und Boden und die Geländeart.

Die ersten fünf Einflußkreise sind in den einzelnen vorhergehenden Abschnitten zur Genüge besprochen, so daß hier ein Hinweis auf ihre Wichtigkeit genügt.

Die beiden letztgenannten Forderungen sind größtenteils äußerer Natur. Sie besagen, daß die Schaltanlage sich dem Kraftwerk und dem Gelände anpassen soll. Dies schafft eine neue Reihe von Problemen, von denen die wichtigsten sind:

1. die Energierichtung,
2. die Erweiterungsmöglichkeit der Schaltanlage,
3. die Verbindungsgänge und Treppen,
4. die Fahrwege für Schaltgeräte und Transformatoren,
5. die Beleuchtung, Lüftung und Heizung,
6. die äußere Einheitlichkeit des gesamten Kraftwerkes.

186. Die Energierichtung.

Daß die Schaltanlage Sammel- und Verteilerstelle der erzeugten Energie ist, sollte auch äußerlich zum Ausdruck kommen. In der Grundrißanordnung des gesamten Kraftwerkes wird deshalb nach Möglichkeit die natürliche Richtung in der Energieumformung eingehalten, das auch aus dem Grunde, um unnötige Verluste zu vermeiden.

Die natürliche Reihenfolge in der Energieumwandlung ist Kraftzufuhr, Kraftumformung in elektrische Energie, Schaltanlage. Bei Wasserkraftwerken wird die Schaltanlage dementsprechend am Unterwassergraben liegen.

Hier bedingt in vielen Fällen jedoch das Gelände eine gänzlich andere Anordnung der Schaltanlage zu dem Kraftwerk. Die Schwierigkeiten, den zweckmäßigsten Entwurf zu finden, sind gerade bei Wasserkraftanlagen in gebirgigen Gegenden, wo jede Planierung einer größeren Fläche sehr erhebliche Kosten verursacht, besonders groß.

Die große Beweglichkeit und der weite Spielraum in den Aufbaumöglichkeiten der Schaltanlage wird hierbei dem Projektierer zugute kommen, besonders wenn der Gesamtentwurf in einer Hand liegt und der Schaltanlagen-Ingenieur mit den Besonderheiten eines Wasserkraftwerkes vertraut ist, damit er gegebenenfalls das Maschinenhaus in die für die Gesamtanordnung günstige Geländelage bringen kann.

Es ist überhaupt eine grundlegende Forderung, daß der Spezialingenieur für Schaltanlagen über die Bauweise und die Sonderheiten des Kraftwerkes, für welches die Schaltanlage bestimmt ist, genau unterrichtet ist, damit er die Schaltanlage organisch und baulich dem Kraftwerk anpaßt.

Bei dem Entwurf von Kraftwerken anderer Art bestehen die Geländeschwierigkeiten in der geschilderten Art kaum, da hier schon wegen der Zufuhr des Betriebsstoffes eine möglichst ebene Fläche gewählt wird. Ein anderer Umstand, nämlich die knappe Grundfläche, welche für die Schaltanlage zur Verfügung gestellt werden kann, zwingt mitunter zu einem Aufbau der Schaltanlage, welcher die Reihenfolge der Energieumformung nicht einhält. Dieser Fall tritt bei Kraftwerken, welche im Zentrum einer Fabrik oder in dem Häusermeer einer Stadt liegen, oft dann ein, wenn das Kraftwerk erweitert werden muß. In solchen Fällen fehlt manchmal der für die neue Hochspannungsanlage mit Hochleistungsschaltern erforderliche Platz, und die Schaltanlage muß in mehreren Stockwerken übereinander oder nötigenfalls über dem Maschinenhaus errichtet werden.

Dies sind jedoch anormale Fälle. Die erstrebenswerte Anordnung ist, schon aus dem Grunde einer leichten Brandlöschung, alle Öl enthaltenden Apparate zu ebener Erde unterzubringen.

Bei einem Dampfturbinen-Kraftwerk wird demnach die Grundrißanordnung der einzelnen Anlagen am günstigsten in der Reihenfolge Kohlenaufbereitung, Kesselhaus, Maschinenhaus, Schaltanlage liegen. Bei dieser Grundrißaufteilung ergibt sich von selbst die Erweiterungsmöglichkeit, wenn dafür gesorgt wird, daß keine einzelne Anlage länger baut als die andere.

187. Die Erweiterungsmöglichkeit.

Die Längenangleichung von Maschinenhaus und Kesselhaus ist selbst bei einreihiger Aufstellung der Kessel möglich. Für die Schaltanlage muß der Aufbau, für welchen die vorbestimmte Länge ausreicht, gesucht werden.

Wird die Schaltanlage quer zum Maschinenhaus an dessen Stirnwand gesetzt, so ergibt sich zwar für den ersten Ausbau einer Zentrale mit wenigen Maschinen ein architektonisch schön gelegener Schaltdienstraum. Bei einer Erweiterung sind aber häufig von hier aus die neuen Maschinen doch nicht mehr zu sehen, und eine Verständigung mit dem Maschinisten wird unmöglich. Die Kabel von den Generatoren zur Schaltanlage werden verhältnismäßig lang, und letzten Endes reicht der vorgesehene Schaltraum für die Aufstellung der Erweiterung nicht mehr aus.

Wird die Erzeugerspannung gleich hoch gespannt, so daß die Generatoren mit ihren Transformatoren Einheiten bilden, so werden die Aufspanner möglichst nahe an die Generatoren herangebracht.

Kann die Schaltanlage noch unmittelbar an das Maschinenhaus angebaut werden, so stellt man am besten die Umspanner außen vor das Schalthaus. Bedingt die Unterbringung der Schaltanlage ein freistehendes Haus, so können die Transformatorenkammern an das Maschinenhaus oder an eine Längswand des Schalthauses angelehnt werden.

Wird bei Verteilungen mit Erzeuger- und höherer Spannung für jede Verteilerspannung ein besonderes Schalthaus errichtet, so stehen die Umspanner zwischen beiden Häusern. Die Durchfahrt zwischen diesen Häusern muß für den Transport der Umspanner und Ölschalter hinreichend breit sein.

Bei freistehenden Schalthäusern liegt der Schaltdienstraum am günstigsten in einem Verbindungbau zwischen Schalthaus und Maschinenhaus und erhält nach Möglichkeit einen Ausblick in den Maschinensaal.

Soll unterhalb dieser Verbindungsbrücke eine Durchfahrt für Wagenverkehr vorgesehen werden, so muß sie eine lichte Höhe von mindestens 3,60 m haben, für den Bahnverkehr muß das Eisenbahnprofil mit 4,80 m lichter Höhe und 4,5 m Breite eingehalten werden.

Die Schaltbühne wird gern etwas erhöht über Maschinenhausflur ausgeführt, damit man von einem Fenster oder einer Kanzel einen guten Ausblick in den Maschinensaal hat. Unterhalb des Schaltdienstraumes wird ein begehbarer Kabelboden von mindestens 1,8 m lichter Höhe vorgesehen. Die Ausgleichung der verschiedenen Höhenlagen von Maschinenhausflur und Sammelschienenflur des Schalthauses läßt sich in den meisten Fällen gut durch diesen Kabelboden erreichen, welcher dann auf Höhe Sammelschienen flur zu liegen kommt. In den Verbindungsgängen zwischen dem Maschinenhaus und den Schalthäusern vermeidet man nach Möglichkeit Stufen für den Ausgleich der Höhenlagen, da bekanntlich selbst ein Warnschild „Achtung, Stufen" vor Unfällen nicht schützt. Ist nur ein geringer Höhenunterschied auszugleichen, so sind schiefe Ebenen den Stolperstufen vorzuziehen.

Der Anordnung der Treppen ist besondere Beachtung zu geben. Sie sollen in dem natürlichen Weg liegen, damit die Gänge für gelegentliche Handbetätigung der Schalter so kurz wie möglich werden.

188. Die Verbindungsgänge und Treppen.

Der von dem Schaltdienstraum in die Schaltanlage führende Gang mündet zweckmäßig bei dem Eintritt in die Hochspannungsanlage in das erforderliche Treppenhaus und führt nach Möglichkeit in gerader Flucht weiter zu den vorgelagerten Schalthäusern. Wenn hier Transformatoren zwischen den Häusern stehen, muß die Verbindungsbrücke so hoch über Flur liegen, daß die Umspanner darunter verfahren werden können. Bei großen Transformatoren läßt es sich dabei zuweilen nicht vermeiden, daß die Verbindungsbrücke höher liegt als der Sammelschienenflur. Reicht für den Höhenausgleich eine schiefe Ebene nicht mehr aus, so empfiehlt es sich, die Verbindungsgänge unmittelbar in die Treppenhäuser einzubeziehen, in welche sie als Sackgassen einmünden. Der Abstieg zum Flur des Sammelschienengeschosses erfolgt dann in dem parallelen Seitenlauf der Treppe.

Die Forderung, die Gänge von dem Schaltdienstraum zu den einzelnen Häusern und Geschossen der Hochspannungsanlage möglichst kurzzuhalten, hat in folgender Überlegung ihren Grund. In dem Schaltdienstraum größerer Kraftwerke befindet sich außer dem Schaltmeister noch ein Störungsposten, welcher auftretenden Störungen sofort nachzugehen hat. Es habe z. B. ein Schalter dreimal kurz hintereinander ausgelöst, was dringender Grund ist, den Stromkreis sowie die Schaltstücke des Ölschalters nachzusehen. Dann ist von dem Schaltstand folgender Weg zurückzulegen unter der Annahme, daß der Schaltdienstraum auf Höhe Sammelschienenflur einer zweigeschössigen Hochspannungsanlage liegt. Erst geht der Störungsposten in den Sammelschienenraum, um hier die Trennschalter zu ziehen, dann steigt er treppab zu den Kabel-Trennschaltern, um auch sie auszuschalten. Nun erst kann die Ölschalterzelle betreten werden, in der eine Warnlampe zum Zeichen, daß der Ölschalter spannungslos ist, leuchtet. Ist die Lampe dunkel, vielleicht weil sie durchgebrannt ist, so wird der Wärter noch einmal den Gang zu allen Trennschaltern antreten müssen, um sich von ihrer Ausschaltstellung zu überzeugen. Für die Wiederinbetriebsetzung des Abzweiges kann dabei viel Zeit vergehen. Um sie nach Möglichkeit abzukürzen, ordnet man deshalb die Treppen so an, daß keine Stelle in der Schaltanlage über 20 bis höchstens 30 m von einer Treppe entfernt ist.

Die Treppe selbst muß qualmsicher angelegt sein, sie soll nach Möglichkeit ins Freie führen und durch natürliches Tageslicht genügend beleuchtet sein. Werden alle Öl enthaltenden Apparate in Kammern eingebaut, so braucht die Treppe, falls sie ausschließlich der Schaltanlage dient, nicht durch Türen von den Bedienungsräumen abgeschlossen zu sein, was in anderen Fällen erforderlich ist, beispielsweise wenn sie zugleich den Zugang zu dem Maschinensaal oder zu anliegenden Büroräumen vermittelt.

Die Einfügung der Treppen in die Schaltanlage erfordert bei beschränkten Raumverhältnissen viel Überlegung und sollte nicht dem Architekten allein überlassen werden, sondern schon von dem Ingenieur für Schaltanlagen richtig und zweckentsprechend vorgesehen werden. Die Treppe liegt beispielsweise an der Stirnseite des Schalthauses nicht besonders günstig, wenn sie hier die natürliche Beleuchtung des Ganges für die Ölschalter-Antriebsgeräte verschlechtert.

Die am häufigsten angewandte Treppenform ist die Podesttreppe mit zwei parallelen Armen, die bei 1 m Treppenbreite etwa 2,25 m lichte Breite beansprucht. Die Länge der Treppe errechnet sich aus der zu überwindenden Geschoßhöhe. Man rechnet in Schaltanlagen für gewöhnlich für die Steigung der Treppe 17 cm und für den Auftritt 27 cm. Die Podeste und Antritte erhalten etwa 1 m Breite. Ausschließlich dem Betrieb dienende Treppen können erforderlichenfalls enger und steiler gehalten werden, doch ist es ratsam, dies mit dem Betriebsleiter zu vereinbaren.

In manchen Fällen wird eine dreiteilige Treppe mit zwei Halbpodesten von Vorteil sein. In kleineren Kraftwerken werden wegen Raummangels die Podeste zuweilen gewendelt oder es wird eine Wendeltreppe benutzt. Die Wendeltreppe braucht nicht in einem Zylinder, sondern kann ebensogut in einem rechteckigen Schacht verlaufen.

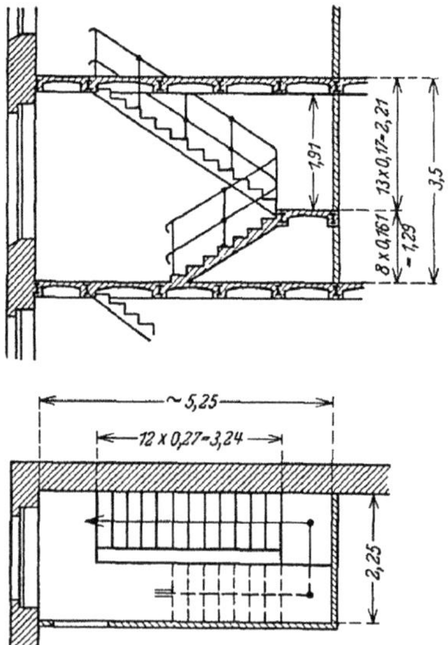

Abb. 370. Podesttreppe mit zwei Armen.

Damit ein Podest unter einer Decke begehbar ist, muß über ihm eine lichte Höhe von mindestens 1,8 m sein. Rechnet man für die gesamte Decke 0,3 m Dicke, so muß ein Podest etwa 2,1 bis 2,30 m tiefer als der Fußboden des Obergeschosses liegen, damit eine lichte Höhe von 1,8 bis 2,0 m verbleibt, s. Abb. 370. Für 2,20 m Höhenunterschied sind $^{220}/_{17} = 13$ Auftritte nötig. Der Treppenlauf bekommt demnach 12 Stufen und eine Länge von $12 \cdot 27 = 324$ cm, die ganze Treppe mit dem Podest und dem Antritt erhält eine lichte Länge von rd. 5,25 m.

Wird das Schalthaus nicht über 40 bis 50 m lang, so kann man mit einer einzigen Treppe in der Gebäudemitte auskommen. Der von dem Schaltdienstraum in die Schaltanlage führende Gang mündet, wie schon gesagt, in eine Treppe, damit von dem Schaltdienstraum alle Teile der Anlage schnell erreichbar sind.

Für gute Beleuchtung der Treppe durch natürliches Tageslicht ist zu sorgen. Die Treppe wird deshalb an einer Außenwand oder in einem Anbau errichtet, beispielsweise in dem für die Transformatoren. Eine Innentreppe muß einen Lichtschacht mit Oberlicht erhalten.

189. Die Fahrwege für Transformatoren und Ölschalter.

Für die Beförderung der Transformatoren und der schweren Ölschalter werden niedrige Förderwagen, welche auf Schienen laufen, benutzt. Um bei mehreren parallelen Fahrwegen ohne teure Drehscheiben auszukommen, können diese Wagen mit verstellbaren Rädern, sog. Umlenkrollen, ausgerüstet werden.

Die Anfuhr der Transformatoren und Ölschalter erfolgt über ein Anschlußgleis der Eisenbahn in die Werkstatt. Hier werden sie mit dem Kran von dem Eisenbahnwagen gehoben und auf den niedrigen Förderwagen gestellt. Das Einbringen in die Transformatorenkammern ist in dem Abschnitt 147, S. 203 ausführlich beschrieben.

Alle Fahrwege sind genügend breit zu halten, damit die zu verfahrenden Geräte unbehindert Platz haben und damit außerdem eine Person an dem Transport vorbeigehen kann.

Kommen schwere, sperrige Schaltgeräte in den Obergeschossen zur Aufstellung, so ist für ihren Transport eine Hebeöffnung mit Flaschenzug vorzusehen. In größeren Werken werden für diesen Zweck unter Umständen Fahrstühle benutzt.

190. Beleuchtung, Belüftung und Heizung der Schalträume.

Auf die natürliche Beleuchtung der Schalträume durch Tageslicht ist bei der Besprechung der einzelnen Aufrißformen genügend hingewiesen. Es sind jedoch auch Fälle möglich, wo für die Tageslichtbeleuchtung besondere Maßnahmen erforderlich sind. Beispielsweise kann der Ölschalter-Antriebsgang zu dunkel werden, wenn nur Licht durch Deckendurchbrüche von dem Sammelschienenraum hineinfällt. Dies wird besonders dann eintreten, wenn im Obergeschoß nur eine Front für Fenster verfügbar ist. Hier läßt sich eine wirkungsvolle Beleuchtung dadurch erzielen, daß die Kammerreihe im Erdgeschoß von Gängen mit Fenstern unterbrochen wird. Werden diese Fenster als Türen ausgebildet, so ergibt sich gleichzeitig eine Abkürzung des Weges von dem Antriebsgerät des Ölschalters, von welchem die Schaltstellungen der Trennschalter sichtbar sind, bis zu der betreffenden Ölschalter-Kammer.

Für eine ausreichende Beleuchtung der Schaltbühne wird, falls die Schalttafeln von Fenstern oder von dem Maschinenhaus nicht genügend Licht erhalten, Oberlicht vorgesehen. Zum Schutz gegen Niederschlagsbildung, und um eine gleichmäßige Lichtverteilung zu erzielen, wird unterhalb der Dachhaut eine zweite Decke als Staubdecke aus Glas angeordnet.

Wird die Hochspannungsanlage in einen Anbau des Maschinenhauses eingebaut, so hat der Schaltanlagen-Ingenieur dafür zu sorgen, daß die Höhe des Anbaues noch Platz für den Einbau von Fenstern in das Maschinenhaus zwischen dem Dach des Anbaues und der Kranbahn übrig läßt, besonders dann, wenn in der gegenüberliegenden Maschinenhauswand keine Fenster möglich sind. Um genügende Beleuchtung für das Maschinenhaus zu erhalten, wird u. U. das Schalthaus von dem Maschinenhaus getrennt errichtet, wodurch gleichzeitig die Beleuchtung des Kondensationsraumes verbessert wird.

Bei der Besprechung des Einbaues von Schaltgeräten wurde auf eine zweckmäßige Lüftung hingewiesen. Die Lüftung soll vor allem das Isolationsmaterial vor Niederschlagsbildung schützen, weil durch Feuchtigkeit seine Überschlagsfestigkeit herabgesetzt wird.

Derartiges Schwitzwasser bildet sich in Innenräumen leicht bei plötzlichen Wetterumschlägen, denn die Aufnahmefähigkeit der Luft an Feuchtigkeit sinkt mit der Temperatur und die überschüssige Feuchtigkeit wird dabei in Form von Niederschlagstropfen abgestoßen.

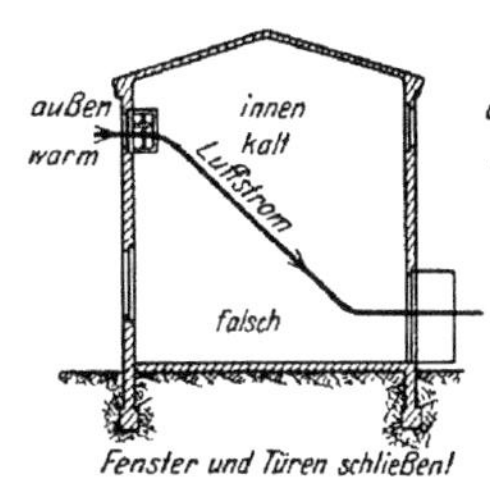

Abb. 371. Falsche Belüftung.

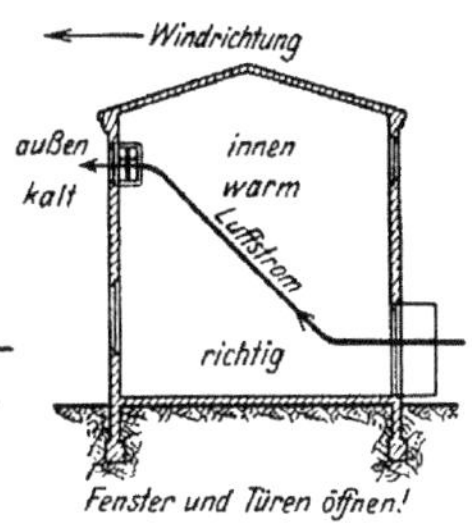

Abb. 372. Richtige Belüftung.

Im allgemeinen genügt zur Vermeidung von Niederschlägen eine richtige Durchlüftung des Raumes, beispielsweise durch Belüftungsflügel an den Fenstern, welche mit engmaschigem Drahtgeflecht gegen das Eindringen kleiner Tiere versehen werden.

Damit die Lüftung wirkungsvoll ist, muß der Innenraum wärmer als die Außenluft sein. In den Abb. 371 und 372 sind die falsche und die richtige Lüftung gezeigt. Ist die Außenluft wärmer als der Innenraum, Abb. 371, so wird bei offenen Fenstern und Türen ein warmer Luftstrom von oben nach unten den Raum durchfließen und bei Abkühlung der Luft unter dem Taupunkt werden Niederschläge erfolgen.

Sind im anderen Falle, den Abb. 372 darstellt, die unteren Fenster auf der Luvseite und die oberen auf der Leeseite geöffnet, so streicht die kalte Luft von unten ein und nimmt bei ihrer Erwärmung im Raum die Feuchtigkeit des Raumes auf. Wird die Lüftung unterlassen, so bilden sich bei Wetterumschlag, der den Innenraum unter den Taupunkt der Luft abkühlt, auch hier Niederschlagstropfen.

Liegt das Schalthaus in sehr staubigen oder besonders feuchten Gegenden, so empfiehlt es sich, den Lüftungsprozeß durch Heizung zu unterstützen. In Braunkohlenkraftwerken wird dann häufig das gesamte Schalthaus unter gefilterte Druckluft gesetzt, damit die Schaltanlage nicht verstaubt.

Die Heizung der Schalträume durch Abluft von Generatoren und Transformatoren kommt kaum in Betracht. Die Abluft von Transformatoren kann nur bei der Fremdlüftung mit besonderem Kühler zur Heizung verwendet werden, da bei Selbstlüftung die Gefahr besteht, daß die beheizten Räume bei einem Generator- oder Transformatorbrand verqualmen, denn im Falle der Gefahr wird häufig vergessen, vorhandene Heizungskanäle rechtzeitig zu schließen. Im übrigen kann für die Heizung der Schalthäuser die elektrische Widerstandsheizung mit Radiophor-Heizkörpern benutzt werden. Für große Werke findet manchmal eine zentrale Warmluftheizung Anwendung.

191. Die Grundriß-Aufteilung.

In einer unmittelbar an das Maschinenhaus angebauten Schaltanlage bietet die Grundriß-Aufteilung keine besonderen Schwierigkeiten. Werden mehrere Stockwerke für den Einbau der Hochspannungsgeräte benutzt, so ist darauf zu achten, daß alle zu einem Stromkreis gehörigen Zellen von zwei senkrechten parallelen Ebenen wie in Abb. 344 begrenzt werden, denn nur so lassen sich die erforderlichen Deckenträger in einer für die Leitungsverlegung geeigneten Weise einziehen. Die erforderlichen Durchbrüche werden in der für den Architekten bestimmten Bauzeichnung festgelegt. Der Bau des Hauses wird bedeutend erleichtert, wenn alle Zellen gleiche Teilung erhalten.

In einem an das Maschinenhaus angebauten Schalthaus wird man die Zellenteilung mit der Kranpfeilerteilung möglichst in Einklang bringen, damit sich die Fensterfront des Schalthauses in gleichem Rhythmus der Maschinenhausfront aufteilen läßt. Wie die Kranpfeilerteilung zweckmäßig bestimmt wird, ist in dem Abschnitt über Bedienungstafeln für Hochspannungsanlagen beschrieben und desgleichen wie man dabei eine günstige Führung des Antriebsgestänges von der Schalttafel zu den Ölschaltern erreicht. Ist beispielsweise die Kranpfeilerteilung auf 5,3 m festgelegt und bedingen die Hochspannungsgeräte eine Zellenteilung von mindestens 1,0 m, so wird man dafür 1,06 m wählen, so daß fünf Zellen in einem Kranpfeilerfeld von 5,3 m Platz haben.

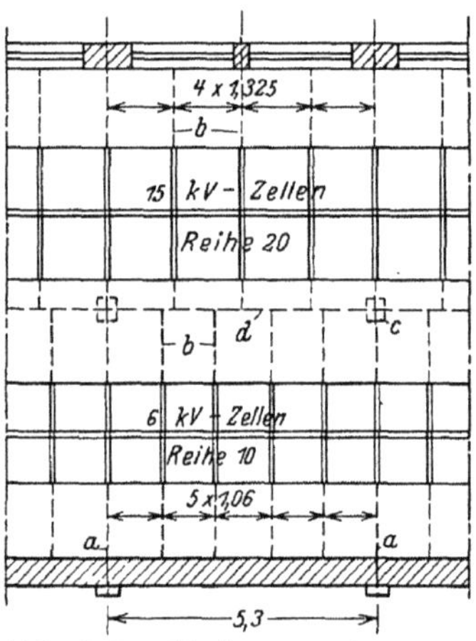

Abb. 373. Deckenträgerlage für Zellen verschiedener Teilung.

a Hauptträger,
b Zwischenträger,
c Säulen im Ölschaltergeschoß,
d Unterzug.

In Anlagen mit zwei Reihen Ölschalter für verschiedene Spannungen ist diese Aufteilung die einzige, welche die glatte Leitungsführung durch mehrere Stockwerke ermöglicht. Angenommen die Unterspannung benötige wie oben 1,0 m Zellenteilung und die Oberspannung 1,3 m, so werden bei der gewählten Kranpfeilerteilung von 5,3 m die Unterspannungszellen 1,06 m und die Oberspannungszellen 1,325 m Teilung erhalten, wie Abb. 373 zeigt. Die Deckenträger *a* auf Kranpfeilerteilung überspannen dann die gesamte Schalthaustiefe, während die dazwischenliegenden Deckenträger *b* ungefähr in der Mitte der Schalthaustiefe enden, wo sie auf einem von Säulen *c* getragenen Unterzug *d* befestigt werden.

In freistehenden Schalthäusern mit zwei Reihen Hochspannungszellen für verschiedene Spannungen wird die Teilung in gleicher Weise bestimmt. Da sie hier unabhängig von dem Maschinenhaus ist, wird als Hauptteilung des Gesamtfeldes, unter Voraussetzung, daß beispielsweise die Zellen eine Mindestteilung von 1,0 bzw. 1,3 m benötigen, 4,0 oder 5,2 m gewählt. Auf 4,0 m lassen sich vier Zellen für die Unterspannung und drei Zellen mit 1,33 m Teilung für die Oberspannung unterbringen, auf 5,2 m fünf Zellen mit 1,04, und vier Zellen mit 1,3 m Teilung.

Baut bei dieser Aufteilung die Zellenreihe für die eine Spannung länger als die für die andere Spannung, so werden in die kürzere Reihe die erforderlichen Treppenhäuser eingefügt. Läßt sich auch dadurch noch nicht die Längendifferenz ausgleichen, so kann ein Teil der längeren Zellenreihe mit in die Zellenreihe für die andere Spannung gestellt werden, doch ist die Anordnung so zu treffen, daß eine Erweiterung für die Anlagen beider Spannungen möglich ist.

192. Der bauliche Teil des Schalthauses.

Die Ausführung des baulichen Teiles der Schalthäuser erfolgt am schnellsten und am wirtschaftlichsten in der Weise, daß die Fundamente je nach Befund des Baugrundes aus Stampfbeton oder aus Eisen, die Wände aus Ziegelsteinmauerwerk und die Decken massiv zwischen eisernen Trägern hergestellt werden. Die Außenmauern sind zum Schutz gegen Witterungseinflüsse möglichst mit einem Luftpolster aufzumauern. Je nach der Anzahl der Geschosse sind demnach die Außenmauern 43 cm stark, bzw. in den unteren Geschossen um einen halben Stein stärker, mit 6 cm Luftschicht auszuführen. Deckenträger über 6 bis 7 m Länge werden zweckmäßig in der Mitte durch Säulen oder Wände gestützt. Ist die Abstützung eines jeden Deckenträgers nicht möglich, so können die Säulen auch 4 bis 6 m auseinander angeordnet und die Deckenträger von einem Unterzug, der auf den Säulen ruht, wie in Abb. 373, getragen werden.

Verlassen Freileitungen das Schalthaus, so muß das Gebäude, falls der nächste Abspannmast nicht in der Nähe steht, einen erheblichen Leitungszug aufnehmen. Ergibt die Abspannwand keine genügende Festigkeit hierfür, so wird die gegenüberliegende Wand durch eiserne Verankerungen zur Hilfe herangezogen. Sämtliche Entlüftungsschlote aus Kammern, in denen sich Öl enthaltende Geräte befinden, müssen aus feuerhemmendem Baustoff bestehen.

Als Dachform bevorzugt man heute das Flachdach, welches dem Charakter der Landschaft angepaßt und möglichst aus dem in der betreffenden Gegend üblichen Material hergestellt wird. Das massive Dach mit einem Dachstuhl aus Eisenkonstruktion hat den Vorteil der Feuersicherheit. Zum Schutz gegen Witterungseinflüsse wird eine Deckung mit Metallblech bevorzugt.

In einfacheren Fällen genügt hierfür auch eine doppelte Lage ungeteerter Dachpappe.

Die architektonische Linienführung betont heutzutage bei einer sorgfältig ausgewogenen Gestalt des Gesamtkörpers das Technisch-Notwendige, das Sachliche, das durch den Architekten in eine gute Ausdrucksform gekleidet wird.

Literaturverzeichnis.

Biermanns: Überströme in Hochspannungsanlagen. Berlin: Julius Springer.
Goldstein: Die Meßwandler. Berlin: Julius Springer.
Herrmann: Die Erzeugung und Verteilung der elektrischen Energie. Sammlung Göschen.
Keinath: Meßgeräte. München: R. Oldenbourg.
Kesselring: Elektrische Schaltgeräte, Anlasser und Regler. Sammlung Göschen.
Klingenberg: Bau großer Elektrizitätswerke. Berlin: Julius Springer.
Kyser: Die elektrische Kraftübertragung. Berlin: Julius Springer.
Melan: Die Schaltungsarten der Haus- und Hilfsturbinen. Berlin: Julius Springer.
Panzerbieter und Dehn: Schaltanlagen für Kraftwerke. SSW.
Roth: Hochspannungstechnik. Berlin: Julius Springer.
Rüdenberg: Kurzschlußströme beim Betrieb von Großkraftwerken. Berlin: Julius Springer.
Skirl: Meßgeräte und Schaltungen für Wechselstrommessungen. Berlin: Julius Springer.
Titze: Die elektrischen Einrichtungen für den Eigenbedarf großer Kraftwerke. Berlin: Julius Springer.
Travers: Switching Equipment for alternating-current Power Stations. Westinghouse.
Weickert: Hochspannungsanlagen. Leipzig: Dr. Max Jänecke.
Sämtliche in- und ausländischen Fachzeitschriften, Jahrbücher, Werkzeitschriften usw. der letzten Jahre.

Druck der Spamerschen Buchdruckerei in Leipzig.

Relais und Schutzschaltungen in elektrischen Kraftwerken und Netzen.
Vorträge von Oberbaurat Direktor A. Rachel, Dresden; Professor Dr.-Ing. R. Rüdenberg, Berlin; Obering. Dr.-Ing. M. Schleicher, Berlin; Obering. Dr.-Ing. E. Sommer, Dresden; Obering. O. Mayr, Berlin; Chefelektriker Dr.-Ing. E. Rühle, Berlin; Direktor M. Neustätter, Berlin. Veranstaltet durch den Elektrotechnischen Verein E. V. zu Berlin, in Gemeinschaft mit dem Außeninstitut der Technischen Hochschule zu Berlin. Herausgegeben von Professor Dr.-Ing. und Dr.-Ing. e. h. **Reinhold Rüdenberg,** Chefelektriker, Berlin. Mit 336 Textabbildungen. VIII, 281 Seiten. 1929. Gebunden RM 25.50

Kurzschlußströme beim Betrieb von Großkraftwerken.
Von Professor Dr.-Ing. und Dr.-Ing. e. h. **Reinhold Rüdenberg,** Chefelektriker, Berlin. Mit 60 Textabbildungen. IV, 75 Seiten. 1925. RM 4.80

Anleitung zur Entwicklung elektrischer Starkstromschaltungen.
Von Dr.-Ing. **Georg I. Meyer,** Beratender Ingenieur für Elektrotechnik. Mit 167 Textabbildungen. VI, 160 Seiten. 1926. Gebunden RM 12.—

Schaltungsbuch für Gleich- und Wechselstromanlagen.
Dynamomaschinen, Motoren und Transformatoren, Lichtanlagen, Kraftwerke und Umformerstationen. Unter Berücksichtigung der neuen, vom Verband Deutscher Elektrotechniker festgesetzten Schaltzeichen. Ein Lehr- und Hilfsbuch von Oberstudienrat Dipl.-Ing. **Emil Kosack** in Magdeburg. Zweite, erweiterte Auflage. Mit 257 Abbildungen im Text und auf 2 Tafeln. X, 198 Seiten. 1926.
RM 8.40; gebunden RM 9.90

Elektrische Starkstromanlagen.
Maschinen, Apparate, Schaltungen, Betrieb. Kurzgefaßtes Hilfsbuch für Ingenieure und Techniker sowie zum Gebrauch an technischen Lehranstalten. Von Oberstudienrat Dipl.-Ing. **Emil Kosack** in Magdeburg. Siebente, durchgesehene und ergänzte Auflage. Mit 308 Textabbildungen. XI, 342 Seiten. 1928. RM 8.50; gebunden RM 9.50

Herzog-Feldmann,
Die Berechnung elektrischer Leitungsnetze in Theorie und Praxis.
Vierte, völlig umgearbeitete Auflage. Von Professor **Clarence Feldmann** in Delft. Mit 485 Textabbildungen. X, 554 Seiten. 1927. Gebunden RM 38.—

Anlaß- und Regelwiderstände.
Grundlagen und Anleitung zur Berechnung von elektrischen Widerständen. Von **Erich Jasse.** Zweite, verbesserte und erweiterte Auflage. Mit 69 Textabbildungen. VII, 177 Seiten. 1924. RM 6.—; gebunden RM 7.20

Hilfsbuch für die Elektrotechnik.
Unter Mitwirkung namhafter Fachgenossen bearbeitet und herausgegeben von Dr. **Karl Strecker.** Zehnte, umgearbeitete Auflage.
Starkstromausgabe. Mit 560 Abbildungen. XII, 739 Seiten. 1925. Gebunden RM 20.—
Schwachstromausgabe (Fernmeldetechnik). Mit 1057 Abbildungen. XXII, 1137 Seiten. 1928. Gebunden RM 42.—

Vorschriftenbuch des Verbandes Deutscher Elektrotechniker.
Herausgegeben durch das Generalsekretariat des VDE. Sechzehnte Auflage. Nach dem Stande vom 1. Januar 1929. IX, 910 Seiten. 1929.
Gebunden RM 16.—; mit Daumenregister gebunden RM 18.60

GPSR Compliance

The European Union's (EU) General Product Safety Regulation (GPSR) is a set of rules that requires consumer products to be safe and our obligations to ensure this.

If you have any concerns about our products, you can contact us on ProductSafety@springernature.com

In case Publisher is established outside the EU, the EU authorized representative is:

Springer Nature Customer Service Center GmbH
Europaplatz 3
69115 Heidelberg, Germany

Batch number: 10684220

Printed by Printforce, the Netherlands